GONGNENG FENZI CAILIAO

功能分子材料

陈义旺　李东平　主编

袁忠义　袁凯　蔡琥　副主编

化学工业出版社

·北京·

本书根据"以功能为导向分子基材料的设计策略、合成方法、应用前景及发展脉络、前沿及展望为主题框架，涵括基础，突出前沿及发展，以典型的实例来揭示相关研究领域的进展"的指导原则来进行编著。内容包括有机太阳能电池材料、有机场效应晶体管材料、有机电致发光材料、非线性光学分子材料、聚集诱导荧光材料、铁电功能材料、导电高分子材料、分子基磁性材料、多孔材料、分子催化材料等方面，既涵盖了功能分子材料的基础知识体系，又突出该领域新发展、特点及新的研究方法，体现研究的基本规律，以激发和培养学生科学的思维方法、创新意识和创新能力。

图书在版编目（CIP）数据

功能分子材料/陈义旺，李东平主编. —北京：化学
工业出版社，2018.10
ISBN 978-7-122-32835-9

Ⅰ.①功… Ⅱ.①陈… ②李… Ⅲ.①功能材料-
高分子材料-研究 Ⅳ.①TB34

中国版本图书馆 CIP 数据核字（2018）第 186466 号

责任编辑：李晓红　　　　　　　　　　装帧设计：王晓宇
责任校对：王　静

出版发行：化学工业出版社(北京市东城区青年湖南街 13 号 邮政编码 100011)
印　　装：大厂聚鑫印刷有限责任公司
787mm×1092mm　1/16　印张 25¾　字数 640 千字　2018 年 11 月北京第 1 版第 1 次印刷

购书咨询：010-64518888　　　售后服务：010-64518899
网　　址：http://www.cip.com.cn
凡购买本书，如有缺损质量问题，本社销售中心负责调换。

定　　价：98.00 元　　　　　　　　　　　版权所有　违者必究

前　言

　　材料科学是一门研究材料的结构、性质、生产、应用以及它们之间的相互关系，集物理、化学、电子等学科于一体的科学，材料科学与工程技术和工业应用密不可分。进入新世纪的十多年，材料科学蓬勃发展，出现了多个分支。功能材料作为当前化学及材料研究领域中的一个重要分支，涉及理、工、医等各个领域，是发展非常迅速的交叉学科。目前，在化学及材料专业的本科及研究生培养中都开设了有关材料方面的专业课程,使用的主要教材包括《功能高分子材料》《功能材料》及《现代功能材料》等，内容偏重于高分子材料和纳米材料。

　　功能分子材料作为当前功能材料研究的重要方向，其材料的合成组装、功能调控开发和相关应用研究是当前国际上的研究热点，涵括了功能高分子材料、生物材料、无机材料等多方面的领域，偏重基于分子的功能性材料的发展，但介绍分子基功能材料的教程只有游效曾先生所著的《分子材料——光电功能配合物》一本著作。因此，编著一本既兼备基础知识，又突出介绍学科前沿发展，使读者能了解和熟悉功能材料的前沿领域，了解它们的应用范围、作用机理、设计的基本原则的研究生教材是本书编写的宗旨所在。期望教材能够帮助读者对当前功能分子材料领域的发展脉络及最新研究进展获得一个相对清晰的认识，了解分子材料的合成及设计策略、方法及应用，培养创新思维及能力，有益于研究生独立科研工作能力的培养。同时期望教材能扩展研究生视野、传播学科领域的知识，有助于化学、化工、材料等专业研究生教学质量的提高和相关专业领域产业和科学研究的进步。本书也可以供相关领域的专业人员交流学习参考。

　　教材共分 12 章，主要内容涵盖了有机太阳能电池、场效应晶体管、电致发光、非线性光学、聚集诱导荧光、铁电、导电、有机半导体、磁性、多孔、催化等各分支领域的功能分子材料，以功能为导向的分子基材料的设计策略、合成方法、应用前景及发展脉络、前沿及展望为主题框架，涵括基础，突出前沿与发展，理论联系实际，以典型的实例来揭示相关研究领域的进展。

　　本教材是由不同研究领域老师结合学科发展、研究经历及国内外资料编写而成。参与编写工作的有陈义旺（第 1 章）、袁凯（第 2 章）、袁忠义（第 3 章和第 9 章）、熊涛（第 4 章）、魏振宏和蔡琥（第 5 章）、张小勇（第 6 章）、谢永发（第 7 章）、张有地（第 8 章）、李东平（第 10 章）、陈超（第 11 章）、付拯江和蔡琥（第 12 章）。

　　在教材的编写过程中，得到了有关部门和一些关心教材编写的老师以及化学工业出版社编辑的热情帮助和大力支持，在此一并表示衷心感谢。

　　鉴于编者学识有限，书中遗漏和不足之处在所难免，恳请广大同仁和读者批评指正。

陈义旺

2018 年 7 月

目 录 ▶▶▶

第3章 有机场效应晶体管材料 / 58

第4章　有机电致发光材料 / 88

第 11 章　多孔有机功能材料 / 351

第1章

绪论

材料是人类生存和发展的物质基础。在人类发展的历史中，材料占有非常重要的地位，如早期人类文明可以根据使用材料的不同划分为石器时代、青铜器时代、铁器时代等等。随着科学技术的高速发展，材料已经成为除信息和能源外的现代文明三大支柱之一，与国民经济、国防建设及人们的生活息息相关。因此，材料的发展和应用在人类社会的发展中具有重要的地位，一直伴随着时代的前行而进步。

1.1 材料的分类及特点

一般而言，材料是指经过加工后具有一定功能或性能，并能应用于机械、器件和产品的物质。材料可以重复和持续使用，除了正常损耗外不会不可逆地转化成别的物质[1-3]。材料可以通过原料加工来得到。

1.1.1 材料的分类

材料的种类繁多，既有从天然物质加工获得的，也有人工合成得到的；既有有机物质，也有无机物质，或者无机-有机复合的材料。从不同的角度可以区分成不同类型的材料。除去通常所说的难以完全区分界定的传统材料和新材料外，可以将材料分为以下几类[4]：

① 按照化学组成分类　分为金属、无机非金属、聚合物和复合材料；
② 按照功能分类　分为结构材料和功能材料；
③ 按照结构分类　分为晶体、非晶态、液晶、流变体、气体等材料；
④ 按照应用领域分类　分为导电、绝缘、生物医用、航天航空、能源材料等；
⑤ 按照物质形态及尺寸分类　分为块体、薄膜、纤维、粉体、多孔、纳米材料等。

1.1.2 材料的特点

结构材料是具有优良的力学性能，能承受外加载荷而保持其形状和结构稳定的物质。这些材料通常称为建筑材料和机械制造材料，统称为结构材料。结构材料主要用作产品、设备等的结构部件，关注的是强度和韧性。从广义上来看，结构材料可以看作是一种具有力学性能的材料。但由于对应力学功能的机械运动是一种宏观物体运动，与对应于其他功能的微观物体的运动有着显著区别，习惯上把结构材料单独归为一类[5]。

功能材料最早由美国贝尔实验室的 J. A. Morton 提出，其后逐渐为各国普遍接受，是具有优良光、电、磁、热、声、化学或生物学等功能及其相互转换的功能，被用于非结构目的的高技术材料[6]。随着科学技术的迅猛发展，具有各种不同功能和应用的新型功能材料，如导电材料、生物材料、航空材料、能源材料等不断涌现，引起了人们的广泛关注。

在材料发展的早期，随着工业革命的兴起，结构材料占主要地位，发展非常迅速，形成了庞大的生产体系，而功能材料发展则相对缓慢。随着第二次世界大战后高科技领域的发展，微电子、信息、能源、生物和医学等高新技术产业的兴起，功能材料成为了支撑这些产业的物质基础。目前，功能材料的种类和应用范围不断扩展，产生的经济效益和作用日益显著。

1.2 功能分子材料

1.2.1 功能分子材料的定义

功能分子材料可以看作是功能材料进一步的细分。目前具有实际应用的功能材料，如超导材料、磁性材料、非线性光学材料等都是基于原子或离子所组成的原子基材料。在这些材料中，金属和无机离子非金属化合物从主体结构上发挥功能。与此相对应，早在 20 世纪 70 年代，科学家们就提出了一类以分子为基础的分子基材料。我国无机化学家游效曾先生曾指出，分子材料是由不同组分、结构和尺寸的分子或聚集体为基块在低温下通过溶液和有机金属（或配位化学）的软合成方法制备组装的[7]。这类材料和分子化合物紧密联系在一起，在固态时分子内保持共价键的结合方式，分子间一般以范德华力和氢键相结合。这些基块之间的相互作用能赋予分子材料新的独特的性质。分子化合物主要包含无机分子材料、有机分子材料和配合物材料三个方面。例如，具有钙钛矿单胞结构的 $YBa_2Cu_3O_{7-x}$ 等无机超导分子材料；具有导电/光电性能的有机高分子聚合物材料；具有光/电磁性能的配合物材料等都属于这一范畴。其中，无机分子材料一般具有氧桥联的多面体配位结构；有机高分子材料结构以碳原子杂化后形成的共价键为骨架；配合物由金属离子和配体通过配位键形成。

因此，功能分子材料可以定义为具有光、电、磁、热、声、化学或生物学等及其相互转换功能的分子基材料。这类材料以分子为主体发挥功能。此外，在生物体系中，生物分子之间也主要是依靠分子间的范德华力和亲-疏水性使底物和受体结合在一起。因此，按照超分子化学把借助分子间"弱相互作用"而形成的超分子体系看作是广义的配位化学范畴的概念，生物分子体系也可以看作是功能分子材料的一部分[8]。

1.2.2 功能分子材料的特点

传统无机原子或离子构成的原子基材料具有结构简单、稳定性高、易于形成大块晶体等特点，但难以通过组成和结构的调控来改变其功能。功能分子材料是随着高新技术的发展而产生、推动的。这类材料涵括了有机材料和无机材料两大领域，其中的配合物材料可以兼容两类材料的优点，在功能分子材料中处于特殊地位。相比于原子基材料，功能分子材料存在以下显著的特点：

① 大部分功能分子材料，如配合物或有机分子材料，可以通过分子裁剪来设计、合成新型的分子，进而调控材料的性能，相关研究受到广泛的重视。如在染料敏化太阳能电池中，通过改变连接在染料分子上的功能团来设计合成新型的有机染料分子，以提高太阳能转换效率是常见的一种研究策略。

② 功能分子材料的基础是分子，材料性能不仅是微观分子性质的表现，还与分子间组装及排列有关[9]。化学家可以尝试利用化学合成及组装的方法，如晶体工程、自组装等，通过超分子体系中的分子识别来控制分子材料体系的有序排列，从而得到不同性能的分子基材料。例如，铁电性材料要求结晶于极性空间群，从手性原料出发合成手性配合物，调控结晶溶剂的极性可以使材料结晶于极性或其他空间群，从而表现出不同的铁电性质。

③ 得益于现代表征手段的高速发展，功能分子材料的结构表征已经越来越成熟，为人们分析分子微观结构与材料的性能之间的关系提供了可能，进而为后续设计、合成新型的分子材料，抑或发现材料新的性能提供了理论基础。例如，生物大分子借助于冷冻电镜技术，在对生物分子结构表征方面取得了巨大突破，为人们理解生物分子的功能提供了有益的信息。与此同时，计算机技术、信息处理技术、人工智能的发展将有可能为相关的研究提供巨大的助力。

1.2.3　功能分子材料的发展趋势

20 世纪 80 年代以来，电子信息、新能源、生物和新材料等高新技术的迅猛发展推动了功能材料的突跃性发展。高新技术的发展和应用依赖于新的功能材料及其器件的发展，也促进了功能材料相关基础研究的发展。功能分子材料的发展也是功能材料的进一步深入发展的结果，以满足高新科技器件小型化、智能化及可折叠等应用方面的需求。

（1）功能有机分子材料

在有机分子材料中，功能高分子材料是功能分子材料快速发展的一个代表。功能高分子首先提出于 20 世纪 60 年代，以交换树脂和高分子分离膜等吸附分离材料和高分子负载催化剂的迅速发展并实现产业化为标志。20 世纪 50 年代，感光树脂被发现并被应用于印刷工业；随后被应用到电子/微电子工业。1957 年，人们发现了聚乙烯基咔唑的光电导性；1966 年发现塑料光纤；1977 年发现导电功能聚合物。到 20 世纪 80 年代，功能高分子材料逐步拓展出分离膜、高分子催化剂、高分子液晶、导电高分子、光敏高分子、医用高分子、高分子药物与储能材料等十分宽广的交叉研究领域（表 1-1）[10]。

表 1-1　功能高分子材料及其应用

功　　能		种　　类	应　　用
光	光导	塑料光纤	通信、显示、医疗器械
	透光	镜片、阳光选择膜	医疗、农用膜
	偏光	液晶	显示
	光色	光致变色/发光高分子	防静电、屏蔽材料、发光材料
	光化	感光树脂、光刻胶	电极、电池
电	导电	高分子导体/半导体/超导体 导电塑料/薄膜、高分子聚电解质	电极、固体电解质材料
	介电	高分子驻极体	释电
	热电	热电高分子	显示、测量
	光电	光电导高分子、电致变色高分子	光电池、电子照相

功	能	种 类	应 用
磁	导磁	塑料橡胶/磁石、光磁材料	显示、记录、存储、中子吸收
热	热变形	形状记忆高分子、热收缩塑料	医疗、玩具
	绝热	耐烧蚀塑料	火箭、宇宙飞船
	热光	热释光塑料	测量
声	吸音	吸音防震高分子	建筑
	声电	声电换能/超声波发振高分子	音响设备
化学	反应性	高分子试剂/催化剂 可降解高分子材料	高分子反应 环保塑料制品
	吸附分离	交换/螯合树脂 絮凝剂、高吸水树脂	水净化、分离 保水/吸水用品
生物	仿生医用	仿生/智能高分子、高分子药物、医用高分子	生物医学工程、外科材料、医疗卫生

我国的功能高分子材料研究同样始于离子交换树脂的研究，但真正的发展阶段是在20世纪70年代之后。目前国内功能高分子材料研究已经涵盖了光、电、磁、信息、医用、药用等诸多领域，并逐渐向高功能化、多功能化、智能化和实用化等方面发展[11]。例如，纳米材料具有独特的表面效应、体积效应、尺寸效应和宏观量子隧道效应，使之在力学、电学、磁学等各个方面都有奇特的性能。因此，通过自组装得到功能聚合物纳米材料是当前功能高分子材料发展的方向之一。对于纳米高分子，目前已经有聚乙炔、聚吡啶、聚噻吩等光电功能高分子材料的报道，并拓展至纳米线、纳米管、纳米插层复合物等材料。此外，智能型高分子材料也是当前研究非常活跃的领域。这种材料是一种能够感知环境变化、并自我判断、自我执行的新型材料。如高分子凝胶受到环境刺激时，凝胶内部链段的构象会发生很大的变化，在溶胀相和收缩相间自发地发生转化，从而导致凝胶体积的突变。当外界刺激消失后，凝胶会自动恢复到内能较低的稳定状态。智能高分子材料在柔性可执行元件、微机械、药物释放体系、生物材料等方面都有广泛的应用前景。

得益于功能高分子材料的蓬勃发展，高分子材料的设计策略与合成手段也得到了进一步发展和完善。在功能高分子材料中，官能团和聚合物骨架起着重要的作用。因此，目前功能高分子材料研究中经常采用的设计思路有：将小分子材料的功能与聚合物骨架的性能相结合；利用小分子或官能团与聚合物骨架间的协同作用，如空间位阻作用、邻位官能团协同作用等；拓展已有分子材料的功能；借鉴无机掺杂、生物仿生等其他领域的方法。与此同时，在常见的高分子加成聚合和缩合聚合的基础上，开发出了活性聚合，如阳离子可控聚合、原子转移自由基聚合、基团转移聚合、活性开环等大批"可控聚合"的合成方法。这些方法的应用也有效地推动了功能有机分子材料的发展。

（2）功能配合物分子材料

自从1891年瑞士的Werner教授提出配位键理论之后，配位化学作为无机化学的重要分支，不仅在成键理论上不断更新，而且各种新型的功能配合物材料也不断被发现或合成出来。据估计，目前无机化学杂志中有70%的论文与配位化学相关。全世界每年创造合成的新物质中，有很大一部分是配合物材料。功能配合物材料的研究已经从化学、化工的各个分支学科，拓展到物理、材料、生物、医学和环境等众多的领域[12]。

早期的配位化学研究中，人们侧重于配合物的结构及其成键的研究。随着高新技术产业的兴起，具有特殊光、电、磁、热等物理性能，高选择性和高活性的化学特性及生物活性的功能配合物分子材料得到了迅速发展。例如，在当前化学工业重要基础的"C_1"体系（CO、CH_4、HCHO、CO_2 等）开发中，采用了大量的过渡金属配合物或聚合物作为催化剂。在光催化转化 CO_2 还原研究中，20 世纪 80 年代早期 Lehn 等最早采用贵金属配合物$[Ru(bpy)_3]^{2-}$作为光敏剂在水中进行反应[13]。随后，大量的过渡金属配合物（Fe^{II}、Mn^{I}、Co^{II} 等）被研究[14]，并取得了不错的效果。自 20 世纪中叶起，人们开始了配合物模拟固氮酶的研究，即在温和的条件下，将空气中的 N_2 分子转化为化合物，从而加以利用。这一研究包含功能模拟和结构模拟两个方面。1965 年，Allen 等就在水溶液中用水合肼和 $RuCl_3$ 反应获得了第一例较稳定的分子氮配合物$[Ru^{II}(NH_3)_5(N_2)]Cl_2$，之后不断出现单核、双核和多核配合物的相关报道。目前，只有少量配合物中的氮气分子可以被还原成肼或者胺，但随着人们对天然固氮酶的结构越来越清楚，模拟固氮的目标也越来越明确。固氮酶中的三类簇合物 Fe_4S_4 簇合物（铁蛋白）、P-簇合物（钼铁蛋白）和铁钼辅因子的模拟配合物不断被报道，为相关的研究提供了新的机遇和挑战。在生物医学方面，功能配合物在医学中的应用及其与人体内分子间作用、机理方面的研究具有重要的理论和现实意义。1965 年，Rosenberg 等报道了顺铂 cis-$Pt(NH_3)_2Cl_2$ 具有抗癌活性，打破了人们一直认为药物主要是有机化合物的传统观念，引起了科学家们的广大兴趣。随后，人们不断开发出新的铂类抗癌药物，已有 4 种被批准临床使用（图 1-1）。这些功能配合物药物的开发和应用从未间断，并不断有新的突破，为人类彻底战胜癌症带来了希望。

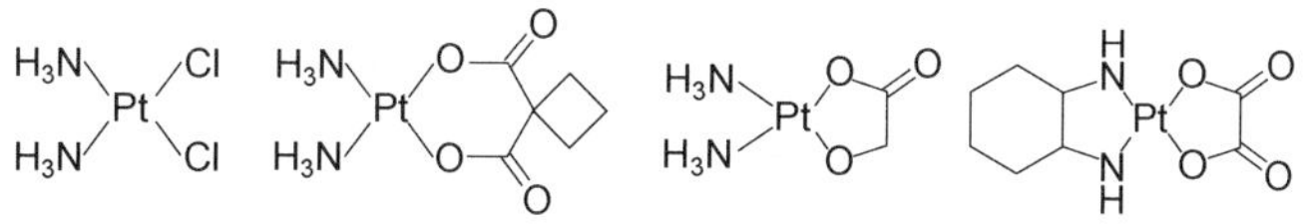

顺铂　　　卡铂　　　奈达铂　　　奥沙利铂
图 1-1　具有抗癌活性的功能配合物药物

在临床诊断中，核磁共振技术是疾病和组织损伤诊断强有力的手段之一，为及早发现癌症等疾病，提高治疗效果具有重要作用。在核磁共振成像中使用的造影剂也是含 Gd^{III}\\Mn^{II}、Fe^{III} 等顺磁性离子的功能配合物。这些配合物通常具有稳定、低毒、高弛豫率、靶向性及易于排出体外等特点。目前，获得临床诊断批准的造影剂主要是三价钆的配合物（图 1-2）。

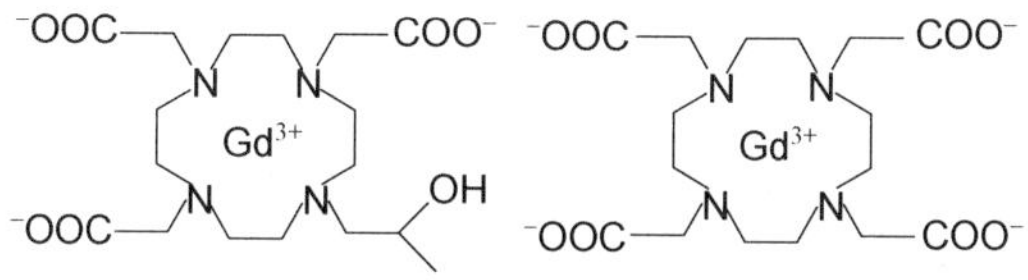

图 1-2　临床上使用的造影剂含钆功能配合物

随着空间技术、激光、能源及计算机等高新技术的发展，光电磁功能配合物的发展及其应用也非常迅猛。例如，有机电致发光二极管（OLED）具有反应时间快、发光效率高、驱动电压低等特点，被喻为下一代照明技术。1987 年，美国柯达公司设计合成得到具有热稳定性好、真空下易沉积成膜、荧光量子产率达到 25%~32%的 8-羟基喹啉铝应用于有机电致发光，获得了良好的应用效果并沿用至今。此后，大量的功能配合物材料（如 8-羟基喹啉镓/铟、β-二酮类稀土配合物等）作为空穴传输层、电子传输层或主发光层被应用于 OLED 研究

（图 1-3）。值得注意的是，近年来，人们将电致磷光现象应用到 OLED 领域并获得了关键性的突破，可使用于器件的荧光掺杂物的内量子产率从 25% 提高至接近 100%。1999 年，人们报道了最早应用于 OLED 器件的三重态磷光材料 PtOEP，器件的最大的外部量子产率可达到 5.6%。随后，人们报道了另外的具有较短磷光寿命的 Ir 配合物 $Btp_2Ir(acac)$ 应用于 OLED 器件，其外部量子产率也达到了 2.5%。这些功能配合物兼具荧光/磷光发光中心、电子传输和空穴传输，在 OLED 应用上具有诱人的应用前景。

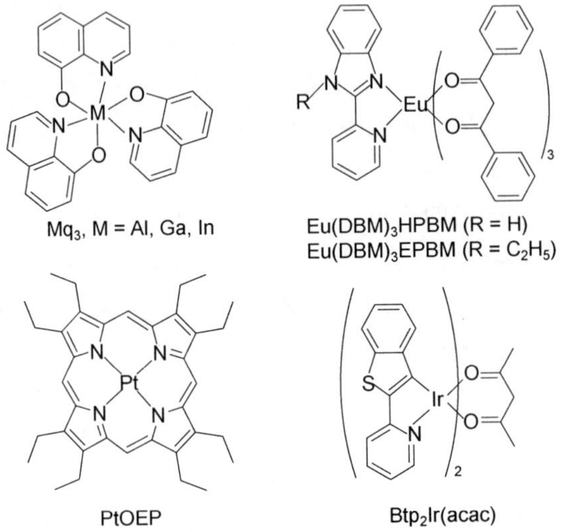

图 1-3　OLED 上应用的发光功能配合物

功能配合物磁性材料相比于传统的金属氧化物及金属合金材料，可通过低温合成、分子裁剪调控性能、配体及金属离子性质相结合易于形成多功能磁性材料等优点，在信息存储、分子器件、生物及医药领域都有诱人的应用前景。同时，由于配合物配体的可修饰性、金属离子的配位多样性，导致大量的磁性配合物分子被合成及表征，新的磁学现象及性能不断被发现，也是功能配合物分子材料发展非常迅猛的一个领域。目前，分子基磁性材料从单分子/单链/单离子磁体、手性磁体、自旋交叉材料、多铁性材料到磁制冷材料等众多方面都是研究的热点。

国内的配位化学在 20 世纪 50 年代才刚起步，此后十多年的研究主要集中在简单配合物的合成、性质、结构及其应用等方面。20 世纪 80 年代之后，随着我国经济的快速发展，配位化学在新型配合物、生物无机配合物及超分子化合物的合成及结构；配位反应热力学、动力学及机理；功能配合物的表征；具有光电磁及生物活性的功能配合物等各方面都有了快速的发展，相关研究步入了国际先进行列。

1.3　展望

功能分子材料与化学、材料、环境、生物、医学等多个学科有着紧密的联系和交叉渗透，是当前学科最前沿的、最活跃的研究领域之一。同时，功能分子材料的发展也呈现出分子材料不断功能化和功能材料不断分子化两个方面的发展趋势。从化学的角度来看，随着科技进步、学科的迅猛发展，人们对新型分子材料的功能开发越来越重视；同时，高性能、智能、柔性器件等的发展也对功能材料的分子化提出了要求。这既是功能分子材料发展的良好机遇，也是一种挑战。一方面，随着化学学科的快速发展，很多新的理论和科学现象不断被发现，新的合成技术和方法被提出，有力地推动了功能分子材料研究的发展。另一方面，高新技术的快速发展，必然要求有更多、更好性能的分子材料来满足实际使用的需要。如能源危机推动了人们对太阳能、储氢材料等功能分子材料的研究；信息产业的快速发展推动了分子信息存储材料、分子器件、分子机器、量子计算机等方面的研究等等。

总体上来看，功能分子材料与传统的功能材料相比，在国民经济体系里面占有的比例还相对较少，但功能分子材料一旦得到应用，将使器件和设备性能得到飞跃式的提升。功能分子材料顺应高新技术发展的需求，具有广阔的开发和应用前景，对化学、材料及生物等学科的发展，将产生深远的影响。

参 考 文 献

[1] 曾兆华，杨建文．材料化学．第 2 版．北京：化学工业出版社，2013.

[2] 郑子樵．新材料概论．第 2 版．长沙：中南大学出版社，2013.

[3] 彭正合．材料化学．北京：科学出版社，2013.

[4] 励杭泉，赵静，张晨．材料导论．第 2 版．北京：中国轻工业出版社，2013.

[5] 田永君，曹茂盛，曹传宝．先进材料导论．哈尔滨：哈尔滨工业大学出版社，2014.

[6] 李长青，张宇民，张云龙等．功能材料．哈尔滨：哈尔滨工业大学出版社，2013.

[7] 游效曾，熊仁根，左景林等．光电功能配合物及其组装，化学通报，2003，4，219.

[8] 游效曾．分子材料——光电功能配合物．第 2 版．北京：科学出版社，2014.

[9] 游效曾．配位化合物的结构和性质．第 2 版．北京：科学出版社，2012.

[10] 张春红，徐晓东，刘立佳．高分子材料．北京：北京航空航天大学出版社，2016.

[11] 焦剑，姚军燕．功能高分子材料．北京：化学工业出版社，2016.

[12] 刘伟生．配位化学．北京：化学工业出版社，2013.

[13] Hawecker, J. L.; Raymond, Z. *Helv. Chim. Acta*, **1986**, *69*, 1990

[14] (a) Grodkowski, J.; Neta, P. *J. Phys. Chem. A*, **2000**, *104*, 4475. (b) Takeda, H.; Koizumi, H.; et al. *Chem. Commun.*, **2014**, *50*, 1491.

第2章

有机太阳能电池材料

2.1 概述

2.1.1 有机太阳能电池发展背景

随着人类经济和社会的快速发展，全球对能源的需求日益增加。目前，煤炭、石油、天然气等传统的不可再生能源的储量越来越少，并且即将耗尽。发展和利用可再生能源已经迫在眉睫，成为当今社会亟待解决的问题。占地球总能量99%以上的太阳能，取之不尽，用之不竭。此外，太阳能是一种无污染的环境友好型能源。因此，对太阳能的利用已成为全球最热门的科学研究领域之一。据报道，一天辐射至地球上的太阳光能量差不多足够地球上全部人口以现今的能量消耗速率使用27年。太阳能的应用范围非常广泛，其中的太阳能电池是一种直接将太阳能转换成电能并加以利用的光电转换器件，它不产生噪声和有毒物质，也不排放任何温室气体，只需要一点点的维护，因此吸引了人们的眼球。1954年，美国的贝尔研究所成功地研制出硅太阳能电池，这开创了光电转换研究的先河[1,2]。2006年6月，美国提出了"阳光美国计划"。2007年11月22日，欧盟委员会通过了欧盟能源技术战略计划，进行推广包括风能、太阳能和生物能在内的"低碳能源"新技术。近年来，日本在光伏技术领域一直是全球的先驱与模范，其光伏产业水平远超欧美各国。此外，其他国家也相应提出了自己的"阳光计划""太阳能屋顶计划"等。我国也提出了发展可再生能源计划，截至2020年可再生能源消费量达到能源消费总额的15%，太阳能光伏发电是其重要部分之一。

目前，市场上商业化的传统太阳能电池主要以单晶硅、多晶硅等无机半导体太阳能电池为主。实验室制备的硅太阳能电池的光电转换效率已达到25%[3]，接近理论计算的上限值30%，并且商业化的单晶硅太阳能电池转换效率达到了15%~18%。然而，传统的无机太阳能电池因其生产工艺复杂、需要高温制备、成本高等缺点而限制了其广泛应用。近年来，有机聚合物太阳能电池因具有成本低、重量轻、制作工艺简单、可溶液加工、可在柔性衬底上制备等优点，尤其薄、轻、柔是无机半导体太阳能电池不具备的优点。另外有机聚合物材料种类繁多，可设计性强，可通过对结构和材料改性来提高太阳能电池的光伏性能。因此，这类太阳能电池具有很好的发展和应用前景。

2.1.2　有机太阳能电池发展历史

有机太阳能电池是以有机材料构成核心部分的太阳能电池，主要是以具有光敏性质的有机物作为半导体材料，以光伏效应而产生电压和形成电流，实现太阳能发电。

与硅基太阳能电池相比，有机太阳能电池的发展要稍晚。第一个硅基太阳能电池是1954年贝尔实验室制造出来的，它的光电转化效率接近6%[1]。而第一个有机太阳能电池器件是由Kearns和Calvin于1958年制备出来的，其主要的有机材料为镁酞菁（MgPc）染料，染料层夹在两个功函不同的电极之间。在此器件上，他们检测到了200 mV的开路电压，但是其光电转化效率由于其低的激子解离效率而非常低[4]。

在之后的二十多年间，有机太阳能电池研究领域的创新不多。所报道的有机太阳能电池的器件结构都与1958年报道的类似，只不过是在两个功函数不同的电极之间使用了不同的有机半导体材料。这类器件的原理也很简单，如图2-1所示：有机半导体内的电子在光照下从HOMO能级到LUMO能级，产生电子和空穴，电子被低功函的电极收集，空穴则被来自高功函电极的电子填充，因而在光照下形成电流。理论上，有机半导体薄膜与两个不同功函的电极接触时会形成不同的肖特基势垒。这是光致电荷能定向传递的基础，因而此类结构的电池也通常被称为"肖特基型有机太阳能电池"。

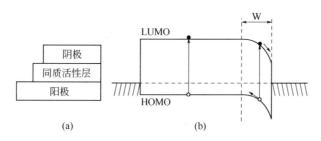

图 2-1　单层肖特基型器件工作原理

（a）器件结构；（b）能级示意图

有机太阳能电池领域中的一个重大突破出现在1986年，是由柯达公司的邓青云博士创造的。邓青云博士首次引入了电子给体（p型）/电子受体（n型）有机双层异质结的概念，以酞菁铜（CuPc）为电子给体（donor，简写为D），芘为电子受体（acceptor，简写为A）作为器件的核心，通过真空沉积制备了D/A双层异质结结构的有机光伏器件[5]。有机双层异质结是根据无机p-n结太阳能电池提出的，由两种有机半导体材料组成。该方法制备的有机太阳能电池的光电转化效率达到了1%左右。虽然1%的光电转换效率跟硅太阳能电池相差其远，但是相较于肖特基型有机太阳能电池却是一个很大的提高。这是一个成功的创新，为有机太阳能电池的研究开拓了一个新的方向。迄今为止，这种双层异质结结构仍然是有机太阳能电池研究的重点之一。

双层异质结有机太阳能电池的器件结构及原理如图2-2所示。作为给体的有机半导体材料吸收光子之后产生电子-空穴对，电子注入作为受体的有机半导体材料后，电子和空穴得到分离。在这种体系中，电子给体为p型，电子受体为n型，从而电子和空穴分别传输到两个不同的电极上，形成光电流。与之前的肖特基型有机太阳能电池相比，这种双层异质结结构的特点是引入了电荷分离的机制。与硅半导体相比，有机分子之间的相互作用要弱得多，不同分子之间的 LUMO 和 HOMO 并不能像硅太阳能电池那样在整个体相中形成连续的导带和价带。载流子在有机半导体中的传输需要经由电荷在不同分子之间的"跳跃"机制来实现，宏观的表现就是其载流子迁移率要比无机半导体低得多。同时，有机小分子吸收光子而被激发时，不能像硅半导体那样价带中的电子受激发跃迁至导带并在价带中留下空穴。光激发的有机分子是通过静电作用产生结合在一起的电子-空穴对，也称为"激子（exciton）"。激子的存在时间是有限的，也就是说是有寿命的，通常在毫秒量级以下。未经彻底分离的电子和空穴会复合，释放出其吸收的能量。显然，未能分离出电子和空穴的激子对光电流是没有贡献的。因此有机半导体中的激子分离效率对电池的光电转化效率具有重要影响。

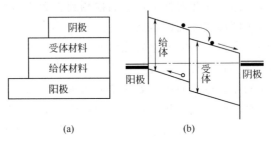

■ 图 2-2　双层异质结器件工作原理

（a）器件结构；（b）能级示意图

对于肖特基型太阳能电池来说，激子的分离效率是一个重要的问题。光激发形成的激子，只有在肖特基结的扩散层内，依靠结区的电场作用才能得到分离。而在其他位置上形成的激子，必须先移动到扩散层内才可能分离。但是有机染料分子内激子的迁移距离是有限的，通常小于10 nm。所以大多数激子在分离成电子和空穴之前就已经复合了。在有机太阳能电池中引入异质结则能够明显地提高激子的分离效率，减少复合。电子从受激分子的 LUMO 能级注入电子受体的 LUMO 能级，该过程本质上就是激子的分离过程。两个有机材料之间的界面是不平整的。在薄膜的制备过程（热蒸发沉积或溶液旋涂法）中，两层膜会形成一种互穿的结构，从而界面具有较大的面积。在给体材料的体相中产生的激子，通过扩散可以较容易地到达两种材料的界面，将电子注入受体材料的 LUMO 能级以实现电荷分离。同时，也有研究表明，受体材料也可以吸收相应频率的光子形成激子，将其 HOMO 能级上的空穴反向注入给体材料的 HOMO 能级中。因此，在双层膜的界面两侧可以同时形成激子，激子再扩散至界面上分离。总之，相对于肖特基型有机太阳能电池，采用给体-受体双层异质结可以显著地提高激子的分离效率。

1992 年，Sariciftci 发现激发态的电子能快速地从有机半导体分子注入 C_{60} 分子（图 2-3）中，而反向过程却慢得多。也就是说，在有机半导体材料与 C_{60} 的界面上，激子的分离效率很高，而且分离后的电荷不容易在界面上复合。这是由于 C_{60} 的表面是一个很大的共轭结构，电子在由 60 个碳原子轨道组成的分子轨道上离域，可以对外来的电子起到稳定作用。因此 C_{60} 是一个良好的电子受体材料。所以，在此基础上，研究人员制备了以聚对亚苯基乙烯（PPV）为电子给体，C_{60} 为电子受体的双层异质结太阳电池。此后，以 C_{60} 为电子受体的双层异质结太阳能电池层出不穷[6-10]。

随后，美国加州大学圣巴巴拉分校黑格尔（Alan J. Heeger）课题组在此类太阳能电池的基础上又提出了一个重要概念：混合异质结或者本体异质结（bulk heterojunction）[11]。它的提出主要针对于光电转化过程中激子分离和载流子传输这两方面的限制。双层异质结太阳能

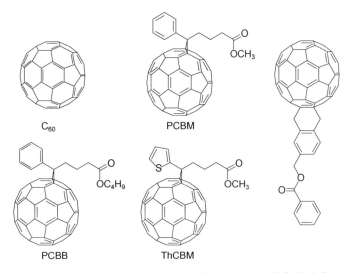

■ 图2-3　有机太阳能电池中一些 C_{60} 及其衍生物的结构

电池虽然具有较大的面积，但是激子仍只能在界面区域分离，离界面较远处产生的激子在还没有移动到界面上时就复合了。而且有机材料的载流子迁移率通常很低，在界面上分离出来的载流子在向电极运动的过程中大量损失。这两点限制了双层异质结太阳能电池的光电转化效率，因此本体异质结是一个重要的发展历程。

2.1.3　本体异质结有机太阳能电池

　　所谓混合异质结或者说本体异质结（图2-4），就是将给体材料和受体材料混合在一起，通过共蒸发或者旋涂的方法制成一种混合薄膜。器件中的活性层吸收光子产生激子，激子扩散至给体和受体接触的界面处，由于激子的结合能小于给体材料和受体材料之间的能级差而在界面处发生分离，即激子分离成电子-空穴对，然后电子沿着受体连接相传输至阴极，空穴

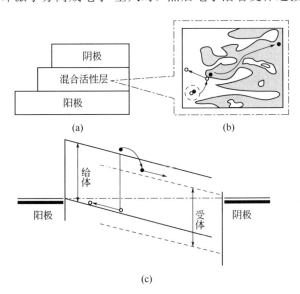

■ 图2-4　本体异质结器件工作原理

（a）器件结构；（b）混合在一起的给体（白色）和受体（黑色）空间分布示意图；（c）能级示意图

沿着给体连接相传输至阳极，如果在外电路中接上负载，则产生光电流。给体和受体在混合薄膜内形成各自单一的区域。在任何位置产生的激子，都可以通过很短的路径到达给-受体界面。此外，这种共混薄膜能够增加给-受体界面面积，从而提高激子分离效率。同时，在界面上形成的电子和空穴也可以通过较短的路径到达电极，从而弥补载流子迁移率小的不足。但是，正负电极应该具有选择性。也就是说，当给体与电极接触时，给体不能把空穴传输给负极。当前，本体异质结有机太阳能电池是研究的主流。

虽然本体异质结有机太阳能电池能够提高激子的分离效率和传输效率，但是仍然存在很多关键问题。比如，给-受体的相分离尺寸问题。由于激子的扩散距离仅有 10 nm，因而给-受体的相分离应该在 10~20 nm 为最好。同时，激子分离后形成的电子需要沿着受体传输至负极处被负极收集，空穴需要沿着给体传输至正极处被正极收集。因此除了确保相分离尺寸在 10~20 nm 外，薄膜还需要给体和受体形成双连续的结构，以利于电荷的传输。因而，理想的本体异质结结构应该为给-受体形成双连续的互穿网络结构，并且给-受体具有适宜的相分离尺寸。为了达到这种理想的结构形貌，各国学者从不同的方面进行了系统的研究。比如给体材料和受体材料的设计，活性层形貌的调控及器件结构的优化等等。目前，本体异质结太阳能电池是有机太阳能电池领域研究的重点。大部分有机太阳能电池的研究都是采用这种本体异质结结构。

2.1.4 界面缓冲层及器件结构

为了提高有机太阳能电池的性能，研究者们通常会在光活性层和电极之间插入一层修饰层，称为界面修饰层或者缓冲层。其主要作用为提高电荷在电极处的收集效率。在活性层和阳极之间的界面修饰层称为阳极缓冲层，其对电荷传输具有选择性，即主要传输空穴而阻隔电子的传输。同理，阴极界面层主要是传输电子而阻隔空穴的传输。同时，界面修饰层降低光活性层与电极之间的能量势垒，形成欧姆接触而降低正负电荷的复合。此外，界面修饰层还可以抑制活性层和金属电极的化学反应，并且阻止金属原子向活性层中扩散。某些特殊的界面材料还可以作为光学间隔层来调整有机太阳能电池中的入射光分布，进而使得活性层能够最大化地吸收入射光。

在本体异质结有机太阳能电池中，应用最广泛的金属阴极材料是 Al，其功函数为 4.3 eV，接近富勒烯受体衍生物的 LUMO（最低空轨道）能级。目前，阴极界面材料有许多种，比如金属界面材料 Ca 和 Ba，无机氟化物 LiF，n 型金属氧化物半导体 TiO_x 和 ZnO，水/醇溶性共轭聚电解质 PFN 以及 $CsCO_3$ 等等。

阳极界面层对于提高有机太阳能电池的器件性能同样具有重要作用。目前，应用最广泛的阳极界面层有 PEDOT:PSS（聚 3,4-亚乙二氧基噻吩:聚苯乙烯磺酸）和 p 型氧化物 MoO_3、WO_3、V_2O_5、NiO 等。此外，CNTs（碳纳米管）和石墨烯材料近年来也常用于界面修饰材料。其中，PEDOT:PSS 不仅在有机太阳能电池中应用广泛，而且在有机发光二极管等领域也应用广泛。PEDOT:PSS 是一种透明导电聚合物，其常被用来修饰 ITO（氧化铟锡）电极，平滑 ITO 表面，降低 ITO 表面粗糙度，稳定 ITO 电极的功函，提高电荷的收集效率。

虽然 PEDOT:PSS 修饰的 ITO 阳极能够提高器件的光伏性能，但是其也存在器件稳定性的问题。PEDOT:PSS 呈酸性，器件放久了 PEDOT:PSS 会腐蚀 ITO，进而降低器件性能。因此，研究者们设计了不同于传统器件结构的方向器件结构（图 2-5）。相比于传统的正向器件结构，反向器件结构电池的稳定性明显提高。反向电池中，ITO 作为阴极，ITO 修饰层换为

ZnO、PFN 等其他中性物质，避免了 PEDOT:PSS 腐蚀 ITO 的现象。此外，阳极换为对空气更加稳定的 Au、Ag 等金属，也会提高器件稳定性。

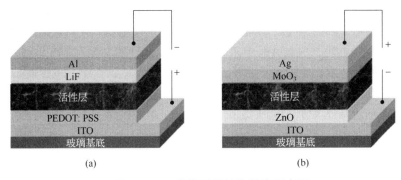

图 2-5　两种类型器件的结构示意图

（a）传统的正向器件；　（b）反向器件

2.1.5　太阳能电池的器件参数

一个典型的太阳能电池的电流密度-电压（J-V）曲线如图 2-6 所示。

短路电流（J_{sc}）是在没有外部偏压时的电流，即在光照条件下，太阳能电池正负极短路时的电流，为太阳能电池的最大输出光电流，单位为 mA/cm^2。此时，电荷的漂移是由于内场的作用。J_{sc} 是由吸收的光子数（光激子的数目）、电荷分离的量子效率和电荷载流子通过材料的传输性能等决定的。因此，提高短路电流的方法有扩展活性层对可见-近红外区的吸光波长范围，提高激子的产生效率和分离效率，以及提高载流子的传输效率和载流子在对应电极上的收集效率等。

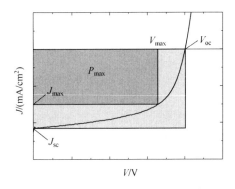

图 2-6　太阳能电池的 J-V 曲线图

开路电压（V_{oc}）是太阳能电池的最大输出电压，即在光照条件下，太阳能电池的正负极断路时的电压，单位为伏特（V）。对于肖特基型单层聚合物太阳能电池，V_{oc} 仅仅由正负极的功函数差决定。然而，对于 D/A 共混的本体异质结太阳能电池，V_{oc} 决定于活性层中给体和受体的准费米能级差。通常采用式（2-1）进行分析：

$$V_{oc} = (E_{LUMO}^{A} - E_{HOMO}^{D} - \Delta E) / e \qquad (2-1)$$

式中，ΔE 为光电转换过程中的能量损失，通常 $\Delta E = 0.3$ eV；e 为基本电荷；E_{LUMO}^{A} 为受体的 LUMO 能级；E_{HOMO}^{D} 为给体的 HOMO 能级。从上述方程中可以看出，在能够有效分离激子的前提下，适当地提高受体的 LUMO 和降低给体的 HOMO 可以提高太阳能电池的开路电压。此外，太阳能电池的开路电压还与器件的串联电阻、并联电阻、界面偶极、活性层形貌和电极功函有关。

填充因子（FF）是上述图 2-6 中深灰色区域的面积与浅灰色区域的面积之比。FF 决定于太阳能电池 J-V 曲线的形状。其定义为

$$FF = \frac{P_{max}}{J_{sc}V_{oc}} = \frac{J_{max}V_{max}}{J_{sc}V_{oc}} \qquad (2-2)$$

式中，P_{max} 为最大输出功率；J_{sc} 为短路电流密度；V_{oc} 为开路电压；V_{max} 和 J_{max} 为最大输出功率对应的输出电压和短路电流密度。FF 受器件的串联电阻、并联电阻和载流子迁移率的影响巨大。减小串联电阻、增加并联电阻和提高载流子迁移率是提高 FF 的重要方法。

能量转换效率（PCE）是描述器件性能最重要的一个表征参数。PCE 表示为入射光的能量有多少转化为有效的电能。显然，太阳能电池器件的 V_{oc}、J_{sc} 和 FF 越大，其能量转化效率也就越大。PCE 的值与 J_{sc}、V_{oc} 和 FF 这三个参数成正比例关系：

$$PCE = \frac{J_{sc}V_{oc}FF}{\text{吸收太阳光的能量}} \qquad (2-3)$$

因而，为了提高太阳能电池的光电转化效率，需要同时考虑 J_{sc}、V_{oc} 和 FF 三个参数因素。这与活性材料的选择、活性层形貌的调控以及界面层的调控都有着密切的联系。

2.1.6 活性层材料的设计规则

太阳每秒都以辐射的方式释放出巨大的能量。太阳光辐射到地球大气层上的能量为 1366 W/m² （AM 0，AM 为空气质量）[12]。由于太阳光穿过地球的大气层时，大气层会反射和吸收一部分可见光区域的能量，因而导致太阳光到达地球表面的能量损失。在理想的条件下，太阳光辐照到地球表面（即赤道）的能量约为 1000 W/m² （AM 1）。为了考虑实际情况，国际惯例通常采用 AM 1.5 作为太阳光辐照在地球表面的能量标准，如图 2-7 所示，大部分光辐照分布在波长为 280~4000 nm 的范围内[13]。通常情况下，假设光伏材料吸收一个光子转化成一个电子（光伏效应），因而在考虑太阳光照及太阳能电池的时候，通过整合计算不同波长下的光子数目显得尤为重要。从图中可以看出，红外波长范围内的光子数目达到了最大值。如果光伏材料能够吸收并捕获更多的该区域光子，那么这将大幅提高太阳能电池的光电转化效率。值得注意的是，长波长的光子能量较低，这将限制器件产生的电压差异。因而，窄带隙的光伏材料受到光电器件研究者的青睐。此外，设计光伏材料时，光伏材料的光吸收应尽量与太阳能光谱一致，以确保能够吸收更多的光能。除了提高光吸收可以增加短路电流以外，提高载流子迁移率、激子的产生效率和激子的电荷分离效率也是提高短路电流的关键。

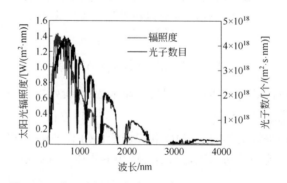

图 2-7 太阳光辐照度（灰色）和光子数目（黑色）

2.2 有机太阳能电池活性层材料

本体异质结有机太阳能电池的活性层主要由给体材料和受体材料组成，给/受体材料又分为聚合物材料和小分子材料，在选择这两组分时应该综合考虑多个方面的因素，比如两者的吸光能力、能级、相容性、成膜性、结晶性、载流子迁移率以及两者共混成膜的形貌等等。下面着重分别讲述几种典型的活性材料（图 2-8）。

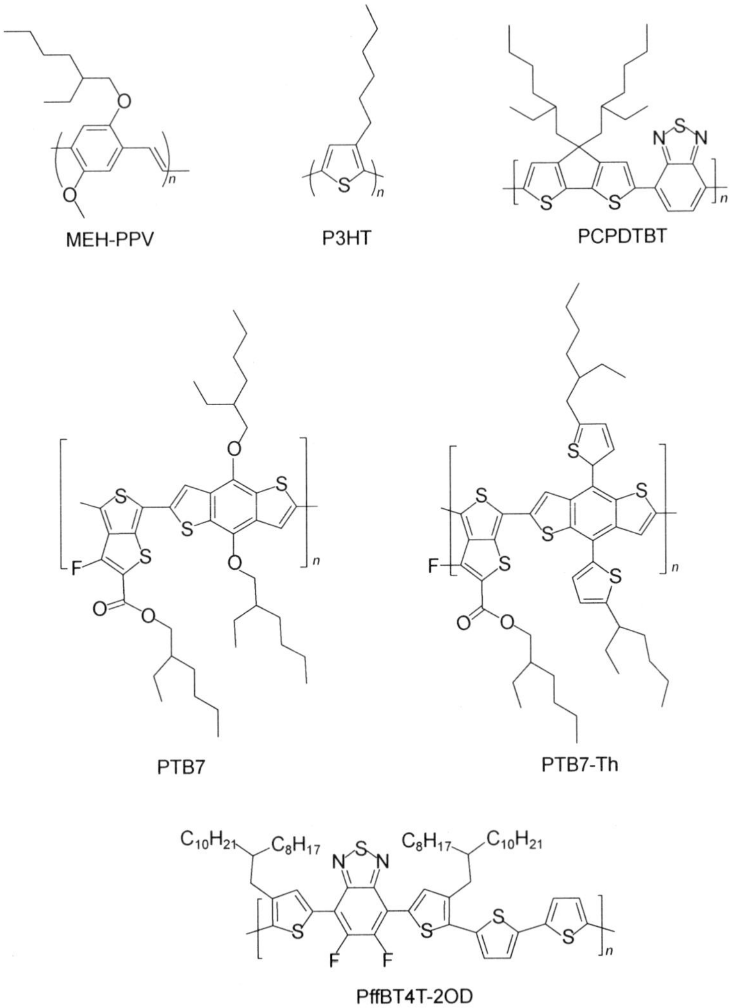

MEH-PPV   P3HT   PCPDTBT

PTB7   PTB7-Th

PffBT4T-2OD

■ 图 2-8　几种重要给体材料的分子结构

2.2.1　聚合物给体材料

（1）MEH-PPV 给体材料

在聚合物太阳能电池研究史上，出现最早的典型的一类聚合物给体是聚对亚苯基乙烯（PPV）衍生物 MEH-PPV，它是由 Wudl 等人于 10 世纪 90 年代初发现的[14]。1995 年，Yu 等人将 MEH-PPV 与 C_{60} 及其衍生物共混制备本体异质结有机太阳能电池，其报道的电池光电转化效率为当时最高[11]。这开辟了太阳能电池聚合物材料的新领域。在优化后，该电池的器件光电转化效率超过了 3.0%[15,16]。MEH-PPV 的 LUMO 为 -2.90 eV，HOMO 为 -5.07 eV[17]。MEH-PPV 紫外吸收光谱图中，吸收峰位于 400~560 nm，吸收边为 560 nm，能带带隙约为 2.2 eV。因而，MEH-PPV 属于宽带隙聚合物给体材料。限制 MEH-PPV 推广的主要原因是其较窄的光吸收范围和低的空穴迁移率。MEH-PPV 的空穴迁移率极低，在 10^{-7} 数量级，这可能与其固体薄膜中分子链间的相互作用较弱有关。

（2）P3HT 给体材料

聚(3-己基噻吩)（P3HT）是一种研究最广的聚合物太阳能电池给体材料。许多研究有机太阳电池的课题组都是从 P3HT 开始着手的。P3HT 的 LUMO 约为 -2.90 eV，HOMO 约为 -5.00 eV，其光学带隙约为 2.1 eV。P3HT 薄膜的吸收主要在 400~650 nm，规整度为 100% 的 P3HT 薄膜吸收光谱在室温下的三个吸收分别在 515 nm、556 nm 和 610 nm，吸收边在 650 nm[18]。P3HT 的规整度和分子量对于 P3HT 的性能影响很大，并且影响以 P3HT 为给体的太阳能电池器件性能。规整度高的 P3HT 具有更好的平面性和更强的链间相互作用，结晶性强，有效共轭长度更长，吸收光谱红移和扩宽，并且具有高的迁移率。高分子量的 P3HT 在固体薄膜吸收光谱中会出现红移现象并且在 600 nm 处有明显的肩峰。这表明有片层结构的形成和分子链间的聚集。然而低分子量的 P3HT 具有短的共轭长度，导致分子间相互作用减弱且空穴迁移率降低。到目前为止，P3HT 为电子给体，PCBM 为电子受体形成的本体异质结太阳能电池经过优化后的 PCE 达到了 5%[19,20]。此外，基于 P3HT:PCBM 体系的本体异质太阳能电池的器件性能与其活性层的形貌密切相关。

（3）PCPDTBT 给体材料

为了减小带隙和提高吸收的覆盖范围，Zhu 等人[21]报道了基于二噻吩并环戊二烯和苯并噻二唑的共聚物 PCPDTBT。PCPDTBT 具有两个乙基己基基团，因而其在有机溶剂中具有良好的溶解性，并且与 PCBM 具有很好的相容性，这提高了其加工性能。该聚合物的 HOMO 和 LUMO 能级分别为 -5.30 eV 和 -3.57 eV，其光学带隙大约为 1.4 eV，这对于聚合物本体异质结太阳能电池来说非常理想。与均聚的 CPDT 聚合物不同，PCPDTBT 的固体吸收相较于溶液吸收有明显的红移。这意味着其具有更强的分子间相互作用，这是因为引入了苯并噻二唑单元。基于 PCPDTBT/$PC_{71}BM$ 的本体异质结太阳能电池 PCE 达到了 3.5%，J_{sc} 为 11.8 mA/cm²，V_{oc} 为 0.65 V。在 400~800 nm 的光谱范围内，其 EQE 超过了 25%，并且最大值为 700 nm 处的 38%。此外，产生光电流的波长扩展到了 900 nm[22]。PCPDTBT 的优越性能主要是因为其具有较宽和较强的吸收光谱以及较高的电荷载流子迁移率。这种平面结构促进了聚合物链之间的载流子传输，使其空穴迁移率达到了 1×10^{-3} cm²/(V·s)。通过添加少量的 1,8-二硫醇到 PCPDTBT:$PC_{71}BM$ 活性层中，其太阳能电池的效率提高到了 5.5%，这是因为最优的本体异质结形貌提高了光电导性和电荷载流子的寿命[23]。在器件制备过程中不需要热退火的情况下，这提供了一种简单可控的形貌修饰方法，并且这对于那些热退火起反作用和低结晶度的 p 型聚合物来说非常有用[24,25]。Heeger 等人报道了一种具有两个活性层的串联电池。其目的是希望宽带隙的 P3HT 和窄带隙的 PCPDTBT 通过吸收不同波段的光来最大化地吸收光能。该器件的 PCE 获得了突破性的 6%[26]。由于 PCPDTBT 是第一个具有突破性的窄带隙 D-A 聚合物，研究人员对 PCPDTBT:$PC_{71}BM$ 共混物进行了大量的物理性能研究，比如光电导性[27]、电子转移[28]和电荷传输[29]。

（4）PTB7 及 PTB7-Th 给体材料

PTB7 是当时 PCE 突破 7%的一种窄带隙聚合物给体材料，该聚合物具有良好的溶解性，HOMO 能级为-5.14 eV，LUMO 能级为-3.51 eV[30,31]。相对于 P3HT，PTB7 具有更好的平面性，P3HT 的扭转角为 47°，而 PTB7 的扭转角为 25°，因此 PTB7 具有强的 π-π 堆叠性能，其空穴迁移率为 $5.8×10^{-4}$ cm²/(V·s)。PTB7 在 550~750 nm 波长范围内具有较强的吸收，而 $PC_{71}BM$ 在可见光范围内有较强的吸收，因此 PTB7:$PC_{71}BM$ 共混薄膜在 300~750 nm 波长范围内有较强的吸收。以 PTB7 为给体，$PC_{71}BM$ 为受体，氯苯为溶剂，1,8-二溴碘烷（DIO）为添加剂制备的器件 J_{sc} 为 14.50 mA/cm²，V_{oc} 为 0.74 V，FF 为 68.97%，并且 PCE 达到了7.4%。当 PTB7 的分子质量达到 128 kg/mol，多分散性（PDI）为 1.12 时，其 PCE 值可以达到 8.5%。

PTB7-Th 是在 PTB7 基础上发展起来的另一类高效给体材料[32]。PTB7-Th 的 HOMO 能级和 LUMO 能级分别为-5.22 eV 和-3.64 eV。相比于 PTB7 的光学带隙（1.63 eV），PTB7-Th 的光学带隙更窄，为 1.58 eV，这是因为在 PTB7-Th 的两个侧链引入的两个噻吩单元增强了内部分子的 π-π 堆叠作用。此外，PTB7-Th 对光的吸收比 PTB7 更强且吸收范围更宽。因此，以 PTB7-Th 为给体，$PC_{71}BM$ 为受体的太阳能电池经过优化后的 PCE 值突破了 10%[33]。

（5）PffBT4T-2OD 给体材料

PffBT4T-2OD 是最近 H. Yan 研究组报道的一种高迁移率窄带隙聚合物给体材料，其迁移率可以达到 $1.5×10^{-2}$~$3×10^{-2}$ cm²/(V·s)[34]。PffBT4T-2OD 的 HOMO 能级和 LUMO 能级分别为-5.34 eV 和-3.69 eV，带隙为 1.65 eV，其具有较宽的光学吸收范围，400~750 nm。以 PffBT4T-2OD 为给体，$PC_{71}BM$ 为受体制备的太阳能电池器件效率达到了 10.5%，而当以 $PC_{71}BM$ 为受体时器件效率达到了 10.8%，这进一步刷新了单节有机太阳能电池的 PCE 值。而后他们又针对该聚合物的侧链基团进行改进，并且将该聚合物与 $PC_{71}BM$ 作为活性层使用非卤溶剂加工得到了当时最高的 11.7%的效率[35]。由于该类聚合物具有非常高的迁移率，因此其活性层膜厚可达到 300~400 nm，并且仍保持非常高的光电转换效率，使其受到广大研究者的关注。

2.2.2 小分子给体材料

目前，基于聚合物的太阳能电池光电转化效率已突破 11%，相对于聚合物太阳能电池，小分子太阳能电池具有更多的优点，例如小分子材料具有确定的分子结构，分子质量一定，从而有利于器件性能的可重复性；基于小分子材料的太阳能电池迁移率更高而且具有高的开路电压；另外，小分子材料更容易根据需要去设计其结构，调节其带隙，从而得到一个理想的结构。因此，小分子材料成为近些年国内外研究热点，其光电转化效率已超过 10%[36,37]。根据电荷载流子的迁移方式，小分子半导体材料可以分为空穴或电子（p 型或 n 型）传输材料。许多的小分子 p 型半导体已经被研究了几十年，而这其中只有一少部分的材料成功被用于有机太阳能电池的电子给体材料。这些材料需要具有好的光吸收和电化学稳定性，另外还要有高的空穴迁移能力，良好的成膜性，与受体能级匹配，具有较好的光吸收。这里我们主要介绍一些高效率的小分子给体。

（1）低聚噻吩类

由于噻吩单元被认为是有机功能材料里最好的构建基团，因此低聚噻吩被广泛研究报道用于有机太阳能电池中。2006 年 Roncali 等人报道了一系列的低聚噻吩衍生物，以四面体硅作为核的三维低聚噻吩，作为给体材料用于可溶液加工的小分子有机太阳能电池，将其与

$PC_{61}BM$ 共混得到了 0.3% 的光电转换效率[38]。接着带分支的或星型的低聚噻吩被设计出来，但效率仍然不到 2%[39,40]。这主要是因为它们相对较高的带隙（＞2.2 eV）限制了可见光和近红外光谱吸收。因此需要增加主链的共轭长度，通常在 6~10 个共轭单元。另外一个调节带隙的方法是通过引入给体-受体（D-A）的结构。2006 年 Bauerle 等人报道了 DCV5T 的小分子，通过引入强吸电子单元的二异氰基乙烯基（DCV）到五联噻吩体系中用于真空蒸镀的有机太阳能电池中。最近基于 DCV5T 的分子 DCV5T-Me 达到 6.9% 的光电转换效率[41]。

2009 年陈永胜课题组设计合成了一系列的长烷基链侧链和 DCV 为末端基团的一维低聚噻吩（1~3）[42]。它们的紫外吸收显示通过引入 DCV 吸电子基团不仅使得吸收红移而且具有更高的吸收系数。当增加噻吩单元的个数时，分子 1~3 的光学带隙依次减小，分别为 1.90 eV、1.74 eV 和 1.68 eV。因此基于 3:$PC_{61}BM$ 的可溶液加工的本体异质结太阳能电池的光电转换效率达到了 2.45%，器件优化之后达到了 3.7%。

小分子 3 的器件填充因子很低，被认为是由于其刚性共平面结构和低的溶解性导致非常差的薄膜形貌所引起的，因此必须通过分子设计来优化传统的小分子。陈永胜课题组通过氰基乙酸酯基替换 DCV 吸电子基合成了 3 个小分子 4~6（图 2-9）[43]。基于这 3 个分子的器件效率相较于小分子 3 得到了显著的提高，主要表现在填充因子提高非常明显（约 0.5），开路电压和短路电流基本不变。填充因子极大的提高是因为具有更好的连续互穿网络的形貌有利于电荷的分离与传输。

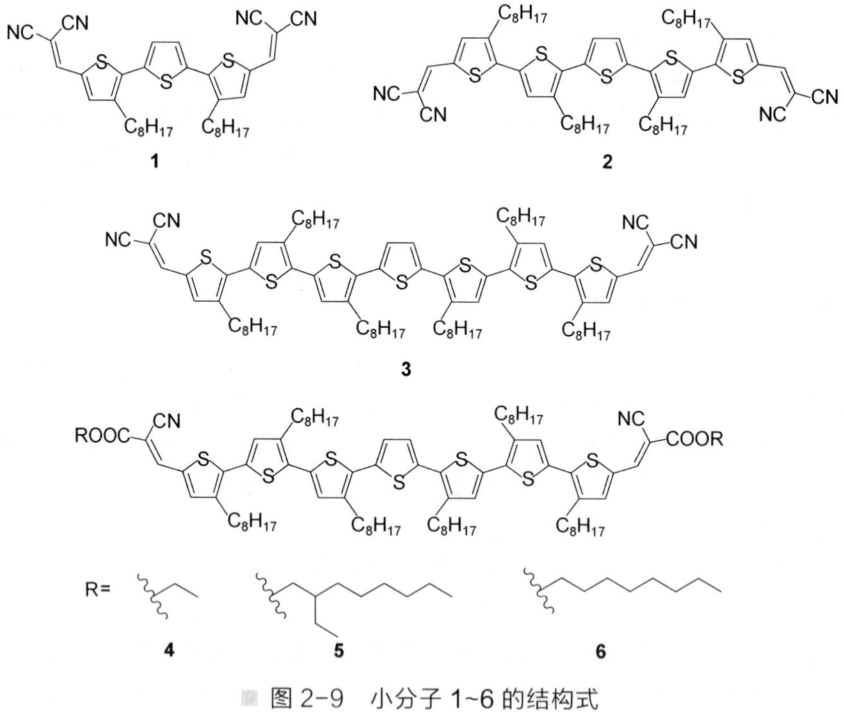

■ 图 2-9　小分子 1~6 的结构式

聚合物的器件最高短路电流超过了 20 mA/cm^2，而小分子的短路电流相对较低，因此研究人员引入染料基团来增强光吸收。一系列的染料基团包括 3-乙基绕丹宁被引入到七联噻吩中（图 2-10）[44-46]。总的来说，小分子 7~12 的光吸收明显增强并且发生了红移。系统研究发现基于小分子 7 的器件效率最高达到了 6.1%，开路电压为 0.92 V，短路电流为 13.98 mA/cm^2。

短路电流的提高主要是因为小分子 **7** 具有非常宽的光吸收，吸收范围在 350~750 nm。

值得注意的是基于所有这些小分子的器件效率在 4%~6%，这意味着主链是非常重要的。但是要想得到最好的性能必须综合考虑所有的因素。不同末端基分子的溶液和膜吸收各不相同，这是因为它们具有不同的吸电子能力和分子堆叠方式。末端基同样会影响 HOMO 和 LUMO 能级，特别是 LUMO 能级，小分子 **11** 是一个很好的例子。另外，尽管七联噻吩主干上含有 6 个辛基烷基侧链，末端基仍然对分子的溶解性影响很大。例如，小分子 **6** 在氯仿中的最大溶解度为 204 mg/mL，而小分子 **11** 的溶解度只有 4.6 mg/mL。这些分子由于主干一样，开路电压基本相同，而它们的短路电流和填充因子却因为末端基不同而变化明显，这可能是因为不同的活性层其分子堆叠和形貌都不一样。总的来说，烷基的氰基乙酸酯和绕丹宁，特别是后者，在所有末端基单元中是性能最好的。此外，末端基为 1,3-茚满二酮的小分子 **10** 的填充因子最高达到了 0.72。

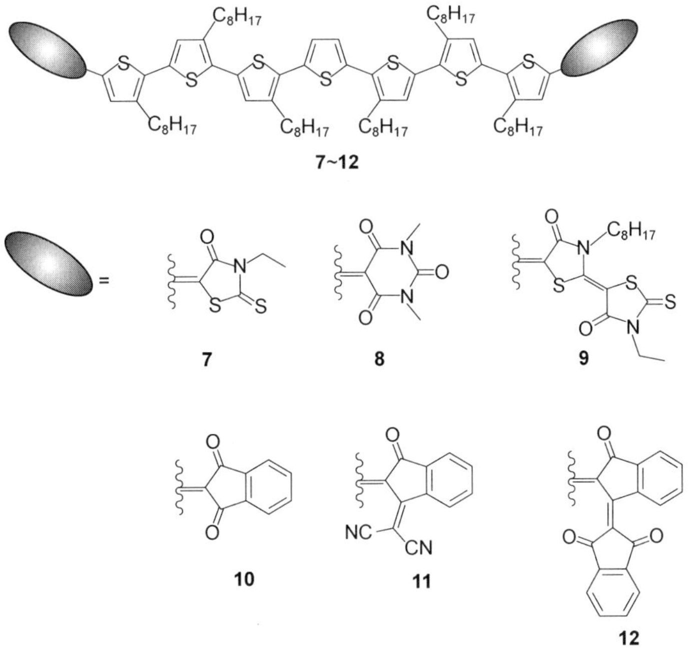

■ 图 2-10　小分子 7~12 的结构式

显然，这里存在一个疑问，主链结构长度为 7 个共轭单元是否是最优的？为了解决这个问题，研究者设计合成小分子 **13~15**（图 2-11），它们主链为 5 个噻吩的共轭单元，末端为 3 个不同的吸电子基团[47]。在这 3 个分子中，小分子 **14** 表现出了很高的开路电压 1.08 cV，但是只有一个中等的光电转换效率 4.63%，而小分子 **13** 和 **15** 的开路电压只有 0.88 eV 和 0.78 eV，器件效率也只有 3.27% 和 4.0%，都低于七联噻吩分子的开路电压和光电转换效率。开路电压降低可能是因为小分子 **13** 和 **15** 具有更强的 D-A 相互作用力。五联噻吩类的分子空穴迁移率和七联噻吩类分子虽然差不多，但是五联噻吩类分子的短路电流相对于七联噻吩类分子小了很多。含有更长共轭主干并且以苯并噻二唑单元作为核的小分子 **16** 仅仅只有 3.07% 的效率。通过上述的分子性能，推测出以七联噻吩为主干的分子光电性能更好。但最近，陈永胜课题组合成了一系列的 DRCN4T~DRCN9T 小分子（图 2-12）[48]，发现分子的对称性对分子的堆叠有很大的影响，基于 DRCN5T 的可溶液加工的小分子太阳能电池效率达到了 10.2%，是目前此类小分子电池的最高效率。

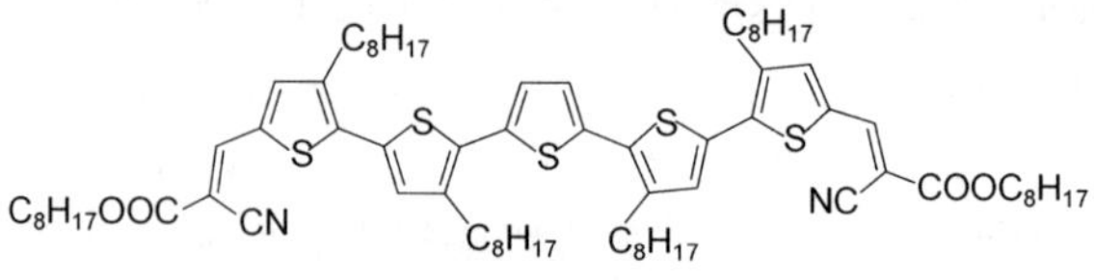

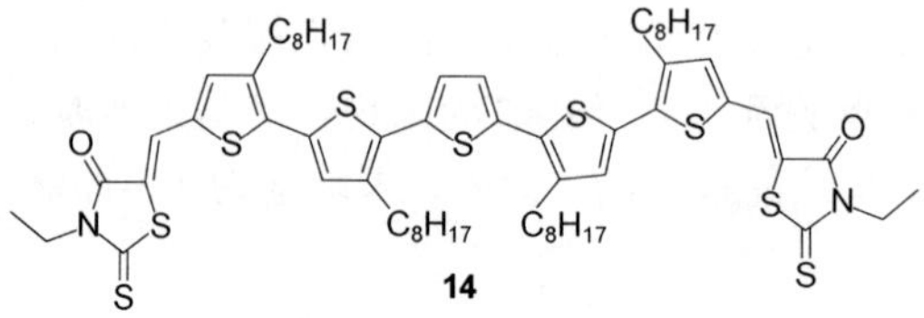

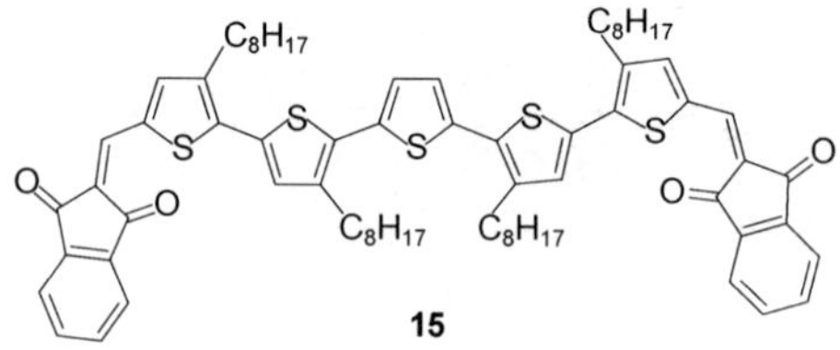

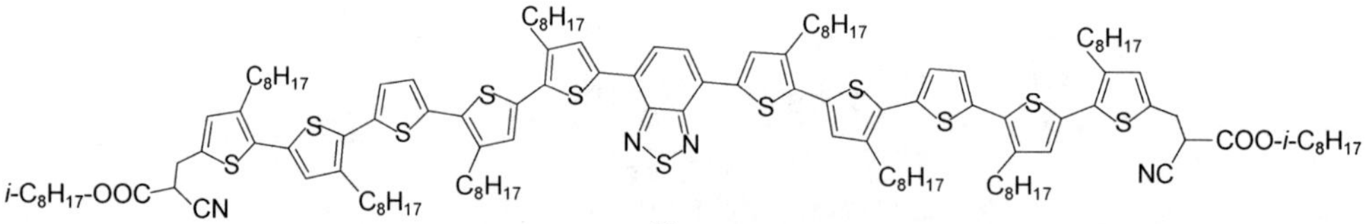

图 2-11 小分子 13~16 的结构式

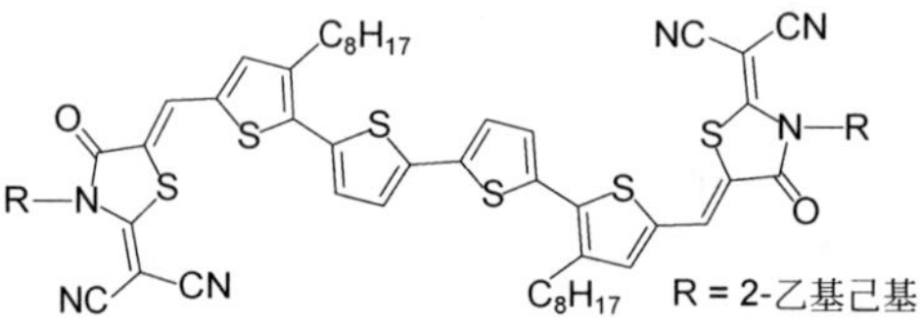

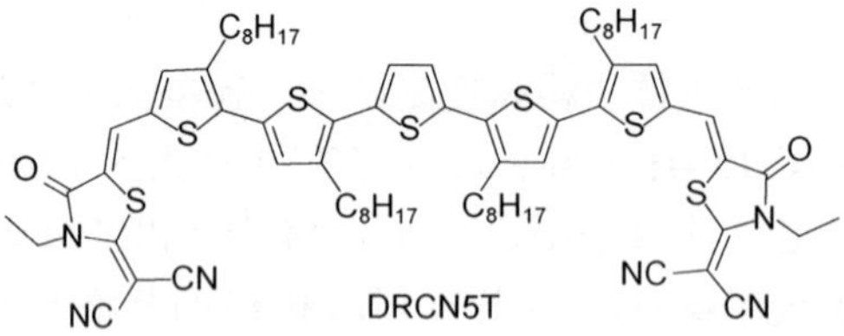

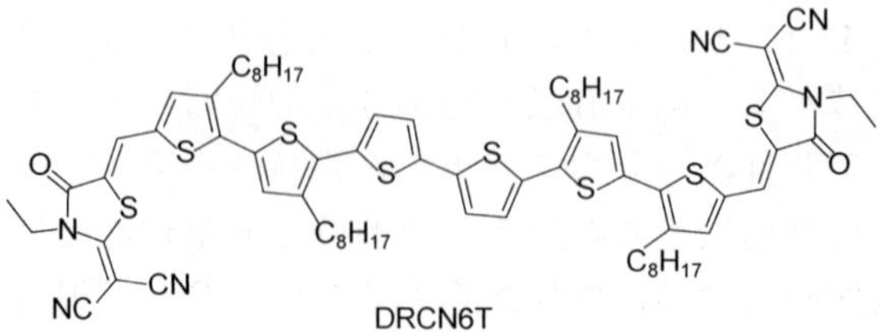

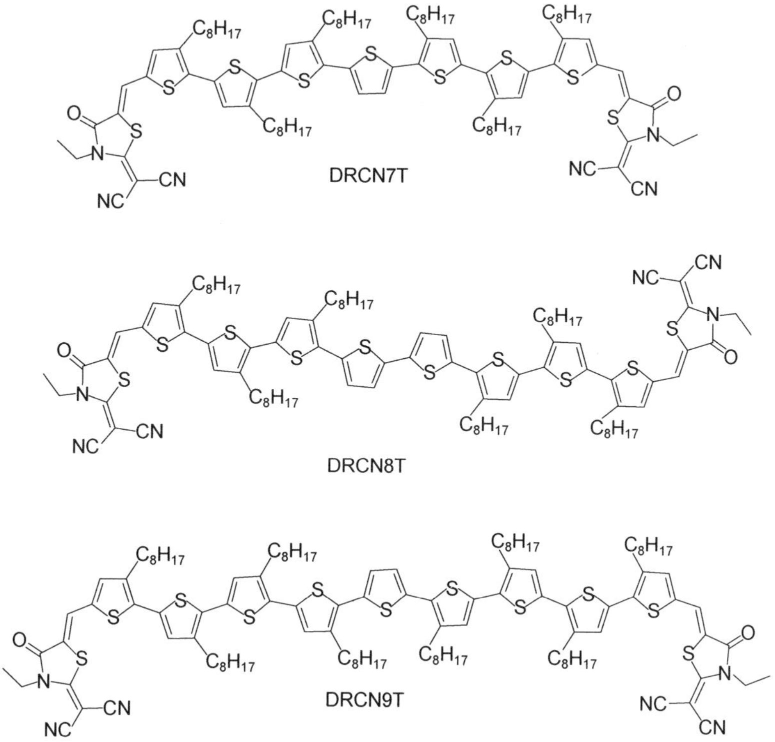

图 2-12　小分子 DRCN4T~DRCN9T 的结构式

（2）以苯并二噻吩（BDT）为核的小分子

苯并二噻吩（BDT）单元由于其共平面性好，空穴迁移率高，具有好的给电子性能而广泛用于聚合物的研究，将其取代低聚噻吩的噻吩核合成小分子给体材料用于可溶液加工的有机太阳能电池同样取得了巨大的成功。最初是以不含取代基的 BDT 作为研究（小分子 **17**）（图 2-13）[49]，和小分子 **6** 相比，小分子 **17** 的吸收和能级差别不大，但其空穴迁移率由 $3.26 \times 10^{-4}\ cm^2/(V \cdot s)$ 增加到 $4.5 \times 10^{-4}\ cm^2/(V \cdot s)$，这是由于引入了更大的并且共平面性更好的 BDT 单元。基于 **17**:$PC_{61}BM$ 的器件效率更高，达到了 5.44%，开路电压和短路电流基本不变但是填充因子提高到了 0.6。这些结果表明相对于最初的七联噻吩体系，BDT 修饰的低聚噻吩体系是一个更好的主干体系。

在前面基础上将 2-乙基己氧基接在 BDT 上合成了小分子 **18**[45]，同时用更易于合成的二辛基三联噻吩替换三辛基三联噻吩。基于 **18**:$PC_{61}BM$ 的器件效率为 4.56%，开路电压为 0.95 V，填充因子为 0.60，短路电流为 8.0 mA/cm²。含有更长共轭单元主链的小分子 **19** 也被合成出来用于研究其器件性能。和小分子 **18** 相比，其开路电压降低明显（0.79 V），这主要缘于其更长的主链结构。因此，主链为 7 个共轭单元体系被广泛用于合成低聚噻吩小分子给体材料。在小分子 **18** 的基础上，引入吸电子更强的绕丹宁作为末端基来提高短路电流，合成了小分子 **20~23**。基于这 4 个小分子的器件都具有高的短路电流（超过 11 mA/cm²）和高的开路电压（超过 0.9 V）。另外，引入二维共轭单元、增大共轭面积、提高光吸收能提高短路电流，因此，

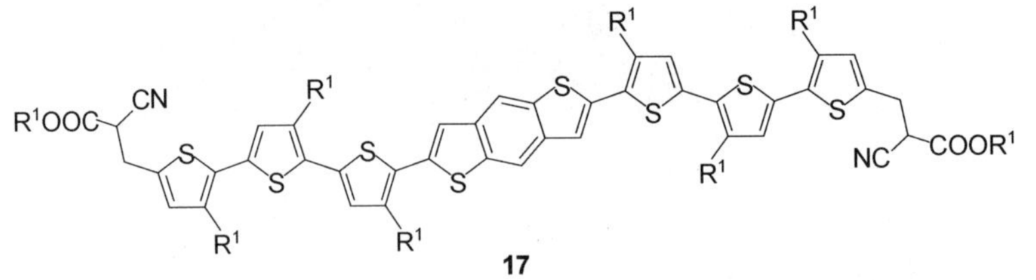

17

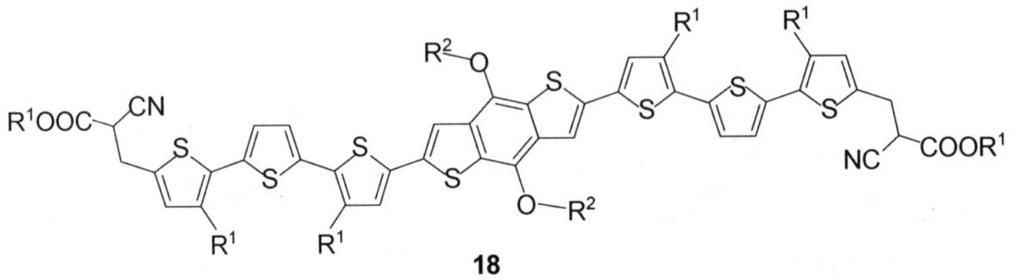

18

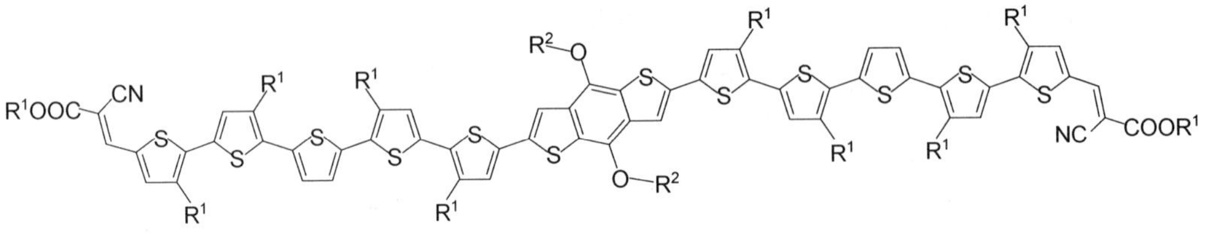

19

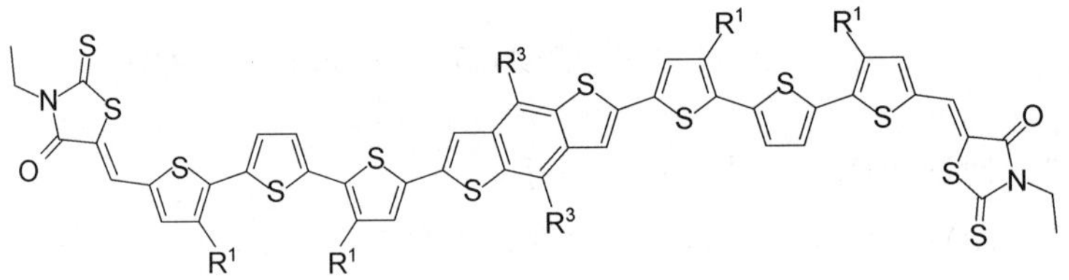

20 R³ =

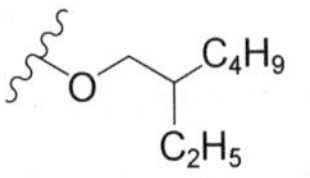

21 R³ =

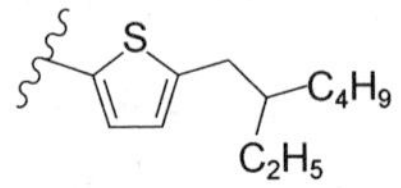

22 R³ =

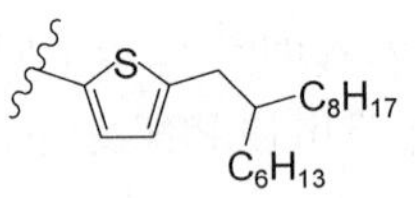

23 R³ =

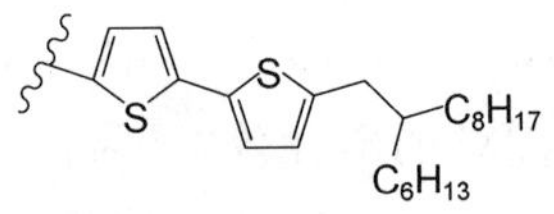

图 2-13　小分子 17~23 的结构式

小分子 **21** 和 **23** 的光电转换效率更高，分别为 7.51% 和 7.58%。在经过添加少量的聚二甲硅氧烷（PDMS）到活性层后，基于 **21** 的小分子器件效率达到了 8.12%。这些结果表明了通过细心的分子设计和优化，小分子有望超过聚合物有机太阳能电池的性能。

（3）基于二噻吩并噻咯（DTS）核的小分子

相较于以 BDT 为核的七联噻吩体系，以 DTS 单元为核的小分子 **24** 被合成出来用于和小分子 **18** 做对比。经过优化后，其器件效率只有 5.84%，开路电压减小到 0.8 V，短路电流和填充因子基本不变。Bazan 等人也报道了一系列基于 DTS 的小分子作为给体用于可溶液加工的小分子有机太阳能电池。我们将其中具有代表性的小分子列在图 2-14 中。与陈永胜课题组报道的 BDT 小分子不同，小分子 **25** 是基于 A-D-A 的骨架结构，末端基为烷基链封端的给体基团。基于 **25**:PC$_{71}$BM（质量比 7：3）的器件效率为 4.52%，短路电流为 12.5 mA/cm^2，开路电压为 0.8 V，填充因子为 0.452。当添加 0.25%（体积分数）DIO（1,8-二碘辛烷）到活性层中后，器件效率提高到 6.7%[50]。光电转换效率的提高主要归功于 DIO，其使得活性层形成更有利的相分离尺寸。

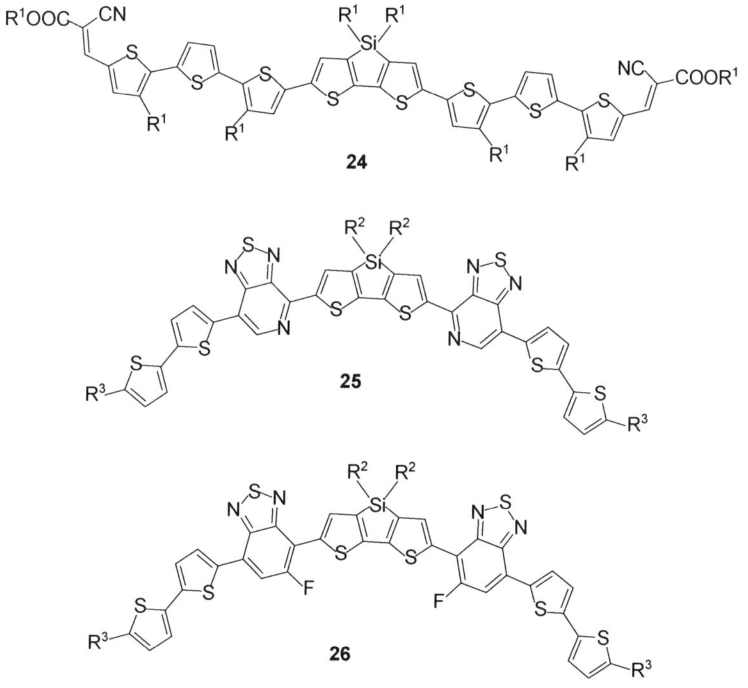

R^1 = 正辛基；R^2 = 乙基己基；R^3 = 正己基

■ 图 2-14 小分子 24~26 的结构式

接下来他们用 5-氟苯并噻二唑代替噻二唑并吡啶作为受体单元合成了小分子 **26**[51]。基于 **26**:PC$_{71}$BM 的器件在经过 130 ℃ 退火处理后效率达到了 5.8%。当用 0.4%（体积分数）DIO 作为溶剂添加剂后，器件效率进一步提高到了 7.0%。而经过进一步优化其效率已经超过了 9%。

2.2.3 聚合物受体材料

有机太阳能电池的电子受体材料包括传统的富勒烯及其衍生物类材料和非富勒烯受体材料。目前非富勒烯受体根据分子类型可以分为聚合物受体和小分子受体。聚合物受体材料主要是基于苝二酰亚胺（PDI）[52-55]和萘酰亚胺（NDI）[56]的聚合物，这类聚合物由于具有很高的电子迁移率、高的吸收系数，易对其进行功能化且合成简单，这些特性使其受到不少研究者的青睐。全聚合物太阳能电池使用 n 型聚合物代替富勒烯衍生物作受体，可以克服富勒烯受体存在的可见光区吸光弱、能级调控范围窄、光化学不稳定、形貌稳定性差等缺点，近年来受到研究者的关注。尽管这一概念早在 1995 年就已经提出，然而由于 p 型和 n 型聚合物在共混活性层形貌调控上的困难，往往难以形成纳米尺度相分离的给体/受体互穿网络结构，导致电子传输性能和器件效率较低，使全聚合物太阳能电池的能量转换效率长时间停滞不前。近年来，研究者通过不断优化 n 型聚合物结构和合成与之匹配的 p 型聚合物，使全聚合物太阳能电池的能量转换效率从 2%左右逐步提高到了接近 9%的水平。这也使得越来越多的研究者对此领域充满兴趣而进行研究。相对于富勒烯聚合物太阳能电池，全聚合物太阳能电池具有 3 个重要的优点：①容易通过分子结构调节提高光吸收；②通常具有更高的开路电压；③具有更好的稳定性。下面将通过列举几个典型的聚合物受体材料来介绍它们的性质和设计原则。

其中一个典型的聚合物受体材料 P(NDI2HD-T2)（图 2-15）相对于 PCBM 在长波区域能

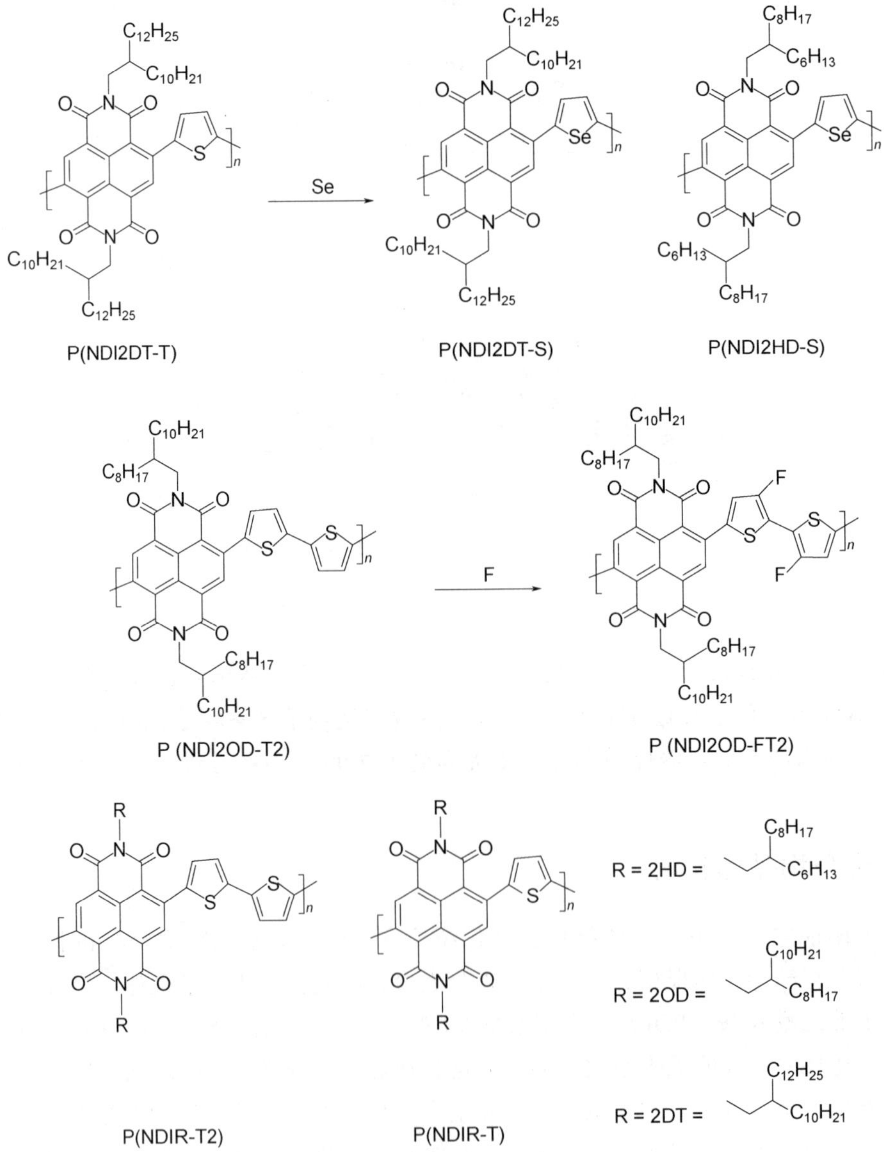

■ 图 2-15　NDI 类 n 型聚合物受体材料

捕获更多的光子并且具有更高的吸收系数[57]。同时它们的能级带隙容易通过使用推-拉电子的结构设计方法来调控。因此，全聚合物太阳能电池体现出来了具有更高短路电流密度的潜能。对于开路电压 V_{oc}，在富勒烯体系中通常需要通过降低给体聚合物的 HOMO 能级提高 V_{oc}，然而这种方法通常会使得聚合物能级带隙变宽，因此会牺牲光吸收。相反的，在全聚合物太阳能电池中，给体聚合物和受体聚合物都可以通过推-拉电子的策略来调控 HOMO 和 LUMO 能级，从而使得 V_{oc} 最大化的同时又不会牺牲光吸收和降低短路电流密度 J_{sc}。例如，基于 P3HT:PF12TBT 的全聚合物器件中得到了一个 1.2 V 的高开路电压，这个电压相当于在 P3HT:PCBM 体系中的两倍之高[58]。

聚合物太阳能电池活性层的退化可以归于很多原因，包括化学氧化、光和热衰减以及活性层薄膜的破裂。而对基于富勒烯及其衍生物的有机太阳能电池来说，活性层中的富勒烯是影响其器件稳定性的关键因素。因此，使用长链的 n 型聚合物受体材料代替富勒烯类材料是十分急需并且可以实现柔性的稳定性好的聚合物太阳能电池。相较于 PCBM 混合膜，全聚合物太阳能电池具有更低的拉伸模量并且韧性要高 60~470 倍。此外，相较于全聚合太阳能电池，基于富勒烯类的聚合物器件在 150 ℃ 加热条件下处理 100 min，其器件性能就完全衰减掉，而全聚合太阳能电池在相同条件下其原始器件性能可以保持更久。

以上介绍了全聚合太阳能电池的诸多优势，而为得到性能好的全聚合物器件，我们仍需面对一系列的挑战，在设计 n 型聚合物受体材料时要做到以下几点：①增强 n 型聚合物受体的电子迁移率；②调控 n 型聚合物受体的堆叠方式和分子取向；③调控全聚合物太阳能电池的本体异质结形貌。经过对全聚合物太阳能电池细致的前期研究工作获取经验，中国科学院化学研究所李永舫院士课题组最近在全聚合物太阳能电池的研究方面取得新进展。他们使用基于噻吩取代苯并二噻吩和氟取代苯并三氮唑的中间带隙二维共轭 D-A 共聚物 J51 为给体、n 型窄带隙聚合物 N2200 为受体，制备了全聚合物太阳能电池（图 2-16），通过器件优化实现了 8.27% 的能量转换效率[59]，为全聚合物太阳能电池迄今文献报道的最高值之一。而 2017 年华南理工大学曹镛院士组报道了 PTzBI 的聚合物与 N2200 作为活性层材料，在使用非卤绿色溶剂加工后取得了目前报道最高的器件效率 9.16%（图 2-17）[60]。

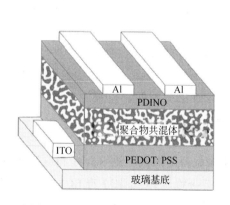

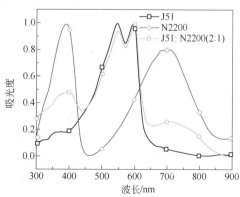

■ 图 2-16

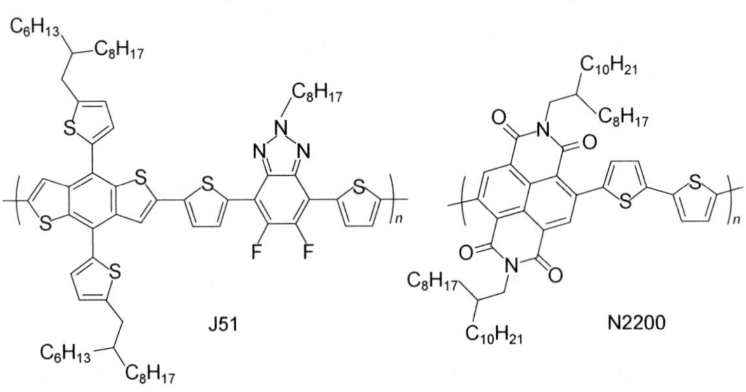

図 2-16　J51:N2200 全聚合物太阳电池器件结构、紫外吸收以及分子结构式

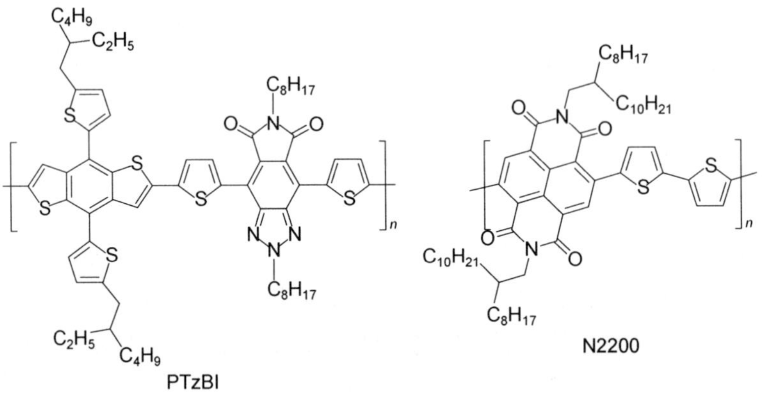

图 2-17　PTzBI 与 N2200 聚合物的分子式

2.2.4　小分子受体材料

小分子受体材料包括富勒烯及其衍生物类材料和目前发展迅速的非富勒烯稠环的小分子受体材料。在过去几十年里，富勒烯类受体是最成功的一类受体材料（图 2-18）。富勒烯 C_{60} 具有好的对称结构和好的电子迁移率[61]，并且一个 C_{60} 分子可以接受 4 个电子，因此，C_{60} 及其衍生物能够作为电子受体材料。由于 C_{60} 在氯苯（CB）和二氯苯（DCB）等有机溶剂中的溶解度较小，研究者合成了 C_{60} 的衍生物 $PC_{61}BM$，$PC_{61}BM$ 的溶解性得以大幅改善。相对于 $PC_{61}BM$，$PC_{71}BM$ 在 200~400 nm 范围内具有更强的光吸收，因此，$PC_{71}BM$ 被广泛应用于高效有机太阳能电池上。此外，$PC_{61}BM$ 的 LUMO 能级和 LUMO 能级分别为–4.3 eV 和 –6.0 eV，而 $PC_{71}BM$ 的分别为–3.7 eV 和–6.1 eV。$PC_{71}BM$ 的 LUMO 能级明显高于 $PC_{61}BM$，因此，以 $PC_{71}BM$ 为受体制备的太阳能电池的电压相对于 $PC_{61}BM$ 会更高。研究者们在此基础上还合成了双功能化的富勒烯衍生物 bis-PCBM、C_{60} 茚单加成产物 ICMA 和双加成 ICBA。ICMA 和 ICBA 的 LUMO 能级分别是–3.86 eV 和–3.74 eV，比 $PC_{61}BM$ 的 LUMO 能级明显上移，这有利于光伏器件开路电压的提高。目前，在有机太阳能电池领域，$PC_{61}BM$ 和 $PC_{71}BM$ 仍然是不可替代的广泛应用的受体材料。

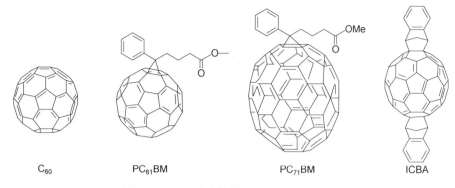

图 2-18　几种富勒烯受体材料的分子结构

上一节中我们介绍了一些典型的聚合物受体材料，虽然基于这类聚合物的受体材料器件效率目前接近 9%，但由于聚合物本身重现性不好、分子量不确定、不易提纯等缺点，其大面积生产应用受到阻碍。相反，小分子受体材料避免了聚合物受体材料的缺点，具有易提纯、合成简单、能级容易通过分子设计来调节、生产成本低等优点，应用前景十分光明。目前，小分子受体材料又分为 PDI、NDI 类小分子和线型小分子两大类。相较于 PDI、NDI 类小分子受体材料，线型小分子具有更容易合成、能级易调节等优点，近年来发展迅速。

目前线型小分子受体主要由吸电子的吡咯并吡咯二酮（DPP）、苯并噻二唑（BT）和强吸电子的染料末端基团组成，并通过弱的给电子单元来调节能级带隙，使得小分子受体的有机太阳能电池的光电转换效率显著提升。2014 年，Iain McCulloch 课题组报道了 FBR 受体小分子[62]，它是以芴作为核，延长分子的共轭长度有利于电荷的传输，另外可以调节能级且其带有的烷烃链可以提高受体小分子的溶解性；嵌入 BT 用来延长共轭主链，提高电荷传输能力，并且作为接受电子单元；末端通过 3-乙基绕丹宁封端，绕丹宁具有很强的吸电子作用，是一个很强的生色团。基于 P3HT:FBR 的有机太阳能电池的光电转换效率达到了 4.1%，虽然这是在当时基于 P3HT 和受体小分子的有机太阳能电池体系中最高的效率，但其电子迁移率只有 2.6×10^{-5} cm^2/(V·s)，相对于 PCBM 类受体，其电子迁移率还比较低，因此这类小分子受体仍需通过结构优化来提升其迁移率，从而提高太阳能电池的光电转换效率。

2015 年，占肖卫课题组将 FBR 受体分子的核芴换成引达省并二噻吩（indacenodithiophene，IDT），合成了 IDT-2BR 受体小分子[63]。相比芴，IDI 单元更有利于 π 电子离域，降低能级和扩宽吸收。另外，IDI 的刚性和好的共平面结构可以阻止分子骨架的扭转，从而提高载流子迁移率。最后，IDT 上 4 个苯上的烷烃链极大地增强受体分子的溶解性，减小分子间的相互作用并且防止在给受体共混膜中形成较强的聚集和较大的相分离尺寸[64,65]。因此，基于 P3HT:IDT-2BR 器件效率达到了 5.12%，电子迁移率提高到 2.6×10^{-4} cm^2/(V·s)，较 FBR 受体分子提高了一个数量级。虽然基于 IDT-2BR 受体分子的太阳能电池的光电转换效率达到了 5.12%，但距离商业化应用还远远不够，因此需要进一步设计改善受体分子结构。同年，占肖卫课题组还合成了以 IDT 为核，INCN 基团作为末端基的 IEIC 受体小分子，其与 PTB7-Th 的器件效率达到了 6.31%[66]。颜河课题组将其合成的高迁移率给体 PffT2-FTAZ-2DT 与 IEIC 做成的器件效率达到了 7.3%[67]。

至此，非富勒烯受体的研究受到广泛关注，并且取得了突飞猛进的进步，一系列基于 IDT 核的稠环小分子被设计出来用于非富勒烯有机太阳能电池中。其中最成功的是 ITIC 分子，根据 ITIC 主体结构对分子侧链进行修饰又得到了一系列的高效率受体分子[68-75]（图 2-19）。目前针对设计与该类受体分子匹配的聚合物给体，取得了一系列突破性的进展，如 2017 年中国

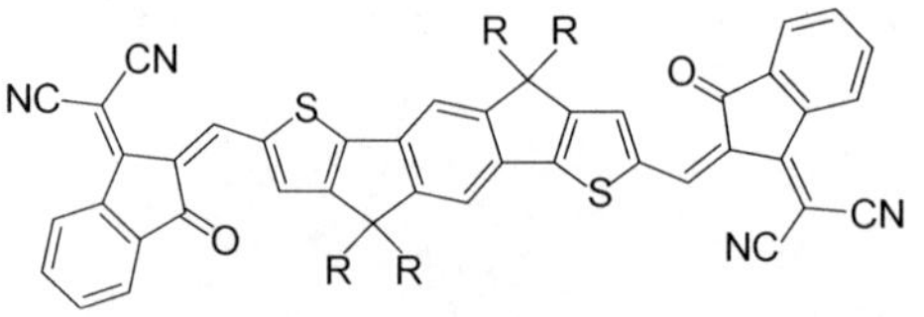

IC-C$_6$IDT-IC (R = 正己烷)

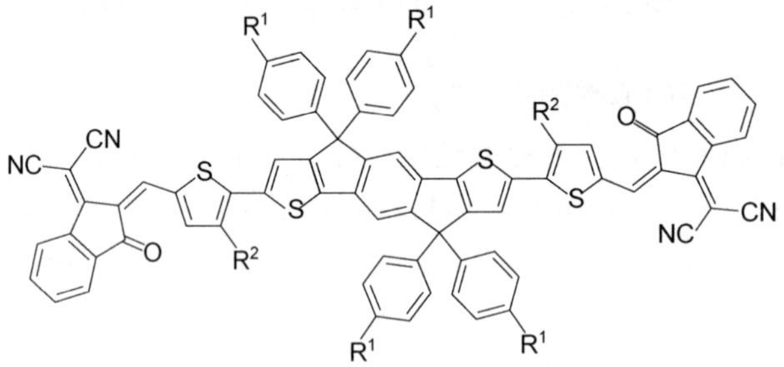

IEIC (R^1 = 正己烷, R^2 = 2-乙基己基)

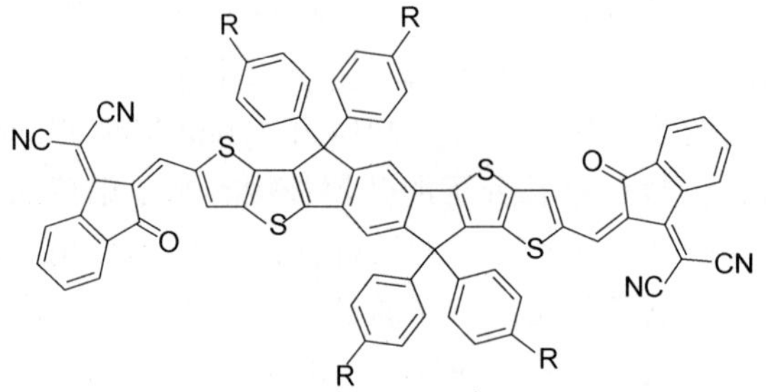

ITIC (R = 正己烷)

m-ITIC (R = 正己烷)

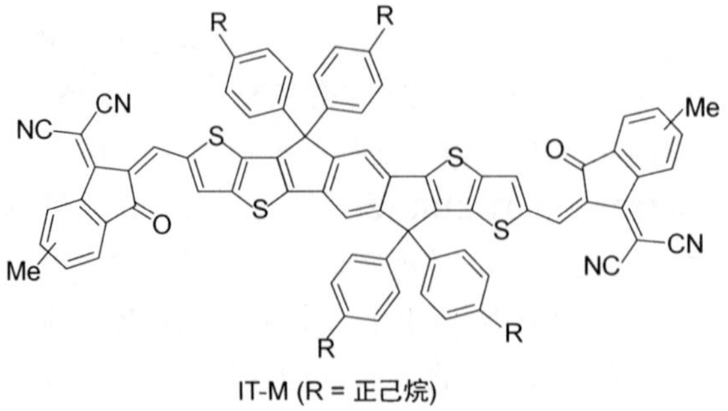

IT-M (R = 正己烷)

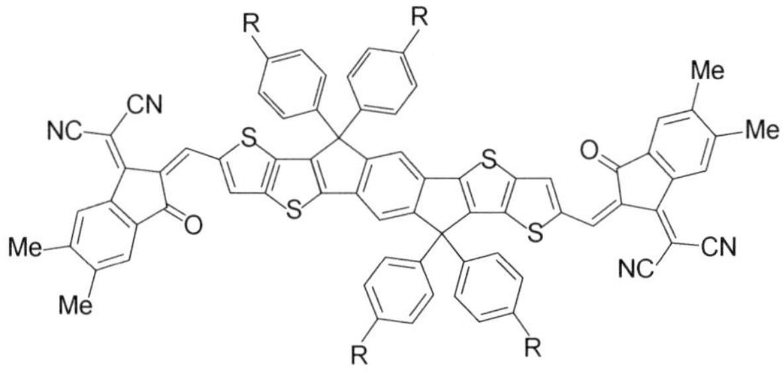

IT-DM (R = 正己烷)

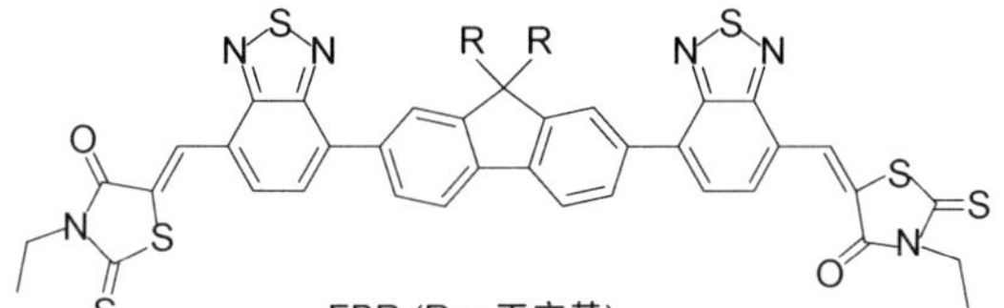

FBR (R = 正辛基)

图 2-19　非富勒烯受体小分子的结构式

科学院化学研究所的侯建辉课题组在对受体和给体进行改进之后，基于 PBDB-T-SF:IT-4F[76]（图 2-20）的活性层器件得到了超过 13%的单层本体异质结有机太阳能电池器件效率，这也是目前世界上最高的有机太阳能电池光电转换效率。

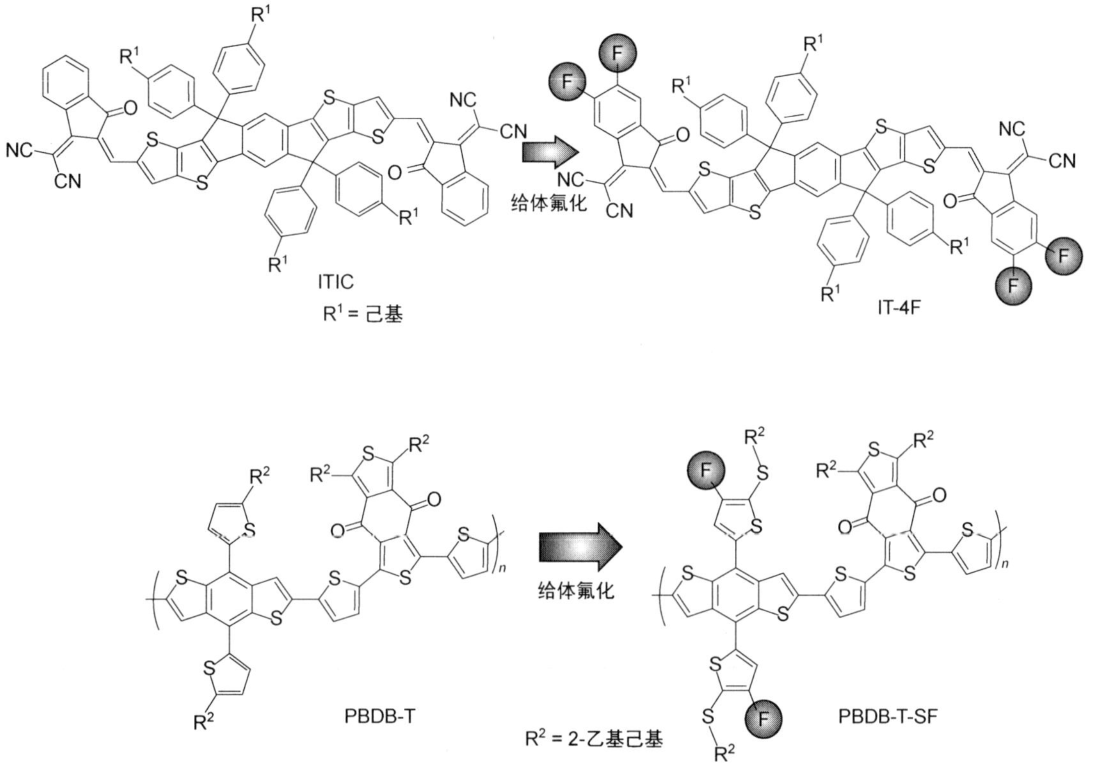

ITIC
R¹ = 己基

给体氟化

IT-4F

PBDB-T

给体氟化

R² = 2-乙基己基

PBDB-T-SF

图 2-20　IT-4F 和 PBDB-T-SF 的分子结构式

2.3　染料敏化太阳能电池

　　能源是人类发展的主要因素，国家的收入与能量守恒直接成正比。现代文明完全依赖于廉价并且充沛的能源,经济财富和一个国家的物质生活标准是由可用的技术和燃料来确定的，在燃料消耗殆尽之前我们需要一些必要的探索。因此，许多国家正在尝试基于非传统的和可再生来源的其他系统，例如海洋能、核能、太阳能、生物能源和风能等等。传统的能源是有限的，并且将可能在本世纪末或者下世纪初被耗尽，然而核能带来的安全问题包括放射性泄漏和处置核灰也不可忽视。在这些新能源当中，太阳能是电力的主要来源，因为地球上所有生命依赖于太阳。太阳是能量的主要来源并且地球上所有形式的能源都是由它派生出来的。太阳能具有满足下一代的所有绿色能源需求的潜力，它取之不尽并且安全无污染，对于解决未来能源问题有着广阔的应用前景。

　　太阳能可以直接从阳光派生或通过间接的方法来收获，直接获取方式包括：太阳热能技术、光伏能量转换、太阳能氢气生产技术。自从第一次报道太阳能光电转化效率达到6%，光伏领域成为可再生能源中至关重要的部分。然而由于太阳级硅有限的可用性，第一代硅太阳能电池阻碍了产量和组件价格的增长。1991年由O'Regan和Grätzel提出的纳米多孔概念的染料敏化太阳能电池（DSSCs）作为代替传统的无机p-n太阳能电池有着非常出色的前景[77]。尽管原料廉价并且技术简单，这类电池的白色光能量转化效率仍能达到12%，令人印象深刻[78]。

2.3.1　染料敏化太阳能电池的发展

　　通过结合纳米结构电极和高效电荷注入染料，Grätzel课题组开发了一种新型太阳能电池在1991年和1993年分别达到7%[77]和10%[79]的能量转换效率，并命名为染料敏化纳米结构太阳能电池或Grätzel电池。染料敏化太阳能电池是一种本体异质结太阳能电池，它的工作原理和有机太阳能电池中电荷载流子的产生和传输机制有所不同。图2-21为染料敏化太阳能电池的结

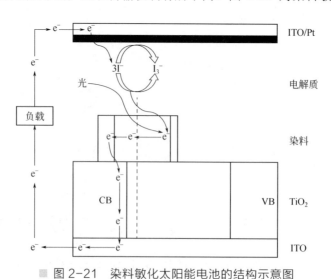

■ 图2-21　染料敏化太阳能电池的结构示意图

构示意图，宽带隙的半导体（TiO$_2$）具有极高的比表面积作为光阳极，TiO$_2$只吸收一小部分的太阳光子（紫外可见区域），但和硅太阳能电池相比它更容易调节吸收光谱。通过敏化染料分子与宽带隙半导体的作用，产生了光子的吸收和载流子相互分离传输两个基本过程。由于半导体的整体性质对设备性能影响较小，因此染料敏化太阳能电池器件展现出了一个合理的效率[77]。

2.3.2 染料敏化太阳能电池的工作原理

在染料敏化太阳能电池中，透明导电氧化物基底上覆盖一层多孔网状纳米晶 TiO$_2$ 颗粒作为电池的工作电极。敏化剂（半导体量子点/天然染料）作为光吸收剂通过化学吸附方法沉积在 TiO$_2$ 网络中。在光照条件下，光子通过冲击工作电极使其提供更多的能量，并产生光激发。通过库仑力的相互作用，吸收光子的能量比带隙要高导致了激子的产生，在一定时间下发射的光子或热量会使得激子发生复合，除非它们通过电场分离。因此，只有在（或者接近）空间电荷层产生激子才有利于光生电流。由于染料分子用于光吸收的横截面积非常小，单层染料的吸光能力总是很弱，因此用平滑的半导体表面并不能得到理想的光伏性能而应采用表面粗糙度较高的多孔纳米结构薄膜。当光照透过光敏化半导体海绵时穿过了大量的染料吸收层，这样的纳米晶结构同样允许一定的辐射传播，最终获得出色的光吸收并且能有效地转化为电能。与溶液中的氧化还原介质的减少相比，在半导体导带中的电子注入和氧化染料上的空穴之间的复合确实很慢。此外，这里并不存在不利于传统意义上光伏电池效率的半导体中电子与空穴的复合，这是由于价带中没有与导带中电子相对应的空穴。达到激发态时，染料从光激发注入电子至氧化钛的导带，光生电子通过多孔 TiO$_2$ 网络扩散并被 ITO 基底提取，而空穴则向对电极方向移动。由于染料电解液中含有氧化还原对 I$^-$/I$_3^-$，使其具有可再生性质，而此碘化物对在镀铂的 ITO 对电极上减少将使电子电路关闭。

染料敏化光电子转换过程与传统的太阳能电池相比有着根本性的区别。在染料敏化太阳能电池中，激子在染料附着到半导体颗粒和氧化还原电解质之间的异质界面时产生。极快速度的电子注入和缺乏激子扩散进入 TiO$_2$ 的导带使得染料敏化太阳能电池比任何其他太阳能电池效率更高[80]。图 2-22 展示了载流子在染料改性的纳米晶 TiO$_2$ 网络中的产生和传输。纳米晶 TiO$_2$ 网络充当着染料分子的支撑媒介并且在电子注入

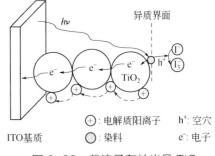

■ 图 2-22　载流子在纳米晶 TiO$_2$ 网络中的产生和传输

（TiO$_2$/染料）与收集（ITO/TiO$_2$）的位点之间建立传导通道。电子迁移产生了电荷的不平衡同时产生了内建电场，进而拖动电解质中的阳离子。

2.3.3 染料敏化太阳能电池的研究进展

（1）染料敏化剂

我们发现用市场上可以买到的钌基染料致敏的纳米晶 TiO$_2$ 颗粒制成的染料敏化太阳能电池能量转换效率有着明显的提高（<1%~11%）。由于钌配合物的成本高以及这些贵金属的稀缺可用性，研究低成本现实可用的染料作为高效敏化剂（包括半导体量子点和天然有机染料）应用于染料敏化太阳能电池的进程已经加快，但仍然是一个科学难题[81]。

由于丰富的可用性和简单的处理方法等特性，这些染料/量子点具有非同一般的吸引力。然而基于量子点/天然染料敏化的染料敏化太阳能电池能量转换效率总是低于钌基染料，这是由于纳米晶 TiO_2 薄膜中的吸收区域更少，可以通过表面修饰来调控。要得到高效的染料敏化太阳能电池，详细了解天然染料以及合适的量子点中的各种染料显得尤为重要。

（2）天然染料

染料敏化太阳能电池的高效率源于许多物理化学性质的纳米级集体效应之间出色的协调，其中的关键因素是宽带隙半导体电极的染料敏化原则。之前提到过，在染料敏化太阳能电池中，通过将特殊染料分子涂覆在多孔 TiO_2 电极的内表面来实现调节吸收入射的光子。在大量可用的天然染料中，有 3 种染料被认为是目前应用于染料敏化太阳能电池中主要的敏化剂，分别是花青素、叶绿素及其衍生物类、类胡萝卜素及其衍生物类。

从水果、花卉和植物叶子中提取的天然染料相比稀有的金属配合物以及其他有机染料有很多优势，它容易提取、不需进一步纯化、环境友好且更为廉价。在世界各地，有许多研究小组合作研究利用天然染料作为染料敏化太阳能电池的敏化剂[82]。天然色素包括叶绿素、类胡萝卜素、花青素、茄色苷以及番红花酸[83]，在植物叶、花和水果中都可以获得，它们都有可能用作敏化剂。其中花青素是一种天然存在的酚类化合物，负责的是许多花、果、叶、茎、根以及蔬菜的颜色。在鲜花和水果中最常见的花青素是花青色素（橙红色）、花翠素（蓝红）、二甲花翠素（蓝红）、花葵素（橙色）、甲基花青素（橙红色）和 3-甲花翠素（蓝红）。

花青素能通过花色苷分子羟基酮与 Ti(Ⅳ)中的羟基（—OH）相结合，使花青素分子能够迅速有效地固定在 TiO_2 表面。羟基的π电子与多烯烃的π电子发生反应，从而使光激发电子从染料分子转移至 TiO_2 的导带。

染料敏化太阳能电池中的有机染料之所以具有吸引力是因为它们相对便宜并且具有高的吸收系数。目前研究最广泛的有机染料主要包括花青素、卟啉和酞菁等。最近报道了一种卟啉染料达到了 7.1%的效率并且具有高稳定性[84]。其他有机染料，例如香豆素和花青染料，也得到了同样的高效率（6%~9%）。

基于 TiO_2 的天然染料敏化太阳能电池已经达到 7.1%的转化效率并且具有高稳定性，使用类似合成的有机染料所得到的效率已经超过 8%[85]。由于制备工艺简单、容易获得并且成本低廉，天然染料被发现作为光敏剂具有很好的潜力。这类电池的效率比较依赖于一些参数，如染料的吸收光谱以及染料在 TiO_2 表面的固定。目前，许多研究人员研究了关于天然染料应用于染料敏化太阳能电池敏化剂的有效性[86]。

（3）半导体量子点

与有机染料分子相似，新型的所谓半导体量子点可以作为敏化剂来延长 TiO_2 的光响应电极至可见光区域[86]。相较于半导体量子点敏化剂，有机染料敏化剂存在一些问题，例如我们熟知的有机染料在光照条件下在半导体电极表面易氧化。无机半导体量子点能够代替有机染料敏化剂来提高染料敏化太阳能电池的稳定性[87]。

近几年，由于无机半导体量子点一些有趣的性质，例如激子峰转移至更高的能量、吸收带边缘的蓝移以及光跃迁的皮秒辐射率等，使其作为敏化剂受到越来越多的关注。由于量子限制效应，量子点的带隙和光学性质可以通过改变量子点的大小来调整，此外它还有另一个优点，就是它们能通过碰撞电离效应产生热电子或多个电子-空穴对（激子）与一种单一光子。

与传统的染料相比，半导体量子点具有高的吸收系数，从而降低暗电流并提高太阳能电池的整体效率。由于半导体量子点是由晶体半导体组成的，所以自然应当比染料更稳定，这项技术在固态电池中也许很重要，但作为液体电解质，会导致半导体纳米粒子发生腐蚀现象[86]。

在众多半导体量子点中，CdS 是一种被研究的最多的半导体，因为它在快速光电器件应用中是一种很有前途的材料并且在室温下有一个合适的能带隙（2.42 eV），这符合 CdS 在 512 nm 的特征吸收峰，这个区域是太阳光谱最密集的区域[88]。量子点染料敏化太阳能电池的能量转换效率小于 2%[89]，究其原因，应与量子点在纳米晶 TiO_2 薄膜上的组装有关。CdS 量子点敏化 TiO_2 电极的性能与 CdS 粒子的制备过程和 CdS 量子点吸附至电极的方式密切相关。

2.3.4 染料敏化太阳能电池光阳极

光阳极作为染料分子的载体同时具有分离与传输电子的作用。目前，用作染料敏化太阳能电池光阳极的众多氧化物中，TiO_2 的转化效率最高，并且它具有无毒、稳定性高、价格相对低廉等特性。

虽然 TiO_2 有众多的优点且转化效率高，但它也存在着缺点：TiO_2 对可见光的吸收很弱，并且禁带宽度较大使其对太阳光的利用率较低。为了克服这个缺点，通常将 TiO_2 与禁带宽度较小的半导体进行复合，组成复合薄膜，利用两种半导体的导带和禁带宽度不同而产生交叠，以扩展 TiO_2 的光谱相应区。同时，适当地掺杂也可以增强纳米 TiO_2 薄膜的光电性能，杂质掺杂主要有过渡金属掺杂、非金属掺杂以及稀土离子掺杂等。

2.3.5 染料敏化太阳能电池中的电解质

电解质是染料敏化太阳能电池中最重要的组成部分之一，它负责染料敏化太阳能电池中电极和不断再生的染料以及电解质本身之间的内电荷传输。电解质对器件的光电转化效率和长期稳定性具有很大的影响，为了提高染料敏化太阳能电池的性能，许多科学家致力于研究电解质。染料敏化太阳能电池的器件效率取决于它的光电流密度（J_{sc}）、开路电压（V_{oc}）以及填充因子（FF），这三个参数都受 DSSCs 中的电解质以及通过电解质和电极界面相互作用的影响。例如，J_{sc} 受电解质中氧化还原电对组件传输的影响；FF 受电荷载体在电解质中的扩散以及电解质/电极界面上的电荷转移电阻的影响；而 V_{oc} 则主要受电解质氧化还原电位的影响。

在电化学器件中电解质是提供正负电极之间的纯离子电导率的材料，在大多数电化学器件中电解质是无处不在、不可缺少的。电解质在电容器、超级电容器、电解池、燃料电池或者电池中扮演的角色保持不变——作为电荷载体的运输介质，以离子的形式存在于电极之间。以下几个方面对于电解质应用于 DSSCs 中是必不可少的[90-92]。

① 电解质必须能够在光电二极管和对电极之间传输电荷载体。当染料将电子注入 TiO_2 的导带后，被氧化的染料将会迅速减少至基态。因此，电解质的选择应考虑到氧化还原电位和染料及电解质自身的再生。

② 电解质必须保证电荷载体能快速扩散（更高的导电性）并且在介孔半导体层与对电极间产生良好的界面接触。对于液体电解质而言，溶剂应有较小的泄漏或蒸发，以防止电解质产生损失。

③ 电解质必须有长期的稳定性，包括化学、热力学、光学、电化学和界面稳定性，并且不会引起敏化染料的脱附和降解。

④ 电解质不应在可见光范围有显著的吸收。由于碘化物/三碘化物氧化还原电对在电解质中有颜色并且会降低可见光吸收，三价的碘离子可以与注入的电子反应并增加暗电流，因此应当对碘化物/三碘化物的浓度进行优化。

2.4 有机无机杂化太阳能电池

2.4.1 有机无机杂化太阳能的概述

和传统的无机 Si 和 GaAs 太阳能电池相比，有机太阳能电池（包括聚合物和小分子太阳能电池）被誉为一种廉价有效的光生电的方式，同时以其质轻、可溶液加工、可弯曲、容易进行大面积卷对卷生产等优点受到越来越多的科研工作者的青睐。近几年来，无论在学术上还是在生产上，有机太阳能电池的发展突飞猛进。作为光电材料的最基本要求是其在光的激发下能够产生自由移动的电荷，同时这些电荷能够顺畅地传输到相应的电极被收集。一般情况下，有机太阳能电池的器件结构一般为体相异质结，主要是由包含多个界面的给体-受体材料组成。电子和空穴对是在界面处产生分离的，然后被相应的电极收集，从而达到光生电的效果，所以界面的优化对于整个器件效率的提高有着非常重要的作用。在体相异质结太阳能电池中，共轭聚合物（给体材料）和富勒烯衍生物（受体材料）是代表性材料，其中 P3HT:PCBM 的共混体相异质结能够达到 4%~5% 的器件转换效率[93]。同时，最近报道的新型窄带隙高效率的活性层的器件转换效率约为 10%[32]，这已经达到了商业化的应用前景。

无机纳米晶由于其高的电子迁移率和良好的物理化学稳定性，被认为是一种很好的电子受体材料。同时，和聚合物-富勒烯体系的体相异质结相比，聚合物-无机纳米晶异质结的形貌就可以变得多样化，因为无机半导体纳米材料可做成各种形状，包括纳米粒子、纳米线、纳米棒、纳米管及纳米四角体等。杂化太阳能电池（有机高分子-无机半导体杂化太阳能电池）是一类以共轭聚合物为电子给体，无机半导体纳米晶为电子受体的太阳能电池。其中被用作受体的无机半导体纳米晶大多为 CdS、CdSe、CdTe、ZnO、SnO_2、TiO_2、Si、PbS、PbSe 等。起初，杂化太阳能电池的转换效率都非常低，经过近几年纳米技术的不断发展，纳米级别的共轭聚合物和无机半导体异质结的激子分离效率得到了显著提高，太阳能电池的转换效率也得到了很大的提高。到目前为止，在聚合物-无机半导体体相异质结中被用作效率最高的无机半导体一般为 Ⅱ~Ⅵ 族。同时，碳材料也开始被引入杂化太阳能电池，为杂化太阳能电池效率的提高提供了新的可能。相信，在不久的将来，新的给体和受体材料的出现，新型结构和界面的优化都将推动杂化电池效率的进一步提高。

2.4.2 杂化电池的原理和结构

和无机硅 p-n 电池相似，杂化电池的光生电原理包括这几个部分：光吸收、激子的产生和分离、载流子的传输和收集，其示意如图 2-23[94]。首先，光子的吸收，入射的光子被有机材料或无机半导体吸收后，由于光子的能量大于有机材料或者无机材料的带隙，所以材料里

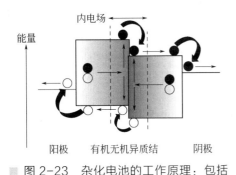

面的电子就被激发出来了；然后，激子的产生，激子是以电子-空穴对的形式产生，这些激子能够扩散到有机-无机材料的界面处；第三，激子的分离，在杂化 p-n 结内建电场的作用下，激子就在界面处分裂成为电子和空穴；最后，光生电的过程，这些载流子被分别传输到相应的电极被外电路收集。其中空穴通过给体材料被传输到阳极，电子通过受体材料被传输到阴极。因此，吸收峰较宽的、吸收系数较高的、激子易产生的有机半导体是被应用到杂化电池的较好的材料。无机硅和其他无机半导体的激子扩散距离一般在几百

■ 图 2-23 杂化电池的工作原理：包括激子的分离、电荷的传输过程、电子（●）和空穴（○）的转移过程[94]

纳米，但是大多数有机半导体的激子的扩散距离一般在 20 nm，这意味着在载流子产生之前大部分激子就已经猝灭了。有机材料的激子束缚能一般为 200~400 meV[95]，大多数有机材料的结合能都要低于这个数值，一般在 2~40 meV[96]。在室温下热退火（约 25 meV）一般也不足以让激子产生成为电子和空穴。因此，激子的分离必须要在给-受体材料的界面处，借助足够强的内建电场的作用才能分离，而内建电场是由有机材料的最高分子占据轨道（HOMO）能级和无机材料的最低分子占据轨道（LUMO）能级所决定。界面的总面积和内建电场的强度决定了激子的分离效率。载流子的传输也是杂化电池一个较重要的决定因素。大多数有机材料的载流子迁移率在 10^{-3} cm²/(V·s)，比硅材料要低 5 个数量级别。同时载流子传输也受界面处复合形态和死角猝灭等的影响。随着界面面积增大，界面处的陷阱和复合率也增大了，这样就限制了效率的提高。在大多数杂化电池里面，无机材料以量子点（QDs）、纳米粒子（NPs）、纳米晶（NCs）、纳米棒（NRs）、纳米管（NTs）或者纳米线（NWs）的形式掺杂在有机半导体中形成一个 p-n 结。载流子在传输到电极的过程中不可避免地会在死角处发生复合。因此，激子的产生、分离和载流子的传输都会影响到整个电池的效率。

前面提到了一系列影响电池的因素，因此就有很多能够提高整个电池性能的方法。基于前面杂化电池 p-n 结界面的结构，图 2-24 归纳展示了器件结构。如图 2-24（a）描述，有机膜沉积在无机膜材料上能够立即形成杂化电池。无机量子点、纳米粒和纳米线能够嵌入到有机半导体里面，和两个电极形成一种类似三明治的结构，如图 2-24（b），这样异质结的界面面积大大提高了，激子的分离效率也提高了。这种结构的优点是制备成本低廉，同时还可以进行大面积柔性生产，然而死角部分和电荷的短路还是不能避免的。为了进一步增大接触界面和提高载流子的传输，有序的结构被应用到杂化电池，如图 2-24（c）。

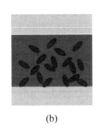

（a）　　　　　　　　　　　（b）　　　　　　　　　　　（c）

■ 图 2-24 杂化电池的界面结构

（a）平面结构；（b）混合结构；（c）有序结构

很多研究者报道了关于杂化电池的发展和进步史。由于他们较温和和低廉的制备技术，聚合物-量子点/纳米粒杂化电池［图 2-24（b）］成为较受欢迎的结构。杂化电池的效率可以到 5%左右，理论计算值在 10%左右[97]，电池的性能主要受活性层的吸收光谱、异质结的界面形貌和活性层的成分所影响。同时合成方法、分散的溶剂和无机量子点/纳米粒的表面形貌也会影响杂化电池的性能[98]。通过引入合适的界面材料或者在量子点/纳米粒的表面接上合适的配体能够优化活性层界面的光学和电学性能[99]。杂化电池的基于有序结构也引起了广泛的关注，如图 2-24（c），增大的异质结界面和稳定有序的载流子传输通道为更高效率的电池提供了更多的机会。基于聚苯乙烯球状的合成方法为更多的一维材料提供了模板，例如纳米柱（nanopillars）、纳米棒、纳米线和纳米管。较前沿的基于纳米阵列结构的杂化电池的研究已经被发表出来[100]。

为了进一步清楚地研究它们，大多数杂化电池在基于无机的材料被分为 6 个部分，分别为 Si、ZnO、TiO$_2$、Ⅰ~Ⅵ半导体、Ⅲ~Ⅴ半导体和其他部分。有机材料也被分为几部分来讨论。

2.4.3 杂化电池的发展史

太阳能电池的发展经历了 3 个时代：第一代太阳能电池主要是以单晶硅为主，目前还主导着光电市场；第二代太阳能电池以Ⅱ~Ⅵ族半导体、铜铟镓硒化合物和多晶硅为主，效率能够达到 20%；第三代太阳能电池致力于发展高效率、低成本的具有特殊功能的太阳能电池，包括叠层电池、有机电池、染料敏化电池和杂化太阳能电池等。和传统的第一、二代太阳能电池相比，第三代太阳能电池的效率和寿命相对来说都较低，但其制作成本比较低、质轻且是柔性的，可以用于很多特殊的用途。杂化太阳能电池综合了无机材料的稳定性、高的电子迁移率、易制取，和有机材料高的吸收系数、分子结构可设计性和可溶液加工等特点。杂化的定义是很广泛的，在本书中定义为：两种不同化学性质的物质在分子水平上进行简单的混合或者通过特殊的作用力结合在一起，这些作用力可以包括共价键、离子、协同作用或者氢键作用力，且每个组分能够保持其独立的化学特性。

2.4.4 给体材料的发展和选择

（1）聚亚苯基乙烯类

半导体纳米晶的研究领域和共轭聚合物几乎是同时开展的，可以追溯到 1990 年。对亚苯基乙烯类（PPV）首先由卡文迪许实验室合成后，其后 Burroughes 等人报道了将 PPV 用于电致发光领域，这将对有机光电的发展奠定了基础，也引起了科研工作者的兴趣。与此同时，在可控纳米晶的合成及用于可协调的电子光谱方面也取得了巨大的进步。PPV 一般以改性后的 MEH-PPV 等形式与电子受体材料共同使用。最开始，PPV 主要是和 PCBM 共混作为活性层应用于有机太阳能电池。很快就有人报道了将 PPV 与 TiO$_2$ 共混做成单层异质结活性层，电池结构为：ITO/TiO$_2$/MEH-PPV/Au，其中 ITO 为阳极，Au 为阴极，其杂化电池的转化效率为 0.19%；紧接着 Ravirajan 等人[101]在此结构上加了一层导电聚合物 PEDOT:PSS 在 MEH-PPV 与 Au 之间，用来提高电荷选择性和空穴迁移率，效率被提高到 0.58%。

（2）聚噻吩类

近些年来，聚噻吩类共轭聚合物在杂化太阳能电池的研究中引起了巨大的关注。它们的结构主链为长链烷烃取代噻吩，目前主要应用的为聚 3-丁基噻吩（P3BT）、聚 3-己基噻吩（P3HT）和聚 3-辛基噻吩（P3OT）等。最早将噻吩类应用于杂化电池是将噻吩类衍生物与 TiO$_2$ 复合做成杂化太阳能电池。而后，James 等人[102]将 TiO$_2$ 与水溶性的聚合物衍生物复合做出的杂化电池的效率达到了 0.15%。杂化电池的效率普遍都很低，其主要原因是无机材料与有机材料的界面接触不好，存在很多缺陷和间隙，激子分离和电荷传输过程中受阻。Olson 等[103]为了提高活性层的界面接触性，将少量的 PCBM 与 P3HT 共混与 ZnO 纳米阵列制成杂化太阳能电池，效率提高到了 2%［器件结构如图 2-25（a）］。此后，也有好多报道了将少量的 PCBM 与 P3HT 共混与 TiO$_2$ 纳米管复合形成杂化太阳能电池，效率也有很大的提高［器件结构如图 2-25（b）］。近两年，科研工作者不断致力于合成新的聚噻吩类共轭聚合物，以此来提高聚噻吩类-无机半导体杂化太阳能电池的效率。Oosterhout 等人[104]合成了新的聚噻吩类共轭聚合物，他们用酯基将噻吩功能化并与 ZnO 纳米粒子组成杂化太阳能电池以提高电池的效率。有科学家研究分别对聚噻吩进行改性与无机纳米粒子复合形成杂化太阳能，器件效率普遍都有提高。虽然聚噻吩类与无机纳米晶复合制备的杂化太阳能电池的效率不高，但它们都有很大的提升空间和应用前景，相信在不久的将来，通过对新材料进行改性或者对器件结构进行优化，基于聚噻吩类的杂化太阳能电池的性能将会有很大的提升。

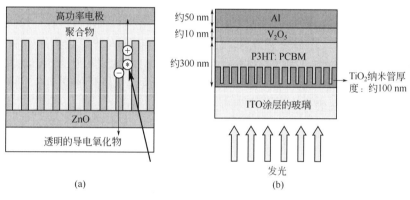

图 2-25　两种纳米阵列杂化太阳能电池结构示意图
（a）P3HT:PCBM/ZnO；（b）P3HT:PCBM/TiO$_2$

（3）聚苯胺和聚芴

近几年在太阳能电池领域聚苯胺和聚芴及其衍生物也引起了广泛的关注。Mahmoud 等人[105]在 2009 年将聚苯胺掺杂磷酸与 SrTiO$_3$ 复合制备成杂化太阳能电池，开路电压达到了 2.49 V，效率达到了 5.2%，这是以聚苯胺为给体材料的杂化太阳能电池效率较高的例子。聚芴及其衍生物在开始主要是被用于 LED（电致发光）方向，后来随着对其性能研究的不断深入，逐渐被用于有机太阳能电池。Ravirajan 课题组[106]将 9,9-二辛基芴与双噻吩的共聚物 F8T2 与 TiO$_2$ 纳米杂化制备成了杂化太阳能电池，效率只有 1%左右。还有报道[107]将聚芴的衍生物 APFO-3 与 CdSe 纳米晶杂化制备杂化太阳能电池，以及将聚芴的另一种衍生物 PFDTBT 与 ZnO 纳米晶制备杂化太阳能电池。虽然目前研究的基于聚芴衍生物的杂化太阳能电池的效率不高，仍有待提高，但从其在有机光电的应用来说，在杂化太阳能电池中也应该存在着巨大的潜力。

2.4.5　无机半导体材料的选择和发展

（1）基于 Si 的杂化太阳能电池

Si 材料被广泛应用于太阳能电池,在杂化太阳能电池中也受到了很多科研工作者的青睐。很多报道也已经将 Si 用作杂化太阳能电池,效率能够达到10%左右[94]。目前基于 Si 的杂化太阳能电池的效率达到11.3%[108],它主要是由 Si、PEDOT:PSS 和 0.1%的非离子表面活性剂组成,其概要图和器件结构如图 2-26 所示。p 型的非离子表面活性剂用于修饰 PEDOT:PSS,并且覆盖在 Si 表面,避免氧化以提高整个器件的稳定性。考虑到能级匹配和有效的电子收集,有机材料和无机材料需要满足以下几个原则:①无机材料的价带和有机材料的 HOMO 能级差值较小,这样才能保证较大的光电流;②无机材料的导带和有机材料的 LUMO 能级差值较大,以保证较大的光电压。由于无机硅和 P3HT 满足了以上两个条件,这两者复合形成的杂化太阳能电池的光电转化效率达到了 10.1%。其他几种有机物如聚苯胺也被运用到基于 Si 的杂化太阳能电池,同时单壁碳纳米管、医药成分和生物大分子也被作为第三组分添加进去,然而这些被报道出来的杂化电池的效率仍不到2%。为了扩宽对太阳能光谱的利用,叠层电池被提出来了,其主要结构为可溶液加工的聚合物单电池置于氢化的非晶硅单电池上,MoO₃ 被用作空穴传输层,电池的光电转换效率有很大提高。

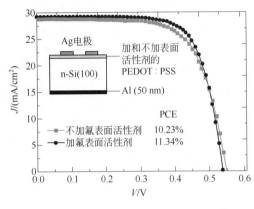

图 2-26　基于 Si-PEDOT:PSS 的器件结构和性能

通过引入有序的 Si 材料结构可以有效地提高杂化太阳能电池的效率,其主要原因为引入有序结构可以调控光谱吸收、增大异质结的接触面积,同时还可以形成三维的杂化电池界面[109]。和非有序的结构相比,基于 Si-PEDOT 的杂化太阳能电池的转换效率可以有较大的提高,所以采用有序结构的 Si 纳米线到杂化电池是一个较好的举措。平常使用的 Si 纳米线都是通过金属辅助化学刻蚀法（metal-assisted chemical etching）制得的,其长度和密度在小范围内是可控的。通过控制长度为 2.1 μm,密度为 $1×10^8$ cm^{-2},基于 SiNWs-PEDOT:PSS 的杂化太阳能电池的效率达到了 7.3%[110]。其他组也分别报道了通过分别控制 Si 纳米线的长度在 0.37 μm、0.3 μm、0.88 μm,光电转换效率也有较明显提高。对于基于 Si 与环二芴的杂化太阳能电池,通过控制 Si 纳米线的长度达到最优的效率为 10.3%（Si 纳米线的长度为 0.35 μm）[111]。当 Si 纳米线完全嵌入在 PEDOT:PSS 中形成一个径向结,电池转化效率为 0.44%;当 PEDOT:PSS 只覆盖在 Si 纳米线的末端形成一个轴向结,电池效率为 1.82%[112]。对于基于 Si 纳米锥和 PEDOT:PSS 的杂化太阳能电池,比平面结构的电池的性能都有较大的提高,某种程度上对整个电池的光电转换效率的贡献较大。

（2）基于 ZnO 的杂化太阳能电池

由于 ZnO 具有好的稳定性、易制取、好的光学透明性等优点,被广泛应用于杂化太阳能电池,其结构包括纳米晶（NCs）、纳米棒阵列（NRs）和纳米线（NWs）[113]。在石墨烯柔性基底上覆盖一层低温 160 ℃ 合成的 ZnO 晶形成的器件结构为 ZnO-PCBM-P3HT-MoO₃,效率达到了 1.55%[114]。基于 ZnO 棒的效率比平面结构的 ZnO 的效率提高很多,由于接触界面变大导致更多的载流子分离。十八硫醇（ODT）和三乙氧基十八硅烷（OTES）被用来修饰 ZnO 表面，同时也可以提高 P3HT 的有序性，有很多报道发现，被修饰的 ZnO 纳米结构用作杂化电池的性能比平面 ZnO 纳米结构的电池的性能提高很多。

为了提高 ZnO 纳米晶-P3HT 杂化电池的性能，有很多人对其进行表面修饰，例如利用液晶分子或者嵌段共聚物的自组装作用、掺杂 CdSe 纳米晶等。Li 掺杂的 ZnO 能够提高 ZnO 与 P3HT 界面处的电子转移，因为未被修饰的富氧表面会抑制电荷注入电极。

基于 CuPC、富勒烯和 ZnO 纳米线的杂化电池的转换效率，比未加入 ZnO 纳米线的效率提高了 4 倍。PbS 量子点用来修饰 ZnO 纳米线和 MEH-PPV 复合形成杂化太阳能电池，效率提高了 5 倍。CdS 量子点用来修饰 ZnO 纳米棒，形成 ZnO/CdS-MEH-PPV 电池。在 ZnO 纳米线-P3HT 的杂化电池里，将直径为 5 nm，长度为 20~30 nm 的 TiO_2 纳米棒嵌入到聚合物中形成了更多的接触界面和有效的电子传输通道以促进电荷的传输和分离，电池效率也有所提高。通过把石墨烯引入到 ZnO 纳米线-P3HT 电池中，电池转换效率的提高也较大。通过用氨处理 ZnO 纳米线，聚合物可以更好地浸润到阵列结构中导致更大的接触界面和更好的电荷分离和传输，在器件结构为 Al-PEDOT:PSS-MDMO-PPV-ZnO-ITO，电池效率也有近几倍的提高。用二氢吲哚染料修饰 ZnO 纳米线可以提高 ZnO-P3HT 电池的光吸收和电荷收集，其作用于 ZnO 表面的偶极作用可以抑制反向饱和电荷和电荷的复合，电池效率也有较大提高。用染料 N719 修饰 ZnO 纳米棒表面，电池 ZnO 纳米棒-PCBM:P3HT 的效率也有提高。

（3）基于 TiO_2 的杂化太阳能电池

由于 TiO_2 的高化学稳定性、低成本、无毒、强的光催化活性和高的光电转化效率，TiO_2 被广泛应用于光电领域。TiO_2 的结构包括纳米粒、纳米阵列棒、纳米线和纳米管，被广泛地应用到染料敏化太阳能电池、异质结太阳能电池、光催化和其他领域。原位电聚合的 PEDOT 与多孔的 TiO_2 复合形成了杂化电池；为了提高 MEH-PPV 在多孔 TiO_2 间的渗透性，MEH-PPV 通过原位聚合的方式与 TiO_2 形成杂化电池，和非原位的相比，光生电的电荷分离率增大了，电池效率从 0.038%提高到 0.063%[115]。板钛矿和锐钛矿的 TiO_2 分别与 P3HT 复合形成的杂化电池的效率为 0.48%、0.74%。多孔的 TiO_2 主要是用聚苯乙烯-聚环氧乙烷共聚物作为模版沉积在 FTO 导电玻璃上制得。通过使用 CdS 和 CdSe 共同敏化沉积在 TiO_2 上，效率达到了 0.358%[116]。F8T2 和 SFT2 用来修饰 TiO_2 纳米粒，其效率分别为 0.05%、0.01%。单分子有机物用来修饰 TiO_2 表面可以减少电荷的复合、钝化无机物的表面缺陷、提高电荷在界面处的分离效率，同时还可以作为模版来影响聚合物的相态、形貌和结晶[117]。

高度整齐垂直排列的一维 TiO_2 纳米管阵列主要是用 Al_2O_3 作为模板，用原子沉积法合成，长度一般为 250 nm 左右，半径为 70 nm 左右，其合成流程图如图 2-27 所示。通过将 P3HT 渗入到 TiO_2 阵列结构中组成有序的杂化太阳能电池，效率达到了 0.5%[118]。CdSe 量子点被引入到 P3HT-TiO_2 纳米棒界面间用来修饰 TiO_2，它的引入可以提高电池对光的吸收、促进界面间的电荷分离、减少电荷的复合，这样就提高了整个电池的光电流和光电压，其效率相较于 P3HT-TiO_2 纳米棒电池有很大的提高[119]。P3HT 包覆在 TiO_2 纳米棒上形成的杂化电池的性能达到了 1.2%，电子迁移率有明显的提高，同时，将整个器件暴露在空气中长达 1000 h，其效率只有 10% 的衰减[120]。由 Sb_2S_3-TiO_2 纳米线和 P3HT 组成的同轴杂化器件效率达到了 4.65%，空气稳定性好[121]。低成本的表面修饰剂能够提高聚合物的结晶性，能够促进电荷的有效分离和降低电荷的复合。经过表面修饰的 TiO_2 纳米棒和 P3HT 杂化电池的效率达到了 1.19%[122]。静电纺丝的 TiO_2 纳米纤维和 P3HT 复合形成的杂化电池的效率为 0.59%。表面修饰不仅能够促进 P3HT 分子有序排列，还能降低 TiO₂ 表面的缺陷，同时还能提高载流子的寿命，从而提高整个电池的性能。有机染料的引入不仅能够提高光的吸收，同时还能够提高激子的分离和载流子的传输。

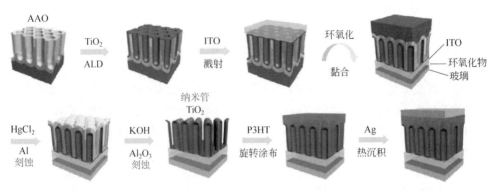

■ 图 2-27　基于有序的 TiO₂ 与 P3HT 复合的杂化电池的合成流程图

（4）基于 II~VI 族半导体的杂化太阳能电池

除了 ZnO，其他 II~VI 族无机半导体也将在这里讨论。和 MEH-PPV-CdSe 杂化电池相比，P3HT-CdSe 杂化电池的光电流要高，这是由于 P3HT 的空穴迁移率 $[10^{-3}~cm^2/(V \cdot s)]$ 远高于 MEH-PPV 的 $[10^{-6}~cm^2/(V \cdot s)]^{[123]}$。用染料 N719 界面修饰后的 P3HT-CdS 电池的效率从 0.06% 提高到 1.31%，这是因为染料分子在界面处形成了一个偶极作用，它能够调节界面材料的能级，这样就会减少界面处电荷的复合，有利于激子的分离[124]。由 PbSe 纳米晶和 P3HT-PCBM 组成的太阳能电池也有报道，PbSe 层在这里充当了电流发生器，也是下面聚合物电池的 UV 保护层，其总效率为 2.5%，在 UV 条件下也具有耐久性[125]。

PCPDTBT:CdSe 杂化电池的形貌主要受溶剂和后退火的影响。当溶液加工的 ZnO 纳米粒被引入在活性层和电极之间作为阴极缓冲层时，其效率达到了 3.7%。ZnO 在这里的工作包括以下几点：第一，阻挡空穴注入阴极，从活性层中提取电子；第二，调节活性层对光场的吸收，促进活性层对光的吸收；第三，提高杂化电池的稳定性，在空气中暴露两个多月，电池性能还能维持在 70%，没有加 ZnO 层的电池在空气中只要暴露几个小时，效率就有 90% 左右的损失。基于 PCPDTBT:CdSe 的杂化电池在 210 ℃ 退火的情况下，电池效率为 2.8%。CdSe 纳米棒与 PCPDTBT 的杂化电池的效率达到了 3.6%，是由于在聚合物相中引入了一个直接有序的电子传输通道。基于非配体交换的 CdSe 量子点与 P3HT 的杂化电池的效率在 2% 左右。在合成之后，将 CdSe 量子点经过一个简单快速的酸处理之后，其效率有明显提高。在 PFT-PCBM 体系中引入 CdSe 纳米粒，其形貌发生了很大的改变，效率也有提升，达到了 1.35%[126]。

原位法制取的杂化电池一般含有一些金属盐和硫脲等，常通过退火来直接除去聚合物中的金属盐。基于 CdS-P3EBT、PbS-P3EBT 和 ZnS-P3EBT 的纳米尺寸相分离的杂化电池都被报道了，其中以 CdS-P3EBT 为活性层的杂化电池的效率为 0.06%[127]。CdS 量子点通过溶剂接枝和配体交换的方法接枝在 P3HT 纳米线上，可以有效地控制有机-无机相分离，效率达到了 4.1%[128]。采用原位法制备可以形成一个很好的异质结界面，同时还能提高有机材料和无机材料的接触性，这样将有利于激子的分离和载流子的传输，最终得到了更好的器件转换效率。将 P3HT-CdS 纳米晶的杂化活性层置于以 FTO（25 nm）-ZnO 纳米棒（320 nm）的电极上，效率提高到了 2.6%[129]。一个简单的、低成本、低温的方法被用来制备可大面积生产的硫化纳米粒 P3HT 杂化电池。在 P3HT 聚合物中加入可溶液加工的 CdS 前驱体，通过原位热退火的方式形成杂化电池，以这种方式制成的杂化电池的性能有很大的提高，可以增大给体与受体之间较紧密的接触从而提高整个电池的光电转化效率。

（5）基于Ⅲ~Ⅴ族半导体的杂化太阳能电池

第Ⅲ~Ⅴ族的无机半导体由于具备几个特殊的优异性能被用于高效率的第三代电池。由于它们相对较高昂的价格，Ⅱ~Ⅴ族半导体一般用于特殊领域或者一些特定要求的地方。用于杂化电池的Ⅲ~Ⅴ族的半导体材料目前还比较少，在基于 PEDOT:PSS-(n-GaN)-蓝宝石矿（0001）和 PANI-(n-GaN)-蓝宝石矿（0001）的杂化电池的开路电压分别达到了 0.8 V 和 0.73 V。由常温下溶液制备的五羟黄酮-p-InP 杂化电池已经制备了，这个电池表现出很好的光电响应，开路电压达到了 0.36 V。

厚度可控和空气稳定的 PEDOT 壳层通过电聚合的方式沉积在 GaAs 纳米柱阵列表面，可通过原位法制备的有机活性层的效率可达到 4.11%。GaAs 纳米柱阵列是以单分子层的 SiO_2 纳米球作为模板通过干法刻蚀法制的，导电聚合物 PEDOT:PSS 沉积在 GaAs 纳米柱阵列柱上形成杂化电池。和平面结构的电池相比，3D 异质结的电池的效率从 0.3% 提高到 5.8%，主要是由于增大了异质结的接触面积。在基于 P3HT 和 GaAs 纳米柱的杂化电池里，其中 GaAs 是借助模板法用 MOCVD 法合成的，其电池防漏电性好，效率达到了 0.6%。表面用氨基修饰的 GaAs 纳米柱表现出更好的电池性能，效率达到了 1.44%[130]，且纳米柱对光场的调节作用也促进了电池对光的进一步吸收，最终整个电池性能得到优化。和平面的 GaAs-PEDOT:PSS 电池相比，三维电池的性能从 0.29% 提高到 5.8%[131]。

2.5 钙钛矿太阳能电池

2.5.1 钙钛矿太阳能电池的发展

最近报道的用有机无机卤化物钙钛矿材料所制造的太阳能电池，具有良好的吸光系数，较长的电荷扩散长度，可调控的带隙和可溶液加工性能，使钙钛矿在光伏领域的应用具有极大潜力。在短短的几年间，钙钛矿太阳能电池的能量转换效率已经从 NREL 认证的 3.8% 提高到 22.1%，模块化器件的能量转换效率可达 8.7%，其效率超过了很多其他类型的太阳能电池，接近商业化的水平。

有机无机钙钛矿太阳能电池是从染料敏化太阳能电池进化而来[132]的，被认为是光伏领域的"重大发现"[133]。如今，钙钛矿太阳能电池已经报道出 22.1% 的效率[134]。尽管杂化钙钛矿最近已经被深入研究，但是这些材料在 35 年前的时候被 Weber 首次发现。它们的结构和性质被 Mitzi 和他的合作者们进一步应用于晶体管和发光二极管[135]。钙钛矿材料是因存在于钙钛矿石中的钛酸钙（$CaTiO_3$）化合物而得名，有机-无机卤化物钙钛矿的一般公式为 ABX_3，其中 A 为脂肪族或者芳香族铵，B 为一个金属离子（比如 Cu^{2+}、Ni^{2+}、Co^{2+}、Fe^{2+}、Mn^{2+}、Cr^{2+}、Pd^{2+}、Cd^{2+}、Ge^{2+}、Sn^{2+}、Pb^{2+}、Eu^{2+}、Yb^{2+}）[136]，X 可以是 I^-、Br^- 或 Cl^-。最近研究的卤化钙钛矿主要引入 Cs^{2+}、$CH_3NH_3^+$ 或 $NH_2CHNH_2^+$ 作为 A，Pb^{2+} 或者 Sn^{2+} 作为 B，它们的

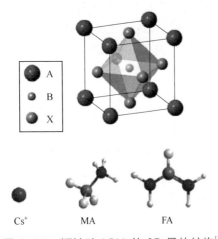

结构如图 2-28 所示，八面体的 $[BX_6]^{4-}$ 连接了相邻的 6 个 X。

由于光电转换（光伏）过程和电生光过程是相反的，钙钛矿作为吸光层被首次报道大约是在发现 LED 二十年后。在 2006 年，Miyaska 和他的合作者们报道了第一个钙钛矿染料敏化太阳能电池（$CH_3NH_3PbBr_3$ 用 I^-/I_3^- 电解质，效率达 2.19%）。随后，$CH_3NH_3PbI_3$ 用 I^-/I_3^- 电解液和 $CH_3NH_3PbBr_3$ 或者 $CH_3NH_3PbI_3$ 用炭黑-聚吡咯复合材料的染料敏化太阳能电池已经分别达到 1.73% 和 0.21% 或者 0.37% 的效率。然而，在首个同行报道中含有 Br^-/Br_3^- 或者 I^-/I_3^- 的电解液的 $CH_3NH_3PbBr_3$ 和 $CH_3NH_3PbI_3$ 染料敏化太阳能电池已经分别达到了 3.13% 和

图 2-28　钙钛矿 ABX_3 的 3D 晶体结构[139]

A—Cs^{2+}、$CH_3NH_3^+$(MA)或者 $NH_2^+CHNH_2$(FA)；
B—Pb 或者 Sn；X—卤素离子

3.81% 的效率[137]。并且用 $CH_3NH_3PbBr_3$ 作敏化剂的太阳能电池实现了一个 1.0 V 高的光电压。由于钙钛矿在乙腈中的溶解，光电流在持续的光照下会衰退。为了缓解这个问题，可以使用非极性溶剂（例如乙酸乙酯）[138]。直径 2.5 nm 的 $CH_3NH_3PbI_3$ 钙钛矿量子点被应用[139]。该染料敏化太阳能电池用 $CH_3NH_3PbI_3$ 所得的效率（6.2%）比 N719 染料效率（3.89%）获得更高是由于钙钛矿更高的吸光系数。但是，钙钛矿敏化的太阳能电池在持续光照 10 min 后效率有 80% 的衰减[138]。

在 2012 年，液态电解质中腐蚀的问题被固态空穴传输材料 2,2′,7,7′-四[N,N-二(4-甲氧基苯基)氨基]-9,9′-螺二芴（spiro-OMeTAD）解决[140]。通过 $CH_3NH_3PbI_3$ 在波长为 700 nm 处表现出强的发射猝灭证明有充分的空穴传输。同时，在光诱导吸收光谱中 1340 nm 波长处一个宽的吸收峰确认空穴被抽取到 spiro-OMeTAD 中。相较于 TiO_2，Al_2O_3 基底被应用于 $CH_3NH_3PbI_3$ 钙钛矿的瞬态吸收研究。该基底的钙钛矿太阳能电池达到了一个显著提高的 9.7% 的光电转换效率（PCE），伴随着超过 17 mA/cm^2 的短路电流（J_{sc}），0.888 V 的开路电压（V_{oc}），0.62 的填充因子（FF）和一个超过 500 h 的超长稳定性。遗憾的是，涉及介孔氧化铝（Al_2O_3）改善的 PCE 仅仅在钙钛矿太阳能电池中充当支架的作用[141]。钙钛矿的 PCE（10.9%）比介孔氧化钛的 PCE（7.8%）更高，这主要是由于钙钛矿中快速的电子扩散引起的。进一步的，在 $CH_3NH_3PbI_2Cl$ 钙钛矿中能达到一个 1.1 V 的 V_{oc}[141]。而且，一个有趣的发现是对于 $CH_3NH_3PbI_3$ 钙钛矿也充当空穴传导作用提出了无空穴（HTM-free）介孔电池是一个敏化的还是一个异质结的太阳能电池这个问题[142]。这种电池在 AM 1.5❶、光照强度为 1000 W/m^2 的条件下能达到 5.5% 的效率，在 100 W/m^2 的光照强度下增加到 7.3%[143]。杂化太阳能电池的结构发展过程见图 2-29。

随后引发了对于杂化钙钛矿太阳能电池的集中研究。其中，里程碑式的 PSCs 通过连续沉积的方法（15.0%）和双源蒸发法（15.4%）达到[144]。在连续沉积的方法中[144]，碘化铅

---

❶ AM 表示空气质量，AM 1.5 表示空气质量为 1.5。余同。

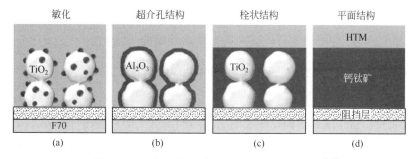

■ 图 2-29　杂化太阳能电池的结构发展过程[143]

从左到右杂化钙钛矿太阳能电池结构为：量子点形状的钙钛矿用作敏化层；一个薄的连续层作为
光吸收层和电池传导层；重叠的钙钛矿充当空穴传导层；平面钙钛矿作为本体异质结

（PbI$_2$）晶体在 TiO$_2$ 表面形成，然后通过浸在甲基碘化铵（CH$_3$NH$_3$I）溶液中形成 CH$_3$NH$_3$PbI$_3$钙钛矿。而在双源蒸发法[144]中，CH$_3$NH$_3$PbCl$_{3-x}$I$_x$ 钙钛矿是直接形成的。双源蒸发法中氯元素的掺杂和均一的薄膜的形成有助于提高 PCE。进一步的发展，15.6% 和 15.9% 的能量转换效率通过在致密的 TiO$_2$ 中添加石墨烯[145]和二异丙氧基双乙酰丙酮钛[146]而获得。随后，通过能级匹配空穴传输材料［聚三苯胺（PTAA）[147,148]和 spiro-OMeTAD[148]］分别获得更高的 16.2%和 16.7% 的能量转换效率。其他的改善方式包括通过化学掺杂、发展有效的生长方法、优化空穴传输材料和修饰界面工程来改善钙钛矿的性质。

基于卤素钙钛矿的太阳能电池优秀的性能反映在它们较高的开路电压（V_{oc}）。根据详细的平衡理论，半导体吸收层的最大的 V_{oc}（$V_{oc\text{-}max}$）近似地等于它的带隙能（E_g）减去 0.25 eV。$V_{oc\text{-}max}/E_g$ 的大小表示材料作为一个太阳能电池吸收层的好坏。就此而言，我们惊讶地发现基于钙钛矿的 $V_{oc\text{-}max}/E_g$ 值能比得上 Cu(In,Ga)Se$_2$（GIGS）并优于 CdTe 和 Cu$_2$ZnSn(S,Se)$_4$（CZTSS）太阳能电池。

尽管关于卤素钙钛矿的理论研究并没有跟上实验研究，但是钙钛矿太阳能电池被首次实验报道之前基本的电子结构可以通过第一原理计算研究。

2.5.2　钙钛矿薄膜的形貌调控

影响钙钛矿太阳能电池的其中一个重要因素是钙钛矿材料薄膜形貌的控制。在平面钙钛矿器件中，为了获得更好的性能，目前不同的课题组最直接的方法是增加有机卤化物钙钛矿层的厚度来增加光的吸收。但是，因为薄膜的质量难以控制，导致孔洞和器件的吸收质量和钙钛矿的结晶行为有关，控制厚度这并不是最有效的方式。因此，对于高性能可溶液制备的薄膜钛矿太阳能电池的最大挑战之一就是制备高质量的可控制形貌的、高表面覆盖率和最小孔洞的薄膜。电荷分离效率、电子传输和电荷扩散长度等因素取决于薄膜的结晶度。这些钙钛矿材料的结晶行为转变极大地取决于这些因素，比如说沉积方法、成分、表面的类型（表面化学、亲水性程度、表面结构等）和所用的溶剂/添加物。最近，由于 CH$_3$NH$_3^+$ 的吸湿性，湿度已经被发现是电池性能的一个致命因素。但是通过控制湿度并维持在 30% 左右，能够帮助钙钛矿薄膜在形成过程中部分成分发生溶解后的重建。这些促使钙钛矿太阳能电池获得了超过 19% 的惊人效率，并使之能与其他薄膜太阳能电池相匹敌。

在介孔太阳能电池中，不管介孔层是 TiO$_2$、Al$_2$O$_3$ 还是 NiO，它们都提供了一个对钙钛矿晶粒结晶尺寸的约束，这能形成很好的合适厚度的薄膜，这也是为什么这类结构的器件能获得非常好的性能的原因之一。介孔钙钛矿中需要提到其中重要的一点，对于好的器件性能来说，钙钛矿上面的覆盖物仍然是一个必要的部分。晶体在钙钛矿覆盖物中有非常大的晶粒尺寸（100~1000 nm），这对于电荷传输来说是非常必要的。

2.5.3 太阳能电池中钙钛矿光吸收层的结构设计

（1）带隙调控

太阳光吸收材料有很多种，但是优异的吸光材料都有一个共同的特征：在太阳光谱中从可见光到近红外光都有较宽较强的吸收。有人认为半导体在带隙低于 1.1 eV 的情况下比较适合吸收太阳光。但是，如果带隙太窄，电池会收集额外的电流且电压会降低。通过权衡这两个因素，对于单种材料制备的太阳能电池来说，带隙趋近于 1.4 eV 是最合适的。研究者们发现，钙钛矿材料的带隙会受以下几个因素的影响而降低：①金属（B 位置）阳离子和阴离子的有效电负性的不同减小；②X 位置的阴离子的电负性的减少；③BX_6 的网络维度的增加；④B—X—B 键角度的增加[149]。所以对于钙钛矿吸光材料带隙的调控，我们通过以下几个方面来设计。

① 减少 B 位置阳离子和阴离子的电负性的不同　对于一些钙钛矿氧化物，比如说碱土金属钛（$ATiO_3$，A = Ca、Sr、Ba），它们中氧和钛原子的电负性（3.5 *vs.* 1.5）有比较大的差异，使它有一个较宽的带隙（3~5 eV）[150]。通过优化组成成分来减少钙钛矿中氧和 B 位置元素电负性的不同来调节带隙。所以由于 Fe 比 Ti 更高的电负性，$BiFeO_3$ 钙钛矿获得一个较低的 2.7 eV 的带隙[151]。此外，对于 $CH_3NH_3PbI_3$ 钙钛矿系统来说，由于 I 和 Pb 原子电负性（2.5 和 1.9）的差异很小，据报道 $CH_3NH_3PbI_3$ 的带隙值只趋近于 1.55 eV，相较于 $ATiO_3$ 钙钛矿系统来说低得多。

② 减少阴离子的电负性　对于 $CH_3NH_3PbX_3$ 来说，实验研究阶段证明从 I 到 Br 到 Cl，钙钛矿的吸收是蓝移的。例如，$CH_3NH_3Pb(I_{1-x}Br_x)_3$ 相对于 $CH_3NH_3PbI_3$ 来说表现出蓝移的吸收是由于 I 阴离子比 Br 阴离子的电负性更低[137-152]。

③ 增加 BX_6 网络的维度　A 位置阳离子的变化能够通过扭曲 BX_6^{4-} 的八面体网络结构影响到钙钛矿的光学性能。较大或较小的 A 阳离子能引起整个晶格的扩大或者缩小，从而导致一个 B—X 键长的变化。据报道，B—X 键长的变化是决定带隙的一个非常重要的因素。如果阳离子尺寸过大，三维的钙钛矿结构将是不利的，更稳定的低维度的层状或者堆砌钙钛矿将会形成。例如，之前在太阳能电池中已经被发现的基于乙胺阳离子的钙钛矿，由于它的 2H 种类结构被证明有一个较宽的带隙[153]。到目前为止，已经报道的最小单价的阳离子，比如说 Cs^+，甲胺离子（MA^+），或者甲脒离子（FA^+）能和 PbI_6 网络形成一个 3D 支架[139]。Fujisawa 等人发现了一种一维的钙钛矿材料，基于甲基紫精（MV）阳离子的 $MVPb_2I_6$ 作为钙钛矿太阳能电池中的光吸收层[154]。由于 $MVPb_2I_6$ 的一维结构使它有一个较宽的带隙（2~3 eV）。

④ 增加 B—X—B 的键角　如上文提到的，每个金属 B—X—B 键角对于转变带隙是非常重要的影响。用 ABI_3（B = Ge、Sn、Pb）作为一个例子，B—X—B 桥接角度在 BI_6 正八面体之间对于 Ge 是 166.27(8)°，对于 Sn 是 159.61(5)°和对于 Pb 是 155.19(6)°[155]。此外，随着金属阳离子向下选择，B—I 键的共价键性质在降低，这意味着两个原子间的电负性的差异在增加。因此，钙钛矿的带隙符合以下的规律 $AGeI_3 < ASnI_3 < APbI_3$。所以，在 $CH_3NH_3PbI_3$ 钙钛矿 Pb 中掺杂 Sn 会导致一个降低的带隙[156]。

（2）电子-空穴对的扩散长度

电子-空穴对的扩散长度在钙钛矿太阳能电池光伏性能中起到一个限制活性层几百纳米厚度的关键性作用。为了研究光生载流子的复合和分离，研究者们花费了很大力气去通过测量制备的样品或者完整的器件的扩散长度 L_d 和寿命，来表征这些出现在钙钛矿层的载流子的复合分离的过程。一些研究者们报道了基于杂化钙钛矿的载流子的扩散长度[157,158]。$CH_3NH_3PbI_{3-x}Cl_x$ 对于电子和空穴有超过 1 μm 的扩散长度，而 $CH_3NH_3PbI_3$ 只有近似于 100 nm 的扩散长度[157,158]。这么高的扩散长度值为未来研究杂化钙钛矿太阳能电池制备更厚的活性层器件提供了理论可能，这样光吸收能增加的同时不影响对产生的光电荷收集的效率。

（3）钙钛矿的结晶和形貌的调控

除了上面提到的影响因素，钙钛矿层的制备技术同样也对钙钛矿太阳能电池的性能有非常大的影响。用钙钛矿材料作吸光层的器件光伏性能很大程度地取决于钙钛矿膜的形貌。而膜的形貌和沉积技术与后续用的处理方式有关。可见，为了改善薄膜器件的性能，微妙的控制晶粒结构是非常必要的。一些先进的制备方法，比如旋涂法、真空辅助溶液法和表面钝化等方式最近被广泛研究[144,159-163]。

当前，研究者们主要聚焦于通过选择和修饰钙钛矿的吸光层和相关的空穴传输材料的制备来提高钙钛矿太阳能电池的性能。在本章中，我们将聚焦于基于以上提到的几种策略来构建钙钛矿材料光吸收层，为未来改善钙钛矿太阳能电池提供指导方针。

2.5.4　发展基于钙钛矿的光吸收层

$CH_3NH_3PbI_3$ 材料的结构和电学性质已经通过理论计算和拉曼光谱被深入的研究[164-166]。第一性原理 DFT 计算已经应用于研究八面体 $CH_3NH_3PbI_3$ 钙钛矿材料的结构和电学性质[164]。正交晶型的 $CH_3NH_3PbI_3$ 钙钛有机基团和无机框架的主要的相互作用通过阳离子 CH_3^+ 和阴离子 I^- 之间的离子键。I 原子和它们邻近的原字之间的相互作用力导致在 Pb-I 框架中形成两种 I 原子，如图 2-30 所示。

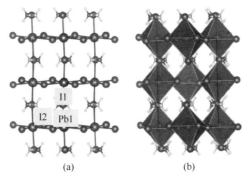

■ 图 2-30　不含（a）和含有（b）PbI_6 正八面体的 $CH_3NH_3PbI_3$ 钙钛矿正交晶体原子结构

电学性质的分析同时也暗示了正交晶结构的 $CH_3NH_3PbI_3$ 是直接带隙晶体在 G 对称点含有最小的带隙。在光捕获的过程中，I 5p 电子能够光激发到 Pb 6p 空能态。这些理论研究为未来这种有机-无机杂化钙钛矿材料作敏化太阳能电池理论研究提供指导方针。Quarti 等报道了广泛应用的 $CH_3NH_3PbI_3$ 钙钛矿在 60~450 cm^{-1} 测量共振拉曼光谱，通过电子结构计算分派了它的主要振动特性[166]。测量谱的分配是通过 DFT 模拟合适的周期和模型系统的拉曼光谱。无机组分在 60 cm^{-1} 和 94 cm^{-1} 处被标记，主要和 I—Pb—I 键的弯曲振动和 Pb—I 键的拉伸振动有关。100~200 cm^{-1} 之间的区域和阳离子 $CH_3NH_3^+$ 的平行轴运动有关。基于电子结构的计算，有机阳离子和无机配合物之间的相互作用会影响到振动频率和 CH_3NH_3 在 $CH_3NH_3PbI_3$

的扭转模式的拉曼强度。200~340 cm^{-1}之间宽的和未分辨的波段因此分配给阳离子 $CH_3NH_3^+$ 的扭转模式，这种模式被认为在材料中的有机阳离子的取向顺序导致整个晶体的一个可能的峰。这个研究能提供有机卤化物钙钛矿拉曼谱图中可能存在的分配峰位归属，这些对于理解钙钛矿太阳能电池中 CH_3NH_3 的性质和应用非常有帮助。

2.5.5　带隙调控

（1）X 位元素的选择和掺杂

正如上文所提到的，X 位元素的电负性对于钙钛矿的带隙能（E_{bg}）。原则上，Br 掺杂 $CH_3NH_3PbI_3$ 钙钛矿中 X 位的元素将导致 E_{bg} 的增加，从而导致太阳能电池能量转换效率的降低。然而，用 Br 替代 I 将形成 $CH_3NH_3PbBr_3$ 以改善太阳能电池中的 V_{oc}，虽然能量转换效率由于增加的带隙在某种程度上并没有增加或者甚至减少[137-167]。例如，Kojima 等人发现用 Br 替代 I，电压从 0.61 增加到 0.96 大幅度地提高 V_{oc}。$CH_3NH_3PbBr_3$ 较高的 V_{oc} 与 Br 和 I 的导带有关。然而，随着 Br 的替代，器件的光电转换效率从 3.8% 降低到 3.2%，因为 $CH_3NH_3PbBr_3$ 钙钛矿太阳能电池中 J_{sc} 大幅度的减少和它较低的光吸收能力和增加的 E_{bg} 有关[137]。

为了同时达到较高的 V_{oc} 和产生的光电流，用 Br 部分替代 I 可能是一个比较有用的方法[168-170]。Qiu 等合成了 $CH_3NH_3PbI_2Br$ 用作的全固态太阳能电池的可见光吸收层修饰一维 TiO_2 纳米阵列[168]。相对于 $CH_3NH_3PbI_3$ 钙钛矿 Br 替代物获得更高的 V_{oc}（0.82 V *vs.* 0.74 V）和 PCE（4.9% *vs.* 4.3%）值。Aharon 等人同样研究了 Br 掺杂对 $CH_3NH_3PbI_3$ 光伏活跃和操作稳定性[169]。杂化钙钛矿制备方法是用两步沉积的方法制备的，从而确保控制钙钛矿的组分和带隙。最优的杂化 $CH_3NH_3PbI_2Br$ 钙钛矿太阳能电池达到了相较于 $CH_3NH_3PbI_3$（7.2%）和 $CH_3NH_3PbBr_3$（1.69%）一个更高的转换效率 8.54%。此外，这种混合的钙钛矿达到一个相较于没有 Br 替代的 $CH_3NH_3PbI_3$ 更好的稳定性。

Chung 等人报道了掺杂含有 5% F 的无机钙钛矿 $CsSnI_3$ 将戏剧性的增加 40% 的光电流密度[171]。重要的是，Mosconi 等人报道了混合卤化物钙钛矿系统包含两种不同结构的组分，他们的稳定性将减少从 I$^-$ 到 F$^-$ 和沿着元素周期表中ⅦA族纵向栏[172]。因此，很难去稳定基于 I$^-$ 和 F$^-$ 的混合卤化物钙钛矿系统，使 F$^-$ 不是一个非理想的 $CH_3NH_3PbI_3$ 掺杂物。Nagane 等人报道了一种有趣的方式，即通过用 BF_4^- 来部分替代 I$^-$，使 F$^-$ 结合在钙钛矿结构中[173]。更重要的是，I$^-$ 和 BF_4^- 都有相似的离子半径，使 BF_4^- 在结构中可行。BF_4^- 替代的钙钛矿相较于 $CH_3NH_3PbI_3$ 钙钛矿展现出在低频率中增加电子导电率（一个数量级）和改善其在 AM 1.5 的光照下（大于 4 个数量级），即使 E_{bg} 增加到一个相对高的值。这个研究为改善 $CH_3NH_3PbI_3$ 钙钛矿导电性和光响应性提供了一个新的方法。

（2）B 位置元素的选择和掺杂

在 $CH_3NH_3PbI_3$ 的使用过程中铅的毒性是备受关注的。因此，关键的科学的挑战是用一种更低毒性的金属来替代铅元素。然而，仅很少的相关研究被报道[156-175]。最优可能在钙钛矿材料中替换 Pb 的是 Sn 和 Ge，因为这些金属有更大的 X—B—X 角，如上文提到的，这些对于降低 E_{bg} 非常有利。然而，运用这些材料主要的问题是他们在需要氧化态上的化学不稳定性。在最近的研究中 Ogomi 等报道了一种混合金属，Sn-Pb 的钙钛矿能够通过改变 Sn:Pb 的比例改变钙钛矿的吸收带隙，预示着 Sn 将会是一个很好的金属离子的选择，尤其是低带隙太阳能电池[156]。报道中最好的性能获得是用 $CH_3NH_3Sn_{0.5}Pb_{0.5}I_3$ 的钙钛矿达到 4.18% 的效率和 V_{oc} = 0.42 V，FF = 0.50，J_{sc} = 20.04 mA/cm^2。入射光电流曲线的边界能达到 1060 nm，

相比于 $CH_3NH_3PbI_3$ 钙钛矿能达到 260 nm 的红移。然而，同样的研究报道 $CH_3NH_3SnI_3$ 钙钛矿没有达到重要的光伏性能，如图 2-31 所示，需要小含量的 Pb 去稳定 Sn^{2+} 的氧空位。

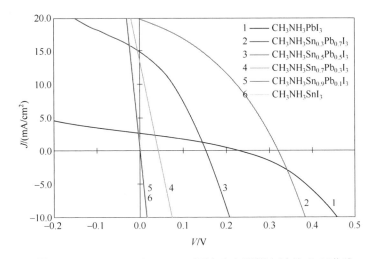

■ 图 2-31　$CH_3NH_3Sn_{1-x}PbI_3$ 钙钛矿太阳能电池的 I-V 曲线

图中结构为 $CH_3NH_3Sn_{1-x}Pb_xI_3$:P3HT。太阳能电池是在 100 mW/cm² （AM 1.5）的光强下
用模板面积为 0.4 mm×0.4 mm 测试的

Hao 等测试了基于甲基碘化锡和铅类似物的合金钙钛矿（$CH_3NH_3Sn_{1-x}PbI_3$）太阳能电池的性能[174]。Pb-Sn 混合物的 E_{bg} 并没有在它们的极限值 1.55 eV 和 1.35 eV 之间遵循线性趋势（Vegard 理论），但是它有一个更窄的带隙（<1.3 eV），因此能够扩展光吸收到近红外光区域（1050 nm）。

最近，Noel 等人运用了一个完全无铅的钙钛矿，用 $CH_3NH_3SnI_3$ 做钙钛矿太阳能电池[175]。通过模拟全太阳光光照，获得一个更高的 PCE（6%），包括 0.88 V 的开路电压和 1.23 eV 的带隙。然而，$CH_3NH_3SnI_3$ 的稳定性仍然是一个挑战，现在主要的问题是材料的稳定性和避免 Sn 元素氧化。通过解决这个问题，以 Sn 独特的毒理学优势，能够预期到含 Sn 的钙钛矿的性能将在今后的几年中会超过基于 Pb 的钙钛矿的现在的最高水平。更重要的是，这个发现展示了基于 Pb 的材料不是唯一能够获得高效率的太阳能电池的材料。

（3）选择和掺杂 A 位置的元素

根据报道，在 $CH_3NH_3PbI_3$ 系统中，A 阳离子不仅在决定能带结构上扮演一个重要的角色，而且在晶格中能确保电荷补偿。然而，A 阳离子能够通过扭曲 BX_6^{4-} 八面体网络大小的变化影响光学性质。A 阳离子更大或者更小能够引起整个晶格的扩张或者收缩，从而导致 B—X 键长的变化，键长的变化对于决定 E_{bg} 是非常重要的。基于在钙钛矿 $APbI_3$ 结构的容忍因子（t）的计算，假设 Pb^{2+} = 119 pm，I^- = 220 pm，A 位置的阳离子半径范围是从 164~259 nm，和 t 值从 0.8 到 1.0 有关。$CH_3NH_3^+$ 阳离子是适合钙钛矿结构的，因为它 180 pm 合适的离子半径。当钙钛矿用一个稍微大的阳离子 FA 替换掉 MA 组分，钙钛矿的带隙减小[139]。如图 2-28 所示，钙钛矿定义为 ABX_3 一类的立方晶系面心立方格子，由 X 离子和半径较大的 A 离子共同组成立方堆积，而半径较小的 B 离子则填于 1/4 的八面体空隙中。铯相对于 MA 来说含有一个更小的有效粒子半径，而 FA 是稍微更大的。图 2-32 展示了这些材料的吸收光谱，$CsPbI_3$ 被发现相对于 $MAPbI_3$ 有一个更小波长的吸收，而 $FAPbI_3$ 则相对于 $MAPbI_3$ 有一个更大波长的吸收。这表明 A 阳离子离子半径增大，晶格扩展而带隙减小，引起了在吸收光谱中的红移现象。因此，FAPbI$_3$ 是一个潜在的能够替代 MAPbI$_3$ 制备更高效率太阳能电池的材料。在模拟太阳光下能够观测到非常高的电流，短路电流>23 mA/cm^2 和效率 14.2%的电池已经达到。因此，FAPbI$_3$ 对于这类太阳能电池是一个新的候补材料，需要进一步的观测。

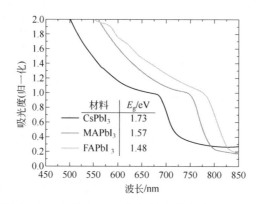

图 2-32　通过改变 A 阳离子来改变钙钛矿的带隙形成的 APbI$_3$ 钙钛矿的紫外可见光谱（ABX$_3$ 的晶体结构见图 2-28）

Lee 等人报道了 FAPbI$_3$ 在长波长处的一个弱的吸收，这个问题能够通过引入一个非常薄的 CH$_3$NH$_3$PbI$_3$ 在 FAPbI$_3$ 层上来解决[176]。所以，一个 15.56%的平均 PCE 通过 FAPbI$_3$ 上加一层 CH$_3$NH$_3$PbI$_3$ 来获得。这种结构的最高效率为 16.01%，暗示着 FAPbI$_3$ 将是一个有希望获得高效率钙钛矿太阳能电池的吸光层材料。然而，一些研究者们聚焦于取代 CH$_3$NH$_3$PbI$_3$ 钙钛矿 A 位置中的 MA 同样也对 X 位置元素进行掺杂，所以，一些优秀的基于此结构的 FAPbBr$_3$ 和 FAPbI$_{3-x}$Cl$_x$ 已获得。例如，Hanusch 等人已经证实了一个高效率的 FAPbBr$_3$ 钙钛矿太阳能电池。这种材料相比于 CH$_3$NH$_3$PbI$_3$ 表现出更长的激子扩散长度[177]。FAPbBr$_3$ 的 6.6%的转换效率已经获得，其激子扩散长度在相同条件下是 CH$_3$NH$_3$PbI$_3$ 钙钛矿的 10 倍。因此，FAPbBr$_3$ 作为一个宽带隙的吸收层在钙钛矿太阳能电池中将是一个非常有用的候选物。

（4）增加电子-空穴对的扩散长度

众所周知，由于吸光材料电荷扩散长度影响它们的光伏性能，电子-空穴对的复合寿命是一个非常重要的因素。换句话说，长的电荷扩散长度将和长的电子-空穴对的复合寿命有关，长的复合寿命将有利于改善基于钙钛矿吸光材料的太阳能电池的性能。比如说，CH$_3$NH$_3$PbI$_3$ 和 CH$_3$NH$_3$PbI$_{3-x}$Cl$_x$ 它们都有相似的吸光范围，而 CH$_3$NH$_3$PbI$_{3-x}$Cl$_x$ 相对于 CH$_3$NH$_3$PbI$_3$ 有更长的复合寿命，从而导致一个长的扩散长度。相对大的载流子扩散长度起因于这些材料更高的迁移率和更大的载流子寿命。因此，光生电荷和空穴在钙钛矿中能移动到非常长的距离，从而产生一个光电流，而不是作为热量在太阳能电池中损失。此外，不像 CH$_3$NH$_3$PbI$_3$，CH$_3$NH$_3$PbI$_{3-x}$Cl$_x$ 不需要介孔的电子传输层（例如 TiO$_2$）。长的电子扩散长度能够保证 CH$_3$NH$_3$PbI$_{3-x}$Cl$_x$ 在绝缘的支架和大部分薄膜上完美的工作。在长的电子扩散长度能够保证更厚的优化的光吸收层的前提下，载流子在复合之前能够及时地被抽取。厚的光吸收层将通过引入更多的吸收体最终有助于光的更有效利用。

最近，Wehrenfennig 等人用超快 THz 波谱检查了气相沉积 CH$_3$NH$_3$PbI$_{3-x}$Cl$_x$ 载流子的动力学，揭示了载流子迁移率和复合速率[178]。在典型的太阳能电池操作条件下，载流子的寿命仅仅受膜分子衰减过程限制，比如说中间体陷阱捕获，这种过程之前发现是异常缓慢的。电荷扩散长度被发现是 3 μm，突出双源蒸发是一个在高效率平面异质结太阳能电池中制备有机卤化物吸收层的方法。

由于它们超长的电子空穴对的扩散长度，$CH_3NH_3PbI_{3-x}Cl_x$ 系列钙钛矿备受关注。Ma 等人通过两步连续溶液沉积的方法合成了 $CH_3NH_3PbI_{3-x}Cl_x$ 钙钛矿，他们混合 $PbCl_2$ 和 PbI_2 作为前驱体来克服 $PbCl_2$ 低的溶解性来获得更好的形貌，从而达到 11.7% 的效率。虽然运用 $CH_3NH_3PbI_{3-x}Cl_x$ 钙钛矿取得了优异的性能，但是 Cl 元素的作用还是不明确。Colella 等人研究了 Cl 掺杂在 $CH_3NH_3PbI_{3-x}Cl_x$ 光吸收层中的传输和结构性质[179]。这些作者们发现在前驱体溶液中有机物的组分，Cl 结合在基于碘的结构可能仅仅存在一个相对低的含量（低于 3%~4%），当 Cl 掺杂后效率从 3.85% 增长到 6.15%。不同的卤素离子半径界面导致形成联系的固体溶液。然而，即使材料的带隙大体上保持不变，Cl 的掺杂戏剧性地改善钙钛矿层里面的电荷传输，从而解释了这种优异光伏性能的材料。

在 $CH_3NH_3PbBr_3$ 中掺杂 Cl 元素比掺杂在 $CH_3NH_3PbI_3$ 中更大，从而导致增加电子-空穴对的复合寿命。Zhang 等人报道了混合卤化物钙钛矿 $CH_3NH_3PbBr_{3-x}Cl_x$（$x = 0.6~1.2$）呈现出不同的光学性质[180]。特别的，用这些材料制备成的薄膜呈现出不寻常的光致发光发射强度和超长的复合寿命，这些性质对于发光而激光和光伏应用是非常合适的。$CH_3NH_3PbBr_{3-x}Cl_x$ 复合寿命通过在发射峰波长位置测试光致变色荧光延迟。不同 Cl 替代率的 $CH_3NH_3PbBr_{3-x}Cl_x$ 的时间分辨的光致变色延迟曲线见图 2-33。可以看出 $CH_3NH_3PbBr_{3-x}Cl_x$ 相对于 $CH_3NH_3PbBr_3$ 呈现出一个更长的平均复合寿命。尤其是 $CH_3NH_3PbBr_{2.4}Cl_{0.6}$ 的平均复合寿命能够扩展到 446 ns，而 $CH_3NH_3PbBr_3$ 和 $CH_3NH_3PbI_{3-x}Cl_x$ 的寿命分别为 100 ns 和 44 ns。然而，随着 Cl 替代率的增加，相应的 $CH_3NH_3PbBr_{3-x}Cl_x$ 钙钛矿平均复合寿命降低。

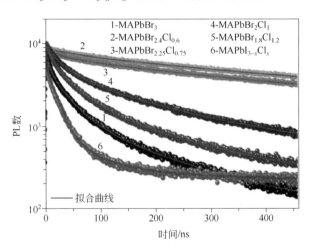

■ 图 2-33　在各种 $CH_3NH_3PbX_3$（X = Cl、Br、I）钙钛矿发射峰波长的时间分辨光致变色延迟测试曲线

除了 $CH_3NH_3PbX_3$ 钙钛矿 X 位置元素选择，A 位置的元素同样对电子-空穴对的复合寿命和扩散长度有非常大的影响。Hanusch 等人测试了 $FAPbBr_3$ 钙钛矿相对于 $CH_3NH_3PbBr_3$ 的电子-空穴对的复合寿命[177]。$FAPbBr_3$ 薄膜呈现出一个不寻常的趋近于 200 ns 的长的衰变寿命，相比于 $CH_3NH_3PbBr_3$ 薄膜（17 ns）来说要慢得多。Stranks 等人将类似 $CH_3NH_3PbI_{3-x}Cl_x$ 钙钛矿趋近于 200 ns 的寿命归因于电子-空穴对的扩散长度超过 1 μm[181]。相反，$CH_3NH_3PbBr_3$

的变化呈现出和没有 Cl 处理的 $CH_3NH_3PbI_3$ 钙钛矿一个相似的寿命，因此，它们的电子-空穴对扩散长度趋近于 100 nm。$FAPbBr_3$ 钙钛矿在没有介孔层的平面异质结结构的器件中获得一个 7% 的效率。但用 $CH_3NH_3PbBr_3$ 制备相同的器件结构被发现是电荷收集受限，而用含 FA 的钙钛矿器件呈现出扩散长度是前者的两个数量级长并且能达到一个高的电荷收集效率。

（5）结晶和形貌调控

基于 $CH_3NH_3PbI_3$ 钙钛矿的太阳能电池的光伏性能很大程度上取决于结晶和形貌的控制，而结晶和形貌的控制决定于沉积技术和后期处理。精确控制表面结构对改善基于薄膜钙钛矿太阳能电池的性能是非常必要的，所以一些先进的制备方法，比如说旋转涂膜法、喷雾沉积法、真空辅助溶液制备和表面钝化的方法最近已经被应用于制备钙钛矿薄膜。

（6）旋转涂膜法

有机-无机钙钛矿材料的可溶液加工性是它的主要优势，而最简单的沉积方法需要的仅仅是一个简单的加热步骤来转化沉积的前驱体溶液（由有机和无机组分组成），称为结晶的钙钛矿薄膜。Burschka 等人首次报道运用旋转涂膜法来制备 $CH_3NH_3PbI_3$ 钙钛矿[182]，而一些其他参数，比如说退火温度被 Dualeh 等人进行了详细研究。除此之外，为了避免 PbI_2 结晶从基底表面突出来而使完全和快速地将 PbI_2 转化为 $CH_3NH_3PbI_3$，旋转涂膜（简称为旋涂）PbI_2 通常使用高转速或者低浓度的 PbI_2 溶液。然而，可靠的制备高覆盖率和高结晶性的纯相 $CH_3NH_3PbI_3$ 钙钛矿的高质量的薄膜的沉积方法仍然是一个挑战。除此之外，通常的旋涂方法会产生大的 $CH_3NH_3PbI_3$ 晶粒将会有一些没有覆盖完全的孔洞区域。形成这种结构主要归因于钙钛矿的缓慢结晶。而缓慢结晶主要是由于在旋涂过程中自然干燥的过程中高沸点的 N,N-二甲基甲酰胺（DMF，153 ℃）和由一个缓慢成核速率引起的结晶生长。因此，研究者们做出了巨大的努力致力于改善旋涂过程来改善薄膜的形貌来获得高结晶性能的钙钛矿。在钙钛矿的制备过程中加入一些添加物，比如说 NH_4Cl、1,8-二碘辛烷（DIO）等。Zuo 和 Ding 报道了 NH_4Cl 添加物能够改善 $CH_3NH_3PbI_3$ 光吸收钙钛矿层的结晶性和形貌控制[162]。作为比较，另一个含氯的衍生物 CH_3NH_3Cl 同样被添加进钙钛矿中来检测薄膜性能和钙钛矿光伏性能。X 射线衍射（XRD）证实添加物有利于 $CH_3NH_3PbI_3$ 结晶，并且 NH_4Cl 比 CH_3NH_3Cl 更加有效。通过扫描电子显微镜（SEM）和原子力显微镜（AFM）研究了用不同添加物制备的 $CH_3NH_3PbI_3$ 薄膜形貌（图 2-34）。没有加添加物的薄膜呈现出非常大的孔洞和非常粗糙的表面［图 2-34（a）］。而用 CH_3NH_3Cl 添加物制备的薄膜几乎没有孔洞，像鹅卵石一样的纳米晶（70~200 nm）分布在薄膜中［图 2-34（b）］。用 NH_4Cl 添加物制备的薄膜含有规整的纳米晶［图 2-34（c）］并且呈现出相对于 CH_3NH_3Cl 添加物更好的覆盖率。没有添加物的钙钛矿薄膜的均方根粗糙度为 47.5 nm。而用 CH_3NH_3Cl 和 NH_4Cl 添加物的均方根粗糙度分别为 15.3 nm 和 5.2 nm。用 NH_4Cl 添加物改善的结晶和形貌钙钛矿薄膜导致了器件性能的卓越提升（PCE = 9.93%和 FF = 0.8011）。这个工作提供了一个非常简单有效的方法来提高钙钛矿太阳能电池的光电转换效率。Liang 等人报道了一个非常有意义的将平面异质结钙钛矿太阳能电池效率从 9.0%提高到 11.8%的方法[183]，他们通过少量地加入一种 DIO 小分子到钙钛矿前驱体溶液中来改善结晶性和钙钛矿薄膜。根据 SEM 图和 XRD 谱图，他们发现通过加入该添加物同时促进了成核和结晶生长过程中的结晶动力学。增加的结晶性促进电荷在电荷传输层和钙钛矿吸收层中的传输。

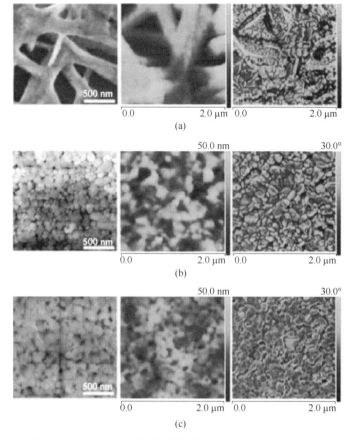

图2-34　用不同添加物制备的 CH₃NH₃PbI₃ 薄膜的形貌

（a）无掺杂的 CH₃NH₃PbI₃ 薄膜；（b）掺杂 17.5 mg/mL CH₃NH₃Cl；（c）掺杂 17.5mg/mL NH₄Cl 的 CH₃NH₃PbI₃ 薄膜
左图：SEM 图；中图：相图；右图：AFM 图

　　为了解决钙钛矿在介孔支架层中的不能完全转化和不可控制的晶粒尺寸等问题，Wu 等人通过改变旋转涂膜过程中的溶剂来延迟 PbI₂ 结晶丛的优化连续沉积的方法[184]。运用强配位的二甲基亚砜（DMSO）替代 DMF 作为 PbI₂ 的溶剂来形成非常均匀和无定形的 PbI₂ 薄膜，这种薄膜能够使 CH₃NH₃PbI₃ 钙钛矿晶体在 10 min 内完全转化。最终的钙钛矿晶体尺寸分布非常小，并且有非常平坦的表面形貌。高重现性的钙钛矿薄膜能够保证平面结构的钙钛矿太阳能电池 13.5%效率的重复性。高重现性的高效率器件为深入的器件研究和进一步优化光伏性能提供了平台。此外，这种延迟前驱体薄膜的方法值得去深入研究并且能够应用于制备新的钙钛矿和应用于其他平面基底。除此之外，一些研究者们已经系统地研究了 CH₃NH₃I/PbI₂ 前驱体的比例对钙钛矿薄膜的形貌和器件性能的影响。一个非化学计量的前驱体溶液被证明对形成化学计量的钙钛矿是非常重要的。钙钛矿薄膜的组分对基底的表面非常敏感并且和组分在前驱体溶液中非常不同。

（7）制备钙钛矿层的创新方法和先进技术

　　遗憾的是，用旋涂法制备 CH₃NH₃PbI₃ 钙钛矿有非常多的缺点。根据发现，对于有机部分，长的有机链会使钙钛矿更难寻找到一个好的溶剂。对于无机部分，溶剂技术总是会遇到一些溶解性、强溶剂配位或者金属价态稳定性的问题。真空蒸发是一种理想的构建

CH₃NH₃PbI₃ 钙钛矿薄膜的技术以精确控制薄膜的性质。通过共蒸发两种前驱体（PbCl₂ 和 CH₃NH₃I）制备的钙钛矿呈现出非常好的覆盖率和均匀性。然而，这种技术需要高真空，能源消耗太大不适合大规模的生产。除此之外，用不同有机组分制备各种钙钛矿是限制真空蒸发法的一个因素，没有真空蒸发的沉积钙钛矿的方法可能是低成本太阳能电池的一个优势。基于沉积的 PbI₂ 和 CH₃NH₃I 蒸气动力学良好的反应，低温蒸气辅助溶液制备法能够制备覆盖率高、小的表面粗糙度、洁净尺寸大到微尺度和 100% 前驱体完全转化的多晶钙钛矿薄膜。这种方法制备的薄膜通过沉积的 PbI₂ 薄膜和 CH₃NH₃I 蒸气的原位反应来形成。这种方法避免了有机和无机物种的共沉积，是完全不同于当前的溶液制备的方法和真空沉积的方法。基于这种 CH₃NH₃PbI₃ 薄膜的平面异质结结构的太阳能电池达到 12.1% 效率。这种真空辅助溶液制备的方法为太阳能电池和其他有机-无机杂化光电子提供了一种简单、可控和通用获得高质量的钙钛矿薄膜的方法。这种方法制备薄膜的电荷传输能力需要进一步研究。Lewis 和 O'Brien 已经用气溶胶辅助的化学气相沉积在玻璃基底上制备 CH₃NH₃PbI₃ 薄膜[185]。用这种方法制备的薄膜在质量上能够比得上那些用目前的方法制备的无机-有机钙钛矿，比如说旋转涂膜法。

通过运用两步连续沉积技术，包括旋涂 PbI₂ 暴露在 CH₃NH₃I 溶液中形成 CH₃NH₃PbI₃ 或者双源蒸发沉积技术制备平面异质结太阳能电池效率已经达到 15%。到目前为止，CH₃NH₃PbI₃ 在大部分高效率的平面太阳能电池中的制备方法是真空沉积，两步连续溶液沉积或者真空辅助两步反应法。真空沉积法将会增加制造成本，而连续两步沉积法涉及一个非常长的整体时间。因此，发展一个更快速更灵活的能够调节钙钛矿结晶过程和制备可控形貌的高质量薄膜的溶液制备技术在构建优异性能的平面器件中是非常必要的。Xiao 等人报道了一种一步法——溶剂诱导快速沉积结晶（FDC）的方法（又称反溶剂法）[163]。该方法是旋涂 CH₃NH₃PbI₃ 的 DMF 溶液，然后直接暴露在氯苯中来诱导结晶使形成平坦均一的 CH₃NH₃PbI₃ 薄膜。这种简单的方法涉及在基底上旋涂 CH₃NH₃PbI₃ 的 DMF 溶液，随后直接把湿的薄膜暴露在第二种溶剂中（例如氯苯）来诱导结晶。这种快速沉积结晶的方法因为薄膜形成时间是在 1 min 以内，具有只有单步方法和短的沉积时间等制备优势。快速沉积结晶制备 CH₃NH₃PbI₃ 的方法如图 2-35 所示。首先，致密的 TiO₂ 层通过喷雾热解的方式沉积到 F 掺杂的氧化铟玻璃基底上。CH₃NH₃PbI₃（45%，质量分数）的 CH₃NH₃PbI₃ 溶液随后旋涂到 TiO₂ 层上。在一个特定的延迟时间后（约 6 s），第二种溶剂快速加到基底表面。第二种溶剂的作用是快速降低 CH₃NH₃PbI₃ 在混合溶剂中的溶解性，导致促进快速成核和在薄膜中生长晶体。当第二种

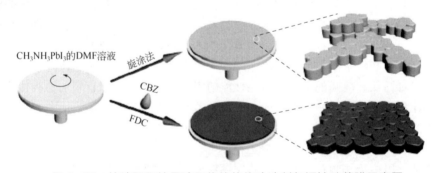

CH₃NH₃PbI₃的DMF溶液　旋涂法　CBZ　FDC

■ 图 2-35　快速沉积结晶法和传统的旋涂法制备钙钛矿薄膜示意图

传统的旋涂法（上）制备的钙钛矿是一层灰色并且由于缓慢结晶导致不均一的大晶粒。在快速沉积法（下）中，第二种溶剂（例如氯苯）在旋涂过程中引入到湿的薄膜表面来诱导快速结晶从而形成均一尺寸的钙钛矿晶粒

溶剂加进去后瞬间变黑的薄膜证明形成了想得到的材料。相反，在传统的旋涂法中，没有第二种溶剂的加入，湿的薄膜会缓慢地干燥从而导致形成灰黑色的薄膜。薄膜随后在 100 ℃ 下退火 10 min 蒸发掉其他残留的溶剂进一步促进结晶。平面异质结太阳能电池通过这种溶液制备的方法在 AM 1.5 的光照条件下获得了 13.9%的平均效率。Grätzel 等人在反溶剂方法的基础上通过使用聚甲基丙烯酸（PMMA）作为模板来调控钙钛矿薄膜的成核与结晶，从而制备出认证效率高达 21.02%的高质量钙钛矿薄膜[186]。并且，他们在最近的研究中发现光照对于钙钛矿薄膜的形成过程存在一定的影响[187]。

尽管薄膜形成过程中付出了巨大努力，但是有用的制备钙钛矿薄膜的方法仍然需要更多的研究。一些研究者们致力于研究钙钛矿薄膜中在相关异质结中影响载体行为的表面或者界面和晶界。因此，一项巧妙地控制薄膜性质促进太阳能电池中电荷产生传输和收集的技术终将被发展。一种可控的钝化技术已经被用于制备钙钛矿薄膜，这种技术能够保证它们的组分改变和使相关的器件性能大幅度地提升。PbI$_2$ 在热退火过程中能够在晶界处成功地钝化来控制电荷载体沿着异质结的方向运动。适量的 PbI$_2$ 在 CH$_3$NH$_3$PbI$_3$ 中能够改善载体的行为，其原因可能是由于减少了在晶界和 TiO$_2$ 钙钛矿界面的复合。此外，钙钛矿薄膜晶界的性能在钝化后表现行为不同。这种可控的自诱导的钝化技术展示了一个重要的环节来理解杂化钙钛矿薄膜多晶的性能和对于钙钛矿太阳能电池发展明智的贡献。未来聚焦于钙钛矿材料晶界性质来设计相关的方法来钝化薄膜的工作是非常必要的。最近，Noel 等人报道了用 Lewis 碱-噻吩和吡啶处理有机-无机金属卤化物钙钛矿薄膜导致了在钙钛矿薄膜的非辐射复合显著的下降[188]。这些结果归因于在晶体中配位 Pb 原子的电子的钝化。Lewis 碱分子在钙钛矿晶体中捆绑在配位的 Pb 离子，导致这些缺陷位的钝化。用 Lewis 碱钝化（噻吩处理的和吡啶处理）这种方法制备的平面异质结太阳能电池的光电转换效率分别从 13%增加到 15.3%和 16.5%。

参 考 文 献

[1] Chapin, D. M.; Fuller, C.; Pearson, G. *J. Appl. Phys.,* **1954**, *25,* 676.

[2] Prince, M.; *J. Appl. Phys.,* **1955**, *26,* 534.

[3] Chung, B. C.; Virshup, G.; et al. *Appl. Phys. Lett.,* **1989**, *55,* 1741.

[4] Kallmann, H.; Pope, M. *J. Chem. Phys.,* **1959**, *30,* 585.

[5] Tang, C. W. *Appl. Phys. Lett.,* **1986**, *48,* 183.

[6] Sariciftci, N. S.; Smilowitz, L.; et al. *Science,* **1992**, 1474.

[7] Sariciftci, N.; Braun, C.; et al. *Appl. Phys. Lett.,* **1993**, *62,* 585.

[8] Morita, S.; Zakhidov, A. A.; Yoshino, K. *Solid State Commun.,* **1992**, *82,* 249.

[9] Gevaert, M.; Kamat, P. V. *J. Phys. Chem.,* **1992**, *96,* 9883.

[10] Lee, K.; Janssen, R. A.; et al. *Phys. Rev.,* B **1994**, *49,* 5781.

[11] Yu, G.; Gao, J.; et al. *Science,* **1995**, *270,* 1789.

[12] Armaroli, N.; Balzani, V. *Angew. Chem. Int. Ed.,* **2007**, *46,* 52.

[13] Dennler, G.; Scharber, M. C.; Brabec, C. J. *Adv. Mater.,* **2009**, *21,* 1323.

[14] Wudl, F.; Srdanov, G. U. S. Patent 5, 189, 136(**1993**).

[15] Brabec, C. J. Shaheen, S. E.; et al. *Appl. Phys. Lett.,* **2002**, *80,* 1288.

[16] Wienk, M. M.; Kroon, J. M. *Angew. Chem.,* **2003**, *115,* 3493.

[17] Li, Y.; Cao, Y.; et al. *Synthetic Metals.,* **1999**, *99,* 243.

[18] Yang, C.; Orfino, F. P.; Holdcroft, S. *Macromolecules,* **1996**, *29,* 6510.

[19] Ma, W.; Yang, C.; et al. *Adv. Funct. Mater.,* **2005**, *15,* 1617.

[20] Reyes-Reyes, M.; Kim, K.; Carroll, D. L.; *Appl. Phys. Lett.,* **2005**, *87,* 083506.

[21] Zhu, Z.; Waller, D.; et al. *Macromolecules,* **2007**, *40*, 1981.

[22] Mühlbacher, D.; Scharber, M.; et al. *Adv. Mater.,* **2006**, *18*, 2884.

[23] Peet, J.; Kim, J. Y.; et al. *Nature Mater.,* **2007**, *6*, 497.

[24] Peet, J.; Soci, C. et al. *Appl. Phys. Lett.,* **2006**, *89*, 252105.

[25] Tremolet de Villers, B.; Tassone, C. J. *J. Phys. Chem. C,* **2009**, *113*, 18978.

[26] Kim, J. Y.; Lee, K.; *Science,* **2007**, *317*, 222.

[27] Soci, C.; Hwang, I. W.; et al. *Adv. Funct. Mater.,* **2007**, *17*, 632.

[28] Hwang, I. W.; Soci, C.; et al. *Adv. Mater.,* **2007**, *19*, 2307.

[29] Morana, M.; Wegscheider, M.; et al. *Adv. Funct. Mater.,* **2008**, *18*, 1757.

[30] Liang, Y.; Xu, Z.; *Adv. Mater.,* **2010**, *22*, E135.

[31] Lu, L.; Yu, L.; *Adv. Mater.,* **2014**, *26*, 4413.

[32] Liao, S. H.; Jhuo, H. J.; et al. *Adv. Mater.,* **2013**, *25*, 4766.

[33] Liao, S. H.; Jhuo, H. J.; et al. *Scientific Reports,* **2014**, *4*, srep06813.

[34] Liu, Y. Zhao, J.; et al. *Nature Commun.,* **2014**, *5*, 5293.

[35] Zhao, J. Li, Y.; et al. *Nat. Energy.,* **2016**, *1*, 15027.

[36] Kan, B.; Zhang, Q.; et al. *J. Am. Chem. Soc.,* **2014**, *136*, 15529.

[37] Sun, K.; Xiao, Z. et al. *Nature Commun.,* **2015**, *6*, 6013.

[38] Roquet, S.; de Bettignies, R.; et al. *J. Mater. Chem.,* **2006**, *16*, 3040.

[39] Karpe, S; Cravino, A.; et al. *Adv. Funct. Mater.,* **2007**, *17*, 1163.

[40] Ma, C. Q.; Fonrodona, M.; et al. *Adv. Funct. Mater.,* **2008**, *18*, 3323.

[41] Fitzner, R.; Mena Osteritz, E.; *J. Am. Chem. Soc.,* **2012**, *134*, 11064.

[42] Liu, Y.; Zhou, J.; et al. *Tetrahedron,* **2009**, *65*, 5209.

[43] Liu, Y.; Wan, X.; et al. *Adv. Energy Mater.,* **2011**, *1*, 771.

[44] Li, Z.; He, G.; et al. *Adv. Energy Mater.,* **2012**, *2*, 74.

[45] Zhou, J.; Wan, X.; et al. *J. Am. Chem. Soc.,* **2012**, *134*, 16345.

[46] He, G.; Li, Z.; et al. *J. Mater. Chem. A,* **2013**, *1*, 1801.

[47] Long, G.; Wan, X.; et al. *Adv. Energy Mater.,* **2013**, *3*, 639.

[48] Kan, B.; Li, M.; et al. *J. Am. Chem. Soc.,* **2015**, *137*, 3886.

[49] Liu, Y.; Wan, X.; et al. *Adv. Mater.,* **2011**, *23*, 5387.

[50] Sun, Y.; Welch, G. C.; et al. *Nat Mater.,* **2011**, *11*, 44.

[51] Van Der Poll, T. S.; Love, J. A.; et al. *Adv. Mater.,* **2012**, *24*, 3646.

[52] Sharenko, A.; Proctor, C. M.; et al. *Adv. Mater.,* **2013**, *25*, 4403.

[53] Jiang, W.; Ye, L.; et al. *Chem. Commun.,* **2014**, *50*, 1024.

[54] Rajaram, S.; Shivanna, R.; et al. *J. Phys. Chem. Lett.,* **2012**, *3*, 2405.

[55] Li, H. Earmme, T.; et al. *J. Am. Chem. Soc.,* **2014**, *136*, 14589.

[56] Hwang, Y. J.; Courtright, B. A.; et al. *Adv. Mater.,* **2015**, *27*, 4578.

[57] Lee, W.; Lee, C.; et al. *Adv. Funct. Mater.,* **2016**, *26*, 1543.

[58] Mori, D.; Benten, H.; et al. *ACS Apl. Mater. Interf.,* **2012**, *4*, 3325.

[59] Gao, L.; Zhang, Z.; G. et al. *Adv. Mater.,* **2016**, *28*, 1884.

[60] Fan, B.; Ying, L.; et al. *Energy Environ. Sci.,* **2017**, *10*, 1243.

[61] Guldi, D. M.; Prato, M.; et al. *Acc. Chem. Res.,* **2000**, *33*, 695.

[62] Holliday, S.; Ashraf, R. S.; et al. *J. Am. Chem. Soc.,* **2015**, *137*, 898.

[63] Wu, Y.; Bai, H.; et al. *Energy Environ. Sci.,* **2015**, *8*, 3215.

[64] Bai, H.; Cheng, P.; *J. Mater. Chem., A* **2014**, *2*, 778.

[65] Lin, Y.; Wang, J.; et al. *Adv. Energy Mater.,* **2014**, *4*, 1400420.

[66] Lin, Y.; Zhang, Z. G.; et al. *Energy Environ. Sci.,* **2015**, *8*, 610.

[67] Lin, H.; Chen, S.; et al. *Adv. Mater.,* **2015**, *27*, 7299.

[68] Zhao, F.; Dai, S.; et al. *Adv. Mater.,* **2017**, *29*, 1700144.

[69] Cheng, P.; Zhang, M.; et al. *Adv. Mater.,* **2017**, *29*, 605216.

[70] Bin, H.; Gao, L.; et al. *Nature Commun.,* **2016,** *7,* 13651.

[71] Bin, H.; Zhang, Z. G.; et al. *J. Am. Chem. Soc.,* **2016,** *138,* 4657.

[72] Yang, Y.; Zhang, Z. G.; et al. *J. Am. Chem. Soc.,* **2016,** *138,* 15011.

[73] Li, S.; Ye, L. W.; et al. *Adv. Mater.,* **2016,** *28,* 9423.

[74] Zhao, W.; Qian, D.; et al. *Adv. Mater.,* **2016,** *28,* 4734.

[75] Yao, H.; Cui, Y.; et al. *Angew. Chem. Int. Ed.,* **2017,** *56,* 3045.

[76] Zhao, W.; Li, S.; et al. *J. Am. Chem. Soc.,* **2017,** *139,* 7148.

[77] O'regan, B. Grfitzeli, M. *Nature,* **1991,** *353,* 737.

[78] Yella, A.; Lee, H. W. *Science,* **2011,** *334,* 629.

[79] Nazeeruddin, M. K.; Kay, A.; et al. *J. Am. Chem. Soc.,* **1993,** *115,* 6382.

[80] Gregg, B. A. *J. Phys. Chem. B,* **2003,** 107, 4688.

[81] Yamazaki, E.; Murayama, M.; et al. *Solar Energy,* **2007,** *81,* 512.

[82] Dai, Q.; Rabani, J.; *New J. Chem.,* **2002,** *26,* 421.

[83] Adje, F.; Lozano, Y. F.; et al. *Molecules,* **2008,** *13,* 1238.

[84] Campbell, W. M.; Jolley, K. W.; et al. *J. Phys. Chem. C,* **2007,** *111,* 11760.

[85] Kim, S.; Lee, J. K.; et al. *J. Am. Chem. Soc.,* **2006,** *128,* 16701.

[86] Grätzel, M. *J. Photochem. Photobiol. C: Photochem. Rev.,* **2003,** *4,* 145.

[87] Chen, H.; Li, W. H.; et al. *Solar Energy.,* **2010,** *84,* 1201.

[88] Tripathi, B.; Singh, F.; et al. *J. Alloys Compd.,* **2008,** *454,* 97.

[89] Lee, Y. L.; Chang, C. H. *J. Power Sources,* **2008,** *185,* 584.

[90] Wu, J.; Lan, Z.; *Pure Appl. Chem.,* **2008,** *80,* 2241.

[91] Ardo, S.; Meyer, G. J. *Chem. Soc. Rev.,* **2009,** 38, 115.

[92] Nogueira, A.; Longo, C.; De Paoli, M. A. *Coord. Chem. Rev.,* **2004,** *248,* 1455.

[93] Dang, M. T.; Hirsch, L.; Wantz, G.; *Adv. Mater.,* **2011,** *23,* 3597.

[94] Fan, X.; Zhang, M.; et al. Meng, *J. Mater. Chem. A,* **2013,** *1,* 8694.

[95] Marks, R.; Halls, J. D.; et al. *J. Phys.: Condensed Matter.,* **1994,** *6,* 1379.

[96] Grahn, H. T. *Introduction to semiconductor physics.* World Scientific, 1999.

[97] Holder, E. Tessler, N.; Rogach, A. L. *J. Mater. Chem.,* **2008,** *18,* 1064.

[98] Günes, S.; Sariciftci, N. S. *Inorg. Chim. Acta,* **2008,** *361,* 581.

[99] Moulé, A. J.; Chang, L.C.; *J. Mater. Chem.,* **2012,** *22,* 2351.

[100] Yu, M.; Long, Y. Z.; et al. *Nanoscale,* **2012,** *4,* 2783.

[101] Ravirajan, P.; Bradley, D.; et al. *Appl. Phys. Lett.,* **2005,** *86,* 143101.

[102] McLeskey, J. T.; Qiao, Q. *Inter. J. Photoenergy,* **2006,** *2006,* 20951.

[103] Olson, D. C.; Shaheen, S. E.; et al. *J. Phys. Chem. C,* **2007,** *111,* 16670.

[104] Oosterhout, S. D.; Koster, Letal.; et al. *Adv. Energy Mater.,* **2011,** *1,* 90.

[105] Mahmoud, W. E.; *J. Phys. D: Appl. Phys.,* **2009,** *42,* 155502.

[106] Ravirajan, P.; Haque, S.; et al. *J. Appl. Phys.,* **2004,** *95,* 1473.

[107] Wang, P.; Abrusci, A.; et al. *Nano Lett.,* **2006,** *6,* 1789.

[108] Liu, Q.; Ono, M. et al. *Appl. Phys. Lett.,* **2012,** *100,* 183901.

[109] Nahor, A.; Berger, O.; *Physica Status Solidi. C: Current Topics in Solid State Physics,* **2011,** *8,* 1908.

[110] Zhang, F.; Song, T.; Sun, B.; *Nanotechnology,* **2012,** *23,* 194006.

[111] He, L.; Jiang, C.; et al. *Appl. Phys. Lett.,* **2011,** *99,* 021104.

[112] Moiz, S. A.; Nahhas, A. M.; et al. *Nanotechnology,* **2012,** *23,* 145401.

[113] Huang, J.; Yin, Z.; Zheng, Q.; *Energy Environ. Sci.,* **2011,** *4,* 3861.

[114] Shin, K. S.; Jo, H.; et al. *J. Mater. Chem.,* **2012,** *22,* 13032.

[115] Atienzar, P.; Ishwara, T.; et al. *J. Mater. Chem.,* **2009,** *19,* 5377.

[116] Liu, Z.; Li, Y.; et al. *J. Mater. Chem.,* **2010,** *20,* 492.

[117] Hau, S. K.; Yip, H. L.; et al. *J. Mater. Chem.,* **2008,** *18,* 5113.

[118] Lee, J.; Jho, J. Y. *Solar Energy Materials and Solar Cells,* **2011,** *95,* 3152.

[119] Wang, J.; Zhan, T.; et al. *Chem. Phys. Lett.,* **2012**, *541*, 105.

[120] Liao, H. C.; Lee, C. H.; et al. *J. Mater. Chem.,* **2012**, *22*, 10589.

[121] Cardoso, J. C.; Grimes, C. A.; et al. *Chem. Commun.,* **2012**, *48*, 2818.

[122] Huang, Y. C.; Hsu, J. H. et al. *J. Mater. Chem.,* **2011**, *21*, 4450.

[123] Biswas, S.; Li, Y.; et al. *J. Appl. Phys.,* **2012**, *111*, 044313.

[124] Zhong, M.; Yang, D.; et al. *Solar Energy Materials and Solar Cells,* **2012**, *96*, 160.

[125] Kim, S. J.; Kim, W. J.; et al. *Solar Energy Materials and Solar Cells,* **2009**, *93*, 657.

[126] Jeltsch, K. F. Schädel, M.; et al. *Adv. Funct. Mater.,* **2012**, *22*, 397.

[127] Maier, E.; Fischereder, A.; et al. *Thin Solid Films,* **2011**, *519*, 4201.

[128] Ren, S.; Chang, L. Y.; et al. *Nano Lett.,* **2011**, *11*, 3998.

[129] Liao, H. C.; Lin, C. C.; et al. *J. Mater. Chem.,* **2010**, *20*, 5429.

[130] Mariani, G.; Laghumavarapu, R. B.; et al. *Appl. Phys. Lett.,* **2010**, *97*, 013107.

[131] Chao, J. J.; Shiu, S. C.; et al. *Nanotechnology,* **2010**, *21*, 285203.

[132] Docampo, P.; Guldin, S.; et al. *Adv. Mater.,* **2014**, *26*, 4013.

[133] Kamat, *J. Phys. Chem. Lett.,* **2013**, *4*, 908.

[134] Yang, W. S.; Park, B. W.; et al. *Science,* **2017**, *356*, 1376.

[135] Kagan, C. R. Mitzi, D. B. *Science,* **1999**, *286*, 945.

[136] Etgar, L.; *Materials,* **2013**, *6*, 445.

[137] Kojima, K. Teshima, Y.; et al. *J. Am. Chem. Soc.,* **2009**, *131*, 6050.

[138] Im, C. R.; Lee, J. W.; et al. *Nanoscale.,* **2011**, *3*, 4088.

[139] Eperon, G. E.; Stranks, S. D. *Energy Environ. Sci.,* **2014**, *7*, 982.

[140] Kim, H. S.; Lee, C. R.; et al. *Scientific Reports,* **2012**, *2*, 591.

[141] Lee, M. M.; Teuscher, J. *Science,* **2012**, *338*, 643.

[142] Etgar, L.; Gao, P.; et al. *J. Am. Chem. Soc.,* **2012**, *134*, 17396.

[143] Kim, H. S.; Im, S. H.; Park, N. G.; *J. Phys. Chem., C* **2014**, *118*, 5615.

[144] Burschka, J.; Pellet, N. *Nature,* **2013**, *499*, 316.

[145] Wang, T. W.; Ball, J. M.; et al. *Nano Lett.,* **2014**, *14*, 724.

[146] Wojciechowski, K.; Saliba, M.; *Energy Environ. Sci.,* **2014**, *7*, 1142.

[147] Ryu, S.; Noh, J. H.; *Energy Environ. Sci.,* **2014**, *7*, 2614.

[148] Jeon, N. J.; Noh, J.; H.; et al. *Nat Mater.,* **2014**, *13*, 897.

[149] Gao, P.; Gratzel, M.; Nazeeruddin, M. K.; *Energy Environ. Sci.,* **2014**, *7*, 2448.

[150] Li, Y.; Gao, X. P.; et al. *J. Phys. Chem., C* **2009**, *113*, 4386.

[151] Basu, S. R.; Martin, L. W.; et al. *Appl. Phys. Lett.,* **2008**, *92*, 091905.

[152] Kulkarni, S. A.; Baikie, T.; et al. *J. Mater. Chem. A,* **2014**, *2*, 9221.

[153] Im, J. H.; Chung, J.; et al. *Nanoscale Res. Lett.,* **2012**, *7*, 1.

[154] Fujisawa, J.i.; Giorgi, G.; *Phys. Chem. Chem. Phys.,* **2014**, *16*, 17955.

[155] Knutson, J. L.; Martin, J. D.; Mitzi, D. B. *Inorg. Chem.,* **2005**, *44*, 4699.

[156] Ogomi, Y.; Morita, A.; et al. *J. Phys. Chem. Lett.,* **2014**, *5*, 1004.

[157] Stranks, S. D.; Eperon, G. E.; et al. *Science,* **2013**, *342*, 341.

[158] Xing, G.; Mathews, N.; et al. *Science,* **2013**, *342*, 344.

[159] Chen, Q.; Zhou, H.; et al. *J. Am. Chem. Soc.,* **2014**, *136*, 622.

[160] Chen, Q.; Zhou, H.; et al. *Nano Letters,* **2014**, 14, 4158.

[161] Dualeh, A.; Tétreault, N.; et al. *Adv. Funct. Mater.,* **2014**, *24*, 3250.

[162] Zuo, C.; Ding, L. *Nanoscale,* **2014**, *6*, 9935.

[163] Xiao, M.; Huang, F.; et al. *Angew. Chem.,* **2014**, *126*, 10056.

[164] Wang, Y.; Gould, T.; et al. *Phys. Chem. Chem. Phys.,* **2014**, *16*, 1424.

[165] Giorgi, G.; Fujisawa, J. I.; et al. *J. Phys. Chem. C,* **2014**, *118*, 12176.

[166] Quarti, C.; Grancini, G.; et al. *J. Phys. Chem. Lett.,* **2014**, *5*, 279.

[167] Edri, E.; Kirmayer, S.; et al. *J. Phys. Chem. Lett.,* **2013**, *4*, 897.

[168] Qiu, J.; Qiu, Y.; et al. *Nanoscale*, **2013**, *5*, 3245.

[169] Aharon, S.; Cohen, B. E.; Etgar, L. *J. Phys. Chem. C*, **2014**, *118*, 17160.

[170] Zhao, Y.; Zhu, K. *J. Am. Chem. Soc.*, **2014**, *136*, 12241.

[171] Mallouk, T. E. *Nature*, **2012**, 485, 450.

[172] Mosconi, E.;Amat, A.; et al. *J. Phys. Chem. C*, **2013**, *117*, 13902.

[173] Nagane, S.; Bansode, U.; et al. *Chem. Commun.*, **2014**, *50*, 9741.

[174] Hao, F.; Stoumpos, C. C.; et al. *J. Am. Chem. Soc.*, **2014**, *136*, 8094.

[175] Noel, N. K.; Stranks, S. D.; et al. *Energy Environ. Sci.*, **2014**, *7*, 3061.

[176] Lee, W.; Seol, D. J.; et al. *Adv. Mater.*, **2014**, *26*, 4991.

[177] Hanusch, F. C.; Wiesenmayer, E. E.; et al. *J. Phys. Chem. Lett.*, **2014**, *5*, 2791.

[178] Wehrenfennig, C.; Eperon, G. E.; et al. *Adv. Mater.*, **2014**, *26*, 1584.

[179] Colella, S.; Mosconi, E.; et al. *Chem. Mater.*, **2013**, *25*, 4613.

[180] Zhang, M.; Yu, H.; et al. *Chem. Commun.*, **2014**, *50*, 11727.

[181] Stranks, S. D.; Eperon, G. E.; et al. *Science.*, **2013**, *342*, 341.

[182] Burschka, J.; Pellet, N.; et al. *Nature*, **2013**, *499*, 316.

[183] Liang, P. W.; Liao, C. Y. *Adv. Mater.*, **2014**, *26*, 3748.

[184] Wu, Y.; Islam, A. *Energy Environ. Sci.*, **2014**, *7*, 2934.

[185] Lewis, D. J.; O'Brien, P. *Chem. Commun.*, **2014**, *50*, 6319.

[186] Bi, D.; Yi, C.; et al. *Energy*, **2016**, *1*, 16142.

[187] Ummadisingu, A.; Steier, L. *Nature*, **2017**, *545*, 208.

[188] Noel, N. K.; Abate, A.; et al. *ACS Nano.*, **2014**, *8*, 9815.

第3章

有机场效应晶体管材料

3.1 概述

3.1.1 有机场效应晶体管器件

1947 年，美国贝尔实验室的科学家首次制备出能正常工作的晶体管，它是 20 世纪的一项重大发明，是微电子革命的基础[1]。晶体管出现后，人们就能用一个小巧的、低功耗的晶体管来代替体积大、功耗大的电子管，这是现代微电子设备和集成电路进行成功开发和大规模应用的基础。

场效应晶体管（field-effect transistor，FET）是晶体管领域的一个重要分支，它能够高效地放大和开关电信号，被广泛地应用于多种集成电路和处理器。20 世纪 60 年代初期，人们最先研究和制备了金属氧化物晶体管（metal-oxide-semiconductor field-effect transistor，MOSFET）[2]，目前 MOSFET 已经成为电子行业不可缺少的重要组成部分。

1986 年，以聚噻吩为半导体层的有机场效应晶体管（organic field-effect transistor，OFET）问世[3]，OFET 又称薄膜晶体管（thin film transistor），由于具有原料来源丰富、质轻、柔性、可以进行低成本的溶液加工等优势，并且在集成电路、射频识别技术、电子传感器、电致发光、电子纸张等领域具有广阔的应用前景，在过去的十多年，OFET 吸引了众多科学家的关注，较高性能的材料被开发[4]。目前，与无机材料相比，有机材料在稳定性、器件效率方面仍不能满足未来低成本大规模的商业化应用。与 MOSFET 相比，OFET 器件还存在诸多问题，比如载流子迁移率不够高、工作电压偏高、工作稳定性较差、器件寿命短等，因此开发高性能的 OFET 材料仍是目前科学研究的前沿之一[5]。

与 MOSFET 类似，OFET 的基本结构也包括栅极（gate）、源极（source）、漏极（drain）、绝缘层（insulator）和有机半导体层（organic semiconductor）。它是一种通过栅极电场控制源极和漏极电极（简称源漏电极）之间通过半导体层的电流大小的开关器件。有机半导体层材料即有源层材料是 OFET 中的活性材料，是决定器件性能的关键因素。本章中将简单介绍 OFET 器件的结构，重点总结过去几十年 OFET 材料的进展，重点阐述几类性能优良的材料，分析一些材料的构效关系，希望读者对此类材料有一个较为深入全面的了解，对 OFET 新材料的设计有所帮助。

如图 3-1 所示[6]，根据各功能层叠放顺序的不同，OFET 主要包括顶栅式 [图 3-1（a），图 3-1（b）] 和底栅式 [图 3-1（c），图 3-1（d）] 两种结构，其中顶栅式和底栅式结构又分别包括顶接触 [图 3-1（a），图 3-1（c）] 和底接触 [图 3-1（b），图 3-1（d）] 两种结构，也即存在 4 种 OFET 结构，分别为顶栅顶接触 [图 3-1（a），top-contact top-gate]，顶栅底接触 [图 3-1（b），bottom-contact top-gate]，底栅顶接触 [图 3-1（c），top-contact bottom-gate] 和底栅底接触 [图 3-1（d），bottom-contact bottom-gate]。顶接触和底接触的区别在于有机半导体层和源漏电极的制作次序，对于顶接触结构，有机半导体层和绝缘层直接相连，源漏电极远离绝缘层，这种器件容易呈现较高的载流子迁移率；对于底接触器件，有机半导体层在源漏电极之上，这种结构利于工业化大规模生产。目前文献报道的 OFET 多为底栅顶接触结构 [图 3-1（c）]，一般认为对相同有机半导体材料这种结构具有更优的性能。

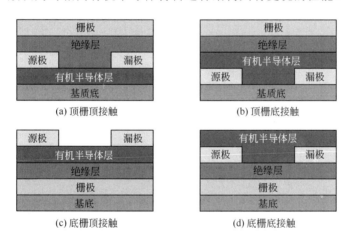

图 3-1　OFET 的 4 种常见结构[6]

在 OFET 中，通常以源极为电压参考零点，源极和漏极之间的电压称为源漏电压（V_{SD}），它们之间的电流称为源漏电流（I_{SD}，或沟道电流），栅极和源极的电压称为栅源电压（V_{GS}）。OFET 是通过改变栅电压的大小来控制源漏电流的器件。器件运行时，施加 V_{SD}，如果 V_{GS} 为零或者很小，有机层中的载流子浓度很低，此时 I_{SD} 会很小，器件处于关态（off）；增加 V_{GS}，由于栅极和源极之间的电场效应，会在半导体层中靠近绝缘层界面处感应出较多电荷，半导体物理学中称为载流子，分为电子和空穴。载流了在 V_{DS} 电场的作用下定向运动，实现导电，I_{DS} 随之增大，器件处于开态（on）。通过控制 V_{GS} 的大小可以改变载流子的浓度，实现对 I_{DS} 的控制[7]。

根据导电沟道载流子是空穴还是电子可以将 OFET 分为 p 型、n 型和双极性型三类，与之相对应的有机半导体材料分别为 p 型材料、n 型材料和双极性材料。p 型材料只能传输空穴，又称空穴传输材料；n 型材料只能传输电子，又称电子传输材料；而双极性材料能同时传输电子和空穴。n 型器件工作时，栅压 $V_{GS} > 0$ 电子从金属电极注入有机半导体的 LUMO 能级，在半导体层与绝缘层界面处聚集电子，在 $V_{SD} > 0$ 作用下，会产生一个从漏极到源极沿沟道方向的横向电场，在此电场的作用下，电子将向漏极运动并被漏极收集，同时形成电子导电的沟道电流。对于 p 型 OFET 器件，在负栅压的作用下（$V_{SD} < 0$），有机半导体 HOMO 能级中的电子将溢出流向金属，在有机半导体层与绝缘层界面处聚集带正电的空穴。在合适的横向电场作用下（$V_{SD} < 0$），这些空穴将会向漏极运动并被漏极收集形成空穴导电的沟道电流。

表征 OFET 性能的主要参数指标包括：迁移率、开关比、阈值电压、亚阈值斜率和稳定性。OFET 的电学性能主要由输出特性曲线和转移特性曲线计算推导给出。前者是沟道电流随源漏电压的关系，后者是沟道电流随栅压的关系。在栅源电压 V_{GS} 保持不变的情况下，源漏电流 I_{SD} 随源漏电压 V_{SD} 的变化曲线称为 OFET 的输出曲线 [见图 3-2（a）][8]。而源漏电压 V_{SD} 保持不变的情况下，源漏电流随栅极电压的变化曲线成为 OFET 的转移曲线 [图 3-2（b）]。

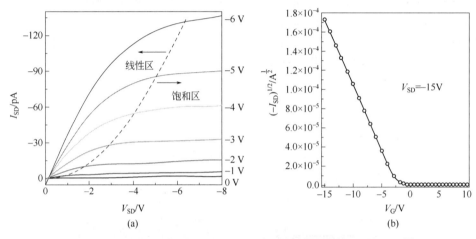

■ 图 3-2　OFET 的输出曲线（a）和饱和区的转移曲线（b）[8]

（a）图中虚线左侧为线性区，右侧为饱和区

迁移率（μ）代表了载流子的传输速率，表示单位电场作用下载流子的平均漂移速率，迁移率是评价有机半导体材料和晶体管器件的最重要指标之一，它是有机半导体材料是否能实际应用的决定性因素之一。提高 OFET 的迁移率一直是关系到其应用前景的重要问题，对未来有应用前景的 OFET，一般要求迁移率大于 1 cm²/(V·s)。迁移率的大小和材料本身性质有关，是分子的堆积排列方式、分子之间相互作用、分子的能级和电子排布等各种因素协同作用的结果。

开关比（I_{on}/I_{off}）是指在一定栅压范围内，晶体管"开态"源漏电流与"关态"漏电流的比值。开态电流为测试范围内，器件处于开启时的最大的源漏电流。高的开关比意味着器件更好的稳定性、抗干扰能力和负载驱动能力，对于有应用前景的器件，开关比一般大于 10^6。

阈值电压（V_{th}）定义为诱导晶体管产生导电沟道的最小电压。低阈值电压是实现低功耗器件的必要条件。阈值电压既和半导体本身的性质有关，也和半导体和绝缘层界面上的电荷缺陷密度、源漏电极的接触质量、绝缘层厚度等多种因素有关。

亚阈值斜率（SS）用来表征场效应晶体管中源漏电流随栅电压增加而变化的迅急程度。定义为：栅压在阈值电压以下时，源漏电流改变一个数量级对应的栅压改变量。其值越小表示切换越迅速，从关态切换到开态时所需的电压变化越小。亚阈值斜率主要由绝缘层-半导体界面的质量所决定。

3.1.2 有机场效应晶体管材料

OFET 的性能和多种因素有关，比如半导体材料的种类、半导体材料的纯度、半导体层和绝缘层厚度、沟道长度、测试环境等，其中起关键性作用的因素是半导体材料的种类。下面将分章节阐述此类材料的不同类型。OFET 用半导体材料种类繁多，此书篇幅有限，不能详尽地全部包罗，因此此处仅选择有代表性的结构和结果加以论述，偏重于性能优异的结构和最近若干年在材料方面取得的新进展[9]。

制作 OFET 器件半导体层的方法有多种，主要有：①真空蒸镀法。此方法在真空条件下，将加热的半导体化合物缓慢地沉积在器件的绝缘层上。此方法具有成膜质量高，器件性能好的优点，但是制作成本高，对以后的商业应用不利。②溶液处理法。此方法将半导体溶于有机溶剂，通过旋涂、打印或者其他方法将半导体层均匀地成膜，此方法具有加工成本低、操作简单的优势，是有机半导体加工的主流方向，但是用此方法制作的一些小分子器件的性能远远不如真空蒸镀法。③生长单晶法。此方法在器件底片上生成单晶，以半导体单晶为活性层，测试器件性能，此方法往往能够得到较高的迁移率，便于研究材料的本征性质，但是制备单晶条件要求苛刻，不利于未来的大规模产业化[10]。

OFET 材料可以分为空穴传输（p 型）材料和电子传输（n 型）材料，它们具有各自的结构特点，下面将分节论述。除了电子传输材料和空穴传输材料之外，还有一类材料兼具以上两种材料的载流子传输性质，此类物质为双极性场效应晶体管材料。本章中只详细介绍常见的空穴传输材料和电子传输材料。

3.2 小分子空穴传输材料

p 型材料又称空穴传输材料，优秀的 OFET 用 p 型材料一般具有以下特点[11]：①具有较高的 HOMO 能级，便于空穴的注入；②有较大的共轭体系和较强的分子之间相互作用，便于空穴在分子之间的传导；③具有较好的成膜性和稳定性。目前优秀的 p 型材料较多，下面将分类说明。

3.2.1 并苯类

稠环芳烃是一类优秀的空穴传输材料，在 OFET 器件中有广泛应用。对于小分子稠环芳烃，由于较差的溶解性和成膜性，一般通过真空蒸镀的方法将它们制作成 OFET 的活性层，下面的阐述中如不特殊说明，均是通过此方法处理。

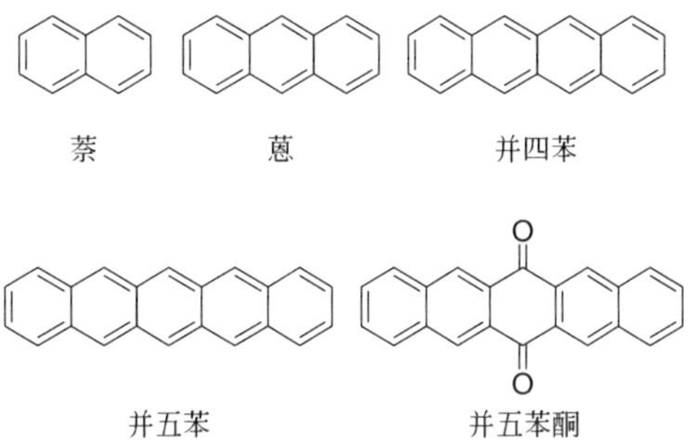

并苯类化合物比如萘（naphthalene）、蒽（anthracene）、并四苯（tetracene）、并五苯（pentacene）等均是空穴传输材料（结构见图3-3），随着共轭体系的增大，分子之间的电子云交叠程度增加，在 OFET 中的迁移率随之增加。萘很少用于 OFET 的研究，而并五苯被广泛用于空穴传输材料的研究，在氯硅烷处理的 SiO₂为绝缘层的 OFET 中的空穴迁移率达到

萘　　　　蒽　　　　并四苯

并五苯　　　　　　并五苯酮

■ 图 3-3　并苯母体的结构

$1.5 \text{ cm}^2/(\text{V}\cdot\text{s})$，开关比达到 10^8，阈值电压为-8 V[12]。

并苯类化合物虽然有显著的晶体管性能，然而它们也有显著的缺点，性能较好的此类材料是并四苯和并五苯及其衍生物，这些化合物溶解性往往很差，只能进行工艺较为复杂的真空蒸镀处理。此外，这类化合物的带隙较窄，比如并四苯 2.6 eV，并五苯 1.8 eV；HOMO 能级较高，比如并四苯-5.2 eV，并五苯-5.0 eV。这些性质使得此类化合物光稳定性差且容易被氧化。比如并五苯不仅溶解性差、合成困难，而且极易被氧化，生成并五苯酮（pentacenequinone）或者其二聚体和三聚体。

以并苯为母体，可以设计许多新的空穴传输材料（图 3-4），与并苯相比，取代并苯具有更多的种类和更大的调节修饰空间。萘的共轭体系较小，是一个较差的 OFET 材料，在萘环上分别引入烷基噻吩和烷基并二噻吩取代基后生成化合物 **1a** 和 **1b**，增加了共轭体系，显著提高了分子的空穴传输能力[13]。基于 **1a** 的 OFET 的空穴迁移率 μ_h 达到 $0.14 \text{ cm}^2/(\text{V}\cdot\text{s})$，阈值电压为$-27$ V，开关比为 2000，**1b** 的 μ_h 为 $0.084 \text{ cm}^2/(\text{V}\cdot\text{s})$，阈值电压为$-26$ V，开关比为 8.8×10^5。

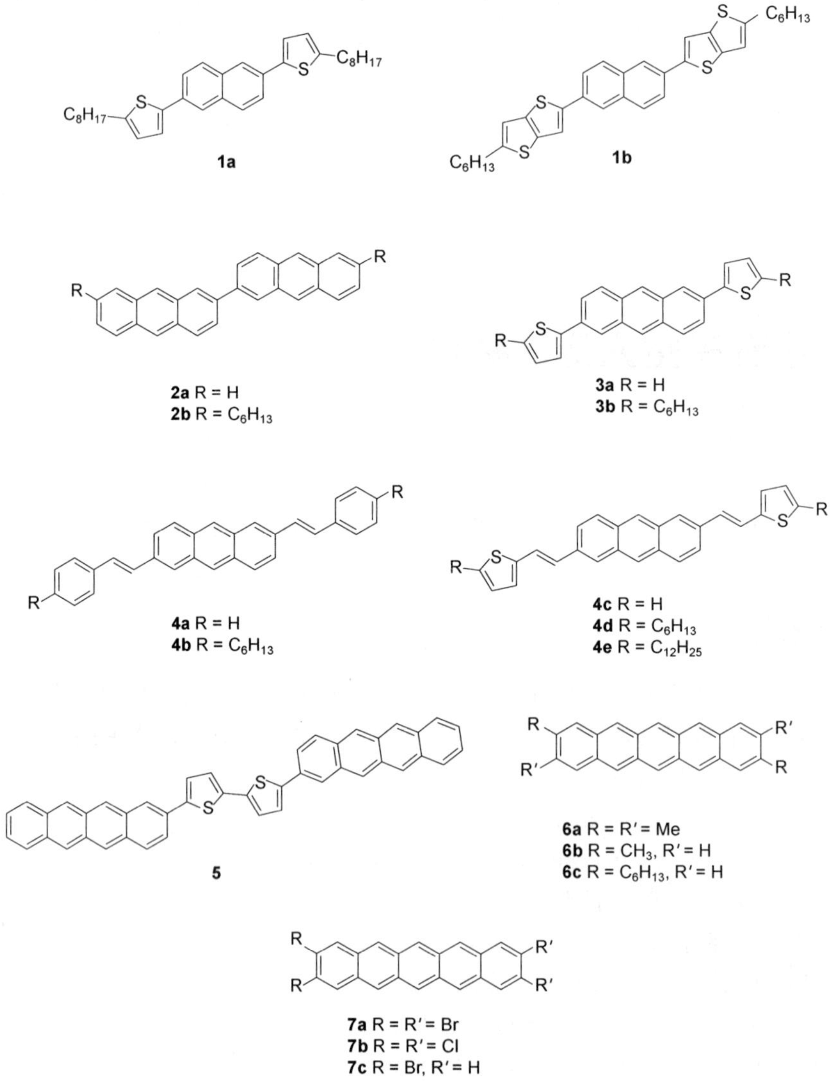

图 3-4　并苯类的空穴传输材料

以萘为母体开发的 OFET 材料很少，以蒽为母体的空穴传输材料较多，这有两个原因：①蒽具有较大的共轭体系；②蒽的稳定性高于并四苯或并五苯。将两个蒽通过催化偶联的方法连接在一起可以得到化合物 **2a** 和 **2b**[14]，这两个化合物的 OFET 迁移率分别达到 0.072 cm²/(V·s) 和 0.13 cm²/(V·s)，这个结果远远好于未取代的蒽，但是距离实用仍较远，开关比小于 10^4。取代基为正己基的 **2b** 的结果好于 **2a**，原因在于 OFET 材料的性能除了与较大的共轭体系有关外，也与分子的成膜性相关，**2b** 在真空蒸镀条件下更容易生成高质量的薄膜。在蒽的 2,6-位通过 Suzuki 偶联的方法分别引入噻吩和烷基噻吩基团得到化合物 **3a** 和 **3b**[15]，这两个化合物的稳定性和迁移率比蒽有明显提高，空穴迁移率分别达到 0.063 cm²/(V·s) 和 0.5 cm²/(V·s)，开关比分别达到 $8×10^5$ 和 $2.8×10^7$，阈值电压分别为 -6.3 V 和 -10.4 V。烷基噻吩取代的蒽 **3b** 的迁移率比 **3a** 高出将近一个数量级，这与烷基的定向自组装功能有关，烷基的引入使分子形成了液晶相，在高于液晶转变温度下能够实现分子的有序排列。基于 **3b** 的 OFET 的稳定性非常出色，器件在空气中放置 15 个月后，各种性能基本不衰减。

在蒽的 2,6-位通过 Suzuki 偶联的方法分别引入苯乙烯基和烷基苯乙烯基得到化合物 **4a** 和 **4b**[16]，这两个化合物的迁移率高达 1.3 cm²/(V·s)，开关比均大于 10^7。值得注意的是，基于这两个化合物的 OFET 的稳定性远远高于并五苯，在稳定性测试中，新制备并五苯 OFET 的迁移率为 1.05 cm²/(V·s)，空气中放置一个月后迁移率只有 0.03 cm²/(V·s)，开关比降至 10^2；基于 **4b** 的 OFET 的迁移率空气中放置 20 个月后仍达到 0.95 cm²/(V·s)，开关比高于 10^6。造成这种现象的原因有两个：①化合物 **4b** 的 HOMO 能级比并五苯低 0.4 eV，具有更稳定的结构；②**4b** 具有更紧密的晶体排列方式。在蒽的 2,6-位引入噻吩乙烯基后可以得到化合物 **4c**、**4d** 和 **4e**，基于此组化合物的 OFET 性能逊于 **4a** 和 **4b**。3 个化合物中，最高的迁移率来自于 **4c**，为 0.44 cm²/(V·s)，阈值电压高达 -39 V，**4c** 的性能优于 **4d** 和 **4e**，原因在于 **4c** 具有更规则的排列方式。

对并四苯和并五苯进行修饰的空穴传输材料较少，化合物 **5** 中[17]，通过联噻吩连接两个并四苯，增大了共轭体系，此化合物的迁移率达到 0.5 cm²/(V·s)，但是稳定性很差，这与分子较高的 HOMO 轨道有关。对于化合物 **6a~6c**，在并五苯的母体上引入了烷基，分子的溶解性略微改善，稳定性仍然很差，迁移率反而低于并五苯[18]，比如四甲基并五苯 **6a** 的迁移率只有 0.31 cm²/(V·s)，**6b** 的迁移率为 2.5 cm²/(V·s)，低于相同器件条件下的并五苯；引入较大的乙基后，化合物 **6c** 的迁移率只有 **6b** 的十分之一。在并五苯的母体上引入吸电子较弱的卤素原子后，降低了 HOMO 轨道能级，增加了分子的稳定性。化合物 **7a~7c** 中，非对称性的 **7c** 具有最高的迁移率 0.22 cm²/(V·s)，器件的稳定性远远优于并五苯，在空气中两个月以上仍然没有明显衰减。

3.2.2 联苯和芴类

联苯和芴也是一类重要的空穴传输材料（图 3-5）。联苯的稳定性高于并苯，合成也比较容易，但迁移率不是很高，化合物 **8a~8c** 的迁移率分别为 0.01 cm²/(V·s)、0.04 cm²/(V·s) 和 0.07 cm²/(V·s)，这几种材料的一个缺点是较高的阈值电压，高于 -45 V。化合物 **9** 在联苯分子的中间位置引入两个乙烯基，在端位引入正己基，迁移率达到 0.12 cm²/(V·s)，阈值电压降至 -9 V，因乙烯基团的顺反异构，化合物 **9** 有 3 个异构体，图 3-5 中所画的结构是理论上的能量最低结构[19]。化合物 **10a~10c** 具有线性的刚性平面共轭结构[20]，并且分别在苯的端位引入吸电子的 F 原子、供电子的二甲氨基和烷基，实验结果表明化合物 **10b** 由于能形成有序致密的薄膜，具有最高的空穴迁移率 0.3 cm²/(V·s)，而化合物 **10c** 的迁移率只有 4.3×10⁻⁴ cm²/(V·s)，化合物 **10a** 在 OFET 中没有明显的迁移率信号。芴通常被用作电致发光二极管（organic light emitting diode，OLED），当芴和联苯或联噻吩形成长条形的分子后，也具有较好的 FET 性质[21]。化合物 **10e** 的 OFET 迁移率达到 0.32 cm²/(V·s)，**10d** 的迁移率只有 0.014 cm²/(V·s)。**10d** 和 **10e** 具有较低的 HOMO 能级−5.57 eV，因此具有很好的稳定性，基于这两个化合物 OFET 的器件稳定性也非常好。当用联二噻吩连接两个芴基团时可以得到化合物 **11a~11c**[22,23]，其中 **11b** 的迁移率最高，达到 0.11 cm²/(V·s)。

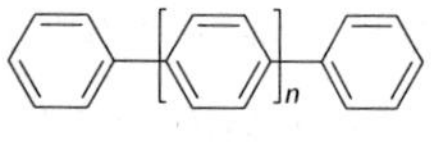

8a n = 2
8b n = 3
8c n = 4

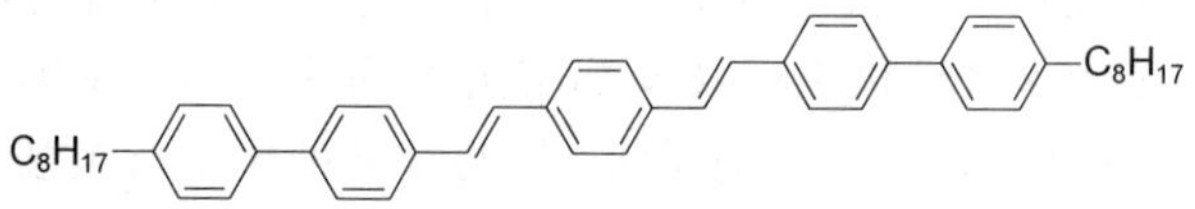

9

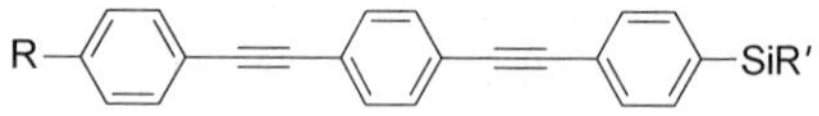

10a R = F, R' = CH₃
10b R = NMe₂, R' = CH₃
10c R = NMe₂, R' = i-C₃H₇

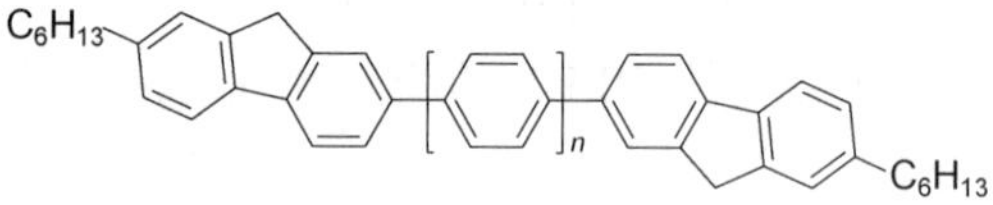

10d n = 1
10e n = 2

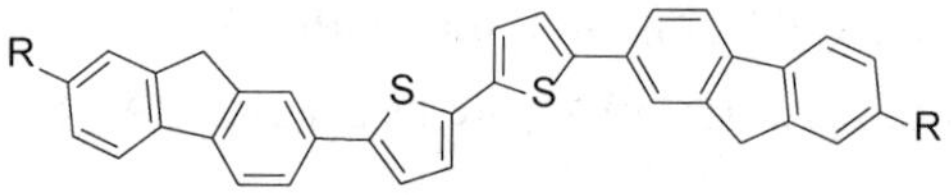

11a R = H
11b R = C₆H₁₃
11c R = C₆H₁₁

图 3-5　联苯和芴类的空穴传输材料

3.2.3　并噻吩类

并噻吩类化合物是一类优良的空穴传输材料（图 3-6），热稳定性和化学稳定性较并苯类化合物高。比如并五噻吩 **12** 的稳定性远远好于并五苯[24]，原因在于它的 HOMO 能级（−5.3 eV）低于并五苯的（−5.0 eV），使得它的抗氧化性能好；再者 **12** 的带隙 3.2 eV，远远大于并五苯的 1.8 eV，使得它对可见光的稳定性远远好于并五苯。未取代的并噻吩的 OFET 性能并不是很理想，比如基于化合物 **12** 的 OFET 的空穴迁移率只有 0.045 cm²/(V·s)，开关比只有 10³。然而，含并噻吩单元的很多长条形的共轭化合物具有优秀的 OFET 性能[25]，比如基于化合物 **13a** 的单晶 OFET 的迁移率达到 1.8 cm²/(V·s)，开关比大于 10⁷。化合物 **13a** 的溶解性较差，不能够进行溶液处理，在 **13a** 的母体上引入烷基，得到化合物 **13b~13d**，它们具有很好的溶解性。基于化合物 **13b~13d**，用溶液方法制备的 OFET 具有很高的空穴迁移率和开关比，迁移率最高值分别达到 0.45 cm²/(V·s)、1.80 cm²/(V·s) 和 1.71 cm²/(V·s)，开关比均高于 10⁷。化合物 **14a~14d** 也可以进行溶液处理[26]，空穴迁移率最高的是正己基取代的化合物 **14b**，达到 1.7 cm²/(V·s)。

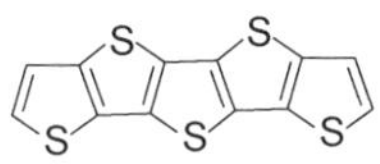

12

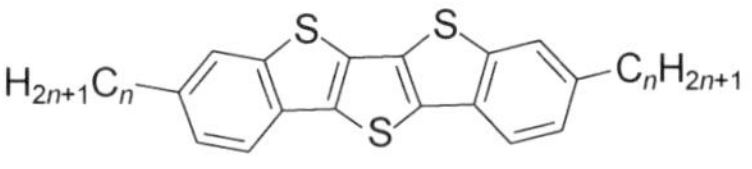

13a n = 0
13b R = 6
13c R = 8
13d R = 12

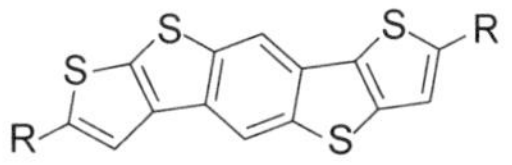

14a R = CH_3
14b R = C_6H_{13}
14c R = C_9H_{19}
14d R = C_8H_{17}

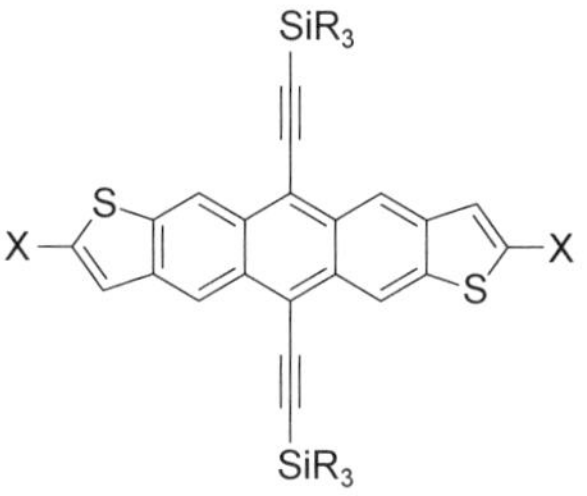

15a R = *i*-Pr, X = H
15b R = Et, X = H
15c R = Me, X = H
15d R = Et, X = F
15e R = Me, X = F

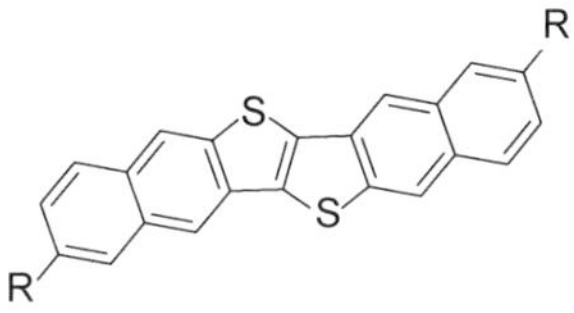

16a R = C_6H_{13}
16b R = C_8H_{17}
16c R = $C_{10}H_{21}$
16d R = $C_{12}H_{25}$

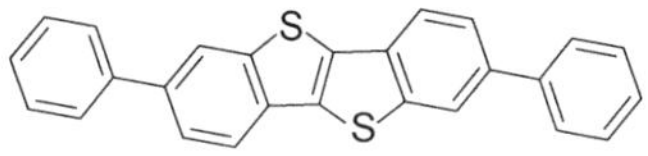

17

图 3-6　并噻吩类空穴传输材料

将并五苯的端位苯环换成噻吩环，中间芳环位置上引入烷基硅乙炔可以得到化合物 **15a~15e**，两个烷基硅乙炔基团的引入增加了分子的溶解性，使得它们能够进行低成本的溶液处理[27]。对于化合物 **15a~15c**，用溶液处理的方法制备半导体层，**15b** 所得 OFET 的空穴迁移率最高，达到 1.0 $cm^2/(V \cdot s)$，因为 **15b** 能形成高质量的均匀薄膜，而 **15a** 和 **15c** 不能。化合物 **15d** 和 **15e** 中，F 原子的引入能够增加分子的结晶性能，增强分子的空穴迁移率。化合物 **16a~16d** 含有并二噻吩单元[28]，是具有 6 个芳环的共轭分子，很强的分子之间相互作用使得它们的溶解性很差，不适宜进行溶液处理。然而它们在真空蒸镀条件下能形成高质量薄膜，形成的 OFET 的空穴迁移率均大于 0.7 $cm^2/(V \cdot s)$，**16c** 的效果最好，迁移率最高达 7.9 $cm^2/(V \cdot s)$，开关比大于 10^8，基于 **16c** 器件的稳定性很好，在空气中放置 100 天后，仍然没有明显的性能衰减。化合物 **17**[29]的溶解性好于化合物 **16**，基于它的 OFET 的性能最高达 2.0 $cm^2/(V \cdot s)$。

并三噻吩的熔点只有 67 °C，不适合作为有机电子材料。低聚并噻吩类空穴传输材料结构见图 3-7。联并三噻吩 **18** 由于更强的分子间相互作用[30]，熔点达到 316 °C，基于 **18** 的 OFET 的空穴迁移率达到 0.05 $cm^2/(V \cdot s)$，开关比达到 10^8。与 **18** 相比，双键相连的并三噻吩 **19** 具有更高的迁移率，达到 0.89 $cm^2/(V \cdot s)$。当并三噻吩的端位连接苯基、噻吩基或联苯基时[31]，得到化合物 **20**、**21** 和 **22**，三者的空穴迁移率分别为 0.42 $cm^2/(V \cdot s)$、0.14 $cm^2/(V \cdot s)$ 和 0.12 $cm^2/(V \cdot s)$，基于化合物 **20** 和 **22** 的 OFET 的稳定性较好，在空气中放置一个月后虽然迁移率有明显衰减，但仍能达到 0.1 $cm^2/(V \cdot s)$。苯乙烯基取代的稠环噻吩 **23** 的空穴迁移率为 0.1 $cm^2/(V \cdot s)$，开关比小于 10^6。化合物 **24** 虽然具有很长的共轭体系[32]，然而迁移率只有 0.02 $cm^2/(V \cdot s)$。

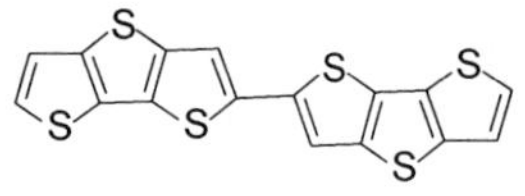

■ 图 3-7　低聚并噻吩类空穴传输材料

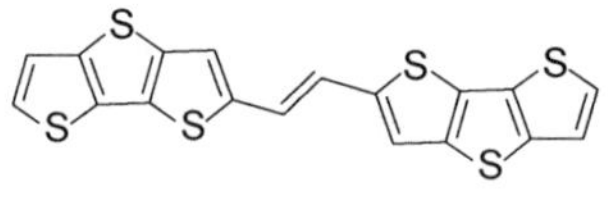

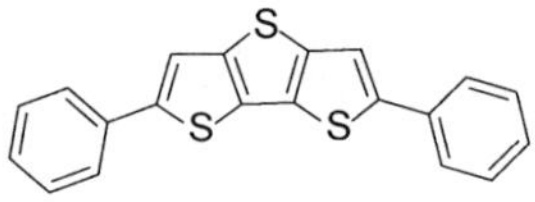

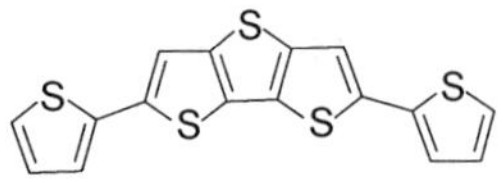

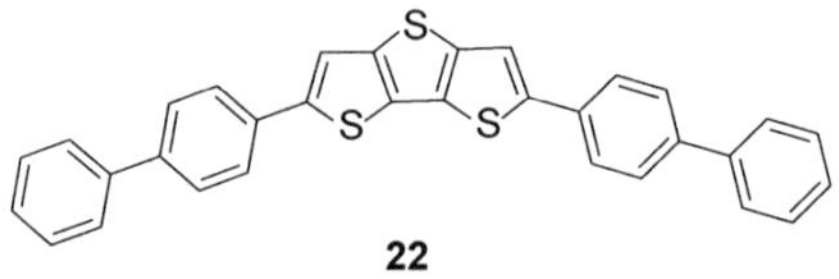

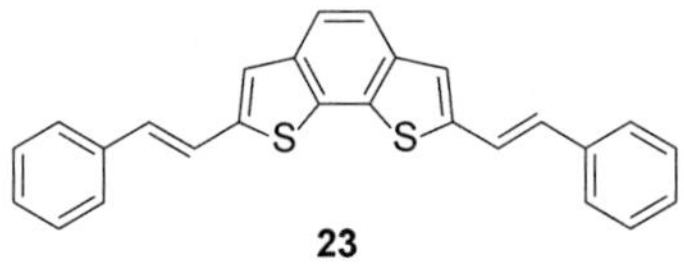

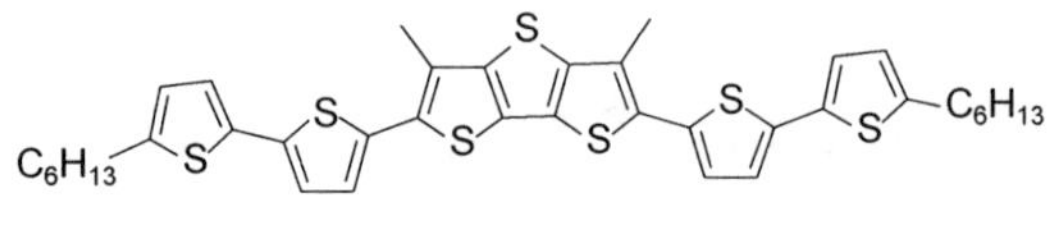

3.2.4　含 O 或 S 原子的稠环类（图 3-8）

由于 O 和 S 能和氢原子形成氢键，增加分子间的相互作用，它们能有效增加分子的电荷传输能力[33]。S 和并五苯通过一步反应可以得到化合物 **25**[34]，虽然化合物 **25** 的 OFET 的空穴迁移率只有 0.04 cm²/(V·s)，然而阈值电压可以低至−1.4 V，开关比也大于 10^7。化合物 **26** 具有较大的共轭体系[35]，能溶于 THF，用溶液缓慢挥发的方法可以制备高质量的长度达微米的晶体，用合适比例的 THF 和正己烷混合溶液将这些晶体旋涂在 Si/SiO₂ 基底上，可以制备高性能的 OFET，最高的迁移率可以达到 2.1 cm²/(V·s)，开关比达到 $2×10^5$，阈值电压低至−7 V。在苝的港湾位引入硫原子得到化合物 **27**，此化合物除具有较强的分子间相互作用外，还具有 S-S 相互作用[36]，基于此化合物的薄膜 OFET 的迁移率可以达到 0.05 cm²/(V·s)，开关达到 $1.2×10^5$，阈值电压−6.3 V。化合物 **27** 很容易用气相沉积的方法生长成线状单晶，以此单晶为活性层的 OFET 的迁移率可以达到 0.8 cm²/(V·s)。苝（pyrene）是一个具有 16 个碳原子的稠环化合物，未取代的苝在 OFET 中还没有被应用的报道，取代的二氧杂苝 **28** 具有较好的场效应性质[37]。带有两个环己基的 **28a** 的性质好于 **28b**，用气相沉积法制备的 OFET 的空穴迁移率最高达 0.26 cm²/(V·s)，器件具有较好的空气稳定性，在空气中放置 48 h 后没有衰减。化合物 **29** 中，氧原子的引入提高了化合物的稳定性[38]，**29a** 的溶解性有限，只能进行化学气相沉积的方法处理，迁移率最高达 0.44 cm²/(V·s)，值得注意的是此 FET 的阈值电压为零，非常适合做未来低电压驱动的器件。由于助溶基团的引入，化合物 **29b** 的溶解性明显增加，适合于溶液处理的方法，用此方法制备的 FET 的迁移率达到 0.43 cm²/(V·s)，真空蒸镀方法制备器件的空穴迁移率为 0.81 cm²/(V·s)。基于化合物 **29** 的器件稳定性较好，在空气中放置 5 个月后，性能没有明显衰减。化合物 **30** 虽然具有很大的共轭体系，但是器件效果不理想，**30b** 的效果好于 **30a**，但是真空蒸镀方法制得的器件的迁移率小于 0.02 cm²/(V·s)。化合物 **31** 具有三维的共轭结构[39]，然而用作 OFET 材料时迁移率较低，比如 **31b** 的迁移率只有 0.002 cm²/(V·s)。

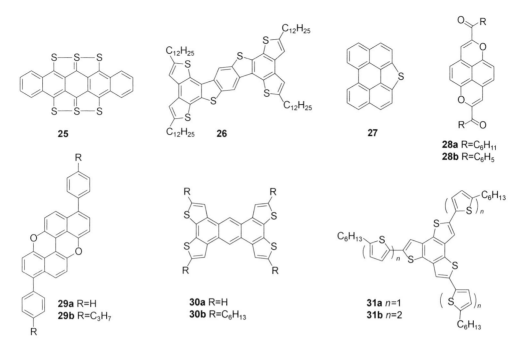

图 3-8 含 O 或 S 原子的稠环类空穴传输材料

3.2.5 低聚噻吩类

聚噻吩是一类重要的空穴传输材料，第一个 OFET 和第一个打印方法制备的 OFET 均是以聚噻吩为活性层材料。低聚噻吩（图 3-9）具有精确的分子结构、接近平面的共轭体系、易于修饰的结构和较高的电荷传输能力，在空穴传输材料中被广泛研究。相比于常规的低聚噻吩，端基噻吩的 α 位被烷基取代的低聚噻吩的性质更优，一方面噻吩的 α 位比较活泼，烷基取代后能增加稳定性，另一方面烷基取代能改善分子的排列方式，使之更适合分子之间的电荷传输。比如，六聚噻吩 **33d** 的空穴迁移率为 0.1 cm²/(V·s)，而乙基或正己基取代的六聚噻吩 **33b** 和 **33c** 的迁移率分别达到 1.0 cm²/(V·s) 和 1.1 cm²/(V·s)。烷基链的长度对迁移率的影响较大，比如含 10 个碳原子烷基链的 **33a** 的最高迁移率为 0.5 cm²/(V·s)，低于含 6 个碳原子烷基链的 **33b**。含噻吩单元的个数对迁移率影响不大，含 4 个和 5 个噻吩单元的 **32a** 和 **32b** 的空穴迁移率分别为 0.2 cm²/(V·s) 和 0.5 cm²/(V·s)，与含 6 个噻吩单元的 **33a** 的结果相当。基于 **32** 和 **33** 系列化合物的 OFET 器件均具有空气稳定性[40]。

通过 3 个乙烯基相连的化合物 **34** 的 OFET 性能不如低聚噻吩[41]，3 个化合物中 **34b** 的效果最好，迁移率达到 0.05 cm²/(V·s)，**34c** 的性能最差，只有 1.1×10⁻⁶ cm²/(V·s)。对十烷基未取代的低聚噻吩，溶解性较差，不能够进行溶液处理，化合物 **35** 中引入了两个大体积的酯基，溶解性明显增加。然而用溶液旋涂法制备的基于 **35** 的 OFET 的迁移率只有 10⁻⁵ cm²/(V·s)，原因在于高比例的不导电的烷基降低了分子之间的电荷传输[42]。在经历 200 °C 退火后，化合物 **35** 脱酯基生成化合物 **36**，迁移率升至 0.05 cm²/(V·s)，这种先合成易溶前体，通过热解的方法除去不导电的助溶基团的策略是合成有机半导体的一个重要思路。化合物 **37** 在五聚噻吩中引入两个刚性的炔键，这样的棒状分子具有很特征的液晶性质，然而迁移率不是很高[43]，用飞行时间法（time of flight）测得 **37b** 和 **37c** 的迁移率分别为

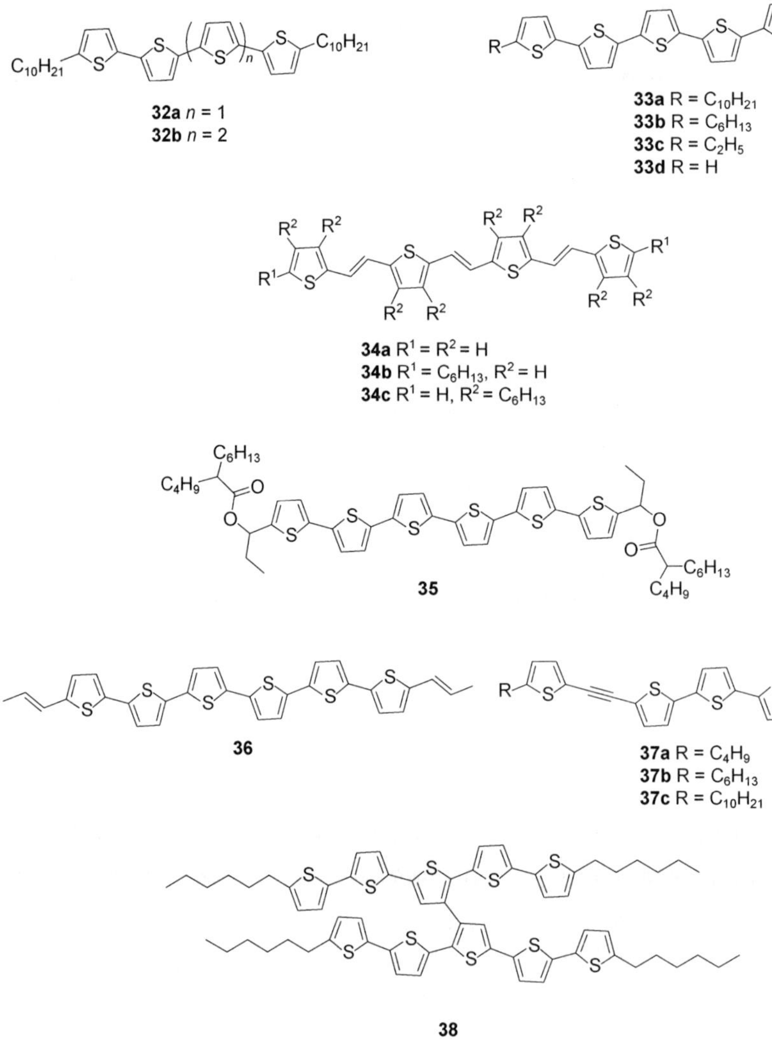

32a n = 1
32b n = 2

33a R = C$_{10}$H$_{21}$
33b R = C$_6$H$_{13}$
33c R = C$_2$H$_5$
33d R = H

34a R^1 = R^2 = H
34b R^1 = C$_6$H$_{13}$, R^2 = H
34c R^1 = H, R^2 = C$_6$H$_{13}$

35

36

37a R = C$_4$H$_9$
37b R = C$_6$H$_{13}$
37c R = C$_{10}$H$_{21}$

38

图 3-9　低聚噻吩类化合物

0.02 cm^2/(V·s) 和 0.019 cm^2/(V·s)。化合物 **38** 具有交叉十字形的结构[44]，用溶液方法制备的 OFET 的迁移率达到 0.012 cm^2/(V·s)。

化合物 **39** 中[45]，在低聚噻吩的两段引入了两个联苯，用气相沉积的方法制备的 FET 器件，其性能最优的是含 3 个噻吩基团的 **39c**，空穴迁移率达到 0.17 cm^2/(V·s)（晶体平均粒径 3.5 μm），晶体粒径的大小对迁移率的影响明显，当粒径变小时，迁移率变低，这可能与过小的晶体粒径产生过多的晶界不利于电荷传输有关。此外噻吩基团数目越少，迁移率越低，只含一个噻吩基团的 **39a** 没有场效应的信号。在低聚噻吩的两段引入苯乙烯基可以得到化合物 **40a~40c**[46]，含 4 个噻吩单元 **40c** 的迁移率明显高于 **40a** 和 **40b**，达到 0.1 cm^2/(V·s)。基于 **40c** 的 FET 器件的稳定性特别高，在实验室中放置 17 个月后，性能保持不变，而基于 **40a** 和 **40b** 的器件的空穴迁移率减少 20%~50%。化合物 **41** 是两个甲苯基取代的低聚噻吩，不同的分子长度对迁移率的影响较小，分别含 3 个、4 个和 5 个噻吩单元的 **41a~41c** 的空穴迁移率分别为 0.03 cm^2/(V·s)、0.03 cm^2/(V·s) 和 0.02 cm^2/(V·s)。相比与低聚噻吩，这些化合物的空穴迁移率偏低，然而它们的开关比较高，通常在 10^6~10^7。

在苯基取代的低聚噻吩系列化合物（图 3-10）中，两个萘基取代的化合物 **42** 的迁移率很高[47]，达到 0.4 cm^2/(V·s)，阈值电压也只有−5 V。并且器件的空气稳定性很好，放置 3 个月后，性能没有明显衰减，高稳定性来源于分子较低的 HOMO 轨道，**42** 的 LUMO 能级为−5.26 eV，低于六聚噻吩的−5.00 eV，因此稳定性高于六聚噻吩。化合物 **43** 中在低聚噻吩的两端引入了 4-己基苯基，增加了分子的溶解性[48]，因此 **43a~43d** 这 4 个化合物均能够进行溶液处理；含 4 个噻吩单元的 **43d** 的迁移率最高为 0.03 cm^2/(V·s)，基于 **43d** 采用真空蒸镀的方法制备的 OFET 的迁移率达到 0.09 cm^2/(V·s)。化合物 **44** 和 **45** 是具有三维结构的三角形分子[49]，它们的器件效率远远低于长条形的分子，化合物 **45** 没有 OFET 信号，基于化合物 **44** 的 OFET 的迁移率达到 10^{-4} cm^2/(V·s)。

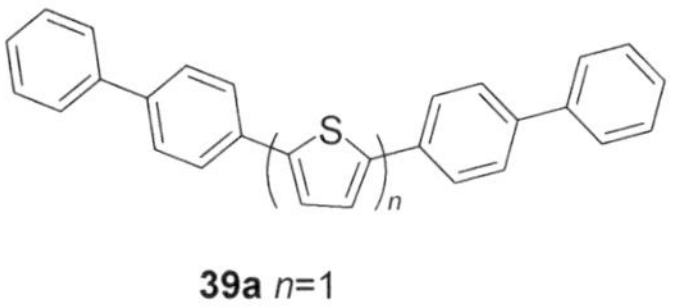

39a n=1
39b n=2
39c n=3
39d n=4

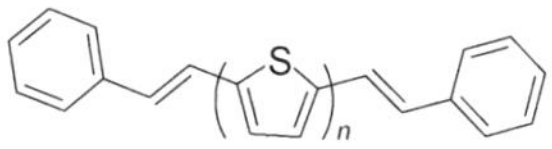

40a n=2
40b n=3
40c n=4

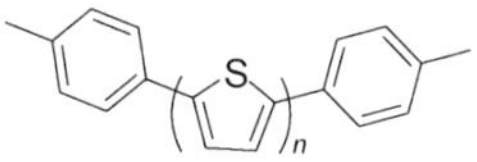

41a n=3
41b n=4
41c n=5

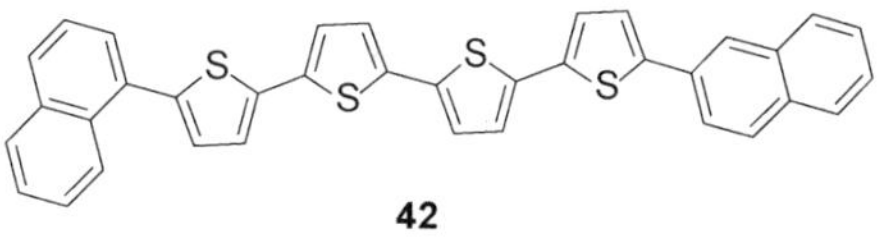

42

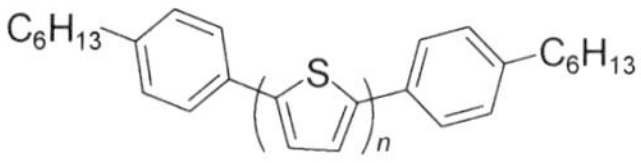

43a n=1
43b n=2
43c n=3
43d n=4

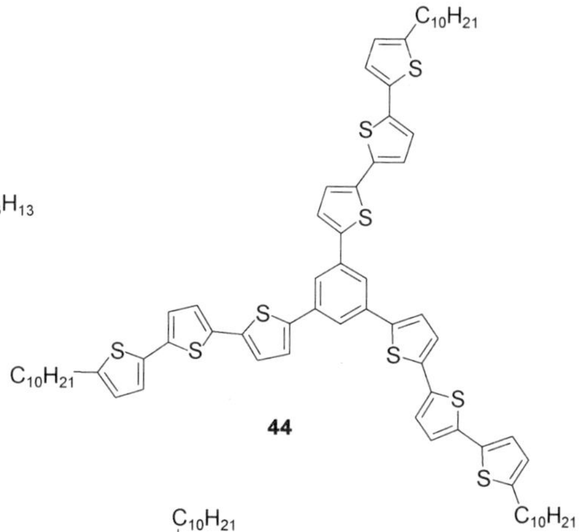

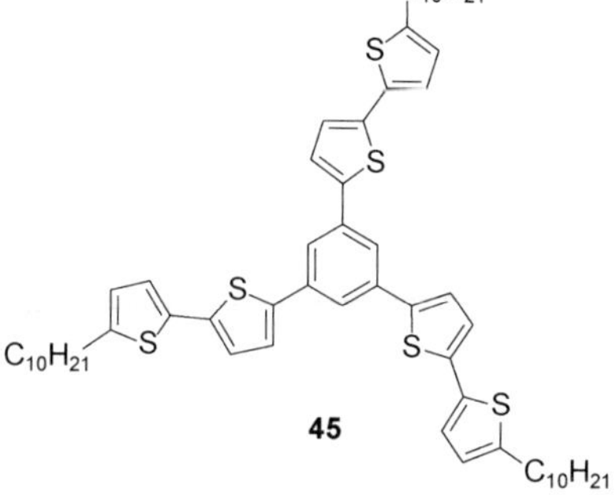

44

45

■ 图 3-10　含苯基的低聚噻吩类空穴传输材料

卟啉（porphyrin）是一类由 4 个吡咯亚基的 α-碳原子通过次甲基桥（＝CH—）互联而形成的大分子杂环化合物，是一个高度共轭的体系，并因此具有很深的颜色。它是一类天然产物，是叶绿素的核心部分。酞菁（**46**，phthalocyanine）的结构非常类似于自然界中广泛存在的卟啉，但是，与在生物体中扮演重要角色的卟啉不同的是，酞菁是一种完全由人工合成的化合物，稳定性高于卟啉，在有机光电领域中的应用非常广泛。

未配位金属的酞菁 **46** 也是一种 OFET 用空穴传输材料，但是迁移率只有 0.001 $cm^2/(V\cdot s)$。铜酞菁 **47a** 是一个优秀的 p 型半导体材料，1986 年华裔科学家邓青云以 **47a** 为空穴传输材料，以苯并咪唑茚为电子传输材料，制备了有机双层异质结太阳能电池，取得了 1%的光电转化效率，是有机太阳能电池领域具有里程碑意义的结果。用气相沉积的方法制备的基于 **47a** 的薄膜 OFET 的迁移率达到 0.04 $cm^2/(V\cdot s)$，它的单晶 OFET 的最高迁移率[50]达到 0.5 $cm^2/(V\cdot s)$。锌、镍和钴配位的酞菁 **47b~47d** 的场效应晶体管性能逊于铜酞菁，三者的 OFET 空穴迁移率分别为 10^{-3} $cm^2/(V\cdot s)$、10^{-4} $cm^2/(V\cdot s)$ 和 10^{-2} $cm^2/(V\cdot s)$。稀土元素 Tb 和 Dy 配位的酞菁 **47e** 和 **47f** 的空穴迁移率也较低，均在 10^{-4} $cm^2/(V\cdot s)$ 左右。

3.2.6 酞菁和卟啉类

如图 3-11 所示，化合物 **48a** 和 **48b** 是钛氧和钒氧原子配位的酞菁配合物，它们都是高效的空穴传输材料。化合物 **48a**（TiOPc）是一个非平面的大极性化合物，具有 3 种晶型，其中高温下易于生成的 α-TiOPc 具有紧密的排列结构，两个共轭平面的最短距离达到 3.145 Å，用气相沉积法制备的基于 α-TiOPc 的 OFET 的空穴迁移率平均达到 3.31 $cm^2/(V\cdot s)$，最高达到 10 $cm^2/(V\cdot s)$，这些器件的阈值电压在−13.5~−15 V，并且具有较好的稳定性，把这些器件放置在空气中，短期几天内迁移率会下降大概 20%，之后会保持稳定，直到 6 个月后，器件仍然稳定。**48b** 也具有较好的 OFET 性质，它的迁移率在 0.3~1 $cm^2/(V\cdot s)$，开关比在 10^6~10^8，阈值电压远远高于 TiOPc，稳定性较好。

49a~49c 分别是酞菁配稀土元素 Eu、Ho 和 Lu 形成的三层夹心化合物[51]，它们能溶于有机溶剂，不溶于水。可以用 LB 膜法制备 OFET 器件的活性层，即先将化合物溶于氯仿溶液，浓度在 6.23×10^{-5}~6.39×10^{-5} mol/L 之间，将上面的溶液喷洒在纯水表面上形成单分子薄膜，之后将单分子膜转移到 OFET 的底片上，形成 OFET 的活性层。**49a~49c** 的迁移率分别为 0.60 $cm^2/(V\cdot s)$、0.40 $cm^2/(V\cdot s)$ 和 0.24 $cm^2/(V\cdot s)$，阈值电压分别为−55 V、−75 V 和 −75 V。

卟啉在有机光电领域的应用不如酞菁广泛，铂卟啉 **50**[52] 的空穴迁移率为 2.2×10^{-4} $cm^2/(V\cdot s)$，基于四苯基卟啉 **51**，用溶液处理法制备的 OFET 的空穴迁移率为 0.007 $cm^2/(V\cdot s)$，用溶液法处理的四苯并卟啉 **52** 的迁移率[53]为 0.01 $cm^2/(V\cdot s)$。铜配位的苯并卟啉和镍配位的苯并卟啉的溶解性极差，不能够进行溶液处理，然而可以先合成它们易溶的前驱体 **54a** 和 **54b**，前驱体化合物通过溶液处理均匀地在 OFET 的底片上成膜，经过 160~180 ℃ 的高温处理[54]，前驱体分解生成化合物 **53a** 和 **53b**。用此方法制备的基于铜卟啉 **53a** 的 OFET 的迁移率达到 0.1 $cm^2/(V\cdot s)$，阈值电压低至 −5 V，开关比在 10^4 左右。镍卟啉（**53b**）的 OFET 的迁移率达到 0.2 $cm^2/(V\cdot s)$，阈值电压高于 **53a**，在−13 V 左右。

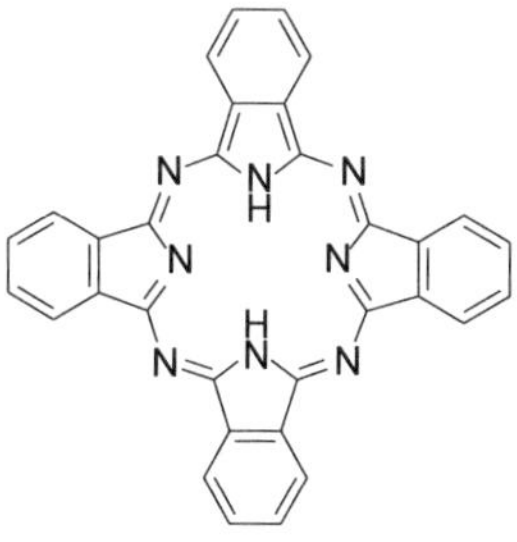

46

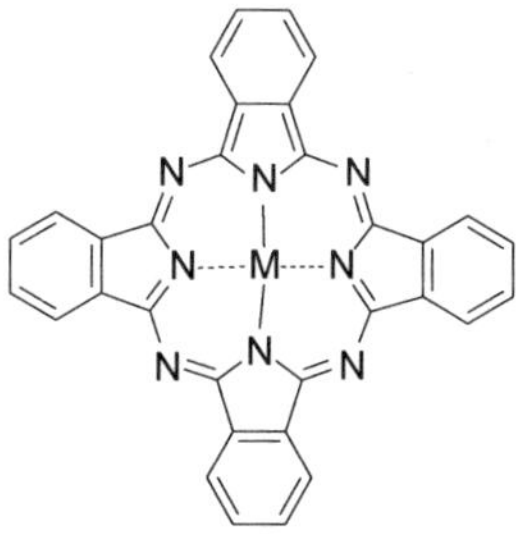

47a M = Cu
47b M = Zn
47c M = Ni
47d M = Co
47e M = Tb
47f M = Dy

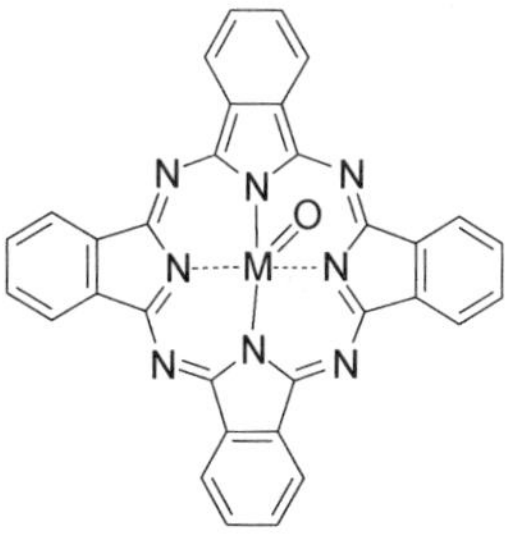

48a M = Ti
48b M = V

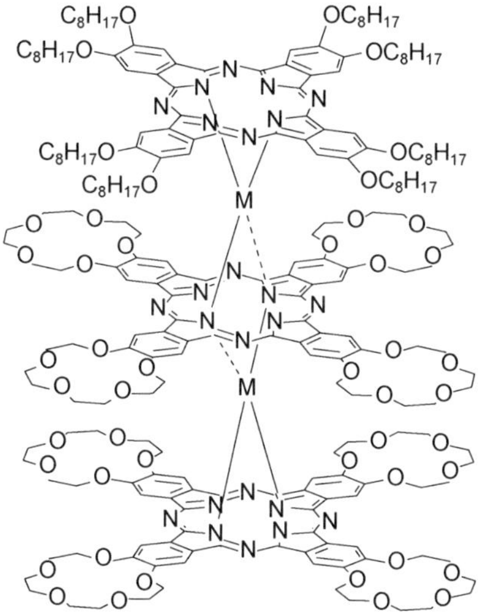

49a M = Eu
49b M = Ho
49c M = Lu

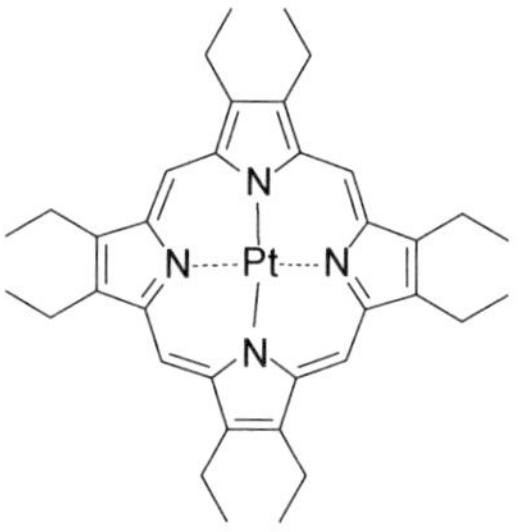

50

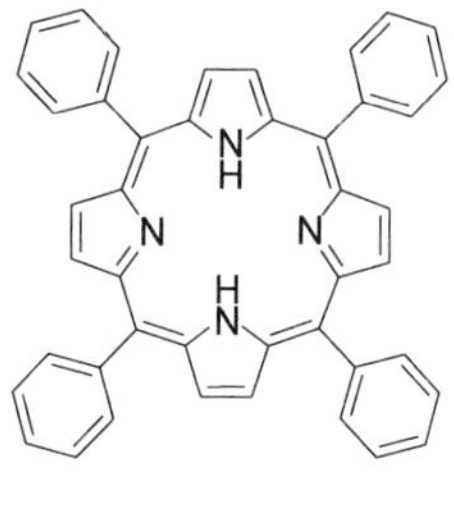

51

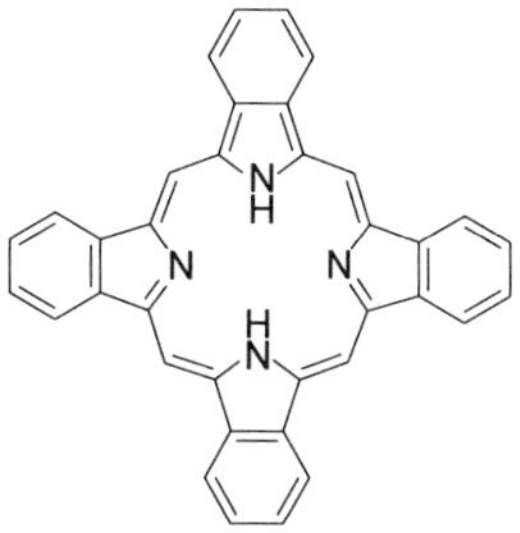

52

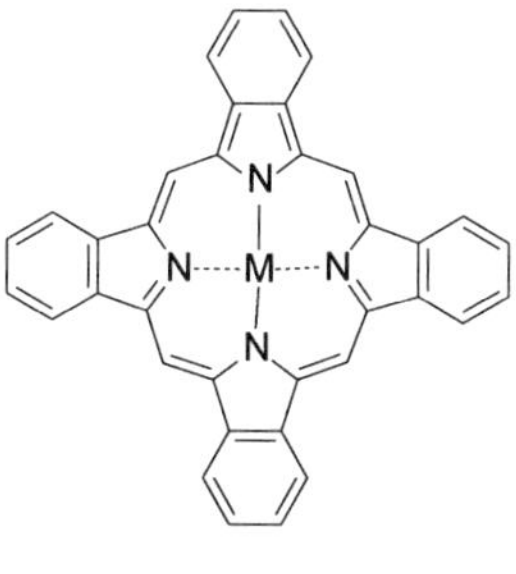

53a M = Cu
53b M = Ni

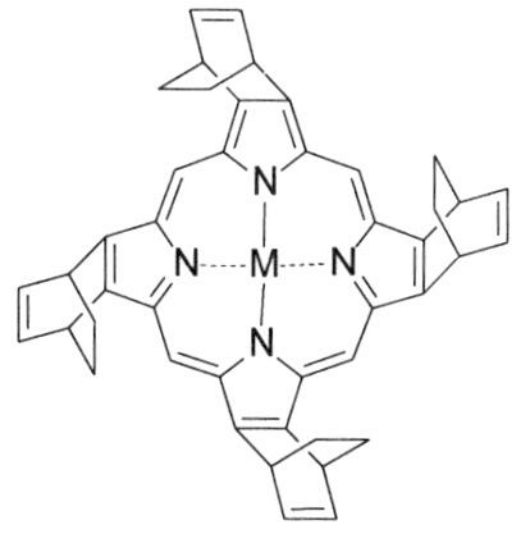

54a M = Cu
54b M = Ni

▓ 图 3-11 酞菁和卟啉类化合物

3.2.7 氮杂并苯类

被用作空穴传输材料的氮杂并苯类化合物较多，图 3-12 给出了几个代表分子。与并五苯相比，二氢二氮杂并苯 **55** 和 **56** 合成简单，空气稳定性高，在有机溶剂中有一定的溶解性，可以进行溶液处理。然而这些化合物的器件性能较差，基于化合物 **55**、**56a** 和 **56b** 的 OFET 的迁移率分别为 5×10^{-5} cm²/(V·s)、10^{-3} cm²/(V·s) 和 10^{-3} cm²/(V·s)，开关比均低于 10^4。吲哚并咔唑 **57** 具有较大的共轭体系，较高的化学稳定性，很大的带隙，是一类优秀的 OFET 用空穴传输材料。**57a~57c** 三个化合物中，**57b** 的性能最好，空穴迁移率达到 0.12 $cm^2/(V\cdot s)$，阈值电压为−7 V，开关比为 10^7。吲哚并咔唑的芳环被两个卤素原子取代后得到化合物 **58**，被两个氯原子取代的 **58a~58c** 的热稳定性高，可以通过真空蒸镀的方法制备成 OFET 的活性层，溴原子取代的吲哚并咔唑 **58d** 和 **58e** 的热稳定差，不能够用气相沉积的方法处理[55]。**58a~58c** 中 **58b** 的迁移率最高，达到 0.085~0.14 $cm^2/(V\cdot s)$，阈值电压为−7 V，开关比达到 10^7。一旦采用溶液处理的方法制备基于 **58b** 的 OFET，其性能仍旧很差，迁移率为 0.002 $cm^2/(V\cdot s)$，开关比为 10^4。

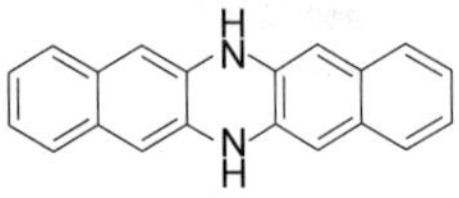

55

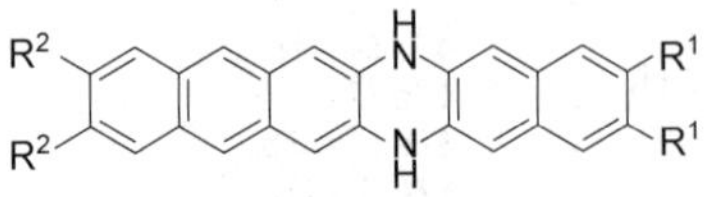

56a $R^1 = R^2 = H$
56b $R^1 = CH_3$, $R^2 = H$

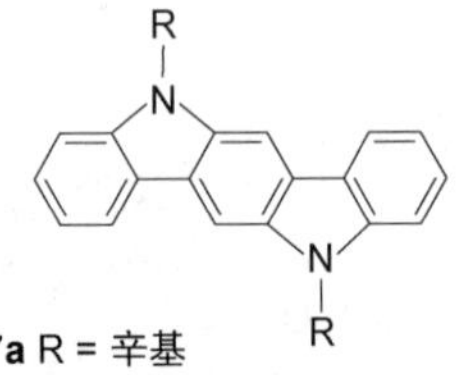

57a R = 辛基
57b R = 4-辛基苯基
57c R = 4-甲基苯基

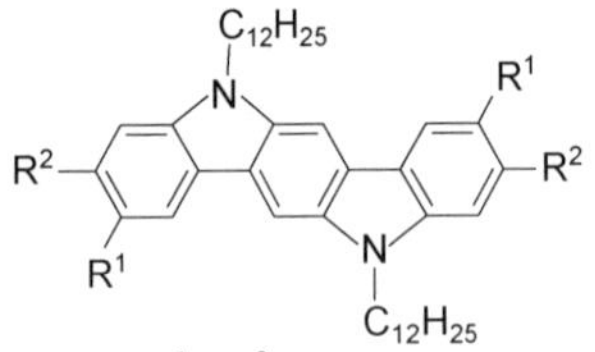

58a $R^1 = R^2 = H$
58b $R^1 = Cl$, $R^2 = H$
58c $R^1 = H$, $R^2 = Cl$
58d $R^1 = Br$, $R^2 = H$
58e $R^1 = H$, $R^2 = Br$

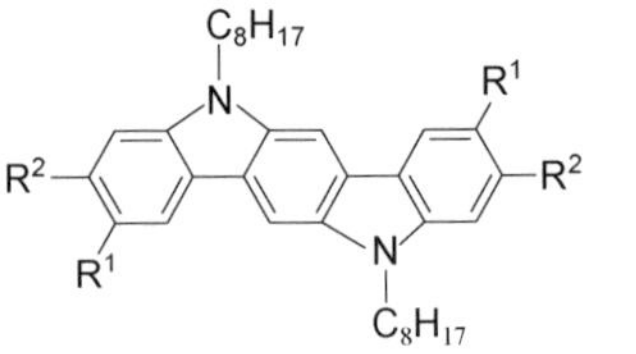

59a $R^1 = Ph$, $R^2 = H$
59b R^1 = 噻吩基, $R^2 = H$
59c $R^1 = H$, $R^2 = Ph$
59d $R^1 = H$, R^2 = 噻吩基

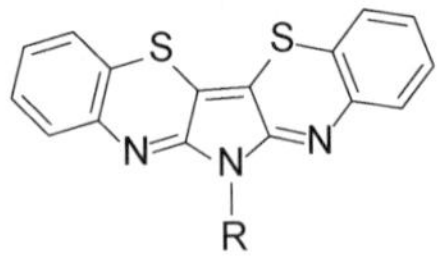

60a R = H
60b R = Ph
60c R = 辛基

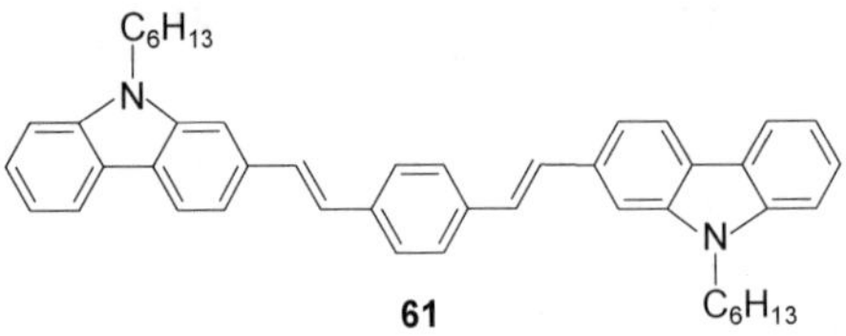

61

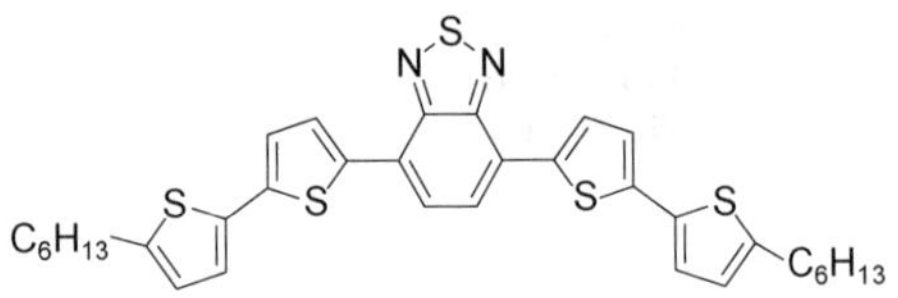

62

图 3-12　氮杂并苯类化合物

化合物 **59** 是苯基或噻吩基取代的吲哚并咔唑[56]，噻吩基取代的化合物 **59b** 和 **59d** 的空穴迁移率逊于苯基取代吲哚并咔唑 **59a** 和 **59c**，4 个化合物中 **59c** 的器件效果最好，迁移率达到 0.20 $cm^2/(V\cdot s)$。基于单晶的 OFET 的性能往往比薄膜 OFET 的高，但是单晶 OFET 制备条件苛刻，性能难以重复。不过单晶 OFET 消除了晶界对器件的影响能够研究材料的本征性质。基于 **60a~60c** 的单晶 OFET，性能最优的是没有长链烷基或芳基取代的 **60a**，迁移率在 0.01~3.6 $cm^2/(V\cdot s)$，开关比在 10^4~8×10^6。化合物 **61** 是含两个咔唑单元的小分子[57]，用气相沉积的方法制备的基于它的 OFET 的最高空穴迁移率达到 0.3 $cm^2/(V\cdot s)$，开关比为 10^7，阈值电压−20 V。含苯并噻二唑单元的化合物 **62** 的 OFET 迁移率[58]为 0.17 $cm^2/(V\cdot s)$。

3.3 小分子电子传输材料

与 p 型空穴传输材料相对应，n 型电子传输材料也必不可少，然而已经报道的电子传输材料的类型和性能不如空穴传输材料。原因在于优秀的 n 型材料要求分子的 LUMO 能级接近源漏电极的功函，便于电子从源极注入有机半导体层，从半导体层流入到漏极。常用的电极材料是稳定的贵金属 Au 或 Pt，它们的功函和有机分子的 HOMO 能级接近，便于电子在金属和 HOMO 能级之间传递，因此与空穴传输材料更匹配。虽然活泼金属像钙、镁和铝具有较低的功函和有机分子的 LUMO 轨道匹配较好，然而这些金属对氧特别敏感。n 型半导体分子要求较低的 LUMO 轨道以匹配 Au、Pt 等电极较高的功函，为了降低分子的 LUMO 能级，吸电子的卤素原子、氰基、羰基和全氟烷基等基团被广泛使用，下面将分类阐述。

3.3.1　卤素原子修饰类

并五苯是一个迁移率很好的空穴传输材料，引入吸电子基团后可以将其转变成电子传输材料。氟原子具有极强的电负性和较小的原子半径，在有机光电领域被广泛应用于电子传输材料的构筑（图 3-13）。由于吸电子基团的引入，全氟并五苯 **63** 的 LUMO 能级比并五苯降低

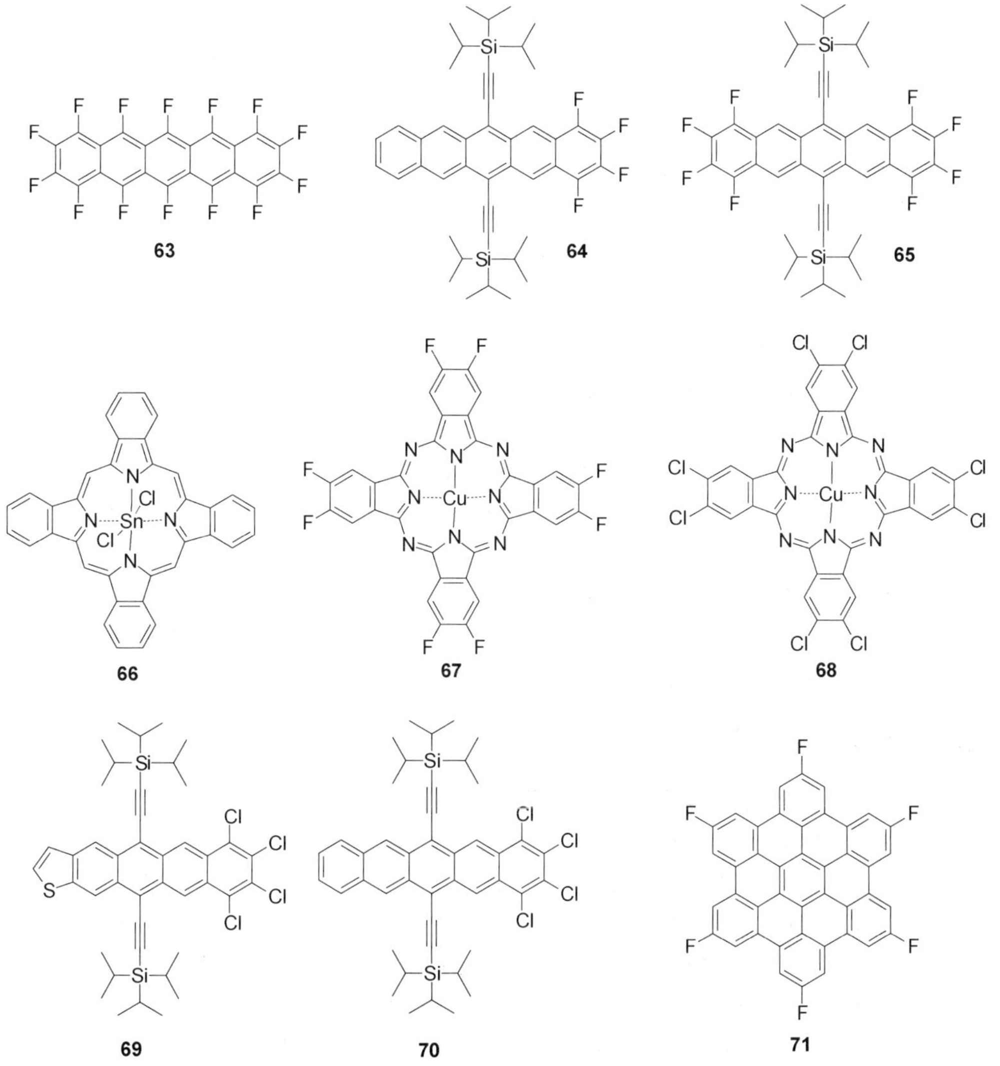

图 3-13

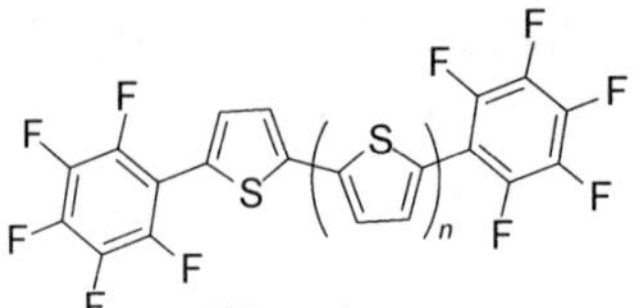

72a *n*=1
72b *n*=2
72c *n*=3

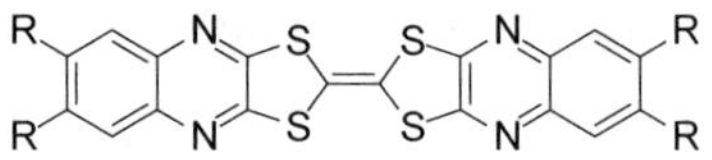

73a R=F
73b R=Cl

图 3-13　含卤素原子的化合物

1.13 eV，是一种典型的电子传输材料[59]，电子迁移率达到 0.11 cm²/(V·s)。在并五苯上同时引入三异丙基硅乙炔和氟原子可以得到化合物 **64** 和 **65**，三异丙基硅乙炔的引入等大大增加了分子的溶解性，使得分子的提纯变得容易；氟原子的引入显著降低了 LUMO 能级，使它们成为电子传输材料，同时它们也保留了空穴传输特性，是双极性材料[60]。**65** 的效果优于 **64**，基于 **65** 的 OFET 的空穴和电子迁移率分别达到 0.511 cm²/(V·s) 和 0.456 cm²/(V·s)。

在并苯的共轭母体上引入吸电子的氯原子（图 3-13），也能得到 n 型的电子传输材料[61]，比如在上面引入 4 个氯原子后可以分别得到化合物 **69** 和 **70**，化合物 **69** 能够得到较为平衡的高载流子迁移率，电子和空穴迁移率分别为 0.661 cm²/(V·s) 和 0.272 cm²/(V·s)。金属卟啉是典型的空穴传输材料，在上面引入吸电子的氯原子之后，可以将其变成电子传输材料。化合物 **66** 是在锡卟啉的锡原子上引入两个氯原子，它既是一个优秀的 n 型材料，又是一个商品化的化合物。在空气中测得基于 **66** 的 OFET 的电子迁移率达到 0.30 cm²/(V·s)，开关比达到 10⁶，并且具有空气稳定性[62]，放置 45 天后，迁移率仍可以达到 0.12 cm²/(V·s)。铜酞菁是一个优秀的空穴传输材料，在上面引入 16 个氟原子或氯原子可以分别得到化合物 **67** 和 **68**，它们是空气稳定的电子传输材料[63]，电子迁移率分别为 0.03 cm²/(V·s) 和 0.12 cm²/(V·s)。

晕苯（hexabenzocoronene）是个盘状的空穴传输材料，在上面引入 6 个氟原子后得到化合物 **71**，LUMO 能级降低 0.5 eV，转变成电子传输材料，电子迁移率为 0.016 cm²/(V·s)。低聚噻吩的两段引入全氟苯基后得到化合物 **72a~72c**，低聚噻吩由空穴传输材料转为电子传输材料。**72c** 的迁移率最高，气相沉积方法制备 OFET 的迁移率最高达到 0.4 cm²/(V·s)，开关比超过 10⁸。比 **72c** 少了一个或两个噻吩的 **72b** 或 **72** 的电子迁移率比前者有两个以上数量级的减小，成膜性变差和传导载流子的噻吩单元过少是主要原因。化合物 **73** 在含富瓦烯（tetrathiafulvalene）的分子上引入 4 个氟原子或氯原子[64]，使其从 p 型材料转变为 n 型材料，含 4 个氯原子的 **73b** 的效果好于 **73a**，最高迁移率达到 0.11 cm²/(V·s)。

3.3.2　强吸电子基团修饰类

（1）含全氟烷基的电子传输材料（图 3-14）

化合物 **74** 和 **75** 在低聚物的两端引入吸电子的三氟甲基，从而将其从 p 型材料转变成优良的 n 型材料[65]。化合物 **74** 的电子迁移率[66]最高达到 0.3 cm²/(V·s)，开关比达到 10⁶，**75** 的电子迁移率为 0.18 cm²/(V·s)。在低聚物的两端引入三氟甲基效果远远好于长链的全氟辛基或全氟己基，因此图 3-14 中列出的代表性化合物大多含三氟甲基。将化合物 **75** 中的噻吩换成噻唑得到化合物 **76**，由于分子之间的强相互作用，**76** 的电子迁移率可以达到 0.21 cm²/(V·s)。当低聚噻吩的两端连接全氟丁基取代的噁二唑时，化合物 **77** 也是一个优秀的电子传输材料，电子迁移率达到 0.18 cm²/(V·s)。化合物 **78** 同时含有缺电子的三氟甲基和苯并噻二唑[67]，基于它的 OFET 的电子迁移率达 0.77 $cm^2/(V \cdot s)$。当把 **78** 中的苯并噻二唑换成苯并噻唑得到化合物 **79**，它的器件性能远远逊于前者。如果在低聚噻吩的两端引入长链的全氟烷基，效果远远不如短链的三氟甲基，比如引入全氟己基的化合物 **80** 的电子迁移率低于 10^{-3} $cm^2/(V \cdot s)$，原因在于长链的不导电全氟烷基降低了分子的导电能力[68]。三苯二噁嗪具有和并五苯相似大小的稠环，在上面引入三氟甲基之后成为典型的电子传输材料。**81** 和 **82** 具有相似的结构，**81** 的迁移率高于 **82**，两者分别为 0.07 $cm^2/(V \cdot s)$和 0.01 $cm^2/(V \cdot s)$，开关比均高于 10^6。

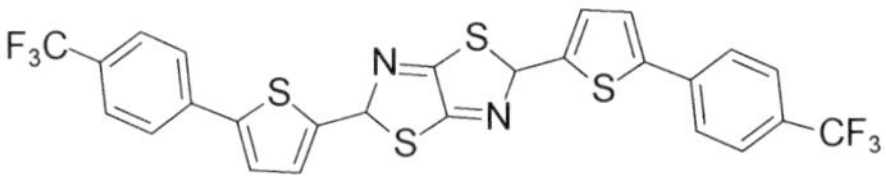

74

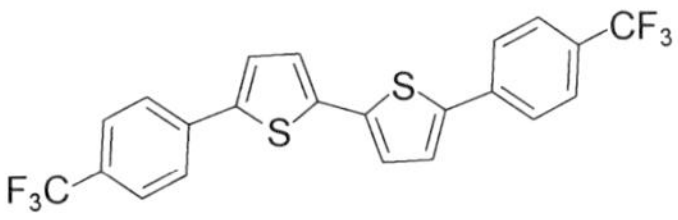

75

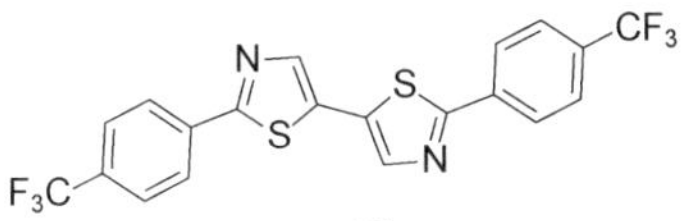

76

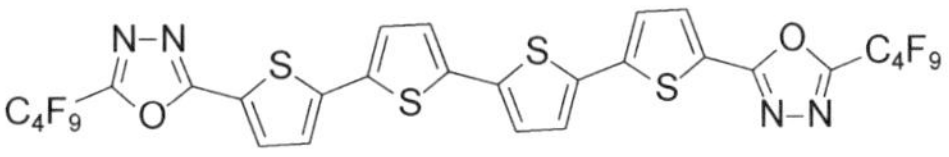

77

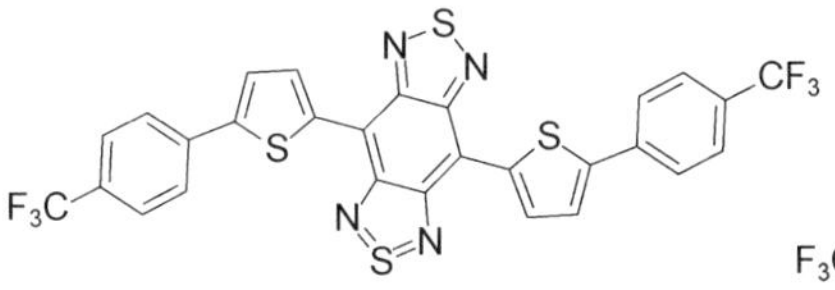

78

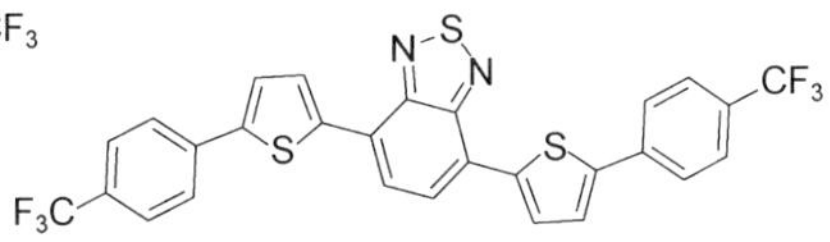

79

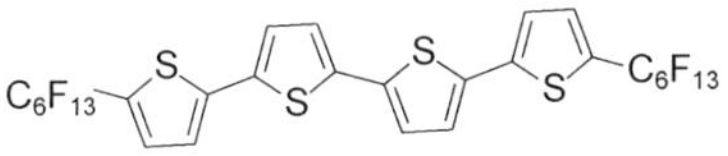

80

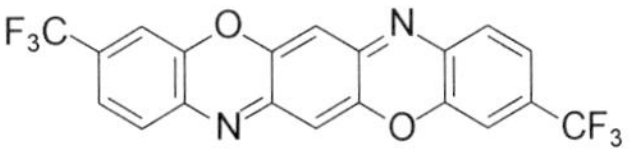

81

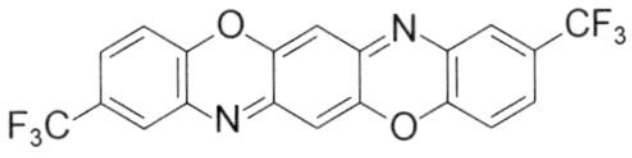

82

图 3-14　含全氟烷基的电子传输材料

（2）含氰基的电子传输材料

氰基是一个强吸电子基团，在 n 型有机半导体领域被广泛使用（图 3-15）。三聚噻吩是一个很差的空穴传输材料，化合物 **83** 是一个具有醌式结构的取代三聚噻吩，氰基的引入增加了分子间的相互作用，降低了分子的 LUMO 能级，它是一个优秀的电子传输材料，以它为活性层，气相沉积方法制备的 OFET 的电子迁移率达到 0.2 $cm^2/(V \cdot s)$，开关比达到 10^6，阈值电压 11 V。由于烷基链的引入，**83** 具有较好的溶解性[69]，在有机溶剂四氢呋喃、丙酮和氯苯中的溶解度超过 1 mg/mL，以溶液方法制备的基于 **83** 的 OFET 的迁移率达到 0.002 $cm^2/(V \cdot s)$。化合物 **84** 在 **83** 的母体基础上引入了更大的烷基基团，烷基的引入明显增大了分子的溶解性，使其可以很方便地进行溶液处理[70]，用溶液处理方法制备的 OFET 的迁移率达到 0.16 $cm^2/(V \cdot s)$。化合物 **85** 中，较小的共轭体系上具有 4 个强吸电子的氰基基团，是一个商品化的缺电子化合物，同时也是一个电子传输材料[71]，用气相沉积方法制备的基于它的 OFET 的迁移率很低，只有 10^{-5} $cm^2/(V \cdot s)$，然而它的单晶 OFET 的迁移率达 2 $cm^2/(V \cdot s)$。用气相沉积方法制备的基于化合物 **86** 的 OFET 的电子迁移率比 **85** 高两个数量级[72]。化合物 **87** 含有 4 个氰基，具有较好的电子传输性质，迁移率达 0.34 cm^2/(V·s)。**88** 的结构和 **83** 相似，然而迁移率大大低于 **83**，只有 10^{-5} cm^2/(V·s)。

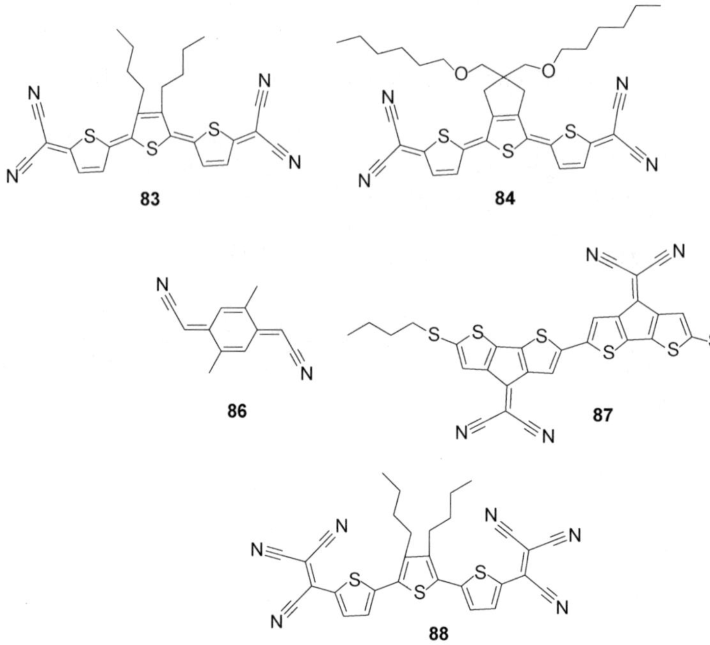

图 3-15　含氰基的电子传输材料

（3）含羰基的电子传输材料

与氰基和全氟烷基相似，吸电子的羰基在 n 型材料的构筑上被广泛应用（图 3-16）。化合物 **89** 是一个双极性的半导体材料，既能传输电子又能传输空穴[73]，用真空蒸镀方法制备

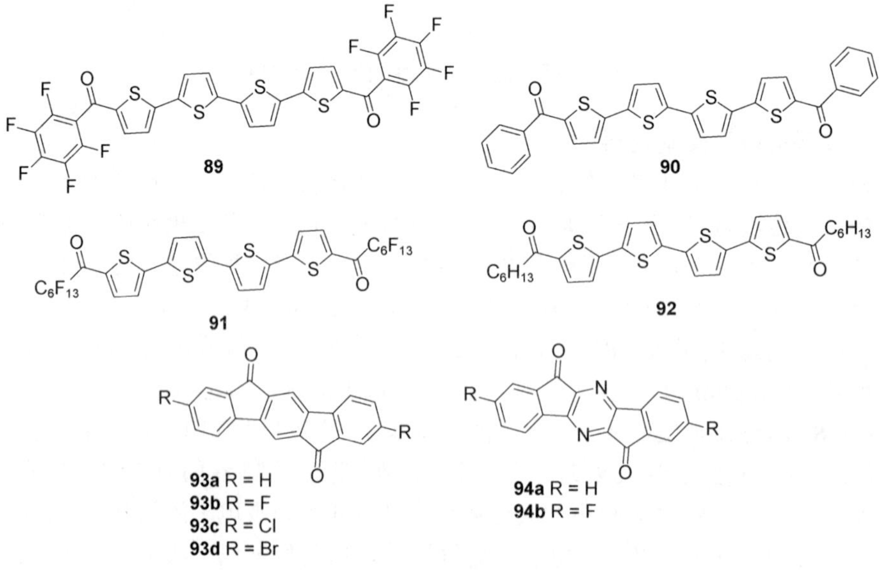

图 3-16　含羰基的电子传输材料

OFET 的电子迁移率高达 0.45 cm²/(V·s)，用溶液方法制备器件的迁移率为 0.21 cm²/(V·s)，然而将全氟苯基换成苯基的化合物 **90** 的电子迁移率只有 0.043 cm²/(V·s)。低聚噻吩是一个优秀的空穴传输材料，在其端位引入两个羰基后，化合物 **91** 和 **92** 成为电子传输材料[74]，在六甲基二硅烷修饰的 SiO₂/Si 底片上，它们的电子迁移率分别为 0.6 cm²/(V·s) 和 0.1 cm²/(V·s)，在聚苯乙烯修饰的底片上，它们的电子迁移率分别达到 1.7 cm²/(V·s) 和 0.7 cm²/(V·s)。化合物 **93a~93d** 中[75]，迁移率最高的材料是含两个氟原子的 **93b**，电子迁移率最高达 0.17 cm²/(V·s)，含两个氯原子或溴原子的 **93c** 和 **93d** 的电子迁移率只有 0.018 cm²/(V·s) 和 0.01 cm²/(V·s)。**94** 的母体结构与 **93** 相比，将一个苯环换成了 N 杂环，迁移率反而下降，比如效果相对较好的 **94b** 的迁移率之后 0.011 cm²/(V·s) 明显低于 **93b** 的迁移率。

3.3.3 酰亚胺类

酰亚胺类有机半导体数量繁多，比较有代表性的有萘酰亚胺、苝酰亚胺和邻苯二酰亚胺，下面将分类说明。

萘酰亚胺（图 3-17）具有两个吸电子的酰亚胺基团，具有较低的 LUMO 轨道，它是一类

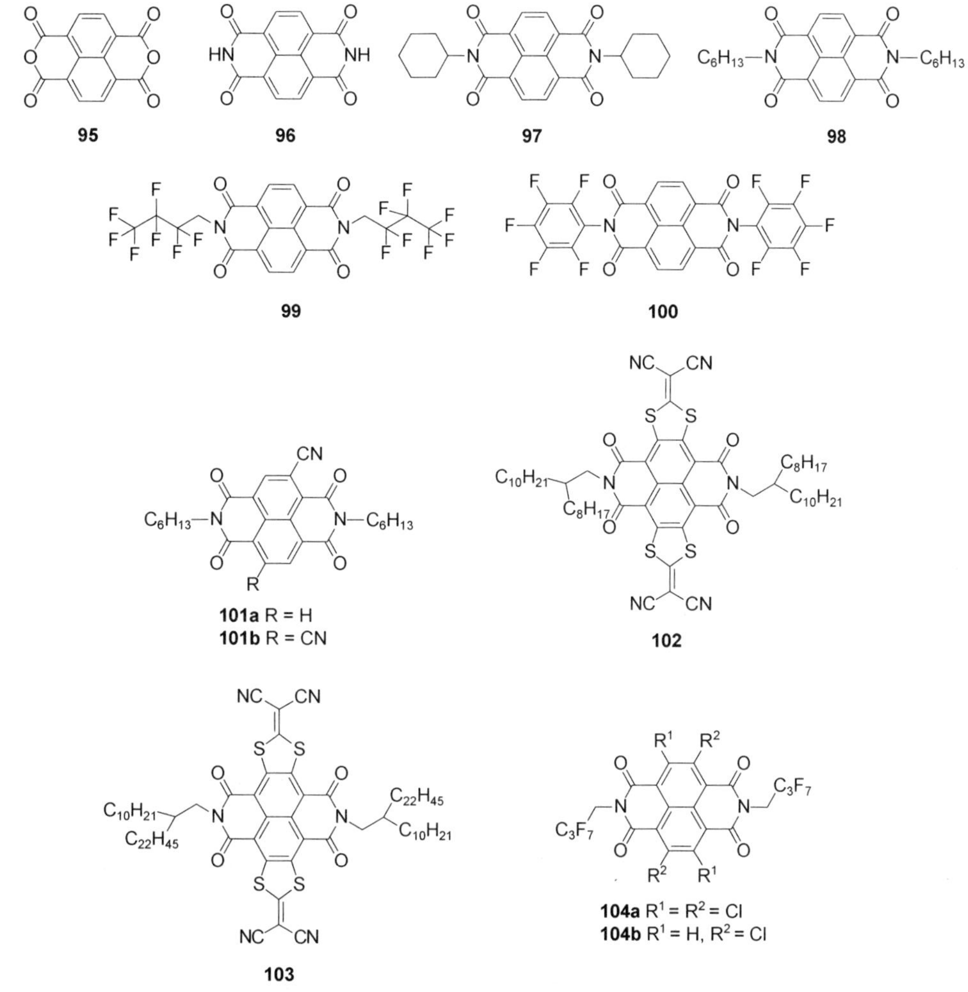

图 3-17 萘酰亚胺类电子传输材料

优良的电子传输材料。萘四甲酸酐 **95** 是合成萘酰亚胺类化合物的基础原料，同时它本身也是一个电子传输材料，用真空蒸镀法制备的基于它的 OFET 的电子迁移率达到 0.003 cm^2/(V·s)。未取代的萘酰亚胺 **96** 也是电子传输材料，但是迁移率较低只有 10^{-4} cm^2/(V·s)，同时基于这个材料器件的空气稳定性不好。为了提高稳定性和迁移率，一系列的取代萘酰亚胺被开发[76]。基于环己基取代的萘酰亚胺 **97** 的单晶 OFET 的迁移率[77]达到 6.2 cm^2/(V·s)，但是此器件的空气稳定性不好。基于直链的正己基取代的萘酰亚胺 **98** 的电子迁移率为 0.7 cm^2/(V·s)。

在萘酰亚胺的 N 端引入七氟丁基后得到化合物 **99**，这样可以增加器件的空气稳定性[78]，用溶液旋涂的方法制备的基于它的 OFET 的迁移率达到 0.016 cm^2/(V·s)，并且此器件在空气中性能稳定。在 N 端引入全氟苯基的化合物 **100** 能有效降低分子的 LUMO 轨道，同时也增加器件的空气稳定性，基于它的 OFET 的迁移率达到 0.31 cm^2/(V·s)。在萘酰亚胺的母体上引入氰基可以得到化合物 **101a** 和 **101b**，含有两个氰基具有对称分子结构的 **101b** 的器件效果相对较好，电子迁移率达到 0.15 cm^2/(V·s)，但是它们的溶解性较差，不适合低成本的溶液处理[79]。

在萘酰亚胺的共轭母体上引入二氰基二硫乙烯，降低了分子的 LUMO 轨道，使之更容易接受电子，同时延长了分子的共轭体系，它们是优良的电子传输材料[80]。在 N 端引入大体积的烷基，可以增加分子的溶解性，使之能够进行溶液处理。用溶液处理法制备的 OFET 具有很好的空气稳定性，**102** 和 **103** 的电子迁移率分别为 0.51 cm^2/(V·s) 和 0.15 cm^2/(V·s)。在萘母体上引入氯原子后既能降低分子的 LUMO 能级，又能使分子形成利于电子传输的排列方式，用溶液处理方法制备的基于化合物 **104a** 和 **104b** 的 FET 的电子迁移率分别为 0.22 cm^2/(V·s) 和 0.41 cm^2/(V·s)，这些器件具有很好的稳定性[81]。

与萘酰亚胺类似，苝酰亚胺也是一类重要的电子传输材料（图 3-18），具有较大的共轭体系，较低的 LUMO 轨道，很强的可见吸收和很高的稳定性[82]。苝四甲酸酐 **105** 是制备苝酰亚胺的原料，同时它本身也是一种有机半导体，不过迁移率很低，单晶晶体管的迁移率只有 0.005 cm^2/(V·s)。苝酰亚胺的迁移率很高，比如正辛基取代的苝酰亚胺 **106b** 的迁移率达到 1.7 cm^2/(V·s)，正戊基和十二烷基取代的苝酰亚胺 **106a** 和 **106c** 的迁移率分别为 0.1 cm^2/(V·s) 和 0.52 cm^2/(V·s)，低于 **106b** 的。

以烷基取代的苝酰亚胺 **106a~106c** 的 OFET 器件在空气中不稳定，测试只能在惰性气体环境下进行；在 N 端引入七氟丁基后，稳定性明显转好，基于 **106d** 的 OFET 的迁移率在空气中测量为 1.18 cm^2/(V·s)，原因在于全氟烷基的引入使得分子形成致密的稳定结构。在苝酰亚胺的港湾位（1,6,7,12-位）引入 2 个氟原子，得到 1,7-二氟苝酰亚胺 **107a~107c**，它们的迁移率低于港湾位未取代的 **106d**，比如 **107b** 和 **107c** 的迁移率分别为 0.66 cm^2/(V·s) 和 0.74 cm^2/(V·s)。四氟取代的苝酰亚胺 **108** 在空气中的迁移率为 0.58 cm^2/(V·s)，与二氟取代的化合物类似。港湾位被四氯或四溴取代的苝酰亚胺，由于大体积氯或溴原子之间的相互作用，使得分子扭曲严重，迁移率下降[83]，比如 **109** 和 **112** 的迁移率均小于 0.001 cm^2/(V·s)。

在 N 端引入 2 个全氟苯基，化合物 **110** 的迁移率高于 **109** 和 **112**，在空气中测得的 OFET 迁移率达到 0.21 cm^2/(V·s)。化合物 **111a** 的分子之间能形成强烈的氢键，基于它的 OFET 迁移率为 0.18 cm^2/(V·s)。8 个氯原子取代的化合物 **111b**，虽然具有高度扭曲的共轭体系不利于电荷的传输，但是基于它的 OFET 在空气中的迁移率仍可以达到 0.6 cm^2/(V·s)，此器件在空气中保存 20 个月之后性质基本不变。氰基是设计合成空气稳定 n 型有机半导体的常用材料，港湾位二氰基取代苝酰亚胺 **113a~113c** 的迁移率分别为 0.64 cm^2/(V·s)、0.1 cm^2/(V·s) 和 0.16 cm^2/(V·s)，并且具有空气稳定性[84]。

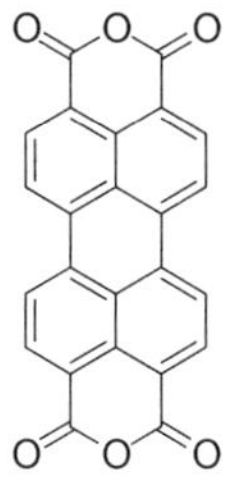

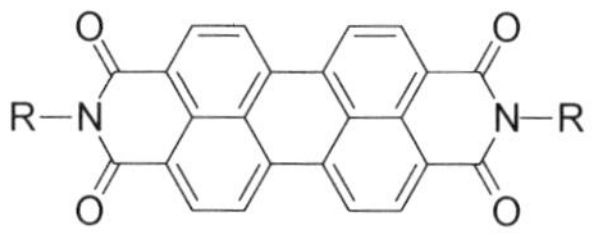

106a R = C₅H₁₁
106b R = C₈H₁₇
106c R = C₁₂H₂₅
106d R = CH₂C₃F₇

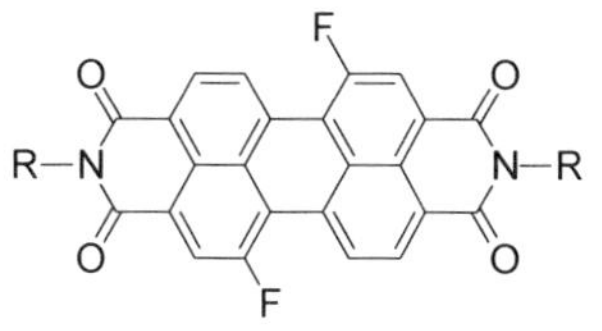

107a R = C₄H₉
107b R = CH₂C₃F₇
107c R = C₆F₅

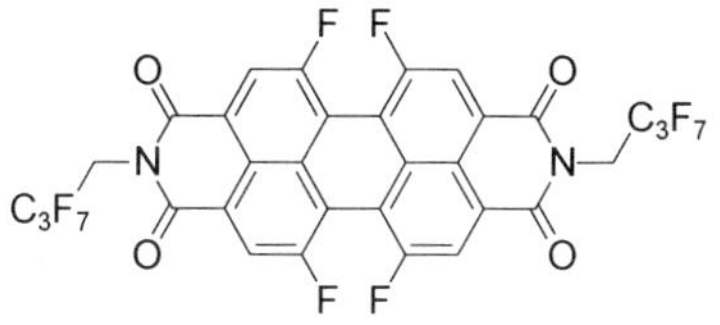

105

108

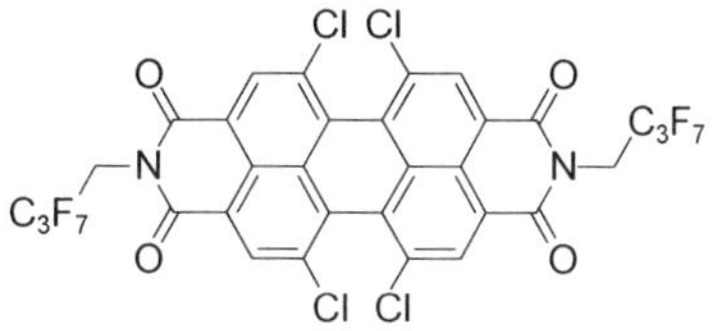

109

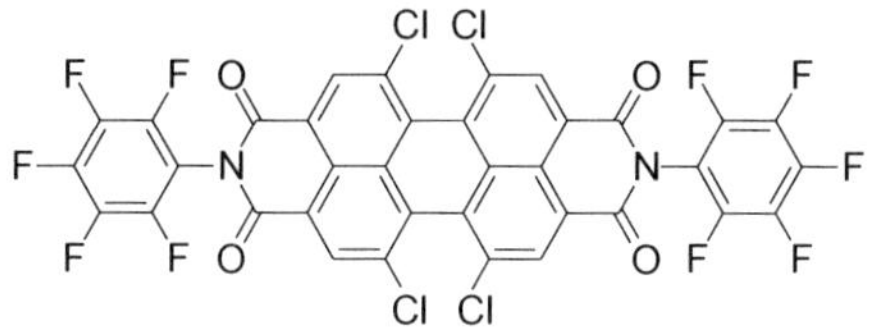

110

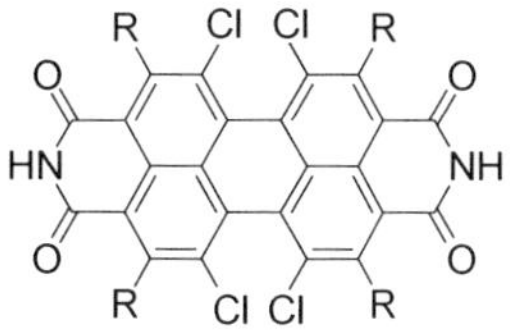

111a R = H
111b R = Cl

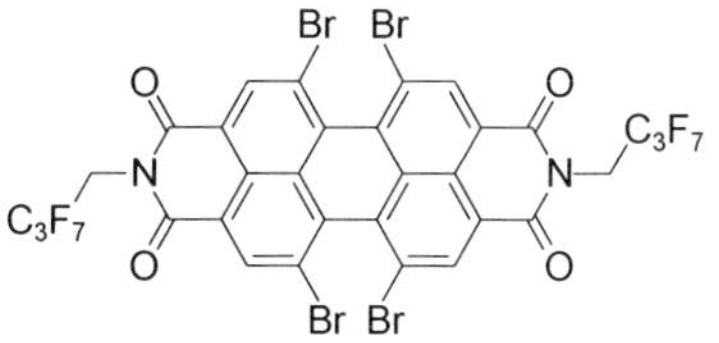

112

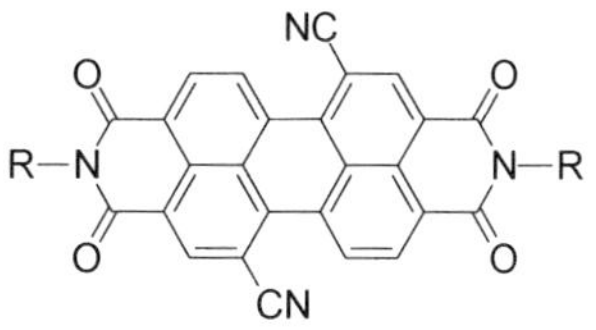

113a R = CH₂C₃F₇
113b R = c-C₆H₁₁
113c R = C₈H₁₇

图 3-18　苝酰亚胺类电子传输材料

3.3.4　富勒烯类

富勒烯是由碳原子组成的球状，椭圆状或管状的化合物，它是碳的第三类同素异形体，它在有机电子学中也是一类重要的电子传输材料（图 3-19）[85]。C₆₀ 是首先被发现、最常见、研究的最为深入的两个富勒烯类化合物。C₆₀ 的溶解性很差，只在甲苯类溶剂中有很小的溶解度，制备基于它的 OFET 器件时不能采用溶液处理的方法。用气相沉积的方法制备器件的电子迁移率最高可达 6 cm²/(V·s)。为了改善 C₆₀ 的溶解性，可以在上面引入易溶的苯戊酸甲酯，得到可溶的 PC₆₁BM，用溶液处理的方法制备器件的电子迁移率达到 0.21 cm²/(V·s)。C₇₀ 和 C₆₀ 的性质相近，溶解性很差，不过基于它的 OFET 的电子迁移率只有 0.002 cm²/(V·s)。在 C₇₀ 上面引入苯戊酸甲酯可以得到可溶的 PC₇₁BM，它和 PC₆₁BM 作为电子受体被广泛应用于有机太阳能电池的活性层中。基于上述 4 个化合物的 OFET 虽然有典型的电子传输性质，然而空气稳定性较差，器件在空气中的衰减严重。

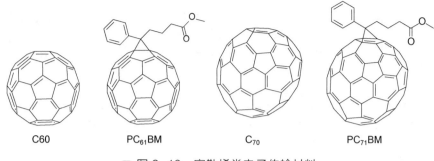

C60   PC$_{61}$BM   C$_{70}$ PC$_{71}$BM

■ 图 3-19　富勒烯类电子传输材料

3.4　聚合物空穴传输材料

聚合物半导体具有许多的优良性质。比如溶解性好，适于进行低成本的溶液处理，载流子的迁移率高，载流子的传输距离长等优点。因此聚合物半导体这一领域发展迅速，是未来有机光伏的重点方向之一。

3.4.1　聚噻吩类

噻吩作为一个优秀的构筑单元被广泛应用于有机半导体的开发，聚噻吩本身就是良好的空穴传输材料（图 3-20）。未被烷基取代的聚噻吩 **114** 的溶解性很差，依靠电化学方法聚合制备[86]，它的 OFET 迁移率只有 10^{-5} cm^2/(V·s)。为了改善聚合物的器件性能，增加溶解性，可以在聚合物的共轭单元上引入烷基侧链。当在每一个噻吩环上引入一个正己基时，得到聚合物 P3HT［聚(3-己基噻吩)］。3-己基噻吩进行无规聚合时，得到聚合物 **115**，在其母体上的噻

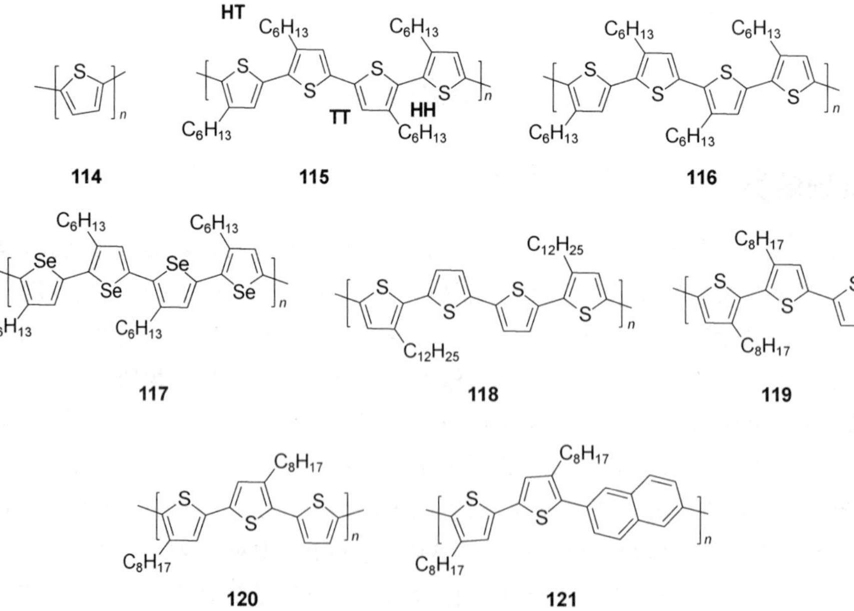

114　　**115**　　**116**

117　　**118**　　**119**

120　　**121**

■ 图 3-20　聚噻吩类空穴传输材料

昐有 3 种连接方式，头-尾相接（HT）、尾-尾相接（TT）和头-头相接（HH），这种聚合物的结晶性能差，以其制备的 OFET 的迁移率较低[87]。通过反应条件的控制，可以制备具有规则结构的 P3HT 化合物 **116**，它的迁移率可以提高至 $0.05\sim0.2$ cm^2/(V·s)，它也是有机光伏领域广泛使用的明星分子之一。当 P3HT 中的 S 原子换成 Se 原子之后，相应聚合物的空穴迁移率为 $0.02\sim0.04$ cm^2/(V·s)。

虽然 P3HT 具有较高的迁移率，但是基于它的 OFET 的空气稳定性较差。在 P3HT 的基础上，减少烷基链的数目，将正己基换成体积更大的十二烷基，将聚合物的 HOMO 能级降低了 0.1 eV，稳定性大大提高，**118** 的空穴迁移率达到 0.14 cm^2/(V·s)，基于它的 OFET 在空气中放置一个月后，性能只有很小的衰减。为了增加目标聚合物的器件稳定性，可以降低分子的 HOMO 能级，聚合物 **119**、**120** 和 **121** 的 HOMO 能级分别比 P3HT 低 0.2 eV、0.6 eV 和 0.8 eV，它们虽然具有较好的空气稳定性，然而迁移率较低。三者之中，**119** 的迁移率最高，为 0.03 cm^2/(V·s)。

3.4.2 聚并噻吩类

在聚噻吩的主链上引入并噻吩单元（图 3-21）能够降低它的 HOMO 轨道能级，增强聚合物的器件稳定性[88]，比如 **122a** 的 HOMO 能级比 P3HT 低 0.3 eV。由于并噻吩单元具有很强的分子间的相互作用力，含并噻吩单元的聚合物的溶解性不及聚烷基噻吩，因此需要引入大体积的烷基基团以增加溶解性[89]。在聚合物 **122a** 和 **122b** 中，引入了十四烷基和十六烷基以增加溶解性，基于它们用溶液法制备的 OFET 的空穴迁移率达到 1 cm^2/(V·s)。将聚合物 **122** 中的对称并二噻吩单元换成非对称的并二噻吩得到聚合物 **123**，它的迁移率减小为 0.15 cm^2/(V·s)。如果将 **122** 中的烷基取代基从噻吩单元变换到并二噻吩上，聚合物 **124** 的迁移率减小为 0.5 cm^2/(V·s)。当把聚合物 **122** 中的并二噻吩换成并三噻吩，得到聚合物 **125**，它

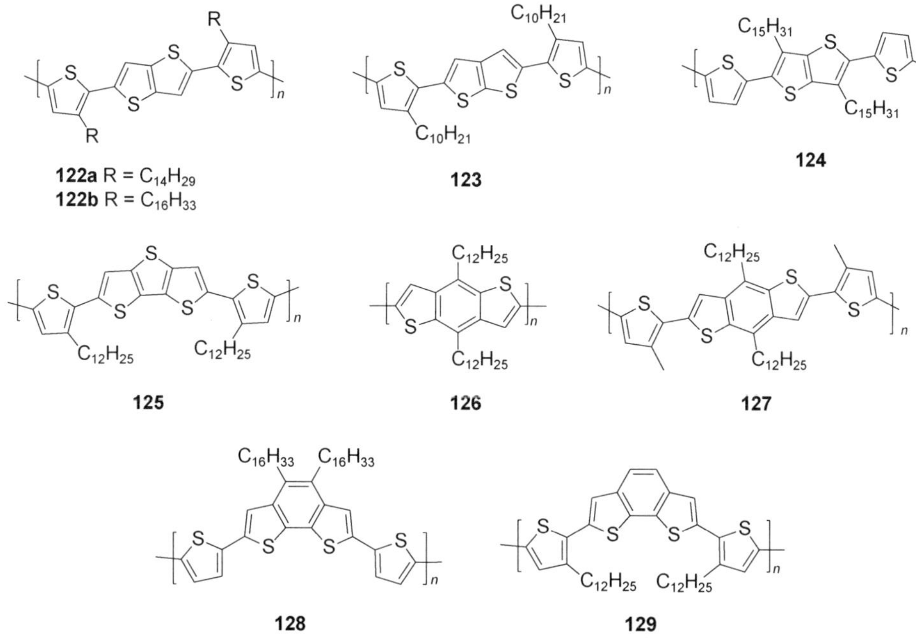

图 3-21　聚并噻吩类空穴传输聚合物

的空穴迁移率为 0.3 cm²/(V·s)。聚合物苯并二噻吩 **126** 的空穴迁移率很低，只有 0.012 cm²/(V·s)。当在其主链上引入噻吩单元后，聚合物 **127** 的迁移率达到 0.15 cm²/(V·s)。在聚噻吩的主链上引入非对称的苯并二噻吩后可以得到聚合物 **128** 和 **129**，它们的迁移率分别为 0.027 cm²/(V·s)和 0.5 cm²/(V·s)。

3.4.3　聚吡咯并吡咯二酮类

吡咯并吡咯二酮（diketopyrrolopyrrole，DPP）是一类构筑高效的空穴传输材料的优秀单元，在太阳能电池和场效应晶体管中被广泛应用[90]。其中二噻吩取代的 DPP 作为一个共聚物的嵌段被用来制备多种高效的聚合物半导体[91]，如图 3-22 所示，它与芴、噻吩或联二噻吩单元形成聚合物可以分别得到聚合物 **130~132**，基于三者 OFET 的空穴迁移率分别为 0.15 cm²/(V·s)、0.42 cm²/(V·s)和 1.2 cm²/(V·s)。与噻吩共聚的聚合物 **131** 和 **132** 的性能好于 **130**，随着共轭主链上噻吩单元数目的增加，分子的结晶性能变好，迁移率增大。当在共轭主链上引入二噻吩乙烯后，聚合物 **133a** 和 **133b** 的空穴迁移率分别达到 2.1 cm²/(V·s)和 8.5 cm²/(V·s)；用以增加溶解性的烷基链的支链远离 DPP 共轭体系的 **133b**，其迁移率明显高于 **133a**，原因在于前者更容易形成规则的结晶状态，有利于载流子的传输。当把聚合物 **133** 中的两个噻吩单元换成硒吩后，得到聚合物 **134a** 和 **134b**，它们的空穴迁移率分别为 3.1 cm²/(V·s)和 9.8 cm²/(V·s)，性能与噻吩类似物相近。当在共轭主链上引入苯并二噻吩单元

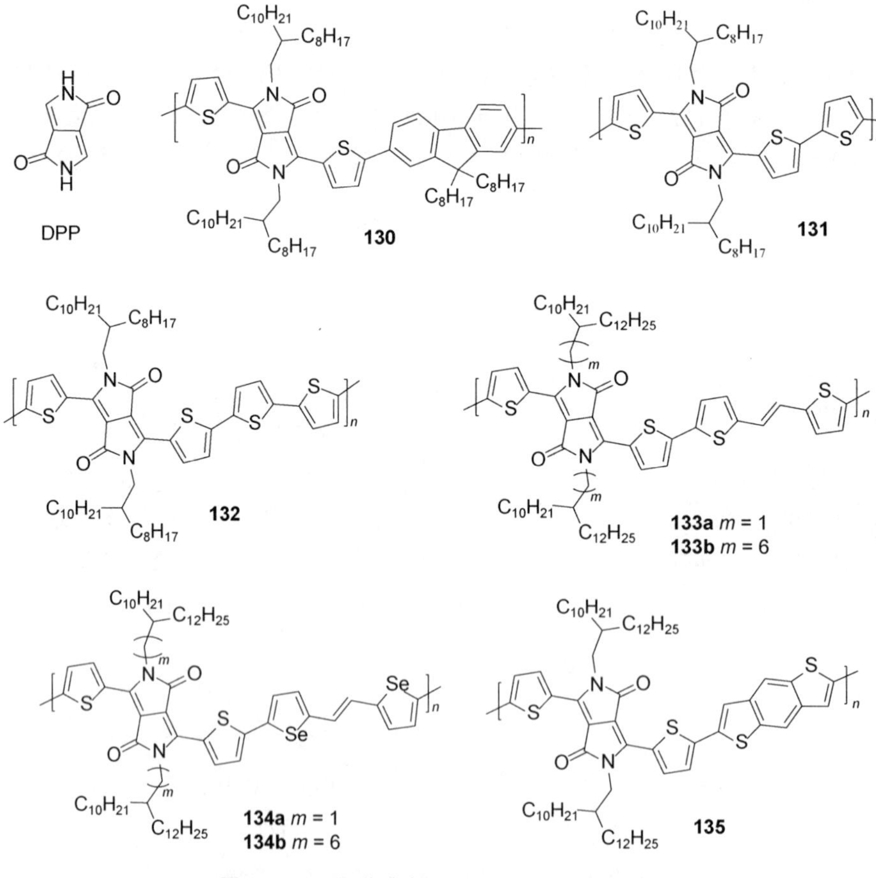

图 3-22　聚吡咯并吡咯二酮类空穴传输材料

后，可以得到聚合物 **135**，它的空穴迁移率达到 7.42 cm²/(V·s)。

3.4.4 聚异靛蓝类

异靛蓝（isoindigo，ⅡD）是最近几年才被用于光电领域的优秀材料。基于ⅡD 的聚合物具有比 P3HT 更低的 HOMO 能级，因此具有更高的稳定性。此外此类材料在场效应晶体管和太阳能电池中均有优异的表现[92,93]。利用共聚反应可以得到一系列基于ⅡD 的半导体聚合物（图 3-23）。在主链上引入噻吩单元，聚合物 **136** 的空穴迁移率只有 0.019 cm²/(V·s)，原因在于其较差的结晶性能，但同时此特点容易制备大分子量、易溶的聚合物。含有联二噻吩单元的聚合物 **137** 的结晶性能明显转好，分子之间的相互作用增强，基于它的 OFET 的空穴迁移率达到 1.06 cm²/(V·s)。当在 **137** 的并二噻吩的噻吩单元上引入两个甲基后得到聚合物 **138**，两个噻吩单元之间具有较大的扭角，分子的共轭性能变差，溶解性变好，结晶性能变差，空穴迁移率减为 0.11 cm²/(V·s)。在主链上引入较大共轭体系的苯并二噻吩和并二噻吩后得到聚合物 **139** 和 **140**，两者的空穴迁移率分别为 0.48 cm²/(V·s) 和 0.34 cm²/(V·s)。烷基链的支链与共轭体系的距离能够影响聚合物的迁移率，比如聚合物 **141** 中正癸基支链与共轭体系有 4 个碳碳单键的距离，它的迁移率达到 3.62 cm²/(V·s)，明显高于 **137**。

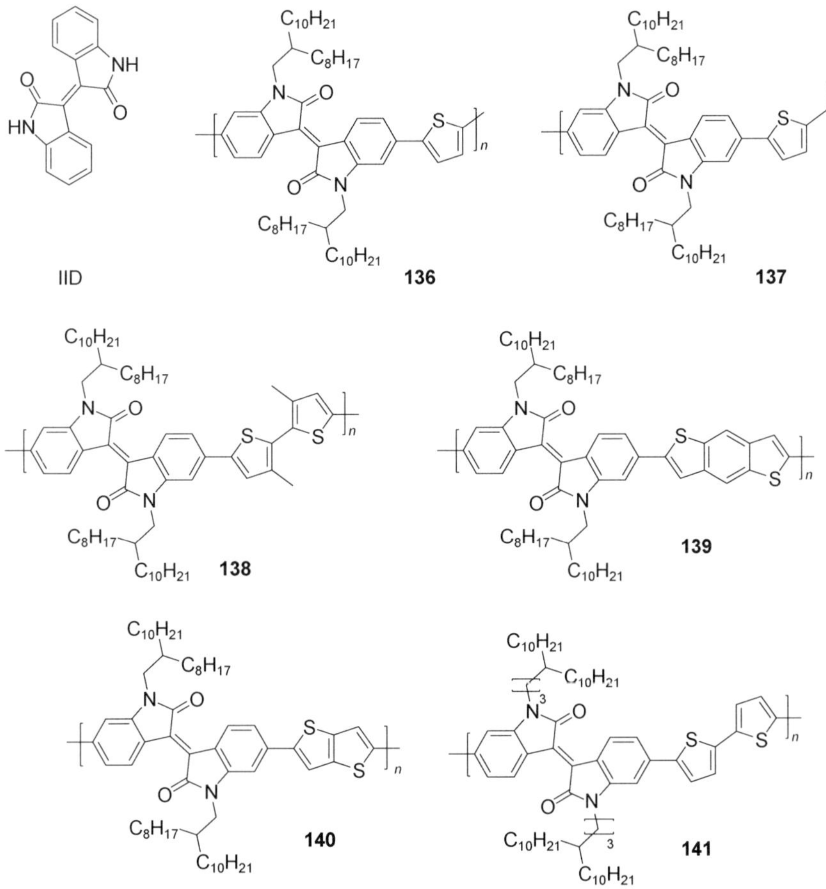

图 3-23　聚异靛蓝类空穴传输材料

3.5 聚合物电子传输材料

聚合物电子传输材料（图 3-24）的种类远远少于聚合物空穴传输材料。梯形共轭聚合物 BBL（**142**）由于具有较低的 LUMO 能级和很大的平面共轭体系，因而具有良好的电子传输性质[94]，基于它的 OFET 的电子迁移率达到 0.1 cm^2/(V·s)。但是 BBL 不溶于有机溶剂，只能通过特殊试剂比如路易斯酸的硝基甲烷溶液进行处理，这限制了它的应用。苝酰亚胺与并三噻吩或联二噻吩的共聚物 **143** 和 **144** 的电子迁移率分别为 0.013 cm^2/(V·s)和 0.002 cm^2/(V·s)，这类聚合物的迁移率较低，并且器件稳定性也差，基于它们的 OFET 在空气中衰减严重。萘酰亚胺的 LUMO 轨道比苝酰亚胺低，前者与联二噻吩可以形成共聚物 **145**，**145** 的电子迁移率达 0.45~0.85 cm^2/(V·s)，并且基于它的 OFET 在空气中具有很高的稳定性[95]。水溶性的聚合物 **160** 的电子迁移率达到 3.4 cm^2/(V·s)。DPP 和 ⅡD 是构筑空穴传输聚合物的优秀单元[96]，当在聚合物的共轭体系上引入吸电子的基团比如 F 或 Cl 后，LUMO 轨道能级降低，聚合物转化为电子传输材料[97]。聚合物 **147** 和 **148** 的电子迁移率分别达到 0.43 cm^2/(V·s)和 0.48 cm^2/(V·s)，聚合物 **149** 的电子迁移率高达 1.74 cm^2/(V·s)，并且具有很高的空气稳定性。含有强吸电子基团氰基的聚合物 **150** 同样是电子传输材料，电子迁移率高达 7.0 cm^2/(V·s)。DPP 类聚合物的主链上含有两个吡啶原子，可以形成共聚物 **151**，它的迁移率高达 6.3 cm^2/(V·s)。当在聚合物的主链上引入比噻吩更缺电子的噻唑基团时，DPP 同样能用于电子传输材料的制备。聚合物 **152** 和 **153** 分别在聚合物的重复单元上含有两个噻唑基团，它们的电子迁移率分别为 5.47 cm^2/(V·s)和 0.13 cm^2/(V·s)。

142 (BBL)   **143**   **144**   **145**   **146**   **147**

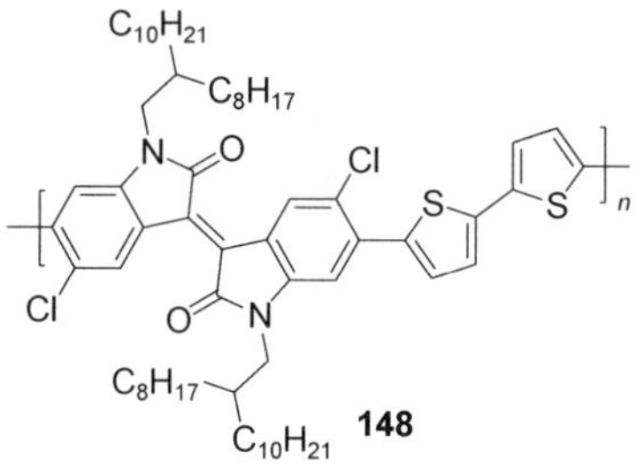

148

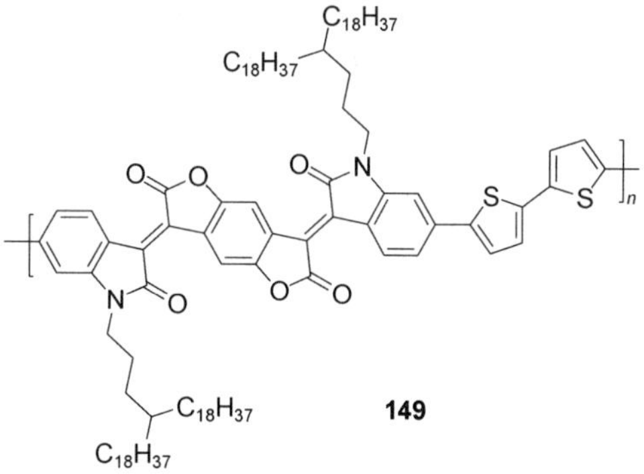

149

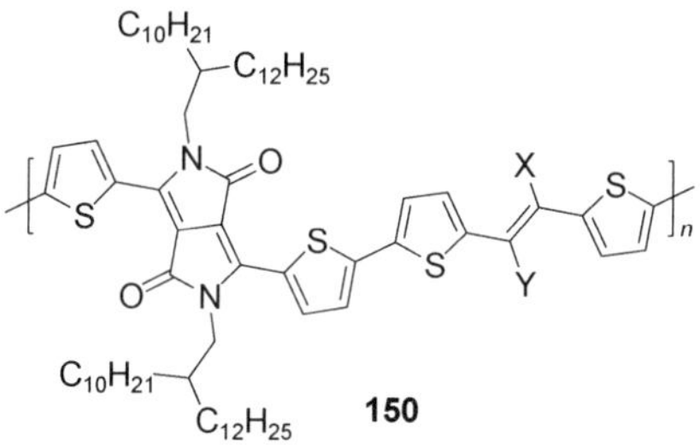

150

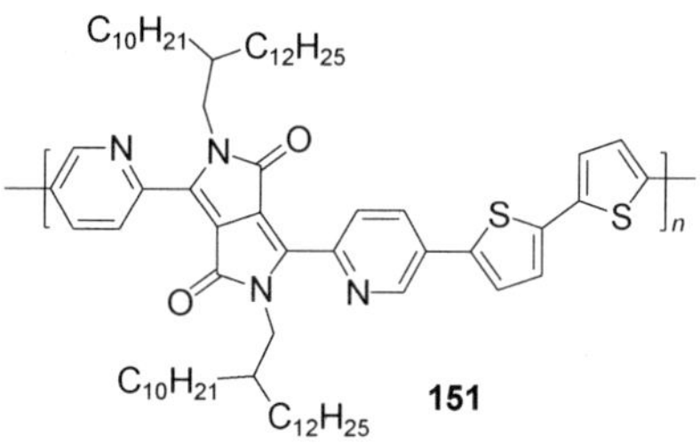

151

X=H, Y=CN 或 X=CN, Y=H

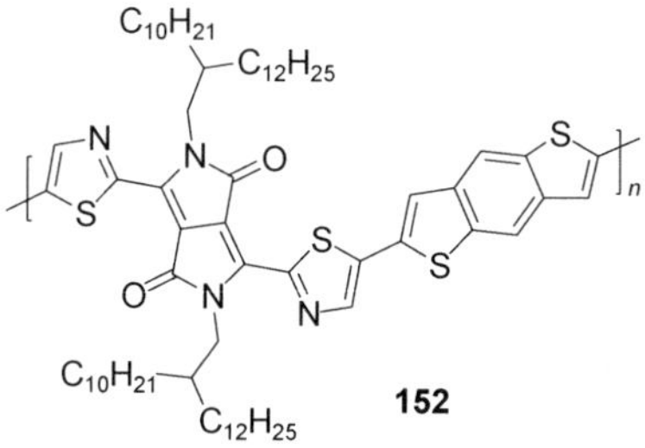

152

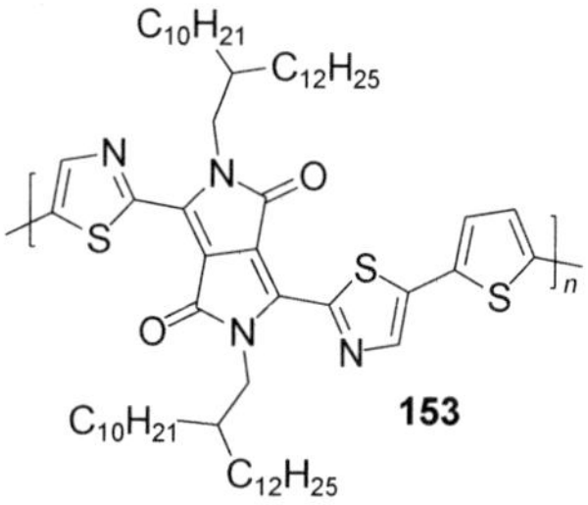

153

图 3-24　聚合物电子传输材料

参考文献

[1] Bardeen, J.; Brattain, W. H. *Phys. Rev.*, **1948**, *74*, 230.

[2] Kahng, D. and Atalla, M. M. “Silicon-Silicon dioxide field induced surface devices” in *IRE Solid-State Devices Research Conference* (Carnegie Institute of Technology, Pittsburgh, PA, 1960).

[3] Koezuka, H.; Tsumura, A.; Ando, T. *Synthetic Metals,* **1987**, *18*, 699.

[4] Ionescu, A. M.; Riel, H. *Nature,* **2011**, *479*, 329.

[5] Mei, J.; Diao, Y.; et al. *J. Am. Chem. Soc.,* **2013**, *135*, 6724.

[6] 刘晓霞, 高建华, 等. 中国科学: 化学, **2013**, *43*, 1468.

[7] 董京, 柴玉华, 等. 物理学报, **2013**, *62*, 47301.

[8] 塔里哈尔 • 夏依木拉提. 酞菁铜单晶微纳场效应晶体管在气体传感器中的应用基础研究. 长春: 东北师范大学博士学位论文, 2013.

[9] Wang, C.; Dong, H.; et al. *Chem. Rev.*, **2011**, *112*, 2208.

[10] Zhang, W.; Liu, Y.; Yu, G. *Adv. Mater.*, **2014**, *26*, 6898.

[11] 周莹. 新型含氮杂环荧光分子的设计、合成及性质研究（博士学位论文）. 大连: 大连理工大学, 2008.

[12] Lin, Y. Y.; Gundlach, D.; et al. *IEEE Electron Device Lett.,* **1997**, *18*, 606.

[13] Oikawa, K.; Monobe, H. *Adv. Mater.,* **2007**, *19*, 1864.

[14] Ito, K.; Suzuki, T.; et al. *Angew. Chem.*, **2003**, *115*, 1191.

[15] Ando, S.; Nishida, J. I.; *Chem. Mater.*, **2005**, *17*, 1261.

[16] Klauk, H.; Zschieschang, U.; et al. *Adv. Mater.*, **2007**, *19*, 3882.

[17] Merlo, J. A.; Newman, C. R.; et al. *J. Am. Chem. Soc.*, **2005**, *127*, 3997.

[18] Meng, H.; Bendikov, M.; et al. *Adv. Mater.*, **2003**, *15*, 1090.

[19] Gorjanc, T.; Levesque, I.; D'Iorio, M.; *Appl. Phys. Lett.*, **2004**, *84*, 930.

[20] Roy, V.; Zhi, Y. G.; et al. *Adv. Mater.*, **2005**, *17*, 1258.

[21] Locklin, J.; Ling, M. M.; et al. *Adv. Mater.*, **2006**, *18*, 2989.

[22] Meng, H.; Zheng, J.; et al. *Chem. Mater.*, **2003**, *15*, 1778.

[23] Locklin, J.; Li, D.; et al. *Chem. Mater.*, **2005**, *17*, 3366.

[24] Xiao, K.; Liu, Y.; et al. *J. Am. Chem. Soc.*, **2005**, *127*, 13281.

[25] Li, R.; Jiang, L.; et al. *Adv. Mater.*, **2009**, *21*, 4492.

[26] Gao, P.; Beckmann, D.; et al. *Adv. Mater.*, **2009**, *21*, 213.

[27] Subramanian, S.; Park, S. K.; et al. *J. Am. Chem. Soc.*, **2008**, *130*, 2706.

[28] Kang, M. J.; Mori, H.; et al. *Adv. Mater.*, **2011**, *23*, 1222.

[29] Yamamoto, T.; Takimiya, K. *J. Am. Chem. Soc.*, **2007**, *129*, 2224.

[30] Tan, L.; Zhang, L.; et al. *Adv. Funct. Mater.*, **2009**, *19*, 272.

[31] Sun, Y.; Ma, Y.; et al. *Adv. Funct. Mater.*, **2006**, *16*, 426.

[32] Cicoira, F.; Santato, C.; et al. *Adv. Mater.*, **2006**, *18*, 169.

[33] Broggi, A.; Tomasi, I.; et al. *ChemPlusChem.*, **2014**, *79*, 486.

[34] Briseno, A. L.; Miao, Q.; et al. *J. Am. Chem. Soc.*, **2006**, *128*, 15576.

[35] Zhou, Y.; Liu, W. J.; et al. *J. Am. Chem. Soc.*, **2007**, *129*, 12386.

[36] Sun, Y.; Tan, L.; et al. *J. Am. Chem. Soc.*, **2007**, *129*, 1882.

[37] Shukla, D.; Welter, T. R.; et al. *J. Phys. Chem. C*, **2009**, *113*, 14482.

[38] Kobayashi, N.; Sasaki, M.; Nomoto, K. *Chem. Mater.*, **2009**, *21*, 552.

[39] Nicolas, Y.; Blanchard, P.; et al. J. *Org. Lett.*, **2004**, *6*, 273.

[40] Halik, M.; Klauk, H.; et al. *Adv. Mater.*, **2003**, *15*, 917.

[41] Videlot, C.; Ackermann, J.; et al. J. *Adv. Mater.*, **2003**, *15*, 306.

[42] Murphy, A. R.; Fréchet, J. M.; et al. *J. Am. Chem. Soc.*, **2004**, *126*, 1596.

[43] van Breemen, A. J.; Herwig, P. T.; et al. *J. Am. Chem. Soc.*, **2006**, *128*, 2336.

[44] Zen, A.; Bilge, A.; et al. *J. Am. Chem. Soc.*, **2006**, *128*, 3914.

[45] Ichikawa, M.; Yanagi, H.; et al. *Adv. Mater.*, **2002**, *14*, 1272.

[46] Videlot-Ackermann, C.; Ackermann, J.; et al. *J. Am. Chem. Soc.*, **2005**, *127*, 16346.

[47] Tian, H.; Shi, J.; et al. *Adv. Mater.*, **2006**, 18, 2149.

[48] Mushrush, M.; Facchetti, A.; et al. J. *J. Am. Chem. Soc.*, **2003**, 125, 9414.

[49] Ponomarenko, S. A.; Kirchmeyer, S.; et al. *Adv. Funct. Maters.*, **2003**, *13*, 591.

[50] Tang, Q.; Li, H.; et al. *Adv. Mater.*, **2006**, *18*, 65.

[51] Chen, Y.; Su, W.; et al. *J. Am. Chem. Soc.*, **2005**, *127*, 15700.

[52] Noh, Y. Y.; Kim, J. J.; et al. *Adv. Mater.*, **2003**, *15*, 699.

[53] Shea, P. B.; Kanicki, J.; Ono, N. *J. Appl. Phys.*, **2005**, *98*, 014503.

[54] Shea, P. B.; Kanicki, J.; et al. *J. Appl. Phys.*, **2006**, *100*, 034502.

[55] Li, Y.; Wu, Y.; et al. *Adv. Mater.*, **2005**, *17*, 849.

[56] Boudreault, P. L. T.; Wakim, S.; et al. *J. Am. Chem. Soc.*, **2007**, *129*, 9125.

[57] Drolet, N.; Morin, J. F.; et al. *Adv. Funct. Mater.*, **2005**, *15*, 1671.

[58] Sonar, P.; Singh, S. P.; et al. *Chem. Mater.*, **2008**, *20*, 3184.

[59] Sakamoto, Y.; Suzuki, T.; et al. *J. Am. Chem. Soc.*, **2004**, *126*, 8138.

[60] Swartz, C. R.; Parkin, S. R.; et al. *Org. Lett.*, **2005**, *7*, 3163.

[61] Tang, M. L.; Oh, J. H.; et al. *J. Am. Chem. Soc.*, **2009**, *131*, 3733.

[62] Song, D.; Wang, H.; et al. *Adv. Mater.*, **2008**, *20*, 2142.

[63] Bao, Z.; Lovinger, A. J.; Brown, J.; *J. Am. Chem. Soc.,* **1998**, *120*, 207.

[64] Naraso; Nishida, J. I.; et al. *J. Am. Chem. Soc.,* **2006**, *128*, 9598.

[65] Ando, S.; Nishida, J. I.; et al. *J. Am. Chem. Soc.,* **2005**, *127*, 5336.

[66] Ando, S.; Murakami, R.; et al. *J. Am. Chem. Soc.,* **2005**, *127*, 14996.

[67] Kono, T.; Kumaki, D.; et al. *Chem. Commun.,* **2010**, *46*, 3265.

[68] Facchetti, A.; Yoon, M. H.; et al. *J. Am. Chem. Soc.,* **2004**, *126*, 13480.

[69] Chesterfield, R. J.; Newman, C. R.; et al. *Adv. Mater.,* **2003**, *15*, 1278.

[70] Handa, S.; Miyazaki, E.; et al. *J. Am. Chem. Soc.,* **2007**, *129*, 11684.

[71] Menard, E.; Podzorov, V.; et al. *Adv. Mater.,* **2004**, *16*, 2097.

[72] Wada, H.; Shibata, K.; et al. *J. Mater. Chem.,* **2008**, *18*, 4165.

[73] Letizia, J. A.; Facchetti, A.; et al. *J. Am. Chem. Soc.,* **2005**, 127, 13476.

[74] Yoon, M. H.; Kim, C.; et al. *J. Am. Chem. Soc.,* **2006**, *128*, 12851.

[75] Nakagawa, T.; Kumaki, D.; et al. *Chem. Mater.,* **2008**, *20*, 2615.

[76] Katz, H. E.; Johnson, J.; et al. *J. Am. Chem. Soc.,* **2000**, *122*, 7787.

[77] Shukla, D.; Nelson, S. F.; et al. *Chem. Mater.,* **2008**, *20*, 7486.

[78] Katz, H.; Lovinger, A.; et al. *Nature,* **2000**, *404*, 478.

[79] Jones, B. A.; Facchetti, A.; et al. *Chem. Mater.,* **2007**, *19*, 2703.

[80] Gao, X.; Di, C. A.; et al. *J. Am. Chem. Soc.,* **2010**, *132*, 3697.

[81] Oh, J. H.; Suraru, S. L.; et al. *Adv. Funct. Mater.,* **2010**, *20*, 2148.

[82] Würthner, F.; Stolte, M. *Chem. Commun.,* **2011**, *47*, 5109.

[83] Schmidt, R. d.; Oh, J. H.; et al. *J. Am. Chem. Soc.,* **2009**, *131*, 6215.

[84] Weitz, R. T.; Amsharov, K.; et al. *J. Am. Chem. Soc.,* **2008**, *130*, 4637.

[85] Anthopoulos, T. D.; Singh, B.; et al. *Appl. Phys. Lett.,* **2006**, *89*, 213504.

[86] Tsumura, A.; Koezuka, H.; Ando, T. *Appl. Phys. Lett.,* **1986**, *49*, 1210.

[87] Chang, J. F.; Sun, B.; et al. *Chem. Mater.,* **2004**, *16*, 4772.

[88] Umeda, T.; Kumaki, D.; Tokito, S. *J. Appl. Phys.,* **2009**, *105*, 024516.

[89] Heeney, M.; Bailey, C.; et al. *J. Am. Chem. Soc.,* **2005**, *127*, 1078.

[90] Li, Y.; Sonar, P.; et al. *Energy Environ. Sci.,* **2013**, *6*, 1684.

[91] Liu, F.; Wang, C.; et al. *J. Am. Chem. Soc.,* **2013**, *135*, 19248.

[92] Lei, T.; Wang, J. Y.; Pei, J. *Acc. Chem. Res.,* **2014**, *47*, 1117.

[93] Jung, E. H.; Jo, W. H. *Energy Environ. Sci.,* **2014**, *7*, 650.

[94] Babel, A.; Jenekhe, S. A. *J. Am. Chem. Soc.,* **2003**, *125*, 13656.

[95] Chen, Z.; Zheng, Y.; et al. *J. Am. Chem. Soc.,* **2008**, *131*, 8.

[96] Wang, E.; Mammo, W.; Andersson, M. R. *Adv. Mater.,* **2014**, *26*, 1801.

[97] Nielsen, C. B.; Turbiez, M.; McCulloch, I. *Adv. Mater.,* **2013**, *25*, 1859.

4.1　概述

有机电致发光二极管（organic light-emitting diodes，OLED）作为新一代平板显示和照明器件，正处于蓬勃发展时期[1]。而 OLED 所用的材料是与器件结构及其性能紧密联系的，因此，在介绍 OLED 材料之前，很有必要了解一下 OLED 器件的结构、制备工艺及其性能方面的基本知识。

4.1.1　OLED 器件结构

如图 4-1 给出了 OLED 的常见结构，最普通的 OLED 器件结构即单层结构，将发光材料（emitting materials layer，EML）置于正负电极之间，通电后从正极（阳极）注入空穴，从负极（阴极）注入电子，两者在发光层复合形成激发子（也称激子），激子辐射退激发产生光子，即实现电致发光。因电子和空穴在有机半导体材料中的迁移率不同，造成在发光层中复合的电子与空穴不匹配，为解决这一问题，日本的 Adachi 等人首次提出了三层结构[2]，即在发光

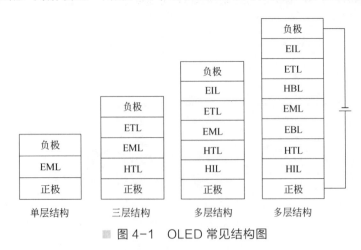

图 4-1　OLED 常见结构图

层与电极之间分别添加电子传输层（electron transporting layer，ETL）和空穴传输层（hole transporting layer，HTL），这样明确了各层的功能，有利于材料的选择和器件性能的优化，是目前常用的一种器件结构。

在此基础上，人们考虑到常用阳极材料氧化铟锡（ITO）玻璃的功函数（4.7 eV 左右）与 HTL 材料分子的最高占有分子轨道（the highest occupied molecular orbital，HOMO）之间存在能量差（有时甚至高达 2 eV 以上），形成势垒从而使空穴注入困难，因此，常在两者之间加入空穴注入层材料（hole injecting layer，HIL），提高空穴的注入能力。类似地，在阴极（常用金属 Al 和 Mg/Ag 等）与 ETL 材料分子的最低未占分子轨道（the lowest unoccupied molecular orbital，LUMO）之间也存在着电子注入势垒，需加入电子注入层（electron injecting layer, EIL）以增加电子的注入。为提高器件发光效率，防止激子猝灭，常在 EML 两侧添加空穴阻挡层（hole blocking layer, HBL）和电子阻挡层（electron blocking layer，EBL）。这就是图 4-1 右侧多层结构的由来。当然，这些多层结构中并不是每层都必须存在，而应该根据材料和制备工艺等实际情况灵活选择，以达到最佳的器件性能。

此外，根据 OLED 器件的使用要求和范围，也采用一些特殊的器件结构，如反转型、叠层型和顶发射型等[3]。

4.1.2 OLED 制备工艺

选定 OLED 器件结构后，器件的制备就可以按照结构从基底（一般为透光的玻璃）开始，一层薄膜一层薄膜地往上叠加，直至完成整个结构，封装后形成器件。因此，OLED 器件制备工艺主要指其成膜工艺。根据材料的性质，常用的成膜工艺有热真空沉积、旋转涂膜、喷墨打印和丝网印刷等[3,4]。

4.1.3 OLED 性能指标

OLED 的性能指标主要包括：效率、电流密度-电压-光亮度曲线、电致发光光谱、色品坐标（commission international del'eclairage，CIE）和显色指数（color rendering index，CRI）等[3,4]，简要介绍如下：

内量子效率是 OLED 内部产生的总光子数与注入器件的电子-空穴对数之比；外量子效率（external quantum efficiency，EQE）是器件发射出的光子数与注入器件的电子-空穴对数之比；流明效率（luminescence efficiency，LE）又称电流效率（current efficiency，CE），是器件有效发光面积与光亮度的乘积，然后再与产生该亮度时器件的电流之比，单位通常为 cd/A；光功率效率（luminous power efficiency，PE）是器件发出的光功率与输入的总电功率之比。后三种效率均是衡量器件性能的重要指标。

电流密度-电压-光亮度（J-V-L）曲线指器件随着外加电压（V，横轴）改变时，器件电流密度（J，纵轴 1）和电致发光的光亮度（L，纵轴 2）的变化曲线。当光亮度为 1 cd/m^2 时所对应的电压值称为该器件工作的起始电压（启亮电压）。该类曲线反映了器件的光电性质。

电致发光光谱指器件所发光中各组分的相对强度随波长变化的曲线，是表征器件电致发光光性能的重要指标。

色（品）坐标是国际照明委员会（CIE）在 1931 年建立并于 1964 年补充后的标准色度

系统（XYZ 系统），表示某种颜色中三原色所对应的刺激值占总刺激值的比值，因此只需前两者就可以表示该颜色，如（x, y）。其中，x 值越大，表示该颜色中红色的成分越高；y 值越大，代表绿色的成分越高；反之，则蓝色成分越高。

显色指数（CRI）指器件所发光作为光源照射物体时，与标准光源（如 D_{65} 等）比较所获得的知觉色的比值。CRI 最大值为 100，该指数多用于表征白光器件。

4.1.4 OLED 发光材料分类

OLED 发光材料分类方法较多，本文按制备工艺分为小分子、枝状化合物（dendrimer）和聚合物三类，按所发光的性质分为荧光材料和磷光材料两类。下面章节将会按照发光性质分类为主线，制备工艺分类为辅线分别介绍蓝光材料、绿光材料、红光材料、白光材料以及其他材料。

发光材料分子的前线分子轨道见图 4-2（a）[5,6]，因激发态上电子组态不同，常见的激发态（即第一激发态）根据其自旋多重度（$2S + 1 = 1$ 或 3）分为单重态（也称单线态）和三重态（也称三线态）。图 4-2（b）分别显示了单重态和三重态前线分子轨道上电子自旋分布情况，可以清楚地看出三重态与单重态中电子自旋分布概率比为 3∶1，这就造成了三重态辐射衰变（发出磷光）时内量子转换效率理论上能够到达 75%，远比单重态辐射衰退（发出荧光）时 25% 的理论内转换量子效率高（注意：内转换量子效率理论上有严格的推导，此处仅仅因需要粗略地给出简要形象的说明）。图 4-2（c）中分别给出了单重态和三重态辐射衰变（分

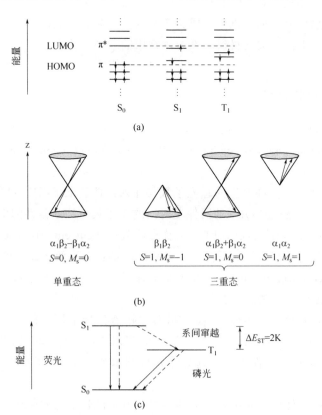

图 4-2　单重态和三重态的分子轨道组态（a）、自旋（b）和能级（c）示意图

（c）图中实线为辐射衰变；虚线为非辐射衰变

别发出荧光和磷光）和非辐射衰退的示意图，从图中可以看出三重态一般是单重态通过"系间窜越"（ISC）非辐射衰变而得到的。

通过以上对发光材料分子发光机理的简要说明，不难得出，要想获得较高的发光效率，一般应选用磷光材料较为合适。

4.2 蓝光材料

作为三基色之一的蓝光材料，在 OLED 研究中尤为重要，因其不仅能够获得蓝光，而且通过掺杂和化学修饰等手段可以获得绿光、红光或白光。相比其他发光材料，蓝光材料具有很宽的能隙（材料分子的 LUMO 和 HOMO 能级差值），致使空穴注入困难，影响电子与空穴的复合，导致 EQE 低下。在常见的蓝色荧光材料中小分子型主要包括多环共轭类、给体-受体类（D-A）和有机金属类等；枝状型主要是小分子的低聚物和星形化合物；聚合物型主要是某些小分子材料的聚合物。而蓝色磷光材料主要由主体-客体型组成，主体材料是三重态能级（E_T）大于客体材料的有机半导体材料，客体材料则是一些发蓝色磷光的金属配合物，如 Ir 和 Pt 等的配合物。下面分别进行介绍。

4.2.1 小分子蓝光材料

因小分子材料用于 OLED 器件时，主要以真空镀膜为主，常采用多层器件结构（至少三层），故在介绍小分子蓝光材料之前，非常有必要了解发光层材料以外的另外两层材料：空穴传输材料和电子传输材料。

图 4-3 和图 4-4 分别列出了器件（尤其是小分子器件）制备中常用到的空穴和电子传输材料的分子结构，表 4-1 和表 4-2 则分别列出了其与器件相关的物理性质，其中 E_T 表示材料的三重态能级。需要注意的是，空穴和电子迁移率均是电场强度的函数，一般在 10^5 V/cm 量级的电场强度下测得。此外，载流子（空穴或电子）迁移率有多种测试方法，表中所列数据仅具有参考价值。

4.2.1.1 小分子型蓝色荧光材料

（1）多环共轭类

多环共轭类小分子蓝色荧光材料主要基于蒽、芴、芘和苯并咪唑等为构筑单元。这些构筑单元具有宽带隙、良好的荧光性能和热稳定性，近些年来，在高性能蓝色和白色 OLED 发光材料的设计、合成和使用中备受重视。

① 蒽型衍生物　在多环共轭类小分子蓝色荧光材料中，蒽型衍生物材料是最早也是研究最多的一类蓝色荧光材料（图 4-5），因蒽分子（**12**）对称性高，极易结晶而不易成无定形薄膜，故常在其 9 位和 10 位加苯基构成基本的分子骨架（9,10-diphenylanthracene，DPA，**13**），衍生出一系列高性能的蓝光材料。这是因为 9 位和 10 位苯基取代的蒽分子破坏了未取代蒽分子间的共面性，抑制了因分子间相互作用而产生的荧光猝灭，从而明显提高了器件的 EQE。然而，DPA 衍生物分子对称性仍较高，所制成的薄膜表面粗糙，形成粒状边界和针状孔洞，极易导致器件因漏电流而无法正常工作。

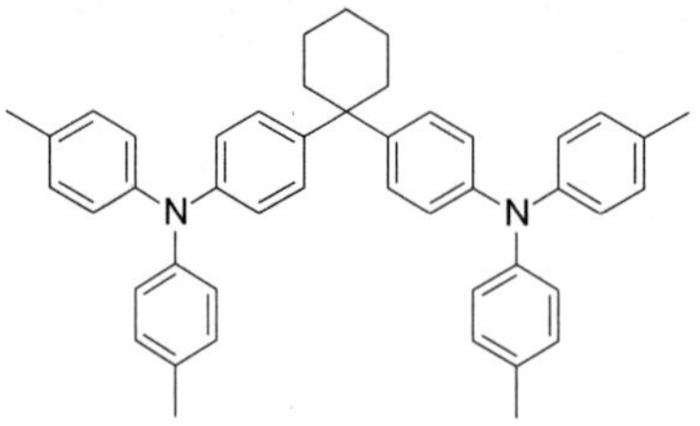

1 (TAPC)

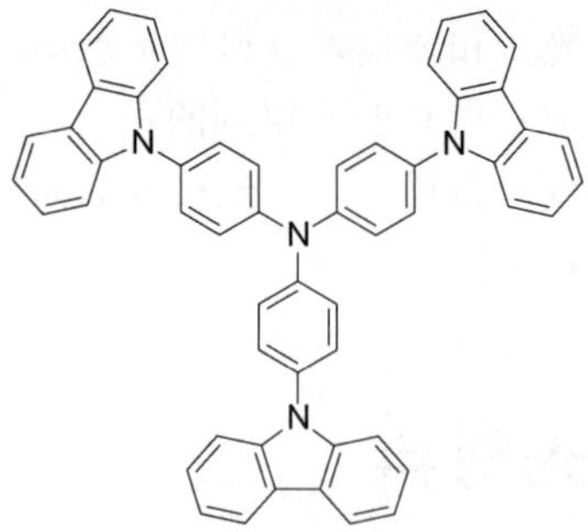

2 (TCTA)

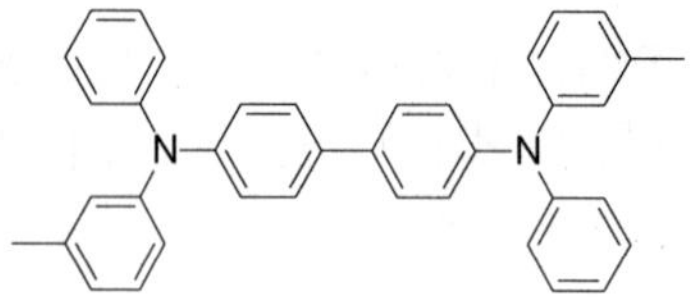

3 (TPD)

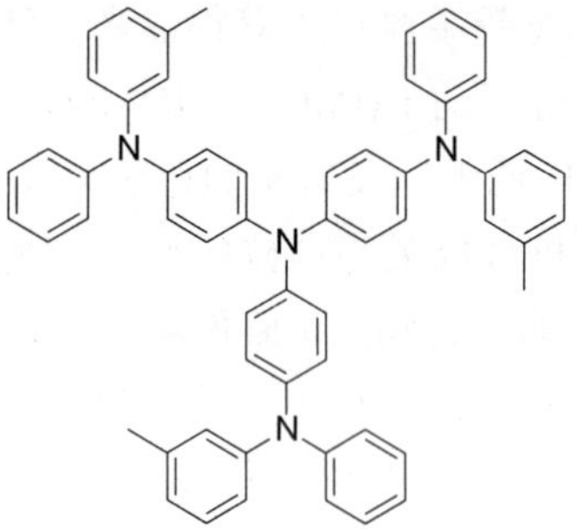

4 (*m*-MTDATA)

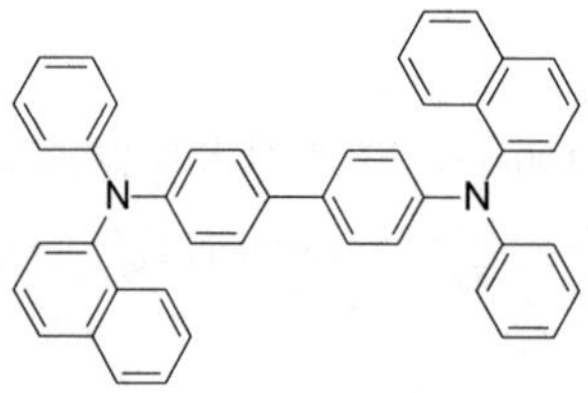

5 (NPB)

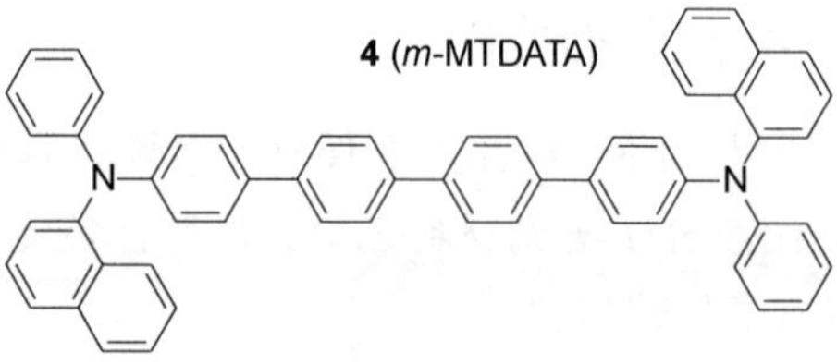

6 (4P-NPD)

图 4-3 常见空穴传输材料

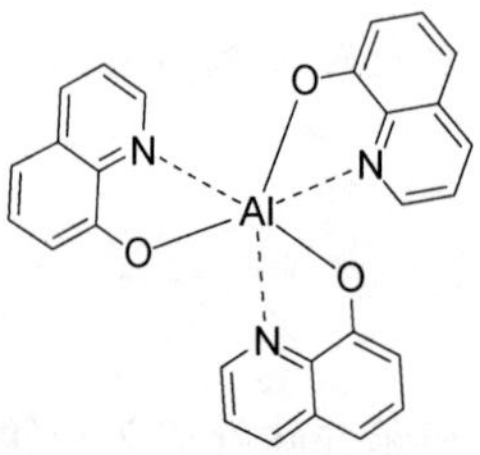

7 (Alq₃)

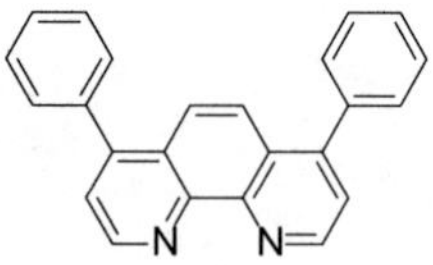

8 (Bphen)

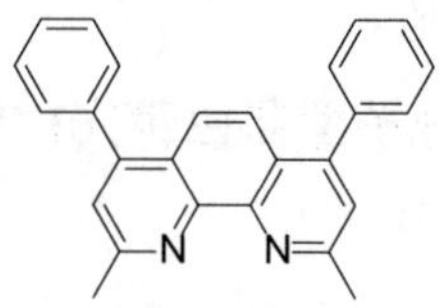

9 (BCP)

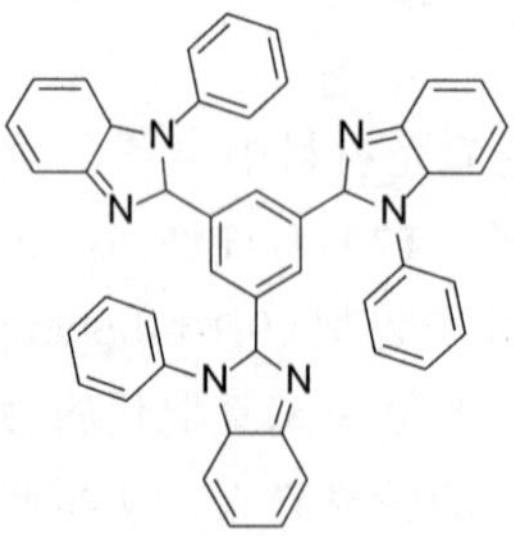

10 (TPBi)

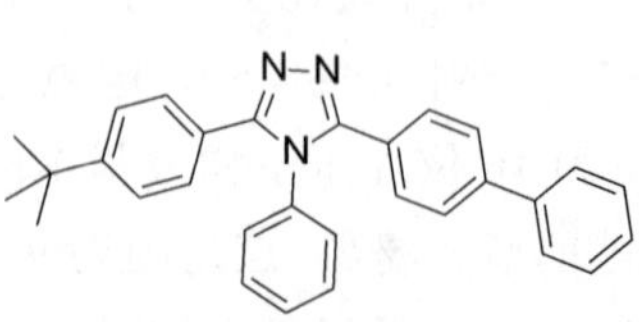

11 (TAZ)

图 4-4 典型电子传输材料

表 4-1　常见空穴传输材料物理性质

材料	LUMO/eV	HOMO/eV	E_T/eV	空穴迁移率/[cm²/(V·s)]	参考文献
1	2.0	5.5	2.87	$1.0×10^{-2}$	[7]
2	2.3	5.7	2.79	$3.0×10^{-3}$	[8]
3	2.4	5.4	2.34	$1.1×10^{-3}$	[7,9,10]
4	2.0	5.1	2.67	$4.9×10^{-4}$	[11,12]
5	2.4	5.5	2.30	$8.8×10^{-4}$	[13]
6	2.3	5.7	2.30	$6.6×10^{-4}$	[14]

表 4-2　常见电子传输材料物理性质

材料	LUMO/eV	HOMO/eV	E_T/eV	电子迁移率/[cm²/(V·s)]	参考文献
7	2.6	5.7	2.05	$1.4×10^{-6}$	[15]
8	2.9	6.3	2.5	$5.2×10^{-4}$	[16,17]
9	2.6	6.1	2.6	$4.6×10^{-5}$	[18,19]
10	2.7	6.2	2.73	$3.3×10^{-5}$	[20]
11	2.7	6.3	3.3	$1.0×10^{-4}$	[21,22]

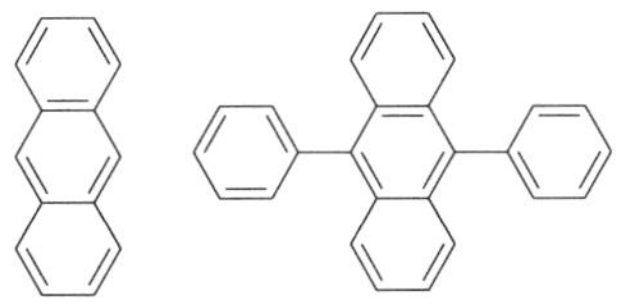

12 (蒽)　　　**13** (DPA)

图 4-5　蒽和 9,10-二苯基蒽的分子结构

基于以上状况，为提高 DPA 衍生物的无定形固体薄膜的光电性能，必须破坏该型分子的对称性，阻止分子间的相互作用。目前研究表明，比较有效的方法有两种：一是在蒽的 2 位引入烷基取代基（如叔丁基等）；二是在 9,10-位的取代基上引入不对称芳香基（图 4-6）。Zheng 等首先在 2 位引入叔丁基[23]，合成的发光材料 **14** 在溶液中的荧光量子产率（photoluminescence quantum yield，PLQY）达到 0.76，所制备的非掺杂型器件：ITO/PEDOT:PSS(30 nm)/NPB(30 nm)/**14**(30 nm)/Alq₃(30 nm)/CsF(2 nm)/Mg:Ag，该器件发深蓝光，主峰波长 444 nm，CIE 为 (0.15, 0.09)，最大 EQE 为 5.17%，此时电流密度 8.4 mA/cm²，亮度 221 cd/m²。Wu 等在此基础上[24]，通过在苯基上引入芴调节色纯度（化合物 **15**），所制得的非掺杂型器件：ITO/NPB(20 nm)/TCTA(10 nm)/**15**(40 nm)/TPBi(40 nm)/LiF(1 nm)/Al，该器件在电流密度 7.8 mA/cm² 时获得最大的 EQE 为 5.1%，此时电流效率为 5.6 cd/A。值得一提的是，芴的引入使器件的 CIE 达到 (0.15, 0.12)，非常接近 NTSC 纯蓝光的标准。

Tao 等采用第二种方法[25]，在 9,10-位上分别引入芘和三苯胺，合成得到发光材料分子 **16**（图 4-6），采用其所制备的非掺杂型器件：ITO/NPB(50 nm)/**16**(20 nm)/TPBi(30 nm)/LiF/Al，该器件发天蓝色的光，CIE 为 (0.15, 0.30)，最大电流效率和功率效率分别为 7.9 cd/A 和 6.8 lm/W。因为在分子中引入了三苯胺，有利于降低空穴注入势垒和提高空穴迁移率，使得 HTL 和化合物 **16**（HOMO = 5.63 eV）的空穴注入势垒明显降低，器件启亮电压仅为 2.9 V。有意思的是，当器件不使用 HTL 时，器件的最大电流效率仍能保持 6.1 cd/A，CIE 为 (0.15, 0.28)，充分说明了引入三苯胺的作用。

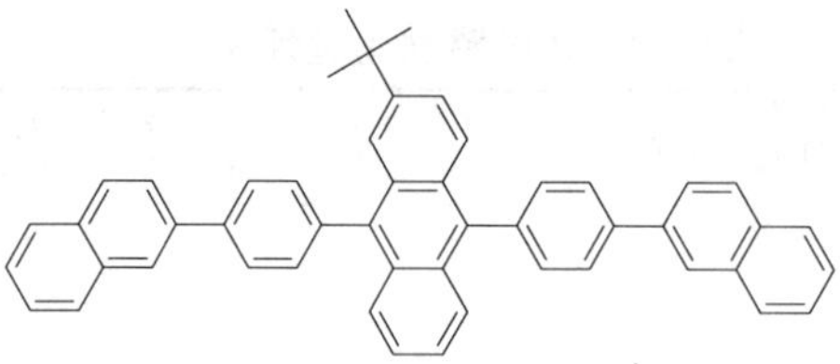

图 4-6　蒽型衍生物

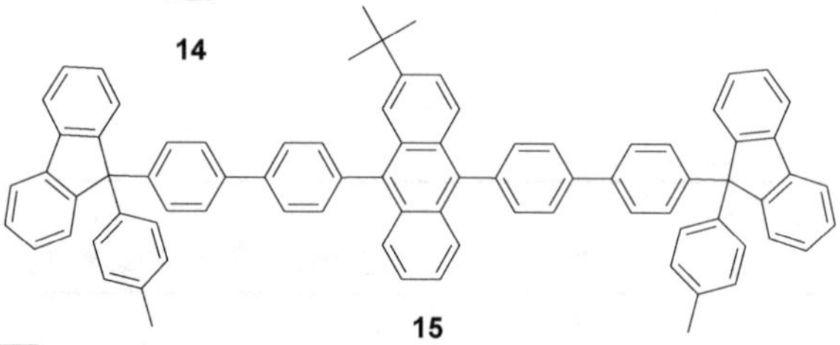

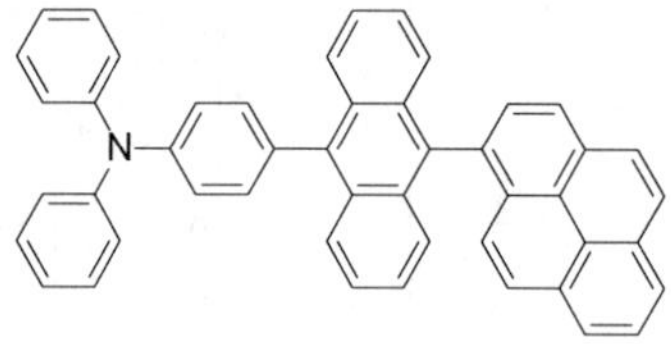

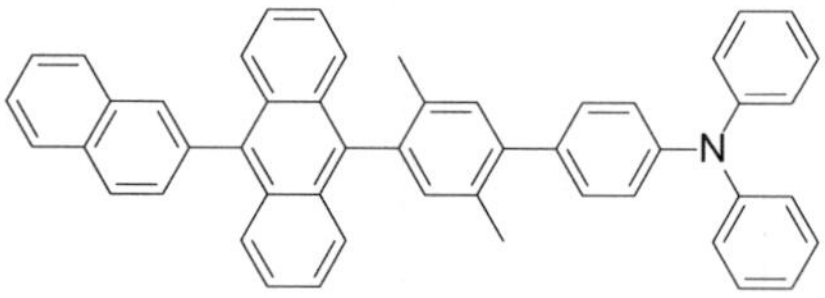

　　Kim 等亦采用在 9,10-位上分别引入萘和三苯胺[26],为降低分子对称性,他们将核心蒽单侧苯环上引入甲烷取代基,所合成的发光材料见化合物 **17**。采用此种材料的非掺杂型器件 EQE 为 4.37%,发深蓝色的光〔CIE 为(0.15, 0.08)〕。

　　② 芴型衍生物　芴型衍生物包括普通芴和螺芴两类,研究表明,该型衍生物具有优异的光致发光特性,易于通过分子修饰调节光性能,良好的热与形貌稳定性,是一类理想的蓝色荧光材料构筑单元。但因芴易被氧化或薄膜中分子聚集而导致激子发射(光致发光猝灭)等,该型衍生物容易产生令人讨厌的绿光,这是采用该型衍生物作为蓝色发光材料时必须解决的主要问题之一。为提高芴型衍生物蓝色发光材料的色纯度和器件性能与寿命,目前,人们主要采取在芴构筑单元的 2,7-位引入芳胺和封端基团(如大空间位阻基团)来降低空穴注入势垒和分子间相互作用,提高空穴迁移率,从而达到目的。

　　Lee 等报道引入三苯胺和二叔丁基苯类的芴型衍生物(图 4-7)[27],它们在溶液中均有较高的荧光量子产率(分别为 0.81 和 0.97)。理论计算表明,发光材料分子 **18** 与 **19** 均不共面,分子中芴(螺芴)与相应的封端基团之间夹角分别为 37.9°和 37.4°。采用主-客体型器件结构,主体材料为 2-甲基-9,10-二(2-萘基)蒽(MADN),客体材料分别为发光材料分子 **18** 和 **19**,OLED 器件发出良好的天蓝色的光,CIE 分别为(0.15, 0.17)与(0.15, 0.20),20 mA/cm² 时 EQE 分别为 6.86%与 7.72%。

　　大体积的有机硅基团被证明是一类有效的芴型蓝光材料封端剂,如图 4-8 所示[28]。此类有机硅基团不仅能够减少发光材料分子之间的聚集,而且受空间效应与电子效应影响,材料分子极易形成无针孔状且热稳定性良好的无定形薄膜。发光材料分子 **20～24** 在薄膜中的荧光量子产率分别为 0.77、0.81、0.84、0.83 和 0.73。在掺杂型器件中,采用这些材料作为客体发光材料,器件亮度从 15170 cd/m² 到 35500 cd/m²,EQE 从 5.76%到 7.35%,CIE 从(0.15, 0.19)到(0.15, 0.25)。此外,实验结果表明,使用四苯基硅封端剂比使用四甲基硅封端剂的器件具有更长的器件稳定性,意味着前者的使用寿命更长。

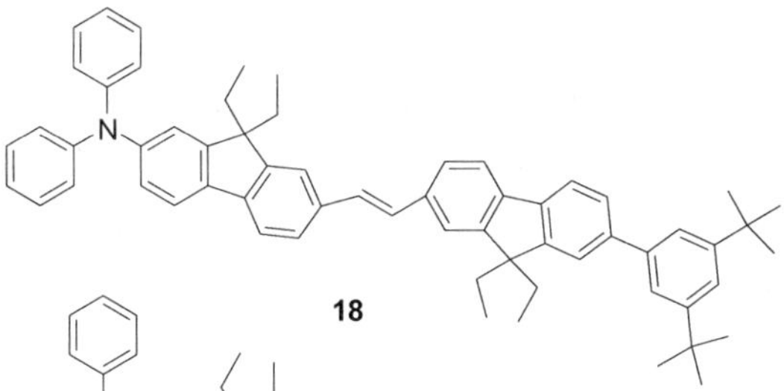

18

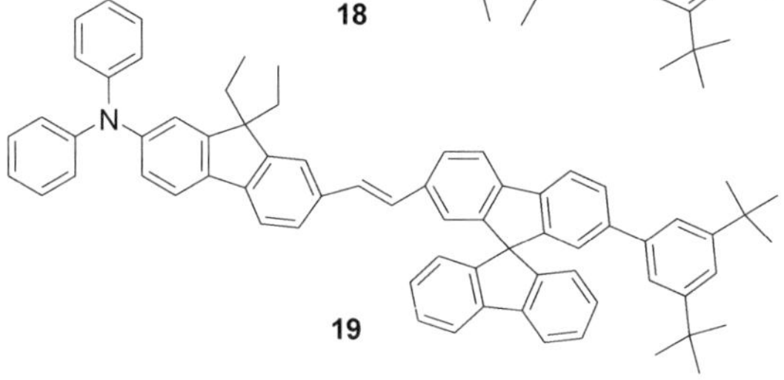

19

图 4-7　芴型衍生物（一）

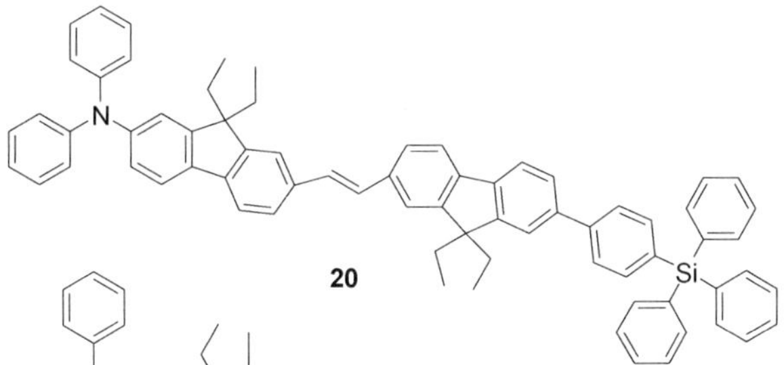

20

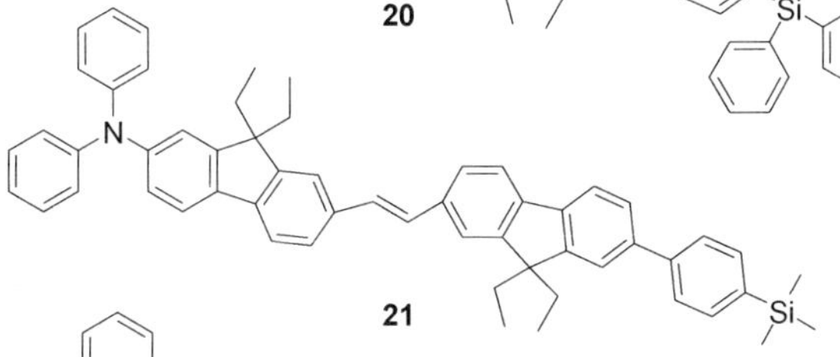

21

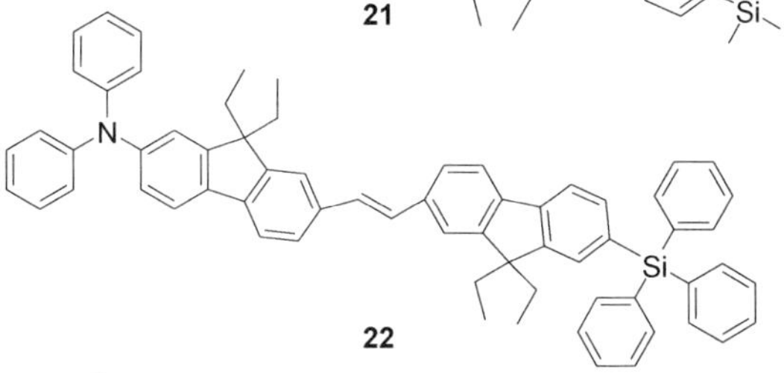

22

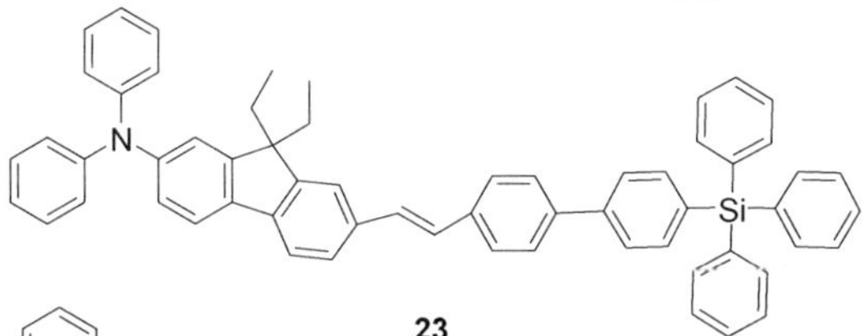

23

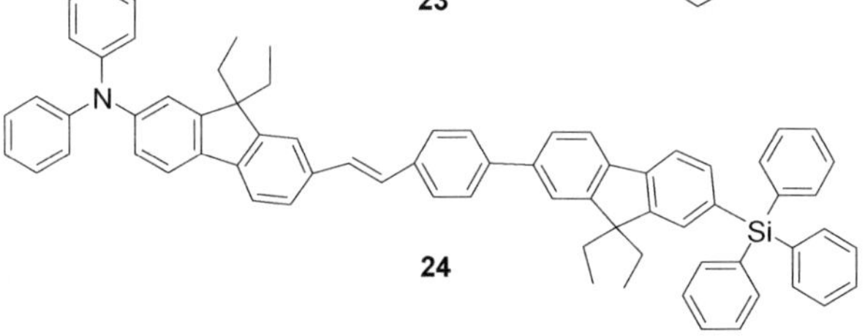

24

图 4-8　芴型衍生物（二）

Jeon 等设计合成了一系列含大体积芳香胺封端剂的螺芴衍生物（图 4-9）[29]，以减小发光材料分子间的相互作用。使用密度泛函方法计算表明，这些分子因存在螺芴中心导致分子扭曲而非共平面化，故有效地降低了材料分子间的相互作用，从而抑制了材料分子的重结晶和聚集猝灭。采用掺杂型器件结构，这些发光材料获得了较高的器件性能：EQE 从 6.54% 至 8.16%；λ_{max} 为 462~465 nm。

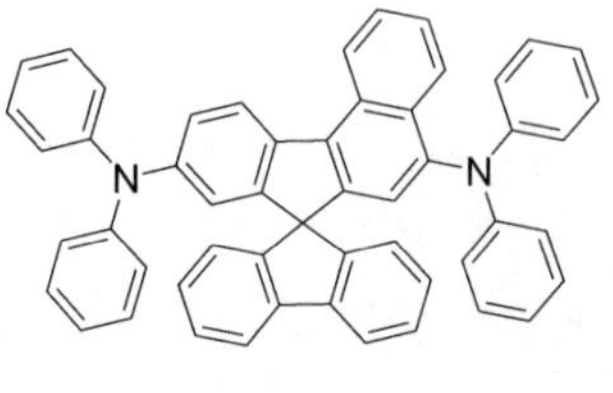

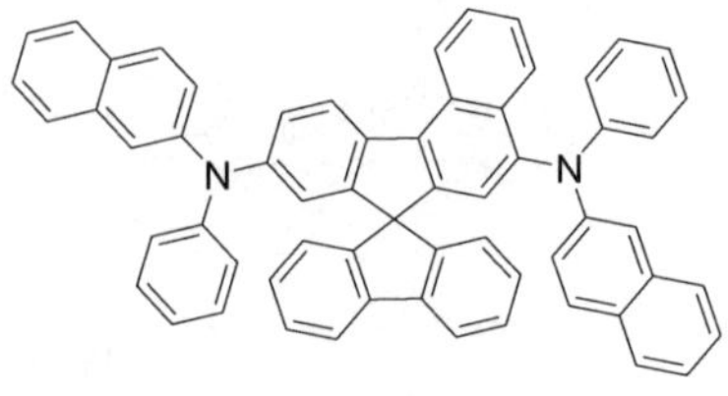

■ 图 4-9　螺芴型衍生物

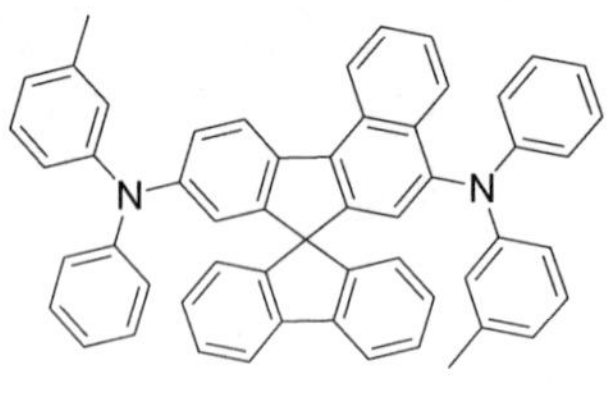

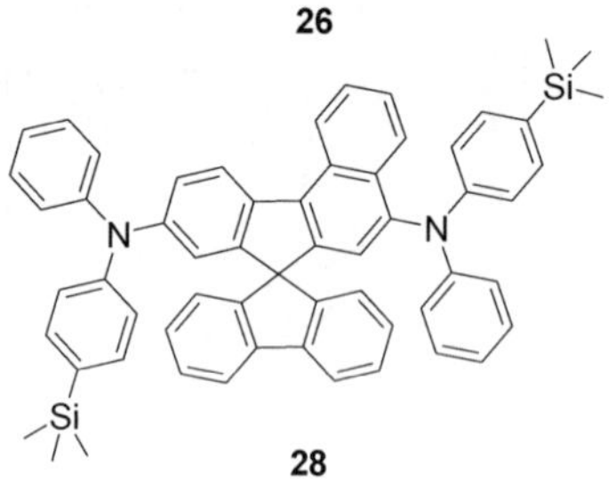

③ 芘型衍生物　尽管芘及其衍生物在溶液中能够发出深蓝光，但在 OLED 器件中因其分子间强烈的 π-π* 堆积作用，造成其发光红移和器件效率下降。因此，抑制芘型衍生物发光材料分子间的 π-π* 堆积成了开发此类蓝光材料的重点和难点。

Wu 等设计合成了二芘苯型衍生物 **29**（图 4-10）[30]，单晶结构显示 **29** 分子扭曲，芘环和苯环间夹角达到 63.2°，因此导致固体分子间轻微地聚集与结晶，具有良好的成膜性。相应的 OLED 器件：ITO/CuPc(10 nm)/NPB(50 nm)/29(30 nm)/TPBi(40 nm)/Mg:Al；该器件的 EQE 为 5.2%，CIE 为（0.15, 0.11）。

Kotchapradist 等亦采用类似的思想合成了发光材料分子 **30**（图 4-10）[31]，相应的 OELD 器件电流效率（CE）为 3.33 cd/A，CIE 为（0.16, 0.14）。

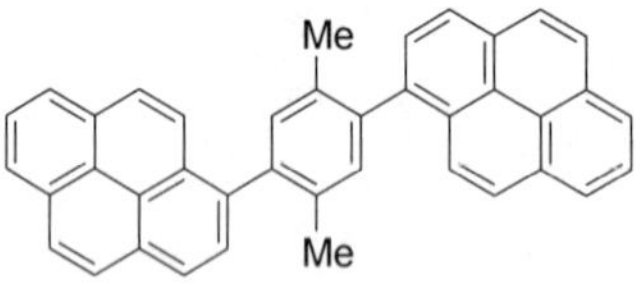

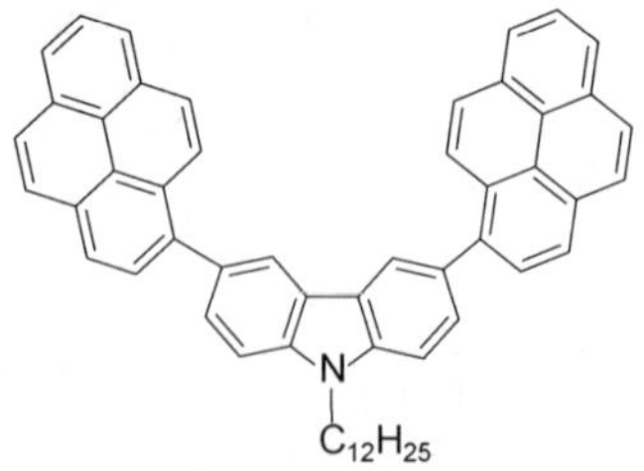

■ 图 4-10　芘型衍生物

④ 其他多环共轭类衍生物　多环共轭类蓝光材料较多，限于篇幅，仅介绍几种典型类型。

萘环是一种非常典型的简单共轭型蓝光材料，同样是因为分子间易于聚集造成在固体薄膜中发光效率低下。因此，Wei 等通过引入了大体积芳香胺类封端剂和交错连接破坏对称性等方式（图 4-11）[32]，有效地降低了薄膜中分子间相互作用与结晶行为，极大地提高了薄膜形貌稳定性和荧光效率。相应的掺杂型 OLED 器件：ITO/NPB/31:32/Alq$_3$/LiF/Al；器件性能：λ_{max} 为 444 nm，CIE 为 (0.16, 0.11)，在 0.87 mA/cm^2 时最大 CE 为 4.9 cd/A，最大 EQE 为 8.6%。

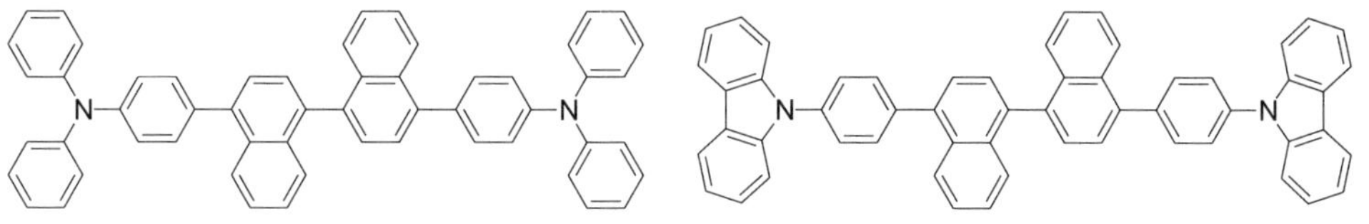

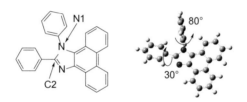

31   **32**

■ 图 4-11　萘环共轭类材料

菲并咪唑基团（phenanthroimidazolyl，PPI）是一类新型蓝光材料构筑基元[33]，菲环的强 π-π* 共轭作用有效地稳定了咪唑环的电子结构。理论计算结果（图 4-12）表明，PPI 中 N1 上取代的苯环与菲并咪唑平面之间存在很大的扭曲角（80°），与咪唑平面几乎垂直。其电子轨道跃迁（HOMO→LUMO）主要源自于咪唑环和 C2 上取代苯环的贡献，而 N1 上取代的苯环以及菲环的电子云对辐射跃迁的直接贡献相对较小。因此，C2 上的取代基团对材料分子的发光颜色具有决定作用。此外，因 PPI 中咪唑环上 N 杂化呈现缺电子性，故 PPI 衍生物是典型的 n 型半导体。

■ 图 4-12　PPI 分子式与理论计算结果示意图

Yuan 等开发了发光材料分子 **33**（图 4-13）[34]，因引入了大体积芳香环，将其使用在非掺杂型 OLED 器件 ITO/NPB(70 nm)/TCTA(5 nm)/**33**(30 nm)/TPBi(30 nm)/LiF(1 nm)/Al 中，获得了较好的器件性能：λ_{max} 为 424 nm，最大 CE 为 2.10 cd/A，最大 PE 为 1.88 lm/W，最大 EQE 为 5.02%，CIE 为 (0.16, 0.05)。

Kuo 等为了提高非掺杂型蓝光器件效率[35]，改善载流子注入性能，他们将两个 PPI 衍生物连接，合成了一系列新型 PPI 型衍生物蓝光材料（图 4-13 中 **34~36**）。在溶液中的荧光量子产率分别为 0.58、0.54 和 0.48。单晶结构测试表明：PPI 中 N 上连接的苯环与菲环二面角约为 85°，与理论计算结果相近；二联苯与菲环二面角约为 30°。因此，这些材料薄膜分子间相互作用极大地减弱，而 n 型 PPI 的引入有利于电子的注入与传输；与此同时，PPI 的大共轭平面有效地提高了材料分子的 HOMO，有利于空穴的注入。相应的非掺杂型 OLED 器件的 EQE 从 5.26% 至 6.31%，CIE 从 (0.15, 0.09) 至 (0.15, 0.15)。尤其是使用材料化合物 **34** 的器件，启亮电压低至 3.0 V，最大 PE 高达 7.30 lm/W。

Chen 等为了使 PPI 分子面对面堆积交错开[36]，减少发光材料分子之间的聚集猝灭，设计并合成了化合物 **37**。获得了深蓝色的非掺杂型 OLED 器件，器件性能：LE 为 2.06 cd/A，PE 为 1.60 lm/W，EQE 为 4.93%，CIE 为 (0.16, 0.05)。

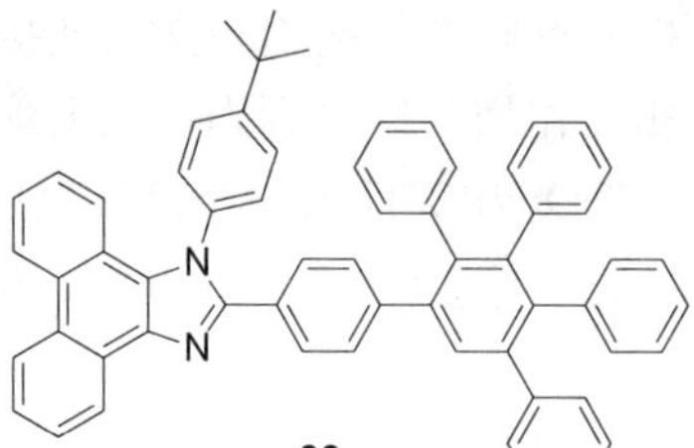

33

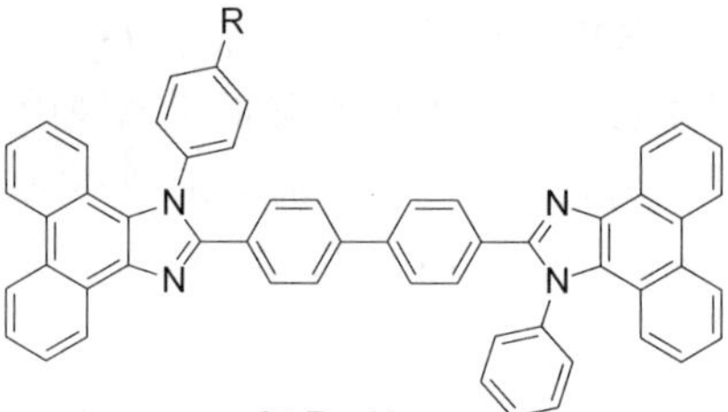

34 R = H
35 R = CH_3
36 R = OCH_3

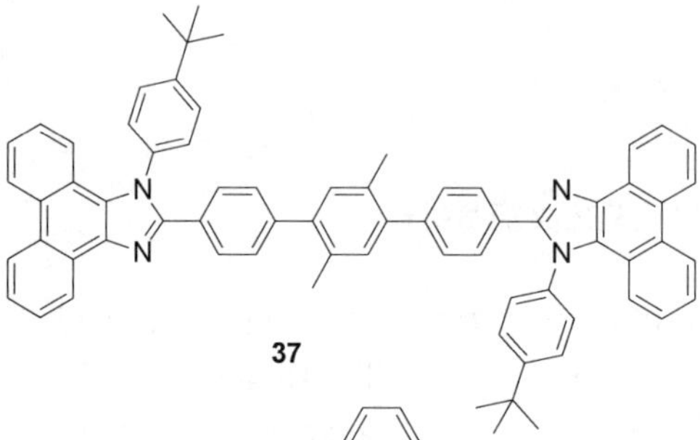

37

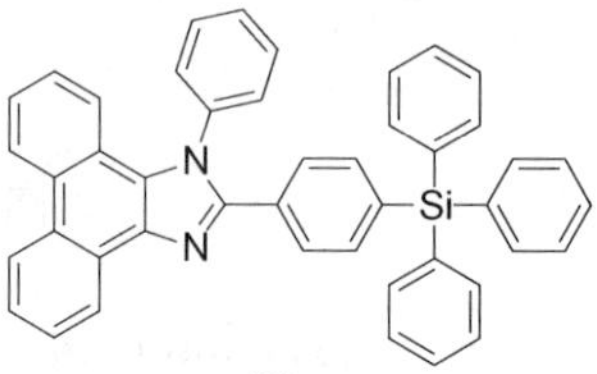

38

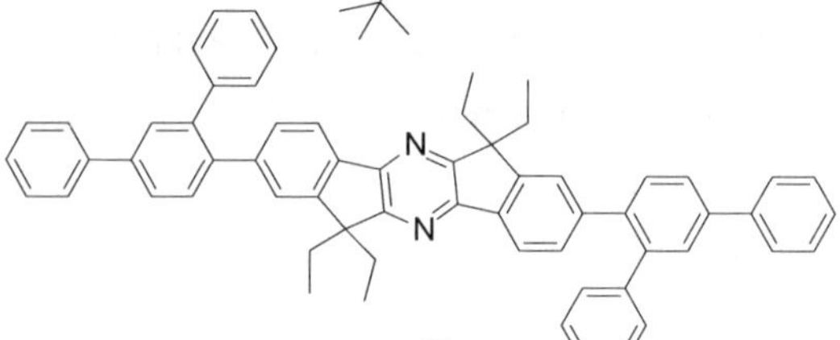

39

图 4-13　其他多环共轭类材料

通过调整菲并咪唑与 C2 上取代的芳香基团之间的共轭程度，可以有效地调节材料分子的发光颜色。Lu 等在 PPI 中 C2 取代的苯环上引入三苯基硅[37]，形成分子 **38**。硅的引入有效地抑制了整个分子的共轭性，相应的非掺杂型 OLED 器件性能：λ_{max} 为 420 nm，CIE 为（0.163, 0.040），EQE 为 6.29%，是目前报道的饱和深蓝光材料电致发光的最高效率。

为充分利用茚并吡嗪纯蓝光及窄半峰宽等特性，Park 等采用大体积芳香环作为封端剂[38]，设计并合成了双茚并吡嗪型衍生物 **39**。他们认为双茚并吡嗪中作为电子受体的亚胺基元，有利于稳定整个分子 π 共轭体系，降低分子 LUMO 能级，从而显著地提高电子的注入和传输能力。相应的非掺杂型 OLED 器件：ITO/NPB(40 nm)/TCTA(20 nm)/**39**(30 nm)/Bphen(30 nm)/LiF(1 nm)/Al；器件性能：λ_{max} 为 453 nm，此时半高峰宽狭窄，仅 47 nm。CIE 为（0.15, 0.07），EQE 高达 5.1%。

（2）给体-受体（D-A）类

此类材料中电子给体/受体不仅能够通过稳定的自由基正/负离子形成激子，而且能够改善 OLED 器件发光层中载流子的平衡，从而提高器件的 EQE。然而，D-A 型分子中给体（D）易向受体（A）发生电荷转移（charge transfer，CT），导致材料带隙变窄，荧光光谱发生红移现象（即荧光光谱向长波长红光方向移动），影响器件蓝光色纯度。因此，采用此类设计的材料分子应尽量减少 CT 的影响，提高器件蓝光效率。D-A 型分子结构见图 4-14。

Lin 等通过噻吩巧妙地连接咔唑（D）与双三甲苯硼（A）[39]，合成了分子 **40**，其在薄膜和溶液中的荧光量子产率分别为 0.51 和 1.00。相应的非掺杂型 OLED 器件：ITP/NPB(40 nm)/**40**(20 nm)/TPBi(40 nm)/LiF(0.5 nm)/Al；器件性能：λ_{max} 为 473 nm，CIE 为（0.13, 0.21），最

大 CE 和 PE 分别为 10.1 cd/A，4.9 lm/W，最大 EQE 高达 6.9%。

Li 等则将三苯胺（D）与 PPI（A）通过二联苯扭曲地连接在一起[40]，得到发深蓝色荧光的分子 **41**，其在薄膜和溶液中的 PLQY 均为 0.90。相应的非掺杂型 OLED 器件性能：λ_{max} 为 440 nm，CIE 为（0.15, 0.11），最大 EQE 为 5.02%。

类似地，Jeong 等将三苯胺（D）与苯并咪唑（A）通过二联苯扭曲地连接在一起[41]，也得到发深蓝色荧光的分子 **42**（图 4-14）。相应的非掺杂型 OLED 器件性能：λ_{max} 为 452 nm，CIE 为（0.15, 0.08），最大 EQE 为 4.67%。

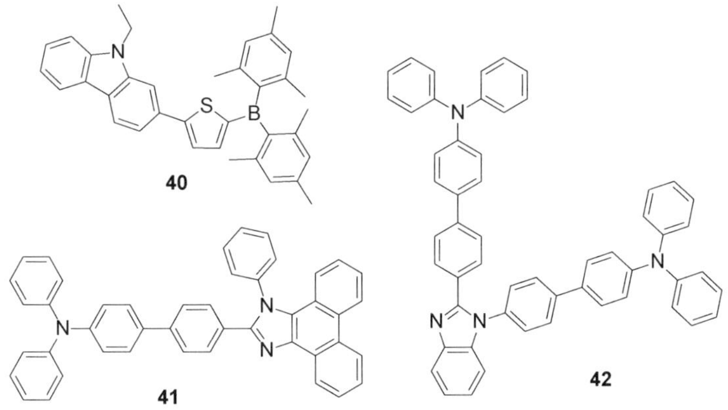

图 4-14　D-A 型材料

（3）有机金属类

虽然大量的蓝色磷光有机金属配合物已开发并被广泛地使用，但蓝色荧光有机金属配合物类也引起人们的注意，被深入地研究。Peng 等报道[42]，通过简单地结构修饰，在吡啶环的 4 位引入甲基，合成得到的铍配合物 **43**，具有良好的空间位阻效应，能够有效地阻止非掺杂型 OLED 器件中激基复合物［当两个分子共同作用发出一个光子时，此双分子复合物被称为激基复合物（exciplex）；若此双分子相同则称为激基缔合物（excimer）］的形成，采用器件结构：ITO/NPB(40 nm)/**43**(50 nm)/LiF(1 nm)/Al，该器件发出深蓝光，CIE 为（0.14, 0.09），最大 PE 为 4.2 lm/W，EQE 则为 5.4%。

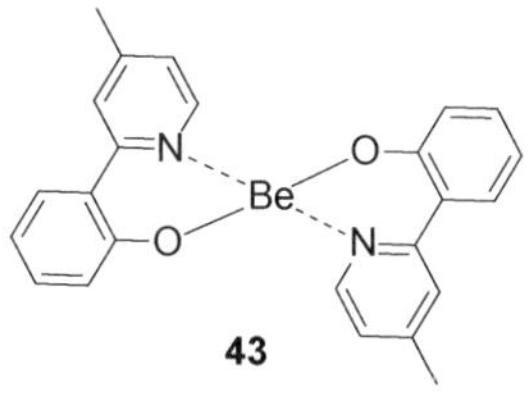

4.2.1.2　小分子型蓝色磷光材料

小分子型蓝色或白色磷光 OLED 器件多采用主-客体型结构，即器件发光层由客体材料（一般为有机金属配合物）掺杂在主体材料中组成。为获得最佳的器件性能，要求主体材料的三重态能级大于客体材料的三重态能级。本小节将从客体材料和主体材料两方面简要介绍。

（1）客体材料

客体材料是此型蓝色磷光材料的主要部分，它一般为发蓝色磷光的金属配合物，如：Ir、Pt、Os 和稀土金属配合物等。下面以研究和应用最为广泛的铱配合物为例，介绍客体材料的相关内容。

① 配体取代基的影响[43] 高效的蓝色磷光铱配合物主要通过金属到配体的电荷转移（metal-to-ligand charge transfer，MLCT）或 MLCT 与配体中心跃迁（ligand-center，LC）混合来实现磷光的发射。在 MLCT 跃迁过程中，所发磷光波长主要由金属 d 轨道能级与配体 LUMO 能级之间的能隙决定。而这两者均可以通过改变配体的取代基来实现。图 4-15 所示为不同取代基取代的苯基吡啶铱配合物结构式。表 4-3 清晰地显示了铱配体取代基对材料磷光发射最大波长的影响，不难得出，在苯基的 4 位引入给电子基团或在苯基的 5 位引入吸电子基团均能减少最大磷光发射波长。尽管此种方法能够获得高效的蓝光器件，但取代后的铱配合物比未取代铱配合物的器件使用寿命明显降低。因此，此种方法不是一种制备高性能长寿命（即可商业化）蓝色磷光 OLED 器件的有效方法。

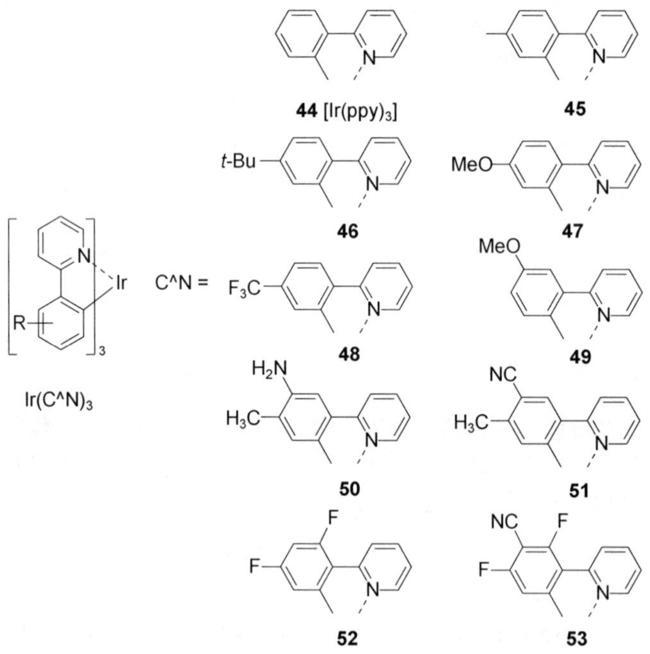

图 4-15　不同取代基取代的苯基吡啶铱配合物

表 4-3　铱配体取代基对材料磷光波长的影响

化合物	λ_{max}/nm	
	室温	77 K
44 [Ir(ppy)$_3$]	510	494
45	510	493
46	—	497
47	—	481
48	—	494
49	—	539
50	586	—
51	478	—
52	468	450
53	—	442

② 辅助配体的影响[43] 铱配合物有3个双齿配体，因此，可以通过选择不同的辅助配体来调节材料的发光性能（如波长、效率和寿命等）。在铱配合物中，常用双齿配体有苯联吡啶（phenyl-pyridine，ppy）和苯联吡唑（phenyl-pyrazole，ppz），而实验发现，$Ir(ppy)_3$（**44**）、$Ir(ppy)_2(ppz)$和$Ir(ppz)_3$这三种材料最大发光波长和磷光量子产率几乎没有变化。这是因为ppz这种配体仅能提供较高的三重态能级（T_1）而对发光没有贡献。据猜测，主要的MLCT转变发生在配体ppy上。因此，采用不发光的吸电子型配体作为辅助配体，可以加深铱配合物中金属Ir的d电子能级，提高d电子能级与配体LUMO之间的能级差，从而缩短材料发光波长。图4-16为含辅助配体的铱配合物。表4-4中列出了常见吸电子型辅助配体对铱配合物最大发光波长和磷光量子产率的影响，不难看出，这些辅助配体对铱配合物最大磷光波长（蓝光）的调节范围不超过10 nm，远远达不到实际使用的需要。尽管采用辅助配体是一种优良的方法，但研发高效的辅助配体仍是此类方法需解决的首要问题。

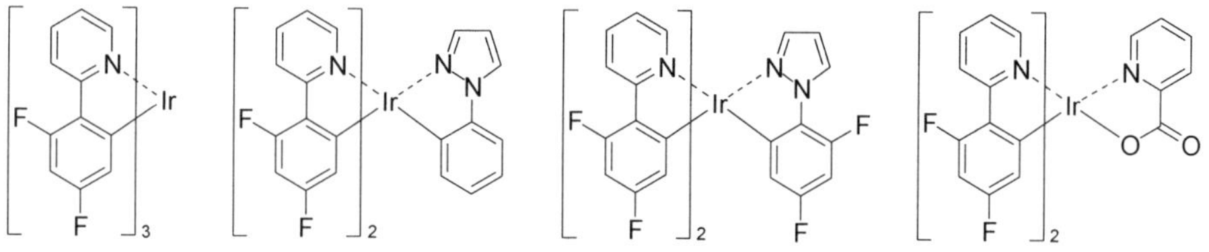

54　**55**　**56**　**57** (FIrpic)

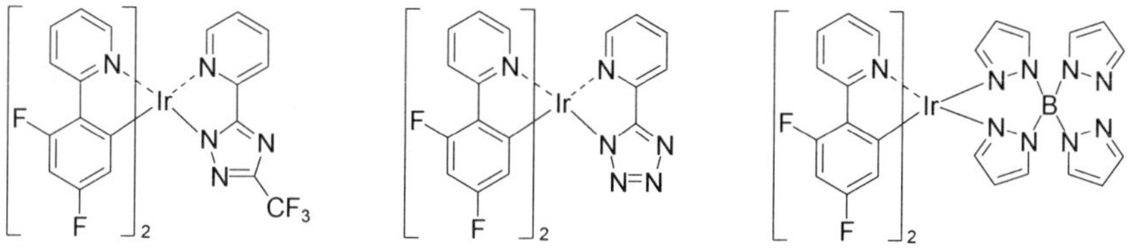

58　**59**　**60** (FIr6)

图4-16 含辅助配体的铱配合物

表4-4 辅助配体对材料磷光波长和磷光量子产率的影响

化合物	λ_{max}/nm	Φ_P
54	466	0.98
55	500	0.55
56	457	0.6
57 (FIrpic)	471	0.89
58	460	—
59	459	0.13
60 (FIr6)	458	0.96

③ 不同配体的影响[43-45] 根据以上的介绍，以ppy配体作为基准，不同的配体因吸电子能力增强，能够加深铱配合物中金属Ir的d电子能级，提高d电子能级与配体LUMO之间的能级差，从而缩短材料发光波长。图4-17列出了不同配体的铱配合物。表4-5中列出了

这些配体对材料磷光波长、磷光量子产率和相应器件外量子效率的影响。可以明显看出，含多个 N 原子的杂化芳香环因吸电子能力增强，材料最大磷光波长大为缩短，相应器件外量子效率亦得到提高。遗憾的是，这些铱配合物的使用寿命未见相关报道，此问题有待深入研究。尽管如此，研究高效的配体是蓝色磷光材料商业化研发的一条切实可行之路。

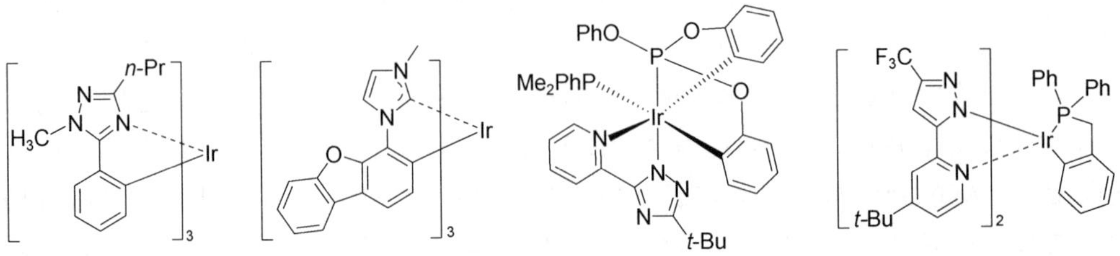

61　**62** [Ir(dbfmi)$_3$]　**63**　**64**

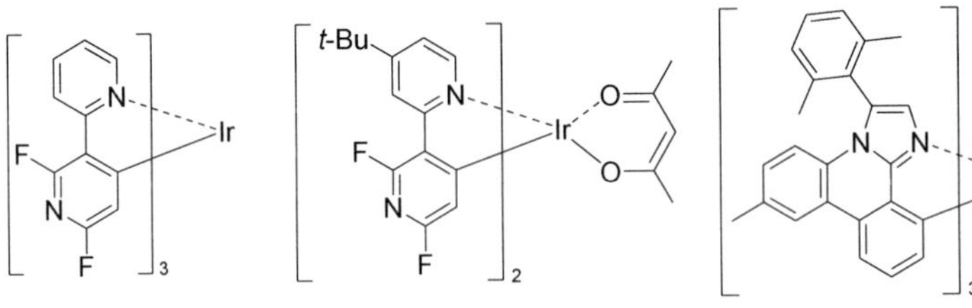

65　**66**　**67**

图 4-17　不同配体的铱配合物

表 4-5　不同配体对材料磷光波长、磷光量子产率及相应器件外量子效率的影响

化合物	λ_{max}/nm	Φ_P	EQE_{max}/%
61	449，479	0.66	—
62 [Ir(dbfmi)$_3$]	445	—	18.6
63	451，473，498	0.97	11
64	428，455	0.57	11.7
65	438，463	0.71	—
66	454	0.78	17
67	464	—	11

④ 金属核的影响[43]　金属核如 Pt、Os 和 Ru 等组成配合物均是良好的磷光材料，因铂配合物存在强配体场，现以其为例（图 4-18 和表 4-6），简要介绍金属核的影响。

单核铂配合物呈平面结构，因高浓度时易形成激基缔合物，故能够发出范围很宽的长波长磷光，可以用作白光材料。图 4-18 中化合物 **69** 作为单发光材料时[46]，OLED 器件结构：ITO/PEDOT:PSS/PVK/**69**:26mCPy(12%)/BCP/LiF/Al，器件最大 CE 和 PE 分别为 42.5 cd/A 和 29 lm/W，CIE 坐标为（0.46, 0.47），CRI 为 69，EQE 达 18%，此时内量子效率则接近为 100%。双核铂配合物因存在两个 Pt 核，可能通过金属-金属-配体（MMLCT）转变发蓝色磷光，但此类材料磷光机理比较复杂（如激基缔合物与 MMLCT 之间的关系等），有待进一步的研究。

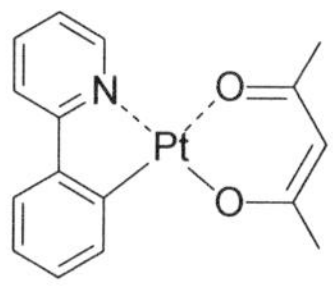

图 4-18　铂配合物分子式

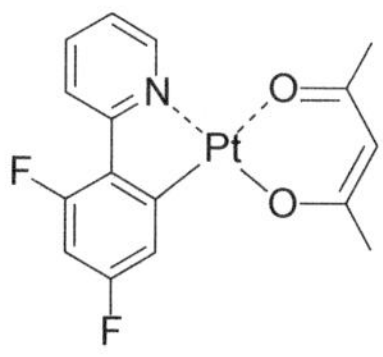

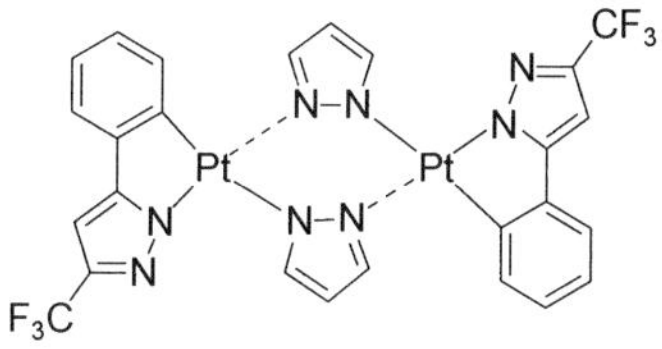

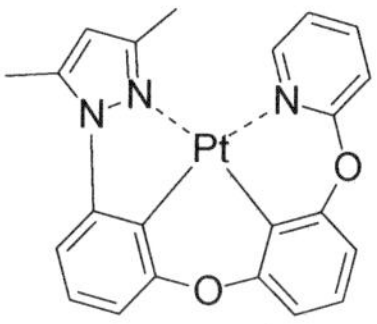

表 4-6　铂配合物对材料磷光波长和磷光量子产率的影响

化合物	λ_{max}/nm	Φ_P
68	486	0.15
69	466	0.02
70	446,476,502	0.55
71	430,456	0.83

简而言之，金属核对相应配合物材料磷光性质影响非常显著，也是获得高效蓝色磷光材料的一条重要途径。

（2）主体材料

蓝色磷光金属配合物如果制成单层薄膜用作 OLED 发光层时，尽管其磷光量子产率很高，但因浓度猝灭会造成 OLED 器件的 EQE 低下。研究表明，铱配合物浓度猝灭主要通过 Förster 能量转移来实现，而 Förster 能量转移速率与发光分子间距离的 6 次方成反比[43]。因此，将铱配合物掺杂在主体材料中稀释其浓度，抑制其浓度猝灭，成为获得高 EQE 器件的首选。与此同时，主体材料的 T_1 态能级也必须高于客体发光材料（如铱配合物等）的 T_1 态能级，才能限制三重态激子于客体发光材料上发光。蓝色磷光小分子型主体材料常采用高 T_1 态的构筑单元通过单键连接组成。图 4-19 列出了常用的蓝色磷光小分子型主体材料的构筑单元[47]，分为给体和受体两种类型，通过巧妙的设计，可以得到主要传输空穴的 p 型、传输电子的 n 型和两者皆可传输的双极型蓝光主体材料。目前，考虑到 OLED 器件的应用，可溶液成膜的小分子蓝光主体材料正成为该领域的研究热点[47]。

咔唑作为一种常见的 p 型高 T_1 态构筑单元，也被广泛使用。图 4-20 中列出了部分报道过的双咔唑类 p 型蓝光主体材料[43]。不难看出，连接方式的不同能够明显影响材料的 T_1 态能级，此点应该受到重视。

最后，需要说明的是，制备高效蓝色磷光 OLED 器件是一个复杂的系统工程，上面仅简要介绍了部分材料方面的内容，而器件的材料、结构、工艺和性能是相互影响的，不能仅强调其中某一方面，应综合进行考虑。

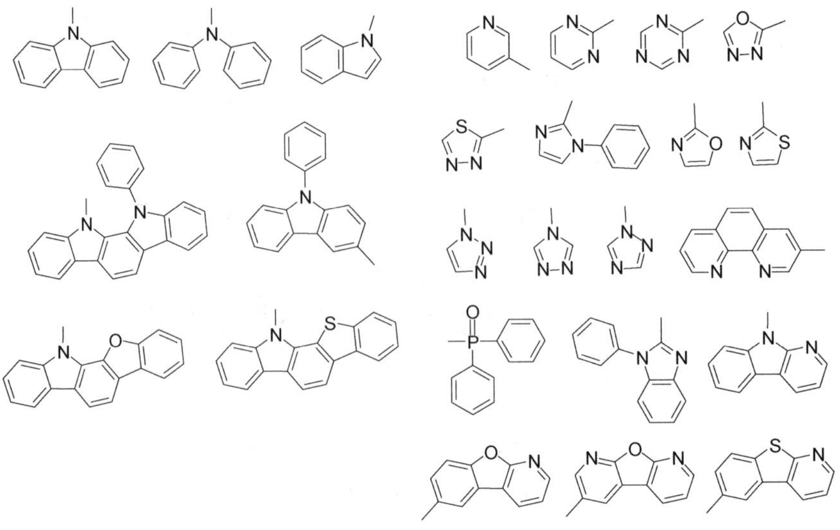

(a) 给体   (b) 受体

图 4-19　蓝色磷光小分子主体材料给-受体构筑单元

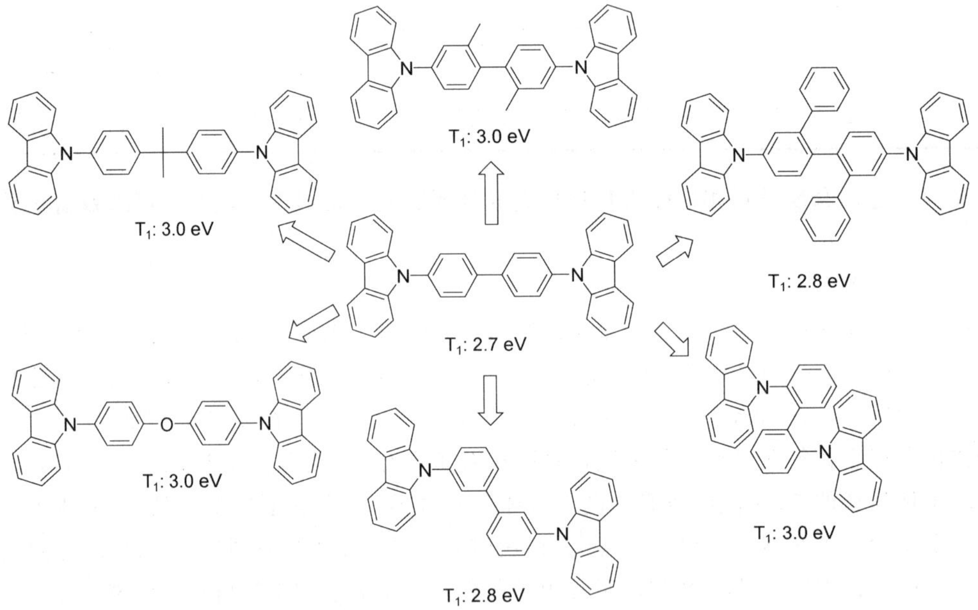

图 4-20　双咔唑类 p 型蓝光主体材料分子及三重态能级

4.2.2　枝状蓝光材料

　　为大规模商业化的需要，可溶液加工处理的 OLED 材料备受重视。作为重要的三基色材料，可溶液加工处理的蓝光材料因此成为研究热点。此类材料是在小分子蓝光材料的基础上，通过提高材料的溶液成膜能力来获得的。枝状化就是其中的一种典型方法。Zou 等为获得高色纯度和高效的深蓝色非掺杂型 OLED 蓝光材料[48,49]，设计了一系列螺旋桨型的芴衍生物（图 4-21），此类衍生物属于芴的枝状化（星形结构）衍生物。蓝光材料 **72**、**73** 和 **74** 在溶液和固体薄膜中的荧光量子产率（PLQY）分别为 0.82, 0.74；0.82, 0.81；0.92, 0.84。因材料分子中存在星型结构,材料具有良好的溶液成膜能力和空间扭曲结构,采用简单的双层型 OLED 器件：ITO/PEDOT:PSS(50 nm)/**72** 或 **73** 或 **74**(70 nm)/TPBi(30 nm)/Ba(4 nm)/Al，表现出优异的性能，最大 CE 则分别为：4.9 cd/A、5.3 cd/A 和 5.4 cd/A，最大 EQE 分别为 6.1%、6.7% 和 6.8%，CIE 为（0.16~0.17, 0.07~0.08）。

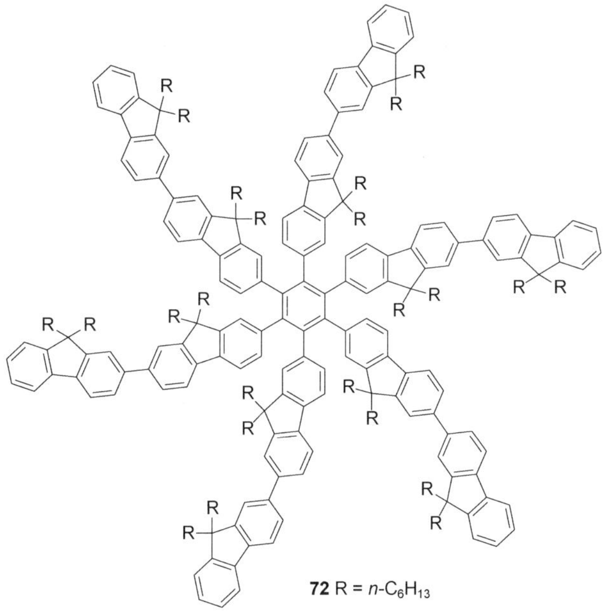

72 R = *n*-C$_6$H$_{13}$

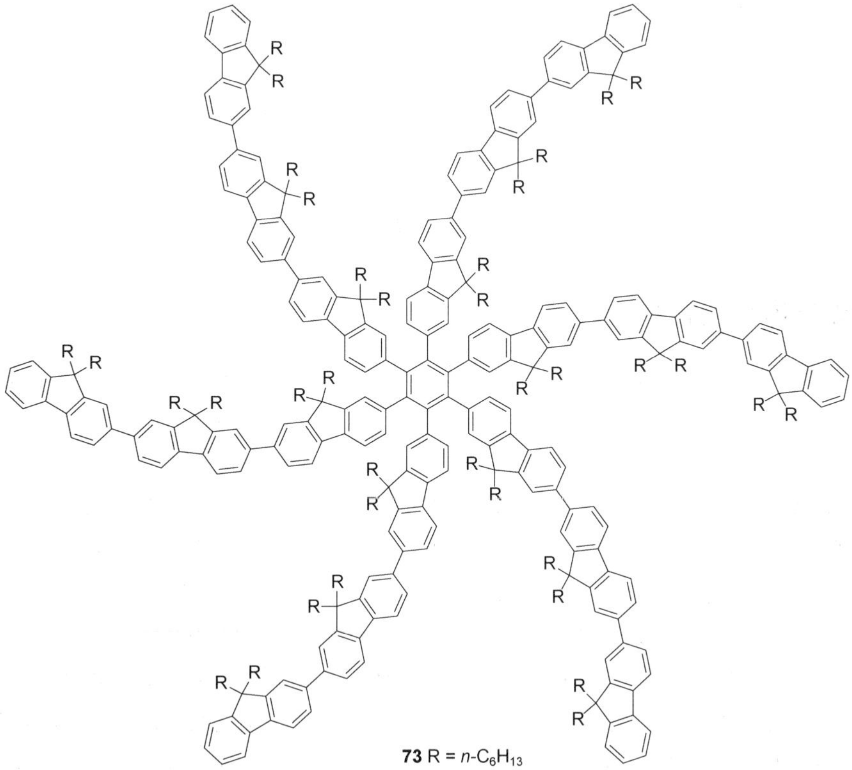

73 R = *n*-C$_6$H$_{13}$

▨ 图 4-21

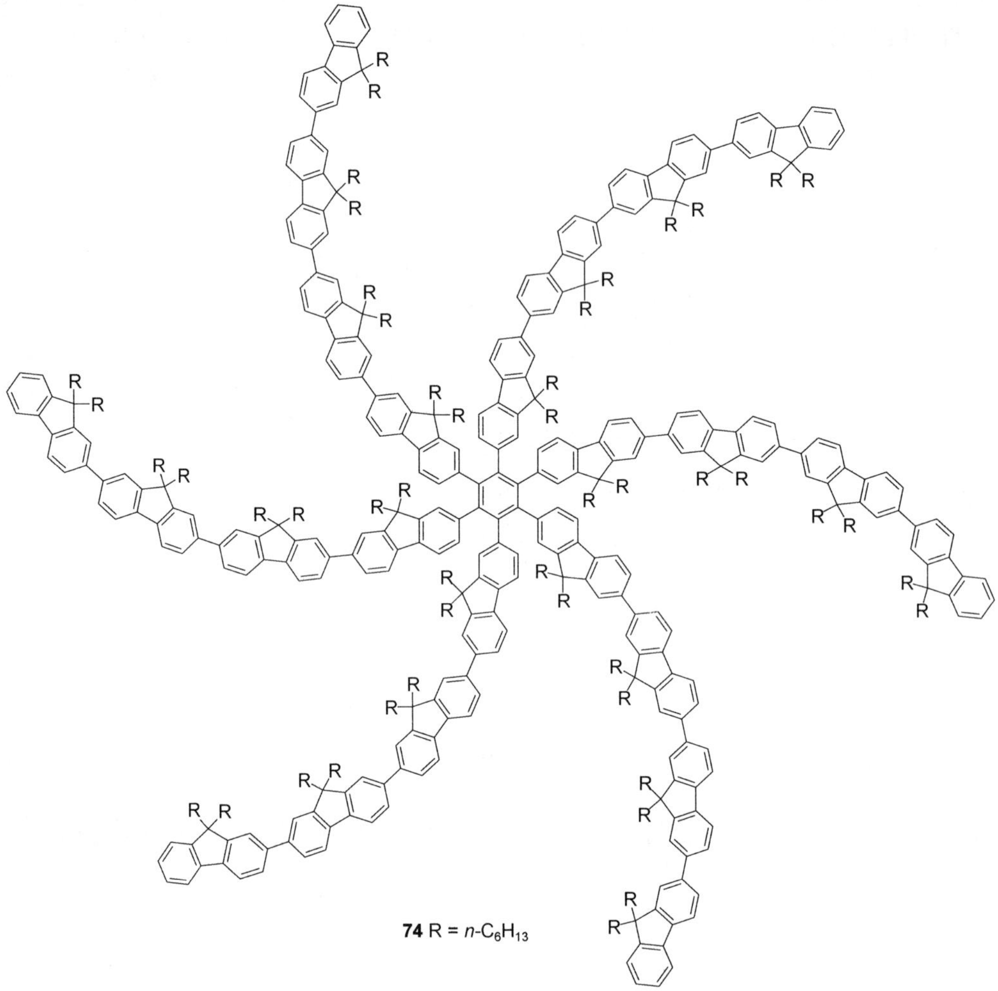

74 R = *n*-C$_6$H$_{13}$

图 4-21　枝状蓝色发光材料

4.2.3　聚合物蓝光材料

聚合物蓝光材料是另一种通过增加分子量来提高材料溶液成膜能力的方法。它同样以小分子型蓝光材料为基本构筑单元，采用不同的聚合方式来实现目的。由于此型材料设计的多样性，受篇幅所限，仅择要介绍几种典型的例子。

Huang 等设计合成了一系列以双(螺)芴为核的聚合物材料[50]，分子结构见图 4-22 中 **75**。因(螺)芴的侧链上引入了传空穴的三苯胺和咔唑，同时用三氮唑封端（TAZ），此种聚合物具有良好的双极性（既能传输电子又能传输空穴），在简单器件（ITO/PEDOT:PSS/ 64/CsF/Al）中，最大 CE 为 4.88 cd/A，最大 EQE 高达 7.28%，CIE 为 (0.16, 0.07)。

Wang 等将含萘结构的茚（NIS）与(9,9-二辛基)芴（FO）共聚得到聚合物 **76**（图 4-23）[51]，**76** 是主-客型结构的蓝光聚合物材料，能量从主体 PFO 传递至客体 NIS，实现蓝光发射。在单层器件（ITO/PEDOT:PSS/65/PF-EP/Al）中，启亮电压为 3.3 V，最大 CE 为 3.43 cd/A，最大 EQE 为 2.42%，CIE 为 (0.152, 0.164)。

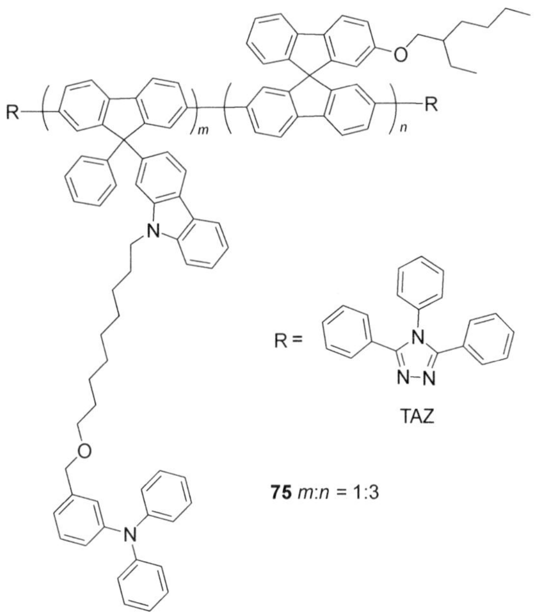

■ 图 4-22　聚芴类蓝光材料

聚噻吩及其衍生物因其优异的薄膜性质和良好的蓝光发射，是一类重要的聚合物型蓝光材料。Promarak 等报道了一种发光颜色可随聚合度变化的噻吩类聚合物 **77**（图 4-23）[52]。此种聚合物随聚合度增加，荧光颜色从深蓝色到橘红色变化。当聚合度为 0.69%时，聚合物 **77** 在溶液和薄膜中分别发在 406 nm 和 445 nm 发蓝光，在器件（ITO/PEDOT:PSS/66/BCP/LiF/Al）中，最大 CE 为 1.14 cd/A，CIE 为（0.152, 0.164）。

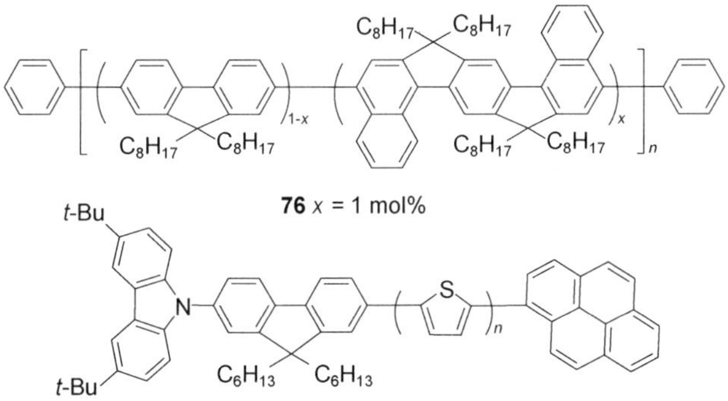

■ 图 4-23　主-客体类和噻吩类蓝光聚合物材料

4.3　绿光材料

经过上节蓝光材料的简要介绍，了解了 OLED 发光材料不同分类，知道了小分子发光材料在发光材料中的基础作用，限于篇幅，从本小节开始，重点介绍小分子型发光材料。绿色小分子发光材料同样分为荧光型和磷光型两大类。

4.3.1 荧光型绿光材料

4.3.1.1 香豆素型绿光材料

香豆素作为绿色染料已有很长的应用历史，Kodak 公司最早将一种激光香豆素染料 Coumarin 6（图 4-24 中 **78**）引入 OLED 中[53]，因其高浓度时存在严重的猝灭现象，故将其掺杂在 8-羟基喹啉铝（Alq_3，图 4-4 中 **7**）中，采用器件结构：ITO/TAPC(75 nm)/**78**:Alq_3(60nm)/Mg:Ag(10:1, 200 nm)，所得器件最大 EQE 为 2.5%。目前，器件发光性能较好的香豆素类材料是 C545 类[1]，见图 4-24 中 **79~81**，其中分子 **79**（C545T）在器件中掺杂浓度超过 1%时，器件效率显著降低。而分子 **81** 在 4 位 C 上引入一个甲基，使分子构型发生扭曲，抑制了薄膜中分子聚集，从而使掺杂浓度提高至 2%~12%，最大 CE 高达 7.8 cd/A。鉴于香豆素类材料良好的绿光特性，一直是绿色荧光材料的研究热点。Prachumrak 等以噻吩香豆素为核心[54]，咔唑构筑单元为枝，共合成了三代枝状聚合物（图 4-24 中 **82**）。该类枝状聚合物因引入咔唑树枝，降低了材料的结晶性，保留了噻吩香豆素的良好发光性，可以形成稳定的非晶薄膜（玻璃化转变温度达 285 ℃）。采用非掺杂简单器件结构：ITO/PEDOT:PSS/82(30~40 nm)/BCP(40 nm)/LiF(0.5 nm)/Al，三代枝状聚合物器件性能分别为：G_1 最大 CE 为 2.16 cd/A，最大 EQE 为 0.09%，CIE 为（0.21, 0.47）；G_2 最大 CE 为 5.94 cd/A，最大 EQE 为 0.29%，CIE 为 (0.26, 0.62)；G_3 最大 CE 为 7.92 cd/A，最大 EQE 为 0.36%，CIE 为（0.14, 0.39）。与相应的常用绿色荧光 Alq_3 器件（ITO/PEDOT:PSS/ NPB/Alq_3/LiF/Al）相比，因其器件性能：最大 CE 为 4.45 cd/A，最大 EQE 为 0.23%，CIE 为（0.30, 0.53），不难发现，从第二代起材料 **82**

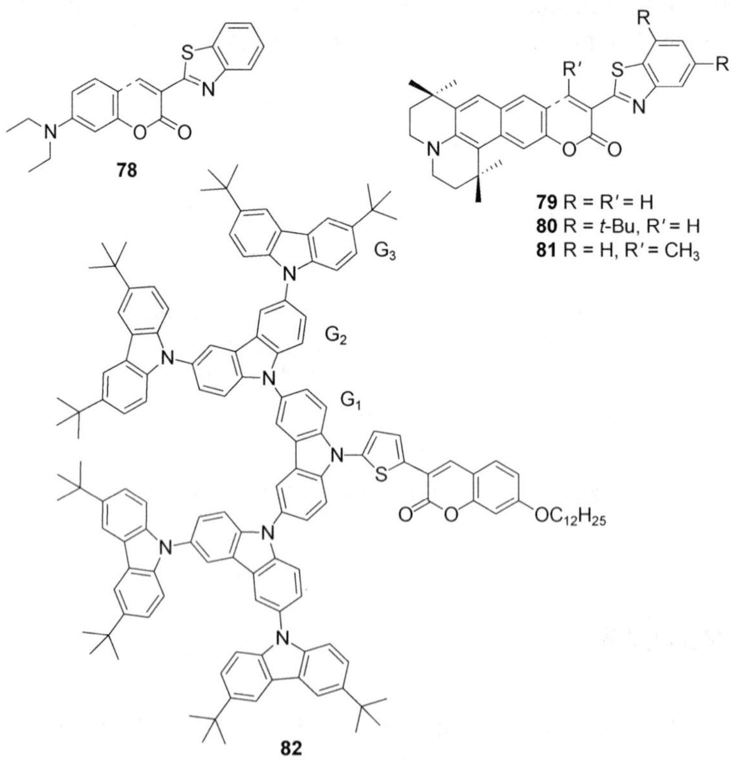

78
R
R′
R
S
N
O
79 R = R′ = H
80 R = *t*-Bu, R′ = H
81 R = H, R′ = CH_3
G_3
G_2
G_1
$OC_{12}H_{25}$
82

图 4-24　香豆素及其衍生物

的器件性能即可以超过 Alq$_3$ 的器件性能，尤其是采用 G$_2$ 的器件所发绿光非常接近 NTSC 标准的纯绿色(0.26, 0.65)，而且其发光峰半峰宽（71 nm）明显要比 Alq$_3$ 器件（92 nm）的窄。

4.3.1.2 二胺蒽型绿光材料

二胺蒽型绿光材料（图 4-25）是一类具有空穴传输能力的绿光材料[55,56]，其发光峰值在 516~532 nm，光致发光效率超过 45%以上，与此同时，它们均具有较高的玻璃化转变温度，有利于材料的成型和提高器件的使用寿命。Cheng 等分别考察了材料 83~86 的电致发光性能[55]，发现材料 84 的电致发光性能最优。采用器件结构：ITO/m-MTDATA(20 nm)/84(40 nm)/TPBi(50 nm)/Mg:Ag(10:1, 55 nm)，得到 530 nm 的绿光，最大 CE 和 PE 分别为 14.79 cd/A 和 7.76 lm/W，最大 EQE 为 3.68%，CIE 为（0.33, 0.63）。Yu 等则分别考察了材料 86~89 的电致发光性能[56]，发现材料 89 的电致发光性能最优。其采用器件结构：ITO/NPB(40 nm)/89:AND (3%, 40 nm)/Alq$_3$(20 nm)/LiF(1.5 nm)/Al，器件发光波长为 542 nm，在 10000 cd/m^2 时，CE 和 PE 分别为 28.17 cd/A 和 9.24 lm/W，最大 EQE 为 8.2%，CIE 为（0.38, 0.59）。而常用的绿光染料 C545T 采用类似器件：ITO/NPB(40 nm)/ C545T:Alq$_3$(2%, 40 nm)/Alq$_3$(20 nm)/LiF(1.5 nm)/Al，则发光波长为 526 nm，在 10000 cd/m^2 时，CE 和 PE 分别为 13.44 cd/A 和 4.45 lm/W，最大 EQE 为 4.12%，CIE 为（0.34, 0.62）。非常明显，材料 89 的器件性能更为优异。而且，材料 86~88 的器件性能均优于 C545T 的器件性能。这些实验结果充分表明二胺蒽型绿光材料是一类非常优异的绿色荧光材料。

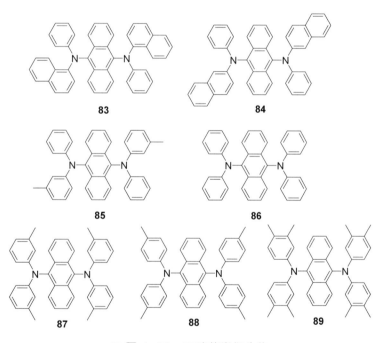

■ 图 4-25 二胺蒽类衍生物

4.3.1.3 喹吖啶酮型绿光材料

和香豆素型染料类似，喹吖啶酮（quinacridone，QA）也是一类重要的绿色荧光染料[1]，其结构式见图 4-26 中的 90。因其高荧光量子产率，常用作掺杂型器件中的客体材料。又因 QA 分子间易形成氢键，导致器件寿命降低。所以常将氮上的氢取代，以消除氢键的影响。

Wang 等将正丁基引入氮上[57]，同时又将 QA 的 2 位和 9 位碳上的氟取代（图 4-26 中 **92** 和 **93**），采用器件：ITO/NPB(30 nm)/92 或 93(25 nm)/Alq₃(35 nm)/LiF(0.5 nm)/Al，发现采用 **93** 作为发光层的器件性能更优，CIE 为（0.42,0.56），启亮电压仅为 2.5 V，在 4 V 时得到最大 PE 为 15.2 lm/W；而使用 **92** 的器件，CIE 为 (0.36, 0.60)，在 4.5 V 时得到的最大 PE 仅为 10.7 lm/W。出现这种差异的原因则是 2 位和 9 位（β 位）的氟取代有利于提高吸电子能力，降低材料的 LUMO 能级（**92** 的 LUMO 为–3.0 eV，**93** 的 LUMO 为–3.2 eV），从而有利于电子从电子传输层（Alq₃）注入（**92** 的器件电子注入势垒为 0.3 eV，而 **93** 的器件电子注入势垒则仅有 0.1 eV），使电子和空穴比较均衡地注入发光层，实现高效发光。

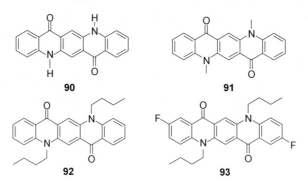

图 4-26　喹吖啶酮型材料

4.3.1.4　元素有机型绿光材料

噻咯类绿光材料（图 4-27 中 **95~97**）是一类典型的元素有机型绿光材料[58]，具有较高的固态荧光量子效率，分别为 0.94、0.85 和 0.87。采用非掺杂器件（ITO/NPB/**95** 或 **96** 或 **97**/**94**/Mg:Ag），外量子效率在 3.4%~4.1%。此外，也有一些其他的有机元素型绿光材料被报道，限于篇幅，不作介绍。

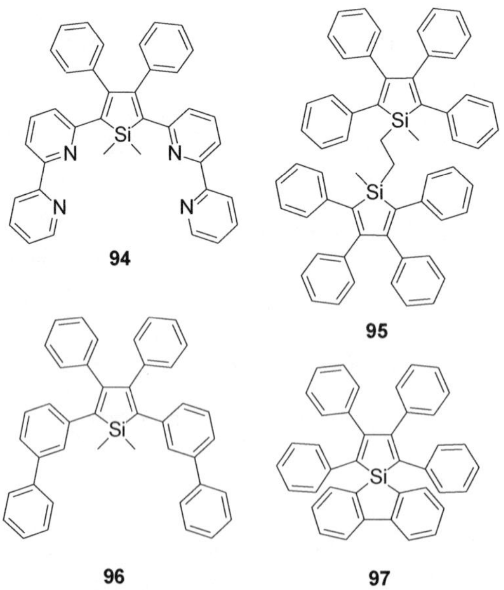

图 4-27　有机硅类绿光材料

4.3.2 磷光型绿光材料

典型的磷光型绿光材料主要是铱配合物，见图 4-28 中 **44** 和 **98~102**，其中材料 **44**（Ir(ppy)₃）是一种经典的绿色磷光材料，常用于磷光配合物中金属到配体电荷转移三重态（³MLCT）等材料和器件机理方面的研究。在器件结构为 ITO/NPB(40 nm)/Ir(ppy)₃:CBP(6%, 20 nm)/BCP(6 nm)/Alq₃(20 nm)/Mg:Ag/Ag 时[1]，启亮电压仅为 4.3 V，最大 EQE 值为 8%，最大 PE 为 31 lm/W。也有一些铂和铜等金属配合物绿光材料被报道[1,73]。需要说明的是，此类绿色磷光材料使用原则和上小节中蓝色磷光材料的使用原则类似。

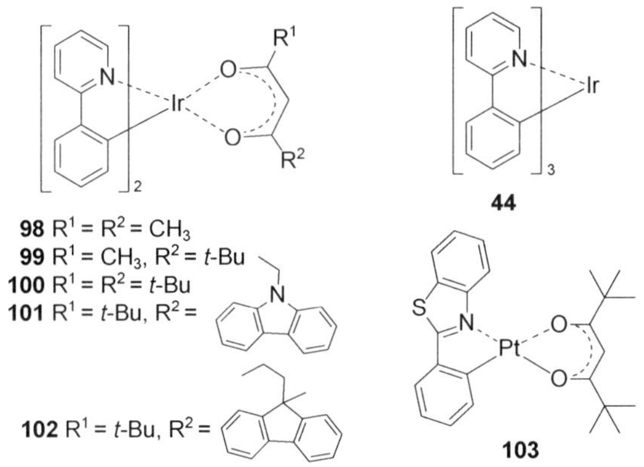

98 R¹ = R² = CH₃
99 R¹ = CH₃, R² = t-Bu
100 R¹ = R² = t-Bu
101 R¹ = t-Bu, R² =
102 R¹ = t-Bu, R² =

图 4-28　金属配合物绿光材料

4.4 红光材料

与蓝光和绿光材料类似，本小节从荧光和磷光两方面来简要介绍红光材料。

4.4.1 荧光型红光材料

因红光波长较长（一般在 600 nm 以上），故该类材料相对于蓝光和绿光材料而言，带隙最小，激发态极易发生非辐射跃迁，造成荧光量子产率降低。此类纯有机小分子红光材料一般具有较大的 π 键共轭体系和很强的偶极矩，其固态薄膜因浓度较高，分子之间距离短，会存在极强的 π-π 相互作用，或者分子内（或间）电荷转移（charge transfer，CT），形成浓度猝灭效应，致使荧光量子产率显著降低。为避免此类效应，常采用掺杂结构，而这又会带来主-客体材料间能级匹配、相分离和载流子传输不平衡等一系列问题，最终造成器件性能不理想。因此，此类材料设计时应综合考虑和权衡上述问题，才能取得理想的器件性能。下面从掺杂和非掺杂两方面介绍此类材料。

4.4.1.1 掺杂荧光型红光材料

此类材料以典型的红色染料为主，图 4-29 中红色染料 **104**［4-(二氰基亚甲基)-2-甲基-6-(4-二甲氨基苯乙烯基)-4H-吡喃，DCM］及其改进类型成为以分子内电荷转移为主的掺杂荧光型红光材料。其中，**107**［4-(二氰基亚甲基)-2-叔丁基-6-(1,1,7,7-四甲基-久洛利定-4-基-乙烯基)-4*H*-吡喃，DCJTB］因含有的甲基和叔丁基空间位阻较大，可有效地抑制 **104** 和 **105** 材料高浓度掺杂时引起的浓度猝灭，有利于提高 OLED 器件的性能和热稳定性，故被广泛使用[59]。**108** 因合成成本较低（中间体易得），而器件性能与相应的 **107** 的器件性能差别不大，是一种较好的红光荧光材料。为解决此类材料浓度猝灭的问题，Hamada 等采用加红荧烯（rubrene，**109**）作为共掺杂主体（亦称为辅助掺杂）的方法[60]，可有效地提高器件性能。尽管 DCJTB 不存在浓度猝灭的影响，但采用此种共掺杂主体方法的器件，比未使用此方法的器件，电流效率提高一倍多[61]，达到 4.44 cd/A。除了上面介绍的红色染料 DCM 及其衍生物之外，利用 D-A 型电子体系能有效地进行分子内电荷转移（ICT）的特点，一系列颇具特色的 DCM 衍生物亦被开发出来，作为红色甚至近红外 OLED 材料[62,63]。具有 π 电子共轭体系的分子随着其共轭体系的增长，分子的荧光发射会红移（亦即波长变长，朝红光方向移动）。利用这一特性，许多具有大 π 电子共轭的分子被开发出来用于 OLED 红光材料。Okumoto 等利用材料 **110** 掺杂红荧烯作为发光层[64]，所制得器件在 20 mA/cm^2 时，获得最大的 CE 为 5.4 cd/A，最大 PE 为 5.3 lm/W，CIE 为（0.66, 0.34）。值得一提的是，该器件在 100 mA/cm^2 以上时，CE 和 CIE 仍保持不变。

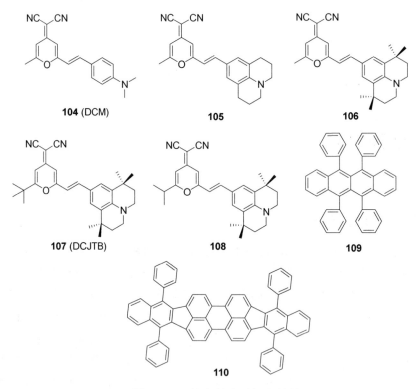

104 (DCM)　　**105**　　**106**

107 (DCJTB)　　**108**　　**109**

110

■ 图 4-29　掺杂荧光型红光材料

4.4.1.2　非掺杂荧光型红光材料

尽管掺杂荧光型红光材料获得了较好的器件性能，但掺杂工艺复杂，严重影响了所制备器件性能的重现性和稳定性，因此，非常有必要研发非掺杂荧光型红光材料。利用上节

介绍的长 π 电子共轭体系和推拉电子的特点，许多红光材料被研发出来，图 4-30 中列出了近些年来其中比较有代表性的非掺杂荧光型红光材料。Cao 等在空穴传输材料四苯氨基联苯上对称性地引入二氰基乙烯基(Ⅲ)[65]，扩大了 π 电子共轭体系，使该材料不仅具有空穴传输的特性，而且无需掺杂既能发射红光。在使用材料 112 作为空穴传输层，111 作为发光层的器件中，得到的最大 CE 为 3.04 cd/A，发射出 632 nm 的红光，CIE 为（0.61，0.39）。Lee 等在马来酰亚胺上引入了不同共轭芳香烃基团（113~118）[66]，其 PL 谱几乎不变，均在 620 nm 左右。在使用材料 118 作为发光层的器件中：ITO/NPB(40 nm)/118(30 nm)/TPBI(40 nm)/LiF(1 nm)/Al，取得了最大 EQE 为 1.06%，最大 CE 和 PE 分别为 1.07 cd/A 和 0.4 lm/W。

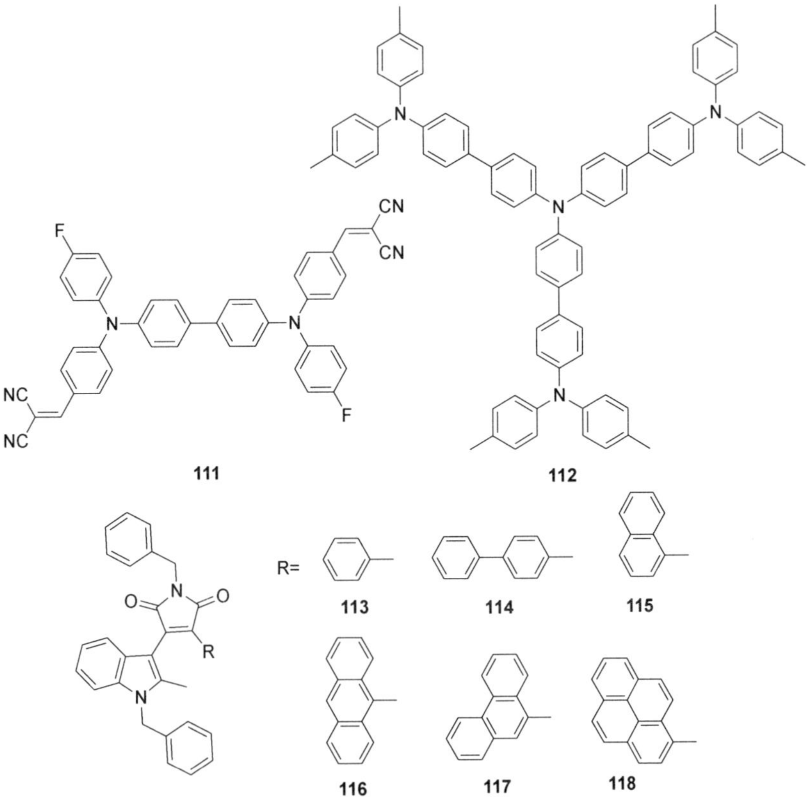

图 4-30　非掺杂荧光型红光材料

近年来，为大规模商业化应用，可溶液成膜的非掺杂荧光型红光材料也被研发出来，图 4-31 列出了其中的两个代表。其分子设计思路就是在小分子非掺杂荧光型材料分子的基础上，继续加大 π 电子的共轭区域，同时引入长支链烷烃以利于材料溶解。Wang 等在核心噻二唑两边对称地引入噻吩和芴（A-π-A）[67]，并在芴的支链上引入长链咔唑，不但有利于材料溶于有机溶剂，而且增加了材料的空穴传输能力。器件：ITO/PEDOT:PSS(40 nm)/119/TPBi(50 nm)/LiF(0.5 nm)/Al 发射出深红光，CIE 为（0.70，0.30），EQE 为 0.93%。类似地，Khanasa 等使用材料 120 作为发光层[68]，器件稳定地发出 653 nm 红光，CIE 为（0.66，0.33），CE 为 3.97 cd/A。

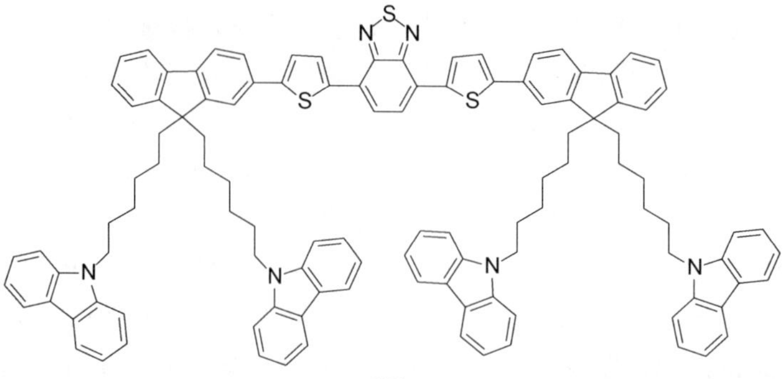

119

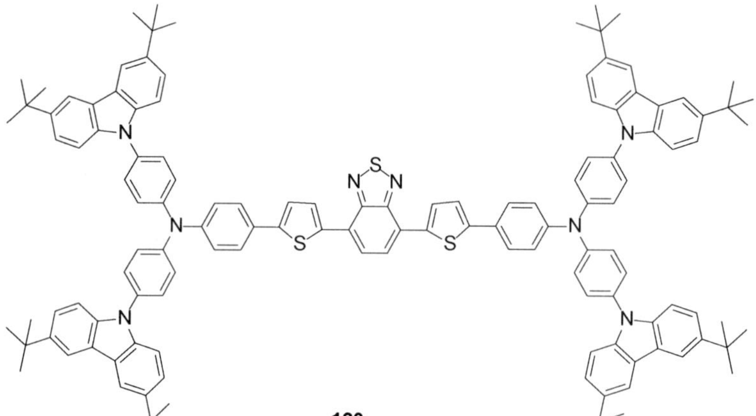

120

■ 图 4-31　可溶液成膜的非掺杂荧光型红光材料

4.4.2　磷光型红光材料

比较常见的磷光型红光材料是铱配合物，图 4-32 给出了常用的红光铱配合物，主要是扩大配体中吡啶环的共轭体系（如喹啉 **124** 或异喹啉 **121**），促使铱配合物发出的光红移。同时，加入一些辅助配体，也能够实现调制发射光谱的效果（**125** 和 **126**）。制备器件时磷光型红光

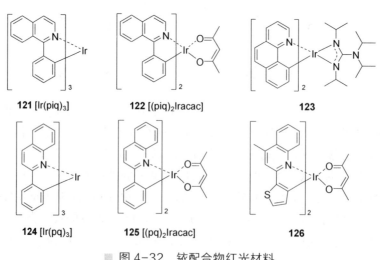

121 [Ir(piq)₃]　　**122** [(piq)₂Iracac]　　**123**

124 [Ir(pq)₃]　　**125** [(pq)₂Iracac]　　**126**

■ 图 4-32　铱配合物红光材料

材料所选用的主体材料与前述的磷光型蓝光和绿光材料类似。Chen 等使用普通的红光材料 **124**［Ir(pq)₃］为客体[69]，主体则采用新合成的双极性主体材料咔唑连喹啉［9-(4-(4-苯基喹啉-2-基)苯基)-9H-咔唑，CzPPQ］，所制备的器件具有极高的 EQE（25.6%），最大 PE 为 68.1 lm/W，器件寿命超过 10000 h。除铱配合物以外，铂、锇和铜等配合物也用于磷光型红光客体材料[70-73]，如图 4-33 所示。

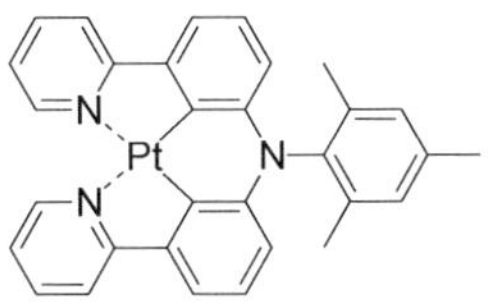

图 4-33 其他金属配合物红光材料分子结构

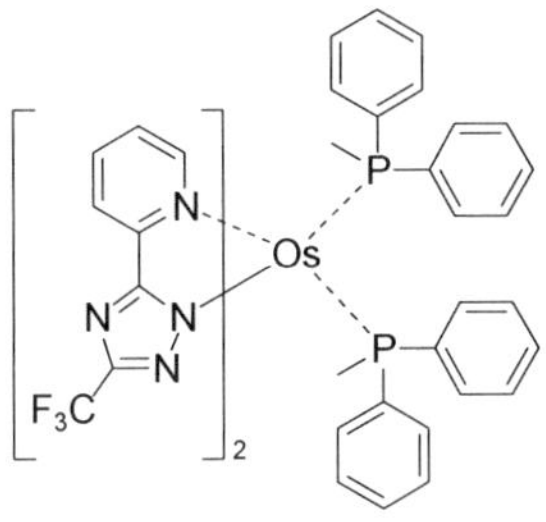

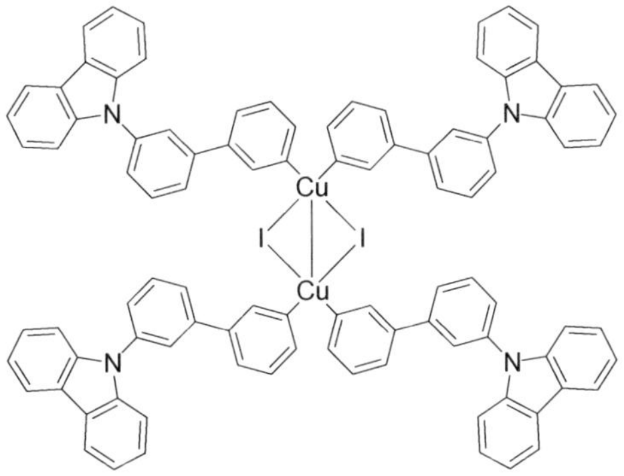

4.5 白光材料

白光 OLED 是使用混色原理而获得，一般采用蓝光加黄光，或者直接使用红光、绿光和蓝光三元色混合而成。和前面所介绍的发光材料类似，白光 OLED 也可以从发光类型上分为荧光型和磷光型两种，因其是由至少两种颜色以上的光混合而成，故其至少有 4 种不同的混合方式。限于篇幅，本节仅介绍基本的荧光-荧光型和磷光-磷光型。结合制备工艺，又分为小分子型（真空蒸镀成膜）和聚合物型（溶液成膜）两种加以介绍。

4.5.1 小分子型白光材料

传统的小分子荧光型白光 OLED 因其能量利用率低，器件性能普遍不理想。近些年来，为提高器件性能，从材料和器件结构等方面做了不少研究工作，取得了较大的进展。Jou 等设计合成了对称的长 π 电子共轭体系联苯二胺[74]，即图 4-34 中 **130**，因未使材料发射光红移（仅为绿光），他们又在苯胺上引入氟取代基团，使材料发出蓝绿光。他们将其作为主体材料，红光材料 **105** 作为客体，制备出器件：ITO/NPB(45 nm)/**105**(0.15%):**130**(25 nm)/TPBi(40 nm)/

LiF(0.8 nm)/Al，获得较大的 EQE（4.8%），最大 PE 为 14.8 lm/W，CIE 为（0.424, 0.441）。所发白光在暖白光范围内（理想白光的 CIE 为（0.33, 0.33），但是 OLED 作为照明灯具使用时，其所发白光在暖白光范围也可以实用，具体应参考相应的灯具照明标准）。随后，他们又设计合成了材料 131[75]，以聚硅酸（polysilic acid，PSA）作为空穴传输材料，制备出器件：ITO/PEDOT:PSA/rubrene:NBP(50%):131(50%)/TPBi/LiF/Al，获得纯白光，CIE 为（0.30, 0.34），最大 PE 为 17.1 lm/W，EQE 高达 8.3%。Han 等使用 132（4,4′-二[4-(二对甲苯氨基)苯乙烯基]联苯基，DPAVBi）作为蓝光[76]，红荧烯作为橙红光，又用石墨烯改进空穴注入效率，所制备的白光器件 CIE 为（0.32, 0.42），最大 CE 则为 16.3 cd/A。

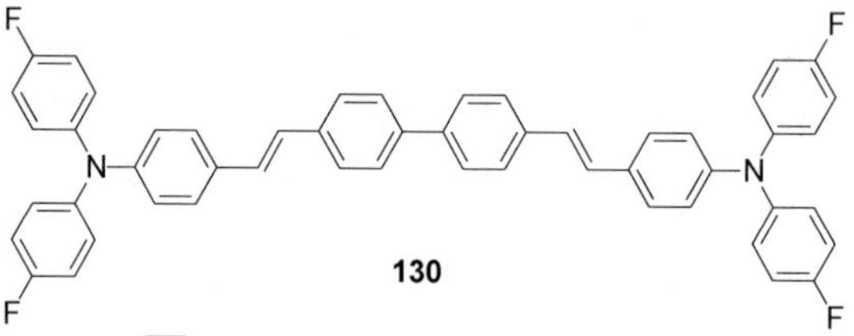

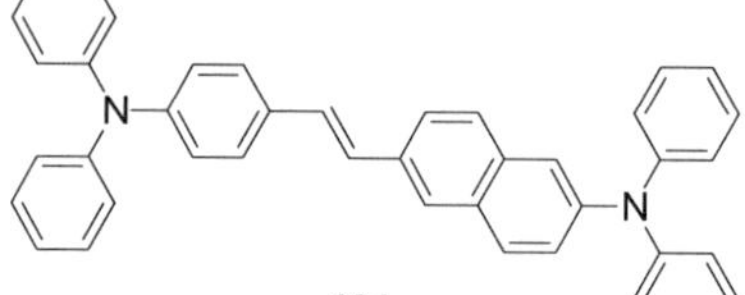

■ 图 4-34　小分子荧光型白光相关材料

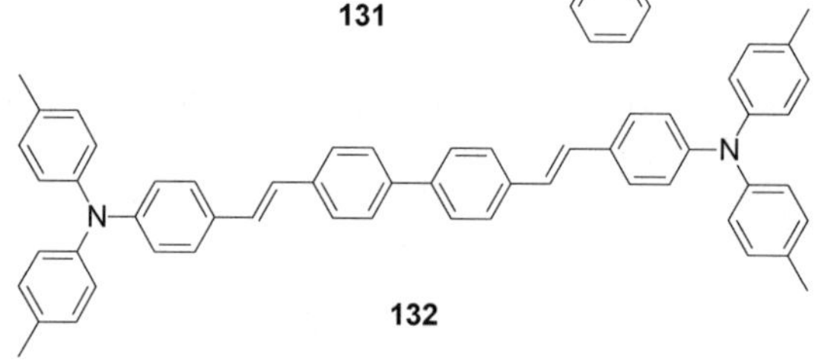

因磷光型白光器件能量利用率高，故高效率的白光器件常采用磷光-磷光型，且多为蓝光-(橙)黄光两种颜色混合而成。图 4-35 列出了常见的发射(橙)黄色的铱配合物，因制备白光 OLED 的需要，发射(橙)黄光的磷光客体材料亦成为研究热点，各种性能优异的材料不断涌现[77]。与白光器件相关的主体材料除在蓝光材料小节中提到的以外，图 4-36 也列出了比较常见于白光 OLED 器件中的主体材料，如三重态能级较高的有机硅类和有机膦类材料[9,78]。利用上述方法和材料，近些年来，众多性能优异的白光 OLED 被报道，表 4-7 简要列出了其中具有代表性的成果。

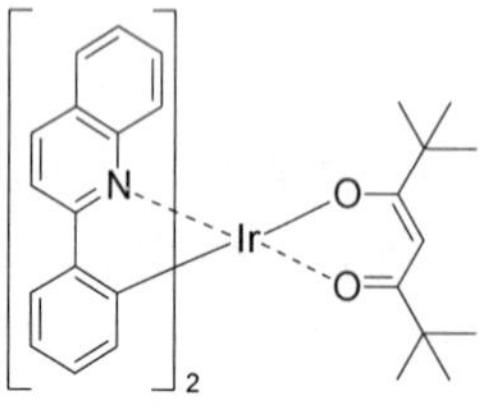

133 (PQ₂Ir)　　　**134** [BT₂Ir(acac)] 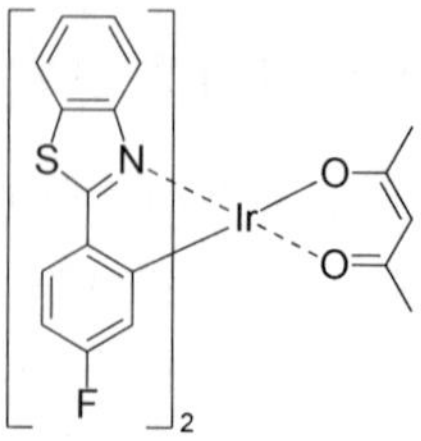　　　**135** [(F-bt)₂Ir(acac)]

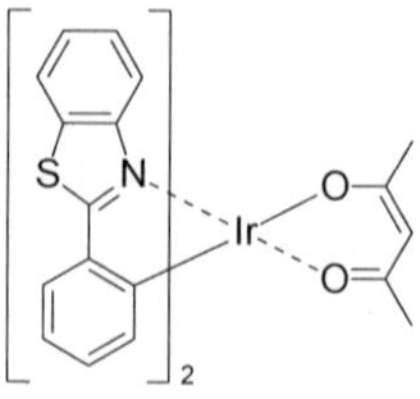

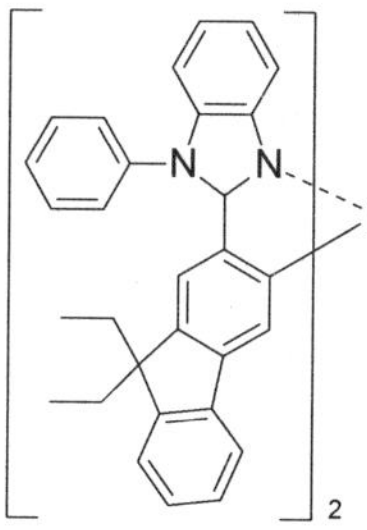

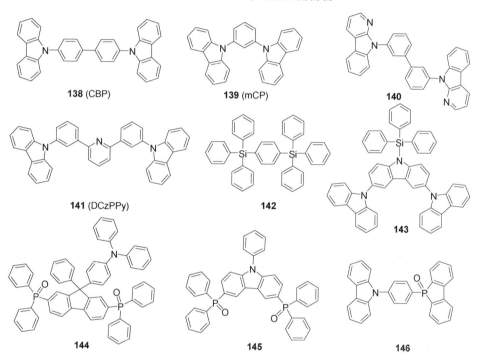

图 4-35 （橙）黄色铱配合物

136 [(fbi)₂Ir(acac)]　　**137** [(MDQ)₂Ir(acac)]

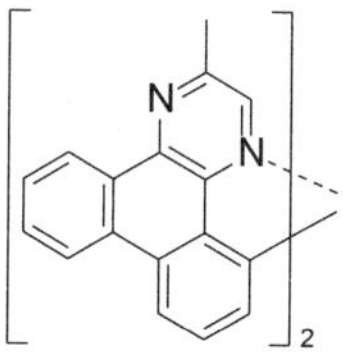

138 (CBP)　　**139** (mCP)　　**140**

141 (DCzPPy)　　**142**　　**143**

144　　**145**　　**146**

图 4-36　白光主体材料分子

表 4-7　白光 OLED 器件及其性能

发光材料	PE/(lm/W)	EQE/%	CIE	参考文献
57/135	34	26.2	(0.35, 0.44)	[79]
57/136	37.8	19.1	(0.38, 0.44)	[80]
57/133	55	26	(0.341, 0.396)	[81]
51/134	55.2	23.3	(0.40, 0.40)	[82]
107/44/60	68±4	34±2	(0.34, 0.42)	[83]
129/44/57	90	34	(0.44, 0.46)	[84]
129/98/57	90	51	—	[85]

4.5.2　聚合物型白光材料

本小节中聚合物型白光材料是指采用溶液成膜法制备的白光 OLED 器件，此类高效率器件依然采用磷光型客体材料作为发光材料，原理同 4.5.1 节所述。因磷光客体材料均溶于常见有机溶剂，故此类器件常在主体材料上做研究（见图 4-37）。除考虑真空成膜工艺（小分子蒸镀）时主体材料应具有的特性外，也需考虑溶液成膜时 OLED 器件的特点（即多层薄膜叠加的问题），所以，一般此类器件的性能落后于相应的小分子型器件。但近些年来，依然出现了一些颇具特色的材料（图 4-38）与器件[86,87]。聚(9-乙烯基咔唑)（PVK）具有一定的空穴传输能力（图 4-37 中 **147**），常在此类器件中充当成膜剂的角色。与此同时，也需加入高三重态主体材料（其三重态能级应高于蓝光客体材料的三重态能级）以有利于主客体间能量传递，提高器件性能。Zou 等采用器件结构[88]：ITO/PEDOT:PSS/FIrpic:Ir(mppy)$_3$:**151**:**152**:**140**(OXD-7):**147**(PVK)/Ba/Al，获得最大 PE 为 37.4 lm/W，最大 EQE 为 21.5%，CIE 为（0.31, 0.50）。Zhang 等采用器件[89]：ITO/PEDOT:PSS/FIrpic:(fbi)$_2$Ir(acac):**153**:**149**:**147**(PVK)/**150**/LiF/Al，得到最大 PE 为 47.6 lm/W，最大 EQE 为 26%，CIE 为（0.38, 0.43）。此外，研究者也从客体材料和主体材料的枝状化和聚合等方面做了大量研究[90,91]，但目前所获得的器件性能一般，需进一步深入研究。

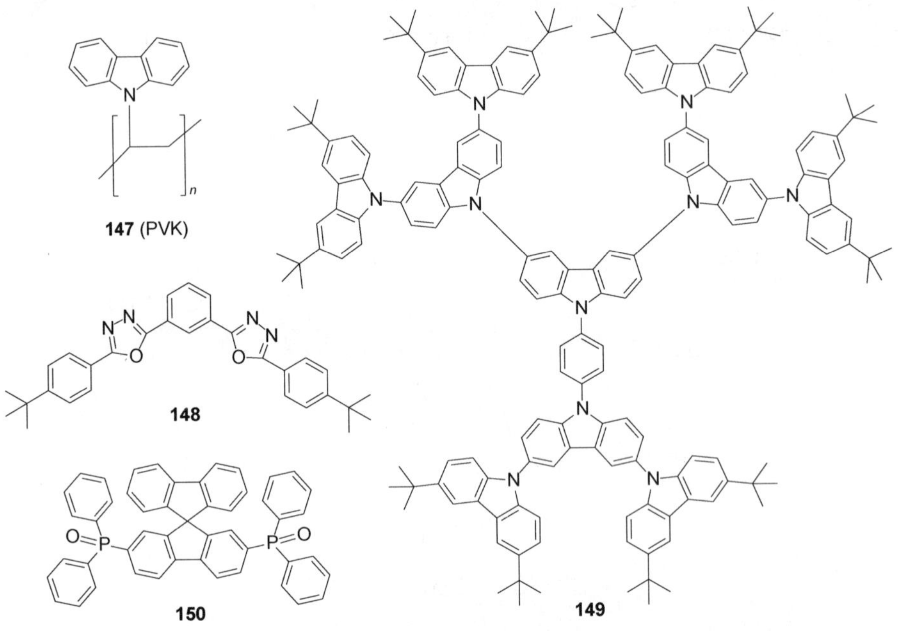

■ 图 4-37　聚合物白光主体材料

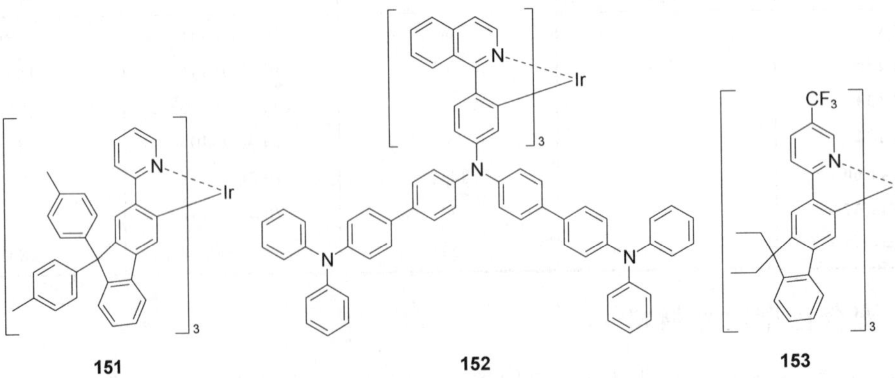

■ 图 4-38　铱配位聚合物分子材料

4.6 其他

4.6.1 热活化延迟荧光

从前面的介绍中可知，为提高 OLED 器件的效率，应尽量将单重态和三重态激子能量用于辐射发光，而高效率的磷光材料主要都是铱、铂和锇等贵金属配合物，严重制约了 OLED 器件的应用。因此，研究高效率非贵金属发光材料显得极其重要。针对此问题，研究者提出了下面一些有效的方案[92-95]：三重态-三重态湮灭（triplet-triplet annihilation，TTA）、杂化定域和电荷转移（hybridized local and charge-transfer，HLCT）、热活化延迟荧光（thermally activated delayed fluorescence，TADF）等。限于篇幅，本小节简要介绍 TADF[96-99]。

当材料激发时（图 4-39），单重态与三重态之间的能级差 ΔE_{ST} 远大于零时，一般会发生 ISC，会辐射出磷光。然而，若材料的 ΔE_{ST} 较小，接近于零时，当外界给予热量时，激子会出现逆系间窜越（reverse intersystem crossing，RISC）回到单重态能级，从而会辐射出延迟荧光（注：以上仅为简要介绍，TADF 原理涉及内容繁多，感兴趣的读者可参考相关专业文献[96~99]）。

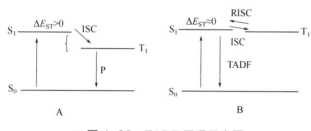

图 4-39　TADF 原理示意图

表 4-8 列出了近些年来比较典型的蓝、绿和红光 TADF 器件性能，其所用客体材料见图 4-40，主体材料见图 4-41。

表 4-8　典型 TADF 器件性能

发光材料	最大 EQE/%	CIE	参考文献
154/157	20.6	(0.19, 0.35)	[100]
155/158	24.2	(0.20, 0.48)	[101]
156/138	11.2	—	[96]

4.6.2 材料合成

OLED 中所用的材料繁多，合成方法亦众多，除比较常用的合成方法（如亲电或亲核反应等）外，偶联反应（尤其是碳-碳偶联）是其中非常重要的合成手段，特别是随着有机光电材料的日益丰富，高性能或特殊器件所需材料迫使不对称偶联反应显得尤为重要。图 4-42 中（a）给出了此类反应中钯配合物的催化作用[102]。此外，随着研究的发展，各种元素有机芳香杂环逐渐成为研究热点，图 4-42 中（b）则显示出金属锆在其中的重要作用[103]。

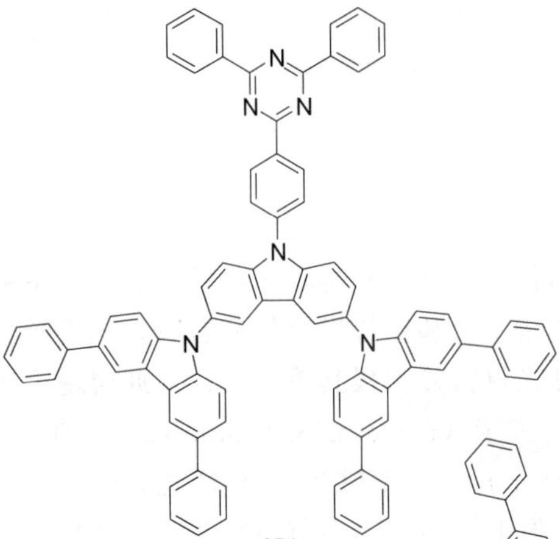

154

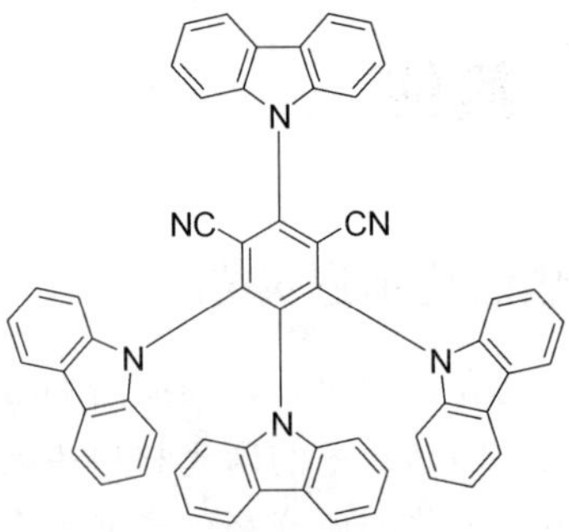

155

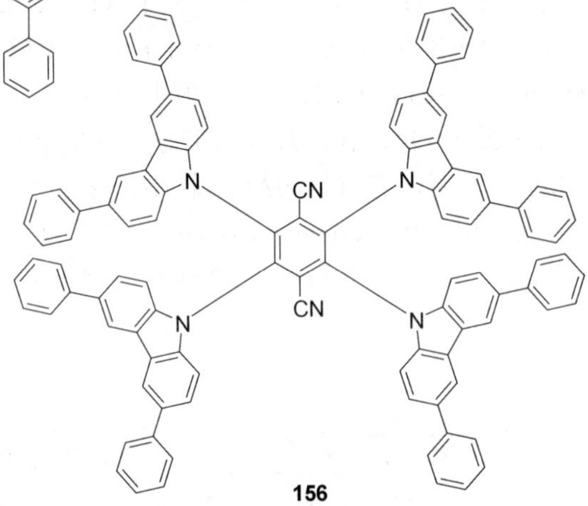

156

图 4-40 热激活延迟荧光材料

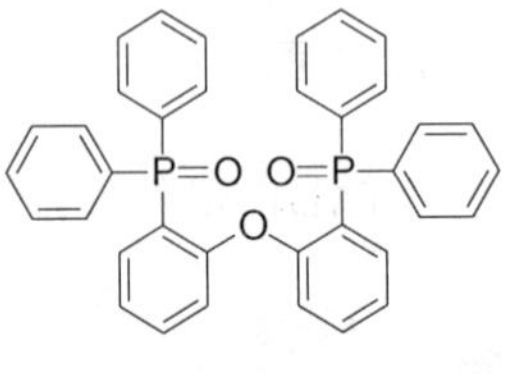

157

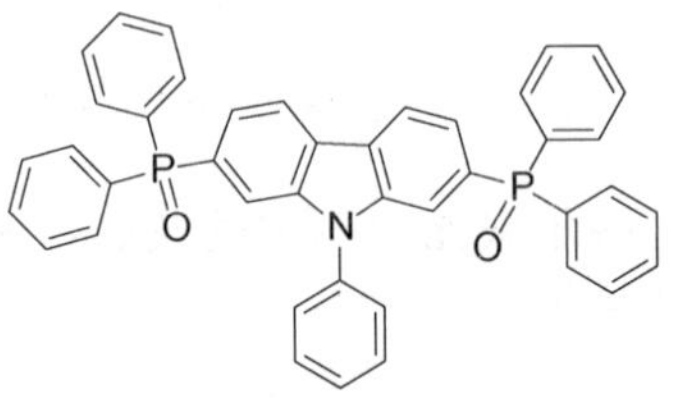

158

图 4-41 热激活延迟荧光主体材料

(a) $R^1M + R^2X \xrightarrow{Pd(0)L_n} R^1—R^2$

R^1, R^2 = C 基团; X = I, Br, Cl, OTf 等
M = Zn, Zr, Al, B, Mg, Sn, Si

(b) 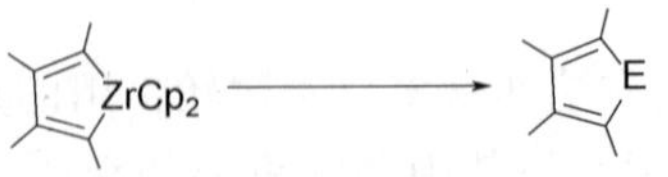

Cp = 环戊二烯基
E = S, Se, Te, N, P, As, Sb, Bi, Si, Ge, Sn, B, Al, Ga 等

图 4-42 反应方程式示意图

4.6.3 材料理论计算

从前面的介绍中不难看出，在有机光电材料设计之初，如果能够进行前期的理论计算，将会极大地提高材料和器件的研究效率和成功概率。事实上，随着材料性能数据的不断丰富以及量子化学计算软件的发展，大计算能力、新方法、高精度的基组和力场等不断涌现，已经能够较好地计算材料的 LUMO 和 HOMO 能级、吸收、荧光和磷光光谱、量子产率、载流子迁移率以及器件工作过程中的各种微观机理等[104-107]。因此，非常有必要在材料设计时开展理论计算工作。

4.7 结语

有机电致发光材料作为有机发光二极管中非常重要的环节，其研发必然与器件紧密联系，同时，又涉及理论计算、化学合成和凝聚态物理等方面的内容，是一个综合性极强的研究过程。随着研究的发展，必然会有越来越多的新材料出现，以满足有机发光二极管的各种应用需求。

附表：本章所涉及分子式简称

编号	简称	英文名称	中文名称	备注
1	TAPC	1,1-bis[4-[*N*,*N*-di(*p*-tolyl)-amino]phenyl]cyclohexane	1,1-双[4-[*N*,*N*-二(对甲苯基)氨基]苯基]环己烷	空穴传输
2	TCTA	4,4′,4″-tris(*N*-carbazolyl)triphenylamine	4,4′,4″-三(*N*-咔唑基)三苯胺	空穴传输
3	TPD	*N*,*N*′-bis(3-methylphenyl)-*N*,*N*′-diphenylbenzidine	*N*,*N*′-二(3-甲基苯基)-*N*,*N*′-二苯基-1,1′-联苯-4,4′-二胺	空穴传输
4	m-MTDATA	4,4′,4″-tris(*N*-3-methylphenyl-*N*-phenylamino)triphenylamine	4,4′,4″-三(*N*-3-甲基苯基-*N*-苯基氨基)三苯胺	空穴传输
5	NPB	*N*,*N*′-di(1-naphthyl)-*N*,*N*′-diphenyl-(1,1′-biphenyl)-4,4′-diamine	*N*,*N*′-二(1-萘基)-*N*,*N*′-二苯基-(1,1′-联苯)-4,4′-二胺	空穴传输
6	4P-NPD	*N*,*N*′-di-1-naphthalenyl-*N*,*N*′-diphenyl-[1,1′:4′,1″:4″,1‴-quaterphenyl]-4,4‴-diamine	*N*,*N*′-二-1-萘基-*N*,*N*′-二苯基-[1,1′:4′,1″:4″,1‴-四联苯基]-4,4‴-二胺	空穴传输
7	Alq₃	tris-(8-hydroxyquinoline)aluminum	三(8-羟基喹啉)铝	电子传输
8	Bphen	bathophenanthroline	4,7-二苯基-1,10-菲啰啉	电子传输
9	BCP	bathocuproine	2,9-二甲基-4,7-二苯基-1,10-邻二氮杂菲	电子传输
10	TPBi	2,2′,2″-(1,3,5-benzinetriyl)-tris-(1-phenyl-1*H*-benzimidazole)	2,2′,2″-(1,3,5-苯三基)-三(1-苯基-1*H*-苯并咪唑)	电子传输
11	TAZ	3-(biphenyl-4-yl)-5-(4-tert-butylphenyl)-4-phenyl-4*H*-1,2,4-triazole	3-(联苯-4-基)-5-(4-叔丁苯基)-4-苯基-4*H*-1,2,4-三唑	电子传输
	PEDOT	poly(3,4-ethylenedioxythiophene)	聚(3,4-乙烯二氧噻吩)	空穴注入
	PSS	polystyrene sulfonate	聚苯乙烯磺酸	空穴注入
	CuPc	Copper(Ⅱ) phthalocyanine	酞菁铜	空穴注入

编号	简称	英文名称	中文名称	备注
44	Ir(ppy)₃	fac-tris(2-phenylpyridine)iridium(Ⅲ)	三(2-苯基吡啶)合铱(Ⅲ)	绿光
57	FIrpic	bis[2-(4,6-difluorophenyl)pyridinato-N,C2′](picolinato)iridium(Ⅲ)	双[2-(4,6-二氟苯基)吡啶-N,C2′]吡啶甲酰合铱(Ⅲ)	蓝光
60	FIr6	iridium(Ⅲ) bis(4′,6′-difluoro phenyl-pyridinato)tetrakis(1-pyrazolyl)borate	双(4′,6′-二氟苯基吡啶)四(1-吡唑基)硼酸合铱(Ⅲ)	蓝光
62	Ir(dbfmi)₃	mer-tris(N-dibenzofuranyl-N′-methylimidazole)iridium(Ⅲ)	三（N-二苯并呋喃基-N′-甲基咪唑合铱（Ⅲ）	蓝光
79	C545T	10-(2-benzothiazolyl)-1,1,7,7-tetramethyl-2,3,6,7-tetrahydro-1H,5H,11H-[l]benzopyrano[6,7,8-ij]quinolizin-11-one	10-(2-苯并噻唑)-1,1,7,7-四甲基-2,3,6,7-四氢-1H,5H,11H-[1]苯并吡喃酮基[6,7,8-ij]喹嗪-11-酮	绿光
	AND	9,10-di(2-naphthyl)anthracene	9,10-二(2-萘基)蒽	主体材料
104	DCM	4-(dicyanomethylene)-2-methyl-6-(4-dimethylaminostyryl)-4H-pyran	4-(二氰亚甲基)-2-甲基-6-(4-二甲氨基苯乙烯基)-4H-吡喃	红光
107	DCJTB	4-(dicyanomethylene)-2-tert-butyl-6-(1,1,7,7-tetramethyl-julolidin-4-yl-vinyl)-4H-pyran	4-(二氰基亚甲基)-2-叔丁基-6-(1,1,7,7-四甲基久洛尼定基-4-乙烯基)-4H-吡喃	红光
121	Ir(piq)₃	tris(1-phenylisoquinoline-C2′,N)iridium(Ⅲ)	三(1-苯基异喹啉-C2′,N)合铱(Ⅲ)	红光
122	(piq)₂Ir(acac)	bis(1-phenylisoquinoline)(acetylacetonate)iridium(Ⅲ)	二(1-苯基异喹啉)(乙酰丙酮)合铱(Ⅲ)	红光
124	Ir(pq)₃	tris(2-phenylquinoline)iridium(Ⅲ)	三(2-苯基喹啉)合铱(Ⅲ)	红光
125	(pq)₂Ir(acac)	bis(2-phenylquinoline)(acetylactonate)iridium(Ⅲ)	二(2-苯基喹啉)(乙酰丙酮)合铱(Ⅲ)	红光
132	DPAVBi	4,4′-bis[4-(di-p-tolylamino)styryl]biphenyl	4,4′-双[4-(二对甲苯基氨基)苯乙烯基]联苯	主体材料
133	PQ₂Ir; PQ₂Ir(dpm)	bis(2-phenylquinoly-N,C2′)(dipivaloyl-methane)iridium(Ⅲ)	二(2-苯基喹啉-N,C2′)(二叔戊酰甲烷)合铱(Ⅲ)	橙黄光
134	BT₂Ir(acac); Ir(BT)₂(acac)	bis(2-phenyl-benzothiazole-N,C2′)(acety-lacetonate)iridium(Ⅲ)	二(2-苯基苯并噻唑-N,C2′)(乙酰丙酮)合铱(Ⅲ)	橙黄光
135	(F-bt)₂Ir(acac)	bis(2-phenyl-6-fluorobenzothiozolato-N,C2′)(acetylacetonate) iridium(Ⅲ)	二(2-苯基-6-氟苯并噻唑-N,C2′)(乙酰丙酮)合铱(Ⅲ)	橙黄光
136	(fbi)₂Ir(acac); Ir(fbi)₂(acac)	bis[2-(9,9-diethyl-9H-fluoren-2-yl)-1-phenyl-1H-benzoimidazol-N,C3′]iridium(acetylacetonate)	二[2-(9,9-二乙基-9H-芴-2-基)-1-苯基-1H-苯并咪唑-N,C3′](乙酰丙酮)合铱	橙黄光
137	(MDQ)₂Ir(acac)	bis(2-methyldibenzo[f,h]quinoxaline)(acetylacetonate)iridium(Ⅲ)	双(2-甲基二苯并[f,h]喹喔啉)(乙酰丙酮)合铱(Ⅲ)	橙黄光
138	CBP	4,4′-bis(N-carbazolyl)-1,1′-biphenyl	4,4′-双(N-咔唑基)-1,1′-联苯	主体材料
139	mCP	1,3-bis(N-carbazolyl)benzene	1,3-双(N-咔唑基)苯	主体材料
141	DCzPPy	2,6-bis[3-(9H-carbazol-9-yl)phenyl]pyridine	2,6-双[3-(9H-咔唑-9-基)苯基]吡啶	主体材料
147	PVK	poly(9-vinylcarbazole)	聚(9-乙烯基咔唑)	主体材料

参 考 文 献

[1] 黄春辉，李富友，黄维. 有机电致发光材料与器件导论. 上海：复旦大学出版社，2005.

[2] Adachi, C.; Tokito, S.; Tsutsui, T. *Jpn. J. Appl. Phys.*, Part 2, **1988**, *27*, 269.

[3] Thejokalyani, N.; Dhoble, S. J. *Renew Sust. Energ. Rev.*, **2014**, *32*, 44.

[4] Thejokalyani, N.; Dhoble, S. J. *Renew Sust. Energ. Rev.*, **2015**, *44*, 319.

[5] Atkins, P. W. *Molecular Quantum Mechanics*. Oxford University Press, 2005.

[6] Kohler , A.; Bassler, H. *Mater. Sci. Eng. R.*, **2009**, *66*, 71.

[7] Strohriegl, P.; Grazulevicius, J. V. *Adv. Mater.*, **2002**, *14*, 1439.

[8] Kang, J. W.; Lee, S. H.; et al. *Appl. Phys. Lett.*, **2007**, *90*, 223508.

[9] Tao, Y.; Yang, C.; Qin, C.; *Chem. Soc. Rev.*, **2011**, *40*, 2943.

[10] Lee,D. H.; Liu, Y. P.; et al. *Org. Electron.*, **2010**, *11*, 427.

[11] Kuwabara, Y. H.; Ogawa, H.; et al. *Adv. Mater.*, **1994**, *6*, 677.

[12] Dai, Q.; Zhang, Q. *Opt. Express*, **2010**, *18*, 11821.

[13] Kim, S. H.; Jang, J.; Lee, J. Y. *Appl. Phys. Lett.*, **2007**, *90*, 223505.

[14] Schwartz, G.; Pfeiffer, M.; et al. *Proc. SPIE.*, **2007**, *6655*, 66550.

[15] Tanaka, I.; Tabata, Y.; Tokito, S. *Phys. Rev., B*, **2005**, *71*, 205207.

[16] Xin, Q.; Li, W. L.; et al. *J. Appl. Phys.*, **2007**, *101*, 044512.

[17] Li, Y. Q.; Fung, M. K.; et al. *Adv. Mater.*, **2002**, *14*, 1317.

[18] Kang, J. W.; Lee, D. S.; et al. *J. Mater. Chem.*, **2007**, *17*, 3714.

[19] Shigeki, N.; Hiroyuki, O.; et al. *Appl. Phys. Lett.*, **2000**, *76*, 197.

[20] Hung, W. Y.; Ke, T. H.; et al. *Appl. Phys. Lett.*, **2006**, *88*, 064102.

[21] Chen, H. F.; Yang, S. J.; et al. *Chem.*, **2009**, *19*, 8112.

[22] Tanaka, D.; Takeda, T.; et al. *Chem. Lett.*, **2007**, *36*, 262.

[23] Zheng, C. J.; Zhao, W. M.; *J. Mater. Chem.*, **2010**, *20*, 1560.

[24] Wu, C. H.; Chien, C. H.; et al. *J. Mater. Chem.*, **2009**, *19*, 1464.

[25] Tao, S.; Zhou, Y.; et al. *J. Phys. Chem. C*, **2008**, *112*, 14603.

[26] Kim, R.; Lee, K. H.; et al. *Chem. Commun.*, **2013**, *49*, 4664.

[27] Lee, K. H.; Kwon, Y. S.; et al. *Chem. Eur. J.*, **2011**, *17*, 12994.

[28] Lee, K.; Kang, L. K.; et al. Adv. *Funct. Mater.*, **2010**, *20*, 1345.

[29] Jeon, L. K.; Lee, J. Y.; et al. *Org. Electron.*, **2010**, *11*, 1844.

[30] Wu, K. C.; Ku, P. J.; et al. *Adv. Funct. Mater.*, **2008**, *18*, 67.

[31] Kotchapradist, P.; Prachumrak, N.; et al. *J. Mater. Chem. C*, **2013**, *1*, 4916.

[32] Wei, B.; Liu, J. Z.; et al. *Adv. Funct. Mater.*, **2010**, *20*, 2448.

[33] Li, W.; Gao, Z.; et al. *Chem. J. Chin. Univ. Chin.*, **2014**, *35*, 1849.

[34] Yuan, Y.; Chen, J. X.; et al. *Chem. Mater.*, **2013**, *25*, 4957.

[35] Kuo, C. J.; Li, T. Y .; et al. *J. Mater. Chem.*, **2009**, *19*, 1865.

[36] Chen, W. C.; Yuan, Y.; et al. *Adv. Opt. Mater.*, **2014**, *2*, 626.

[37] Gao, Z., Cheng, G.;et al. *Laser Photonics Rev.*, **2014**, *8*, 6.

[38] Park, Y.; Lee, J. H.; et al. *J. Mater. Chem.*, **2010**, *20*, 5930.

[39] Lin, L. H.; Chan, R.H.; et al. *Adv. Mater.*, **2008**, *20*, 3947.

[40] Li, W. J.; Liu, D. D.;et al. *Adv. Funct. Mater.*, **2012**, *22*, 2797.

[41] Jeong, S.; Kim, M. K.; et al. *Org. Electron.*, **2013**, *14*, 2497.

[42] Peng, T.; Ye, K. Q.; et al. *Org. Electron.*, **2011**, *12*, 1914.

[43] Suzuri, Y.; Oshiyama, T.; et al. *Adv. Mater.*, **2014**, *15*, 1468.

[44] Cho,Y. J.; Kim, S. Y.; et al. *J. Mater. Chem. C*, **2017**, *5*, 1651.

[45] Cho, Y. J.; Kim, S. Y.; et al. *J. Mater. Chem. C*, **2017**, *5*, 4480.

[46] Williams, E. L.; Haavisto, K.; et al. *Adv. Mater.*, **2007**, *19*, 197.

[47] Yook, K. S.; Lee, J. Y.; *Adv. Mater.*, **2014**, *26*, 4218.

[48] Zou, Y.; Zou, J.; et al. *Adv. Funct. Mater.*, **2013**, *23*, 1781.

[49] Jeong, H.; Shin, H.; et al. *J. Photonics Energy*, **2015**, *5*, 057608.

[50] Huang, C. W.; Tsai, C. L.; et al. *Macromolecules*, **2012**, *453*, 1281.

[51] Guo, X.; Cheng, Y. X.; et al. *Macromol. Rapid Commun.*, **2009**, *30*, 816.

[52] Khunchalee, J.; Tarsang, R.; et al. *Tetrahedron*, **2012**, *68*, 8416.

[53] Tang, C. W.; VanSlyke, S. A.; Chen, C. H. *J. Appl. Phys.*, **1989**, *65*, 3610.

[54] Prachumrak, N.; Potjanasopa, S. *Tetrahedron*, **2014**, *70*, 6249.

[55] Yu, M. X.; Duan, J. P.; et al. *Chem. Mater.*, **2002**, *14*, 3958.

[56] Yu, Y. H.; Huang, C. H.; et al. *Org. Electron.*, **2011**, *12*, 694.

[57] Bi, H.; Ye, K.; *Org. Electron.*, **2010**, *11*, 1180.

[58] Palilis, L. C.; Murata, H.;et al. *Org. Electron.*, **2003**, *4*, 113.

[59] Chen, C. H.; Tang, C. W.; et al. *Thin Solid Films*, **2000**, *363*, 327.

[60] Hamada, Y.; Kanno, H.; et al. *Appl. Phys. Lett.*, **1999**, *75*, 1682.

[61] Liu, T. H.; Iou, C. Y.; et al. *Thin Solid Films.*, **2003**, *441*, 223.

[62] Jung, B. J.; Yoon, C. B. *Adv. Funct. Mater.*, **2001**, *11*, 430.

[63] Ma, C. Q.; Zhang, W. B.; et al. *J. Mater. Chem.*, **2002**, *12*, 1671.

[64] Okumoto, K.; Kanno, H.; et al. *Appl. Phys. Lett.*, **2006**, *89*, 013502.

[65] Cao, X .; Wen, Y.; et al. *Dyes and Pigments*, **2010**, *84*, 203.

[66] Lee,Y.S.; Lin,Z.; et al. *Org. Electron.*, **2010**, *11*, 604.

[67] Wang, Z.; Lu, P. *Dyes and Pigments*, **2011**, *91*, 356.

[68] Khanasa, T.; Prachumrak, N. *Chem. Commun.*, **2013**, *49*, 3401.

[69] Chen, C. H.; Hsu, L. C.; et al. *J. Mater. Chem. C*, **2014**, *2*, 6183.

[70] Fukagawa, H.; Shimizu, T.; et al. *Adv. Mater.*, **2012**, *24*, 5099.

[71] Chien, C. H.; Hsua, F. M.; et al. *Org. Electron.*, **2009**, *10*, 871.

[72] Wei, F.; Qiu, J.; et al. *J. Mater. Chem. C*, **2014**, *2*, 6333.

[73] Volz, D.; Wallesch, M.; et al. *Green Chemistry*, **2015**, *17*, 1988.

[74] Jou, J. H.; Wang, C. P.; et al. *Org. Electron.*, **2007**, *8*, 29.

[75] Jou, J. H.; Chen, C. C.; et al. *Adv. Funct. Mater.*, **2008**, *18*, 121.

[76] Han, T. H.; Lee,Y.; et al. *Nat. Photonics*, **2012**, *6*, 105.

[77] Fan, C.; Yang, C. *Chem. Soc. Rev.*, **2014**, *43*, 6439.

[78] Wang, F.; Tao, Y.; Huang, W.; *Acta Chim. Sin.*, **2015**, *73*, 9.

[79] Wang, R.; Liu, D.; et al. *Adv. Mater.*, **2011**, *23*, 2823.

[80] Gong, S.; Chen, Y.; et al. *Adv. Mater.*, **2010**, *22*, 5370.

[81] Su, S. J.; Gonmari, S. J.; *Adv. Mater.*, **2008**, *20*, 4189.

[82] Sasabe, H.; Takamatsu, J. I.; et al. *Adv. Mater.*, **2010**, *22*, 5003.

[83] Sun, Y.; Forrest, S. R.; *Nat. Photonics*, **2008**, *2*, 483.

[84] Reineke, S.; Lindner, F.; et al. *Nature*, **2009**, *459*, 234.

[85] Li, N.; Oida, S.; et al. *Nat. Commun.*, **2013**, *4*, 2294.

[86] Li, W.; Li J.;Wang, M. *Isr. J. Chem.*, **2014**, *54*, 867.

[87] Zhang, B.; Liu, L.; Xie, Z. *Isr. J. Chem.*, **2014**, *54*, 897.

[88] Zou, J.; Wu, H.; et al. *Adv. Mater.*, **2011**, *23*, 2976.

[89] Zhang, B.; Tan, G.; et al. *Adv. Mater.*, **2012**, *24*, 1873.

[90] Wen, G.; Zhao, Y.; et al. *Chemistry*, **2014**, *77*, 760.

[91] Sekine, C.; Tsubata, Y. *Sci. Technol. Adv. Mater.*, **2014**, *15*, 1468.

[92] Frankevich, E. L.; Uhlhorn, B.; et al. *Phys. Rev. Lett.*, **1999**, *82*, 3673.

[93] Li, W.; Liu, D.; et al. *Adv. Funct. Mater.*, **2012**, *22*, 2797.

[94] Yu, T.; Liu, L.; et al. *Sci. China-Chem.*, **2015**, *58*, 907.

[95] Mei, J.; Hong, Y.; et al. *Adv. Mater.*, **2014**, *26*, 5429.

[96] Uoyama, H.; Goushi, K.; et al. *Nature*, **2012**, *492*, 234.

[97] Tao, Y.; Yuan, K. *Adv. Mater.*, **2014**, *26*, 7931.

[98] Adachi, C. *Jpn. J. Appl. Phys.*, **2014**, *53*, 060101.

[99] Jou, J.; Kumar, S.; et al. *J. Mater. Chem. C.*, **2015**, *3*, 2974.

[100] Hirata, S.; Sakai, Y.; et al. *Nat. Mater.*, **2014**, *14*, 330.

[101] Kim, B. S.; Lee, J. Y. *ACS Appl. Mater. Interf.*, **2014**, *6*, 8396.

[102] Xu, S.; Kim, E.; et al. *Sci. Technol. Adv. Mater.*, **2014**, *15*, 044201.

[103] Yan, X.; Xi, C. *Acc. Chem. Res.*, **2015**, *48*, 935.

[104] Shuai, Z.; Wang, D.; et al. *Acc. Chem. Res.*, **2014**, *47*, 3301.

[105] Zoppi, L.; MartinSamos, L.; Baldridge, K. *Acc. Chem. Res.*, **2014**, *47*, 3310.

[106] Baranovskii, S.; *Phys. Status Solidi B-Basic Solid State Phys.*, **2014**, *251*, 487.

[107] Deng, W.; Sun, L.; et al. *Nature Protocols*, **2015**, *10*, 632.

第5章

非线性光学分子材料

5.1 非线性光学基础

5.1.1 非线性光学简介

非线性光学是随着激光技术的出现而发展形成的一门学科分支，是近代科学前沿最为活跃的学科领域之一。数十年间，非线性光学在基本原理、新型材料的研究、新效应的发现与应用方面都得到了巨大的发展，成为光学学科中最活跃和最重要的分支领域之一。

在激光出现之前，并没有非线性光学这一名词。在传统光学里，描述电磁波在介质中传播规律的麦克斯韦方程组是一组线性微分方程，它们只包括场强矢量的一次项。因此，当一束单色光入射到透明介质中时，除拉曼散射外，其频率不会发生改变。如果不同频率的光波同时入射到介质，它们之间不会发生耦合，也不会产生新的频率。这就是激光问世之前普通光学所描述的规律。但在 1960 年美国科学家 Maiman 发明了世界上的第一台激光器之后，人们发现，那些在传统光学中被认为与光强无关的光学效应或参量几乎都与光强紧密相关。1961年，Franken 等[1]首先发现了红宝石激光器在石英晶体中的倍频现象。随后，Bloembergen 等人[2,3]对其进行了理论阐述，揭示了光波非线性作用的原理，奠定了非线性光学的理论基础。此后，非线性光学这一学科得到了飞速发展，时至今日，它几乎在所有科学领域都获得了应用。正如美籍华人学者、非线性光学专家沈元壤先生曾有这样的评价："混沌初开，世界就是非线性的，线性化简化了复杂的世界，把世界线性化损失了许多有趣的现象，而非线性现象是世界进展的因素"。

5.1.2 非线性光学基本概念

① 光学整流 E^2 项的存在将引起介质的恒定极化项，产生恒定的极化电荷和相应的电势差，电势差与光强成正比而与频率无关，类似于交流电经整流管整流后得到直流电压。

② 产生高次谐波   弱光进入介质后频率保持不变，强光进入介质后，由于介质的非线性效应，除原来的频率 ω 外，还将出现 2ω、3ω、…的高次谐波。1961 年美国的 Franken 和

他的同事们首次在实验上观察到二次谐波。他们把红宝石激光器发出的 3 kW 红色（6943 Å）激光脉冲聚焦到石英晶片上，观察到了波长为 3471.5 Å 的紫外二次谐波。若把一块铌酸钡钠晶体放在 1 W、1.06 μm 波长的激光器腔内，可得到连续的 1 W 二次谐波激光，波长为 5323 Å。非线性介质的这种倍频效应在激光技术中有重要应用[4,5]。

③ 光学混频　当两束频率为 ω_1 和 ω_2（$\omega_1 > \omega_2$）的激光同时射入介质时，如果只考虑极化强度 P 的二次项，将产生频率为（$\omega_1 + \omega_2$）的和频项和频率为（$\omega_1 - \omega_2$）的差频项[6]。利用光学混频效应可制作光学参量振荡器，这是一种可在很宽范围内调谐的类似激光器的光源，可发射从红外到紫外的相干辐射。

④ 受激拉曼散射　普通光源产生的拉曼散射是自发拉曼散射，散射光是不相干的。当入射光采用很强的激光时，由于激光辐射与物质分子的强烈作用，使散射过程具有受激辐射的性质，称为受激拉曼散射。所产生的拉曼散射光具有很高的相干性，其强度也比自发拉曼散射光强得多。利用受激拉曼散射可获得多种新波长的相干辐射，并为深入研究强光与物质相互作用的规律提供手段。

⑤ 自聚焦　介质在强光作用下折射率将随光强的增加而增大。激光束的强度具有高斯分布，光强在中轴处最大，并向外围递减，于是激光束的轴线附近有较大的折射率，像凸透镜一样光束将向轴线自动会聚，直到光束达到一细丝极限（直径约 5×10^{-6} m），并可在这细丝范围内产生全反射，犹如光在光学纤维内传播一样。

⑥ 光致透明　弱光下介质的吸收系数（可见光的吸收）与光强无关，但对很强的激光，介质的吸收系数与光强有依赖关系，某些本来不透明的介质在强光作用下吸收系数会变为零。

5.1.3　非线性光学原理

当物质与光作用时，由于光场在本质上是一种频率很高的电磁波，因此有可能使得原子中的电子（特别是外层价电子）运动发生一定程度的微扰变化，使整个分子在电性上呈现类似于电偶极子的相应特点，这种由于光的振动电磁场的诱导使物质内分子中的电子云发生变形的过程称为感应极化效应。这种效应一方面反映了入射光对物质体系作用的大小，另一方面也反映了物质体系对入射光场的反作用的大小。当用普通光照射物体时，由于普通光所产生的电场强度远小于分子原子内部的电场强度，因此只能引起光学介质的线性电极化响应，即宏观极化强度（P）与入射光场场强（E）呈线性关系[7-11]：

$$P = \chi^{(1)} E \tag{5-1}$$

若入射光场场强（E）用 Maxwell 宏观理论来考虑，可表示为：

$$E(\omega) = E_o \cos(\omega t) \tag{5-2}$$

这样，普通光经过介质后，介质所产生的宏观极化强度（P）为：

$$P = \chi^{(1)} E(\omega) = \chi^{(1)} E_o \cos(\omega t) \tag{5-3}$$

然而，当用激光作用于介质时，由于激光所产生的电场强度很大，接近粒子内部静电场强度，介质内部电子的运动逐渐跟不上光频电场的周期振动，介质中的原子或分子被光电场极化成振荡偶极子，它们也成为电磁波辐射源，发出次级波，从而引起介质的非线性极化响应。这时介质所产生的宏观极化强度（P）与入射光场场强（E）就不是简单的线性关系了，便出现了与电场强度的二次方、三次方甚至是高次方成比例的非线性项，即

$$P = \chi^{(1)}E + \chi^{(2)}E^2 + \chi^{(3)}E^3 + \cdots = P^{(1)} + P^{(2)} + P^{(3)} + \cdots \qquad (5\text{-}4)$$

式中，系数$\chi^{(1)}$、$\chi^{(2)}$、$\chi^{(3)}$等称为宏观的一级（阶）极化率、二级（阶）极化率与三级（阶）极化率（二级以上的极化率又称为超极化率）等。式中的$P^{(2)}$、$P^{(3)}$宏观表示可写为：

$$P^{(2)} = \chi^{(2)}E^2 = \chi^{(2)}[E_o\cos\omega t]^2 = \chi^{(2)}E_o 1/2(1 + \cos 2\omega t) \qquad (5\text{-}5)$$

或
$$P^{(2)} = \chi^{(2)}E(\omega_1)E(\omega_2) = \chi^{(2)}(E_{01}\cos\omega_1 t + E_{02}\cos\omega_2 t) \qquad (5\text{-}6)$$

$$P^{(3)} = \chi^{(3)}E^3 = \chi^{(3)}[E_o\cos\omega t]^3 = \chi^{(3)}E_o^3 1/4(\cos 3\omega t + 3\cos\omega t) \qquad (5\text{-}7)$$

其中，式（5-5）中的前一项"1"表示直流部分，第二项2ω表示入射光经过介质，产生了倍频现象。式（5-6）中频率为ω_1和ω_2的两种入射光，在经过介质之后，相互组合，产生和频（$\omega_1 + \omega_2$）和差频（$\omega_1 - \omega_2$）现象，式（5-7）中第一项则表示三倍频现象。

实验上，主要的二阶非线性光学效应有[6,12]：二次谐波［SHG；$\beta(-2\omega;\omega,\omega)$］、线性电光效应[LEOE；$\beta(-\omega;\omega,0)$]、和频产生[SFG；$\beta(-\omega_1-\omega_2;\omega_1,\omega_2)$]、光学整流［OREC；$\beta(0;\omega,-\omega)$］等。主要的三阶非线性光学效应有：三次谐波产生［THG；$\gamma(-3\omega;\omega,\omega,\omega)$］、电场诱导二次谐波产生［EFISHG；$\gamma(-2\omega;\omega,\omega,0)$］、简并四波混合［DFWN；$\gamma(-\omega;\omega,\omega,-\omega)$］、光学 Kerr 效应［OKE；$\gamma(-\omega_2;\omega_1,-\omega_1,\omega_2)$］等。在众多的非线性效应中，倍频效应是最引人注目的效应之一。我们知道聚焦光斑的尺寸反比于入射激光的波长，倍频效应可把由半导体激光射出的近红外激光变为深蓝色激光，这就可使光盘的信息存储容量得到极大的提高。利用混频、电光、光学参量振荡和放大等效应可制造出诸如混频器、光调制器、光开关、光信息存储器、光限制器等进行光信息和图像处理的重要元件。这些器件可用光子来代替电子进行数据的采集、存储和加工，使电子学向光子学发展。光子的开关速度可达飞秒，比电子速度快几个数量级，在光频下工作时可大大增加信息的带宽。光不受电或磁场的，干扰，有可能实现并联，因而信息的光处理和光计算有可能得到实现。从基础研究角度来说，非线性光学对材料科学、光学、凝聚态物理、光谱学、光化学等学科的发展也起积极的推动作用。

5.1.4　非线性光学发展进程

自从 1961 年，Franken 等首次发现光学二次谐波以来，非线性光学的发展大致经历了 3 个不同的时期[12-15]。第一个时期是 1961—1965 年。这个时期的特点是新的非线性光学效应大量而迅速地出现。诸如光学谐波、光学和频与差频、光学参量放大与振荡、多光子吸收、光束自聚焦以及受激光散射等都是这个时期发现的。第二个时期是 1965—1969 年。这个时期一方面还在继续发现一些新的非线性光学效应，例如非线性光谱方面的效应、各种瞬态相干效应、光致击穿等；另一方面则主要致力于对已发现的效应进行更深入的了解，以及发展各种非线性光学器件。第三个时期是 20 世纪 70 年代至今。这个时期是非线性光学日趋成熟的时期。其特点是：由以固体非线性效应为主的研究扩展到包括气体、原子蒸气、液体、固体以至液晶的非线性效应的研究；由二阶非线性效应为主的研究发展到三阶、五阶以至更高阶效应的研究；由一般非线性效应发展到共振非线性效应的研究；就时间范畴而言，则由纳秒进入皮秒领域。这些特点都是和激光调谐技术以及超短脉冲激光技术的发展密切相关的。

5.2 非线性光学分类

5.2.1 按光学性能分类

5.2.1.1 二阶非线性光学材料

二阶非线性光学材料大多数是不具有中心对称性的晶体。常用于光学倍频、混频和光学参量振荡等效应的晶体材料有两大类[16-19]。一类是氧化物晶体，典型的如磷酸二氢钾（KDP）、磷酸二氘钾（KD*P）、磷酸二氢铵（ADP）、碘酸锂、铌酸锂等。这一类比较适宜于工作在可见光及近红外频段。另一类是半导体晶体，典型的如碲和淡红银矿（Ag_3AsS_3）等。后一类更适宜于工作在中红外频段。由于二阶非线性光学效应的产生要求材料具有非中心对称结构，而在 32 种晶体结构中，只有 21 种晶体不具有中心对称结构，另外晶体易于潮解，其力学性能也不太理想，难以实现光学集成[18,20]。这些结构与性能上的限制大大阻碍着无机晶体的实用化进程，目前得到实际应用的无机晶体的数量并不多，主要应用在倍频和光学参量振荡领域。

5.2.1.2 三阶非线性光学材料

三阶非线性光学材料的范围很广。由于不受是否具有中心对称这一条件的限制，这些材料可以是气体、原子蒸气、液体、液晶、等离子体以及各类晶体、光学玻璃等，从其产生三阶非线性极化率的机制来说也可以很不相同。有些来源于原子或分子的电子跃迁或电子云形状的畸变；有些来源于分子的转向或重新排列；有些来源于固体的能带之间或能带以内的电子跃迁；有些来源于固体中的各种元激发，如激子、声子、各种极化激元等的状态改变。

常见的三阶非线性光学材料有[20-22]：①各种惰性气体。通常用于产生光学三次谐波、三阶混频，以获得紫外波长的相干光。②碱金属和碱土金属的原子蒸气。如 Na、K、Cs 原子及 Ba、Sr、Ca 原子等，通常用于产生共振的三阶混频、受激拉曼散射、相干反斯托克斯拉曼散射等效应（见受激光散射），以实现激光在近红外、可见及紫外波段间的频率变换及频率调谐。③各种有机液体及溶液。如 CS_2、硝基苯、各种染料溶液等，这些介质由于有较大的三阶非线性极化率，常用来进行各种三阶非线性光学效应的实验观测，例如光学克尔效应、受激布里渊散射、简并四波混频及光学位相复共轭效应、光学双稳态效应等都曾先后在这类介质中进行过实验研究。④在液晶相及各向同性相中的各种液晶。由于液晶分子的取向排列有较长的弛豫时间，故液晶的各种非线性光学效应有自己的特点，引起人们特殊的兴趣。例如曾用以研究光学自聚焦及非线性标准具等效应的瞬态行为。⑤某些半导体晶体。最近发现有些半导体材料，如 InSb，在红外区域有非常大的三阶非线性极化率，适合于做成各种非线性器件，例如光学双稳器件。

5.2.2 按材料类型分类

5.2.2.1 无机非线性光学材料

1979 年陈创天在阴离子基团理论及研究无机非线性光学材料的基础上，提出了用分子工程学方法探索无机非线性材料的可能性，并总结出无机非线性材料的一些结构规律：a. 当结构中氧八面体或其他类似的阴离子基团的畸变越大，对产生大的非线性系数越有利；b. 当基团中含有孤对电子时，该基团具有较大的二阶极化率，如 IO_3^-、SbF_5^{2-} 基团比不含孤对电子的 PO_4^{3-}、BO_4^{5-} 等基团的二阶极化率要大得多；c. 具有共轭 π 轨道的无机平面基团将同样能产生较大的非线性系数。近几年对无机非线性材料的研究主要集中在以下几个方面。

（1）硼酸盐系列材料

硼酸盐非线性光学材料作为深紫外区材料发展非常迅速，根据陈创天提出的阴离子组理论，良好的深紫外非线性光学（DUV-NLO）晶体应具有以下三种光学性质：a. 在紫外截止波长远低于 200 nm 区域要有宽的吸收范围；b. 具有适度的双折射以确保相互作用能力；c. 具有一个足够大的二阶非线性系数。要注意的是，对于 DUV-NLO 材料，前两个条件是缺一不可。例如，陈创天等人合成的三硼酸锂（LBO）晶体[23]，有高损伤阈值为 25 GW/cm² （在 1.064 μm，0.1 ns），在长为 6 mm 的晶体中，当 $\theta \neq 90°$ 时，有 25 mard 宽的接收角，当 $\theta = 90°$ 时，有 90 mard 宽的接收角，还有宽的透射光谱并且紫外吸收边缘下降到约 155 nm。但是由于相对较小的双折射（$\Delta n \approx 0.04$）限制了其 SHG 强度。目前，氟硼铍酸钾（KBBF）和氟硼铍酸铷（RBBF）是唯一两个广泛应用的 DUV-NLO 材料，这两个晶体有低于 150 nm 的吸收范围，适中的双折射（200 nm 时，$\Delta n \approx 0.08$）和较大的 SHG 效应。值得一提的是 KBBF 首先打破了"200 nm 之墙"，通过简单的 SHG 方法产生 DUV 相干光源，并为 200 nm 以下的激光打开一个新的窗口。但由于晶体结构中的 K^+、F^- 之间离子键很弱，使得原生晶体呈板状，单层薄弱，沿 c 轴方向长成厚晶体是非常困难的，因此不利于获得相关的 DUV 高功率输出。近年来，通过研究者的努力，合成出了一系列优越的硼酸盐，并且在影响力很大的期刊上将其报道。

叶宁等[24]通过使用 $Na_2O-Cs_2O-B_2O_3$ 熔融助熔剂自发结晶合成了 $Na_2CsBe_6B_5O_{15}$ 晶体如图 5-1，该晶体包含通过平面$[BO_3]$基团桥联的二维硼氧化铍硼酸盐层$[Be_2BO_5]_\infty$，经 $Na_2CsBe_6B_5O_{15}$ 粉末样品的紫外可见漫反射分析表明，$Na_2CsBe_6B_5O_{15}$ 的短波长吸收边缘低于 200 nm，并且 SHG 效应是 KDP d_{36} 系数的 1.17 倍，如图 5-2 所示，由于$[BO_3]$基团相邻层之间的距离较短，因此产生大的 SHG 效应。

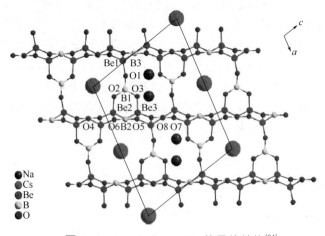

图 5-1　$Na_2CsBe_6B_5O_{15}$ 的晶体结构[24]

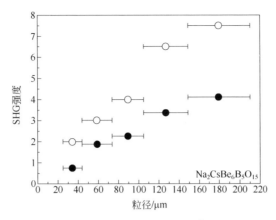

图 5-2　晶体 Na₂CsBe₆B₅O₁₅ 的 SHG 信号 [以 LBO(○)作为参考] [24]

陈创天等[25]通过分子设计工程用二价的 Ba^{2+} 代替 KBBF 中的一价的 K^+，通过用摩尔比为 (1~4)∶(1~4)∶(2~3)∶(3~4)∶(1~2)∶(4~5)的 $BaCO_3/BaF_2/BeO/NaF/NaBF_4/H_3BO_3$ 的混合物在助熔剂体系中自发结晶合成了 $BaBe_2BO_3F_3$(BBBF)晶体。经透射光谱（图 5-3）分析表明，Ba^{2+}—F^- 键连接形成了 $[Be_2BO_3F_2]_\infty$ 结构（图 5-4），比 KBBF 中的 K^+—F^- 离子键强，有利于改善分层增长趋势。BBBF 继承了 KBBF 的优越光性能，基于第一原理计算，此晶体有大的双折射（在 200 nm，$\Delta n = 0.081$）和中等折射率色散，如图 5-4 所示，这是确保 BBBF 下降到 DUV 区域（196 nm）的最短 SHG 相位匹配的关键因素。

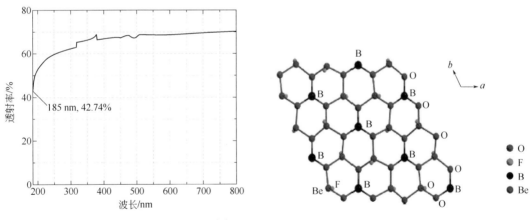

图 5-3　晶体 BBBF 的透射光谱[25]　　　　图 5-4　晶体 BBBF 沿 c 轴的$[Be_2BO_3F_2]_\infty$单元[25]

罗军华等在此方面也做了相当多的工作，最近几年合成了很多无铍硼酸盐，如 $K_3B_6O_{10}Cl$[26]、$Ba_4B_{11}O_{20}F$[27]、$Li_4Sr(BO_3)_2$[28]、$Rb_3Al_3B_3O_{10}F$[29]等。其中 $Li_4Sr(BO_3)_2$ 晶体是通过从一个高温熔融缺铍的 Li_2O-SrO-B_2O_3 体系中生长得到的，晶体继承了 KBBF 的结构特点，且光学性能优于 KBBF。此外，它通过增强层间键合作用（通过 Sr—O 键）大大减弱了层叠生长趋势，将二次谐波生成的效率提高到 KBBF 的 1/2 以上。它在 190 nm 处呈现深紫外吸收边（如图 5-5），相位不仅在可见光区域而且在紫外线区域都匹配，粉末 SHG 效率在 1064 nm 处大约为 KDP 的 2 倍（图 5-6）。

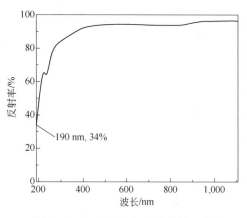

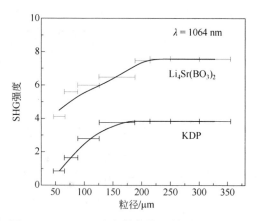

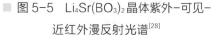

图 5-5 Li₄Sr(BO₃)₂晶体紫外-可见-
近红外漫反射光谱[28]

图 5-6 SHG 强度与粒径的函数关系(1064 nm)[28]

（2）磷酸盐系列材料

目前，市场能获得的 NLO 材料大部分都属于紫外-可见区域材料，且发现的深紫外区材料大部分是硼酸盐，很少有磷酸盐。直到最近陈玲组[30]发现了第一个不含硼的 DV-NLO 磷酸盐 $Ba_3P_3O_{10}Cl$ 和 $Ba_3P_3O_{10}Br$，它们的粉末 SHG 强度中具有 180 nm 的短 UV 截止边缘。但不幸的是，它们的 SHG 效应与 KBBF 相比非常小。不过经过研究者们的努力，一些在深紫外区域具有高 NLO 活性的磷酸盐相继被发现。

罗军华等[31]通过将 Rb_2CO_3、$BaCO_3$ 和 $(NH_4)_2HPO_4$ 以摩尔比 1∶4∶10 熔融混合在铂坩埚中，从高温熔融体系中自发结晶制备出了 $RbBa_2(PO_3)_5$ 晶体（**1**），晶体结构如图 5-7（b）所示。该晶体是通过缩合$[PO_4]^{3-}$形成了独特的$[PO_3]_\infty$链 [图 5-7（a）]，它在深紫外 NLO 磷酸盐中有最短的深紫外吸收边 163 nm 和最大 NLO 活性，如图 5-8 所示。根据第一原理计算，晶体的宏观 SHG 效应增强可能归因于$[PO_3]_\infty$链，与另一个由相同原料不同摩尔比合成的$[P_2O_7]^{4-}$二聚物（**2**）相比，此链明显地展示出了更大的宏观 SHG 系数，如图 5-9 所示。

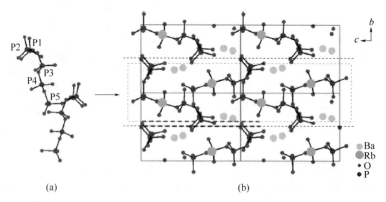

图 5-7 $[PO_3]_\infty$链结构（a）及 $RbBa_2(PO_3)_5$的晶体结构（b）[31]

潘世烈等[32]等通过常规固态技术合成了一个正磷酸盐 $LiCs_2PO_4$，此盐由边缘共享的 LiO_4-PO_4 四面体连接而成（图 5-10），该深紫外磷酸盐不含额外的阴离子基团，显示出了非常短的吸收边 $\lambda = 174$ nm 和较大的粉末 SHG 效应（是 KH_2PO_4 的 2.6 倍），如图 5-11 所示。第一原理计算的电子结构分析表明强的 SHG 效应可能源于非键合 O-2p 轨道。

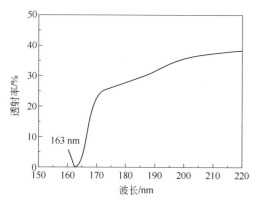

图 5-8　[PO₃]∞ 链的深紫外透射光谱[31]

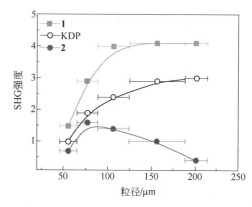

图 5-9　1 和 2 的 SHG 强度（1064 nm）[31]

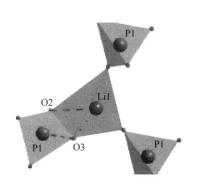

图 5-10　晶体 LiCs₂PO₄ 的组成[32]

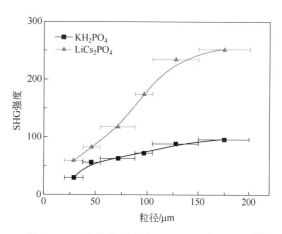

图 5-11　晶体的粒径与 SHG 强度的关系[32]

插图为当用 1064 nm 激光照射大块单晶时呈现绿色

（3）碳酸盐系列材料

当硼酸盐和磷酸盐在深紫外非线性材料方面得到很大发展时，人们在混合金属碳酸氟化物中也发现了不少可应用于此方面的材料。混合金属碳酸盐氟化物可通过固态水热方法合成。

叶宁等[33]利用分子设计工程，在熔融助熔剂中自发结晶合成了一个无铍氟化碳酸盐 Ca₂Na₃(CO₃)₃F（图 5-12），将 NLO 活性 [BO₃] 基团换成 [CO₃] 基团，使 SHG 效应增强。通过比较这两种异构结构的化合物，该化合物的 SHG 效应和双折射都有所改善，它在 190 nm 处呈现出具有深紫外吸收边的宽透明区域，如图 5-13 所示。理论计算预测该化合物具有大的 NLO 系数，双折射主要来源于 [CO₃]²⁻ 基团的贡献。

Halasyamani 等[34]成功地用固态水热法合成了 RbMgCO₃F 化合物，结构如图 5-14 所示，此化合物具有一个异常的 [MgCO₃]∞ 五

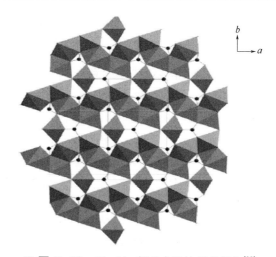

图 5-12　Ca₂Na₃(CO₃)₃F 的晶体结构[33]

边形平面结构。它在 1064 nm 和 532 nm 入射光照射下表现出的 SHG 效应如图 5-15 所示，分别为 160×α-SiO₂ 和 0.6×β-BaB₂O₄，并且有低于 190 nm 的短吸收边。RbMgCO₃F 具有 Mg(CO₃)₂F₂ 多面体角共享的三维结构。电子结构计算表明，尽管化合物表现出增强的中心位移，其通常与这些碳酸氟化物中的 SHG 效应相关，但由于 Mg^{2+} 的不均匀单配位和双齿配体结合，该化合物提供了增强的 SHG 效应。

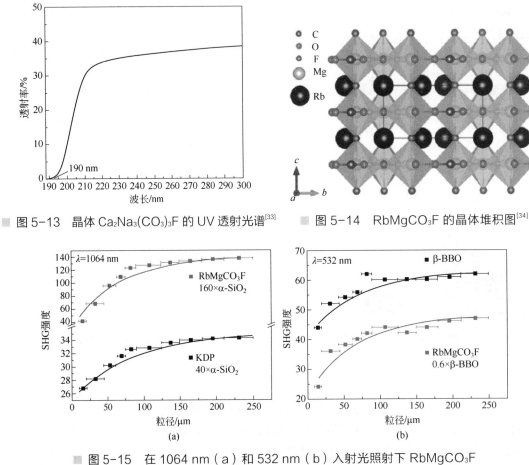

■ 图 5-13 晶体 Ca₂Na₃(CO₃)₃F 的 UV 透射光谱[33]　　■ 图 5-14 RbMgCO₃F 的晶体堆积图[34]

■ 图 5-15 在 1064 nm（a）和 532 nm（b）入射光照射下 RbMgCO₃F 粒径与 SHG 强度变化曲线[34]

5.2.2.2 有机非线性光学材料

有机非线性光学材料与无机材料相比有下列优点[35]：①有机材料的光极化来源于高度离域的 π 电子，其极化比无机材料的离子极化容易，故其非线性光学系数比无机材料高 1~2 个数量级，可高达 10^{-5} esu 量级；②响应速度快，接近于飞秒，而无机材料只有皮秒；③光学损伤阈值高，可高达 GW/cm² 量级，而无机材料只能达 MW/cm² 量级；④可通过分子设计、合成等方法优化分子性能；⑤可通过聚集态设计控制材料性能，满足器件需要；⑥可进行形态设计，加工成薄膜和纤维。有机非线性光学材料在频率转换和信号处理等方面有广阔的应用前景，其研究已成为高科技领域中重要的课题之一。

有机二阶非线性光学分子设计是材料设计（分子聚集态设计和材料形态设计）的基础。基于共轭极化理论、分子内电荷转移理论以及分子结构与二阶非线性光学性质关系的研究，为有机分子的设计奠定基础。目前在有机化合物非线性光学方面的研究主要集中在以下几类化合物[36]。

（1）有机低分子非线性光学材料

有机低分子非线性光学材料主要包含尿素及其衍生物、硝基苯胺衍生物、偶氮化合物、与乙炔基连接的化合物、与乙烯基连接的化合物、腙系及席夫碱系化合物、芳酮系化合物、吡啶衍生物、苯甲醛类化合物等。与无机材料相比有机低分子材料具有显著优点。近年来在这方面的研究也取得一系列进展。

宏观非线性光学性质主要以 SHG 和电光（EO）效应为主。目前许多研究旨在优化杂环 NLO 发色团中的微观非线性，然后将其嵌入聚合物、树枝状大分子材料中。强电子密度供体和受体基团通过有效电子共轭连接，产生高度的电子不对称和超极化 NLO 发色团。有机材料的非线性光学主要基于聚合物和含有偶极发色团的大分子。在过去十年中，非线性材料发色团的合成已经远离了简单化的受体，如硝基、氰基、二氰基乙烯基和三氰基乙烯基，由于它们的电子接受能力和结构稳定性低，因此用几种常见的杂环受体，如 2-[3-氰基-4,5,5-三甲基-6H-(5,5-二甲基-2-环己烯)-2-亚基]-丙二腈（CLD）、2-{3-氰基-4,5,5-三甲基-5H-[3,4-(5,5-二甲基-2-环己烯)-2-环己烯]-2-亚基}-丙二腈（GLD）和 2-(3-氰基-4,5,5-三甲基-5H-呋喃-2-亚基)-丙二腈（TCF）来取代它们，这几个化合物具有稳定的平面结构，且具有显著增加的接受电子性质[37]。还有独特的量子力学性能，且这些受体可以在不同的光吸收特性（红移变化）上体现出来，因此这些材料在通信方面具有非常重要的应用[38]。

如图 5-16 所示，这些代表性发色团的 EO 活性都为 30 pm/V。此外，这些有机材料还具有高度改善的热稳定性（$T_d > 300\ ℃$）和优异的溶解性。TCF 受体的一个主要缺点是使用常规方法合成，降低了发色团的制备产率。因此，在对其进行进一步合成研究时，研究了以 2,5-二氢呋喃衍生物作为电子受体的 NLO 发色团的新合成方法，而后通过微波辅助的合成方法，显著提高了 TCF 衍生物和其发色团合成的总产率。

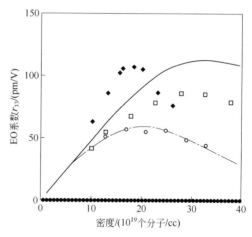

图 5-16　发色团密度与 EO 的函数关系[37]

发色团 TCF（○）、CLD（□）和 GLD（◆）

（2）高分子非线性光学材料

有机高分子非线性光学材料应用最多的是聚乙炔、聚二乙炔、聚苯并二噻吩、聚甲基苯基硅烷等。由于具有大的 π 电子共轭体系、非线性光学系数大、响应速度快、直流介电常数低等诸多优点，有机高分子非线性光学材料备受研究人员关注。此外，由于高分子非线性光学材料分子链以共价键连接，化学稳定性好，结构可变性强，可制成如膜、片、纤维等各种形式，被认为是最有希望的非线性光学材料。

Tsutsumib[39] 及其团队发表的"用于非线性光学的稳定聚合材料：基于偶氮苯系统"的综述，简要介绍了基于偶氮苯单元的高热稳定性和时间稳定性的 NLO 聚合物材料。文中首先介绍了非线性光学原理以及各种非线性光学聚合材料的原理，包括客-主体、侧链聚合物、主链聚合物的优点和缺点等，极化技术以及用于聚合物非线性光学测量的实验方法等。随后讨论各种稳定的偶氮苯基聚合物材料，以及生产稳定的聚合物 NLO 材料的方法。

① 用于生产稳定的聚合物 NLO 材料的方法，如图 5-17 所示。

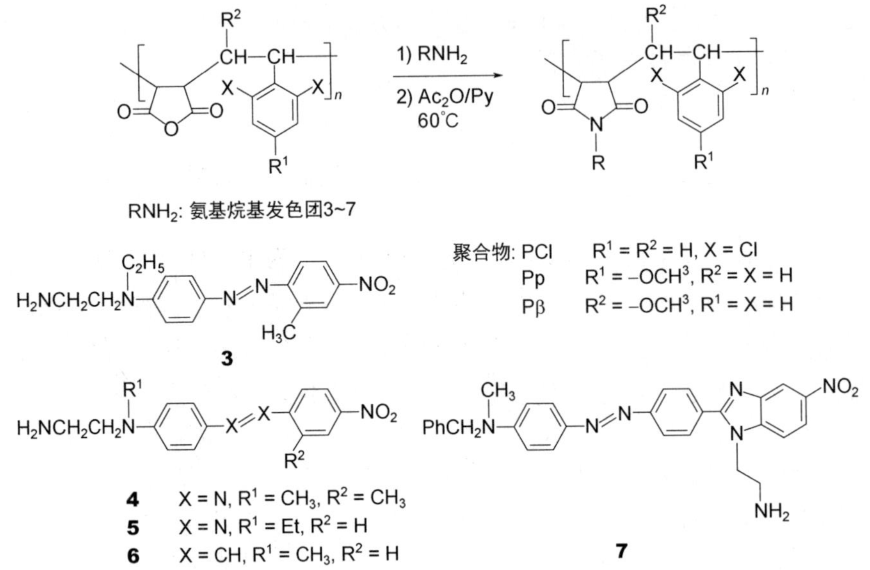
1) RNH2
2) Ac2O/Py
60°C
RNH2: 氨基烷基发色团3~7
聚合物: PCl R1 = R2 = H, X = Cl
Pp R1 = -OCH3, R2 = X = H
Pβ R2 = -OCH3, R1 = X = H
3
4 X = N, R1 = CH3, R2 = CH3
5 X = N, R1 = Et, R2 = H
6 X = CH, R1 = CH3, R2 = H
7

■ 图 5-17 生产稳定的聚合物 NLO 材料的方法[39]

② 具有侧链 NLO 发色团的聚酰亚胺的结构，如图 5-18 所示。

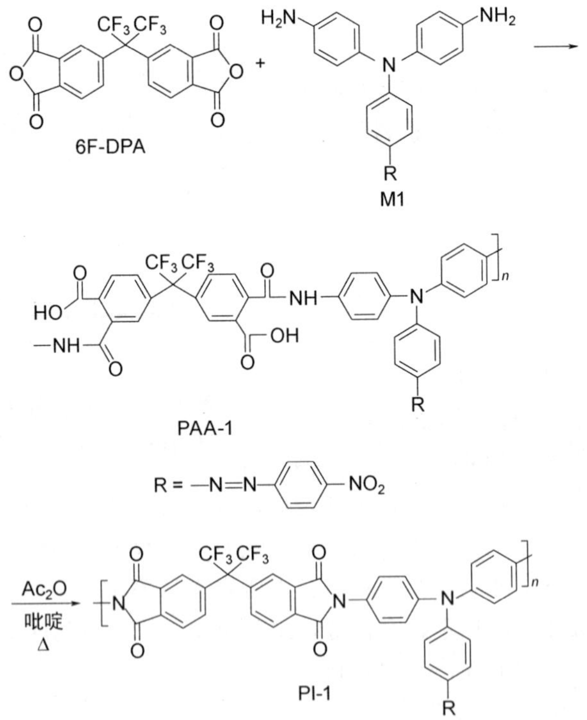
6F-DPA
M1
PAA-1
R = —N=N—C6H4—NO2
Ac2O
吡啶
Δ
PI-1

■ 图 5-18 具有侧链 NLO 生色团的聚酰亚胺的结构[39]

（3）金属有机非线性光学材料

金属有机非线性光学材料的研究始于 1986 年，是非线性光学材料一个较新的研究方向。金属配合物与有机/无机复合非线性光学材料相似，它们都兼具有机非线性光学材料和无机非线性光学材料的共同优点，又能避免两者的不足，成为非线性光学材料研究的热点。金属有机化合物的结构类型主要有 π-芳基三羰基金属型、二茂铁衍生物型、平面四方形、吡啶羧基配合物等。

姚元根及其团队通过对基于锌/铅等离子体发光金属有机骨架材料的拓扑分析和对非线性光学活性的研究[40]中，通过单晶 X 射线衍射表征 $3D[Zn(ip)]_n$ 和 $[Pb_4(\mu_4\text{-}O)(ip)_3(H_2O)]_n$ 两个配合物具有不同晶体结构和不同桥联模式的 ip 配体。第一个化合物的 3D 框架由 ip 配体与 ZnO_4 多面体的互联构成，相比之下，第二个化合物由 Pb_4O 簇形成，且第一个化合物显示出约 2.5 倍 KH_2PO_4 的 SHG 效率。

5.2.2.3　无机-有机杂化非线性光学材料

前面对无机化合物和有机化合物非线性光学材料的研究进展作了简单介绍，通过比较它们各自的特点可以看出，虽然有机非线性光学材料具有诸多优势，但缺少实际应用所必需的可靠性和热稳定性，而这正是无机材料的优势所在。因此，如果能够将两者的优势结合起来，获得兼有高非线性性能和良好的热稳定性的非线性光学材料，那么这种材料一定具有很好的应用前景。

（1）有机-无机杂化钙钛矿材料

金属卤化物钙钛矿由于具有高载流子迁移率、可调光致发光特性等突出优点，且已在光伏发电二极管和激光器方面的广泛研究，引起了物质科学界的极大兴趣。最近的研究还表明，金属卤化物钙钛矿表现出非常有吸引力的非线性光学性能。2016 年北京理工大学钟海政等[41]通过 Z 扫描技术研究了钙钛矿 $CH_3NH_3PbBr_3$ 量子点和 $CsPbBr_3$ 量子点的非线性光学性质，图 5-19 和图 5-20 结果表明，由于光诱导的取向效应，$CH_3NH_3PbBr_3$ 钙钛矿量子点的非线性吸收特性比 $CsPbBr_3$ 量子点的非线性吸收特性明显，这可能与 $CH_3NH_3^+$ 和 Cs^+ 的结构差异有关。作者认为 $CH_3NH_3PbBr_3$ 量子点是潜在的非线性光学材料，并且在光学限制、光学计算或光学存储中具有潜在的应用价值。

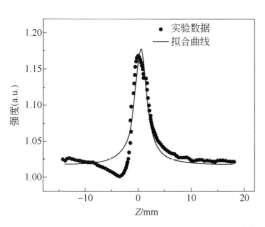
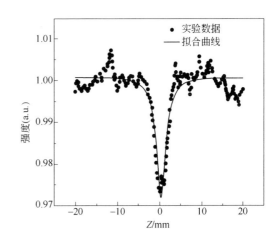

■ 图 5-19　$CsPbBr_3$ 量子点的非线性信号[41]　　■ 图 5-20　$CH_3NH_3PbBr_3$ 量子点的非线性信号[41]

2017 年华东理工大学陈彧等[42]将 $CH_3NH_3PbI_3$ 钙钛矿:PVK［聚(N-乙烯基咔唑)］混合物（以下简写为 CP）分别在 N,N-二甲基甲酰胺（DMF）和聚甲基丙烯酸甲酯（PMMA）基体中退火前和退火后的非线性光学性能做比较，使用开孔 Z 扫描方法。其线性和非线性性质如

表 5-1 所示（T_0：线性透光率；α_0：线性吸收系数；β_{eff}：非线性系数；$Im\chi^{(3)}$：虚数三阶磁化率），研究结果表明，对共混物的退火处理显著提高了材料的 NLO 效应。作者认为，在退火过程中，共混物 PVK 和 $CH_3NH_3PbI_3$ 之间引起更有效的分子间电荷转移效应，因此进一步提高了共混物的 NLO 性能。

表 5-1 样品 CP 的线性和非线性数据[42]

激光	输入脉冲能量	样品	T_0/%	α_0/cm^{-1}	β_{eff} /(cm/GW)	$Im\chi^{(3)}$ /$\times 10^{-13}$esu
532 nm	250 μJ，10 Hz	CP 的 DMF 溶液	81.66	2.03	—	—
		退火处理的 CP 的 DMF 溶液	80.03	2.23	−1.22	−0.42
	250 μJ，2 Hz	3% CP/PMMA	45.99	221.93	226.95	96.99
		3%退火处理的 CP/PMMA	54.10	122.87	242.67	103.71
		6% CP/PMMA	23.80	205.07	342.89	146.53
		6%退火处理的 CP/PMMA	35.28	260.46	818.53	249.80
1064 nm	750 μJ，10 Hz	CP 的 DMF 溶液	89.20	1.14	—	—
		退火处理的 CP 的 DMF 溶液	87.32	1.36	1.63	0.56
	600 μJ，2 Hz	3% CP/PMMA	51.51	189.54	9	3.85
		3%退火处理的 CP/PMMA	58.07	108.70	160.75	68.70
		6% CP/PMMA	27.28	185.57	88.19	37.70
		6%退火处理的 CP/PMMA	39.47	232.41	494.34	211.26

（2）可切换的非线性光学材料

可控和可切换的 NLO 材料是能够可逆地改变 NLO 效率以使得能够对诸如温度、光、压力、电场和磁场等外部刺激做出响应的材料。将可切换性纳入 NLO 材料增加了其在光电子或光子技术中应用的可能性，例如用于光学数据存储的光学存储器。然而，高性能固态可切换非线性光学材料的探索仍然是一个挑战。

科学家在极化的偶氮苯和含螺旋体聚合物中发现了第一例具有可切换 SHG 性质的非线性光学材料。然而，发色团的热随机化导致 NLO 性质的不可逆衰减，并且最终导致中心对称结构失去 SHG 性质。之后，使用钌配合物的光致变色晶体和薄膜（基于氧化还原反应）作为经典实例来设计固态 NLO 开关。然而，报道的 NLO 对比已经降低到非常低的值，并且仅获得有限数量的"开/关"循环次数。共晶体作为最有希望的策略之一，已经受到广泛关注，其方法主要是通过各个组分的协同效应来改变化合物的 NLO 性质。其中，有机-无机杂化共晶体由于在单一分子量级复合材料中组合所需有机和无机特性的可能性而突显出更多的潜力。

2015 年，中科院福建物质结构研究所罗军华等[43]基于这一原理报道了一种有机-无机杂化共晶体配合物$[H_2dabcoCl_2][FeCl_3(H_2O)_3]$（dabco=1,4-二氮杂双环[2.2.2]辛烷）。该晶体通过在水中以一定摩尔比混合浓盐酸、dabco 溶液、氯化铁（Ⅲ）溶液，缓慢蒸发溶剂制得，晶体结构如图 5-21，在低温相的空间群为 $P2_12_12_1$，高温相为 $Pnma$。

通过 SHG 测试，该化合物 SHG 信号随温度变化曲线如图 5-22 所示，饱和值的 SHG 强度约为 KH_2PO_4 的 0.8 倍，化合物具有约 0.31 pm/V 的 NLO 响应，图 5-23 显示化合物具有至少 8 个循环的 SHG 切换的高重复性，转换对比度（约 25）。微观晶体结构分析表明，化合物的 NLO 切换归因于无机部分$[FeCl_3(H_2O)_3]$组分的再定位取代和 dabco 阳离子的有序-无序转化。

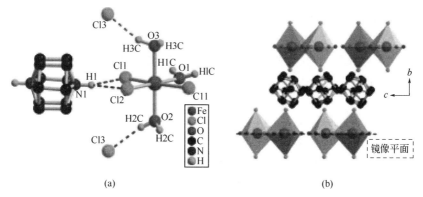

图 5-21　293 K 下晶体的不对称单元（a）和无机-有机交替层状结构（b）[43]

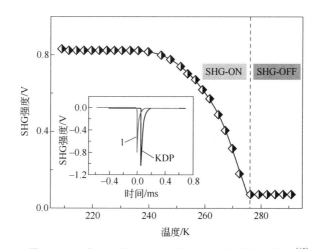

图 5-22　在 T_c 附近 SHG 信号随温度的变化曲线[43]

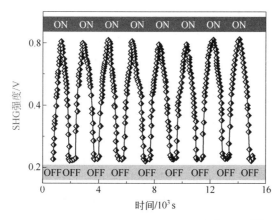

图 5-23　化合物的 SHG "开/关" 循环[43]

　　NLO 强度通常与偶极子结构的排列有关。该化合物 SHG 切换源于其热诱导结构变化上。此外，由于氢键的强度和方向性，其相变的起源可以大致归因于晶格中的原子或极性成分的强耦合运动，因此当相变从中心对称到非中心对称时，这些强耦合可以引起大的分子力矩，并且因此导致在 SHG-ON 状态下的大的宏观 NLO 响应。

　　一种更有吸引力的 NLO 响应切换的化合物的发现方法是晶体具有从非中心对称到中心对

称顺序的可逆相变，基于这种方案，已经逐渐发现了一些简单的固态有机盐 NLO 开关，已经报道的金属-有机骨架通常表现在 0.05~0.3 pm/V 之间的宏观 NLO 响应。东南大学熊仁根等[44]报道了化合物$[C_6H_{11}NH_3]_2CdCl_4$通过在室温下蒸发一定化学计量的环己胺盐酸盐和氯化镉的水溶液，得到大的无色片状晶体，晶体结构如图 5-24 所示，该晶体在较高的相变温度附近显示可切换的 NLO 行为。

通常，从非中心对称空间群到中心对称空间群或到另一非中心对称空间群的结构相变将始终伴随具有不同 SHG 响应的两个状态。如图 5-25 所示，化合物的 SHG 信号出现在从 170~405 K 的整个测量温度范围内，与两相转换过程中空间群从 *Cm* 到 *Cmc2₁* 到 I222 的变化非常相符。文中提出该化合物的 SHG 活性主要取决于其内在的结构特征，晶体中的 Cd^{2+} 具有高度极化的闭壳 d^{10} 构型。在 $[CdCl_4]^n$ 链中，Cd 原子由两个桥连和 3 个末端的 Cl 原子配位，使得链缺乏对称中心。此外，无机层中的相邻阴离子链在每个相中以平行的方式排列。这些结构特征有利于该晶体结晶在非对称空间群中，从而产生 SHG 信号。

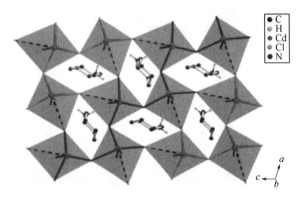

图 5-24　晶体结构堆积图[44]

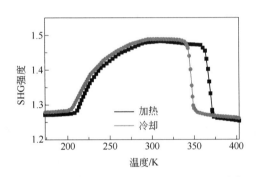

图 5-25　SHG 信号随温度的变化[44]

（3）插层无机-有机杂化材料

插层无机-有机杂化材料是将原子、分子或离子插入到石墨、硫属化合物、氧化物、卤氧化合物、氢氧化物和硅酸盐等层状结构材料的层间，形成长程有序结构，类似于超晶格，并且发现了许多特异性能材料。目前已用于有机二阶非线性光学分子聚集态设计中，制备出了 $Cd_{0.86}PS_3(DAMS)_{0.28}$ 和 $Mn_{0.86}PS_3(DAMS)_{0.28}$ 两种插层化合物。4-[2-(4-甲氨基苯基)乙烯基-1-甲基]-1-甲基吡啶鎓阳离子（DAMS'）在 $CdPS_3$ 和 $MnPS_3$ 层状化合物的层间自发取向，二者在 0.3~1 μm 的粉末 SHG 效率分别是尿素的 750 倍和 300 倍，且几个月后未衰减。同时，无机组分给材料提供了磁性（$T_c = 40$ K）和好的结晶性，赋予材料多种性能。这种有机-无机层状复合材料，无机组分既具有有机-无机共晶中无机组分、包结络合物中 β-环糊精或脱氧胆酸（ADC）等、极化聚合物中高分子骨架、无机分子筛、无机凝胶或玻璃，有机-无机杂化材料中的无机组分等载体（自身并不赋予材料三阶非线性光学活性，反而因降低有机活性分子的含量而降低材料二阶宏观非线性活性）的优化材料综合性能的作用，又具有特异性能，为多功能精细复合材料的研究开辟了新的途径。

5.2.2.4　配合物的非线性光学性质

（1）配位化学中的二阶非线性光学性质

二茂铁的一系列衍生物，其二阶非线性光学性质较具代表性。Green 等人[45]首先报道了茂金属衍生物 Z-1-二茂铁基-2-(4-硝基苯基)乙烯（如图 5-26 中的 **8**）NLO 效应，并且在晶体中观察到相当大的 SHG 效率。后来有人发现，图 5-26 中异构体 **9** 在中心对称的空间群中结晶，显示更大的超极化性，此时化合物中的 SHG 效应消失。这种差异性的发现，使得人们将以后的研究重点倾向于将二茂铁基的 NLO 生色团设计成非中心对称的晶体。随后，Balavoine 等人[46]依据此规律合成了该类新型具有 SHG 效应的二茂铁衍生物，如图 5-26 中 **10a~10c**。接下来，在寻找新的二茂铁衍生物时，非手性化合物图 5-26 中 **11** 在非中心对称的 P1 空间群中偶然结晶，每个细胞具有单个分子。在这个有趣的结构中，NLO 发色团在晶体中都完全对齐，从而导致在所产生的宏观电荷转移方向上的完美的一维 NLO 响应，因此产生了大的 SHG 效率。通过以上研究发现，非中心对称只是实现二阶非线性要求的一种可能的参照。

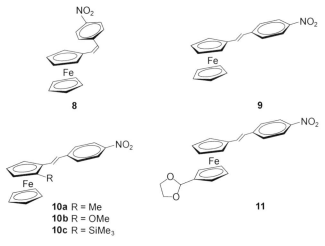

图 5-26   二茂铁衍生物[45,46]

Pascal G. Lacroix 等人[47]总结了几类席夫碱类配合物（图 5-27）NLO 的产生。图中配合物 **12** 中的 Ni^{II} 作为 NLO 响应中的供体，因其在 π 共轭核心的中心位置，增强了整个有机骨架

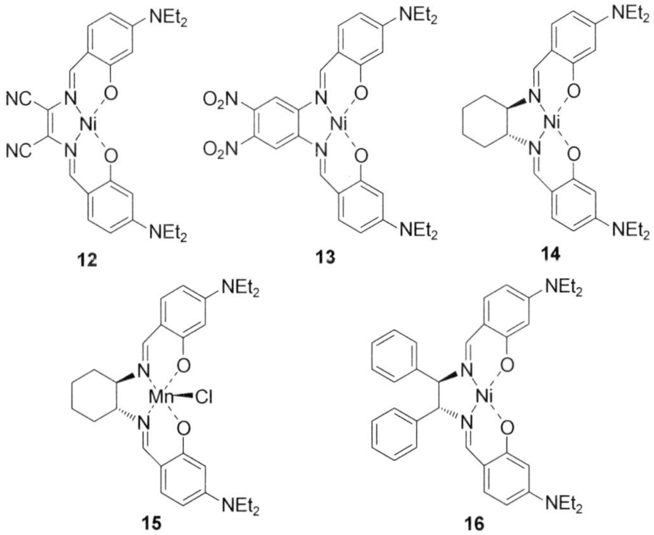

图 5-27   席夫碱类配合物

的分子内靶向转移行为，并且最终导致非线性增强。在这种类型的 Ni^{II} 席夫碱配合物 **13** 中，分子超极化性进一步优化，非线性值是化合物 **12** 的两倍。在 Ni^{II} 配合物 **14** 中—C=N—C 与添加的两个不对称碳原子，在(1R-2R 或 1S-2S)对映异构体的非中心对称空间群中进行结晶化，得到的 SHG 值是尿素的 **0.25** 倍，其值仍然很小。但在 Mn^{III} 复合物 **15** 中，SHG 值进一步优化为尿素的 **8** 倍。图中配合物 **16** 是有更大体积的手性取代基的 Ni^{II} 配合物，虽然类似于配合物 **14** 的结构，但是，SHG 效率是尿素的 **13** 倍。从以上分析认为 NLO 性质和分子手性之间可能存在一般相关性。从化合物 **14** 和 **16** 可以看出，手性取代基越大，则 NLO 效应越高。

2012 年 Vincent Rodriguez 等[48]使用超瑞利光散射（HRS）测量了两种无机席夫碱类金属配合物（M = Fe^{II}，Zn^{II}）的二次超极化率。研究的 Fe^{II} 微晶显示在 $T_{1/2}$ = 233 K 时出现从反磁性到顺磁态的热自旋交叉（SCO），其可以由 HRS 信号呈现，其适度强度主要是由于其中心对称结构。反磁性 Zn^{II} 微晶甚至导致 HRS 强度更弱（约 400 倍），如图 5-28 所示。分析认为 Fe^{II} 复合物的 HRS 变化归因于两个方面，即分子 SCO 现象和伴随光极化的晶体取向。因此，SCO 和非线性光学性质之间的联系首次得到了证实。

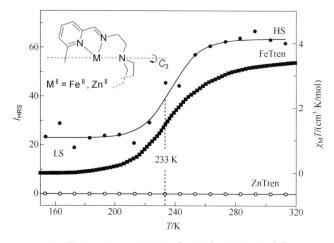

■ 图 5-28　配合物 Fe^{II}、Zn^{II} 的 HRS 图[48]

2016 年 Luca Pilia 等[49]报道了一种新颖的平面二亚胺二硫酸盐 NLO 发色团，文中报道的配合物为[Ni(o-phen)(bdt)]，其中（o-phen = 1,2-苯基二胺；bdt = 1,2-苯二硫醇），图 5-29 所示光谱和计算研究表明，在 728 nm 处的光吸收来自 HOMO-LUMO 转变。

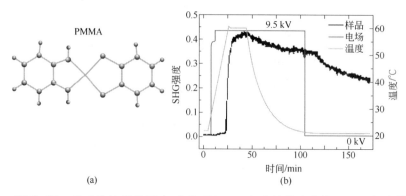

■ 图 5-29　化合物的晶体图（a）和 PMMA 包裹的化合物的 SHG（b）[49]

通过电场诱导二次谐波法（EFISH）测量得到该化合物的二阶 NLO 性质，分别为 $\mu\beta_{1.907} = -1000\times10^{-48}$ esu 和 $\mu\beta_0 = -356\times10^{-48}$ esu。该化合物被并入 PMMA 极化膜中，相比于类似的金属配合物具有非常高的 NLO 响应 $[d_{33} =(1.90 \pm 0.38)$ pm/V$]$。值得注意的是，该配合物是二亚氨基二硫醇发色团并入 NLO 活性膜中的第一个实例。

（2）配合物中的三阶非线性光学性质

2016 年苏州大学郎建平课题组[50]总结了 Mo(W)-Cu-S 族的三阶非线性光学性质，并解释了引发非线性光学性质的原理。非线性光学特性（NLO）对于某些材料是固有的，并且材料的光学行为的变化，又会影响通过材料时的光学特性。这种现象可用于调谐偏振状态或光的频率。例如，在红宝石激光照射下，石英晶体表现出 SHG 或倍频效应。Mo(W)-Cu-S 化合物表现出立体效应，例如三次谐波发生（THG）或四波混频效应（FWM），是非常有希望的三阶 NLO 材料。三阶效应相比于二阶非线性材料要求的结构的不对称性，没有任何限制。在结构上，含有离域电子的极化分子，例如扩展的 π 系统，可能表现出光学非线性。因此，由于 Mo(W)-Cu(Ag)-S 簇材料处于 d_π-p_π 离域系统和 d_π-d_π 共轭体系，它们是潜在的较好的 NLO 材料。通过 Z 扫描测试的化合物的三阶 NLO 性质列于表 5-2。

表 5-2　超极化率[50]

分子式	γ /esu
[Et$_4$N]$_2$[MoOS$_3$(CuCN)]	1.55×10^{-29}
[PPh$_4$]$_2$[Cp*MoS$_3$(CuBr)$_3$]$_2$	5.85×10^{-29}
[PPh$_4$]$_2$[Cp*MoS$_3$(CuNCS)$_3$]$_2$	3.09×10^{-29}
[Tp*WS$_3$(CuBr)$_3$]	0.34×10^{-31}
[Et$_4$N][Tp*WS$_3$(CuCl)$_3$]	—
{[Et$_4$N]$_2$[MoOS$_3$Cu$_2$(CN)]$_2$·2aniline}$_n$	6.78×10^{-29}
{[Et$_4$N]$_2$[MoOS$_3$Cu$_3$(CN)$_3$]}$_n$	2.47×10^{-28}
{[(Cp*MoS$_3$Cu$_3$)$_2$(bpea)$_2$Br$_4$]·DMF·MeCN}$_n$	4.29×10^{-29}
{[(Cp*MoS$_3$Cu$_3$)$_2$(bpea)$_3$Br$_4$]}$_n$	4.00×10^{-29}
{[(Cp*MoS$_3$Cu$_3$)$_2$(bpea)$_{3.5}$Br$_4$]·MeCN}$_n$	2.98×10^{-29}
{[(Cp*MoS$_3$Cu$_3$)$_2$(bpea)$_4$Br$_4$]·0.35DMF}$_n$	4.87×10^{-29}
[Cp*MoS$_3$Cu$_3$(bpp)Br$_2$]$_n$	4.03×10^{-29}
[Cp*MoS$_3$Cu$_3$(pyz)(NCS)$_2$]$_n$	2.99×10^{-29}
{[(Cp*MoS$_3$Cu$_3$)$_2$(NCS)$_4$(bpea)$_3$]·3(aniline)}$_n$	2.96×10^{-29}
{[(Cp*MoS$_3$Cu$_3$)$_2$(bpp)$_3$(NCS)$_3$](NCS)}$_n$	3.86×10^{-29}
{Cp*MoS$_3$Cu$_3$(tpt)(aniline)(NCS)$_2$]·0.75(aniline)·0.5H$_2$O}$_n$	2.67×10^{-29}
{[Cp*MoS$_3$Cu$_3$(NCS)$_2$(H$_2$tpyp)$_{0.4}$(Cu-tpyp)$_{0.1}$]·2(aniline)·2.5benzene}$_n$	6.80×10^{-29}
[Tp*WS$_3$Cu$_3$(μ_3-DMF){Cu(CN)$_3$}]$_{2n}$	4.34×10^{-31}
K[Tp*WS$_3$Cu$_3$(μ_3-DMF){Cu$_2$(CN)$_{4.5}$}]$_{2n}$	4.39×10^{-31}
[Tp*WS$_3$Cu$_3$(μ_3-DMF)(CN)$_3$Cu(py)]$_n$	4.26×10^{-31}
[Tp*WS$_3$Cu$_3$(μ_3-DMF)(CN)$_3$Cu]$_n$	4.36×10^{-31}
{[Tp*WS$_3$Cu$_3$(μ_3-DMF)(CN)$_3$Cu]·4aniline}$_n$	4.48×10^{-31}
{[Tp*WS$_3$Cu$_3$(μ_3-DMF)(CN)$_3$Cu]·2(DMF)$_{0.5}$·(MeCN)$_{0.5}$}$_n$	4.44×10^{-31}

Danilo Dini 等[51]总结了一系列金属-有机聚合物的三阶非线性光学性质，探索影响 NLO 性质的因素。通过在 DMF 溶液中的 Z 扫描实验，研究了一系列聚合物材料，表 5-3 给出了所报道的金属-有机聚合物的 $\chi^{(3)}$ 参数。通过总结一系列数据得到，1D 聚合物的三阶 NLO 性质比用相同配体形成的 2D 聚合物的 NLO 性能更强。分析原因认为，结构对金属有机聚合物的 NLO 性质的影响，这可能是由 π 电子云在整个链上的离域化。此外，2D 聚合物的三阶 NLO 参数主要由有机桥连配体控制，因此可以通过配位中心离子来调节。这意味着中心金属离子的价电子层结构可能对 NLO 性质的强度有一定的影响，因为金属中心上的空轨道将与配体的 π 体系和轴向基团有电子转移。

表 5-3　$\chi^{(3)}$ 参数[51]

配位聚合物	$\chi^{(3)}/10^{-12}$esu
$[Zn(bbbt)(NCS)_2]_n$ (1D)	16.2
$[Co(bbbt)_2(NCS)_2]_n$ (2D)	2.05
$[Mn(bbbt)_2(NCS)_2]_n$ (2D)	1.27
$[Zn(pbbt)(NCS)_2]_n$ (1D)	10.8
$\{[Co(pbbt)_2(NCS)_2]\cdot H_2O\}_n$ (1D)	29.4
$\{[Ni(pbbt)_2(NCS)_2]\cdot H_2O\}_n$ (1D)	10.7
$[Pb(bbbm)_2(NO_3)_2]_n$ (2D)	16.7
$\{[Co(bbbm)_{1.5}(NO_3)_2]CH_3OH\}_n$ (2D)	26.7
$\{[Zn(NCS)_2(bpfp)_2]\cdot 2H_2O\}_n$ (2D)	2.53
fcz	0.35
$\{[Zn(fcz)Cl_2]\cdot CH_3OH\}_n$ (1D)	4.48
$\{[Cd(fcz)_2Cl_2]\cdot 2(CH_3OH)(H_2O)\}_n$ (2D)	0.32
$\{[Co(fcz)_2Cl_2]\cdot 2CH_3OH\}_n$ (2D)	0.37

注：fcz = α-(2,4-difluorophenyl)-α-(1H-1,2,4-triazol-ylmethyl)-1H-1,2,4-triazole-1-ethanol(common name: flucomazole); bbbt = 1,1-(1,4-butanediyl)bis-1H-benzotriazole; pbbt = 1,1-(1,3-propylene)bis-1H-benzotriazole; bbbm = 1,1-(1,4-butanediyl)bis-1H-benzimidazole; bpfp = N,N-bis(4-pyridylformyl)piperazine。

5.3　应用与展望

研究非线性光学对激光技术、光谱学的发展以及物质结构分析等都有重要意义。利用非线性光学晶体的倍频、和频、差频、光参量放大和多光子吸收等非线性过程可以得到频率与入射光频率不同的激光，从而达到光频率变换的目的。这类晶体广泛应用于激光频率转换、四波混频、光束转向、图像放大、光信息处理、光存储、光纤通信、水下通信、激光对抗及核聚变等研究领域。例如：①利用各种非线性晶体做成电光开关和实现激光的调制。②利用二次及三次谐波的产生、二阶及三阶光学和频与差频实现激光频率的转换，获得短至紫外、真空紫外，长至远红外的各种激光；同时，可通过实现红外频率的上转换来克服在红外接收方面的困难。③利用光学参量振荡实现激光频率的调谐。与倍频、混频技术相结合已可实现从中红外一直到真空紫外宽广范围内调谐。④利用一些非线性光学效应中输出光束所具有的位相共轭特征，进行光学信息处理、改善成像质量和光束质量。⑤利用折射率随光强变化的性质做成非线性标准具和各种双稳器件。⑥利用各种非线性光学效应，特别是共振非线性光学效应及各种瞬态相干光学效应，研究物质的高激发态及高分辨率光谱以及物质内部能量和激发的转移过程及其他弛豫过程等。

参 考 文 献

[1] Franken, P. A.; Hill, A. E.; Peters, C. W. *Phys. Rev. Lett.,* **1961**, *7*, 118.

[2] Bloembergen, N. *Appl. Opt.,* **1973**, *12*, 661.

[3] Prior, Y.; Bogdan, A. R.; Dagenais, M.; et al. *Phys. Rev. Lett.,* **1981**, *46*, 111.

[4] Fleischhauer, M.; Imamoglu, A.; Marangos, J. P. Rev. Modern Phys., **2005**, *77*, 633.

[5] Chen, C. T.; Wang, Y. B.; et al. *Nature,* **1995**, *373*, 322.

[6] Moskovits, M. *Rev. Modern Phys.,* **1985**, *57*, 783.

[7] Gustafsson, M. G. L. *Proceedings of the National Academy of Sciences of the United States of America,* **2005**, *102*, 13081.

[8] Mourou, G. A.; Tajima, T.; Bulanov, S. V. *Rev. Modern Phys.,* **2006**, *78*, 309.

[9] Wang, L. J.; Kuzmich, A.; Dogariu, A. *Nature,* **2000**, *406*, 277.

[10] Keller, U.; Tropper, A. C. *Physics Reports Review Section of Physics Letters.,* **2006**, 429, 67.

[11] Yoffe, A. D. *Adv. Phys.,* **2002**, *51*, 799.

[12] Cho, M. J.; Choi, D. H.; Sullivan, P. A.; et al. *Prog. Polym. Sci.,* **2008**, *33*, 1013.

[13] Wong, M. S.; Bosshard, C.; et al. *Adv. Mater.,* **1996**, *8*, 677.

[14] Wang, Y.; Pan, S. L. *Coord. Chem. Rev.,* **2016**, *323*, 15.

[15] Kozyreff, G.; Dominguez Juarez, J. L.; Martorell, J. *Laser & Photonics Reviews,* **2011**, *5*, 737.

[16] Gholmieh, G.; Soussou, W.; et al. *Biosensors & Bioelectronics.,* **2001**, *16*, 491.

[17] Zaitseva, N.; Carman, L. *Prog. Cryst. Growth Charact. Mater.,* **2001**, *43*, 1.

[18] Pavlichenkov, I. M. *Physics Reports-Rev.: Phys. Lett.,* **1993**, *226*, 173-279.

[19] Lin, T. C.; Cole, J. M.; et al. *J. Phys. Chem. C,* **2013**, *117*, 9416.

[20] Long, N. J. *Angew. Chem. Int. Ed.,* **1995**, *34*, 21.

[21] Eaton, D. F. *Science.,* **1991**, *253*, 281.

[22] Nalwa, H. S. *Adv. Mater.,* **1993**, *5*, 341.

[23] Chen, C. T.; Wu, Y. C.; et al. *J. Opt. Soc. Am. B: Opt. Phys.,* **1989**, *6*, 616.

[24] Wang, S.; Ye, N. *J. Am. Chem. Soc.,* **2011**, *133*, 11458.

[25] Guo, S.; Jiang, X.; et al. *Chem. Mater.,* **2016**, *28*, 8871.

[26] Wu, H.; Pan, S.; et al. *J. Am. Chem. Soc.,* **2011**, *133*, 7786.

[27] Wu, H.; Yu, H.; et al. *J. Am. Chem. Soc.,* **2013**, *135*, 4215.

[28] Zhao, S.; Gong, P.; et al. *Nat. Commun.,* **2014**, *5*, 4019.

[29] Zhao, S.; Gong, P.; *J. Am. Chem. Soc.,* **2015**, *137*, 2207.

[30] Yu, P.; Wu, L. M.; et al. *J. Am. Chem. Soc.,* **2014**, *136*, 480.

[31] Zhao, S.; Gong, P.; et al. *J. Am. Chem. Soc.,* **2014**, *136*, 8560.

[32] Li, L.; Wang, Y.; et al. *J. Am. Chem. Soc.,* **2016**, *138*, 9101.

[33] Luo, M.; Song, Y.; et al. *Chem. Mater.,* **2016**, *28*, 2301.

[34] Tran, T. T.; He, J.; et al. *J. Am. Chem. Soc.,* **2015**, *137*, 10504.

[35] Burroughes, J. H.; Bradley, D. et al. *Nature.,* **1990**, 347, 539.

[36] Evans, O. R.; Lin, W. B., *Acc. Chem. Res.,* **2002**, *35*, 511.

[37] Min, J. C.; Dong, H. C.; Sullivan, P. A.; et al. *Prog. Polym. Sci.,* **2008**, *33*(11), 1013.

[38] Liao, Y.; Eichinger, B. E.; et al. *J. Am. Chem. Soc.,* **2005**, *127*, 2758.

[39] Yesodha, S. K.; Pillai, C. K. S.; Tsutsumib, N. *Prog. Polym. Sci.,* **2010**, *35*, 1482.

[40] Zhang, L.; Qin, Y. Y. *Inorg. Chem.,* **2008**, *47*, 8286.

[41] Lu, W. G.; Chen, C.; et al. *Adv. Opt. Mater.,* **2016**, *4*, 1732.

[42] Bai, T.; Dong, N.; et al. *RSC Adv.,* **2017,** *7,* 1809.

[43] Chen, T.; Sun, Z.; et al. *J. Mater. Chem. C,* **2016,** *4,* 266.

[44] Liao, W. Q.; Ye, H. Y. *Inorg. Chem.,* **2014,** *53,* 11146.

[45] Kaur, S.; Kaur, M.; et al. *Coord. Chem. Rev.,* **2017,** *343,* 185.

[46] Balavoine, G. G. A.; Daran, J. C.; et al. *Organometallics,* **1999,** *18,* 21.

[47] Lacroix, P. G. *Eur. J. Inorg. Chem.,* **2001,** 339.

[48] Bonhommeau, S.; Lacroix, P. G.; et al. *J. P. Chemistry C.,* **2012,** *116,* 11251.

[49] Pilia, L.; Marinotto, D.; et al. *J. Phys. Chem. C,* **2016,** *120,* 19286.

[50] Zhang, W. H.; Ren, Z. G.; Lang, J. P. *Chem. Soc. Rev.,* **2016,** *45,* 4995.

[51] Chen, Y.; Hanack, M.; et al. *J. Mater. Sci.,* **2006,** *41,* 2169.

第6章

聚集诱导荧光材料

聚集诱导发光（aggregation-induced emission，AIE）是一类奇特的荧光发射现象，和常规的荧光分子不同；具有聚集诱导发光性质的荧光分子在其溶液态或者良好分散状态荧光较弱而在聚集状态时荧光显著增强。自从 2001 年香港科技大学唐本忠教授报道聚集诱导发光现象以来，这类奇特的荧光发射现象引起了人们越来越多的关注。目前已经开发了多种类型的具有聚集诱导发光性能的分子，这些分子在许多方面展示出优越的应用性能，特别是在荧光传感和生物荧光成像方面。聚集诱导发光现象是中国科学家率先发现和引领的化学研究前沿和热点研究方向，形成了香港科技大学、清华大学和中国科学院等一批优秀研究机构，拥有香港科技大学唐本忠院士和清华大学危岩教授等一批优秀研究学者及相应优秀研究团队。"聚集诱导发光化合物的合成、性质和用于细胞成像"入选为 2015 年汤森路透化学前沿研究方向第二位。本章我们将从聚集诱导荧光纳米探针和聚集诱导发光传感检测两个方面介绍聚集诱导发光材料的应用进展。

6.1 概述

纳米医学是一个蓬勃发展的新兴领域，其涉及化学、材料科学、生物学、医学等领域[1]。随着新型的荧光纳米材料的发展，其在生物医学方面的应用成为纳米医学最重要的组成部分之一，并且激发了众多研究者的兴趣[2,3]。自报道半导体量子点在生物医学方面的应用以来[4]，大量的基于无机、有机和杂化化合物的荧光纳米材料被研发出来。和有机小分子荧光分子相比，这些新型荧光纳米材料具有一些明显的优点：如光稳定性、形貌可控性、多功能化潜力和优良的药代动力学行为等。近年来，已经发展了多类无机荧光纳米材料（半导体量子点、荧光碳量子点、镧系离子掺杂荧光纳米材料、光致发光二氧化硅纳米粒子、金属纳米簇）和聚合纳米荧光材料[5,6]。以往的研究主要聚焦于荧光无机纳米粒子，然而，无机荧光纳米材料极易积累在网状内皮系统。难以体内降解和对组织器官的潜在毒性，使得荧光无机纳米粒子生物医学方面的实际应用，特别是其在细胞内的应用遇到了前所未有的挑战[7]。因此，为了解决由无机荧光材料产生的问题，一种新型的发光纳米材料——荧光有机纳米微粒（fluorescent organic nanoparticle，FON）最近被发现。

时至今日，各种各样基于传统有机染料、共轭高分子、基于硼-二吡咯亚甲基高分子、金属配位发光聚合物、荧光蛋白、聚多巴胺等形成的荧光有机纳米微粒取得了快速的发展[8-10]。相对荧光无机纳米颗粒，荧光有机纳米微粒在生物医学领域有着其独特的优势：①有机染料有不同的光学特性，易于功能化，即可根据研究者的需求任意的设计官能化基团；②可通过不同的构建方法将其他大量的功能组分引入到荧光有机纳米颗粒中；③荧光有机纳米颗粒包含有机组分，此组分具有生物相容性，即具有潜在的生物可降解性。由于这些显著的特点，荧光有机纳米颗粒被应用于不同的领域，主要涉及生物传感器、药物载带、诊断等方面[11]。尽管该方向已经取得了很大的进步，然而对于构建强荧光的荧光有机纳米颗粒仍然存在不少挑战。众所周知，大部分有机染料是疏水的，这就直接导致其不适合直接应用于生物医学领域。因此，疏水的有机染料必须先和亲水的化合物结合，使得其与生物系统相互兼容。在此过程中，疏水的有机染料被封装在荧光有机纳米颗粒的核心，然而由于受到聚集状态导致荧光猝灭效应的影响，可能导致荧光纳米颗粒的荧光强度大大减弱甚至完全消失。因此，对于构建超亮荧光有机纳米颗粒来说，探究一种能克服聚集荧光猝灭问题的新型有机染料是极其重要的。

聚集诱导发光（AIE）或聚集增强发光是一种与众不同的荧光现象，即染料分子在聚集或固态时比其在溶液状态下呈现出更强的荧光。针对 AIE 现象，唐本忠等人相继提出了多种可能的 AIE 机理包括 J-聚集形成，构象平面化以及扭曲的分子内电荷转移。然而，这些机理的提出都没有足够的实验数据支撑。好在这种独特的 AIE 特性使其在构建超亮发光聚合物纳米微粒方面具有十分重要的应用前景[12,13]。近年来基于 AIE 染料构建荧光有机纳米颗粒在生物医学方面的应用引起了研究者广泛的研究兴趣[14]。

6.2 基于 AIE 染料纳米探针的设计方案

AIE 分子是一种在聚集状态下具有提高荧光强度的新型有机分子。由于其独特的 AIE 性能，基于 AIE 分子的荧光纳米颗粒用来构筑高亮度的纳米探针最近吸引了大量的研究兴趣。在过去的几年里，不同的构建 AIE 荧光纳米探针的方法已经得到发展。在这部分，我们将系统介绍 AIE 荧光高分子纳米探针的构建方法。

6.2.1 聚集诱导发光分子和两亲性高分子的自组装

高分子胶团通常由疏水的内层核心和亲水的外层保护壳所组成。这些高分子胶团是由两亲性嵌段共聚物在水中的自组装作用而形成。在 2010 年，Jen 等人报道了一种非共价的 AIE 高分子探针的构建方法。即将两种不同的 AIE 染料{1,1,2,3,4,5-六苯基噻咯（HPS）和双{4-[N-(1-萘基)苯胺]-苯基}反丁烯二腈（NPAFN）}包裹到两亲性的三嵌段共聚物中（图 6-1）[15]。发绿光荧光分子（HPS）可以将能量传递到发红光（NPAFN），并且他们还研究这些 AIE 荧光颗粒的细胞成像和生物相容性。研究发现，通过将 HPS 染料包裹到高分子胶团中，最终可以到达一个较高的荧光量子产率和延长的荧光寿命。增强的荧光性能可以认为是 HPS 染料分子间的旋转行为在胶团核心处的疏水环境中受到了抑制。更重要的是，胶团也可以防止 AIE 发光染料在水相中聚集，这样可以使得它们在生物医学领域很有用处。

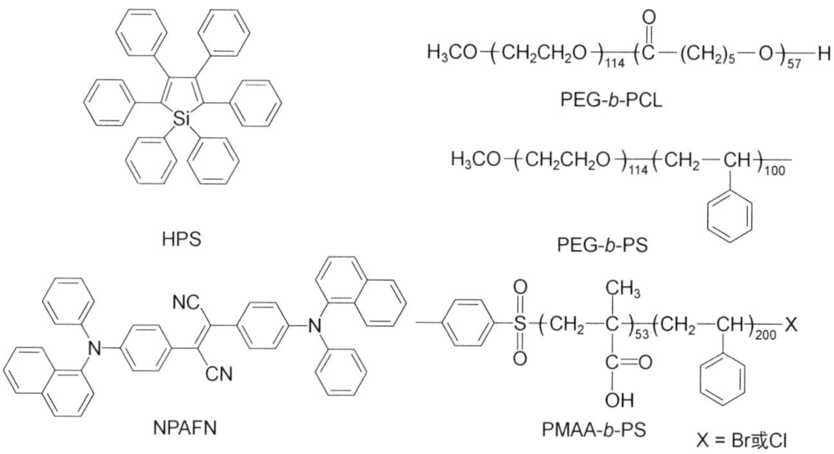

图 6-1 AIE 染料（HPS 和 NPAFN）以及两亲性嵌段共聚物的化学结构

普朗尼克 F127 是一种可购买的商品化非离子化的表面活性剂，它是由两个亲水和一个疏水片段所组成。最近几年，张等发明了一种十分简单的方法来构建聚集诱导发光的生物探针。即通过一种 AIE 发光染料（An18）和 F127 的自组装过程来构建。通过将 An18 和 F127 混合在四氢呋喃和水中来得到含有 An18 的荧光有机纳米颗粒。将四氢呋喃除去之后，An18 被包裹在荧光有机纳米颗粒里面，使得这些荧光有机纳米颗粒在水中有良好的分散性和极好的细胞相容性，最终使得这些荧光有机颗粒在生物成像应用中有很好的前景[16]。和 F127 一样，其他商品化生物相容性的表面活性剂（例如卵磷脂）也可以和 AIE 发光染料结合，这样一个思路为构建用以生物应用的水溶性的高分子荧光纳米探针提供了一种温和且有效的方法。

相比于商品化的两亲性高分子，合成高分子的性质可以通过选择不同的单体和调节亲疏碎片的比例精准地调控。另一篇报道中，Zhang 等发现通过混合 AIE 发光染料（An18）和合成的两亲性高分子聚硬脂酸甲基丙烯酸酯（SMA)-聚乙二醇甲基丙烯酸酯（PEGMA）共聚物可得到聚乙二醇化的 AIE 荧光有机纳米颗粒。这种两亲性的嵌段共聚物是以甲基丙烯酸十八烷基酯和聚乙二醇甲基丙烯酸甲酯为单体，通过可逆加成断裂链转移聚合而得到[17]。这些聚乙二醇化的荧光纳米颗粒的直径小于 100 nm，比 F127 包裹的荧光纳米颗粒要小很多。更重要的是，通过使用不同的聚合单体，许多官能团可以很好地整合到这种 AIE 荧光纳米颗粒中。由于合成的高分子的可设计性，通过合成的高分子和 AIE 染料的自组装行为来构建荧光高分子生物探针是一个比较有趣的研究。此外，其他的功能性成分也可以通过 AIE 染料和两种具有特殊官能团的两亲性高分子的自组装行为整合到荧光高分子体系中，从而使得这些荧光颗粒连接靶向试剂用以特殊细胞成像应用。例如，Liu 等人报道了利用 AIE 染料（TPE-TPA-DCM）和脂质衍生物混合物（DSPE-PEG2000 和 DSPE-PEG5000-叶酸）的自组装行为来构建叶酸功能化的聚集诱导荧光有机纳米颗粒[18]。并且研究了这种荧光纳米颗粒对叶酸接受体（癌细胞和肿瘤）的靶向能力。这些叶酸功能化的荧光纳米探针极易被 MCF-7 癌细胞所吞噬。更重要的是，这些荧光纳米颗粒可以很有效地积聚在肿瘤组织上。这些结果充分说明了靶向试剂功能化的荧光纳米探针在生物成像应用具有广阔的前景。

6.2.2 共价结合聚集诱导发光染料和高分子

共价结合 AIE 染料和亲水性高分子是另一种重要构建 AIE 荧光纳米探针的方法[19]。在2013

年，Zhang 等提出了一种新颖的共价方法 [即通过含醛基的 AIE 染料（命名为 P5）和含氨基的天然壳聚糖的席夫碱缩合反应] 来构建聚集诱导荧光高分子纳米探针（命名为 P5-壳聚糖 FONs）（图 6-2）[20,21]。众所周知，醛基和氨基在碱性环境下容易形成席夫碱。这种方法只需要将含醛基的 AIE 染料和壳聚糖混合在一起，然后利用硼氢化钠将席夫碱还原，最终使得 AIE 染料和

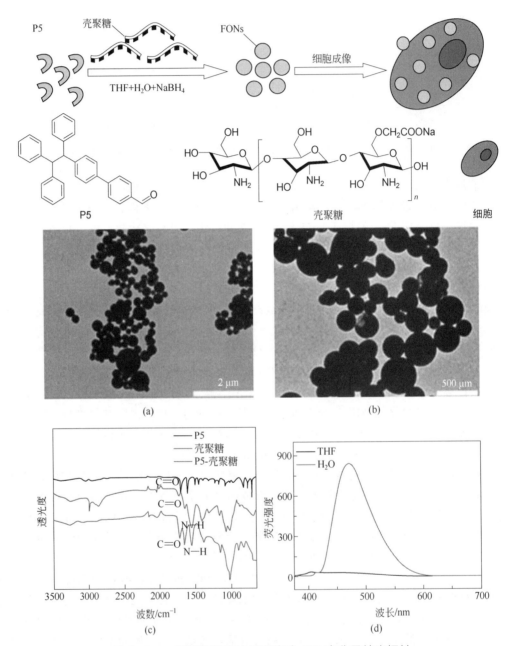

■ 图 6-2 一种新颖的方法用以构建 AIE 高分子纳米探针

顶部：通过席夫碱还原构建 P5-壳聚糖 FONs 以及细胞成像应用。底部：（a）和（b）P5-壳聚糖 FONs 的透射电子显微镜图，测出其直径大概 200~400 nm；（c）P5、壳聚糖和 P5-壳聚糖 FONs 的红外谱图；（d）P5 在 THF 和 P5-壳聚糖 FONs 在 H_2O 中的荧光光谱

壳聚糖稳定地结合在一起。由于大量的羧基和羟基官能团存在于壳聚糖中，使得这些荧光壳聚糖纳米颗粒具有两亲性。通过除去有机溶剂，这样的两亲性化合物将会自组装成 AIE 荧光纳米探针。由于 P5-壳聚糖 FONs 具有很强的荧光性，致使非常低浓度的 P5-壳聚糖 FONs 在细胞中也有很高的荧光强度。另一方面，由于表面存在许多的羧基，因此其他的功能成分也可以引入到这些荧光纳米颗粒中。从而可能构建出一种多功能化的 AIE 荧光纳米诊疗体系。

6.2.3 乳液聚合

聚合是一种有用的纳米材料制备方法并在生物医用领域有广泛应用。在过去的几十年里，大量的聚合方法包括原子转移自由基聚合（ATRP）、开环聚合（ROP）、可逆加成断裂链转移聚合（RAFT）、氮氧化合物调介聚合（NMP）、单电子转移活性自由基聚合（SET-LRP）、乳液聚合、开环交换聚合和自由基聚合得到迅猛发展[22-24]。在过去的几年里，这些聚合方法已经用来制备 AIE 荧光纳米探针。例如，Zhang 等报道了一种十分温和且高效的乳液聚合方法来制备 AIE 荧光纳米探针（图 6-3）[25]。在这种方法中，具有 AIE 性能的聚合单体 PhE、苯乙烯和丙烯酸在十二烷基磺酸钠表面活性剂的存在下发生聚合反应。该种聚合通过硫酸铵在水相中引发聚合。成功聚合之后，这种合成的高分子含有 PhE、苯乙烯和丙烯酸片段，使得其具有两亲性，并且在水中自组装成荧光纳米颗粒。这样制备的荧光纳米颗粒具有小的尺径、均匀的形貌、良好的水分散性和细胞相容性。更重要的是，大量的羧基引入到这些荧光纳米颗粒的表面。羧基官能团的引入将为纳米颗粒进一步表面改性提供基础。其他的功能性成分将会很好地引入这个体系，这将对其生物医药运用具有重要意义。

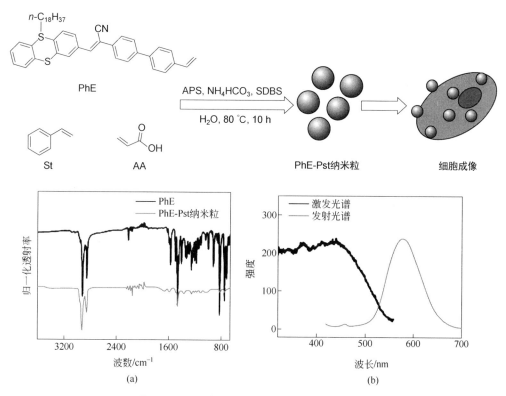

图 6-3　通过乳液聚合制备 PhE-Pst 纳米粒

顶部：制备 PhE-Pst 纳米粒的过程及细胞成像。底部：PhE-Pst 纳米粒的红外光谱（a）和荧光光谱（b）

6.2.4 可逆加成断裂链转移聚合

可逆加成断裂链转移聚合（RAFT 聚合）是一个典型的可逆钝化自由基聚合，它是由英联邦科学和工业研究组织在 1998 年首次发现。通常情况下，在自由基聚合中，硫代酯化合物通常作为链转移剂来控制最终聚合物的分子量和聚合度。在 Zhang 等最近的一个报道中，他们证明一种可聚合的 AIE 发光染料单体（PhE）可以和生物相容性和亲水性好的单体（聚乙二醇甲基丙烯酸甲酯）在含羧基的链转移剂的情况下发生共聚反应。结果表明通过 RAFT 聚合，这种合成的高分子的分子量和聚合度可以很好地控制（图 6-4）[26]。这样得到的两种共聚物（命名为 PhE-PEG-20 和 Phe-PEG-40）的分子量是 17470 D 和 24436 D，并且具有狭窄的多分散指数（1.16 和 1.12）。而且，这样得到的共聚物可以自组装成直径为 100~200 nm 的球形纳米颗粒。由于具有强的荧光性、良好的水分散性和极好的生物相容性，这些荧光纳米探针适用于细胞成像。利用其他的聚集诱导染料单体和不同的单体共聚也有其他的课题组报道[27,28]。结果都表明通过 RAFT 聚合可以很好地制备可控性荧光纳米探针，并且这些纳米探针在生物医学领域有着广泛的应用前景。

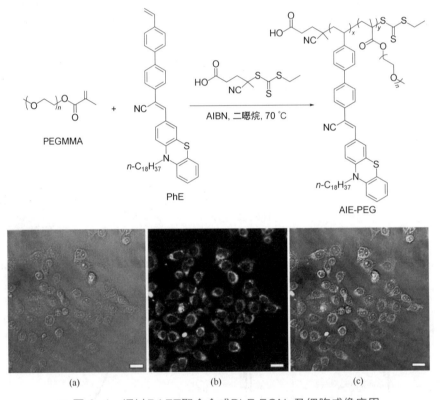

■ 图 6-4　通过RAFT聚合合成PhE FONs及细胞成像应用

（a）明视场；（b）488 nm 激发；（c）（a）和（b）的重叠；标尺为 20 μm

两亲性高分子在稀溶液中的稳定性对它们的生物医药应用起着至关重要的影响[29,30]。提高它们稳定性的一种通用的策略是将交联剂引入这些共聚物中。在近期的研究工作中，Zhang 等通过 RAFT 聚合合成一种含有 AIE 染料的共聚物。在该项工作中，含羟基的 AIE 分子先和含羧基的链转移剂（CTA）结合从而得到含 AIE 染料的链转移剂（P4-CTA）；随后在 P4-CTA

的诱导作用下，亲水性的单体 PEGMA 和交联剂 DEGDM 通过 RAFT 聚合得到荧光高分子（图6-5）。所得含 AIE 染料的交联共聚物展现出良好的水分散性、增强的荧光强度以及低的临界胶束浓度。临界胶束浓度是由不同浓度的高分子溶液荧光强度变化规律测出，Zhang 等在该项工作中所合成的两种高分子 P4-PEG-1 和 P4-PEG-2 的临界胶束浓度分别为 0.178 mg/mL 和0.155 mg/mL。然而，即使在高分子溶液浓度低于 0.1 μg/mL 时，仍然可以检测到荧光信号，这说明所合成的荧光纳米颗粒在溶液中具有极高的稳定性。基于这种理念，许多其他含 AIE染料的交联荧光纳米颗粒也可以用相似的方法来制备。相比于其他非交联型的纳米颗粒，交联型的 AIE 高分子荧光纳米探针应该更适用于实际生物医学应用，因为它们能克服非交联型高分子纳米探针的低浓度胶束稳定性问题。

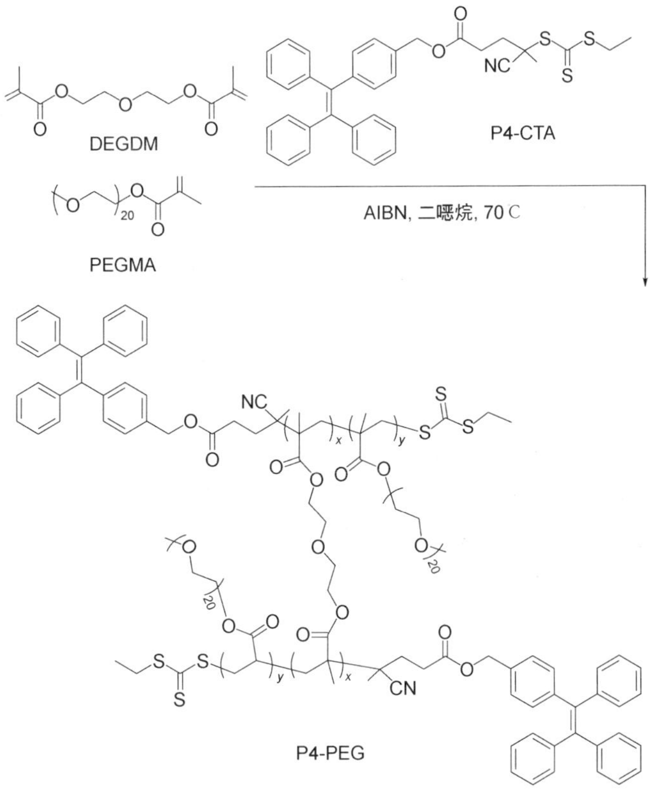

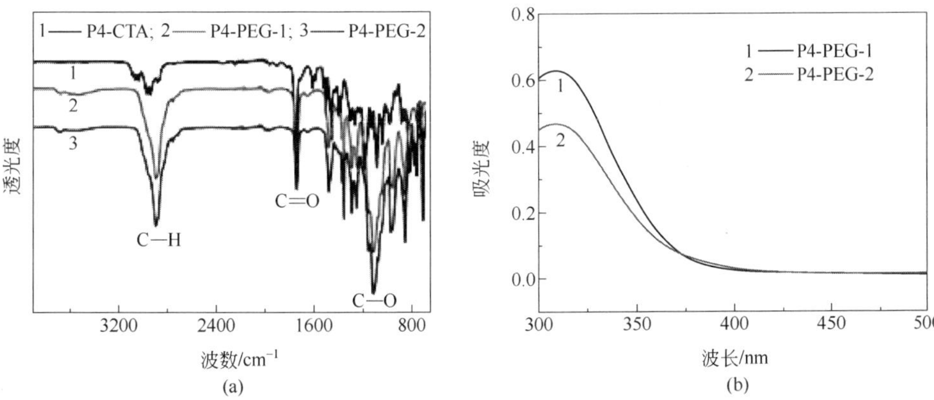

图 6-5

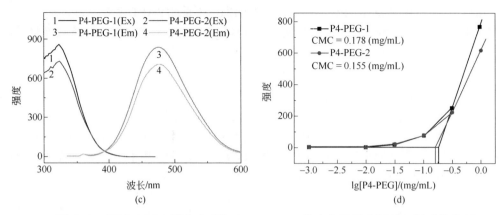

图 6-5　通过 RAFT 聚合方式构建 P4-PEG 荧光有机纳米颗粒及其成像分析

（a）P4-CTA、P4-PEG-1、P4-PEG-2 的标准红外光谱图；（b）P4-PEG 水溶液的紫外吸收光谱图；
（c）P4-PEG 纳米颗粒的荧光激发和发射光谱；（d）P4-PEG 的聚集发光强度与荧光浓度
对数的关系曲线（$\lambda_{ex} = 405$ nm，$\lambda_{em} = 477$ nm）

6.2.5　开环易位聚合

开环易位聚合（ROMP）是一种被应用于生产重要工业产品的烯烃易位链增长聚合方法。该反应利用绷紧的环烯烃作为单体以得到有规立构的单分散高分子以及共聚物，反应的动力是烯烃分子趋向于减轻环张力。与其他典型的聚合方法相比，ROMP 的明显优势是所得到的高分子具有十分狭窄的分子量分布范围。另一个特点是 ROMP 是典型的活性自由基催化聚合，因此 ROMP 是一种理想的制备具有明确官能团的二嵌段以及三嵌段共聚物的方法。基于这种特点，Zhang 等通过 ROMP 制备 AIE 染料基的荧光纳米探针[31]。如图 6-6 所示，氨基修饰的 AIE 染料以及聚乙二醇（PEG）先通过开环反应整合到顺-5-降冰片烯-外-2,3-二羧酸酐中，随后所得到的两种单体可以在第三代 Grubbs 催化剂催化下聚合，最终所得含 AIE 染料的嵌段共聚物可以通过调节聚合条件，自组装得到具有不同形态的纳米组装体。该工作中所

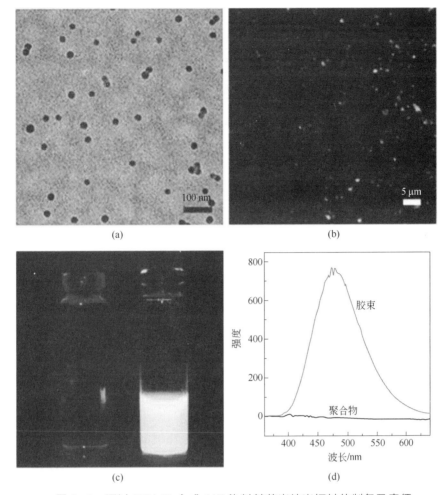

■ 图 6-6　通过 ROMP 合成 AIE 染料基荧光纳米探针的制备及表征

由 poly(M1)50-*b*-poly(M2)10 所形成微球的（a）透射电镜图像和（b）荧光显微镜图像；
poly(M1)50-*b*-poly(M2)10 的（c）THF 溶液（左）和 THF-H₂O 混合溶液（体积比 1/4）（右）
中的发光以及（d）其分别在 THF 溶液和水溶液中的荧光光谱

制备的所有的高分子都具有极窄的分子量分布（分散指数低于 1.1）。更重要的是，这些有序的高分子可以在室温甚至在空气氛围下合成。尽管具有诸多优势，目前仅有一篇该类构建含 AIE 染料高分子荧光探针的工作被报道。我们相信当催化剂价格问题以及单体制备问题被解决之后，ROMP 会成为一种非常有利的制备含 AIE 染料高分子探针的方法。

6.2.6　开环反应

　　最近，Zhang 等报道了一种相当简单的制备 AIE 染料基高分子的方法，该方法是以氨基化合物和酸酐的开环反应为基础进行的。比如，他们最近证实葡萄糖封端的两亲性高分子可以通过含双氨基的 AIE 分子和双酸酐基团的试剂通过开环反应得到（图 6-7）[32]。该反应可以在诸如室温等温和条件下进行，反应时间短，无需惰性气体保护或者催化剂催化。而且，反应过程中产生了大量的羧基官能团，不仅有利于提高高分子的分散性，而且可以作为进一步引入其他药物分子的活性位点。当然，许多其他化合物诸如氨基化的 PEG 及其他功能组分也可以通过开环反应引入到这类高分子中。而且，这种基于酸酐和氨基的开环反应也可以和其他反应结合被扩展应用到构建许多其他智能高分子的设计合成中。

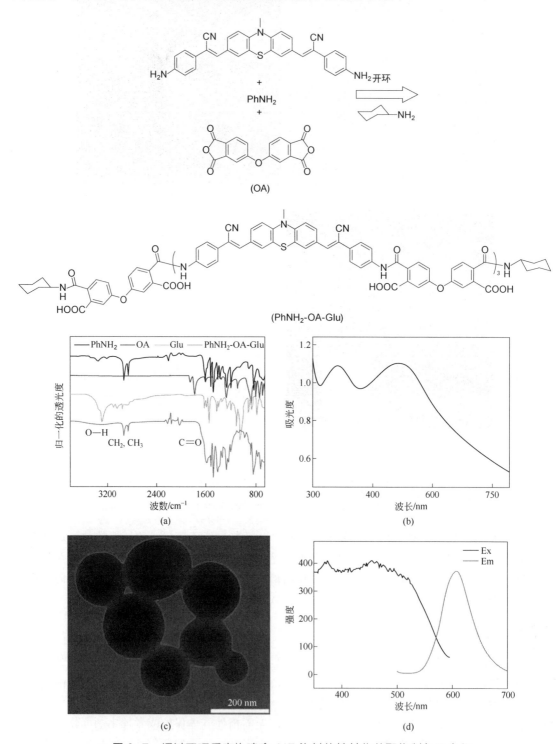

图 6-7　通过开环反应构建含 AIE 染料的糖基化共聚物制备及表征

（a）Ph-NH$_2$、OA、Glu 和 PhNH$_2$-OA-Glu 的红外光谱；（b）PhNH$_2$-OA-Glu 的紫外可见吸收光谱；
（c）PhNH$_2$-OA-Glu 的透射电子显微镜照片；（d）PhNH$_2$-OA-Glu 的荧光光谱

6.2.7 溶胶-凝胶封装法

二氧化硅纳米颗粒是一种典型的可以通过前体物质在酸性或碱性条件下水解得到的无机聚合纳米材料。由于它们的可控合成，易于表面功能化，以及一些良好的物理化学特性比如亲水性、透光性和生物相容性等，它们已经被广泛地拓展应用于诸多生物医药应用当中[33]。其中，将荧光染料包裹到二氧化硅颗粒当中以获得荧光二氧化硅纳米颗粒已经引起了广阔的研究兴趣[34]。当荧光染料被包裹于二氧化硅纳米颗粒中时，它们聚集于核部分，表面被二氧化硅包覆，这可以作为荧光染料的保护层以提高这些染料的稳定性。尽管荧光纳米二氧化硅颗粒的制备和生物医药应用已经取得了巨大的进展，但由于聚集荧光猝灭效应的存在，要用传统染料制备超亮的荧光纳米二氧化硅颗粒十分困难。最近，唐本忠等报道了 AIE 染料可以和二氧化硅前体结合，然后通过和其他二氧化硅前体水解共沉淀来制备含 AIE 染料的荧光纳米二氧化硅颗粒（图 6-8）[35]。通过改变合成参数，这些二氧化硅纳米颗粒的尺寸可以很好地受到控制。实验结果表明这些所合成的荧光二氧化硅纳米颗粒具有良好的分散性、很强的荧光强度以及良好的生物相容性，这使得它们十分适用于生物成像应用。而且，用一些其他的无机物比如磷酸锆以及羟基磷灰石包裹 AIE 染料也被研究报道[36,37]。Zhang 等也报道了通过非共价包裹方式制备荧光二氧化硅纳米颗粒。在此工作中，AIE 染料（An18）可以和含烷基链的二氧化硅前体（C_{18}-Si）在水和四氢呋喃的混合溶液中进行自组装，随后，另一种二氧化硅前体（TEOS，四乙基硅烷）加入到该体系中通过共沉淀法包裹 AIE 染料聚集体。在成功地将二氧化硅包裹到其表面之后，荧光二氧化硅纳米颗粒便可制得。这些纳米颗粒具有统一的球形外观和很强的荧光特性，它们低毒性而且展现出良好的生物成像性能。相比于其他的共价方法，这种方法不要求 AIE 染料分子具有特殊的官能团以用于合成含 AIE 染料的二氧化硅前体，因此它是一种简单而普遍的可用来合成AIE 基二氧化硅纳米颗粒的方法。

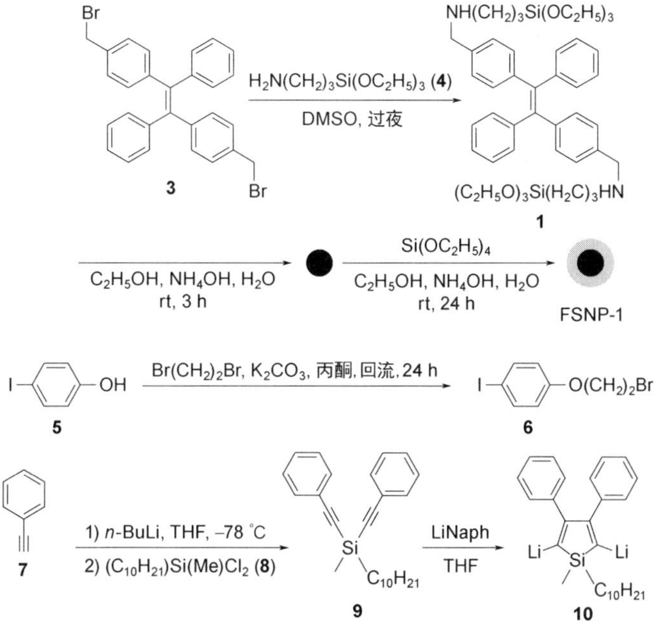

■ 图6-8

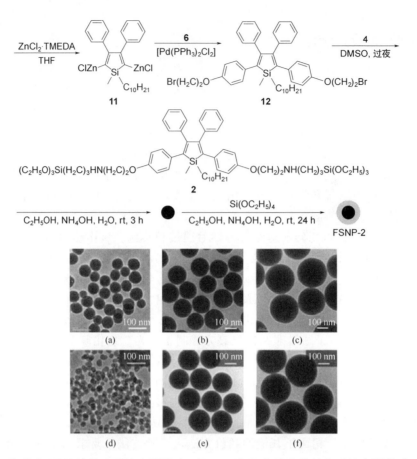

图 6-8　构建含 TPE 的荧光硅纳米颗粒（FSNP-1）和含噻咯的荧光硅纳米颗粒（FSNP-2）

（a）~（c）FSNP-1 的透射电子显微镜图；（d）~（f）FSNP-2 的透射电子显微镜图

6.3　生物医学应用

最近几年，AIE 染料基荧光纳米探针已经引起了广泛的关注。相比于传统荧光探针，AIE 染料具有许多明显的优势，比如聚集状态高荧光强度、染料的可设计性、合成方法丰富以及广阔的应用前景等等。下面将概括 AIE 染料基荧光探针在生物成像、生物传感器以及诊疗一体化等方面的应用。

6.3.1　生物成像

生物成像是一种可用于帮助我们理解不同生理和病理过程关键信息的技术，这对于一系列的生物应用包括癌症的检测和治疗、干细胞移植、免疫原性和组织工程都具有十分重要的意义。在过去的几十年中，不同的生物成像模式，包括单光子发射断层扫描、核磁共振成像、正电子发射断层成像以及荧光成像已经被开发[38,39]。其中，将荧光作为输出信号的许多优点已经引起了极大的研究兴趣，包括亚细胞水平的高分辨率、高信号强度、设备简单、荧光探针的生物相容性和可设计性等。AIE 染料最近被广泛研究用于构建超亮的生物成像纳米探针。作为一种新兴的纳米探针。比如唐本忠等最近报道了以牛血清蛋白包裹发红光的 AIE 染料，随后用戊二醛进行交联以制备水溶以及生物相容的 AIE 染料基荧光纳米探针。这些 AIE 染料基纳米探针显示出小于 100 nm 的球形形貌特征，由于它们的聚集诱导发光特征，这些包覆了荧光染料的牛血清蛋白纳米颗粒显示出很强的荧光，并可被用于体内或体外非靶向性生物成像。而且，许多其他的通过天然或合成高分子构建的用于非靶向成像研究的 AIE 染料基纳米探针也纷纷被报道。

与非靶向生物成像不一样，靶向成像是通过将靶向分子例如叶酸、抗体、多肽等结合到基于 AIE 荧光纳米探针的表面上从而实现其靶向性。这样制备的 AIE 荧光纳米探针在体外和体内证明有靶向能力。例如，Huang 等已经证明通过乳液聚合的方法将一系列的金属配合物和不同的 N、O 配体用来构造发光的荧光纳米探针[40]。然后，这些 AIE 荧光纳米探针被用于靶向生物成像应用。如图 6-9 所示，一系列的具有 AIE 性能的 Pt 配合物经自由基聚合被纳入两亲性的聚合物中，然后在其表面共轭结合叶酸。这些 Pt 配合物纳米探针的靶向能力大小是通过比较存在和不存在叶酸时的细胞摄取量来确定的。结果表明，这些 Pt 纳米探针在含有游离叶酸时的细胞摄取量比没有叶酸的显著减少［图 6-9（b）和（c）］。除了叶酸，许多其他具有靶向能力的药物也被用来构造 AIE 荧光纳米探针。

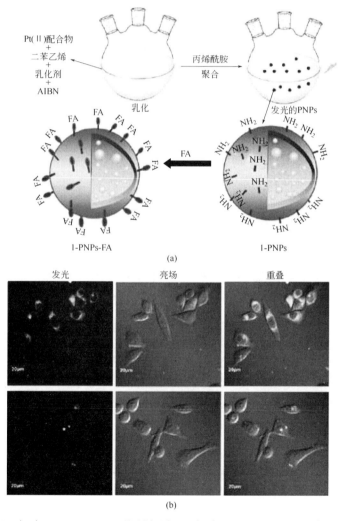

图 6-9 （a）1-PNPs-FA 的制备过程；（b）用 1-PNPs-FA（0.2 mg/mL）和细胞孵育得到的 HeLa 细胞的荧光成像图

（b）图中上图为无叶酸存在的情况；下图为有叶酸存在的情况

长时的细胞示踪是一种了解各种细胞行为，包括细胞迁移、繁殖、分化、趋药性和许多其他的基本生物学过程在内的非常重要的手段[41]。在 Liu 等人最近的报道中，通过 BTPEBT 和 DSPE-PEG2000/DSPE-PEG2000-Mal 的自组装来构造具有选择性的 AIE 荧光纳米探针用以细胞示踪。这样得到的 AIE 量子点进一步和靶向多肽（Tat）结合[42]。通过疏水的 AIE 染料（BTPEBT）和两亲性共聚物（DSPE-PEG2000/ DSPE-PEG2000-Mal）的简单的自组装，可以得到水相稳定和生物相容性好的 AIE 量子点。绿色荧光蛋白（GFP）和 AIE-Tat 颗粒用于人体肾脏上皮细胞（HEK293T）的细胞标记可以通过流式细胞术直方图和激光共聚焦显微镜（CLSM）来检测。结果表明，在第 1 天 AIE 颗粒的标记效率高达 99.98%。用 AIE 颗粒处理到第 5 天，标记效率一直高于 90%。在 10 天连续细胞培养后，与未经处理的细胞 [图 6-10（a）] 相比较，仍可看到清晰可辨的荧光轮廓。然而，GFP 的标记效率在第 1 天仅仅约为最高 68%。到第 5 天发现与空白细胞相比无明显的发现。此外，可以看出 50% 以上的细胞在第 1 天和第 2 天有明亮的 GFP 荧光，但到了第 3 天和第 5 天只有少数细胞有 GFP 荧光 [图 6-10（e）]。这些结果表明 AIE-Tat 颗粒的细胞示踪性能好于 GFP 标记方法。更重要的是，AIE 颗粒与其他的功能性成分共轭结合后可以用来构造多功能纳米治疗诊断体系。

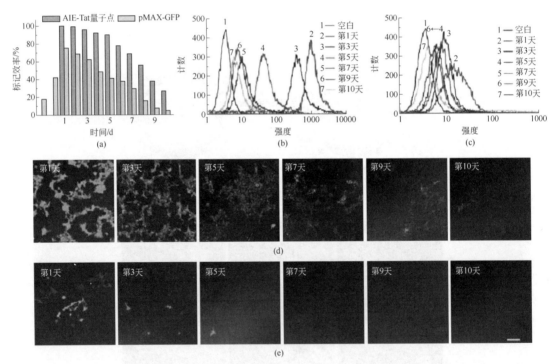

■ 图 6-10　（a）对 GFP 和 AIE 量子点标记的细胞进行为期 10 天的监控；（b）2 nmol/L AIE-Tat 量子点和 5 mg/well p-MAX-GFP 标记的 HEK293T 细胞的流式细胞术直方图；（c）整晚和交替指定的孵化时间；（d）和（e）被 AIE 量子点和 p-MAX-GFP 荧光标记后的且不同时间的 HEK 293T 细胞共聚焦图

利用不同的荧光纳米探针在单一的激光激发过后同时检测多样的生物目标具有许多的优点。相比较于多重的激光设备，其可以减少实验时间和设备的复杂性及成本。理想的双重或多重颜色成像的荧光纳米探针应该具备优良的生物相容性、很高的光稳定性、较强的荧光强度和较大的 Strokes 位移，更为重要的是应该具有被单一的激光有效地激发的能力。在 Liu 等最近的报道中，通过利用两种不同荧光发射的 AIE 染料为基础的纳米探针实现了双重颜色的生物学成像（图 6-11）[43]。利用 AIE 荧光团作为荧光探针的内核和生物相容性的二硬脂酰基磷脂酰乙醇胺-聚乙二醇（DSPE-PEG）衍生物作为封装基质，通过纳米沉淀法构建 AIE 染料为基础的纳米探针。然后，靶向分子（Tat 肽）通过共轭作用结合在 AIE 染料基纳米探针的表面进而赋予它们靶向特性。从透射电镜成像可见，这些 AIE 染料基纳米探针展示出球形的形态且平均粒径约为 30 nm［图 6-11（a）和（b）］。这两种 AIE 染料基纳米探针（GT-AIE 和 RT-AIE)在 450 nm 处显示出强烈的吸收并且其发射峰位于 539 nm 和 670 nm 两处[图 6-11（c）]。更为重要的是，分别利用 95% 的若丹明 6G 乙醇溶液和 43% 的 4-(二氰基亚甲基)-2-甲基-6-(4-二甲基氨基苯乙烯基)-4H-吡喃乙醇溶液作为参照，GT-AIE 和 RT-AIE 量子点在水中的量子产率分别达到了 58% 和 25%。基于这两种 AIE 染料的荧光纳米探针的发光属性使得它们在双重颜色生物学成像应用中成为理想的备选物。利用两种不同的 AIE 染料为基础的荧光

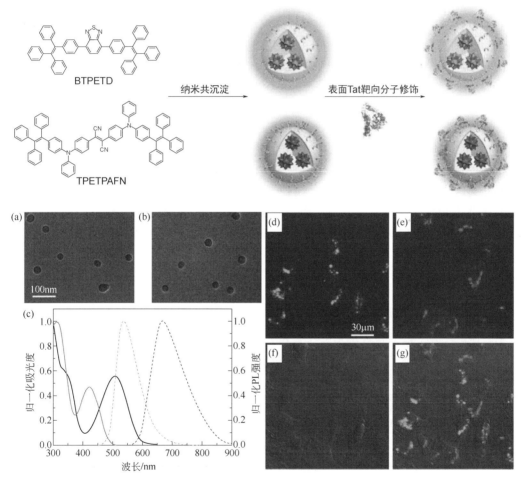

■ 图 6-11　Tat 功能化的 AIE 量子点的制备（上部）及表征（下部）

（a）GT-AIE 透射电子显微镜图像；（b）RT-AIE 量子点透射电子显微镜图像；（c）GT-AIE（绿光）和 RT-AIE（红光）量子点在水中的紫外可见吸收光谱和荧光光谱；同步监控 2 nmol/L 的 GT-AIE 和 RT-AIE 标记的肿瘤细胞，成像由 458 nm 的激发光源激发；（d）480~560 nm 带通滤波器；（e）670~800 nm 带通滤波器；（f）传动成像；（g）荧光传动重叠成像

纳米探针在体外和体内的生物学成像研究被进一步的研究。体外成像结果表明：这些 Tat 功能化的 AIE 量子点能够标记和同时追踪两类癌细胞的迁移和相互作用。体内成像的结果表明：将这两种 AIE 量子点通过静脉注射注入老鼠体内，当细胞混合物被这两种 AIE 量子点示踪的时候，不同种类的细胞能够被有效地辨别。双重颜色生物学成像可能对于各种各样的生理学和病理学的过程非常重要。

尽管荧光成像已经被证实对体外成像非常有效；但是，将荧光纳米探针和其他成像方式整合为一体来克服体内荧光成像的弊端显得十分必要[44,45]。相比较于单模成像，多模成像利用不同的输出信号，例如，单光子发射计算机断层成像术、核磁共振成像和正电子发射计算机断层显像，这些在体内生物学成像具有显著的优势[46]。Liu 等最近报道了荧光-磁性多态 AIE 量子点用于体内肿瘤细胞转移的研究[47]。在这项工作中，利用二硬脂酰磷脂酰乙醇胺-聚乙二醇 2000-氨基交联物（DSPE-PEG2000-NH_2）和磷脂酰乙醇胺-聚乙二醇 2000-马来酰亚胺（DSPE-PEG2000-Mal）作为表面层去封装 AIE 染料（TPEPAFN），通过纳米沉淀法生成这些表面带有氨基和马来酰亚胺基团的 AIE 量子点。然后，磁共振造影剂（DTPA 双酐）结合其表面的氨基基团并用于螯合 Gd^{3+}。最后，通过该量子点表面的马来酰亚胺基团与 Tat 肽 C-终端的巯基基团之间共轭作用将靶向分子（Tat）引入到其表面。利用 C6 神经胶质瘤细胞和共聚焦荧光成像检测 Tat-Gd-AIE 量子点细胞标记的性能。相比较于 Gd-AIE 量子点处理过的细胞，一些更强的荧光信号在 Tat-Gd-AIE 量子点处理过的细胞中被观察到，这意味着 Tat 在提高活细胞对 Tat 功能化的纳米探针内在化效率上扮演了至关重要的角色。Tat-Gd-AIE 量子点在老鼠的体内成像表明：由于肺的微脉管阻碍，这些双模量子点主要蓄积在肺部。尽管 Tat-Gd-AIE 量子点已经被证实为有效的 T1 造影剂且具备所需的纵向弛豫时间，通过静脉注射注入 Tat-Gd-AIE 量子点到老鼠体内，但由于核磁共振成像相当低的灵敏度和在细胞中的 Gd^{3+} 量不足，该多模纳米探针不能够通过核磁共振成像被检测到。然而，将 Gd^{3+} 并入双模成像量子点仍然非常有用，因为 Gd^{3+} 能够精确地量化注入的癌细胞的生物分布。因此，如果我们想尝试通过核磁共振成像实现体内细胞追踪，那么优化 AIE 量子点构想是非常可取的。

6.3.2 生物传感器

AIE 染料在新型荧光探针的设计上已经变得非常有吸引力，当其溶解在良溶剂时是无荧光发射；但是，处于聚集态时发光可以大大增强。在刺激相应性成分引入 AIE 染料为基础的纳米探针之后，基于这些新型纳米探针的生物学传感器相继被构筑[48-50]。例如，Chen 等[50b]简单地将一种碱性磷酸酶（ALP）的底物（酪氨酸磷酸盐）和四苯乙烯荧光团集中在一起生成两亲性分子 **13**，由于在其分子结构中存在两个磷酸盐基团，其在 pH 为 7.4 的水溶液中展现出优良的溶解性。在 ALP 的催化下发生脱磷酸反应后，分子 **13** 被转换成 **14**，分子 **14** 具有更多的疏水性，这致使在水溶液中 AIE 残留物聚集并且增强荧光信号。为了研究在活细胞内内生的 ALP 活性，用人子宫颈癌传代细胞（HeLa 细胞）和小鼠成纤维细胞（L929 细胞）评估探针 **13** 的适用范围。L929 细胞用 50 nmol/L 的分子 **13** 培养 24 h 后得到的共聚焦荧光显微镜图像在细胞内没有显示出明显的荧光信号。然而，确有 ALP 的 HeLa 细胞却在相同条件下在共聚焦显微镜图像观察到强烈的绿色荧光，这表明了 HeLa 细胞内部表达出了高浓度的 ALP 且它促进了对分子 **13** 的酶脱磷酸作用进而点亮探针。

此外，引入不同的化学和生物化学官能团到 AIE 染料可制备许多具有优越性能的荧光探针并能用于生物学传感器研究。如 Liu 等人研发了一种基于 AIE 分子的水溶性荧光探针用于靶向细胞内的硫醇成像[51]。他们设计了一种整合蛋白 αvβ3 靶向的荧光探针，它是由具有靶向性的环形 RGD（cRGD）肽，一种具有 5 个天冬氨酸的高度水溶性的肽（Asp，D5），一个四苯乙烯（TPE）荧光团和一种硫醇特异性可分裂的二硫化物连接器组成。cRGD 对于整合蛋白 αvβ3 展示出较高的亲和力，它是一种独一无二的用于检测和治疗快速增长的实体肿瘤生物标记物。该探针（TPE-SS-D5-cRGD）具有高水溶性和在水相中几乎无荧光。通过硫醇分裂的二硫基团致使荧光信号的输出增强了。该探针可用于实时监测特定肿瘤细胞中的硫醇水平。

有趣的是，具有立体异构体的 AIE 生物探针能够用来发展有意义的生物靶向剂，不仅能够辅助于立体化学的研究，而且清楚地阐明了许多临床和诊疗应用上的配体-靶向作用的机理[52]。Liu 课题组[52]应用于测半胱天冬酶活性的双示踪的探针是通过具有 AIE 性质的四苯乙烯和一个具有半胱天冬酶特征 Asp–Glu–Val–Asp (DEVD) 四肽合成的。两个立体异构体通过高效液相色谱法成功地得以分离。他们首次说明了异构化对探针和半胱天冬酶之间反应动力学的影响，揭露出了半胱天冬酶能够对 Z-TPE-2DEVD 探针产生更高的发光率，同时它的动力学证实了 E-TPE-2DEVD 由于增强了两个最佳结合的可能性。理解立体异构体及其生物功能将呈现新的机会来设计具有最佳性能的生物探针。

6.3.3　诊疗

不同种类的纳米颗粒已经被作为药物载体。但是这些传统的纳米颗粒的首要任务是运送药物进入癌细胞中。到目前为止，在个性化医疗方面具有最小副作用和实时原地监控载药效果的定向药物载体进入肿瘤细胞仍是迫切需求的。因此，基于 AIE 染料定向药物功能化的荧光纳米颗粒由于独特的荧光性能在这些方面具有很大的潜力[53-56]。Liu 等设计并且合成了一种不对称的具 AIE 性能的荧光发光纳米探针，通过结合两种不同的亲水的多肽——半胱天冬酶特效的（DEVD）和环状的（cRGD）——连接一个典型的具有四苯基噻咯单元的 AIE 发色团[57]。凭借cRGD 多肽和整合素 αvβ3 受体之间的特异结合，Ac-DEVD-TPS-cRGD 能够顺利通过 αvβ3 受体-超表达的癌细胞所内吞，而这些受体在正常细胞膜表面表达很低。这种 AIE 探针在水溶液中几乎不发光，然而它的荧光在半胱天冬酶存在的条件下显著地提高。荧光的开启是通过半胱天冬酶-3 酶解 DEVD 部分，从而限制四苯基噻咯苯环的分子内自旋和辐射衰变渠道。这种探针凭借 cRGD 和整合素 αvβ3 受体之间的有效的结合显现出对 U87-MG 细胞的特异靶向能力，并且能够通过特异和灵敏的方式对癌细胞凋亡实时监控和成像。

为了进一步评估他们在定向药物载体方面的应用，Liu 等人合成了一种用 Pt[IV] 作为药物前体的化学疗法，两个轴向位置用 cRGD 多肽功能化用来靶向整合素 αvβ3 超表达癌细胞，和由具有聚集诱导发光性质的四苯基噻咯荧光团和半胱天冬酶-3 酶功能化的 DEVD 多肽组成一种细胞凋亡传感[58]。定向的 Pt[IV] 药物前体能够选择地结合 αvβ3 整合素-超表达癌细胞来促进细胞摄取。此外，Pt[IV] 药物前体能够还原细胞里面有活性的 Pt[II] 药物并且同时释放细胞凋亡传感 TPS-DEVD。还原的 Pt[II] 药物能够诱导细胞凋亡并且活化半胱天冬酶-3 酶解开 DEVD 多肽序列。由于苯环的自由旋转，TPS-DEVD 在水溶液中不发光。用半胱天冬酶特异地分开DEVD 生成了疏水的四苯基噻咯残基，探针自聚集导致限制苯环的分子内自旋并且最终导致荧光增强。这种非入侵实时成像对药物诱导细胞凋亡的检测能够被用于特定的抗癌药治疗反应的早期评估。

Liang 等利用四苯乙烯制备具有荧光性能的自组装胶束用来作为药物载带系统[52]。由于 AIE 的高强度荧光成像和通过胶束的组装和分解来控制荧光的"on-off"转换，从而使得纳米载体可视化。药物载带系统（DDS）可以通过阿霉素载带和细胞内成像来测试。TPE 的发射峰和阿霉素的吸收峰重叠，由于荧光共振能量转移，载带阿霉素的 TPE 胶束（TPED）形成后，TPE 和阿霉素的荧光强度减弱。当阿霉素从 TPED 中释放之后，由于不再受 ACQ 效应的影响，阿霉素的荧光增强，同时 TPE 也不再将能量转移给阿霉素，从而荧光也增强（图 6-12）。对于 TPED，阿霉素的含量高达 15.3%（质量分数）时，抗癌效应将比游离的阿霉素高。通过追踪 TPED 高质量成像可以实时检测细胞内的阿霉素释放过程。

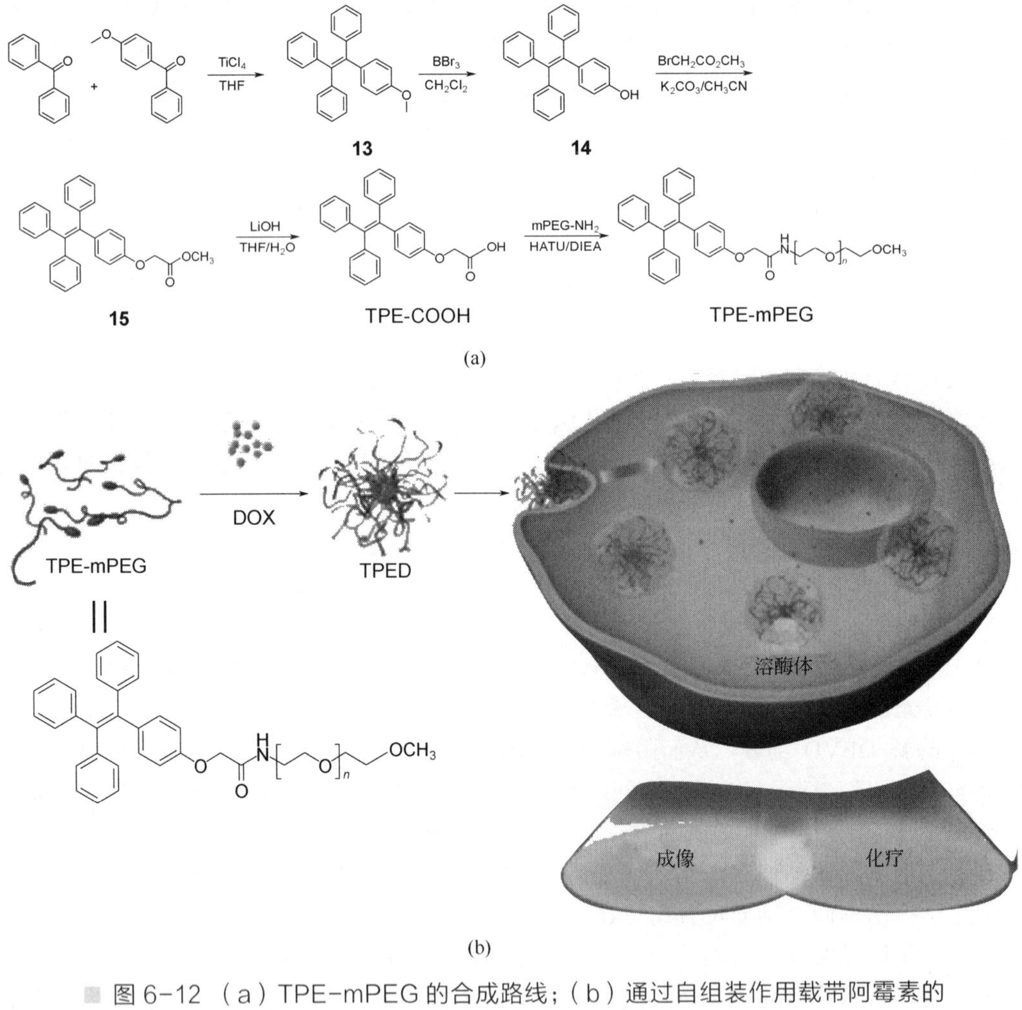

(a)

(b)

■ 图 6-12 （a）TPE-mPEG 的合成路线；（b）通过自组装作用载带阿霉素的 AIE 荧光纳米诊疗平台：细胞成像和癌症治疗

Liang 课题组曾报道过对于自动指示给药系统（SIDDS）的研究，该研究很好地展现了在时间和空间上药物的释放情况[57a]。实验发现，TPE 通过组装可形成自发光的纳米颗粒。由此可知，AIE 在细胞中可以很容易地被追踪。同时，TPE 纳米颗粒无细胞毒性，且不会进入细胞核，颗粒表面具有丰富的可载药（DOX）的功能性位点。其次，TPE 纳米颗粒可通过静电相互作用与抗癌药物阿霉素 DOX 相结合，从而形成一种新型的药物载带体系(TD 纳米颗粒)。正如所设计的那样，药物释放是一个 pH 响应性过程。只有在像溶酶体这样的具有很低 pH 值的细胞器中，阿霉素才会从 TD 纳米颗粒上脱离。在荧光电子显微镜图像中，TD、TPE 纳米颗粒以及游离的阿霉素分别显现出 3 种不同的颜色。通过观察颜色的转变，从而判断 TPE 纳米颗粒和游离的阿霉素在细胞中的所在位置，同时还可以指示出 TD 纳米颗粒的药物释放位点。此外，SIDDS 在抑制癌细胞的扩散方面具有更好的效果。

Wei 等人曾报道过利用 AIE 染料 An18（烷氧基封端的 9,10-二苯乙烯基蒽的衍生物）作为荧光发色团，阳离子表面活性剂溴化十六烷基三甲基铵（CTAB）作为结构导向模板以及细胞杀伤剂，通过一步法制备荧光介孔硅纳米颗粒（MSNs）[57b]。如图 6-13 所示，首先分别将 An18 和 CTAB 溶于 THF 和水中。相互混合之后，通过增加溶液中水的比例促使形成包裹 AIE 染料的胶束（An18-CTAB）。其中 An18-CTAB 是制备 MSNs 的结构导向模板。除去反应体系中的 THF 后，An18-CTAB 被封装进入 MSNs，由此制得发冷光的 MSNs（图 6-13）。这些荧光 MSNs 具有良好的生物相容性，可应用于细胞成像。本文也研究测定了 AIE-MSNs 对 A549 细胞的抗癌效果。因此，他们还利用这种包含 CTAB 的荧光硅纳米颗粒（AIE-MSNs-1）的抗癌效果进行了评估研究，结果显示 AIE-MSNs-1 对 A549 细胞具有明显的细胞毒性。由此可知这种材料在纳米诊疗方面具有极大的应用潜力。在去除表面活性剂 CTAB 后，就可以得到新型的 AIE 硅纳米颗粒（AIE-MSNs-2）。实验结果显示 AIE-MSNs-2 具有优异的生物相容性和良好的生物成像性。

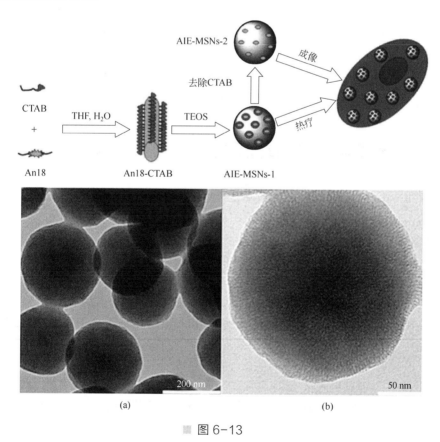

■ 图 6-13

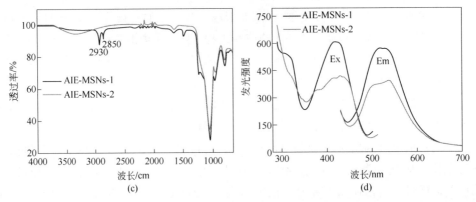

　　AIE 荧光高分子纳米探针具有荧光小分子和无机荧光纳米材料无法比拟的优点而在生物医学领域显示出巨大的应用前景。本章总结了大量关于 AIE 荧光纳米探针的构建方法，主要包括 AIE 染料和两亲性分子的自组装、AIE 染料和亲水分子的共价结合、AIE 染料和其他单体的聚合以及 AIE 染料植入硅纳米球中等等。同时对这些 AIE 荧光纳米体系在生物医学方面的应用如生物成像、诊疗、生物传感也进行了总结。但是目前关于 AIE 荧光高分子纳米探针在生物医学领域的应用仍然处于初级阶段，目前主要集中于生物成像方面。此外，由于生物体系自身具有高荧光背景，单一荧光信号的生物成像技术已经远远不能满足其在现代生物医学方面应用的需求。因此，设计具有更好荧光特性的新型 AIE 染料，对于 AIE 纳米探针在生物医学领域应用将具有很大的推动作用。最后，目前关于 AIE 荧光纳米探针在生物体内医学应用和生物行为包括吸收、分布、新陈代谢和排泄研究未见详细报道。关于 AIE 荧光纳米探针在生物体内的长期毒性的信息也需要详细地研究。

6.4　基于聚集诱导发光分子的传感检测

　　众所周知，由于形成了激发物和激基复合物，大多数有机小分子和高分子荧光化合物通常在高浓度和聚集状态下容易导致荧光聚集猝灭，这种现象被称为聚集荧光猝灭（ACQ）现象[58-60]。ACQ 效应已经极大程度地限制了荧光团在传感材料，特别是水相检测生物分子领域中的应用。其限制的主要原因可以分为：①荧光团在极性溶剂中聚集从而导致荧光的弱发射；②在生物高分子的折叠结构中，荧光团容易在高分子的疏水腔中聚集而导致荧光的猝灭。利用荧光共振能量转移（FRET）机理来设计合成新型荧光生物传感器用于避免 ACQ 的影响[61]。然而，由于荧光标记的生物分子需要预先合成，这种方法通常需要复杂的合成过程以及繁琐的分离和提纯步骤[24,62]。

　　值得一提的是，一些有机分子表现出异常的荧光发射行为，即在良溶剂中没有荧光而在聚集状态下展现了极强的荧光发射现象。这种不同寻常的荧光现象被称为聚集诱导发光（AIE）。2001 年，唐本忠院士团队在 1-甲基-1,2,3,4,5-五苯基噻咯分子中首次观察到这种异常的荧光现象[24,61]。之后，他们又在四苯基乙烯（TPE，16）和它的衍生物中同样发现了 AIE

性质[63]。实验和理论研究表明，AIE 分子中的分子内旋转将使相应的激发态失活，从而使它们在相应的溶液中不发光。分子内旋转在聚集态中受到限制，因此其荧光发射增强。在噻咯 17 及其类似物中，由于其螺旋桨状分子构象而不可能形成受激子，因此它们的荧光发射不会在聚集状态猝灭。利用这种不寻常的荧光效应，已经制造了基于 AIE 分子作为发射体的高效有机发光二极管（OLED）[64,65]。

AIE 发光体也已经用于设计和制备具有高灵敏性和选择性的生物/化学传感器。通过对 AIE 分子的适当结构修饰，它们的聚集状态可能受到分析物以静电吸引、配位结合等因素的影响。这样，可以建立新的荧光分析方法用于检测生物大分子（例如，蛋白质、肝素和 DNA）[66,67]，核酸酶和乙酰胆碱酯酶（AChE）活性实验，抑制剂筛选以及离子化合物的检测[61]。本节主要介绍了基于噻咯和四苯基乙烯类构建生物/化学传感器的最新研究进展。AIE 发光体为新的传感体系的开发提供了一个新的平台。

6.4.1 检测带电生物分子

Zhang 等通过在六苯基噻咯上的 1,1-二苯环的对位上添加两个氨基制备噻咯衍生物并且探索了化合物 18 作为化学和生物传感在监控 pH 变化和检测生物大分子上的可能性（图 6-14）。化合物噻咯 18 具有 AIE 性质并且当纳米颗粒悬浮在四氢呋喃和水的混合液中能发出明亮的光。当把酸添加到混合物中时，悬浮液又变的没光，因为在酸性的条件下化合物 18 的氨基转变成了铵盐。Zhang 等进一步考察了化合物 18 在酸性体系下作为生物传感时的使用情况。噻咯 18 含正电的铵结构并且能通过静电作用结合带负电的生物大分子。但是化合物 18 在缓冲溶液（pH 为 2）只发微弱的光，加入 BSA 或者 DNA 会诱导 18 重新发光，并且发光的强度随着 BSA 或者 DNA 的溶度增加而增加[66]。显然，化合物 18 能够作为"开关"生物传感用来检测蛋白或 DNA。

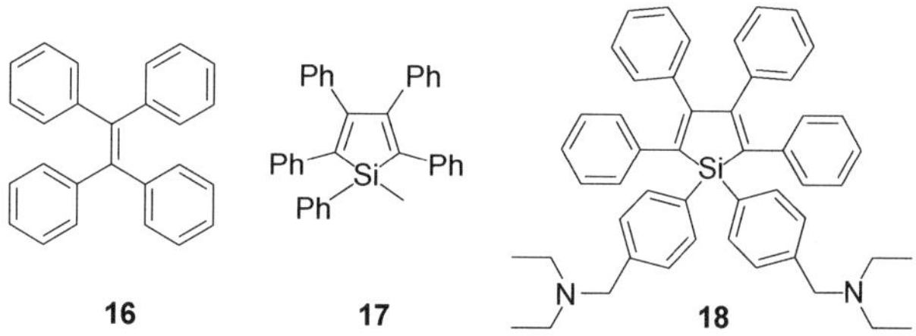

图 6-14 具有聚集诱导发射（AIE）现象的噻咯和 TPE 发光物的代表性实例的化学结构

化合物 19（图 6-15）具有铵基并且带的正电不会随着溶液 pH 而改变。通过静电作用化合物 19 和带负电的生物分子会发生聚集，在生物分子存在下噻咯 19 的荧光会增强。因此，化合物 19 可以用来检测带负电的生物分子。肝素是一种高度硫酸化线型的甘油氨基聚糖（GAG，图 6-15）。在术中和术后监测与控制肝素的水平和活性，避免服用过量的肝素引发的并发症例如出血和血小板减少是至关重要的[68]。如图 6-16 所示，化合物 19 在缓冲液中只发微弱的光，但是发光的强度会随着肝素的添加而逐渐增加。化合物 19 和肝素混合后的荧光增强能够通过紫外照射简单地辨别出来（图 6-16 中插图）。此外，它可以用化合物 19 来分析血清中肝素的含量，其发光强度随着血清中肝素的浓度呈线性增长并且通过降低 pH 值使得血清中其他的生物分子的干扰可以忽略。所以可以通过化合物 19 设计一个简单的荧光"开关"来检测肝素。

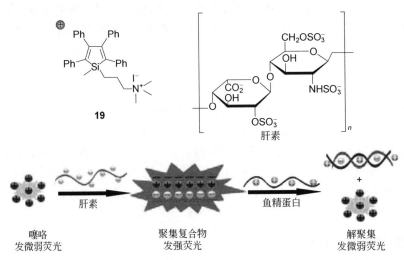

图 6-15 化合物 19 和肝素的化学结构及用 19 检测肝素的工作原理

此外作为潜在的荧光探针，化合物 **19** 能够用来研究肝素和特定蛋白的相互作用[69]。图 6-17 显示出了化合物 **19** 在肝素和鱼精蛋白中荧光的改变。当添加肝素的时候，化合物 **19** 的荧光强度会增加。但是当鱼精蛋白加到混合物中的时候，荧光强度开始递减最终达到化合物 **19** 的溶液没有添加肝素和鱼精蛋白的强度。荧光的递减表明了肝素和鱼精蛋白间的相互作用，诱导肝素和化合物 **19** 的解聚集。

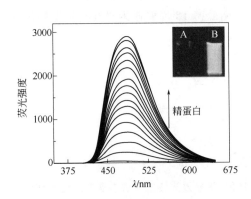

图 6-16 在不同浓度的肝素（从 0~13 μmol/L）中化合物 19 的荧光光谱

5.0×10⁻⁵ mol/L 在 HEPES 缓冲液，pH 为 7.4；插图显示出在紫外灯（365 nm）照射下，19 的溶液在没有肝素（A）和有肝素（7 μmol/L）（B）的照片

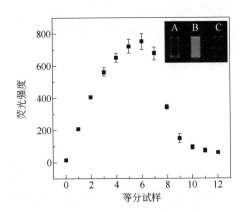

图 6-17 19（1.25×10⁻⁵ mol/L 在 HEPES 缓冲液，pH 为 7.4）在肝素和鱼精蛋白中的荧光强度变化

在 **19** 中添加肝素（0~3.0 μmol/L，对应试样）然后添加鱼精蛋白（0~5.2×10⁻³ mg/mL，对应试样 6-12）；插图显示出 **19**（1.25×10⁻⁵ mol/L）的溶液在紫外灯（365 nm）照射下的照片：A—没有肝素和鱼精蛋白；B—在肝素（4.0 μmol/L）存在下；C—在鱼精蛋白（2.8×10⁻² mg/mL）的存在下

另外，带电的 TPE 衍生物（图 6-18）也被研究用来检测生物分子。含两个季铵盐官能团的化合物 **20** 发弱光，但是，在添加带负电荷的生物分子（牛的胸腺 DNA 和 BSA），荧光显著增强[70]。研究者认为化合物 **20** 和生物分子之间的静电作用和疏水作用诱导生成了聚集复合物，导致荧光显著增强。

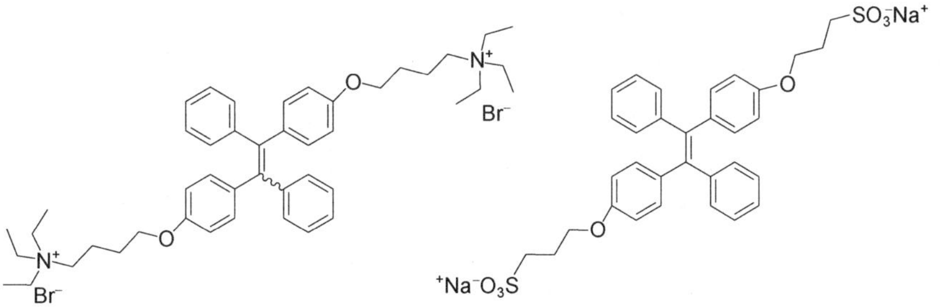

图 6-18　TPE 化合物 **20~22** 的化学结构

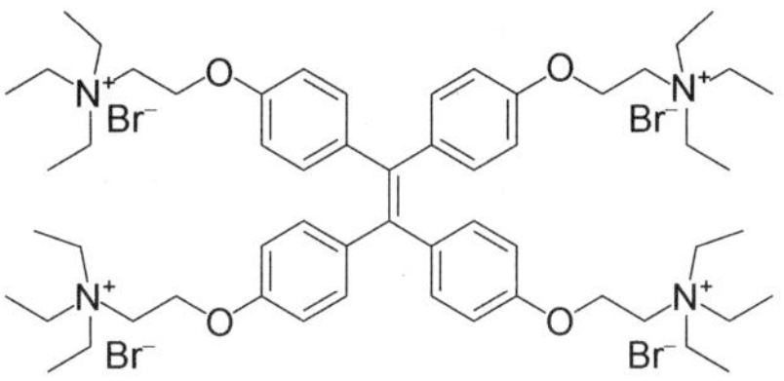

在表面活性剂如十二烷基硫酸钠（SDS）存在时，带负电荷的 TPE 衍生物 **21**（图 6-18）能够用来研究 BSA 的伸展过程。研究发现向化合物 **21** 溶液中加入 BSA 会导致荧光增强。这很有可能是由于分子 **21** 进入了具有带正电荷可折叠结构的 BSA 的疏水"口袋"中。TPE 单元中可旋转的 σ-键被"冻结"，从而导致荧光增强[71]。此外，在加入 SDS 后，化合物 **21** 和 BSA 的溶液变得几乎没有荧光。SDS 诱导 BSA 链的伸展，于是可折叠结构的 BSA 在疏水"口袋"内不能够与分子 **21** 发生相互作用。

最近，张德清等发现带 4 个正电荷的 TPE 衍生物 **22**（图 6-18）能用于一种免标记荧光 DNA 传感器[72]。众所周知，在稳定剂存在的情况下，富含鸟嘌呤 DNA 序列能够改变其构象从无规卷曲到 G-四联体结构。因为它与端粒和大多数肿瘤细胞的无限增殖相关，G-四联体结构的研究受到极大的关注[73,74]。通过稳定 G-四联体抑制端粒酶活性在药物的设计方面具有潜在的应用价值[75,76]。与预期一致，当化合物 **22** 与无规卷曲或 G-四联体 DNA 混合，其荧光"开关"就会被打开。有趣的是，当 DNA 构象从无规卷曲到 G-四联体，发现化合物 **22** 的荧光光谱出现红移现象。这个光谱特性赋予化合物 **22** 能够用来监测富含鸟嘌呤 DNA 双螺旋结构的折叠过程并且筛选 G-四联体稳定剂。

6.4.2　核酸酶活性测定和抑制剂的筛选

核酸酶能够催化 DNA 水解成单核苷酸或寡核苷酸碎片，它在生物学过程中扮演了至关重要的角色且在生物技术方面展示出广泛的应用前景。因此，发展简单且实用的荧光传感器用于 DNA 检测和核酸酶测定对于诊断遗传疾病和监测生物过程来说非常重要。各种荧光探针用于 DNA 检测和核酸酶活性分析已经相继被报道[77,78]。利用噻咯化合物 **19** AIE 属性的优势，一种无标记的荧光核酸酶检测器被发展出来（图 6-19）[79]。

图 6-19 展示了在添加 15-mer 单链 DNA（ssDNA）之后，**19** 的荧光增强。例如，在存在 0.3 μmol/L ssDNA（15-mer）时，**19** 缓冲溶液的荧光强度增强了 27 倍。很有趣的是，**19** 的荧光强度几乎是随着 ssDNA 浓度成线性增长。因此，利用分子 **19** 能够发展一种 ssDNA 的荧

光"开关"检测器[79]。观察发现 **19** 荧光增强依赖于 ssDNA 的长度。ssDNA 链越长，**19** 的荧光增加的越显著。产生这种现象的可能原因是，越长的 DNA 链提供了越多的负电荷位点用于和 **19** 的季铵盐作用，因此导致分子 **19** 强烈地聚集。然而，短链 DNA 仅仅提供了有限的负电荷位点与 **19** 作用，从而导致稳定的聚集复合物不能形成。这为 **19** 用于检测 DNA 的分裂过程提供了基础。事实上，**19** 和 ssDNA 组合的荧光更强。然而，如果 ssDNA 被芬顿（Fenton）试剂前处理产生 HO•去切断 DNA 成碎片，该组合的荧光会变得非常的微弱。

化合物 **19** 能用于研究核酸酶催化裂解 DNA。在 DNA 和核酸酶反应前，噻咯 **19** 和 ssDNA 的聚集体展现出更强的荧光[79]。然而，从图 6-20 可见，在 DNA 被核酸酶裂解后，该聚集体的荧光变弱，并且该聚集体的荧光强度随着逐渐延长反应时间而下降。结果显示：由于在高浓度的核酸酶下发生裂解反应，**19** 的荧光强度迅速下降。这恰好与事实保持一致：ssDNA 裂解反应随着核酸酶的浓度增加而速度加快。通过改变 DNA 在反应混合体系中浓度、动力学参数米歇利斯常数（K_m）和最大的初始反应速率（v_{max}），核酸酶催化水解反应可通过拟合相应的荧光光谱数据与米氏方程测定。通过利用 **19** 作为荧光探针得到 K_m 和 v_{max} 值相较于其他方法更简单。这些结果清晰地证明：这种无标签的荧光核酸酶活性试验可由化合物 **19** 及其类似物所确立。

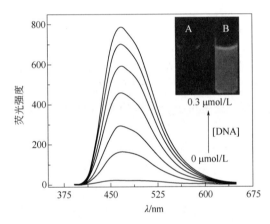

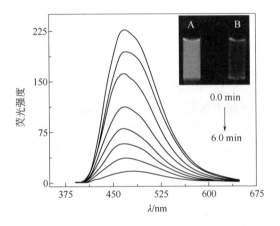

◼ 图 6-19　在不同浓度的 15-mer ssDNA（0~0.3 μmol/L）下，化合物 **19**（$2.0×10^{-5}$ mol/L 溶于 20 mmol/L 三羟甲基氨基甲烷缓冲液，pH = 7.3）的荧光光谱

插图展示了在紫外灯（波长 365 nm）照射下，溶液 **19** 在缺少 ssDNA（A）和存在 ssDNA（B）（0.3 μmol/L）的照片

◼ 图 6-20　化合物 **19**（$2.0×10^{-5}$ mol/L 溶于 20 mmol/L 三羟甲基氨基甲烷缓冲液，pH = 7.3）包含 15-mer ssDNA（5.0 μmol/L）和这些被核酸酶 S1 剪切后不同周期的荧光光谱

插图 6-展示了在紫外灯（波长 365 nm）照射下，溶液 **19**（$2.0×10^{-5}$ mol/L）在存在 ssDNA（5 μmol/L）（A）和 ssDNA 被核酸酶 S1（50 U/mL）剪切后 10min（B）的照片

这种新的无荧光标记的核酸酶测定方法也可用于筛选抑制剂[79]。焦磷酸盐是典型的核酸酶 S1 抑制剂[78]，并且被用于证明化合物 **19** 用于筛选核酸酶抑制剂的有用性。图 6-21 显示了化合物 **19**，ssDNA 和核酸酶在不存在和存在焦磷酸盐的情况下随着反应时间的荧光强度的变化。与不存在焦磷酸盐时相比，存在焦磷酸盐时总的荧光强度下降速度比较慢。这个结果说明焦磷酸可以阻止被核酸酶 S1 催化的水解反应，并且这是完全符合焦磷酸作为一种核酸酶 S1 抑制剂的事实。得益于其简单、容易操作、灵敏和高的成本效益，这种方法可以扩展到其他核酸酶试验和大规模核酸酶抑制剂的筛选。

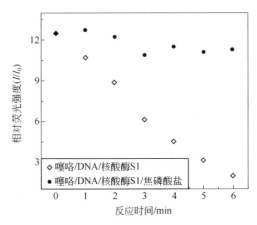

■ 图 6-21 通过监控核酸酶 S1 对于噻咯 19 的荧光变化得到焦磷酸盐
对 15-mer ssDNA 分裂的抑制作用

6.4.3 选择性 ATP 检测和相关磷酸酶测定

三磷酸腺苷（ATP）是最重要的一个分子，和许多生物化学过程以及疾病如缺血、帕金森综合征和低血糖症密切联系[80]。因此开发选择性检测 ATP 的方法是非常重要的。在加入 ATP 后，**19** 的荧光增加。如图 6-22 所示，特别有趣的是，在加入二磷酸腺苷（ADP）、一磷酸腺苷（AMP）和无机焦磷酸（PPi）几乎没有观察到荧光增强。因此，噻咯 **19** 可以用来选择性地检测 ATP。这样噻咯 **19** 使荧光增加可以理解如下：①与 ADP、AMP 相比，ATP 拥有更多的负电荷，更少的带电的 ADP、AMP 可能无法与噻咯 **19** 形成稳定的聚合配合物。②虽然 ATP 和 PPi 有相同的负电荷，ATP 的腺苷基团之间和噻咯 **19** 的四苯基噻咯基团之间的疏水作用也可能有助于一个复杂聚集体形成。

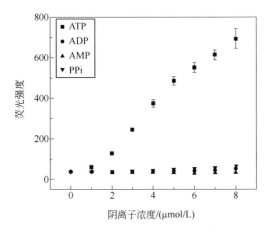

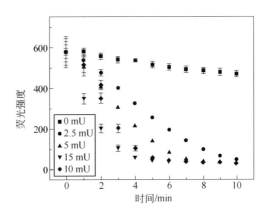

■ 图 6-22 噻咯 **19**（8×10^{-5} mol/L，在 pH 为 9.0 的三羟甲基氨基甲烷缓冲液）与 ATP、ADP、AMP 和焦磷酸各自的浓度相关的荧光强度的变化

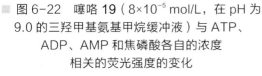

荧光在波长 470 nm 观察，370 nm 激发

■ 图 6-23 噻咯 **19** 含有 ATP（5.0 μmol/L）在 470 nm 的荧光强度（8×10^{-5} mol/L 在 10 mmol/L pH = 9 的三羟甲基氨基甲烷缓冲液溶液中）和选定浓度的 CIAP 的水解反应时间的关系

酶催化 ATP 水解成 ADP/AMP 是一个最重要的生物反应。利用 **19** 对 ATP、ADP、AMP 的不同响应能力，**19** 可以被用作连续监测 ATP 的水解荧光探针来[81]。如图 6-23 所示，在加了可催化 ATP 水解的小牛肠碱性磷酸酶（CIAP）后，**19** 和 ATP 的荧光强度总体逐渐下降。高浓度的 CIAP 导致荧光快速减少。至于 DNA 核酸酶，**19** 也可以用于筛选 CIAP 抑制剂。

6.4.4 乙酰胆碱酯酶活性测定和抑制剂的筛选

乙酰胆碱是一种神经递质，其被 AChE 水解催化是作为神经性反应系统的监管的一个关键过程。事实表明阿尔茨海默病（AD）与大脑中低水平乙酰胆碱密切联系[82]。因此，当前对于 AD 合理的药理学策略主要是基于胆碱假设。此外，神经毒气和杀虫剂[83,84]是 AChE 抑制因子。因此检测 AChE 活性对于神经毒气和杀虫剂的监测有重要意义。目前已经有许多方法已经被应用于 AChE 活性分析，包括基于 Ellman 试剂的比色法、荧光途径和化学发光探针[85,86]。比色的金纳米粒子[87]与荧光 CdS 量子点[88]也成功地用于 AChE 的抑制研究。然而，这些测定方法也发现存在一些缺点。因此，开发方便、快速、连续分析的方法应用于 AChE 活性分析和抑制剂的筛选一直是非常重要的。

张德清等最近报道一个基于 AIE 染料新的、方便的、连续的 AChE 荧光检测方法[89]。TPE 发光体 **21**（图 6-24）是带有两个磺酸基团的钠盐，它在水溶液中发出弱的荧光。如图 6-25 所示，加入十四甲酰胆碱到 **21** 的溶液中，由于两种物质的静电相互作用导致聚集从而使得荧光增强。在加入胆碱酯酶的情况下，可以将肉豆蔻酰胆碱水解而导致聚集体解聚而使荧光减弱（图 6-26）。荧光共焦显微镜和动态光散射（DLS）的研究结果揭示 **21** 和十四甲酰胆碱之间通过静电相互作用形成的超分子凝聚复合物从而导致荧光增强。

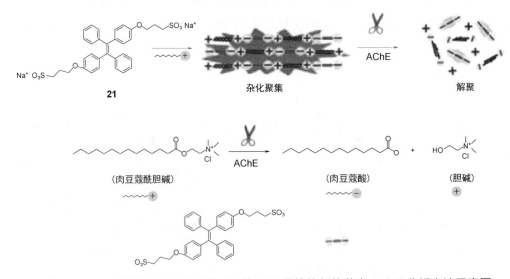

图 6-24 一种基于 TPE 发光体 21 的 AIE 属性的新的荧光 AchE 分析方法示意图

此外，这种基于 AIE 分子的 AChE 的检测方法同样也可以用于对 AChE 抑制剂的筛选[89]。如 9-胺-1,2,3,4-四氢盐酸氯酯（俗称他克林）是一种典型的胆碱酯酶抑制剂药[90]，选取他克林为实验试样，作者论证了化合物 **21** 在 AChE 抑制剂筛选方面的有效性。如所预期的那样，他克林对 AChE 有抑制作用，在他克林存在的情况下，肉豆蔻酰胆碱与化合物 **21** 组合体的荧光减弱的趋势有所减缓。利用这种测定 AIE 的方法测得他克林对 AchE 的 IC_{50} 达到 159 nmol/L，与利用 Ellman's 试剂所得的结果非常接近（IC_{50} = 108 nmol/L）[91]。

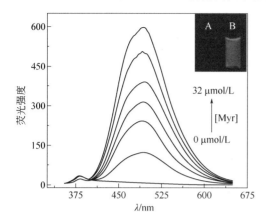

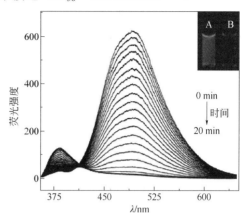

图 6-25　在不同数量的氯化肉豆蔻酰胆碱（从 0 到 32 mmol/L）作用下 21 的荧光光谱

20 μmol/L PBS 缓冲溶液（10 mmol/L），pH 为 8.0

图 6-26　在 AChE 的存在下，肉豆蔻酰胆碱（25 mmol/L）与化合物 21（20 mmol/L 于 PBS 缓冲液，pH 为 8.0）复合体培养不同时间的荧光光谱图

插图为相应浓度的化合物 21 与肉豆蔻酰胆碱复合体在包含（A）与不包含（B）AChE 的情况下于波长 365 nm 紫外灯下培育 15 min 后的对比照

6.4.5　特定阴离子和金属阳离子的选择性测定

对于人体健康和环境来说，氰根离子是最具毒性的阴离子[92]。通过利用氰化物的亲核活性和协同能力，已经发展了许多检测氰化物的化学传感器[61]。例如，基于苄基-氰根离子反应，Sessler 等人发现了一种具选择性氰化物指示剂[93]。然而，这些氰化物传感器还存在缺点，例如较差的选择性。事实上在某些情况下，这种氰化物的检测并不能在水溶液中进行。基于氰化物的荧光探针已经被报道[94,95]，但是荧光刺激检测的报道较为罕见。

通过利用噻咯的 AIE 荧光特性，张等最近发现了一种在水溶液中对于氰化物的荧光刺激感知体系。图 6-27 阐明了这种氰根离子传感器的工作机制。简单地说，氰根离子在化合物 23 中的羰基上发生亲核加成，生成两亲性的化合物[61]从而导致噻咯 19 的聚集诱导效应，结果使体系的荧光大大增强。如图 6-28 中所述，化合物 19 和 23 的复合体系只有弱的荧光，在加入氰根离子之后，荧光大大增强。使用这种体系，氰化物的检测限据估算为 7.74 μmol/L，这个浓度低于人体血液的氰化物致死量。含有其他阴离子包括 AcO^-、Br^-、Cl^-、F^-、$H_2PO_4^-$、HSO_4^-、N_3^- 和 NO_3^- 的干扰实验验证了在其他无机阴离子存在的干扰下，19 和 23 的复合体系仍然对氰根离子具有选择性的检测效果。

CrO_4^{2-} 和 AsO_4^{3-} 阴离子对人体和环境有害。Trogler 等[96]利用 24 的纳米颗粒（图 6-29）来检测 CrO_4^{2-} 和 AsO_4^{3-}。把水注射进入化合物 24 的 THF 溶液中，就形成了 24 的纳米颗粒。由于 24 的 AIE 性质，它的纳米颗粒有很强的荧光现象。随着 CrO_4^{2-} 和 AsO_4^{3-} 逐滴地加入到上述体系中，因为 24 的激发态的电子转移给了 CrO_4^{2-} 和 AsO_4^{3-}，纳米颗粒的荧光被逐渐猝灭。化合物 24 的纳米颗粒对 CrO_4^{2-} 检测限低至 0.1 μg/mL，而且其他的阴离子诸如 NO_3^-、NO_2^-、SO_4^{2-} 和 ClO_4^- 都不能干扰这种检测。

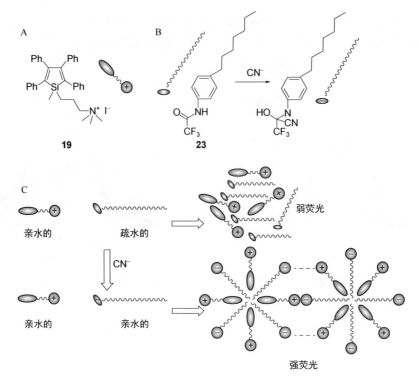

图 6-27　基于噻咯 19 的 AIE 特征荧光氰化物传感器的设计原理图

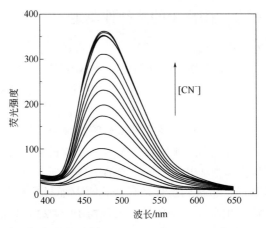

图 6-28　在不同浓度的氰化钠（浓度范围为 0~14×10⁻⁵ mol/L）条件下，噻咯 19（7.5×10⁻⁵ mol/L）与 23（4.0×10⁻⁴ mol/L）组合体于 DMSO/H₂O（1/75，体积比）混合溶剂中的荧光光谱

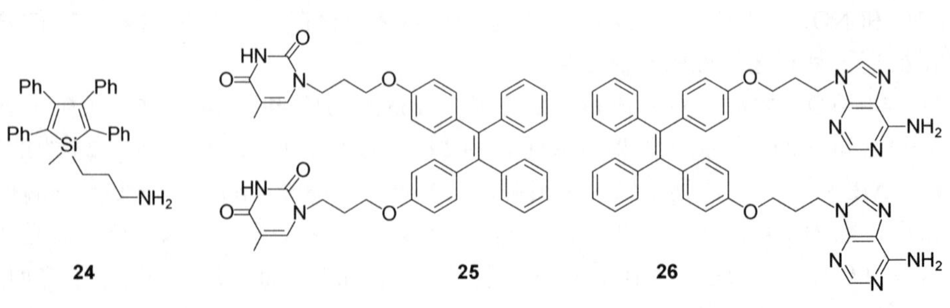

图 6-29　用于检测 CrO₄²⁻、AsO₄³⁻、Hg²⁺和 Ag⁺离子的噻咯并四苯基化合物 24、25 和 26

Hg^{2+}及其化合物对环境污染严重，而且汞污染会导致一些疾病。Ag^+及其化合物会在生物体内累积产生毒性。因此，关乎环境保护和人体健康，在多种介质中发展一种针对Hg^{2+}和Ag^+的具有灵敏性和选择性的化学传感器是非常有意义的。传统的针对Hg^{2+}和Ag^+的检测方法不仅昂贵，而且在实际操作复杂耗时[97]。与之相比，能够对Hg^{2+}和Ag^+实现高灵敏性和选择性监测的光学传感器具有仪器简单、易于操作等优点，从而受到广泛关注。目前为止，只有少量的基于荧光猝灭的荧光激发化学传感器被发现[61]可以检测像Hg^{2+}和Ag^+这一类重过渡金属。利用胸腺嘧啶（和Hg^{2+}）和腺嘌呤（和Ag^+）的选择性结合能力以及 TPE 独特的 AIE 性能，Zhang 等针对Hg^{2+}和Ag^+开发了荧光激发化学传感器[98]。设计原理如图 6-30 所示。简洁地说，化合物 **25** 和 **26** 分别包含两个胸腺嘧啶和腺嘌呤单元。Hg^{2+}配位的胸腺嘧啶，Ag^+配位的腺嘌呤将会诱导扩充的配位化合物的形成，结果在 **25** 和 **26** 中的 TPE 单元将会发生聚集。如图 6-31 中所示的，将$Hg(ClO_4)_2$加入到 **25** 的溶液中导致了在 467 nm 附近荧光发射的出现。在 0~125 μmol/L 范围内，荧光强度和Hg^{2+}浓度呈线性增长。化合物 **25** 对Hg^{2+}的检测限低至 0.37 μmol/L。其他的金属离子包括Ba^{2+}、Ca^{2+}、Cd^{2+}、Co^{2+}、Cu^{2+}、Fe^{3+}、Fe^{2+}、Mg^{2+}、Mn^{2+}、Ni^{2+}、Pb^{2+}、Zn^{2+}、Ag^+、Cs^+和K^+，在 **25** 中都无法干扰Hg^{2+}的检测。在化合物 **26** 对Ag^+检测也能够得到类似的结果。但是用化合物 **26** 检测Ag^+时，Hg^{2+}会对它产生轻微的干扰。

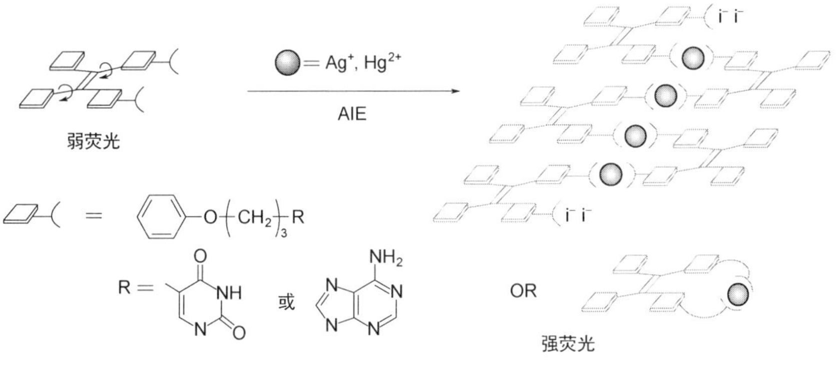

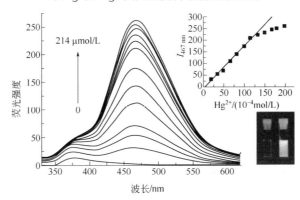

■ 图 6-30　基于包含胸腺嘧啶（**25**）和腺嘌呤（**26**）单元的 TPE 发光团
对Ag^+和Hg^{2+}荧光点亮传感设计原理图

■ 图 6-31　在不同量的$Hg(ClO_4)_2$（范围为 0~214 μmol/L）条件下，化合物 25（$1.34×10^{-4}$ mol/L）
于H_2O–CH_3CN（2∶1，体积比）混合溶剂中的荧光光谱图

插图为荧光强度（$I_{467\,nm}$）与$Hg(ClO_4)_2$浓度的曲线以及化合物 25 在加入等摩尔的
$Hg(ClO_4)_2$前后 365 nm 紫外照射下的对照图

6.4.6 挥发性和爆炸性有机化合物的检测

检测挥发性有机化合物（VOC）具有重要的意义。目前，仅有几篇利用具有 AIE 活性的噻咯和 TPE 发光体检测 VOC 的报道。张德清等人已经发现化合物 **27**（图 6-32）可以用于 VOC 的检测[99]。在薄层色谱（TLC）板上的化合物 **27** 的沉积物具有强烈的发光性，但是在将 TLC 板暴露于氯仿蒸气之后，发光消失。蒸气移除后发光性能可以恢复。这种荧光开关可以归因于溶剂在 TLC 板上形成液体，结果化合物 **27** 在 TLC 薄层涂层溶解，导致荧光猝灭。对于其他的 VOC（例如丙酮、二氯甲烷、乙腈和四氢呋喃），观察到与化合物 **27** 类似的荧光变化。

噻咯和 TPE 发光体也被探索用作爆炸物的化学传感器，如 2,4-二硝基甲苯（DNT）、2,4,6-三硝基甲苯（TNT）和苦味酸（PA）。Zhang 等最近报道了含有 TPE 单元的聚合物 **28** 的合成（图 6-32）及其在检测 PA 中的应用。这些聚合物仍然是具有 AIE 活性的：它们在溶液中是非荧光的，但在聚集后荧光增强。化合物 **28** 的纳米聚集体强烈的荧光在加入 PA 后将猝灭[61]。能量转移和超猝灭都有助于 PA 添加后的荧光减弱。此外，基于聚合物 **28** 的薄膜已经证实了可用于检测爆炸物的原型装置。除了 TPE 发光体之外，噻咯及其低聚物也被研究用于爆炸物的检测[100,101]。

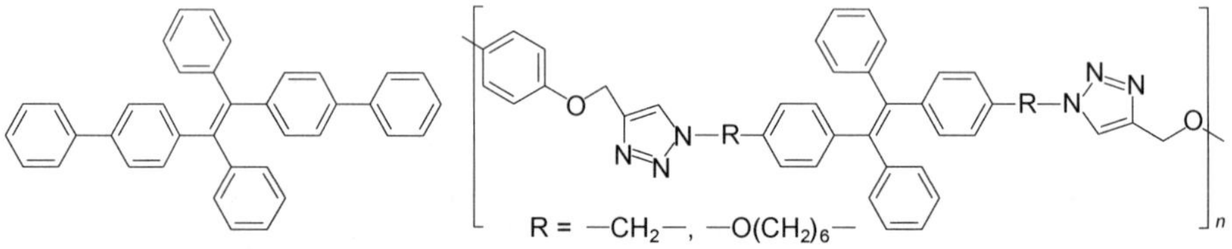

■ 图 6-32 AIE 发光物 27 和含有用于检测 VOC 和爆炸物的 TPE 单元的聚合物 28

6.5 结论和展望

自从 2001 年发现 AIE 现象以来，已经有大量的研究工作是基于合成具有 AIE 性能的荧光染料及其应用的探索。最终，已经有大量的 AIE 荧光染料被设计合成出来，并且发现导致 AIE 现象的主要原因是分子内旋转受限。AIE 荧光团的反常发光行为不同于传统的荧光染料。基于 AIE 体系可以展望其在各种领域中的应用。其中，利用 AIE 体系构建 OLED 光致材料和生物/化学传感已经取得了相当可观的成果。本章主要总结了 AIE 染料在生物/化学传感方面的研究进展。主要包括：①带电生物分子的检测；②核酸酶和 AChE 的分析和抑制剂的筛选；③选择性检测特殊阴离子和金属阳离子；④检测挥发性有机物和爆炸性气体。

传统的荧光团在高浓度和固态下容易荧光猝灭，因此导致基于这些荧光团的荧光传感具有如下的一些限制：①荧光团只能采用低浓度，这样影响了传感器的敏感性；②传统的荧光团通常不能再水相中使用，因为在水相中容易聚集导致荧光猝灭。与传统荧光传感器相比，基于 AIE 染料的荧光传感器可以克服如下缺陷：①AIE 荧光团可以在高浓度下或水相悬浮液中作为荧光传感的应用；②AIE 溶液具有极强的荧光发射行为，高灵敏性和很好的光稳定性；③无标记生物传感可以基于 AIE 染料分子构建出来。这些优点使得荧光检测生物分子，原位、无标记酶分析以及高通量的抑制剂筛选，这些优点在药物发现具有重要的意义。

除了噻咯和四苯烯乙基衍生物，其他的 AIE 分子（λ-型吡啶盐[102]和磷化合物[103]）同样用来检测蛋白质和爆炸性化合物，手性识别和作为探针探究糖类[104]和蛋白质之间的相互作用。具有 AIE 性能的三苯胺衍生物荧光团也用来作为气体传感。值得一提的是 AIE 现象和生物荧光系统具有一定的关系。例如，有荧光团和天然绿色荧光蛋白所引起的位阻现象阻止了同分异构体的顺-反转变，使得蛋白具有强荧光发射现象[105]。同时，聚集现象在许多生物过程会发生，AIE 荧光团作为生物传感的应用仅仅只是一个开始，并且大量的应用值得去研究开发。基于 AIE 染料的生物成像应用需要特别的关注。在这些应用方面，开发新的具有近红外发射的 AIE 荧光染料以及可以识别特殊官能团的方法是这一研究领域的重中之重。

参 考 文 献

[1] Wagner, V.; Dullaart, A.; et al. *Nat. Biotechnol.*, **2006**, *24*, 1211.

[2] Xu, H.; Li, Q.; et al. *Chem. Soc. Rev.*, **2014**, *43*, 2650.

[3] Hu, R.; Leung, N. L.; et al. *Chem. Soc. Rev.*, **2014**, *43*, 4494.

[4] Chan, W. C.; Nie, S.; *Science*, **1998**, *281*, 2016.

[5] Chen, M.; Yin, M.; *Prog. Polym. Sci.*, **2014**, *39*, 365.

[6] Yang, J. Y. M.; Duan, Y.; *Chem. Rev.*, **2014**, *114*, 6130.

[7] Chen, N.; He, Y.; et al. *Biomaterials*, **2012**, *33*, 1238.

[8] Li, K.;Liu, B.; *Chem. Soc. Rev.*, **2014**, *43*, 6570.

[9] Zhu, C.; Liu, L.; et al. *Chem. Rev.*, **2012**, *112*, 4687.

[10] Zhao, Q.; Huang, C.; et al. *Chem. Soc. Rev.*, **2011**, *40*, 2508.

[11] Breul, A. M.; Hager, M. D.; et al. *Chem. Soc. Rev.*, **2013**, *42*, 5366.

[12] Ding, D.; Li, K.; et al. *Acc. Chem. Res.*, **2013**, *46*, 2441.

[13] Leung, C. W. T.; Hong, Y.; et al. *J. Am. Chem. Soc.*, **2012**, *135*, 62.

[14] Zhang, X.; Zhang, X.; et al. *Polym. Chem.*, **2014**, *5*, 683.

[15] Wu, W. C.; Chen, C. Y.; et al. *Adv. Funct. Mater.*, **2010**, *20*, 1413.

[16] Zhang, X.; Zhang, X.; et al. *Nanoscale.*, **2013**, *5*, 147.

[17] Zhang, X.; Zhang, X.; et al. *RSC Adv.*, **2013**, *3*, 9633.

[18] Geng, J.; Li, K.; et al. *Small.*, **2012**, *8*, 3655.

[19] Li, M.; Hong, Y.; et al. *Macromol. Rapid Commun.*, **2013**, *34*, 767.

[20] Zhang, X.; Zhang, X.; et al. *Polym. Chem.*, **2013**, *4*, 4317.

[21] Zhang, R.; Yuan, Y.; et al. *ACS Appl. Mater. Interfaces.*, **2014**, *6*, 14302.

[22] Marcelo, G.; Munoz-Bonilla, A.; et al. *Polym. Chem.*, **2013**, *4*, 558.

[23] Nguyen, N. H.;Kulis, J.; et al. *Polym. Chem.*, **2013**, *4*, 144.

[24] Yang, B.; Zhao, Y.; et al. *Polym. Chem.*, **2015**, *10*. 1039/C1034PY01323A.

[25] Zhang, X.; Zhang, X.; et al. *Polym. Chem.*, **2014**, *5*, 399.

[26] Zhang, X.; Zhang, X.; et al. *Polym. Chem.*, **2014**, *5*, 356.

[27] Li, H.; Zhang, X.; et al. *RSC Adv.*, **2014**, *4*, 21588.

[28] Huang, Z.; Zhang, X.; et al. *Polym. Chem.*, **2015**, *6*, 607.

[29] Li, H.; Zhang, X.; et al. *Polym. Chem.*, **2014**, *5*, 3758.

[30] Wang, K.; Zhang, X.; et al. *J. Mater. Chem. C*, **2015**, *3*, 1854.

[31] Zhao,Y.; Wu, Y.; et al. *RSC Adv.*, **2014**, *4*, 51194.

[32] Zhang, X.; Zhang, X.; et al. *RSC Adv.*, **2014**, *4*, 24189.

[33] Mahtab, F.; Lam, J. W.; et al. *Small.*, **2011**, *7*, 1448.

[34] Mahtab, F.; et al. *Adv. Funct. Mater.*, **2011**, *21*, 1733.

[35] Faisal, M.; Hong, Y.; et al. *Chem-Eur. J.*, **2011**, *16*, 4266.

[36] Li, D.; Miao, C.; et al. *Chem. Commun.*, **2013**, *49*, 9549.

[37] Li, D.; Liang, Z.; et al. *Dalton Trans.*, **2013**, *42*, 9877.

[38] Liang, J.; KwokR. T. K.; et al. *ACS Appl. Mater. Interfaces*, **2013**, *5*, 8784.

[39] Li, X.; Zhu, S.; et al. *Nanoscale*, **2013**, *5*, 7776.

[40] Liu, S.; Sun, H.; et al. *J. Mater. Chem.*, **2012**, *22*, 22167.

[41] Wang, Z.; Chen, S.; et al. *J. Am. Chem. Soc.*, **2013**, *135*, 8238.

[42] Feng, G.; Tay, C. Y.; et al. *Biomaterials.*, **2014**, *35*, 8669.

[43] Li, K.; Zhu, Z.; et al. *Chem. Mater.*, **2013**, *25*, 4181.

[44] Ding, D.; Wang, G.; et al. *Small.*, **2012**, *8*, 3523.

[45] Zhang, J.; Li, C.; et al. *Biomaterials.*, **2015**, *42*, 103.

[46] Li, Y.; Yu, H.; et al. *Adv. Mater.*, **2014**, *26*, 6734.

[47] Li, K.; Ding, D.; et al. *Adv. healthc. Mater.*, **2013**, *2*, 1600.

[48] Shi, H.; Liu, J.; et al. *J. Am. Chem. Soc.*, **2012**, *134*, 9569.

[49] Hong, Y.; Meng, L.; et al. *J. Am. Chem. Soc.*, **2012**, *134*, 1680.

[50] (a) Shi, H.; Kwok, R. T.; et al. *J. Am. Chem. Soc.*, **2012**, *134*, 17972. (b) Liu, H.; Lv, Z. L.; et al. *J. Mater Chem. B*, **2013**, *1*, 5550.

[51] Yuan, Y.; KwokR. T.; et al. *Chem. Commun.*, **2014**, *50*, 295.

[52] Liang, J.; Shi, H.; et al. *J. Mater. Chem. B.*, **2014**, *2*, 4363.

[53] Yuan, Y.; Kwok, R. T.; et al. *J. Am. Chem. Soc.*, **2014**, *136*, 2546.

[54] Ding, D.; Kwok, R. T.; et al. *Mater. Horizons*, **2015**, *2*, 100.

[55] Yuan, Y.; Zhang, C. J.; et al. *Angew. Chem. Int. Ed.*, **2015**, *54*, 1780.

[56] Xue, X.; Jin, S.; et al. *ACS nano.*, **2015**, *9*, 2729.

[57] (a) Ding, D.; Liang, J.; et al. *J. Mater.Chem. B.*, **2014**, *2*, 231. (b) Zhang, X. Y.; Zhang, X. Q.; et al. *ACS. APPL. Mater. Inter.*, **2013**, *4*, 4317.

[58] Yuan, Y.; KwokR. T.;et al. *J. Am. Chem. Soc.*, **2014**, *136*, 2546.

[59] Jenekhe, S. A. *DTIC Document*, 1994.

[60] Friend, R.; Gymer, R.; et al. *Nature.*, **1999**, *397*, 121.

[61] Wang, C. K.; Tan, R.; et al. *Talanta.*, **2018**, *182*, 363.

[62] Jares-Erijman, E. A.; Jovin, T. M.; *Nat. Biotechnol.*, **2003**, *21*, 1387.

[63] Chen, Q.; Bian, N.; et al. *Chem. Commun.*, **2010**, *46*, 4067.

[64] Tang, B. Z.; Zhan, X.; et al. *J. Mater. Chem.*, **2001**, *11*, 2974.

[65] Chen, J.; Law, C. C.; et al. *Chem. Mater.*, **2003**, *15*, 1535.

[66] Dong, Y.; Lam, J. W.; et al. *Chem. Phys. Lett.*, **2007**, *446*, 124.

[67] Danner, E. W.; Kan, Y.; et al. *Biochemistry*, **2012**, *51*, 6511.

[68] Rabenstein, D. L. *Nat. Prod. Rep.*, **2002**, *19*, 312.

[69] Capila, I; Linhardt, R. J. *Angew. Chem. Int. Ed.*, **2002**, *41*, 390.

[70] Wang, M.; Zhang, G.; et al. *J. Mater. Chem.*, **2010**, *20*, 1858.

[71] Tong, H.; Hong, Y.; et al. *J. Phys. Chem. B*, **2007**, *111*, 11817.

[72] Hong, Y.; Häußler, M.; et al. *Chem.-Eur. J.*, **2008**, *14*, 6428.

[73] Davis, J. T. *Angew. Chem. Int. Ed.*, **2004**, *43*, 668.

[74] Maizels, N.; *Nat. Struct. Mol. Biol.*, **2006**, *13*, 1055.

[75] Teulade-Fichou, M. P.; Carrasco, C.; et al. *J. Am. Chem. Soc.*, **2003**, *125*, 4732.

[76] Nakayama, S; Sintim, H. O.; *J. Am. Chem. Soc.*, **2009**, *131*, 10320.

[77] Prentø, P.; *Biotech. Histochem.*, **2001**, *76*, 137.

[78] Crouch, R.; Dirksen, M.; et al. Cold Spring Harbor Laboratory. NY.: Cold Spring Harbor, 1982.

[79] Wang, M.; Zhang, D.; et al. *Anal. Chem.*, **2008**, *80*, 6443.

[80] Przedborski, S.; Vila, M.; *Clin. Neurosci. Res.*, **2001**, *1*, 407.

[81] Zhao, M.; Wang, M.; et al. *Langmuir*, **2008**, *25*, 676.

[82] Whitehouse, P. J.; Price, D. L.; et al. *Science*, **1982**, *215*, 1237.

[83] Chen, H.; Zuo, X.; et al. *Analyst*, **2008**, *133*, 1182.

[84] Su, S.; He, Y.; et al. *Appl. Phys. Lett.*, **2008**, *93*, 023113.

[85] Feng, F.; Tang, Y.; et al. *Angew. Chem. Int. Ed.*, **2007**, *119*, 8028.

[86] Sabelle, S.; Renard, P. Y.; et al. *J. Am. Chem. Soc.*, **2002**, *124*, 4874.

[87] Wang, M.; Gu, X.; et al. *Langmuir*, **2009**, *25*, 2504.

[88] Gill, R.; Bahshi, L.; et al. *Angew. Chem. Int. Ed.*, **2008**, *120*, 1700.

[89] Wang, M.; Gu, X.; et al. *Anal. Chem.*, **2009**, *81*, 4444.

[90] Harel, M.; Schalk, I.; et al. *Proceedings of the National Academy of Sciences*, **1993**, *90*, 9031.

[91] Hadd, A. G.; Jacobson, S. C.; et al. *Anal Chem.*, **1999**, *71*, 5206.

[92] Vennesland, B.; Conn, E. E.; et al. *Cyanine in biology*, London: Academic Press, 1981.

[93] Sessler, J. L.; Cho, D. G. *Org. Lett.*, **2008**, *10*, 73.

[94] Lou, X.; Zhang, L.; et al. *Chem. Commun.*, **2008**, *44*, 5848.

[95] Hudnall, T. W.; Gabbaï, F. P. *J. Am. Chem. Soc.*, **2007**, *129*, 11978.

[96] Toal, S. J.; Jones, K. A.; et al. *J. Am. Chem. Soc.*, **2005**, *127*, 11661.

[97] Nolan, E. M.; Lippard, S. J. *Chem. Rev.*, **2008**, *108*, 3443.

[98] Liu, L.; Zhang, G.; et al. *Org. Lett.*, **2008**, *10*, 4581.

[99] Dong, Y.; Lam, J. W.; et al. *Appl. Phys. Lett.*, **2007**, *91*, 011111.

[100] Sohn, H.; Calhoun, R. M.; et al. *Angew. Chem. Inter. Ed.*, **2001**, *40*, 2104.

[101] Sohn, H.; Sailor, M. J.; et al. *J. Am. Chem. Soc.*, **2003**, *125*, 3821.

[102] Yuan, C. X.; Tao, X. T.; et al. *J. Phys. Chem. C.*, **2009**, *113*, 6809.

[103] Sanji, T.; Shiraishi, K.; et al. *ACS Appl. Mater. Inter.*, **2008**, *1*, 270.

[104] Zheng, Y. S.; Hu, Y. J.; *J. Org. Chem.*, **2009**, *74*, 5660.

[105] Dong, J.; Solntsev, K. M.; et al. *J. Am. Chem. Soc.*, **2008**, *131*, 662.

第7章

铁电功能材料

7.1 铁电材料的历史[2]

铁电材料是热释电材料和压电材料的一种，是一种特殊的介电材料。它们和热释电材料和压电材料的区别在于外加电场可以改变铁电材料的自发极化方向。铁电材料都具有热释电性质、压电性质和倍频效应[1]。根据定义，具有铁电性化合物的空间群须属于10种极性点群：C_1、C_s、C_2、C_{2v}、C_3、C_{3v}、C_4、C_{4v}、C_6和C_{6v}，并且具有结晶性的化合物才有铁电性质[2]。

罗息盐（$[KNaC_4H_4O_6]\cdot4H_2O$，酒石酸钾钠）是由Valasek在1920年发现的第一个具有铁电性质的化合物[3]。然而，早期由于罗息盐的不稳定性和结构的复杂性造成了对其铁电性质进行深入研究的困难。15年之后，Bush和Scherrer发现了KH_2PO_4及其他由氢键形成的铁电化合物[4]。不久之后，也就是在20世纪40年代早期，发现了第一个钙钛矿式结构的化合物$BaTiO_3$，随后还发现了其他的具有铁电性质的钙钛矿式结构的化合物$Pb(Zr,Ti)O_3$和$LiNbO_3$。在20世纪40~60年代，几个研究小组发现了很多铁电化合物[5]。至2000年，已有三百多种铁电化合物或混合物被发现了（图7-1）[6]。根据化合物的组成和晶体结构来分类，铁电材料包括无机氧化

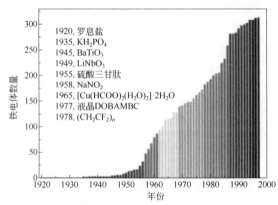

图7-1 1920—1997年铁电体数量的增长[2]
（其中包括了纯氧化物、液晶各族同系物和高分子化合物）

物铁电、有机-无机杂化铁电材料、有机铁电材料、液晶铁电材料和高分子铁电材料。

7.2 铁电材料基础[2]

7.2.1 铁电材料的表征

化合物的铁电性质与其结构中电极化的出现和变化有直接的关系。电极化现象的出现说明发生了顺电-铁电相变，也就是结构相变。在相变温度（T_c）的附近，化合物的多种物理性质会发生异常。电极化的变化过程可以由电滞回线记录，也是铁电材料的直接证据。

相变是物质在外部参数（如温度、压力、磁场和电场等）连续变化之下，从一种相（态）转变成另一种相，最常见的是冰变成水和水变成水蒸气。然而，除了物体的三相变化（固态、液态、气态）自然界还存在许许多多的相变现象，例如日常生活中另一种较常见的相变是加热一块磁铁，磁铁的铁磁性忽然消失。在铁电材料中，其中的相变是指顺电-铁电相变。相变过程中，晶体结构会发生改变，也伴随着介电、热焓、铁弹性异常或者其他物理性质的异常[7]。同时，这样的相变也会受到压力、电场和激光等的影响[8]。根据不同的标准，相变也可以分成几种。

按照热力学来分，相变可以分为一级相变和二级相变。一级相变是指化学势的一级偏倒数所代表的性质发生突变，即摩尔熵 S 和摩尔体积 V 发生突变；有相变潜热。一级相变包括晶体的凝固、沉淀、升华和溶化、金属及合金中的多数固态相变。二级相变是两相的化学势和化学势的一级偏导数均相等；化学势的二级偏导数所代表的性质发生突变；比热容 C_p、定压膨胀系数、等温压缩系数发生突变。二级相变包括超导相变、磁性相变、液氦中的 λ 相变以及合金中部分的有序-无序相变（图 7-2）。

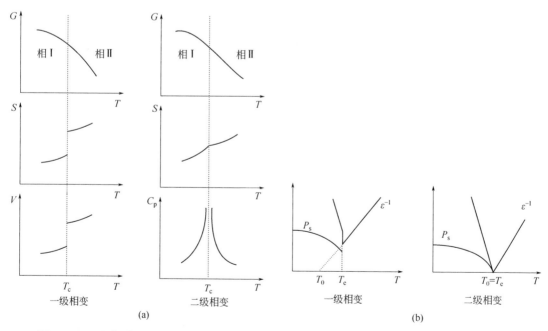

■ 图 7-2 一级相变和二极相变中物理参数（a）和介电常数（b）与极化随温度的变化曲线[2]

铁电性是指在一些介电晶体中，晶胞的结构使正负电荷中心不重合而出现偶极矩，产生不等于零的电极化强度，使晶体具有自发极化（P_s），且电偶极矩的方向可以因外电场而改变，呈现出类似于铁磁体的特点的一种特性。具有电极化态的化合物在由高温到低温的过程中会发生结构相变，即由高对称性的顺电相转变为低对称性的铁电相。由于温度的降低（居里温度 T_c 以下），在高温顺电相结构中的某些对称元素会消失，这种现象也叫做对称破缺。当相变发生时，需要引入序参量（η）来表示一个体系的有序程度。从高温相态到低温相态，序参量从 0 变成非零，序参量的数值大小表示这个相的有序程度，数值越大，有序度越高，对称性越差。对于铁电晶体，发生相变的序参量为极化强度 P，一级相变的序参量是不连续变化的，而二级相变的序参量是连续变化的 [图 7-2（b）]。

另外一种分类方法是按照铁电相变时原子的运动特点分为位移型相变和有序-无序型相变（图 7-3）。很多无机氧化物如 $BaTiO_3$ 属于位移型相变，晶体中离子的相对位移产生了自发极化。$NaNO_2$ 是典型的有序-无序型相变晶体，晶体中极化的 NO_2^- 离子的运动产生了铁电性质。这两种相变也不是相互独立的，有的铁电晶体可能会同时属于位移型相变和有序-无序型相变。

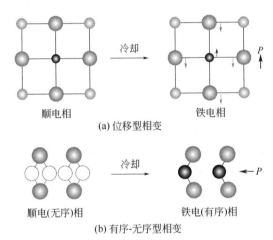

图 7-3　位移型 $BaTiO_3$（a）和有序-无序型铁电 $NaNO_2$（b）相变图示[2]

铁电相变中的有序程度或者铁电材料的其他物理性质常由几种方法来表征，如热分析、介电常数测试、晶体结构分析或图谱分析。示差扫描量热（DSC）和热容 C_p 可以获得相变的信息。比如，一级相变的 DSC 图在相变温度（T_c）上会出现一个峰，而二级相变在这个温度上会出现一个台阶式的变化。在某些特殊情况的有序-无序型相变，可以由玻尔兹曼公式 $\Delta S = nR \ln(N)$（ΔS 是熵变，n 是摩尔数，R 是气体常数，N 是有序到无序体系分子运动的数量）估算从顺电相到有序的铁电相的分子运动的热熵变得到。

在相变温度（T_c）附近，介电常数会出现异常，介电常数的变化可以是 $10 \sim 10^6$。介电异常是物质发生相变的有力证据。根据居里-外斯（Curie-Weiss）定律，$\varepsilon = C/(T - T_0)$（$\varepsilon$ 是介电常数，C 是居里常数，T 是温度，T_0 是居里-外斯温度），把顺电相和铁电相的居里常数之比表示为 C_{para}/C_{ferro} [图 7-2（b）]，如果这个比值接近 8，那么这种相变很可能是一级相变，如果这个比值接近 2，且 $T_0 < T_c$，那么这种相变很可能是二级相变，且 $T_0 = T_c$。根据居里常数的大小可以把铁电材料分成三类。第一类是铁电材料的居里常数 $C \approx 10^5$ K，这类大部分属于位移型相变。第二类是居里常数 $C \approx 10^3$ K，这类属于有序-无序型相变。第三类是 $C \approx$

10 K，我们把这种铁电材料叫做非正常或者特殊的铁电体，它们的铁电相是由某些物理量引起的而不是自发极化的。

因为顺电-铁电相变是结构性相变，所以必须仔细分析晶体的结构来确定铁电的产生是由于离子的位移还是由于极化基团的有序-无序相变。如上所述，铁电材料在相变温度（T_c）之下会发生对称破缺。在顺电相，晶体结构可以属于 32 个点群中的任意一个；在铁电相中，晶体结构的空间群应属于 10 个极性点群中的 68 个极性空间群。根据居里对称性原则，铁电相的空间群应该是顺电相空间群的一个子群，少数例外的情况除外。变温单晶 X 射线衍射和中子衍射是确定晶体结构变化的重要方法，并且能揭示极化变化的机制。

然而，由于离子是否有微小偏移与离子间的相互作用和热参数有很大的关系，常常会导致顺电相和铁电相的晶体结构解析有一定的困难，所以光电倍频（SHG）测试分析可以作为探测铁电性质的一个有效的分析方法。倍频测试对于对称破缺（symmetry breaking）或时间分辨对称破缺（time-resolved symmetry breaking）是否产生非常敏感。当发生从中心对称的顺电相到非中心对称的铁电相的相变时，在相变温度的附近，可以发现有光电倍频的变化。根据朗道的理论，随温度变化的倍频曲线和自发极化随温度变化的曲线是相似的[9]。

对铁电性质的探索，也可以用其他的图谱技术如红外光谱、拉曼光谱或者中子散射实验，这些图谱测试可以提供铁电晶体的详细的软膜信息和晶格震动信息。固体 NMR 测试也可以给出铁电化合物的动态变化信息。大量的分析和弛豫实验有助于我们充分认识在相变温度附近的分子的结构信息和移动，了解分子中离子对铁电性质的贡献。电子自旋共振（ESR）和穆斯堡尔光谱也可以探索固态中一类原子的电子云密度分布在相变时的局部动态和表征[10]。

7.2.2　极化和铁电畴

在铁电相中，电极化相对于电场的变化可以得到电滞回线（P-E）曲线（图 7-4）。电滞回线曲线的出现是材料是否具有铁电性的直接证据，实际上是反映相变温度附近铁电畴里极化方向的变化。铁电畴是在晶体的一个小区域内，各晶胞的极化方向相同，这个小区域就称为铁电畴。从电滞曲线上，可以设定一些特征参数描述铁电性，如自发极化（P_s，OI），剩余极化（P_r，OD 或 OG）和矫顽场（E_c，OE 或 OH）。矫顽场（E_c）是使极化强度反向的最小外加电场强度。铁电材料极化翻转的动态过程和温度和外加电场强度有密切的关系。

从微观角度上说，铁电晶体最开始时两类电畴（正向和反向）数量相等，所以在整个铁电晶体的偶极矩为零。当外加一个正向的电场时，自发极化（P）和电场（E）的关系如曲线中的 OA 段，这个过程中，晶体呈现通常的介电性质，因为外加电场的大小不足以让极化发生翻转。当电场强度慢慢增大，快到 E_c 时，部分反向的极化发生翻转成为正向极化，所以整个晶体的极化强度迅速增强（AB）。继续增加外加电场强度，所有的反向极化都翻转为正向极化变成单独的一个极化方向相同的电畴（BC），这时，极化强度也达到一个最大值（P_s）。当外加电场强度反向并慢慢减小至 0 时，极化强度的变化如曲线段 CD 所示，因为有部分的极化还是正向，没有发生翻转，这时，y 轴上所示的极化强度即为剩余极化强度 P_r（OD）。当电场强度变成反向的矫顽场强度 E_c（OE）时，晶体的极化强度变成 0。继续增加反向的电场强度，这个极化曲线将完成为一个闭合的曲线（CDEFGHC）。这样的电滞回线是铁电晶体的一个典型的特征。铁电晶体的这种特征和铁磁材料的特征非常类似，铁磁材料的磁化强度和外加磁场的关系呈现一个类似的磁滞回线曲线。"铁电"一词正是由"铁磁"而来，实际和铁没有什么关系。

电滞回线中，电位移和导电性也有一定的贡献。当导电性有较大的贡献时，才能出现闭合的电滞回线。也会出现电滞曲线只是部分与铁电性有关或者完全与铁电性无关。这种情况下，电滞回线就无法用来预测矫顽场强 E_c 和剩余极化强度 P_r 了。铁电性的证据就要通过其他方法来提供，如压电性、热释电性或者光电倍频测试（SHG）。

因为铁电性最重要的特征是由于外加电场的改变引起极化的翻转，所以对电畴结构的认识可以让我们更好地理解铁电性。极化的变化包括电畴中反向平行极化的产生，畴壁的运动和新的反向平行极化的产生（图 7-4）。畴壁的变化作为铁电性的直接证据，用特定的成像技术也可以观察到，如表面改性技术、光学技术、扫描显微镜和扫描探针显微镜。成像技术的进步使我们能够观察到电畴在纳米尺寸的结构。

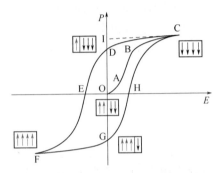

■ 图 7-4　极化随电场变化的电滞回线曲线（ P-E 曲线）[2]

电畴内极化的翻转用箭头表示

7.3　铁电材料的分类及研究进展

7.3.1　有机-无机杂化铁电材料

7.3.1.1　酒石酸盐类铁电材料

（1）[MNa(C$_4$H$_4$O$_6$)]·H$_2$O（M = K, NH$_4$）族

四水合酒石酸钾钠，（KNaC$_4$H$_4$O$_6$·4H$_2$O），也就是我们常说的罗息盐，是一种典型的由氢键形成的有机-无机杂化 MOF 材料。它是第一个被发现的铁电体，在铁电材料的发展中有非常重要的历史作用。

罗息盐是由酒石酸氢钾和碳酸钠在水溶液中反应合成得到。其晶体结构显示在每个晶胞中含有 1 个酒石酸根，4 个 H$_2$O 分子，1 个 Na$^+$ 和 1/2 个 K$^+$(1)与 K$^+$(2)（图 7-5）[11]。K$^+$ 和 Na$^+$ 被酒石酸根离子和 H$_2$O 分子中的氧原子所包围，分别形成了双三角锥形和扭曲的八面体形。K$^+$(1)与 K$^+$(2)桥联了 2 个酒石酸根离子，K$^+$(2)桥联了 4 个酒石酸根离子。每个酒石酸根离子周围有 6 个酒石酸根离子。

罗息盐有两个居里点分别在 255 K 和 297 K。在 255 K 以下和 297 K 以上，晶体所在的空间群是正交 $P2_12_12$，对应的是顺电相。在这两个温度之间，晶体所在的空间群是单斜 $P2_1$，

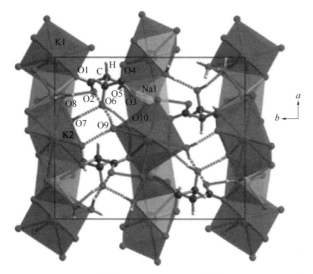

图 7-5 罗息盐在顺电相时的晶胞[2]（虚线表示氢键）

对应的是铁电相。在以上两个相变温度的相变都是属于二级相变。根据对称破缺规则，顺电相空间群 $P2_12_12$ 和 $P2$ 的子空间群是 $P2_12_12$。这正好对应了罗息盐的对称破缺方式（图 7-6）。

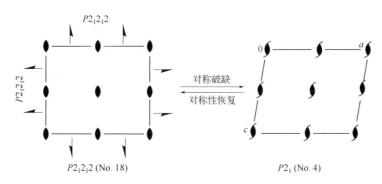

图 7-6 从顺电相到铁电相，罗息盐空间群的变化，同时对称元素由 4 个
（E, C_2, $2C_2'$）变成 2 个（E, C_2）[2]

分析罗息盐的晶体结构使我们知道其铁电相中有两种极化的链状结构（274 K）。其中一种和高温顺电相中的结构类似（323 K），另一种和低温顺电相中的结构类似（213 K）。铁电相中和两个顺电相中的结构的不同主要是酒石酸根离子的排列不同。

罗息盐在 255 K 和 297 K 时分别有介电异常（图 7-7）。在居里温度 297 K 之上，根据居里-外斯定律得到 $T_0 = 297$ K，$C_{para} = 2.24 \times 10^3$ K。在 278 K 时，自发极化 $P_s = 0.25$ μC/cm²。当罗息盐里面的氢被氘代掉时，即 [KNaC₄D₄O₆]·4D₂O，它的两个相变温度分别是 251 K 和 308 K，在 278 K 时，自发极化 $P_s = 0.35$ μC/cm²。氘代和没有氘代的罗息盐的铁电性质差别很小，说明罗息盐的铁电相变属于有序-无序型相变。

（2）[MLi(C₄H₄O₆)]·H₂O（M = NH₄, Tl, K）族

[MLi(C₄H₄O₆)]·H₂O（M = NH₄, Tl, K）构成一个与罗息盐类似的族。酒石酸铵一水化合物 [(NH₄)Li(C₄H₄O₆)]·H₂O（见图 7-8）的铁电性由 Matthias 和 Hulm 发现，并在 1951 由 Merz 独立完成[12]。它历经从顺电正交相（$P2_12_12$）到铁电单斜相（$P2_1$）的二阶铁电相变在 T_c =106 K[13]。

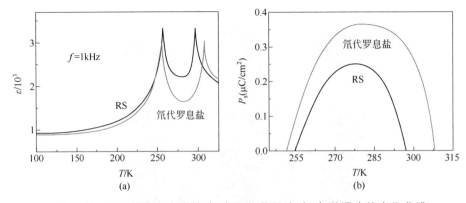

■ 图 7-7　罗息盐的介电常数（a）和极化强度（b）随温度的变化曲线

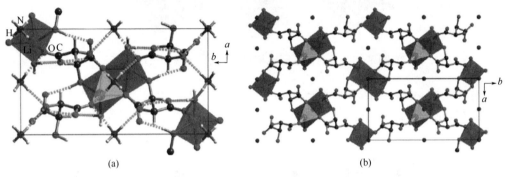

■ 图 7-8　$[(NH_4)Li(C_4H_4O_6)]\cdot H_2O$ 在顺电阶段（293 K）的结构
（a）沿 c 轴的晶胞；（b）在 ab 平面上的层结构（虚线表示氢键）

　　$[(NH_4)Li(C_4H_4O_6)]\cdot H_2O$ 的介电常数显示在 106 K 时出现一个异常的峰值为 140[图 7-9（a）]。配合居里-外斯定律给出一个 T_0 为 93.8 K 和一个 C_{para} 为 37 K。在铁电相中，P_s 和 b 轴平行。Abe 和 Matsuda 建议铁电来自酒石酸羟基的运动类似于罗息盐的情况[14]。$[(NH_4)Li(C_4H_4O_6)]\cdot H_2O$ 的 ESR 实验表明通过电场可以使自发极化反转，表明铁电和在 T_c 下的铁弹性共存[15]。

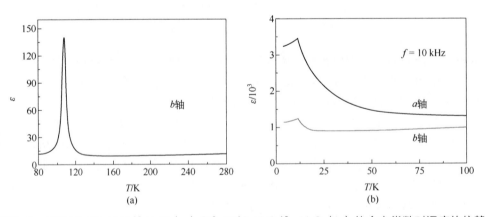

■ 图 7-9　$[(NH_4)Li(C_4H_4O_6)]\cdot H_2O$（a）和$[LiTl(C_4H_4O_6)]_3\cdot H_2O$（b）的介电常数对温度的依赖性

　　$[LiTl(C_4H_4O_6)]_3\cdot H_2O$ 经历一个二阶相变转移在 $T_c = 11$ K 从顺电相（$P2_12_12$）到未知对称的铁电相[12]。$[LiTl(C_4H_4O_6)]_3\cdot H_2O$ 的 P_s 显示平行于 a 轴。$[LiTl(C_4H_4O_6)]_3\cdot H_2O$ 的晶体结构和

[MLi(C₄H₄O₆)]·H₂O 同晶在顺电阶段（图 7-10）。[LiTl(C₄H₄O₆)]₃·H₂O 的空间对称破坏相似于罗息盐的发现，遵循居里对称性原则。

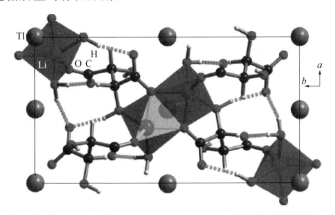

■ 图 7-10　在顺电相（293 K）中[LiTl(C₄H₄O₆)]₃·H₂O 的单个晶胞视图（虚线表示氢键）

[LiTl(C₄H₄O₆)]₃·H₂O 的介电常数沿 a 轴显示在 T_c 附近有一个大的值 5000，然后只有轻微降低到液氦温度的趋势 [图 7-9（b）]，这与普通铁电体的行为形成对比并通过域墙运动的贡献来解释[16]。发现介电常数对机械边界条件非常敏感[17]。钳位的介电常数大约为 30，比游离的小得多[18]。关于氘在这个相变的影响的研究表明减少和消失在氘化[LiTl(C₄H₄O₆)]₃H₂O 中有一个有限元 C 在 T_c 是归因于置换型相变[19]。

7.3.1.2　甲酸盐类铁电体

甲酸根作为阴离子和金属有几种配位方式：单齿配位、双齿配位、三齿配位和四齿配位。它和金属形成的配合物能够表现出丰富的物理性质如磁性、多孔性和铁电性等[20]。四水合甲酸铜[Cu(HCOO)₂(H₂O)₂]·2H₂O，在相变温度 $T_c = 235.5$ K 之下具有反铁电性质。它从水溶液中结晶得到蓝色的晶体，但是在空气中很容易风化。其晶体在顺电相是属于 $P2_1/a$ 空间群，在铁电相的空间群属于 $P2_1/n$，并且铁电相的晶体的 c 轴的长度是顺电相的两倍[21]。这样的晶轴的增倍是反铁电相变的特征。[Cu(HCOO)₂(H₂O)₂]·2H₂O 的晶体形成了平行于 ab 平面的层状结构。甲酸铜形成的 2D 平面之间被水分子分隔开。每个 Cu^{2+} 和甲酸根和水中的氧原子配位形成八面体的结构。晶体中的水分子层中有氢键形成。在高温顺电相，晶体中的水分子是无序的。研究认为晶体中水分子排列的变化使得晶体发生了相变，有序排列的水分子使得晶体中层与层之间的极化方向变化了，所以整个晶体呈现反铁电性质。

（1）[Cu(HCOO)₂(H₂O)₂]·2H₂O

[Cu(HCOO)₂(H₂O)₂]·2H₂O 晶体沿着晶轴 b 轴的介电常数随温度的变化曲线在 235 K 附近出现一个很尖的峰，说明其在 235 K 处的相变属于一级相变[22]。按照居里-外斯定律计算得到居里温度 $T_0 = 217$ K 和居里常数 $C_{para} = 3.2×10^4$ K。被氘代的化合物[Cu(HCOO)₂(H₂O)₂]·2D₂O 表现出了同位素效应，使其相变温度提高到了 245 K，说明氢键对相变产生了一定的影响。此化合物在 232 K 时表现出反铁电性质。

（2）[Mn₃(HCOO)₆]·C₂H₅OH

1999 年报道的[Mn^{III}(HCOO)₃]·(客体)具有三维的结构，其晶体类似于 NaCl 的晶体结构[23]。没有客体分子的[Mn₃(HCOO)₆]显示出很小的介电常数值（$\varepsilon' = 5$），并且它和温度无关，和外加电场的方向也无关[24]。当有溶剂分子分散在晶体的孔道中时，这个主-客体化合物则表现出与电场非常敏感的性质，如[Mn₃(HCOO)₆]·C₂H₅OH 在 165 K 附近介电常数明显增高，说明主体分子很可能把客体分子（溶剂分子）固定在一维的孔道中[25]。

把[Mn₃(HCOO)₆]晶体放在乙醇的蒸气中即可得到[Mn₃(HCOO)₆]·C₂H₅OH。[Mn₃(HCOO)₆]·C₂H₅OH 晶体在 165 K 附近有很尖的介电异常的峰，沿着其晶轴 a 轴显示出较高的介电常数值（约 45），而沿着 b 轴和 c 轴则显示很小的介电异常（图 7-11）。按照居里-外斯定律计算得到居里温度 $T_0 \approx 150$ K 和顺电相与铁电相居里常数之比 $C_{para}/C_{ferro} = 4.1$，说明了此晶体属于一级相变，DSC 测试也证明了这一点。

作者记录了在 145~166 K 之间的电滞回线，其铁电性质很可能是由于客体分子乙醇导致的。主体分子与客体分子乙醇的相互作用在铁电相变中具有很重要的作用。氘代的化合物[Mn₃(HCOO)₆]·C₂H₅OD 表现出类似的介电异常行为（在 164 K 时的介电常数为 57，图 7-11）。

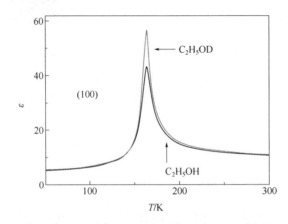

■ 图 7-11　[Mn₃(HCOO)₆]·C₂H₅OH 和[Mn₃(HCOO)₆]·C₂H₅OD 晶体沿晶轴 a 轴的介电常数随温度的变化曲线

还有很多其他的甲酸盐类的铁电晶体，如[(CH₃)₂NH₂] [M(HCOO)₃]（M = Mn, Fe, Co, Ni, Zn）被 Cheetham 及其合作者报道了[26]。具体的铁电性质可以参看相关文献。

（3）(NH₄)[Zn(HCOO)₃]

基于[M^{II}(HCOO)₃]，已经成功获取了各种 MOF 材料。在这一系列化合物中，铵阳离子对框架的拓扑结构发挥了强大的模板效果[27]。如果采用最小的 NH₄⁺，相应的(NH₄)[M(HCOO)₃]便会展现出一个很少观察到的 4₉·6₆ 拓扑结构框架。当阳离子是 CH₃NH₃⁺、(CH₃)₂NH₂⁺、CH₃CH₂NH₃⁺或(CH₃)₃NH⁺时，便获得一系列钙钛矿型化合物，其中一个将在下一节讨论。如果利用(CH₃CH₂)₃NH⁺、(CH₃CH₂)₂NH₂⁺、CH₃CH₂CH₂NH₃⁺等这些大体积胺，多孔的 MOFs 如[M₃(HCOO)₆]•客体将会如上所述逐步形成。

最近，Wang、Gao 与合作伙伴报道了(NH₄)[Zn(HCOO)₃]的铁电性质[28]。利用甲酸铵，甲酸和 Zn(ClO₄)₂·6H₂O 在甲醇中合成了 3D MOF。

它在六角形手性空间群 $P6_322$ 中于 290 K 结晶，在空间群 $P6_3$ 中于 110 K 结晶。铁电空间群 $P6_3$ 是顺电一体的子群与居里对称性原则很符合（$P6_3$ 的最小非同构超群包括 $P6_3/m$、$P6_322$、$P6_3cm$ 和 $P6_3mc$）（图 7-12）。在 110 K 被证明是晶胞的 3 倍。该结构由八面体金属中心与抗甲酸盐连接形成一个具有 4₉·6₆ 拓扑结构的 3D 手性阴离子[Zn(HCOO)₃]框架组成。它可以被认为是通过相互渗透的三组二维立方网形成六角形通道来建造的，其中铵阳离子阵列定位。手性来自于金属周围的甲酸盐配体施加的手性以及仅具有单一性的单位的存在。

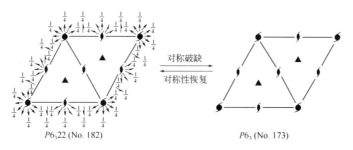

图 7-12　(NH₄)[Zn(HCOO)₃]的空间群从顺电相转变为铁电相，对称性变化从 12 个（E，2C₆，2C₃，C₂，3C′₂，3C″₂）到 6 个（E，2C₆，2C₃，C₂）

$(NH_4)[Zn(HCOO)_3]$的铁电性质的来源可以通过变温 X 射线分析来解释。这表明铵阳离子从高温阶段的有序状态变为低温阶段的有序状态（图 7-13）。NH_4^+与金属甲酸酯骨架的 O 原子形成氢键，290 K 时 N…O 距离为 2.972 Å，在 110 K 时为 2.830~3.120 Å。值得注意的是，与 290 K 的结构相比，通道中的 NH_4^+阳离子在 110 K 处沿着 c 方向显示出大约 0.40 Å 的置换位移，这被认为与低温极地结构和铁电性质密切相关。

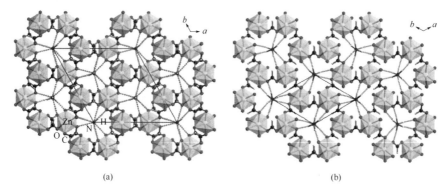

(a)　　　　　　　　　　　　　　　　　(b)

图 7-13　不同温度下$(NH_4)[Zn(HCOO)_3]$的晶体结构（虚线表示氢键）

（a）110 K，显示有序的$[NH_4]^+$；（b）290 K，显示无序的$[NH_4]^+$

沿着 c 轴，$(NH_4)[Zn(HCOO)_3]$的介电常数的温度依赖性在 T_c = 191 K 处呈现大的电介质异常（图 7-14），表明相变。通过居里-外斯定律确定 T_0 为 181 K，C_{para} 为 5.4×10^3 K，表明典型的顺序紊乱型铁电相变。且已经获得了可测量的介电磁滞回线，P_s 为 1.0 μC/cm²。

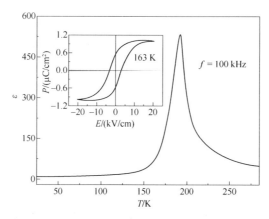

图 7-14　$(NH_4)[Zn(HCOO)_3]$沿 c 轴的介电常数对温度的依赖性（插图：电滞回线在 163 K）

研究者报道了$(NH_4)[M(HCOO_3)]$的类似铁电性质（其中 M 为 M^{II}、Fe^{II}、Co^{II} 或 Ni^{II}）。Wang 及其同事早前报道了这些化合物的磁性。甲酸锰是一种反铁磁体，在非常低的场地显示出一个旋转场，而甲酸钴和甲酸镍都是弱铁磁体，并且甲酸钴在反铁磁排序后显示出可能的自旋重新取向。这些化合物将构成铁磁性和铁电性共存的多铁性 MOF 的吸引族。

（4）$[(CH_3)_2NH_2][M(HCOO)_3]$ (M = Mn, Fe, Co, Ni, Zn)

最近，Cheetham 及其同事们报道了金属甲酸盐化合物$[(CH_3)_2NH_2] [M(HCOO_3)]$（M = Mn^{II}、Fe^{II}、Co^{II}、Ni^{II}、Zn^{II}）的介电性能[29]。该系列 MOF 展示了钙钛矿型结构。它们在溶剂热条件下通过金属氯化物和水在二甲基甲酰胺中合成。该二甲基铵客体来自二甲基甲酰胺的原位水解[30]。

$[(CH_3)_2NH_2] [M(HCOO_3)]$在顺电相中的中心空间群 $R\bar{3}c$ 中结晶。M^{2+}中心通过 6 个格式的 6 个氧原子八面体协调，并通过格式互连形成 3D 框架（图 7-15）。位于框架笼中的二甲基铵阳离子在 3 个不同的方向是无序的。它在测量的温度范围内发生一个有序-无序变化。低温相中的结构未能很好地解决，但无疑是单斜晶系。

在 Mn、Fe、Co、Ni 和 Zn 化合物冷却时，它们的介电常数分别在 185 K、160 K、165 K、180 K 和 156 K 被发现。对于这些金属甲酸盐来说，这显然是 10 K 的热滞。介电常数曲线显示在顺电相中值>15 的阶梯形状，对应于一类高介电常数材料（图 7-16）。这种类型的电子排布与有序—无序相变有关。在相变点之下，提出了反铁电相，但没有直接证据。

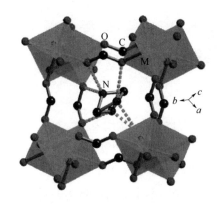

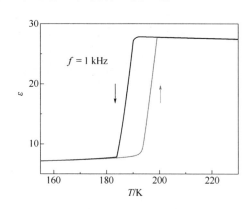

■ 图 7-15　在 293 K 下$[(CH_3)_2NH_2] [M(HCOO_3)]$的笼结构（虚线表示氢键）

■ 图 7-16　$[(CH_3)_2NH_2] [M(HCOO)_3]$的介电常数的温度依赖性

在我们看来，$[(CH_3)_2NH_2] [M(HCOO)_3]$的介电常数的温度依赖性可能与不合适的铁电特性有关。有一种方法来证明空间群在低温阶段是否是铁电的。如铁电基础理论表明，SHG 的温度依赖性可以指示顺电到铁电相变的发生[31]。根据现象学的朗道理论，如果忽视高阶条件，我们就得到$\chi^{(2)}=6\varepsilon_0\beta P_s$，其中 $\chi^{(2)}$是二阶非线性系数，β 几乎与温度无关。这意味着 $\chi^{(2)}$的温度依赖性的行为与 P_s的一致。对于$[(CH_3)_2NH_2] [M(HCOO)_3]$，其中 M 是 Co^{II}、Mn^{II}或 Zn^{II}，SHG 信号清楚地显示出低于 T_c的饱和值的快速增加，表明发生对称断裂（图 7-17）。这些事实强烈地支持这样一个的观念：在 T_c 之下，金属甲酸盐的空间群应该是非中心对称的。这与 Señarís-Rodríguez 及其同事所报道的甲酸钴的情形非常一致[32]。因此，假设的反铁电相应为铁电相。铁电空间群 Cc 是顺电相 $R\bar{3}c$（No.167）的亚群，因为 $R\bar{3}c$ 的最大非同构亚群包括

$R3c$，$R32$，$R\overline{3}1$ 和 $C2/c$，而 Cc 是 $C2/c$，$C2$ 和 $P\overline{1}$ 的亚群（图 7-18）。Wang 和同事报道了这些金属甲酸盐低于 36 K 时的磁性排序。

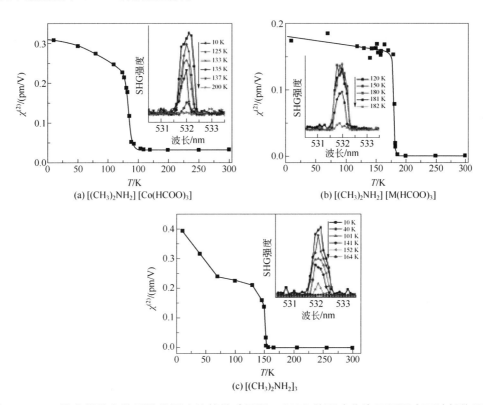

(a) $[(CH_3)_2NH_2][Co(HCOO)_3]$

(b) $[(CH_3)_2NH_2][M(HCOO)_3]$

(c) $[(CH_3)_2NH_2]_3$

图 7-17　二阶非线性有效系数的温度依赖性（插图：SHG 的强度作为不同温度下波长的函数）

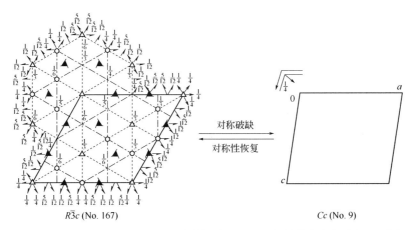

$R\overline{3}c$ (No. 167)　　　　　Cc (No. 9)

对称破缺
对称性恢复

图 7-18　$[(CH_3)_2NH_2][M(HCOO)_3]$ 的空间群从顺电相转变为铁电相，对称元素
从 12 个（E, 2C_3, 3C_2, i, 2S_6, 3σ_v）至 2 个（E, σ_h）

　　锰、铁、钴和镍的甲酸盐是弱铁磁体且 T_c 值分别为 8.5 K、20 K、14.9 K 和 35.6 K。对于甲酸钴和甲酸镍，自旋取向分别在 13.1 K 和 14.3 K。所有样品都显示了低于临界温度的磁滞回线，主导的超交换机制是反铁磁的。这一系列金属甲酸盐是潜在的另一种类型的多铁性 MOF。

7.3.1.3　氨基酸类铁电体

（1）[Ag(NH₃CH₂COO)(NO₃)]

根据文献报道，发现有很多含有甘氨酸结构的化合物具有铁电性质，如硫酸三甘肽（triglycine sulfate）、三甘氨酸硒酸盐（triglycine selenate）、三甘氨酸四氟化铍盐（triglycine fluoroberylate）、二甘氨酸硝酸盐（diglycine nitrate）和甘氨酸亚磷酸盐（glycine phosphite）[33]。这些化合物铁电性质的起因主要是非刚性的甘氨酸两性离子，因为两性离子的构象很容易改变由于它的 3 个内旋转自由度。然而，也有不在其列的甘氨酸硝酸银盐[Ag(NH₃CH₂COO)(NO₃)]。

[Ag(NH₃CH₂COO)(NO₃)]的铁电性质是由 Pepinsky 及其合作者在 1957 年发现的[28]。[Ag(NH₃CH₂COO)(NO₃)]的晶体是通过混合摩尔比为 1:1 的甘氨酸和硝酸银的水溶液在暗室缓慢挥发得到。在 T_c = 218 K 附近从高温到低温的过程中，此晶体的空间群由 $P2_1/a$（顺电相）转变为 $P2_1$（铁电相）。这个相变过程中产生的对称破缺符合居里定律。

在[Ag(NH₃CH₂COO)(NO₃)]的晶体结构中，银离子和氨基酸中的氧原子配合形成沿着 ac 晶面的二维层状结构，这些层状的结构通过网状结构的氢键作用与硝酸根离子连接起来。在低温铁电相，[Ag(NH₃CH₂COO)(NO₃)]的不对称单元含有两个独立的分子。在高温顺电相中，这两个独立的分子通过一个转换中心关联着。在相变过程中，最重要的结构变化是银离子远离了甘氨酸双性离子上的氧原子，这样的结构变化降低了晶体在低温相中的对称性[34]。此晶体在相变温度处的热异常变化很小，因此此晶体的相变属于位移型相变。此化合物沿着 b 晶轴随温度变化的介电常数在 218 K 处出现很大的异常。按照居里-外斯定律计算得到居里温度 T_0 = 218 K 和顺电相的居里常数 C_{para} = 446 K。沿着 b 晶轴的极化强度 P 在 100 K 为 0.60 C/cm²。

（2）(NH₃CH₂COO)·MnCl₂·2H₂O

在 1958 年被 Pepinsky 及其同事报道了(NH₃CH₂COO)·MnCl₂·2H₂O 为室温铁电体[35]。它在空间群 $P2_1$ 中结晶，每个细胞包含两个分子，然而，只有晶体学结构没有原子坐标的参数。(NH₃CH₂COO)·MnCl₂·2H₂O 在室温下沿着 a、b 和 c 轴的介电常数分别是 6.6、8.1 和 7.4，而且随着温度的降低，介电常数几乎不变。该化合物在脱水破坏之前显示出高达 328 K 的极化。热测量显示水分亏损超过 308 K，因此不能观察到居里温度。在室温下，P_s 沿 b 轴为 1.3 μC/cm² 而且 E_c 为 5.6 kV/cm，并且没有发现类似的物质。

（3）[Ca(CH₃NH₂CH₂COO)₃X₂]（X = Cl, Br）

三钙肌氨酸氯化钙[Ca(CH₃NH₂CH₂COO)₃Cl₂]是一种单相铁电体，其二次相变为 127 K，从正电相位正交 $Pnma$ 到铁电相中的正交 $Pn2_1a$[36]。对称断裂过程涉及从顺电 $Pnma$ 到铁电 $Pn2_1a$ 的变化，其最小非同构超群包括 $Pnna$、$Pccn$、$Pbcn$ 和 $Pnma$（图 7-19）。

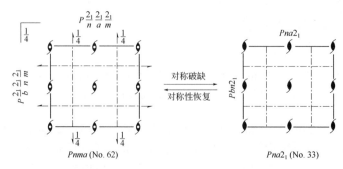

■ 图 7-19　[Ca(CH₃NH₂CH₂COO)₃Cl₂]的空间群从顺电相转变为铁电相，对称元素从 8 个（E，C₂，2C₂，i，σₕ，2σᵥ）到 4 个（E，C₂，2σᵥ）

化合物以化学计量比例从氯化钙和肌氨酸的水溶液缓慢蒸发生长。Ca^{2+}由 6 个肌氨酸的 6 个氧原子八面体配位（图 7-20）[37]。

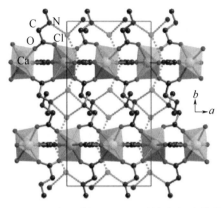

■ 图 7-20　$[Ca(CH_3NH_2CH_2COO)_3Cl_2]$在 118 K 时铁电相中的晶体结构（虚线表示氢键）

每个肌氨酸连接两个 Ca^{2+}，沿 a 轴形成 1D 链。Cl^-在由链形成的空隙中稳定化。每个 Cl^-形成 3 个氢键，与 N 原子相邻，而每个 N 原子包含两个氢键。3 个不对称肌氨酸之一垂直于 b 轴。在 T_c 之下，P_s 沿着这个方向发展。

与典型的铁电体相比，$[Ca(CH_3NH_2CH_2COO)_3Cl_2]$显示出特殊的性质，如小的 C_{para}（约 58 K），小的 P_s（78 K 时为 0.27 $\mu C/cm^2$），相对较大的熵变 ΔS [2.51 J/(K·mol)]（图 7-21）[38]。这些观察结果表明$[Ca(CH_3NH_2CH_2COO)_3Cl_2]$的相变是秩序障碍类型，然而，后来的研究证实相变是位移型的[39]。

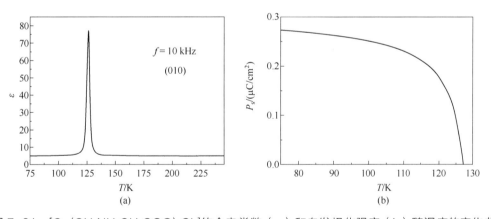

■ 图 7-21　$[Ca(CH_3NH_2CH_2COO)_3Cl_2]$的介电常数（a）和自发极化强度（b）随温度的变化曲线

发现氘代$[Ca(CH_3ND_2CH_2COO)_3Cl_2]$的铁电转变温度几乎等于$[Ca(CH_3NH_2CH_2COO)_3Cl_2]$的铁电转变温度[40]。压力对化合物的电介质和铁电性能产生很大的影响，而一个新阶段则出现在 5 kbar[41]。

用 Br^- 或 I^- 替代 Cl^- 会大大改变相应化合物的相变。对于溴化三肌氨酸氯化钙$[Ca(CH_3NH_2CH_2COO)_3Cl_{2(1-x)}Br_{2x}]$（$x \leqslant 1$），$T_c$ 和 P_s 随着溴化物摩尔分数 x 的增加而迅速下降。同时，T_c 随压力大幅度增加，P_s 几乎与压力无关。混合晶体显示 $x \leqslant 0.66$ 范围内的铁电相变。对于$[Ca(CH_3NH_2CH_2COO)_3Br_2]$，其没有显示出低至液氦温度的铁电相变。但是在

107 K 的压力下施加铁电转变[42]。当压力增加时，介电异常地与 T_c 一起增加。结果表明 [Ca(CH₃NH₂CH₂COO)₃Br₂] 是初始铁电体，在静水压力下成为量子铁电体[43]。

在高达 9 kbar 的各种压力下测量碘化三肌氨酸氯化钙的介电和铁电性能。随着离子浓度的增加，ε 和 P_s 的峰值都迅速下降。T_c 随着离子浓度的增加而降低。I⁻取代 Cl⁻对介电性能的影响比 Br⁻取代 Cl⁻的影响更为显著[44]。

（4）[Ca{(CH₃)₃NCH₂COO}(H₂O)₂Cl₂]

由 Rother 及其同事发现的甜菜碱氯化钙二水合物 [Ca{(CH₃)₃NCH₂COO}(H₂O)₂Cl₂]是一种令人感兴趣的化合物，呈现顺序的结构相变[45]。该化合物是水溶性的，从含有甜菜碱和无机盐的水溶液以 1∶1 的摩尔比生长。它在单位晶胞中具有 4 个分子单元的高温相（> 164 K）的正交空间群 *Pnma* 中结晶[46]。Ca²⁺与两个 Cl⁻，两个水分子和甜菜碱的两个氧原子配位，形成一个畸变的八面体（图 7-22）Cl⁻ 和 O⁻原子之间的氢键非常弱，键长约为 3.2 Å 甜菜碱配体连接相邻的 Ca²⁺离子以产生沿 a 轴的 1D 链。在 90 K 时，解决了一个 *P2₁ca* 空间组[47]。

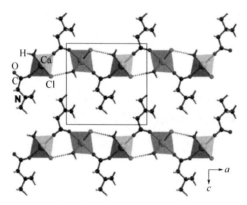

■ 图 7-22　[Ca{(CH₃)₃NCH₂COO}(H₂O)₂Cl₂] 在 293 K 的顺电相中的晶体结构（虚线表示氢键）

有趣的是，在这种情况下，对称断裂过程涉及从顺电 *Pnma* 到铁电体 *P2₁ca* 的变化，其中最小非同构超群覆盖 *Pcca*、*Pbcm*、*Pbcn* 和 *Pbca*。铁电空间群不属于顺电空间群的亚组（图 7-23），这表明这种相变是复杂的，或是第一和第二阶特征的混合。

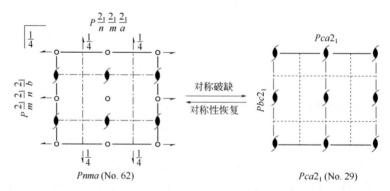

■ 图 7-23　[Ca{(CH₃)₃NCH₂COO}(H₂O)₂Cl₂]将的空间群从顺电相转变为铁电相，将对称元素从 8 个（E, C₂, 2C₂, i, σ_h, 2σ_v）变为 4 个（E, C₂, 2σ_v）

报道了化合物的许多不相称和相称的阶段在 164 K 和 46 K[48]以下。X 射线衍射分析显示出具有低于 $T_{c1} = 164$ K 的波矢的 1D 调制，调制波在不相关阶段的冷却过程中不断下降，并锁定相应相位的不同合理值。在 $T_{c8} = 46$ K 以下，系统经历相转变为适当的铁电相。

介电测量显示 T_{c1} 和 T_{c8} 之间的 8 个异常[45]。介电常数的最高峰值为 $T_{c3} = 125$ K，ε' 值大约为 1×10^3（图 7-24）。低于此温度时，存在复杂的磁滞回线。铁电单回路出现在 T_{c8} 下方，P_s 值高达 2.5 μC/cm²。但[Ca{(CH₃)₃NCH₂COO}(D₂O)₂Cl₂]中的同位素效应可忽略不计。

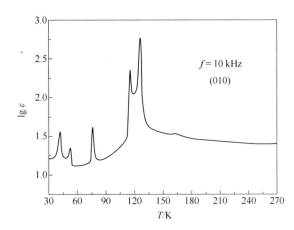

■ 图 7-24　[Ca{(CH₃)₃NCH₂COO}(H₂O)₂Cl₂]在 10 kHz 时沿 b 轴介电常数随温度的变化

（5）[Ln₂Cu₃{NH(CH₂COO)₂}₆]·9H₂O

Kobayashi 及其同事报道了一系列多孔 MOF 材料[Ln₂Cu₃{NH(CH₂COO)₂}₆]₃·nH₂O，其中 Ln 等于三价的 Laᴵᴵᴵ、Ndᴵᴵᴵ、Smᴵᴵᴵ、Gdᴵᴵᴵ、Hoᴵᴵᴵ 或 Erᴵᴵᴵ，$n \approx 9$ 比较大的介电常数。这些化合物具有高介电常数和反铁电性质[49]。

通过在 pH = 5~6 的条件下将摩尔比为 2：6：3 的 LnCl₃·9H₂O 与亚氨基二乙酸和 Cu(NO₃)₂·3H₂O 混合在水溶液中反应制备[Ln₂Cu₃{NH(CH₂COO)₂}₆]·9H₂O。再将所得混合物在室温下蒸发一周，得到蓝色六方柱状晶体[50]。

所有化合物均为同构结构，属于三角空间群 $P\bar{3}c1$。在晶体结构中，铜离子通过 4 个 O 原子和 2 个亚氨基二乙酸配体的 2 个 N 原子以扭曲的八面体几何形状六配位，形成四齿金属配体[Cu{NH(CH₂COO)₂}₂]²⁻通过组装九配位的 Lnᴵᴵᴵ 离子和金属配体形成 3D 蜂窝结构[图 7-25（a）]。椅形六边形通道沿 c 轴发展，直径约为 17 Å。客体水域位于通道中，如一串珍珠。集群中的 9 个水分子分为三组，占据通道中的不同位置［图 7-25（b）］。Ln 晶体的晶格常数的温度依赖性在大约 350 K 时显示出明显的异常，表明限制在通道中的客体水分子的结构变化。水分子在 50~130 ℃ 逐渐失去，主晶格稳定在 300 ℃ 以上。

在 80~400 K 的温度范围内测量[Ln₂Cu₃{NH(CH₂COO)₂}₆]·9H₂O 的介电常数（图 7-26）。它们在 150~190 K 下呈现宽的电介质峰，由于水分子的热运动的冻结，其从 200 降低到 10。电介质行为与分子动力学模拟结果一致。在 300 K 以上，介电常数表现出快速增加，这归因于接近 400 K 附近的反铁电转变。在 400 K 时，Sm 和 La 化合物的介电常数分别约为 1300 和 350。La 化合物显示出相当大的同位素效应，揭示氢键在其介电性质中的重要作用。La、Sm 和 Gd 晶体的磁滞回线呈现典型的双滞后曲线，表明其在高温下的反铁电性（图 7-26）。

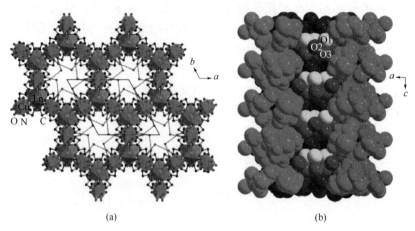

(a)

(b)

图 7-25 （a）在 273 K 条件下[Ln$_2$Cu$_3$\{NH(CH$_2$COO)$_2$\}$_6$]·9H$_2$O 的晶体结构（虚线表示氢键）；（b）沿着 c 轴在通道中分为三组的客体水分子

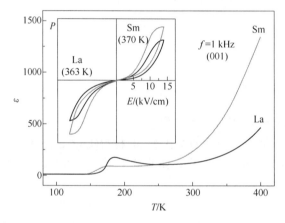

图 7-26 [Ln$_2$Cu$_3$\{NH(CH$_2$COO)$_2$\}$_6$]·9H$_2$O 的介电常数的温度依赖性（插图：双电滞回线）

（6）[Cu$^I_2$Cu^{II}(CDTA)(4,4-bpy)$_2$]·6H$_2$O

最近，龙腊生和他的同事们报道了另一个带有客体水分子的多孔 MOF 材料 [Cu$^I_2$Cu^{II}(CDTA)(4,4-bpy)$_2$]·6H$_2$O，其中，H$_4$CDTA 是反-1,2-二氨基环己烷 N, N, N', N'-四乙酸，4,4-bpy 是 4,4-联吡啶[51]。在该化合物中，纳米通道中的受限 1D 水丝在 175 K 和 277 K 处显示出显著的介电异常。在后一温度下，1D 液体和 1D 铁电冰之间发生自发转变。

在水热条件下由 H$_4$CDTA、Cu(CH$_3$COO)$_2$·3H$_2$O、4,4-bpy 和水的混合物制备了 [Cu$^I_2$Cu^{II}(CDTA)(4,4-bpy)$_2$]·6H$_2$O。在晶体结构中，Cu^{II} 离子由一个 CDTA^{4-} 配体的 2 个 N 和 4 个 O 原子八面体配位形成金属配体[Cu^{II}(CDTA)]$^{2-}$。Cu^I 离子由来自两个 4,4-bpy 配位体的两个 N 原子配位，由离子配体构成，表现出 T 形几何结构 [图 7-27（a）]。所得到的 [Cu$^I_2$Cu^{II}(CDTA)(4,4-bpy)$_2$]网络是平行于 ab 平面的 3 倍互穿 2D 层。在化合物的 3D 超分子结构中，客体水分子沿 a 轴占据通道。它们通过它们与金属配体之间的氢键相互作用而保持在一起作为周期性 1D 水丝(H$_2$O)$_{12n}$ [图 7-27（b）]。(H$_2$O)$_{12}$ 单元可以看作是分别作为质子受体和供体使用的水四聚体和舟状水八聚体的配合物。

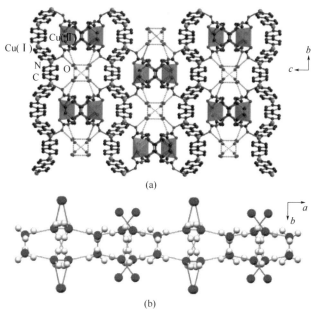

（a）

（b）

■ 图7-27 （a）在250 K下[Cu$^I_2$Cu^{II}(CDTA)(4,4-bpy)$_2$]·6H$_2$O的晶体结构；
（b）沿着 a 轴的通道中的客体水分子链
虚线表示1D水线和1D水线与框架之间的氢键

[Cu$^I_2$Cu^{II}(CDTA)(4,4-bpy)$_2$]·6H$_2$O的介电常数的温度依赖性在170 K处显示出非常宽的峰值，并且沿着 a 轴测量，在277 K处的尖峰，其与本体水显着不同。两个电介质异常归因于水线，因为沿着 b 轴和 c 轴的介电常数以及沿着 a 轴的无水样品在整个温度范围内几乎是不依赖于温度的。随着频率从1 kHz增加到10 MHz，在170K的宽电介质峰值转移到更高的温度，其值从293降到82。这种行为不代表相变，而是介电松弛现象。尖锐的电介质峰值277 K清楚地表明非晶相转变。P-E回路在250 K时获得。氘代化合物显示出8 K转换到更高温度的同位素效应。然而，晶体结构分析表明，该化合物采用中心对称空间群 $Fddd$，其违反了对称性的对称要求。可能的解释是氢原子的确切位置不能完全确定。分子动力学模拟公开了氢键相互作用对于低于277 K的1D冰的铁电性至关重要，包括水丝中的水分子与水分子与主体之间的静态相互作用之间的动态氢键相互作用。我们认为温度依赖性SHG测量将有助于提供一些深入了解低温空间群是否是非中心空间群。

7.3.1.4 丙酸盐类化合物

Ca$_2$M(C$_2$H$_5$COO)$_6$（M为Sr^{II}、Ba^{II}、Pb^{II}阳离子）在某些相态下显示铁电性，在这一类化合物中，丙酸根离子跟甘氨酸及其衍生物很类似，末端甲基的无序-有序转变在铁电相变中发挥了至关重要的作用。

（1）Ca$_2$Sr(CH$_3$CH$_2$COO)$_6$

Ca$_2$Sr(CH$_3$CH$_2$COO)$_6$的铁电性于1957年被Matthias和Remeika所发现[52]，它在282.6 K时发生相变，由顺电相（空间群 $P4_12_12$）转变到铁电相（空间群 $P4_1$）。

Ca$_2$Sr(CH$_3$CH$_2$COO)$_6$在113~423 K间数个温度下的晶体结构已被测定[53]，在室温下，结构分析表明，分子式里面的四个甲基和其中的一个 α-碳原子处于无序状态，它们分别以相同的概率占据着两个原子位置（图7-28）[54]，随着温度的变化，三个甲基的无序以及Sr、Ca、

O 原子的移动情况的变化跟 P_s 值的变化相同（P_s 在 113 K 达到一个饱和值），与此相反，另外的一个甲基在 113 K 的时候处于部分无序状态。

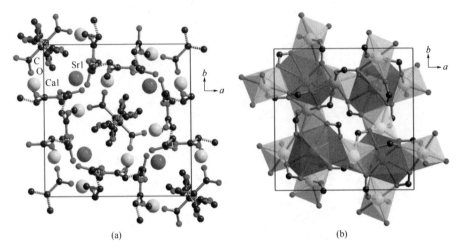

■ 图 7-28 （a）Ca₂Sr(CH₃CH₂COO)₆ 在顺电相的晶体结构（无序键用虚线表示）；
（b）金属离子的配位几何（为了易于辨别，已省略丙酸根离子的乙基）

在 283.9 K、1 kHz 的交流电下，Ca₂Sr(CH₃CH₂COO)₆ 沿着 c 轴有一个介电异常（图 7-29）。其对应的 T_0 和 T_{para} 分别为 278 K 和 73 K。P_s 的大小以及随温度的变化可以用 CaO₆ 八面体相对于 Sr 离子的变化情况来解释。氘代的 Ca₂Sr(CD₃CD₂COO)₆ 来研究甲基的运动在铁电相变中所起的作用。氘代的化合物在 279.5 K 显示介电异常[55]，从图中可以说明在 T_c 附近，同位素效应对介电的影响基本可以忽略，这说明形成 Ca₂Sr(CD₃CD₂COO)₆ 的铁电相变的另外一个因素是丙酸根离子的运动。

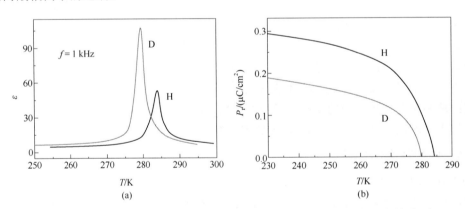

■ 图 7-29　Ca₂Sr(CH₃CH₂COO)₆（H）及其氘代物（D）的介电常数（a）和
剩余极化率（b）随温度的变化趋势

另外，掺杂 HCF₂CF₂COO⁻ 的 Ca₂Sr(CH₃CH₂COO)₆ 的居里温度有明显的下降，但自发极化却没有受到影响（当 HCF₂CF₂COO⁻ 的含量为 0~3.42×10⁻²）。由此可以得出结论：丙酸根离子的运动是 Ca₂Sr(CH₃CH₂COO)₆ 发生顺电-铁电相变的一个"引子"[56]。

（2）Ca₂Ba(CH₃CH₂COO)₆

丙酸钡二钙 Ca₂Ba(CH₃CH₂COO)₆ 发生两个低温相变，在 267 K 的一级相变和 204 K 的二级相变[57]。在 267 K 以上，该化合物为四方晶系空间群 $Fd3m$，$Ca_2Ba(CH_3CH_2COO)_6$ 是在高压（$9.0×10^7$ Pa）诱导下产生铁电性质[58]。在高压的条件下，该化合物在 267 K 由顺电相的 $P4_12_12$ 空间群转变到铁电相 $P4_1$ 空间群。

在该结构中，Ba^{2+} 被 6 个丙酸根离子八面环绕，即有 12 个氧原子等距离接近 Ba^{2+} 形成一个八面配位的多面体[59]，Ca^{2+} 和 6 个 O（来自不同的丙酸跟离子）配位，形成一个三角双锥体。Ca—O 键非常短，只有 2.253 Å。丙酸根的末端基团处于一定的无序状态，结构分析表明，整个丙酸根离子都应看成是无序的。这种类型化合物的相变驱动力可能就是空间相互作用。无序状态产生一个平均的空间群 $Fd3m$，在该空间群中的微畴采取 $P4_12_12$ 对称性，或者采取 $P4_32_12$ 对称性。电畴的生长导致了 267 K 下的一个突然相变。$Ca_2Ba(CH_3CH_2COO)_6$ 在 267 K、1 kHz 和 $9.0×10^7$ Pa 这样的高压下出现一个介电异常（图 7-30）。

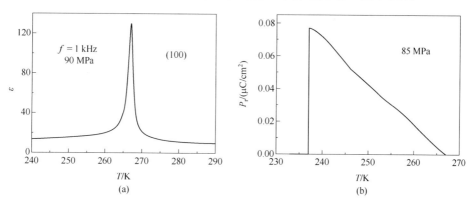

图 7-30　$Ca_2Ba(CH_3CH_2COO)_6$ 的介电常数（a）和剩余极化 P_r（b）随温度的变化趋势

（3）$Ca_2Pb(CH_3CH_2COO)_6$

丙酸铅二钙 $Ca_2Pb(CH_3CH_2COO)_6$ 是一常温铁电体[59]，它在 333 K 发生在顺电相空间群 $P4_12_12$ 和铁电相空间群 $P4_1$ 之间的铁电相变，然后在 191 K 又发生一个铁电-铁电相变，它是一个 Sr 类似物的异构体。在以上 3 个例子中，发生的对称破缺遵守居里对称性原则，即顺电相空间群 $P4_12_12$ 的子群包括 $P4_1$、$C222_1$ 和 $P2_12_12_1$（图 7-31）。

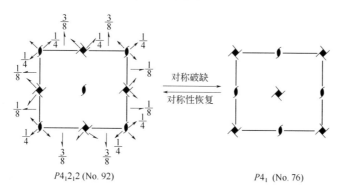

$P4_12_12$ (No. 92)　　　　　$P4_1$ (No. 76)

图 7-31　$Ca_2M(CH_3CH_2COO)_6$ 顺电相到铁电相空间群转变伴随着对称元素从 8 个（E, $2C_4$, C_2, $2C_2'$, $2C_2''$）减少到 4 个（E, $2C_4$, C_2）

在铁电相变温度附近的变温晶体结构测试表明 Pb、Ca 离子和 O 原子在两个相当中没有无序的特征，然而，甲基却显示出了无序（图 7-32）[60]，该相变在本质上是无序-有序类型的相变[61]，新生长的晶体的介电性质与经过退火的晶体的介电性质有所不同（图 7-33）。图中的极化 P 是沿着晶轴 c 轴所测的值。

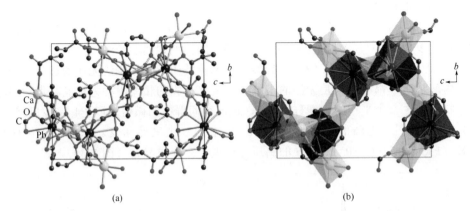

(a)　　　　　　　　　　　　　　(b)

■ 图 7-32　（a）$Ca_2Pb(CH_3CH_2COO)_6$ 在顺电相的晶体结构（无序的化学键用回事虚线表示）；
（b）金属离子多面体（考虑到清晰度，已省略丙酸根离子的乙基）

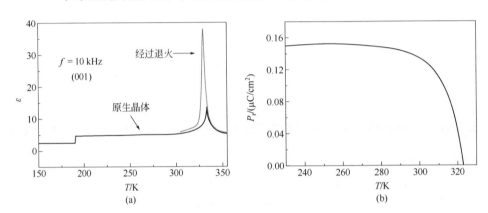

(a)　　　　　　　　　　　　　　(b)

■ 图 7-33　（a）$Ca_2Pb(CH_3CH_2COO)_6$ 退火后和原生晶体的介电常数随温度的变化关系；
（b）$Ca_2Pb(CH_3CH_2COO)_6$ 的剩余极化率 P_r 随温度的变化关系

7.3.1.5　硫酸盐类铁电晶体

（1）$[C(NH_2)_3][M(H_2O)_6](XO_4)_2$ (M = Al, V, Cr, Ga, X = S, Se)

1955 年，Holden 和其同事发现了新一类的铁电体[62]，这一类化合物的通式是$[C(NH_2)_3]$ $[M(H_2O)_6](XO_4)_2$，其中，$C(NH_2)_3$ 为胍基，M 为三价的 Al^{III}、V^{III}、Cr^{III} 和 Ga^{III}，X 为 S 或者 Se。在当时，被发现的铁电体仅限于酒石酸盐、磷酸盐、砷酸盐和一些氧化物，故这些发现迅速扩大了铁电体的种类，刷新了以往对铁电体介电性质的看法。由于这些化合物没有居里温度点，因为它们的相变温度可能要高于其分解温度，和已报道的 $(NH_3CH_2COO)_2·MnCl_2·2H_2O$ 一样没有居里温度点。

$[C(NH_2)_3][Al(H_2O)_6](SO_4)_2$ 简写为 GASH，是一个率先报道的典型化合物[62a]，其晶体从其饱和的水溶液中生长出来。在室温，其晶体的立体结构为三角锥形，其空间群为 $P31m$[63]，其中，胍基正离子为一平面结构，垂直于 c 轴（图 7-34）；Al^{3+} 位于三重轴上和 6 个水分子配位，形成一个扭曲的八面体；水分子通过氢键将硫酸根四面体连接起来。这三种离子按照 $—Al(H_2O)_6—SO_4—C(NH_2)_3—SO_4$ 的顺序层层堆积。

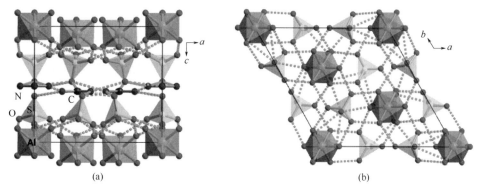

图 7-34　$[C(NH_2)_3][Al(H_2O)_6](SO_4)_2$ 铁电相的晶体结构（虚线表示氢键）

沿着 c 轴，温度慢慢升高到 $100\,^{\circ}C$，GASH 的介电常数受温度的影响不大为 6[64]，直到其分解（约为 $200\,^{\circ}C$）它也不发生铁电-顺电相变。293 K 时，在 c 轴方向上其 P_s 值为 $0.35\ \mu C/m^2$，从表 7-1 可以发现，相对于硒酸盐，硫酸盐的 P_s 值要小一点（表 7-1）。

表 7-1　$[C(NH_2)_3]M(RO_4)_2\cdot12H_2O$ 系列化合物的性质

M/R	对称性（293 K）	$P_s/(\mu C/m^2)$	$E_c/(kV/cm)$	参考文献
Al/S	$P31m$	0.35（293 K）	1.7（293 K）	[62a, 64]
V/S	$P31m$	0.38（293 K）	6（293 K）	[62b]
Cr/S	$P31m$	0.37（293 K）	—	[64]
Ga/S	$P31m$	0.36（293 K）	3.6（293 K）	[62a,64]
Al/Se	$P31m$	0.45（293 K）	—	[62a,64]
Cr/Se	$P31m$	0.47（293 K）	—	[62a,64]
Ga/Se	$P31m$	0.47（293 K）	—	[62a,64]

注：—表示文献中没有给出相关数据。

（2）$[(CH_3)_2NH_2][M(H_2O)_6](SO_4)_2$（M = Al, Ga）

取代二甲基铵类化合物 $[(CH_3)_2NH_2][Al(H_2O)_6](SO_4)_2$ 和其类似物 GASH 显得有些不一样，它的铁电性质于 1988 年被 Kirpichnikova 及其同事所发现[65]。

它在 152 K 发生顺电相（空间群 $P2_1/n$）和铁电相（空间群 Pn）之间的相变，其对称性破缺过程和顺电相 $P2_1/c$ 转变为铁电相 Pc 的类似，空间群 $P2_1/c$ 包含几个子群：Pc，$P2_1$，$P\bar{1}$（图 7-35）。

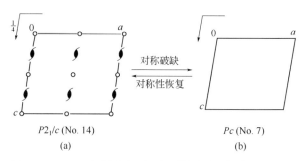

$P2_1/c$ (No. 14)　　　　　　　Pc (No. 7)
　　(a)　　　　　　　　　　　　(b)

图 7-35　$Ca_2M(CH_3CH_2COO)_6$ 顺电相（a）到铁电相（b）空间群转变伴随着对称元素从 4 个（E，C_2，i，σ_h）减少到 2 个（E，σ_h）

在该晶体结构中，Al^{3+}和 6 个水分子配位形成一个正八面体（图 7-36）[66]。每个水分子和 SO_4^{2-}四面体中的氧原子形成两个氢键，构成一个相当复杂的氢键网。二甲基铵根离子处于由 $Al(H_2O)_6SO_4$ 晶格形成的通道中。该阳离子沿着两个碳原子所构成的晶轴周围基团的旋转使分子处于无序状态，因此，产生了 4 个 NH_2 基团的平衡位置。然而，这种旋转运动受到 NH_2 和 SO_4 基团间的氢键 O···H—N 的阻碍作用。

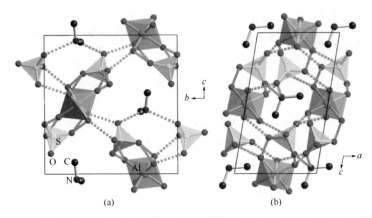

■ 图 7-36　$[(CH_3)_2NH_2][Al(H_2O)_6](SO_4)_2$ 的铁电相晶体结构（虚线表示氢键）

在 1 MHz，160 K 时，其介电常数的峰值约为 700 [图 7-37（a）]，在 120 K，P_s 约为 1.4 $\mu C/m^2$，E_c 矫顽电场大小为 7 $kV \cdot \mu C/cm^2$ [图 7-37（b）]。

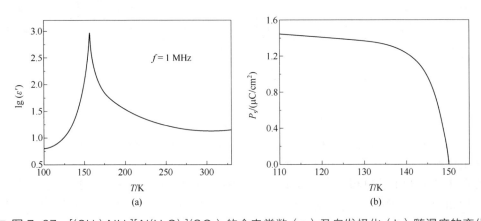

■ 图 7-37　$[(CH_3)_2NH_2][Al(H_2O)_6](SO_4)_2$ 的介电常数（a）及自发极化（b）随温度的变化

该相变被认为是一种和二甲铵根离子有序有关的有序-无序型相变。在居里温度以下，正离子被固定在一个位置，自发极化 P_s 只发生在 m 平面上。其极化方向和单位晶胞中两阳离子的氮原子连线相互平行，这些正离子因此产生了基元的可逆电偶极，在 T_c 以下，其有序的结构产生了极化，核磁共振研究显示，二甲铵根阳离子的旋转确实就是 $[(CH_3)_2NH_2][Al(H_2O)_6](SO_4)_2$ 发生铁电相变的主要因素[67]。在 T_c 的铁电相变很有可能是由水分子单元旋转和重新取向的减慢所间接引起的[68]。

$[(CH_3)_2NH_2][Ga(H_2O)_6](SO_4)_2$ 的铁电性于 1991 年被报道[69]，与它的类似物 $[(CH_3)_2NH_2][Al(H_2O)_6](SO_4)_2$ 一样，此 Ga 类似物在 134 K 也发生由空间群 $P2_1/n$ 顺电相到铁电相 $P2_1$ 的有序-无序相变[70]。其对称性破缺过程也和 $[(CH_3)_2NH_2][Al(H_2O)_6](SO_4)_2$ 类似。另外，它还会经

历其他的相变，在 116 K 以下是非铁电相，在 60 K 以下是反铁电相。

ESR 研究确定了该铁电相变的有序-无序特性，证明了在相变中起主要作用的二甲铵根离子的取向运动[71]。在低于 60 K 时，反铁电相中晶胞的体积翻倍了。

在 1 MHz 的频率时，该化合物的介电常数在 136 K 的峰值约为 500。其 P_s 在约 116 K 时有一个热滞后（图 7-38）。

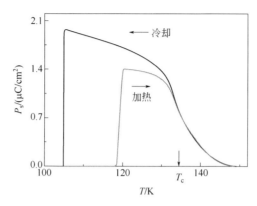

图 7-38　$[(CH_3)_2NH_2][Ga(H_2O)_6](SO_4)_2$ 的自发极化 P_s 与温度的关系

（3）$[CH_3NH_3][M(H_2O)_6](RO_4)_2 \cdot 6H_2O$

有机无机杂化明矾铁电体有一通式 $A[M(H_2O)_6](RO_4)_2 \cdot 6H_2O$（A = 甲铵根，M = 三价 Al、V、Ge、Fe、Ga，或 In；R = S 或 Se）。明矾类化合物晶体很容易从水溶液中制备出来。所有的这类晶体在室温下都属于立方晶系。它们在低温下发生相变。该综述不囊括无机明矾类铁电体[72]。

$[CH_3NH_3][Al(H_2O)_6](SO_4)_2 \cdot 6H_2O$ 的铁电性由 Pepinsky 及其同事于 1956 年报道[73]。它在 177 K 发生相变，由顺电相立方晶系（空间群 $P2_13$）转变到铁电相单斜晶系（空间群 $P2_1$）。也有研究者提出可能是另外一种空间群变换，即从顺电相 $Pa\bar{3}$ 到铁电相正交晶系 $Pca2_1$[74]。

其对称性破缺可用如下过程来描述：顺电相空间群 $P2_13$（No.198）包含两个子空间群 $R3$ 和 $P2_12_12_1$，然而铁电相空间群 $P2_12_12_1$ 的子空间群只有 $P2_1$。因此，该对称性破缺遵守居里对称性原则 [图 7-39（a）]。或是说，顺电相 $Pa\bar{3}$ 包含 3 个子空间群 $P2_13$、$R3$ 和 $Pbca$，而铁电相空间群 $Pbca$ 的所包含的子空间群有 $Pca2_1$、$P2_12_12_1$ 和 $P2_1/c$，此相变过程也遵守居里对称破缺的原则 [图 7-39（b）]。

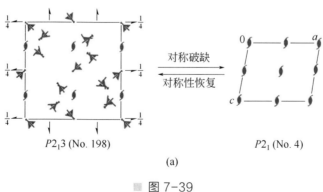

$P2_13$ (No. 198)　　　　　$P2_1$ (No. 4)

(a)

图 7-39

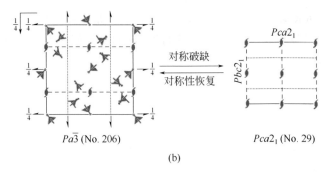

(b)

■ 图 7-39　$[CH_3NH_3][M(H_2O)_6](SO_4)_2 \cdot 6H_2O$ 顺电相到铁电相的
空间群变化所伴随的对称元素变化

（a）12 个（E, $8C_3$, $3C_2$）到 2 个（E, C_2）；或（b）24 个（E, $8C_3$, $3C_2$, i, $3\sigma_h$, $8S_6$）到 4 个（E, C_2, $2\sigma_v$）

在其晶体结构中，Al^{3+} 和 6 个水分子配位形成接近八面体构型的结构（图 7-40），其他的 6 个水分子则与硫酸根四面体、$Al(H_2O)_6$ 八面体和甲铵根离子相连接。

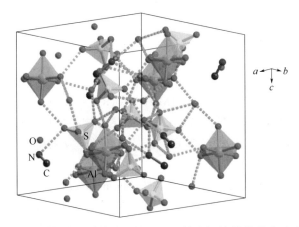

■ 图 7-40　$[CH_3NH_3][Al(H_2O)_6](SO_4)_2 \cdot 6H_2O$ 铁电相的单位晶胞（虚线表示氢键）

$[CH_3NH_3][Al(H_2O)_6](SO_4)_2 \cdot 6H_2O$ 的介电常数在 T_c 位置显示出不连续性，反映该化合物发生一级相变，在狭窄的温度间隔内（6 K）满足居里-外斯定律，由此可得到 T_0 为 168.5 K，C_{para} 为 500 K。可发现明矾类化合物在居里点的介电常数较小。

随着温度的降低，矫顽电场迅速增大，因此只有在 15 K 的温度范围内可以观察到饱和的电滞回线［图 7-41（b）］。该化合物不显示出同位素效应，相比于硫酸盐，硒酸盐有着较高的相变温度（表 7-2）。

（4）$[H_2dbco][Cu(X_2O)_6](SeO_4)_2$（X = H 或 D）

最近，熊仁根课题组报道了一类新的铁电体 $[H_2dbco][Cu(X_2O)_6](SeO_4)_2$（$H_2dbco$ = 双质子化的四乙烯二胺，X=H 或 D），通过 DSC 和介电常数测试，可发现该化合物在 133 K 发生了顺电-铁电相变。

在室温下，该化合物为中心对称空间群 $P2_1/c$，H_2dbco 处于无序状态，而晶体中 $[Cu(H_2O)_6]^{2+}$ 阳离子为一八面体构型（图 7-42）。低于 133 K 时，出现了一个新的相态，晶体结构中的对称面消失，产生一极性空间群 $P2_1$，这是一个连续的二级相变，其对称破缺过程和 $[Ag(NH_3CH_2COO)(NO_3)]$ 以及 $[(CH_3)_2NH_2][Ga(H_2O)_6](SO_4)_2$ 中的情况相似。

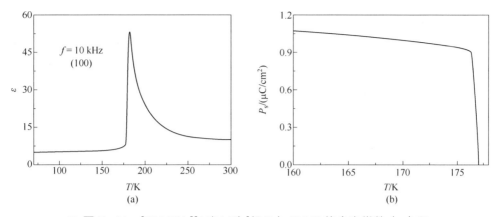

图 7-41　[CH₃NH₃][Al(H₂O)₆](SO₄)₂·6H₂O 的介电常数（a）和
自发极化（b）随温度的变化曲线

表 7-2　[CH₃NH₃][M(H₂O)₆](RO₄)₂·6H₂O 系列化合物的性质

M/R	对称性变化	T_c/K	P_s/(μC/cm²)	E_c/(kV/cm)	参考文献
Al/S	$P2_13 \leftrightarrow P2_1$ 或 $Pa\bar{3} \leftrightarrow Pca2_1$	177	1.0（175 K）	6（175 K）	[1b,73,74]
V/S	立方体↔?	157	0.9（155 K）	6（155 K）	[1b]
Cr/S	$Pa\bar{3} \leftrightarrow Pca2_1$	164	1.0（162 K）	6（162 K）	[1b]
Fe/S	立方体↔?	169	1.3（167 K）	6（167 K）	[1b]
Ga/S	立方体↔?	171	0.4（刚好低于 T_c）	?	[7a]
In/S	立方体↔?	164	1.2（162 K）	6（162 K）	[1b]
Al/Se	立方体↔?	216	1.2（165 K）	1.0（165 K）	[1b,7a]
Cr/Se	$Pa\bar{3} \leftrightarrow$?	201.3	0.43（191 K）	3.3（191 K）	[7a]
Ga/Se	$Pa\bar{3} \leftrightarrow$?	207.5	0.42（191 K）	2.7（191 K）	[7a]

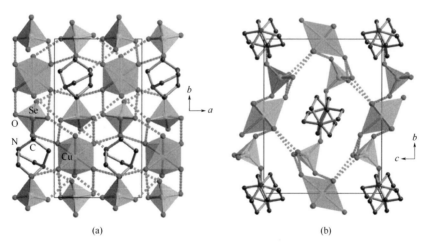

图 7-42　[H₂dbco][Cu(H₂O)₆](SeO₄)₂ 的单位晶胞（虚线表示氢键）

（a）铁电相；（b）顺电相

　　从电滞回线可以看出，沿着晶轴 b 轴其 P_r 为 1.02 μC/m²，P_s 为 1.51 μC/m²，E_c 为 1.5 kV/m²。在该例子中，没有观察到同位素效应。表明在这个明矾类似物的铁电性不是源于氢键而是来自 H₂dbco 的有序-无序变化。

7.3.1.6　金属卤素配合物类铁电晶体

金属卤素化合物 $A_y[M_mX_n]$（A 为质子化的胺或其类似物；M 为金属离子；X 为 Cl^-、Br^- 或 I^-）是一个大的有机-无机杂化铁电体家族，它们有着各种各样的结构和相变性质。

（1）$A_2[MX_4]$ 系列化合物

$A_2[MX_4]$ 型的晶体（A = 有机阳离子，M = 金属离子，X = 卤素）通过挥发 AX 和 MX_2 适当摩尔比的水溶液获得。对于不连续 $[(CH_3)_4N]_2[MX_4]$ 型的化合物（M = Mn^{II}、Fe^{II}、Co^{II}、Cu^{II} 或 Zn^{II}，X = Cl、Br 或 I），在高温标准相，它们属于立方晶系 K_2SO_4（Ⅱ）型结构，空间群为 Pmcn。一旦冷却，它们先是出现一个不相称的相，再接着出现铁电或是铁弹相（表 7-3），对于晶体结构，$(NH_3)_4N$ 和 MX_4 采取四面体构型，对于 $[(CH_3)_4N]_2[ZnI_4]$，其 $(CH_3)_4N$ 在顺电相处于无序状态，而在铁电相则变为有序（图 7-43）。

表 7-3　$[(CH_3)_4N]_2[MX_4]$ 系列化合物的性质（F = 铁电相）

M/X	相变的数目	不相称相的温度范围/℃	冷却后对称性的改变	相变温度/℃	$P_s/(\mu C/m^2)$	参考文献
Mn/Cl	5	291.7~292.3	$Pmcn \rightarrow ? \rightarrow P2_1c11 \rightarrow P112_1/n \rightarrow$ $P12_1/c1 \rightarrow ?$	292.3, 291.7, 266.7, 172.2, 90	?	[75a]
Fe/Cl	5	280.1~270.7	$Pmcn \rightarrow ? \rightarrow P2_12_12_1 \rightarrow P112_1/n \rightarrow$ $P12_1/c1 \rightarrow ?$	280.1, 270.7, 266.3, 241.2, ?	?	[76]
Co/Cl	6	293.8~281.2	$Pmcn \rightarrow ? \rightarrow P2_1cn(F) \rightarrow ? \rightarrow$ $P112_1/n \rightarrow P12_1/c1 \rightarrow P2_12_12_1$	293.8, 281.2, 279.5, 277.7, 192.2, 122.2	0.0025 (280 K)	[75b]
Cu/Br	3	270.7~240	$Pmcn \rightarrow ? \rightarrow Pbc2_1(F) \rightarrow P12_1/c1$	270.7, 240, 235.9	0.07 (239 K)	[75c]
Zn/Cl	5	296.8~280.2	$Pmcn \rightarrow ? \rightarrow P2_1cn(F) \rightarrow P112_1/n \rightarrow$ $P12_1/c1 \rightarrow P2_12_12_1$	296.8, 280.2, 275.5, 168.2, 155.2	0.006 (277 K)	[75d]
Zn/I	2	—	$Pmcn \rightarrow P12_1/c1 \rightarrow Pbc2_1(F)$	254, 210	0.13 (150 K)	[75e]

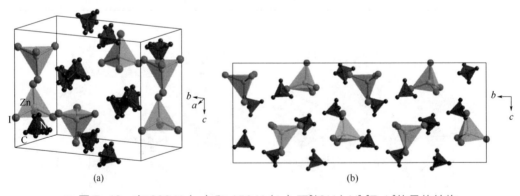

■ 图 7-43　在 293 K（a）和 150 K（b）下 $[(CH_3)_4N]_2[ZnI_4]$ 的晶体结构

高压下，$[(CH_3)_4N]_2[FeCl_4]$ 和 $[(CH_3)_4N]_2[MnCl_4]$ 在一狭窄的温度范围内显示出铁电性[76]，常压下，$[(CH_3)_4N]_2[CuCl_4]$ 在大约 291 K 发生一个铁电相变[77]。

当质子化的胺是二甲基铵根离子时，有两个化合物 $[(CH_3)_2NH_2]_2[CoCl_4]$ 和 $[(CH_3)_2NH_2]_2[ZnCl_4]$。$[(CH_3)_2NH_2]_2[CoCl_4]$ 的铁电性于 1987 年被 Vasil'ev 及其同事所提及[78]。它从含有等摩尔量的 $[(CH_3)_2NH_2]Cl$ 和 $CoCl_2$ 的水溶液生长出来，是一吸湿性的深蓝色晶体。在室温下，该化合物属于单斜 $P2_1/n$ 晶系（图 7-44），然而，其铁电相的对称性却未很好地确认下来，在 200~430 K 的温度范围内它发生数次相变。其类似物 $[(CH_3)_2NH_2]_2[ZnCl_4]$ 在室温下结晶为单斜

空间群 $P2_1/n$，但是它的相变顺序还没有被建立起来[79]。

二甲铵氯化铜相对于其类似物有着更为多样性的结构，其组成一开始报道为$[(CH_3)_2NH_2]_2$ $[CuCl_4]$，但随后被纠正为$[(CH_3)_2NH_2]_3[CuCl_4]Cl$[80]。在室温下的晶体结构显示 Cl^- 和其他阴离子处于无序状态，介电常数测试表明在 279 K 和 253 K 分别发生一个连续的一级相变，热滞后为 6 K 和 7 K（图 7-45）。阶梯状的介电常数变化表示它不是一个合适的铁电体。该晶体的高温相属于 $Pnam$ 空间群。其中间相为铁电相，其自发极化 P_s 为 3.4 μC/cm²。

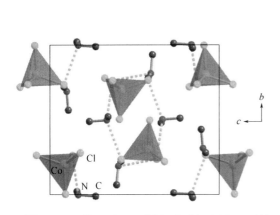

■ 图 7-44　$[(CH_3)_2NH_2]_2[CoCl_4]$ 在 293 K 时的晶体结构（虚线表示氢键）

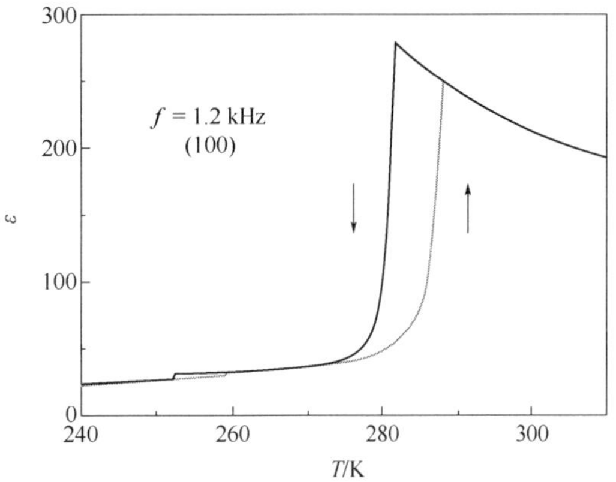

■ 图 7-45　$[(CH_3)_2NH_2]_3[CuCl_4]Cl$ 的介电常数随温度的变化

$[CH_3NH_3]_2[ZnCl_4]$ 在室温下属于单斜晶系，空间群为 $P2_1/c$[81]。DSC 和介电测试表明其在 483 K 和 555 K 发生连续的相变，大的介电常数表明它是一个潜在的铁电体[82]。

$[C_2H_5NH_3]_2[CuCl_4]$ 属于 $[C_nH_{2n+1}NH_3]_2[MCl_4]$ 族化合物（M 为 Mn^{II}、Cd^{II}、Fe^{II} 或 Cu^{II}）[83]。取决于有几链的长度，可以实现不同的结构和链堆积式。这些化合物最近引起了重视，是因为它们的结构的多样性和铁磁相变，这为多铁性质的探索创造了条件。

$[C_2H_5NH_3]_2[CuCl_4]$ 为钙钛矿型的层状结构。在其结构中，发生姜-泰勒效应而扭曲的 $CuCl_6$ 八面体通过共用顶角组成一无限的层状结构，在结构两侧，都有二乙铵根离子与其相连（图 7-46）[84]。二乙铵根离子的头部和 8 个氯离子形成很强的氢键。该化合物中的氢键影响相变温度。

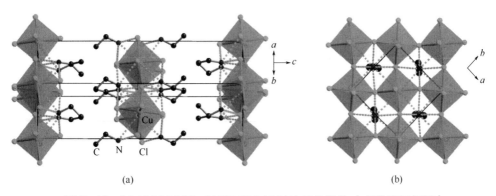

(a)　　　　　　　　　　　　　　　(b)

■ 图 7-46　$[C_2H_5NH_3]_2[CuCl_4]$ 在 293 K 时的晶体结构（虚线表示氢键）

[C$_2$H$_5$NH$_3$]$_2$[CuCl$_4$]发生一系列的相变：单斜（T_4 = 232 K）→$Pbca$（T_3 =330 K）→正交（T_2 = 356 K）→$P2/c$（T_1 =364 K）→$Bbcm$。在 T_5 = 247 K 发现一介电异常，伴随着晶体颜色的变化。介电常数曲线的宽峰和 247 K 下 ε'的最大值都显示出不亮铁电体的特性［图 7-47（a）］。247 K 时的相变是一二级相变。最大极化在 247 K 以下产生，在 200 K 时自发极化 P_s 为 18 μC/cm^2［图 7-47（b）］其铁电性或来源于[C$_2$H$_5$NH$_3$]$^+$的有序。这是[C$_n$H$_{2n+1}$NH$_3$]$_2$[MCl$_4$]钙钛矿型化合物的一个共有的特性，在这些化合物中链上的氨基在 CuCl$_6$ 八面体所组成的腔体中朝着 4 个等价的方向快速翻转。

有趣的是，[C$_2$H$_5$NH$_3$]$_2$[MCl$_4$]显示出铁磁相互作用，在 T_c =10.2 K 时有一个铁磁相变。在较宽的温度范围内，它表现出二维的海森堡铁磁性质，在最近的 Cu 元素的位置，它的分子内层与层之间的自旋交换耦合常数为 J/k_B = 18.6 K[85]。

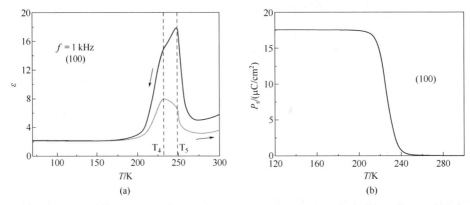

■ 图 7-47　[C$_2$H$_5$NH$_3$]$_2$[MCl$_4$]的介电常数（a）和自发极化（b）随温度的变化曲线

（2）A[MX$_3$] 系列

文献报道了 A[MX$_3$] 系列化合物的铁电性，其中 A 为[(CH$_3$)$_4$N]或[(CH$_3$)$_4$P]阳离子，M 为二价的 Cd 或 Hg，X 为 Cl$^-$、Br$^-$或 I$^-$。[(CH$_3$)$_4$N][CdBr$_3$]的铁电性于 1990 年被 Gesi 所发现[86]。在室温下，该化合物为六方晶系，空间群为 $P6_3/m$，在其晶体结构中[CdBr$_3$]一维链沿着 c 轴，[(CH$_3$)$_4$N]$^+$四面体取向处于无序状态。在 156 K 时，[(CH$_3$)$_4$N][CdBr$_3$]发生相变从无序的室温相转变为低温的有序铁电相（空间群为 $P6_1$）[87]。其对称破缺不遵守居里定律，因为其顺电相空间群 $P6_3/m$（No.63）的最大非异构亚群包括 $P\bar{6}$、$P6_3$、$P\bar{3}$ 和 P2$_1$/m，却不包括 $P6_1$，说明其相变过程很可能相对复杂（图 7-48）。

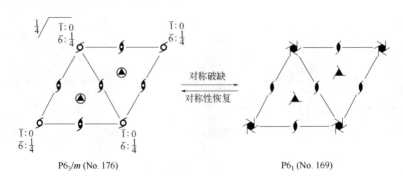

P6$_3$/m (No. 176)　　　　　P6$_1$ (No. 169)

■ 图 7-48　[(CH$_3$)$_4$N][CdBr$_3$]从顺电相转变到铁电相的空间群变化以及对称元素
从 12 个（E, 2C$_6$, 2C$_3$, C$_2$, i, 2S$_3$, 2S$_6$, σ$_h$）减少到 6 个（E, 2C$_6$, 2C$_3$, C$_2$）

$[(CH_3)_4N][CdBr_3]$的介电常数随温度的变化显示其在 c 轴有一个 λ 型最大值，在 156 K 时沿着 a 轴有一个不连续处，在 T_c 处的介电常数变化大概只有 20%，在 T_c 以下产生了铁电性。在 138 K 时的自发极化 P_s 为 0.1 μC/cm² （图 7-49），其铁电相变的过程和 $[(CH_3)_4N]^+$ 四面体的取向有序-无序过程密切相关。然而其类似物$[(CH_3)_4N][CdCl_3]$，即便是降到液氮的温度，都未显示出铁电性。

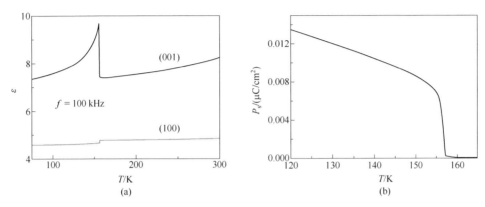

■ 图 7-49 $[(CH_3)_4N][CdBr_3]$的介电常数（a）和自发极化率（b）随温度的变化

其对应的含汞化合物$[(CH_3)_4N][HgX_3]$（X=Cl，Br 或 I）和$[(CH_3)_4P][HgBr_3]$直到其分解温度都显示出铁电性[88]。在室温下，它们结晶为极性空间群 $P2_1$ 或 $Pb2_1$。结构上，一维的 HgX_3 链被不连续的$[(CH_3)_4N]^+$或$[(CH_3)_4P]^+$分开（图 7-50）。在室温下，它们的介电常数处于 10~60，且与温度的关系不大。这些化合物自发极化 P_s 为 1~3 μC/cm²。对于$[(CH_3)_4N][HgBrI_2]$，它在 375 K 发生一个顺电-铁电相变[89]。沿着 c 轴，在 T_c 处有一个显著异常，峰值为 63。

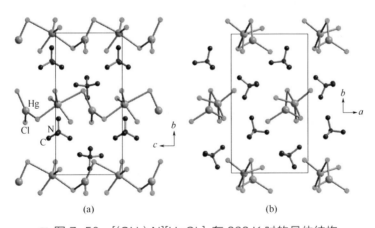

■ 图 7-50 $[(CH_3)_4N][HgCl_3]$ 在 293 K 时的晶体结构

（3）$A_m[M_nX_{3n+m}]$系列

卤锑酸（III）盐（III）和卤铋酸（III）盐 $A_m[M_nX_{3n+m}]$（A 为有机阳离子，M 是 Sb^{3+} 或 Bi^{3+}，X 为 Cl^-、Br^-、I^-）组成了一类吸引人的铁电或反铁电化合物，它们能发生多组的相变。它们是有着阴离子次晶格的离子晶体，这些阴离子次晶格由扭曲的 MX_6 八面体单独构成或者是相邻的八面体通过共用角、边或面组成。有机阳离子处于阴离子空腔内，且在大多数的例子中被认为是导致铁电有序的原因。

① [4-NH₂PyH][SbCl₄] 4-氨基吡啶四氯锑酸（Ⅲ）盐[4-NH₂PyH][SbCl₄]是一个铁电化合物[90]。它通过挥发含有等摩尔比的 4-氨基吡啶盐酸盐和 Sb₂O₃ 和过量 HCl 的水溶液而得。[4-NH₂PyH][SbCl₄]经历一些复杂的连续相变，用简单的相图表示为 $P2_1/c$（<240 K）→ Cc→$C2/c$（>271 K）在 240~271 K 的温度范围内，它处于铁电相，为单斜晶系（空间群 Cc）。在温度范围内其对称破缺遵守居里定律。顺电相的最大非异构亚群包含 Cc、$C2$ 和 $P\bar{1}$（图 7-51）。

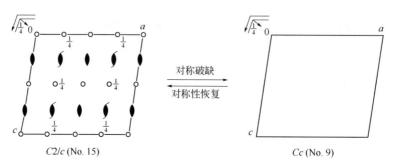

■ 图 7-51 [4-NH₂PyH][SbCl₄]从顺电相到铁电相空间群变化所伴随的对称元素从 4 个（E, C₂, i, σₕ）减少到 2 个（E, σₕ）

其结构由一维的 SbCl₄ 链通过氯离子沿着 c 轴连接起来（图 7-52）。在室温下，有机阳离子[4-NH₂PyH]⁺处于无序状态在两个位置等概率地分布。在铁电相，该粒子变为有序，只占据其中的一个位置。

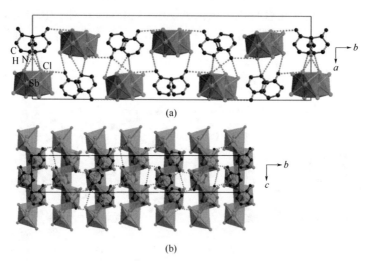

■ 图 7-52 [4-NH₂PyH][SbCl₄]于 258 K 时的晶体结构（虚线表示氢键）

温度为 T_c，在 100 kHz 的交流电下，该化合物在（102）方向上有一个明显的介电异常峰，峰值约为 650（图 7-53）。根据居里-外斯定律，其对应的 T_0 为 270.5 K，C_{para} 为 48 K。在 250~270 K 的温度范围内，其自发极化 P_s 几乎保持不变，为 0.35 μC/cm²。

用 Br 代替 Cl 导致混合晶体[4-NH₂PyH][SbCl₄₍₁₋ₓ₎Br₄ₓ]（x = 0~1）的物理性质发生显著的变化[91]。当 x<0.30 时，其铁电性得以保持。然而，取代显著地降低了相变的温度，比如，纯的[4-NH₂PyH][SbCl₄]相变温度为 240 K，混合晶体的相变温度约为 185 K。

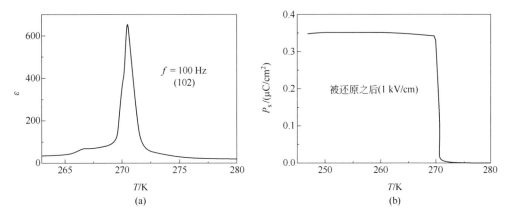

图 7-53　[4-NH₂PyH][SbCl₄]的介电常数（a）及自发极化（b）随温度的变化曲线

② [MV][BiBr₅]　化合物[MV][BiBr₅]（M 为甲基紫罗碱双阳离子）据报道有铁电和半导体性质[92]。它用 BiBr₃、4,4'-联吡啶、浓氢溴酸在甲醇中通过溶剂热方法制备。MV²⁺通过原位生成。

在室温下，该化合物结晶为单斜晶系，空间群为 $P2_1/c$，在 233 K 时空间群变为极性的 $P2_1$。其对称性破缺过程与[Ag(NH₃CH₂COO)(NO₃)]、[(CH₃)₂NH₂][Ga(H₂O)₆](SO₄)₂ 和[H₂dbco][Cu(X₂O)₆](SeO₄)₂（X = H 或 D）相类似。对于其晶体结构，一维的有规则的 BiBr₅ 链采取前所未有的反连接模式沿着 a 轴伸展开来（图 7-54）。这些链被平面的 N,N′-二甲基-4,4′-联吡啶双阳离子所分开。

介电常数测试在 243 K 可清晰地观察到介电异常（图 7-55），证明了相变的发生。然而，要确认该化合物的铁电性，还需要其他的一些证据。

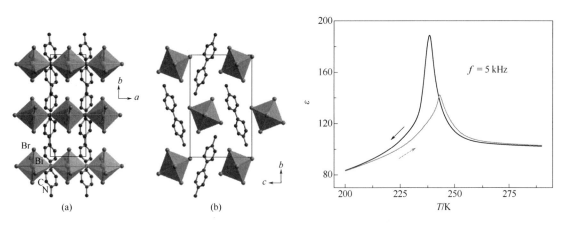

图 7-54　[MV][BiBr₅]在 233 K 时的晶体结构　　　图 7-55　[MV][BiBr₅]的介电常数随温度的变化曲线

③ A₃[M₂X₉]　A₃[M₂X₉]型化合物展现出有趣的铁性性质，比如说铁电性和铁弹性。据发现这些化合物的铁电性和晶体中的二维多阴离子层状 M₂X₉结构单元密切相关。大体积的阳离子的存在可避免形成这种结构。这些化合物的相变受阳离子的有序所支配。

Jakubas 于 1986 年报道了[(CH₃)₂NH₂]₃[Sb₂Cl₉]的铁电性[93a]。在室温下，该化合物结晶为单斜晶系，空间群为 $P2_1/c$；而在低于 242 K 时，它采取铁电相 Pc。其对称性破缺过程和

$[(CH_3)_2NH_2][Al(H_2O)_6](SO_4)_2$ 相类似，在其晶体中，发生畸变的$[SbCl_6]_3$八面体通过共用顶角相互连接形成一个平行于 ac 平面的二维层状结构（图 7-56）。在不对称单元中有两种晶体学不等价的$[(CH_3)_2NH_2]^+$，其中一个处于多阴离子空腔对称中心的位置，而另一个位于两层之间的一个正常位置。这些阳离子和氯离子形成氢键，低温晶体结构研究显示相变同时伴随着氢键体系和多阴离子层发生不同的形变。这可能是$[(CH_3)_2NH_2]_3[Sb_2Cl_9]$出现铁电性的主要原因之一。

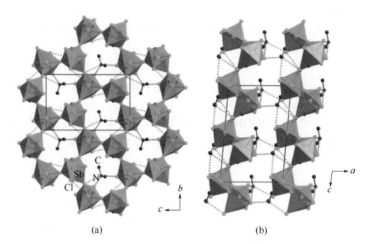

(a)   (b)

■ 图 7-56　$[(CH_3)_2NH_2]_3[Sb_2Cl_9]$在 100 K 时的晶体结构（虚线表示氢键）

在相变温度 T_c 附近，$[(CH_3)_2NH_2]_3[Sb_2Cl_9]$的介电常数有显著的阶梯式变小现象，这说明了它属于二级相变的特征（图 7-57）。242 K 时的铁电相变为伴随着$[(CH_3)_2NH_2]^+$动态变化的有序-无序型相变[94]。

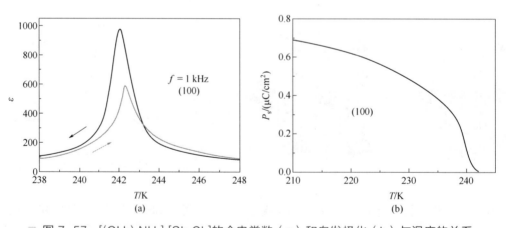

(a)   (b)

■ 图 7-57　$[(CH_3)_2NH_2]_3[Sb_2Cl_9]$的介电常数（a）和自发极化（b）与温度的关系

其 Br 的类似物$[(CH_3)_2NH_2]_3[Sb_2Br_9]$是其异质同晶结构，它在 164 K 发生铁电相变，展现出有序-无序型相变的特征[95]。其铁电-顺电相变也是因为其中一种$[(CH_3)_2NH_2]^+$运动的冻结所造成的。

Jakubas 及其同事在 1986 年报道了$[(CH_3)_3NH]_3[Sb_2Cl_9]$的铁电性[96]，该化合物发生不同的相变，低于 363 K 时，它的铁电相变温度可以低至液氦的温度，铁电相的空间群

为 Pc[97]。

[(CH$_3$)$_3$NH]$_3$[Sb$_2$Cl$_9$]有一个平行于 bc 平面的二维阴离子层状结构（图 7-58），阳离子在顺电相是无序的，而在铁电相则是有序的。在氮原子和 Cl 原子之间存在氢键。在 363 K 和 364 K 分别有一个介电异常，后者跟温度变化的方向无关，但前者却显示出明显的热滞后［图 7-59（a）］，[(CH$_3$)$_3$NH]$_3$[Sb$_2$Cl$_9$]的自发极化 P_s 和温度的变化关系显示该相变为一个典型的一级相变，在 T_c 处可观察到极化的一个逐渐变化。[(CH$_3$)$_3$NH]$_3$[Sb$_2$Cl$_9$]用溴取代氯会使 P_s 值减小，比如[(CH$_3$)$_3$NH]$_3$[Sb$_2$Cl$_9$]的自发极化 P_s 值约为 2 μC/cm^2，而[(CH$_3$)$_3$NH]$_3$[Sb$_2$Cl$_{9-3x}$Br$_{3x}$]（x = 0.42）的 P_s 约为 1.5 μC/cm^2［图 7-59（b）］[98]。对于单纯的溴取代物[(CH$_3$)$_3$NH]$_3$[Sb$_2$Br$_9$]，其结构由分散的 Sb$_2$Br$_9$ 双八面体和形变的三甲铵根离子构建起来，这意味着二维的多阴离子层对于这些化合物的铁电性是必要的。

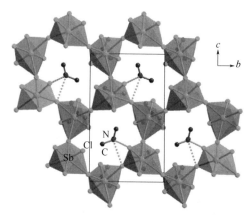

■ 图 7-58　[(CH$_3$)$_3$NH]$_3$[Sb$_2$Cl$_9$]在 156 K 时的晶体结构（虚线表示氢键）

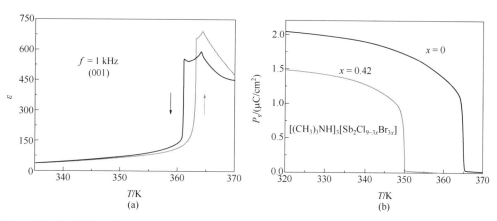

■ 图 7-59　（a）[(CH$_3$)$_3$NH]$_3$[Sb$_2$Cl$_9$]的介电常数与温度的关系；（b）[(CH$_3$)$_3$NH]$_3$[Sb$_2$Cl$_{9-3x}$Br$_{3x}$]（x = 0 和 0.42）的自发极化 P_s 与温度的关系

化合物[(CH$_3$)$_4$P]$_3$[M$_2$X$_9$]（M=Sb^{3+} 和 Bi^{3+}；X=Cl$^-$ 或 Br$^-$）是一类弱的铁电体[99]。其结构中不对称单元包含一个离散的双八面体[M$_2$X$_9$]$^{3-}$ 和 3 个对称性不等价无序的[(CH$_3$)$_4$P]$^+$（图 7-60），它们发生两个相变，其低温相变为一铁电相变（表 7-4），在相变温度点它们只有很小的介电常数变化，其自发极化值只有 1×10^{-2} μC/cm^2，表明它是一个弱的铁电体。

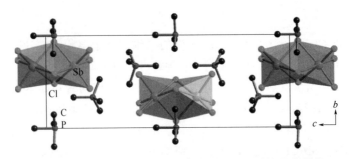

■ 图 7-60　$[(CH_3)_4P]_3[Sb_2Cl_9]$在 293 K 时的晶体结构

表 7-4　$A_3[M_2X_9]$系列的铁电性

A/M/X	对称性随温度的变化	相变温度	$P_s/(\mu C/cm^2)$	参考文献
$(CH_3)_2NH_2/Sb/Cl$	$P2_1/c \rightarrow Pc$(铁电)	242	0.66(210 K)	[93a]
$(CH_3)_2NH_2/Sb/Br$	$P2_1/c \rightarrow$?(铁电)	164	0.07(170 K)	[93b,95]
$(CH_3)_3NH/Sb/Cl$	?→?→Pc(铁电)→$Pc \rightarrow Pc$	364, 363, 203, 127	2.0(320)	[96]
$CH_3NH_3/Sb/Br$	$P\bar{3}m1 \rightarrow$?(铁电)→?(铁电)	168, 134	0.13(100 K)	[100a]
$CH_3NH_3/Bi/Br$	$P\bar{3}m1 \rightarrow$?(铁电)→?(铁电)→?(铁电)	188, 140, 104	0.06(100 K)	[100b]
$(CH_3)_4P/Sb/Cl$	?→$P31c \rightarrow$?(铁电)	534(连续的), 135(不连续的)	0.050(刚好低于 135 K)	[99]
$(CH_3)_4P/Bi/Cl$	?→$P31c \rightarrow$?(铁电)	550(连续的), 151(不连续的)	0.012(刚好低于 151 K)	[99]
$(CH_3)_4P/Sb/Br$	?→$P31c \rightarrow$?(铁电)	540(连续的), 193(不连续的)	0.003(刚好低于 193 K)	[99]
$(CH_3)_4P/Bi/Br$	?→$P31c \rightarrow$?(铁电)	550(连续的), 205(不连续的)	0.001(刚好低于 205 K)	[99]

当化合物 $A_3[M_2X_9]$中的 A 为二甲铵根离子时，有两个铁电晶体$[CH_3NH_3]_3[Sb_2Br_9]$和$[CH_3NH_3]_3[Bi_2Br_9]$[100]，这两个化合物都从高温顺电相转变到中间温度铁电相再到低温的另一个铁电相（表 7-4），它们在室温下结晶为三方晶系，空间群为$P\bar{3}m1$，对于其晶体结构，其二维阴离子层和 bc 面平行。

甲铵根离子运动的一个变化对应其相变，对于$[CH_3NH_3][Sb_2Br_9]$，在 168 K 和 134 K 沿着 C—N 轴的旋转运动被冻结，导致介电常数逐步减小。134 K 的相变机制包括有序-无序转变和易位型分布[101a]。

④ $A_5[M_2X_{11}]$　相对于化合物 $A_3[M_2X_9]$，$A_5[M_2X_{11}]$的铁电体系有着不同的结构变化（表 7-5），结构中出现了孤立的 M_2X_{11} 双八面体，对于双金属阴离子，两个八面体通过一个卤素

表 7-5　$A_5[M_2X_{11}]$系列化合物的铁电性

A/M/X	冷却过程中对称性的变化	相变温度/K	$P_s/(\mu C/cm^2)$	参考文献
$CH_3NH_3/Bi/Cl$	$Pcab \rightarrow Pca2_1 \rightarrow P2_1 \rightarrow P2_1$	307,250,170	0.86(285 K)	[102a,103]
$CH_3NH_3/Bi/Br$	$Pcab \rightarrow Pca2_1 \rightarrow P2_1$	312,77	0.70(285 K)	[102b]
咪唑锑离子/Sb/Br	$P\bar{4}n2$ (?)→$P2_1/n \rightarrow Pn \rightarrow Pn$	353,145,120	0.18(137 K)	[106a]
咪唑锑离子/Bi/Cl	$P\bar{4}n2 \rightarrow P2_1/n \rightarrow P2_1$	360,165	0.6(100 K)	[101b]
咪唑锑离子/Bi/Br	?→$P2_1/n \rightarrow Pn$	355,155	0.26(130 K)	[106b]
吡啶锑离子/Bi/Br	$P2_1/n \rightarrow P2_1$	118	0.3(105 K)	[109]

桥连起来，显示了结构的高度灵活性。阳离子的动态运动主导了 $A_5[M_2X_{11}]$ 的有序-无序相变，由于阴离子次晶格极化度的增强或是由于 M^{3+} 的孤对电子的作用，反离子 M_2X_{11} 在产生铁电性的过程中可能也扮演了一定的角色。

$[CH_3NH_3]_5[Bi_2Cl_{11}]$ 和 $[CH_3NH_3]_5[Bi_2Br_{11}]$ 是一对异构铁电体[102]，Bi_2Cl_{11} 和 Bi_2Br_{11} 双八面体单元构成了晶体阴离子次晶格（图 7-61）。室温下，$[CH_3NH_3]_5[Bi_2Cl_{11}]$ 属于正交晶系，空间群为 $Pca2_1$，晶体内有 3 种不同的有机阳离子，其相变为二级相变，和其中的某种甲铵根离子的有序有关。晶体结构分析表明其相变伴随着不同扭曲形式的 $[Bi_2Cl_{11}]^{5-}$。

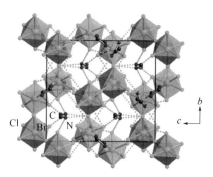

图 7-61　$[CH_3NH_3]_5[Bi_2Cl_{11}]$ 在 293 K 时的晶体结构（虚线表示氢键）

在 307 K，1 kHz 下，$[CH_3NH_3]_5[Bi_2Cl_{11}]$ 沿着 c 轴有一个巨大的介电异常，其峰值约为 $5×10^3$（图 7-62）。在狭窄的温度范围内，很好地遵守了居里-外斯定律。C_{para} 和 C_{fero} 分别为 $1.38×10^3$ K 和 $0.36×10^3$ K，C_{para}/C_{fero} 为 3.83，表明该相变为二级相变。$[CH_3NH_3]_5[Bi_2Br_{11}]$ 显示出类似的介电行为，$[CH_3NH_3]_5[Bi_2Cl_{11}]$ 在 307 K 以下具有铁电性，而 $[CH_3NH_3]_5[Bi_2Br_{11}]$ 则是在 311K 以下。两个晶体的相变都属于有序-无序型[103]。它们在 285 K 时的自发极化 P_s 分别为 0.86 μC/cm^2 和 0.70 μC/cm^2。

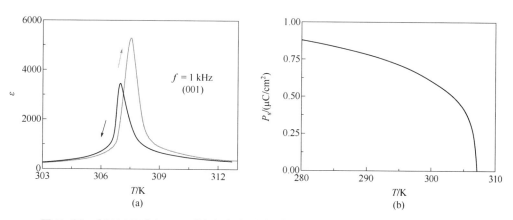

图 7-62　$[CH_3NH_3]_5[Bi_2Cl_{11}]$ 的介电常数（a）和自发极化（b）随温度的变化关系

当 A 为咪唑（Im）时，有 3 种铁电化合物 $[Im]_5[Bi_2Cl_{11}]$、$[Im]_5[Bi_2Br_{11}]$ 和 $[Im]_5[Sb_2Br_{11}]$。以 $[Im]_5[Bi_2Br_{11}]$ 为例，在室温下，它属于单斜晶系，空间群为 $P2_1/n$[104]，出现了 4 种不等价的咪唑阳离子（图 7-63），两个阳离子为处于正常的位置，另外两个则处于无序状态。在咪唑阳离子和扭曲的 $[Bi_2Br_{11}]_5$ 双八面体之间存在着非常弱的 N—H…Cl 氢键。

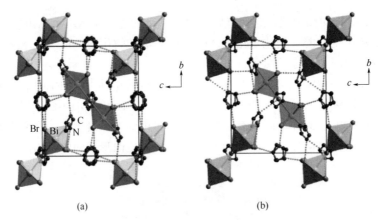

■ 图7-63 [Im]₅[Bi₂Br₁₁]在170 K（a）和100 K（b）时的晶体结构（虚线表示氢键）

[Im]₅[Bi₂Cl₁₁]发生两个相变，即一个在360 K的一级顺电-铁电相变和165 K处的铁电二级相变[105]。在166 K和100 kHz下，沿着[Im]₅[Bi₂Cl₁₁]的 b 轴有一个介电异常值约为450（图7-64）。C_{para}/C_{fero} 为2.6属于二级铁电相变的特征，在100 K时其自发极化 P_s 为0.6 μC/cm²。其极化主要来自于高度极化的咪唑阳离子的有序。

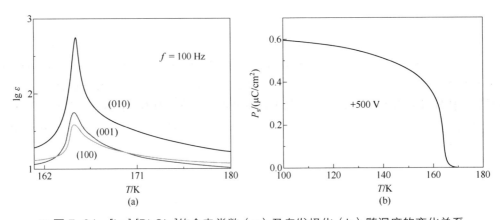

■ 图7-64 [Im]₅[Bi₂Cl₁₁]的介电常数（a）及自发极化（b）随温度的变化关系

其溴的类似物[Im]₅[Bi₂Br₁₁] and [Im]₅[Sb₂Br₁₁]作为[Im]₅[Bi₂Cl₁₁]的异构体，有着相似的相变行为[106]。比如，[Im]₅[Bi₂Br₁₁]的介电常数在 T_c = 155 K时达到峰值约为420，C_{para}/C_{fero} 为1.8，表明其相变也为一级相变。在130 K时其自发极化 P_s 约为0.26 μC/cm²。[Im]₅[Bi₂Cl₁₁]和[Im]₅[Bi₂Br₁₁]在顺电相都有一个显著的介电常数下降的现象，这是一级铁电相变的特征[107]。这一现象也在[Im]₅[Sb₂Br₁₁]和[PyH]₅[Bi₂Br₁₁]中发现了（PyH为吡啶鎓离子）[108]。

[PyH]₅[Bi₂Br₁₁]是咪唑类铁电体的一个类似物[109]，在其晶体结构中出现了孤立的 Bi₂Br₁₁ 单元和相互独立的无序吡啶鎓离子。它在118 K发生相变，从顺电相（空间群 $P2_1/n$）转变到铁电相（空间群 $P2_1$）。在无线电频率范围内的介电分散研究表明顺电相有两个弛豫模式。在100 K时其自发极化 P_s 为0.3 μC/cm²。

（4）混杂化合物铁电晶体

① [H₂dbco]₂[CuCl₃(H₂O)₂]Cl₃·H₂O   [H₂dbco]₂[CuCl₃(H₂O)₂]Cl₃·H₂O在235 K发生一个顺

电-铁电相变[110]。在室温下它结晶为正交晶系空间群 *Pnma*，在其不对称单元中有两种 $[H_2dbco]^{2+}$，1 个分散的三角双锥$[CuCl_3(H_2O)_2]^-$、3 个 Cl^-和一个晶格水（图 7-65）。在这些化合物中存在氢键。很明显其中的一个$[H_2dbco]^{2+}$处于无序状态。在 193 K 时，该晶体仍然属于四方晶系，但空间群为非中心对称的 *Pna2₁*。无序的$[H_2dbco]^{2+}$变为有序。其对称破缺过程和 $[Ca(CH_3NH_2CH_2COO)_3X_2]$（X = Cl, Br）类似，顺电相空间群 *Pnma* 的最大非异构亚群包含 *Pna2₁*、*Pmn2₁*、*Pmc2₁*、*P2₁2₁2₁*、*P2₁/c* 和 *P2₁/m*，服从居里定律。

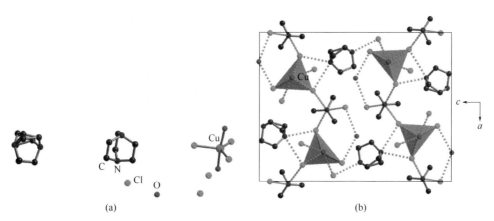

■ 图 7-65 （a）不对称单元；（b）$[H_2dbco]_2[CuCl_3(H_2O)_2]Cl_3 \cdot H_2O$ 在 293K 时的
堆积结构（虚线表示氢键）

沿着极性轴的变温介电常数测量显示在 1 kHz 下有一个显著的介电异常（峰值大于 2000）（图 7-66）。根据居里-外斯定律，C_{para}/C_{fero} 为 0.81，T_0 和 T_c 相等，为二级相变的典型特征。在 153 K 时，从其电滞回线可明显看出其自发极化 P_s 为 1.0 μC/cm²，矫顽电场 5 kV/cm²。其同位素相应很明显，也就是说，被氘代后，其自发极化 P_s 增加了 30%，从 1.0 μC/cm² 上升到了 1.3 μC/cm²。

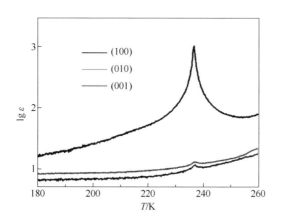

■ 图 7-66 $[H_2dbco]_2[CuCl_3(H_2O)_2]Cl_3 \cdot H_2O$ 的介电常数随温度的变化曲线

② $[CN_4H_8][ZrF_6]$ 六氟锆酸氨基胍盐$[CN_4H_8]ZrF_6$ 被预测后被确认具有铁电性[111]。纯的$[CN_4H_8]ZrF_6$由起始原料氨基胍碳酸盐、$ZrF_4 \cdot 3H_2O$ 和 51% HF 水溶液制备。在室温下，

该化合物结晶为正交晶系空间群 $Pba2$，在其晶体结构中，沿着 c 轴有一个一维轻微扭曲的共边 ZrF_8 十二面体（图 7-67）。有多个氢键连接着 $[CN_4H_8]^{2+}$ 和这个十二面体。该阳离子的易位被认为是铁电性的来源。

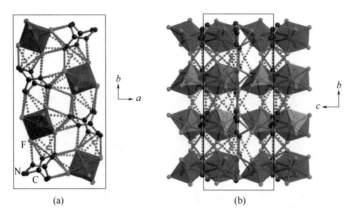

图 7-67　$[CN_4H_8]ZrF_6$ 在 293 K 时的晶体结构（虚线表示氢键）

热容 C_p 和介电异常说明在 $T_c = 383$ K 处有一相变，熵变为 0.7 J/(mol·K)。仅在低频（0.1 kHz）时在 T_c 处观察到介电异常。在 295 K 其电滞回线被很好地记录下来，其自发极化 P_s 为 0.45 μC/cm²，其自发极化能在 T_c 以下可被观测到，而在 T_c 以上却观察不到了，证明了该化合物具有铁电性。

③　$[CH_3NH_3]_2[Al(H_2O)_6]X_5$（X ＝ Cl，Br）　这两个化合物的组成开始被认为是 $[CH_3NH_3][AlX_4]$（X ＝Cl，Br），后来被修正为 $[CH_3NH_3]_2[Al(H_2O)_6]X_5$（X＝Cl，Br）[112]。$[CH_3NH_3]_2[Al(H_2O)_6]Cl_5$ 在室温下结晶为四方晶系空间群 $I4$[113]。在 $T_c = 100$ K 时发生一顺电-铁电相变。沿着 a 轴，在 T_c 处其介电常数出现一个尖锐的 λ 型峰 [图 7-68（a）]，它遵守居里-外斯定律，在 T_c 以上 C_{para} 为 700 K。在 80 K 时沿着 a 轴测量 P_s 为 0.6 μC/cm²。这些结果表明该相变为二级相变。

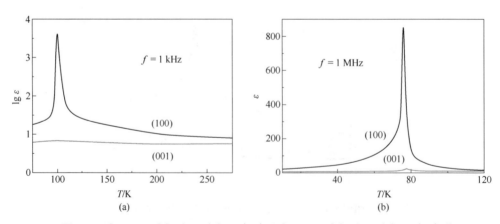

图 7-68 $[CH_3NH_3]_2[Al(H_2O)_6]Cl_5$（a）和 $[CH_3NH_3]_2[Al(H_2O)_6]Br_5$（b）的介电常数随温度的变化

[CH$_3$NH$_3$]$_2$[Al(H$_2$O)$_6$]Br$_5$ 为氯类似物的异构体[114]，它在室温下结晶为四方晶系 $I4/mmm$ 空间群。它在 T_c = 76.6 K 时发生一顺电-铁电相变，除了这个铁电相变，在约 250 K 时还发现了一个一级相变。该溴代物的介电行为和其氯类似物相似 [图 7-68（b）]。其介电常数遵守居里-外斯定律，C_{para} 为 370 K，沿着 a 轴 64 K 时，自发极化 P_s 达到 0.65 μC/cm^2。

7.3.2 有机铁电材料[115]

有机化合物具有质轻、柔性、结构容易修饰和无毒等优点，所以研究者们也开发了许多有机铁电材料，但相对于无机或无机-有机杂化铁电的种类来说比较少。有机铁电材料包括单组分的低分子量的化合物、高聚物铁电材料[116]、偏二氟乙烯低聚物薄膜材料[117]和液晶铁电材料等[118]。尿素是第一个被发现的小分子有机铁电材料[119]，自从 1956 年发现其铁电性质以来它已经被详细地研究。之后，2,2,4,4-四甲基哌啶氮氧自由基（TEMPO）由于它稳定性非常好而被大家所熟知，也被发现在常温附近具有很好的铁电性质[120]。上面两种都是单分子铁电材料，通过"位移"和"质子转移"的机理也可以设计多组分的有机铁电材料。下面我们将介绍两类双组分的有机铁电材料：一类是电子给体与电子受体之间通过电子转移形成的铁电材料；另一类是质子给体与质子受体之间通过氢键作用形成的铁电材料。

7.3.2.1 电子给体-受体体系

有机铁电材料形成的一种方法是电子给体化合物和电子受体化合物通过电子转移形成的复合物铁电材料。在晶体中，电子给体（D）和电子受体（A）通过电子转移形成具有交替带正电的 D$^+$ 和带负电的 D$^-$，这样，由开始中性的非极性的 DADA…无限链状结构通过分子间电子转移作用形成具有偶极的 DA 二聚体排列的对称破缺的无限链状极性结构，即这种结构变化可以叫做中性-离子（neutral-ionic，NI）相变[121]。通过电子转移形成的铁电材料，如 TTF-CA（四硫富瓦烯-对四氯苯醌）[122]，TTF-BA（四硫富瓦烯-对四溴苯醌）[123]。值得注意的是，这形成两种复合物的分子都是平面的并且是非极性的。复合物中的非极性分子在低温相中发生了位移，产生对称破缺的现象而变成极性的结构，即铁电相结构[124]。

TTF-CA 晶体是研究得比较多的体系，因为它的铁电相变过程是中性复合物和离子复合物的一种新的价键互为转变的过程[125]，即是范德华力相互作用和离子键作用的两种不同状态的固体之间的转换。图 7-69（a）说明了 TTF-CA 复合物和它的溴取代物（TTF-QBrCl$_3$）[126] 由于电子转移作用产生离子性随温度的突变过程，即在 60 K 附近它们的离子性（ρ）由 0.2~0.3 变为 0.6。这样的价键的不稳定性主要来自于分子电离所消耗的能量与离子晶格中获得的静电能之间微妙的能量平衡[127]。离子化的分子形成 DA 二聚体，更重要的是，这种二聚体从单斜点阵（空间群为 $P2_1/n$）转变为极性点阵（空间群为 Pn）[128]。在小于相变温度之下突然出现的（$0k0$）（k 为基数）X 射线衍射使得晶体失去了二重螺旋轴，即出现了铁电有序相 [图 7-69（b）]。沿着 DA 链所测得的介电常数随温度的变化遵循居里-外斯定律，在相变温度处出现介电异常，并且最高值达到 500 K [图 7-69（c）]，从介电常数的变化曲线也说明了此相变为一级相变。在相变温度之上出现了软模，软模的出现说明此相变属于位移型相变。分子位移相变主要的驱动力被认为是一维 DA 链中固有的 Peierls 畸变[129]。TTF 的二甲基衍生物（DMTTF-CA）由于二聚体形变也同样经过中性-离子（NI）相变而产生反铁电相态[130]。

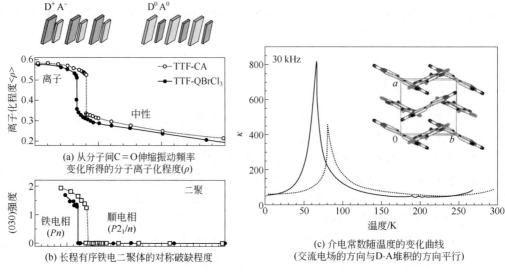

图 7-69　TTF–CA 和 TTF–QBrCl₃晶体的中性－离子相变

（a）图上方的图表示离子化的二聚体（铁电相）和未发生二聚的中性分子（顺电相）；
（c）图的插图是沿着晶体 c 轴方向看的分子堆积状态

NI 相变可以看作是一个独立的有电子关联的有机体系通过分子间的电子转移导致铁电相变，并且电荷也会在体系中重新分配。我们所提到的铁电相变材料中类似于 NI 相变的有机材料有(TMTTF)₂X 和(ET)₂RbZn(SCN)₄［TMTTF ＝ 四甲基四硫富瓦烯；ET ＝ 二(乙基二硫)四硫富瓦烯；X ＝ PF₆⁻或 ReO₄⁻］[131]。这些有机盐的电子转移过程发生在自我聚集的一维 DA链中或部分氧化的电子受体形成的二维平面中。与正常的导电状态电子分布的均匀的电子转移程度（ρ）不同，铁电相的电荷极化状态源于电子给体周期性电子转移达到所谓的电荷有序化。相变的发生伴随着介电异常的产生，但是仍具有良好的导电性。

除了 NI 相变之外，由 D⁺离子和 A⁻自由基混合堆积的一维单电子自旋体系与类似 Peierls类型的二聚体相比常常不稳定，从而转变成非磁性状态的 D⁺A⁻二聚体。很多顺磁 CT 复合物就属于这种类型[132]。这样一维 DA 链中电子不稳定性因此给形成铁电性质提供了一种途径。图7-70中说明了电子转移构成的复合物中的一个分子自发弯曲从而形成具有极性的 DA 链[133]。例如，5,10-二羟基-5,10-二甲基吩嗪分子原本是在氮原子处稍微弯曲的中性分子，但是通过离子化产生 π-共轭后变成平面型分子，它和 2,5-二甲基-7,7,8,8-四氰基醌二甲烷（DMTCNQ）形成的离子型复合物是介于平面型和弯曲型之间的形式，它产生的构型的动态变化使得复合物发生相变并在相变温度（170 K）处产生介电异常。所以我们认为通过自组装的多组分复合物是设计方法的关键。

电子转移形成的复合物显示出很大的介电常数，其范围可以从几百到 2000[134]，如掺杂的 TTF-CA 晶体在相变温度处显示出很大的介电常数，不过存在介电损失的缺点。

7.3.2.2　氢键形成的铁电材料

通过分子间氢键结合成二元或多组分分子是酸碱组合的一种方案。实际上，具有各种超分子结构的有机晶体最近已经被证明将在晶体工程中引起关注，并且可能在生物功能中起作

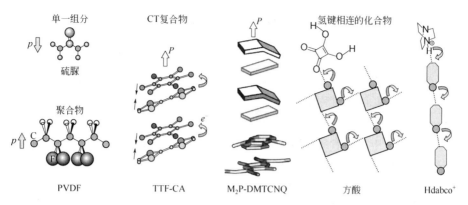

图 7-70　传统的有机铁电和反铁电物质——PVDF（聚偏氟乙烯）

p—偶极矩；*P*—极化强度

用[135]，然而，直到最近它们的介电特性和铁电性质才逐渐被重视起来。在本节中，我们描述了通过这种化学方法实现的铁电性的两种典型案例。第一种情况是简单的氢键非极性分子的中性超分子系统[136]，而在第二种情况下，质子转移反应产生离子超分子系统[137]，两类铁电体由交替的酸和碱分子的线性链组成，并显示出具有关键但不同作用的铁电性质的氢键质子的新型动力学。

下面提到的铁电化合物通常包括作为酸性组分（质子给体 D）的 2,5-二卤代-3,6-二羟基对苯醌（简称为 H_2xa；图 7-71），尽管形成有机铁电材料的酸也不限于这些酸。H_2xa 分子一次释放出两个质子，如图 7-71 所示。低酸解离常数 pK_1 和 pK_2 [图 7-71（a）][138]表明它们的强酸性，与典型的羧酸的酸性相当。pK_1 值比典型的联吡啶略小[139]。早期研究表明，H_2xa 将一个或两个质子转移到各种联吡啶化合物以形成具有多种超分子结构的离子型 DA 加合物[140]。

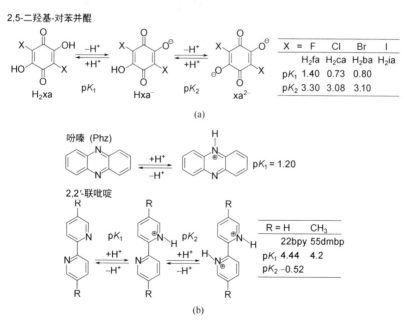

图 7-71　酸碱的质子化/去质子化过程和酸解离常数

（a）含有两个羟基质子供体的醌苯胺酸；（b）含有两个氮原子质子受体的碱

相反，2,5-二氯-3,6-二羟基对苯醌（H$_2$ca）和 2,5-二溴-3,6-二羟基对苯醌（H$_2$ba）则保持两个质子附着在与吩嗪（Phz）形成的铁电共晶中，吩嗪（Phz）的碱性较弱，其 pK_1 值较低（图 7-71）[140]。这些二元酸和碱分子分别具有两个质子供体的 O—H 基团和质子受体氮原子，因此适合于氢键形成无限 DA 交替链。分子的几何构型的其他重要特征是中性和二价形式是对称的，而单价物质变得不对称［图 7-71（a）］。对于 2,2′-联吡啶（22bpy 和 5,5′-二甲基-2,2′-联吡啶［55dmbp；图 7-71（b）］）就是如此。

首先，我们分析中性化合物 Phz-H$_2$xa 中的铁电性[137]。在室温下，两种成分分子都完全对称且电中性，而且不会转移到碱性分子上。其晶体结构［图 7-72（a）］是高度各向异性的，并且包括平行于晶轴 b 轴的 π 堆叠结构和具有短 O—H···N 键（O···N 距离 2.72 Å）的 DA 交替超分子链，超分子链沿着晶体（110）和（1$\overline{1}$0）方向。沿 b 轴方向的铁电极化首先由 b 轴方向的介电常数 ε 根据居里-外斯定律 $\varepsilon = C/(T-T_0)$ 得到；即使在室温下，ε 也超过 100［图 7-73（a）］，并且在居里温度（分别为 D = H$_2$ca 和 H$_2$ba 时，T_c = 253 K 和 138 K）介电常数值迅速增加至 2000~3000。在低于 T_c 的温度下，具有可逆极化的热释电荷［图 7-73（b）］和清晰的极化电滞曲线［图 7-73（c）］说明了铁电相的存在。氘代的作用说明了酸性质子对铁电材料的性质有重要的影响，例如氘代使材料居里温度 T_c 增加了 50 K［图 7-73（a）和（b）］，并且氢键中的 O···N 距离的延伸了 0.15 Å[141]。然而，完全氘代的 Phz 分子，T_c 基本没有变化。这种显著的同位素效应与 O—D 振动模式在本质上比 O—H 振动模式更弱的事实有关。重要的结果是氘代 Phz-D$_2$ca 晶体实现的常温铁电（T_c = 304 K）［图 7-73（c）］，在常温条件下，它的自发极化 P_s 为 0.7~0.8 μC/cm²，并在低温下增加至约 2 μC/cm²［图 7-73（b）］。通过极化

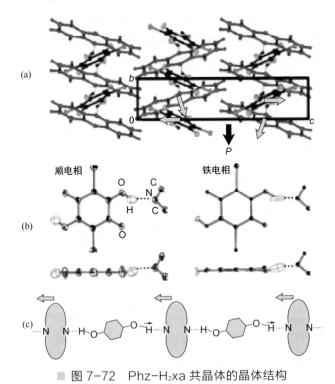

■ 图 7-72　Phz-H$_2$xa 共晶体的晶体结构

（a）沿晶轴 a 轴方向所观察到的分子堆积和位移（浅色箭头）；（b）顺电（PE）和铁电（FE）相中 H$_2$ba 的分子结构，分别在 300 K 和 110 K 处进行单晶中子衍射所测得结果；（c）在铁电相中氢原子（深色箭头）和分子（浅色箭头）位移示意图

的大小以及热容曲线说明了该化合物的相变属于位移型机制，因为热容曲线说明了与有序-无序型相变机制相比，T_c处的熵变很小[142]。介电常数、自发极化变化曲线、热容变化曲线和X射线衍射结果一致地发现在较低温度下的另外两个连续相变，如图7-73（b）中的箭头所示。这些转变保留了铁电状态，但是通过X射线衍射检测出的具有不相称的晶格周期的狭窄的中间相，诱导了晶胞的倍增。类似之前所述化合物的一些报道认为是完全质子转移的离子状态[143]，这与最低温度相所观察到的晶格相反。

Phz-H$_2$xa沿着b轴的自发极化源于空间群$P2_1/n$到单轴极化空间群$P2_1$的晶体对称性的变化。尽管在氢键铁电体中观察到显著的H/D同位素效应，但这些化合物似乎与KDP及其类似物性质不同。特别地，在低温铁电结构中，所有的酸性质子都保持了的O—H…N的中性形式，代替了O和N原子之间点到点的质子转移。此外，随着流体静压力的增加，观察到的T_c增加与KDP观察到的效果相反，其中压力降低了集体转移的势垒，因此倾向于抑制铁电排序。晶体结构的X射线分析显示D和A分子的相对位移［图7-72（a）中的箭头］。中子衍射测量明确地揭示了氢核的位移是分子对称破缺的微观起源［图7-72（b）］。在铁电相中，氢原子从O—H…N键的中心位置，与顺电相中位置相比，移动了0.2~0.3 Å。细长的O—H位点通过减少O…N距离来增强其氢键作用。氢键的这种歧化是导致分子位移的原因，如图7-73（c）中的箭头所示。这种质子迁移是质子转移单价形式的酸碱反应的初始现象。

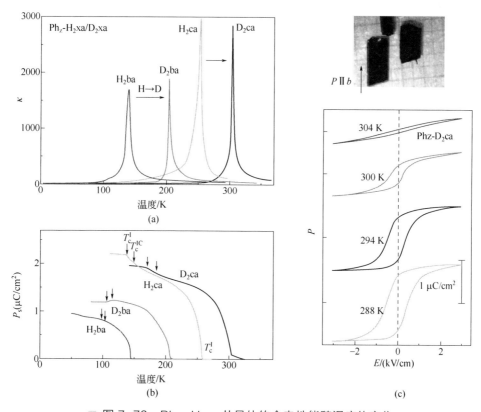

■ 图7-73 Phz-H$_2$xa共晶体的介电性能随温度的变化

（a）介电常数。（b）通过热释电电流获得的自发极化，冷却后，从T_c开始测量，所加电流为直流电流，极化面积为0.3~0.4 kV/cm。除了顺电铁电转变（T_c^{I}）之外，存在铁电-不相称（T_c^{IC}）和不相称至第二铁电（T_c^{II}）相变（箭头）。（c）P-E电滞曲线。电场E平行于晶轴b轴和晶体长轴在非常强的氢键中，极端情况下，共价键的长度增加直到在质子以对称 O—H—O 键为中心[144]。质子的势垒的高度可以在对称的壁中大大减少或去除。同样的，对于含有很好质子亲和力的杂原子（如 N 和 O）的不对称共价键也易于发生质子迁移[145]。因此，Phz 和 H$_2$xa 两者几乎相同的 pK_1 值，是发生质子转移的重要因素。作用很强氢键的一般可以被认为是准共价[145]。基于 Berry 相图的当代电极化理论[146]已经证明了许多位移型铁电体中的离子之间共价键的关键作用[147]。对 Phz-H$_2$ca 进行电子结构的第一原理计算以推导极化值，通过计算表明，此化合物中的 O—H⋯N 具有共价键的特征。与分离的分子模型相比，以氢键结合的晶体的自发极化的大小增加了 3 倍。这些在具有良好匹配的质子亲和力的分子之间形成强的氢键应该是设计分子铁电体的一个有用的策略。

在一价离子化合物中发现另一种使用 55dmbp 作为碱的铁电材料[148,149]。图 7-74（a）中给出的超分子结构在相变温度 T_c 以下观察到的质子有序的形式。所有的质子都是长程有序的，所以 O—H 和 N—H$^+$键都以相同的方向排列，并且交替的 O—H⋯N 和 N—H$^+$⋯O$^-$键构成极性链 [图 7-74（b）]。由于所有的质子都同时转移，因此链条的极性反转而不会失去其化学特性。在外部电场下的这种集体质子转移过程实际就是铁电效应过程。这种铁电过程如图 7-74（c）中所示，与图 7-73（c）中位移型铁电相比，完全相反。在高于 T_c 的温度下，55dmbp 盐中的氢键链变为非极性状态，恢复了反演对称性。发现这些分子保持一个名义上的一价状态，但它们的质子在 O—H⋯N 和 N—H$^+$⋯O$^-$形式中是无序的。重要的是，两个分子的 π 电子云的几何形状与质子化状态能够很好地吻合，这可以有由 H$_2$xa 中 C—O 键长度的变化和吡啶环上氮的 C═N—C 角证明[149]：对于 O—H⋯N 它们分别为 1.32~1.33 Å 和 116~117 Å，对于 N—H$^+$⋯O$^-$它们分别为 1.25~1.26 Å 和 121~123 Å。对于高温（顺电相）阶段，所有 π 键几何结合在这些中间体上，表明两个互变异构体之间的平均状态（无序状态）。

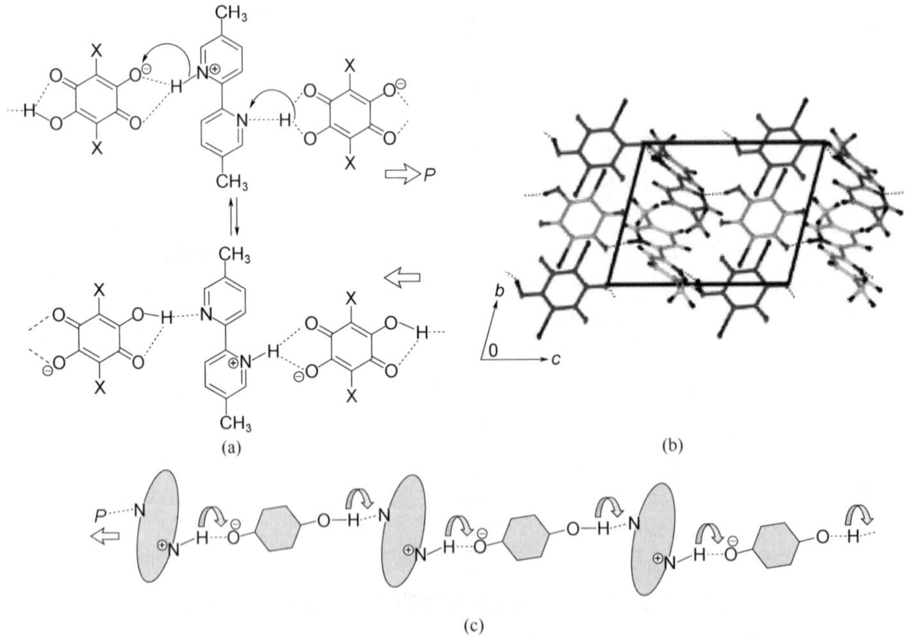

■ 图 7-74　[H-55dmbp] [Hia]共晶体在铁电相中的结构

（a）两个相反极化 P（开口箭头）的分子结构和氢键（虚线），其可以通过质子转移（弯曲箭头）反转；（b）在 50 K 时，
沿着 a 轴观察的晶体结构；（c）极化反转期间质子有序的铁电链和集体质子转移过程（曲线箭头）示意图

通过仅沿氢键方向观察到的明显的介电响应证实了 55dmbp 盐中质子的上述有序-无序动力学。对于[H-55dmbp] [Hca]，相变出现在室温以上（T_c = 318 K）[148]。高介电常数（$\kappa \approx$ 140）及其最大值峰（不是叉开的峰）和方酸的介电常数曲线类似。实际上，其反铁电性质通过将晶胞加倍成极性链的反向平行排列来显示。相比之下，通过 κ，极化滞后和热释电荷的发散态行为发现了[H-55dmbp] [Hia]的铁电性［图 7-75（a）和（b）］[149]。区分两种化合物的铁电或反铁电性质源于 Hia 盐中的平行链的极性。与 Phz-H_2xa 相比，自发极化被大大放大（P_s = 3~4 μC/cm^2），相变点（269 K）较高，接近室温。静压力的应用抑制了发生在 KDP 和其他位移型铁电体中的铁电相变［图 7-75（a）］，铁电相在仅 0.8 GPa 的压力下突然消失。这种对压力的敏感性可以通过氢键的压缩性来解释，氢键应该使势阱变得扁平，并有利于质子的无序状态。如在 Phz-H_2xa 中，氢键中的氢被氘代，T_c 明显升高，即氢键对相变有重要的影响。[D-55dmbp] [Dia]盐是室温铁电体（T_c = 338 K），它可以在大约室温下显示出显著的热释电效应［图 7-75（b）中的红色虚线］，并且与典型的热电材料硫酸三甘肽相当，具有大的热电系数［$-\mathrm{d}P_s/\mathrm{d}T \approx$ 400 μC/(m^2·K)］，这是作为热电传感器的应用的重要参数[150]。

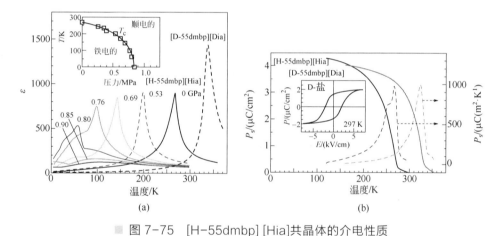

■ 图 7-75　[H-55dmbp] [Hia]共晶体的介电性质

（a）加压和氘代[D-55dmbp] [Dia]晶体的介电常数随温度的变化（插图：温度压力相图）；（b）自发极化 P_s 随温度变化曲线（实线）和热电系数 $p = -\mathrm{d}P_s/\mathrm{d}T$（断裂曲线）通过热电流测量。从温度 T_c 开始冷却之前施加 E_{pol} 为 2~3 kV/cm 的直流极化场。
插图：氘代盐在室温下的 P-E 滞后曲线。沿着晶体 c 轴施加电场 E

7.3.2.3　有机铁电材料总结与展望

有机铁电的探索和设计不仅在学术意义上，而且在将来对于柔性和低温加工的铁电器件等技术发展也将非常重要。与单组分极性分子晶体相比，使用多组分分子化合物可能会增加复杂性，但由于自然界中具有数以万计的有机化合物，可以使有机铁电体的设计和合成中变得更加多样化。后一种方法还允许使用更周全的策略，考虑分子间相互作用，而不仅仅是单个分子的相互作用。对于通过电子转移形成的复合物，分子的价态和/或（自旋）Peierls 畸变或灵活性对于驱动一维铁电位移是至关重要的。相比之下，分子间强氢键可以通过分子间空间取向，置换和/或质子转移型机制的相关质子动力学而产生铁电性。上述设计原理是酸碱组合中质子亲和力的匹配以及具有 π 分子拓扑特征的冰规则的耦合。特别是碱和酸分子交替产生的铁电代表了超分子功能的成功设计。晶体工程的未来发展也可能在诸如氢键碱基对的生物系统中发现铁电功能超分子。与单组分分子铁电体相比，超分子体系显示出具有小的矫顽场的高转变温度和大的介电常数 κ、热释电和自发极化。如从有机晶体的普遍柔软的性质预测，当施加一定压力时，所有这些化合物显示出相对较高的 T_c，所以它们也可能成为有意思的高压电性的材料。因此，这些物理特征意味着有机铁电体在将来的应用中的潜力。对于电子转移（CT）铁电复合物，其较差的介电损耗对于这种铁电体器件是不利的。然而，目前的兴趣[72-74]源于其独特的相关电子动力学，其可能在相变中获得超快的光响应，然后可以找到其他种类的应用，如超快速光电转换器件。

另一个挑战是将有机铁电体制造成各种形式的器件。例如，场效应晶体管的研究最近开始使用有机铁电体来制造"完全有机"的非挥发性存储器，因为有机半导体现在可以用于活性层。聚合物铁电体已经被证明可以用于高性能的记忆材料[151]。相比之下，低分子量有机化合物的优点之一是具有溶液和/或干燥方法如旋涂、喷涂、喷墨印刷和气相沉积技术的适用性。这在制造柔性、重量轻、大面积、低成本的有机器件中也是有利的。对于有机化合物来说，电子（或质子）供体（或受体）成分分子或多或少可溶于常见的有机溶剂，甚至溶解于酸和碱的水溶液中。此外，许多这些组分甚至一些分子化合物可在真空中热升华。典型的例子如近来证明的偏二氟乙烯低聚物[117]的铁电薄膜的气相沉积代替非挥发性聚合物。同时，来自两种或多种组分的分子化合物常常形成不溶性和/或不挥发性化合物。这个问题可以通过诸如双喷射印刷的原位复合物形成技术来解决，其已经应用于 CT 复合物如有机导电电极[152]。在使用有机物质时，与无机铁电体相比，热或机械稳定性较差，这是通常会遇到的问题，需要通过有力的开发和改进材料来克服未来的设备应用。然而，在许多应用中使用常规的铁电体和弛豫剂如锆钛酸铅和铌酸铅镁含有毒的铅作为铁电的关键元素，无铅有机物铁电体也具有环境友好的优点。

7.3.3 液晶铁电材料[153]

晶体结构中空间位阻的问题可以通过使用更为动态的凝聚物，如液晶来克服（图 7-76）。液晶中的铁电现象由手性介晶体组织或非手性分子内的固有偶极子产生。液晶是可以组织分子偶极子的超分子系统，提供稳定剩余极化所需的伪刚度，并允许分子偶极子的简单切换。1975 年，Meyer 等表明手性棒状介晶会改变碟状液晶结构 C 成为具有净极化的倾斜层状排列的结构［图 7-77（a）］。虽然这种低对称结构——被称为手性近晶 C 相（SmC*）——具有潜极化，这种液晶中的介晶层形成螺旋上层结构，导致非极性材料。Clark 和 Lagerwall 能够通过构建具有经处理的底物的薄装置来将该螺旋结构展开成铁电组件，以定向介晶和使用表面机械力固定极性顺序［图 7-76（a），左］[154]。这些铁电材料的后续发展已经集中在光学应用上[155,156]。

类似于手性近晶 C 相，具有侧链手性侧链的盘状介晶可形成铁电柱状中间相［图 7-77（c）］。这些介晶在圆柱内倾斜并形成消除极化的螺旋排列。可以使用电场将螺旋结构退绕成具有垂直于长轴的偏振的倾斜柱［图 7-76（b），左］[157]。铁电切换的机理尚不清楚，但是有人已经提出整个柱子围绕圆柱轴线旋转 180°，或者分子独立地重新定向。在这两种情况下，

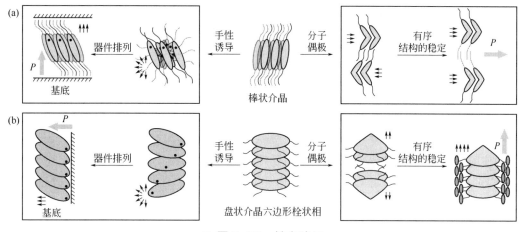

图 7-76　铁电液晶

（a）棒状介晶；　（b）盘状介晶

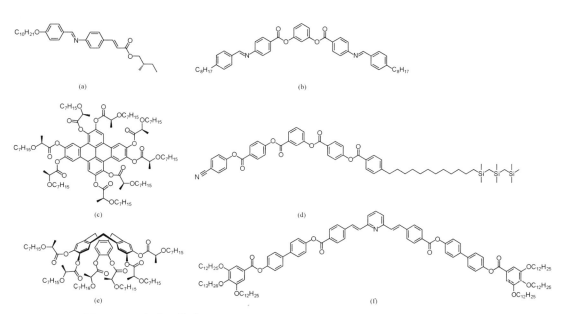

图 7-77　在液晶状态下诱导铁电顺序的棒状和盘状介晶的分子设计的演变：
手性棒状介晶（a），手性溶剂（b），弯曲核心分子（c，d），锥形
介晶（e）和扇形分子（f）的化学结构

旋转结构遇到来自相邻分子或列的阻力，这延迟了切换过程。

非手性极性分子，例如具有低 C_{2v} 对称性的弯曲核心介质可能表现出铁电排序。分子本身自组装成手性或非手性上层结构；两者都有铁电的潜力。在液晶状态下，弯芯核心介质形成分级的头对尾排列，其中分子以相同取向排列成层。这种结构导致畴的宏观极化 [图 7-76（a），右]。Takezoe 等[158]是第一个报道由松本设计的弯芯液晶的铁电测量的结果 [图 7-77（b）][159]。相邻层偶尔会抑制铁电性的反平行极化。相邻层中极化的取向，结合每层中介晶的倾斜角度会改变超分子的手性结构[160]。这些结构特征来源于柔性链和刚性弯曲芯之间的空间挫折。在之前的报道中，用硅氧烷间隔物代替烷基链消除了柔性尾部的交叉，这反过来促进了偶极-偶极取向并阻止了介晶的倾斜的分子排列[161]。这种特殊设计产生了具有高对称性的铁电液晶 [图 7-77（d）][162]。

在使用上述液晶时，基板的表面处理使螺旋形中间相不稳定，从而产生具有宏观极化的装置，但是明确地说，这些材料本质上不是铁电体。这些限制限制了功能元件中铁电液晶的使用。许多人认为其极化平行于柱状轴的六边形柱状液晶可作为用于实现内在铁电适当的超分子设计。有趣的是，在六边形填充的柱状相中，极性柱的三角形晶格是不对称的并且具有反平行填料，其确保了稳定的宏观极化[163]。在碗状介晶中，这种极性顺序已经被观察到多次[164]。

大环锥形介晶可以形成具有极化畴的柱状液晶[164a,165]。不幸的是，这些已知的化合物自发地切换凹凸和极性，尽管它们的速度比溶液中的速率慢。虽然存在这种自发的反转，但还是有可能使用非共价相互作用（例如与杯芳烃的金属配位或与客体分子的氢键）来限制运动，这样做可以防止极化反转[166]。一旦磁心固定，只能通过旋转介晶或整个组件来切换极化，这两者都是空间不利的机制[167]。其他体系已显示出铁电转换，如具有手性侧链的三苯并环壬烯核心 [图 7-77（e）]，但确切的机理无法确定。在这种情况下，它被认为是碗形核心的构象倒置，介晶本身的旋转，或者手性介晶诱发了超分子结构内的倾斜角[168]。

在上述系统中，共价键硬化复合物，抑制构象动力学并限制在外部电场下的转换。相反，弯曲核心分子的超分子组合可以组织成碗形结构它们堆叠在头对尾列 [图 7-76（b），右]。这种结构是由于芳香族核心和链烷烃侧链之间的相分离引起的 [图 7-77（f）][169]。此外，圆锥形介晶单元通过取向面对面的偶极子的非中心对称结构获得，使得偶极子的总和不为零。柱的极化可以用施加的电场反转，但是列的纳米级碎片成反并联堆叠抵消了宏观极化。这种结构是顺电的为了形成电磁结构，需要更硬的核。

如前所述，氢键可以极化，因此可用于稳定柱状液晶的结构。尽管例如酰胺键和尿素基序的头尾组合是可极化的，并且据报道是铁电体[170]，但这种现象在没有电场的情况下迅速消失[171]。已经报道了成功的分子设计，其结合了氢键的顺电排列以将邻苯二甲腈衍生物 [图 7-78（a）]的碗形组件稳定在超分子柱中并其与外部电场方向一致 [图 7-78（b）][172]。非对称性是产生二次谐波测量进一步表征，偏振切换也清楚地被观察到 [图 7-78（c）][173]。该系统是液晶中无需对器件表面进行任何处理或附加处理的固有铁电性的第一次演示。Aida 等确定是邻苯二甲腈单元——不是氢键——负责铁电性的 [图 7-78（d）]。尽管极性酰胺单元对铁电的影响没有贡献，但它们的键极化确保并维持单向柱状取向。该系统的铁电性能很容易受分子设计的几个细节的影响。关键参数是核心的灵活性，壳结构的拥塞，核心内的分子包装和柱内氢键。该柱状液晶本身是铁电体（例如作为独立的膜或器件），并且显示出了易于加工的铁电材料的潜力[115,174]。

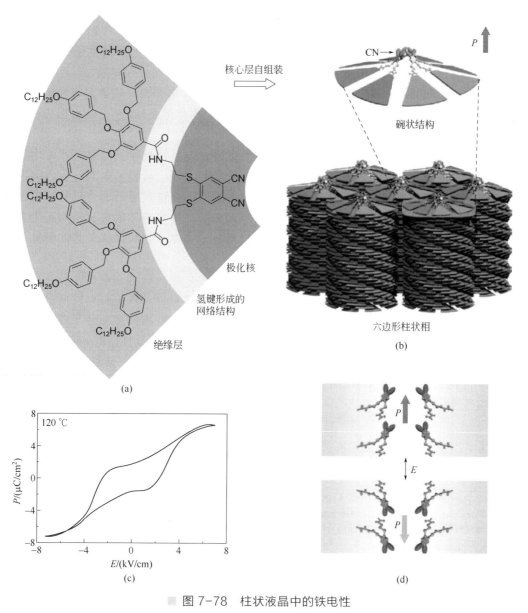

图 7-78 柱状液晶中的铁电性

（a）组装成六边形柱状相的介晶的化学结构；（b）组装通过将四个中心原子分离成核-壳结构，其中极性邻苯二甲腈单元在里面、脂肪族侧链在外面；（c）柱状液晶的固有铁电性质由极化抵抗电场的滞后表示；（d）柱芯中的氰基可以向上或向下（根据施加的电场），并产生平行于列轴的极性（分别指向上下的氰基的箭头）

7.4 铁电材料的发展前景

经过几十年的努力，铁电材料领域由于化学家、物理学家和材料科学家等的参与，取得了很大的进展。虽然铁电材料的发现仍然是靠经验性的方法，但通过长期的研究，也总结出了一些构建铁电材料的方法，如通过氢键中质子转移、电子转移、极性成分的运动和手性中心等来引入电极化。通过氢键质子转移作用构建了很多有机介电和铁电材料[175]，也构建了很多有机-无机杂化的 MOF 铁电材料。MOFs 中的极化成分的有序-无序运动也是铁电材料的重要来源之一。模板化合物包括主体-客体分子化合物和包藏化合物也是铁电材料的来源[25,26,176]。客体分子或者离子被限制在孔道中，所以很容易受到外部刺激如温度或者电场等的影响。主体分子和客体分子相互作用的主-客体分子体系中客体分子或者离子的运动可能导致复杂结构相变[177]。如果客体分子或者离子和主体框架吻合得很好，那么就会形成长程相互作用，最后产生铁电性质。

虽然铁电材料领域的研究已经取得了很大的进展，但是铁电材料的研究和应用仍然由于形成铁电性质的机制还不是很清晰受到了很多的限制。铁电材料未来的发展方向应着力于发展高温铁电材料和具有强极化性的材料。一方面可以通过发展新的合成技术来合成符合要求的材料；另一方面迫切需要研究铁电性质形成的机制。当然解决这些问题会有很多的困难，这就需要多个学科如化学、物理学、材料科学、电子学和晶体学等的研究者协力合作。

同时，多铁性材料在近年来也引起很多研究者们的兴趣。具有铁电性并且具有其他的物理（化学）性质如磁性、多孔性、手性和光学性能的材料也是铁电材料发展的一个新的方向。多铁性的主-客体复合物就是一个例子，其金属框架结构和客体分子或者离子分别显示了磁性和铁电性质。多铁性 MOF 材料的研究具有一定的挑战性，Stroppa, Jain 及其合作者曾经报道[(CH₃)₂NH₂][Cu(HCOO)₃]同时具有铁电性极化和很弱的铁磁性质[178]。为了开发多铁性材料的应用，就要求材料在电场的作用下磁性性质发生改变或者在磁场作用下电极化发生改变[178]。

参 考 文 献

[1] (a) Nye, J. F. *Physical Properties of Crystals*. Oxford University Press: Oxford, U.K., 1957. (b) Jona, F.; Shirane, G. *Ferroelectric Crystals. Pergamon Press*: New York, 1962. (c) Lines, M. E.; Glass, A. M. *Principles and Applications of Ferro-electrics and Related Materials*. Clarendon Press: Oxford, U.K., 1977. (d) Smolenskii, G. A.; Bokov, V. A.; et al. *Ferroelectrics and Related Materials*. Gordon and Breach Science Publishers: New York, 1984.

[2] Zhang, W.; Xiong, R.-G. *Chem. Rev.,* **2012,** *112,* 1163.

[3] Valasek, *J. Phys. Rev.,* **1921,** *17,* 475.

[4] Busch, G.; Scherrer, P.; *Naturwissenschaften.,* **1935,** *23,* 737.

[5] Cross, L. E.; Newnham, R. E. *History of Ferroelectrics*, Vol. Ⅲ. American Ceramic Society: Westerville, OH, 1987.

[6] (a) Martienssen, W.; Warlimont, H.; Eds *Springer Handbook of Condensed Matter and Materials Data*. Springer: Berlin, Heidelberg, New York, 2005. (b) Shiozaki, Y.; Nakamura, E.; Eds *Ferroelectrics and Related Substances; Landolt, Börnstein New Series*, Vol. Ⅲ/36. Springer, Verlag: Berlin, 2006.

[7] (a) Mitsui, T.; Tatsuzaki, I.; Nakamura, E. *An Introduction to the Physics of Ferroelectrics. Gordon and Breach Science Publishers*: New York, 1976. (b) Izyumov, Y. A.; Syromyatnikov, V. N. *Phase Transitions and Crystal Symmetry*. Kluwer Publishers: Dordrecht, The Netherlands. 1990.

[8] (a) Kadau, K.; Germann, T. C.; et al. *Science,* **2002,** *296,* 1681. (b) Collet, E.; Lemée, Cailleau, M., H.; et al. *Science,* **2003,** *300,* 612.

[9] Grindlay, J. *An Introduction to the Phenomenological Theory of Ferroelectricity*. Pergamon Press: Oxford, U.K., 1970.

[10] (a) Lund, A.; Shiotani, M.; et al. *Principles and Applications of ESR Spectroscopy*. Springer, Verlag: New York, 2010. (b) Stevens, J.G.; Shenoy, G.K., Eds *MössbauerSpectroscopyandIts Chemical Applications*. American Chemical Society: Washington, DC, 1981.

[11] (a) Solans, X.; Gonzalez, Silgo, C.; et al. *J. Solid State Chem.,* **1997,** *131,* 350. (b) Shiozaki, Y.; Shimizu, K.; et al. *J. Korean Phys. Soc.,* **1998,** *32,* S192.

[12] (a) Matthias, B. T.; Hulm, J. K. *Phys. Rev.*, **1951**, *82*, 108. (b) Merz, W. J. *Phys. Rev.,* **1951**, *82*, 562.

[13] Kambay, S.; Březina, B.; et al. *J. Phys.: Condens. Matter.*, **1996**, *8*, 8669.

[14] (a) Abe, R.; Matsuda, M. *J. Phys. Soc. Jpn.,* **1974**, *37*, 437. (b) Abe, R.; Matsuda, M. *J. Phys. Soc. Jpn.*, **1973**, *34*, 686.

[15] (a) Maeda, M.; Suzuki, I.; Abe, R. *J. Phys. Soc. Jpn.,* **1975**, *38*, 592. (b) Maeda, M.; Suzuki, I.; Abe, R. *J. Phys. Soc. Jpn.,* **1975**, *39*, 1319.

[16] Fousek, J.; Cross, L. E.; Seely, K. *Ferroelectrics,* **1970**, *1*, 63.

[17] Sawaguchi, E.; Cross, L. E. *Ferroelectrics,* **1971**, *2*, 37.

[18] Kamba, S.; Schaack, G.; et al. *J. Phys.: Condens. Matter.*, **1996**, *8*, 4631.

[19] Deguchi, K.; Iwata, Y. *J. Phys. Soc. Jpn.,* **2000**, *69*, 135.

[20] (a) Wang, X. Y.; Wang, Z. M; Gao, S. *Chem. Commun.,* **2008**, 281. (b) Wang, Z. M; Zhang, Y. J.; et al. *Adv. Funct. Mater.,* **2007**, 17, 1523.

[21] (a) Makita, Y.; Suzuki, S. *J. Phys. Soc. Jpn.,* **1973**, *34*, 278. (b) Kay, M. I.; Kleinburg, R. *Ferroelectrics.,* **1972**, *4*, 147.

[22] Matsuo, T.; Kume, Y.; et al. *J. Phys. Chem. Solids.,* **1976**, *37*, 499.

[23] Cornia, A.; Caneschi, A.;et al. *Angew. Chem. Int. Ed.,* **1999**, *38*, 1780.

[24] Cui, H.; Takahashi, K.; et al. *Angew. Chem. Int. Ed.,* **2005**, *44*, 6508.

[25] Cui, H.; Wang, Z. M.; et al. *J. Am. Chem. Soc.,* **2006**, *128*, 15074.

[26] (a) Jain, P.; Ramachandran, V.; et al. *J. Am. Chem. Soc.,* **2009**, *131*, 13625. (b) Jain, P.; Dalal, N. S.; et al. *J. Am. Chem. Soc.,* **2008**, *130*, 10450.

[27] (a) Wang, X. Y.; Gan, L.; et al. *Inorg. Chem.* **2004**, *43*, 4615. (b) Wang, Z. M.; Zhang, B.; et al. *Dalton Trans.,* **2004**, 2209.

[28] Xu, G. C.; Ma, X. M.; et al. *J. Am. Chem. Soc.,* **2010**, *132,* 9588.

[29] (a) Jain, P.; Dalal, N. S.; et al. *J. Am. Chem. Soc.,* **2008**, *130*, 10450. (b) Jain, P.; Ramachandran, V.; et al. *J. Am. Chem. Soc.,* **2009**, *131*, 13625.

[30] Wang, Z. M.; Zhang, B.; et al. *Inorg. Chem.,* **2005**, *44*, 1230.

[31] Lee, J. H.; Fang, L.; et al. *Nature,* **2010**, *466*, 954.

[32] Sánchez-Andújar, M.; Presedo, S.; et al. *Inorg. Chem.,* **2010**, *49*, 1510.

[33] (a) Waser, R.; *Ed. Nanoelectronics and information technology;* Wiley-VCH: Weinheim, Germany, 2003. (b) Pepinsky, R.; Vedam, K.; et al. *Phys. Rev.,* **1958**, *111,* 430. (c) Pepinsky, R.; Okaya, Y.; et al. *Phys. Rev.,* **1957**, *107*, 1538. (d) Launer, S.; Lemaire, M.; et al. *Ferroelectrics.,* **1992**, *132*, 257.

[34] Rao, J. K. M.; Viswamitra, M. A. *Acta Crystallogr. B,* **1972**, *28*, 1482.

[35] Pepinsky, R.; Vedam, K.; Oakaya, Y. *Phys. Rev.,* 1958, *110*, 1309.

[36] Pepinsky, R.; Makita, Y. *Bull. Am. Phys. Soc.,* **1962**, *7*, 241.

[37] Mishima, N.; Itoh, K.; Nakamura, E. *Acta Crystallogr. Sect. C,* **1984**, *40*, 1824.

[38] (a) Makita, Y. *J. Phys. Soc. Jpn.* **1965**, *20*, 2073. (b) Haga, H.; Onodera, A; et al. *J. Phys. Soc. Jpn.,* **1993**, *62*, 1857.

[39] (a) Prokhorova, S. D.; Smolensky, G. A.; et al. *Ferroelectrics,* **1980**, *25*, 629. (b) Sugo, M.; Kasahara, M.; et al. *J. Phys. Soc. Jpn.,* **1984**, *53*, 3234. (c) Kozlov, G. V.; Volkov, A. A.; et al. *J. Phys. Rev., B* **1983**, *28*, 255.

[40] Fujimoto, S.; Yasuda, N.; Fu, S. *J. Phys. D: Appl. Phys.,* **1982**, *15*, 1469.

[41] Fujimoto, S.; Yasuda, N.; et al. *J. Phys. D: Appl. Phys.,* **1980**, *13*, L217.

[42] Fujimoto, S.; Yasuda, N.; Kashiki, H. *J. Phys. D: Appl. Phys.,* **1982**, *15*, 487.

[43] Hikita, T.; Maruyama, T. *J. Phys. Soc. Jpn.,* **1992**, *61*, 2840.

[44] Fujimoto, S.; Yasuda, N.; et al. *J. Phys. D: Appl. Phys.,* **1984**, *17*, 1019.

[45] Rother, H. J.; Albers, J.; Klöpperpieper, A. *Ferroelectrics,* **1984**, *54*, 107.

[46] Brill, W.; Schildkamp, W.; Spilker, J. Z. *Kristallogr.,* **1985**, *172*, 281.

[47] Ezpeleta, J. M.; Zúniga, F. J.; et al. *Acta Crystallogr.,* B **1992**, *48*, 261.

[48] (a) Chaves, M. R.; Almeida, A.; et al. *Phys. Rev. B,* **1991**, *43*, 11162. (b) Brill, W.; Ehses, K.H. *Jpn. J. Appl. Phys. Suppl.,* **1983**, *24(2)*, 826.

[49] (a) Cui, H. B.; Zhou, B.; et al. *Angew. Chem., Int. Ed.,* **2008**, *47*, 3376. (b) Zhou, B.; Kobayashi, A.; et al. *J. Am. Chem. Soc.,* **2011**, *133*, 5736.

[50] Ren,Y. P.; Long, L.S.; et al. *Angew. Chem., Int. Ed.,* **2003**, *42*, 532.

[51] Zhao, H. X.; Kong, X. J.; et al. *Proc. Natl. Acad. Sci. U. S. A.,* **2011**, *108*, 3481.

[52] Matthias, B. T.; Remeika, *J. P. Phys. Rev.*, **1957**, *71*, 1727.

[53] Mishima, N. *J. Phys. Soc. Jpn.*, **1984**, *53*, 1062.

[54] Itoh, K.; Mishima, N.; Nakamura, E. *J. Phys. Soc. Jpn.*, **1981**, *50*, 2029.

[55] Yagi, T. *J. Phys. Soc. Jpn.*, **1986**, *55*, 1822.

[56] Yano, S.; Yamada, K.; Shimizu, H. *J. Phys. Soc. Jpn.*, **1987**, *56*, 3338.

[57] (a) Seki, S.; Momotani, M.; et al. *Bull. Chem. Soc. Jpn.*, **1955**, *28*, 411. (b) Nakamura, N.; Suga, H.; et al. *Bull. Chem. Soc. Jpn.*, **1968**, *41*, 291.

[58] (a) Gesi, K.; Ozawa, K. *J. Phys. Soc. Jpn.*, **1975**, *38*, 467. (b) Sawada, A.; Kikugawa, T.; Ishibashi, Y. *J. Phys. Soc. Jpn.*, **1979**, *46*, 871.

[59] Stadnicka, K.; Glazer, A. M. *Acta Crystallogr., Sect. B* **1980**, *36*, 2977.

[60] (a) Nakamura, N.; Suga, H.; et al. *Bull. Chem. Soc. Jpn.*, **1965**, *38*, 1779. (b) Takashige, M.; Iwamura, K.; et al. *J. Phys. Soc. Jpn.*, **1975**, *38*, 1217.

[61] Itoh, K.; Niwata, A.; et al. *J. Phys. Soc. Jpn.*, **1992**, *61*, 3593.

[62] (a) Deguchi, K.; Takeuchi, M.; Nakamura, E. *J. Phys. Soc. Jpn.*, **1992**, *61*, 1362. (b) Remeika, J. P.; Merz, W. *J. Phys. Rev.*, **1956**, *102*, 295.

[63] Schein, J. B.; Lingafelter, E. C.; Stewart, J. M. *J. Chem. Phys.*, **1967**, *47*, 5183.

[64] Holden, A. N.; Merz, W. J.; et al. *Phys. Rev.*, **1956**, *101*, 962.

[65] Kirpichnikova, L. F.; Andreev, E. F.; et al. *Kristallografiya.*, **1988**, *33*, 1437. *Sov. Phys. Crystallogr.* (English Transl.), **1988**, *33*, 855.

[66] Kirpichnikova, L. F.; Pietraszko, A.; et al. *Crystallogr. Rep.*, **1994**, *39*, 990. *Kristallografiya*, **1994**, *39*, 1078.

[67] Dolinšek, J.; Klanjšek, M.; et al. *Phys. Rev. B*, **1999**, *59*, 3460.

[68] Bednarski, W.; Waplak, S.; et al. *J. Phys.: Condens. Matter.*, **1999**, *11*, 1567.

[69] Andreev, E. F.; Varikash, V. M.; *Izv. Akad. Nauk SSSR, Ser. Fiz.*, **1991**, *55*, 572. *Bull. Acad. Sci. USSR, Phys. Ser.* (English Transl.), **1991**, *55*, 154.

[70] Pietraszko, A.; yukaszewicz, K.; Kirpichnikova, L. F. *Pol. J. Chem.*, **1993**, *67*, 1877; **1995**, *69*, 922.

[71] Hrabański, R.; Janiec-Mateja, M.; Czapla, Z. *Phase Transitions*, **2007**, *80*, 163.

[72] Sobiestianskas, R.; Grigas, J.; et al. *Phase Transitions.*, **1992**, *40*, 85.

[73] Pepinsky, R.; Jona, F.; Shirane, G. *Phys. Rev.*, **1956**, *102*, 1181.

[74] Flecher, R. O.; Steeple, H. *Acta Crystallogr.*, **1964**, *17*, 290.

[75] (a) Mashiyama, H.; Tanisaki, S. *J. Phys. Soc. Jpn.*, **1981**, *50*, 1413. (b) Sawada, S.; Shiroishi, Y.; Yamamoto, A.; et al. *Phys. Lett. A*, **1978**, *67*, 56. (c) Wada, M.; Suzuki, M.; Sawada, A.; et al *J. Phys. Soc. Jpn.*, **1981**, *50*, 1813. (d) Sawada, S.; Shiroishi, Y.; Yamamoto, A.; et al. *J. Phys. Soc. Jpn.*, **1978**, *44*, 687. (e) Gesi, K.; Perret, R. *J. Phys. Soc. Jpn.*, **1988**, *57*, 3698.

[76] Shimizu, H.; Abe, N.; et al. *Solid State Commun.*, **1980**, *34*, 363.

[77] (a) Sawada, A.; Sugiyama, J.; et al. *J. Phys. Soc. Jpn.*, **1980**, *48*, 1773. (b) Gesi, K.; Iizumi, M. *J. Phys. Soc. Jpn.*, **1980**, *48*, 775.

[78] Vasil'ev, V. E.; Rudyak, V. M.; et al. *Fiz. Tverd. Tela.*, **1987**, *29*, 1539. *Sov. Phys. Solid State* (English Transl.), **1987**, *29*, 882.

[79] Bobrova, Z. A.; Varikash, V. M. *Dokl. Akad. Nauk BSSR.*, **1986**, *30*, 510.

[80] (a) Bobrova, Z. A.; Varikash, V. M.; et al. *Kristallografiya.*, **1987**, *32*, 255. *Sov. Phys. Crystallogr.* (English Transl.), **1987**, *32*, 148. (b) Czapla, Z.; Eliyashevskyy, Yu.; Dacko, S. *Ferroelectr. Lett. Sect.*, **2006**, *33*, 1.

[81] (a) Daoud, A. *J. Appl. Crystallogr.*, **1977**, *10*, 133. (b) Perez-Mato, J. M.; Manes, J. L.; et al. *Phys. Status Solidi A.*, **1981**, *68*, 29.

[82] Priya, R.; Krishnan, S.; et al. *Physica. B*, **2011**, *406*, 1345.

[83] (a) Knorr, K.; Jahn, I. R.; Heger, G. *Solid State Commun.*, **1974**, *15*, 231. (b) Kind, R.; Blinc, R.; Zeks, B. *Phys. Rev., B* **1979**, *19*, 3743. (c) Chapuis, G.; Arend, H.; Kind, R. *Phys. Status Solidi A*, **1975**, *31*, 449. (d) Steadman, J. P.; Willett, R. D. *Inorg. Chim. Acta.*, **1970**, *4*, 367

[84] Kundys, B.; Lappas, A.; et al. *Phys. Rev. B*, **2010**, 81, 224434.

[85] (a) De Jongh, L. J.; Botterman, A. C.; et al. *J. Appl. Phys.*, **1969**, *40*, 1363. (b) De Jongh, L. J.; Van Amstel, W. D.; *Miedema*,

A. R. *Physica* (Amsterdam), **1972**, 58, 277.

[86] Gesi, K. *J. Phys. Soc. Jpn.,* **1990**, *59*, 432.

[87] (a) Aguirre, Zamalloa, G.; Madriage, G.; et al. *Acta Crystallogr., Sect. B,* **1993**, *49*, 691. (b) Asahi, T.; Hasebe, K.; Gesi, K. *Acta Crystallogr., Sect. C,* **1991**, *47*, 1208.

[88] (a) Fatuzzo, E. *Proc. Phys. Soc.* (London), **1960**, *76*, 797. (b) Fatuzzo, E.; Nitsche, R.; et al. *Phys. Rev.,* **1962**, *125*, 514.

[89] Arend, H.; Ehrensperger, M.; et al. *Ferroelectrics Lett.,* **1982**, *44*, 147.

[90] Jakubas, R.; Ciunik, Z.; Bator, G. *Phys. Rev. B,* **2003**, *67*, 024103.

[91] Wojtaś, M.; Jakubas, R.; et al. *J. Mol. Struct.,* **2008**, *887*, 262.

[92] Bi, W.; Leblanc, N.; et al. *Chem. Mater.,* **2009**, *21*, 4099.

[93] (a) Jakubas, R. *Solid State Commun.,* **1986**, *60*, 389. (b) Jakubas, R.; Sobczyk, L.; Matuszewski, J. *Ferroelectrics,* **1987**, *74*, 339.

[94] Latanowicz, L.; Medycki, W.; Jakubas, R. *J. Phys. Chem. A,* **2005**, *109, 3097.

[95] Zaleski, J.; Pawlaczyk, Cz.; et al. *J. Phys.: Condens. Matter.,* **2000**, *12*, 7509.

[96] Jakubas, R.; Czapla, Z.; et al. *Ferroelectrics Lett.,* **1986**, *5*, 143.

[97] Latanowicz, L.; Medycki, W.; Jakubas, R. *J. Phys. Chem. A,* **2005**, *109*, 3097.

[98] Wojtaś, M.; Bator, G.; et al. *J. Phys.: Condens. Matter.,* **2003**, *15*, 5765.

[99] Wojtas, M.; Jakubas, R. *J. Phys.: Condens. Matter.,* **2004**, *16*, 7521.

[100] (a) Jakubas, R.; Bator, G.; et al. *J. Ferroelectrics,* **1994**, *158*, 43. (b) Jakubas, R.; Krzewska, U.; et al. *Ferroelectrics,* **1988**, *77*, 129.

[101] (a) Pawlaczyk, C.; Jakubas, R. *Z. Naturforsch.,* **2003**, *58a*, 189. (b) Jakubas, R.; Piecha, A.; Pietraszko, A.; Bator, G. *Phys. Rev. B,* **2005**, *72*, 104.

[102] (a) Jakubas, R.; Sobczyk, L.; Lefebvre, J. *Ferroelectrics,* **1989**, *100*, 143. (b) Jakubas, R. *Solid State Commun.,* **1989**, *69*, 267.

[103] Szklarz, P.; Gałazka, M.; et al. *Phys. Rev. B,* **2006**, *74*, 184111.

[104] Piecha, A.; Biazo, nska, A.; et al. *Condens. Matter.,* **2008**, *20*, 325224.

[105] Przes zawski, J.; Kosturek, B.; et al. *Solid State Commun.,* **2007**, *142*, 713.

[106] (a) Piecha, A.; Pietraszko, A.; et al. *J. Solid State Chem.,* **2008**, *181*, 115. (b) Piecha, A.; Biazonska, A.; Jakubas, R. *J. Phys.; Condens., Matter.,* **2008**, *20*, 325224.

[107] Piecha, A.; Bator, G.; Jakubas, R. *J. Phys.; Condens. Matter.,* **2005**, *17*, L411.

[108] Piecha, A.; Jakubas, R. *J. Phys.: Condens. Matter.,* **2007**, *19*, 406225.

[109] Jozkow, J.; Jakubas, R.; Bator, G. *J. Chem. Phys.,* **2001**, *114*, 7239.

[110] Zhang, W.; Ye, H. Y.; et al. *J. Am. Chem. Soc.,* **2010**, *132*, 7300.

[111] (a) Abrahams, S. C.; Mirsky, K.; Nielson, R. *Acta Crystallogr. B,* **1996**, *52*, 806. (b) Bauer, M. R.; Pugmire, D. L.; et al. *J. Appl. Crystallogr.,* **2001**, *34*, 47.

[112] (a) Onoda, Yamamura, N.; Ikeda, R.; et al. *Solid State Commun.,* **1997**, *101*, 647. (b) Gesi, K. *J. Phys. Soc. Jpn.,* **1999**, *68*, 3095.

[113] Czapla, Z.; Czupiński, O.; Ciunik, Z. *Solid State Commun.,* **1986**, *58*, 383.

[114] Gesi, K. *J. Phys. Soc. Jpn.,* **1996**, *65*, 703.

[115] Horiuchi, S.; Tokura, Y.; *Nature Mater.,* **2008**, *7*, 357.

[116] Furukawa, T.; Date, M.; Fukada, E.; *J. Appl. Phys.,* **1980**, *51*, 1135.

[117] Noda, K.; et al. *J. Appl. Phys.,* **2003**, *93*, 2866.

[118] (a) Taylor, G. W. *Ferroelectric Liquid Crystals-Principles, Preparations and Applications.* Gordon & Breach, New York, 1991. (b) Largerwall, S. T. *Ferroelectric and Antiferroelectric Liquid Crystals.* Wiley-VCH, Weinheim, 1999.

[119] (a) Solomon, A. L. *Phys. Rev.,* **1956**, *104*, 1191. (b) Goldsmith, G. J.; White, J. G. *J. Chem. Phys.,* **1959**, *31*, 1175.

[120] Bordeaux, D.; Bornarel, J.; et al. J. *Phys. Rev. Lett.,* **1973**, *31*, 314.

[121] Horiuchi, S.; Kumai, R.; et al. *Chem. Phys.,* **2006**, *325*, 78.

[122] Okamoto, H.; Mitani, T.; et al. *Phys. Rev., B,* **1991**, *43*, 8224.

[123] Tokura, Y.; Koshihara, S.; et al. *Phys. Rev. Lett.,* **1989**, *63*, 2405.

[124] (a) Le Cointe, M.; Lemee-Cailleau, M. H.; et al. *Phys. Rev. B,* **1995**, *51*, 3374. (b) Garci, P.; Dahaoui, S.; et al. *Phys. Rev. B,*

2005, *72*, 104115.

[125] (a) Torrance, J. B.; Vazquez, J. E.; et al. *Phys. Rev. Lett.,* **1981**, *46*, 253. (b) Torrance, J. B.; Girlando, A.; et al. *Phys. Rev. Lett.,* **1981**, *47*, 1747.

[126] Horiuchi, S.; Okimoto, Y.; et al. *J. Phys. Soc. Jpn.,* **2000**, *69*, 1302-1305.

[127] (a) Torrance, J. B.; Vazquez, J. E.; et al. *Phys. Rev. Lett.,* **1981**, *46*, 253-257. (b) Torrance, J. B.; et al. *Phys. Rev. Lett.,* **1981**, *47*, 1747-1750.

[128] Le Cointe, M.; Lemee-Cailleau, M. H.; et al. *Phys. Rev. B,* **1995**, *51*, 3374-3386.

[129] Grilando, A.; Painelli. A.; et al. *Synth. Metals.,* **2004**, *141*, 129.

[130] Horiuchi, S.; Okimoto, Y.; et al. *Sicence.,* **2003**, *299*, 229.

[131] Nad, F.; Monceau, P. *J.; Phys. Soc. Jpn.,* **2006**, *75*, 051005.

[132] Girlando, A.; Pecile, C.; Torrance, J. B. *Solid State Commun.,* **1985**, *54*, 753.

[133] Horiuchi, S.; Kumai, R.; et al. *J. Am. Chem. Soc.,* **1999**, *121*, 6757.

[134] Horiuchi, S.; Kumai, R.; et al. *Chem. Phys.,* **2006**, *325*, 78.

[135] Lehn, J. M. *Supramolecular Chemistry: Concepts and Perspectives.* VCH: Weinheim, 1995.

[136] Horiuchi, S.; Ishii, F.; et al. *Nature Mater.,* **2005**, *4*, 163-166.

[137] (a). Kumai, R.; Horiuchi, S.; et al. *J. Chem. Phys.,* **2006**, *125*, 084715. (b). Horiuchi, S.; Kumai, R.; et al. *Angew. Chem. Int. Ed.,* **2007**, *46*, 3497-3501.

[138] Wallenfels, K. Friedrich, K. *Chem. Ber.,* **1957**, *90*, 3070-3082.

[139] Perrin, D. D.; *Dissociation Constants of Organic Bases in Aqueous Solution* (Butterworths, London,1965); Supplement (Butterworths, London, 1972).

[140] Zaman, M. B.; Tomura, M.; Yamashita, Y. *J. Org. Chem.,* **2001**, *66*, 5987-5995.

[141] Almeida, A.; et al. *Ferroelectrics,* **1988**, *79*, 253-256.

[142] Horiuchi, S.; Kumai, R.; Tokura, Y.; *J. Am. Chem. Soc.,* **2005**, *127*, 5010-5011.

[143] (a) Saito, K.; Amano, M.; et al. *J. Phys. Soc. Jpn.,* **2006**, *75*, 033601. (b) Gotoh, K., Asaji, T.; Ishida, H.; *Acta Cryst. C.* **2007**, *63*, o17-o20.

[144] Kumai, R.; Horiuchi, S.; et al. *J. Am. Chem. Soc.,* **2007**, *129*, 12920-12921.

[145] Steiner, T.; *Angew. Chem. Int. Ed.,* **2002**, *41*, 48-76.

[146] Steiner, T.; *Angew. Chem. Int. Ed.,* 2001, *40*, 2651-2654.

[147] Resta, R. *Rev. Mod. Phys.,* **1994**, *66*, 899-915.

[148] Kumai, R.; Horiuchi, S.; et al. *J. Chem. Phys.,* **2006**, *125*, 084715.

[149] Horiuchi, S.; Kumai, R.; Tokura, Y.; *Angew. Chem. Int. Ed.,* **2007**, *46*, 3497-3501.

[150] Cohen, R. E. *Nature,* **1992**, *358*, 136-138.

[151] Collet, E.; Lemée-Cailleau, M.; et al. *Science,* **2003**, *300*, 612-615.

[152] Naber, R. C. G.; et al. *Nature Mater.,* **2005**, *4*, 243-248.

[153] Tayi, A. S.; Kaeser, A.; et al. *Nature Chem.,* **2015**, *7*, 281.

[154] Clark, N. A.; Lagerwall, S. T.; *Appl. Phys. Lett.,* **1980**, *36*, 899-901.

[155] Lagerwall, S. T.; *Ferroelectrics,* **2004**, *301*, 15-45.

[156] Hird, M. *Liq.; Cryst.,* **2011**, *38*, 1467-1493.

[157] (a) Bock, H.; Helfrich, W.; *Liq. Cryst.,* **1992**, *12*, 697-703. (b) Scherowsky, G.; Chen, X. H. *J.; Mater. Chem.,* **1995**, *5*, 417-421. (c) Barberá, J.; et al. *J. Am. Chem. Soc.,* **1998**, *120*, 2908-2918.

[158] Niori, T.; Sekine, T.; et al. *J. Mater. Chem.,* **1996**, *6*, 1231-1233.

[159] Akutagawa, T.; Matsunaga, Y.; Yasuhara, K. *Liq. Cryst.,* **1994**, *17*, 659-666.

[160] (a) Reddy, R. A.; Tschierske, C. *J.; Mater. Chem.,* **2006**, *16*, 907. (b) Takezoe, H. Takanishi, Y. *Jpn. J. Appl. Phys.,* **2006**, *45*, 597-625. (c) Eremin, A. Jákli, A. *Soft Matter,* **2012**, *9*, 615-637.

[161] (a) Dantlgraber, G.; Erenmin, A.; et al. *Angew. Chem. Int. Ed.,* **2002**, *41*, 2408-2412.

[162] Reddy, R. A.; Zhu, C.-H.; et al. *Science,* **2011**, *332*, 72-77.

[163] (a) Zimmermann, H.; Poupku, R.; et al. *Z. Phys. Chem. Kosmophys,* **1985**, *40*, 149-160. (b) Pleiner, H.; Brand, H. R.; et al. *Mol. Cryst. Liq. Cryst.,* **2003**, *396*, 169-176.

[164] (a) Malthete, J.; Collet, A.; *J. Am. Chem. Soc.,* **1987**, *109*, 7544-7545. (b) Sawamura, M. *Nature,* **2002**, *419*, 702-705.

[165] Dalcanale, E.; Antonioli, G.; et al. *Liq. Cryst.,* **2000**, *27*, 1161-1169.

[166] (a) Xu, B.; Swager, T. M.; *J. Am. Chem. Soc.,* **1993**, *115*, 1159-1160. (b) Xu, B.; Swager, T. M.; *J. Am. Chem. Soc.,* **1995**, *117*, 5011-5012.

[167] (a) Kilian, D.; Knawby, D.; et al. *Liq. Cryst.,* **2000**, *27*, 509-521. (b) Haase, W.; Kilian, D.; et al. *Liq. Cryst.,* **2002**, *29*, 133-139.

[168] Gorecka, E.; Pociecha, D.; et al. *J. Am. Chem. Soc.,* **2004**, *126*, 15946-15947.

[169] (a) Kishikawa, K.; Nakahara, S.; et al. *J. Am. Chem. Soc.,* **2005**, *127*, 2565-2571. (b) Fitié, C. F. C.; Roelofs, W. S. C.; et al. *J. Am. Chem. Soc.,* **2010**, *132*, 6892-6893.

[170] Okada, Y.; Matsumoto, S.; et al. *Phys. Rev., E,* **2007**, *76*, 041701.

[171] Miyajima, D.; Fumito, A.; et al. *J. Am. Chem. Soc.,* **2010**, *132*, 8530-8531.

[172] Miyajima, D.; Fumito, A.; et al. *Science,* **2012**, *336*, 209-213.

[173] Araoka, F. ; Shiori, M.; et al. *Adv. Mater.,* **2013**, *25*, 4014-4017.

[174] (a) Katrusiak, A.; Szafrański, M.; *Phys. Rev. Lett.,* **1999**, *82*, 576. (b) Szafrański, M.; Katrusiak, A.; McIntyre, G. J. *Phys. Rev. Lett.,* **2002**, *89*, 215507. (c) Horiuchi, S.; Tokunaga, Y.; *Nature,* **2010**, *463*, 789. (d) Akutagawa, T.; Takeda, S.; et al. *J. Am. Chem. Soc.,* **2004**, *126*, 291. (e) Katrusiak, A.; Szafrański, M.; *J. Am. Chem. Soc.,* **2006**, *128*, 15775.

[175] Xu, G. C.; Ma, X. M.; et al. *J. Am. Chem. Soc.,* **2010**, *132*, 9588.

[176] Zhang, W.; Cai, Y.; Xiong, R. G. *Angew. Chem. Int. Ed.,* **2010**, *49*, 6608.

[177] (a) Stroppa, A.; Jain, P.; et al. *Angew. Chem. Int. Ed.,* **2011**, *50*, 5847. (b) Hu, K. L.; Kurmoo, M.; *et al, Chem. Eur. J.,* **2009**, *15*, 12050.

[178] (a) Fiebig, M.; *J. Phys. D: Appl, Phys.,* **2005**, 38, R123. (b) Eerenstein, W.; Mathur, N. D.; Scptt, J. F. *Nature,* **2006**, *442*, 759.

第8章

导电高分子材料

8.1 概述

从上千年前直接使用的天然皮毛、木材等纤维素高分子物质,到 1870 年海厄特（Hyatt）发现的合成高分子材料赛璐珞（celluloid），再到 1920 年德国人斯陶丁格（Staudinger）高分子学说的建立，大多数高分子材料都不能导电，高分子材料被广泛地用作绝缘材料。直到 20 世纪 70 年代,先后发现了高分子材料的多种新功能,有机高分子材料呈现出具有传统的导体、半导体、铁磁体等的功能,并且具有传统材料所不具备的某些特性。在这种情况下,"功能高分子"概念逐渐从吸附、螯合和离子交换等简单的化学功能扩展为光、电、磁功能（即导电、发光、磁性）及其在光、电、磁之间互相转换的功能。作为功能高分子材料的重要组成部分，导电高分子材料主要是指分子由很多小的、重复出现的结构单元组成，即具有典型的高分子特征；如果在材料两端施加一定电压，材料中就会有电流通过，即具有导电性质，同时具备上述两个性质的材料被称作导电高分子材料。

高分子是分子型材料，分子的共价键是通过原子与原子间的共用电子形成的。由于共价键属于定域键，电子只能在一定区域迁移，不能够长距离迁移，因此常见的聚合物一般是绝缘体。导电高分子材料的发现距今已近四十年，1973 年有位科学家发现四硫富瓦烯-7,7,8,8-四氰二次甲基苯醌（TTF-TCNQ）存在着电荷转移超导涨落现象[1]。1974 年日本的白川英树研究室偶然发现在高浓度齐格勒-纳塔（Zigeler-Natta）催化剂作用下合成出具有共轭结构的高顺式聚乙炔（polyaeefylene，PA）。美国加利福尼亚大学圣巴巴拉分校的黑格尔组（A. J. Heeger）[2]和宾夕法尼亚大学的马克迪尔米德组（A. G. MacDiarmid）和白川英树组共同完成了聚乙炔薄膜掺杂的研究，发现该聚乙炔薄膜掺杂 AsF_5 或 I_2 后，表现出明显的金属特征和独特的光、电、磁及热电动势等性能。例如，该材料的电导率由绝缘体（10^{-9} S/cm）转变为导体（10^3 S/cm），而且伴随着掺杂过程聚乙炔薄膜的颜色也从银灰色转变为具有金属光泽的金黄色。据此，科学家提出了"合成金属"新概念，而且诞生了导电高分子材料这一自成体系的多学科交叉领域，并迅速发展成全球范围内高分子化学、电化学、半导体物理、固体物理及功能材料等多学科的研究热点。白川英树、黑格尔和麦克迪尔米德等三位科学家也由于在导电高分子领域的卓越贡献获得 2000 年度诺贝尔化学奖。

　　导电高分子又称为导电聚合物，是由具有共轭 π 键的高分子经化学或电化学"掺杂"使其由绝缘体转变为导体的一类高分子材料。导电高分子材料是一类兼具高分子特性及导电体特征的高分子材料。根据材料结构和制备方法的不同可将导电高分子材料（CPs）分为本征型导电高分子材料和复合型导电高分子材料[3]。本征型高分子导电材料（或称结构型导电高分子材料），即高分子本身具备传输电荷的能力，结构型导电高分子本身具有"固有"的导电性，由聚合物结构提供导电载流子（包括电子、离子或空穴），如聚乙炔、聚苯胺、聚吡咯、聚噻吩、聚呋喃等。这类聚合物经掺杂后，电导率可大幅度提高，其中有些甚至可达到金属的导电水平。高分子材料本身不具有导电性，将导电性填料（如炭黑、金属粉末、金属片、碳纤维等）掺杂到高分子材料中形成复合型导电高分子材料，通过分散复合、层积复合或表面复合等方法，使其不仅具有一定的导电功能，而且还具有良好的力学性能。这种复合材料加工制备相对简单且成本较低，是提高高聚物力学性能的有效途径，当添加导电填料时，构成的目标复合材料具有较好的导电能力，其导电过程是通过添加相在高聚物基体材料中形成的导电通道完成的。这类复合导电高分子材料包括导电橡胶、导电涂料、导电纤维以及导电黏合剂等。而且这类复合材料具有正温度系数效应，当作加热元件时具有自主控温的特点，是理想的低温加热元件以及低廉的电路保护元件。复合型导电高分子材料，因加工成型与一般高分子材料基本相同，制备方便，有较强的实用性，故已较为广泛应用。

8.2　本征型导电高分子材料

8.2.1　本征型导电高分子材料概述

　　本征型高分子导电材料是 1977 年发现的，它是有机聚合掺杂后的聚乙炔，具有类似金属的电导率。本征型高分子导电材料是指本身具有导电性或经掺杂后具有导电性的高分子材料，也称作结构型导电高分子材料，是由具有共轭双键或部分共轭键的高分子经化学或电化学"掺杂"、使其由绝缘体转变为导体的一类高分子材料，如聚吡咯（PPy）、聚苯胺（PAn）、聚乙炔（PA）等（图 8-1）。纯粹的结构型导电高分子材料至今只有聚氮化硫一类，而其他许多导电高分子几乎均需采用一定的手段进行掺杂之后，才能有较高的导电性。本征型导电高

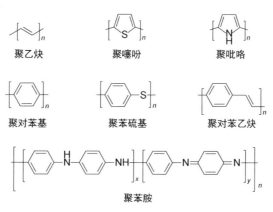

聚乙炔　　　　　聚噻吩　　　　　聚吡咯

聚对苯基　　　　聚苯硫基　　　　聚对苯乙炔

聚苯胺

■ 图 8-1　结构型导电高分子结构

分子材料具有优异的物理化学性能，如室温电导率可在绝缘体、半导体、金属范围内变化，这是迄今为止任何材料都无法比拟的。它不仅可用于电磁屏蔽、防静电、分子导线等技术，还可用于光电子器件和发光二极管（LED）等领域。当然，结构型导电高分子材料也有自己的缺点，这就是材料在空气和水中不稳定，难以加工成型且机械性能较差。

本征型高分子导电材料按照其导电机理不同和电荷载流子的种类可以分成以下三类（图 8-2）：①以自由电子或空穴为载流子，能在高分子聚合物分子间迁移的电子型导电聚合物。电子型导电聚合物的共同特征是分子内含有大的线性共轭 π 电子体系，给载流子即自由电子提供离域迁移的条件[4]。②载流子是能在聚合物分子间迁移的正负离子的离子导电聚合物，如聚环氧乙烷等[5]。离子导电聚合物的分子具有亲水性、柔性好，在一定温度条件下有类似液体的性质，允许相对体积较大的正负离子在电场作用下在聚合物中迁移。③以氧化还原作用为电子转移机制的氧化还原导电聚合物，导电能力是由于离子在液态中受外力作用定向移动在可逆氧化还原反应中电子在分子间的转移产生的，而氧化还原型导电聚合物必须在聚合物骨架上带有可进行可逆氧化还原反应的活性中心[6]。不同导电聚合物的不同导电机理导致了其结构上的较大差别。目前结构型导电高分子材料由于结构的特殊性与制备及提纯的困难，大多还处于实验室研究阶段，获得实际应用的较少，而且多数为半导体材料。

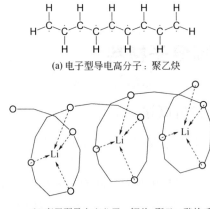

(a) 电子型导电高分子：聚乙炔

(b) 离子型导电高分子：锂盐-聚乙二醇体系

箭头表示电子转移方向

(c) 氧化还原型导电高分子

▓ 图 8-2 三种类型的高分子导电材料

8.2.2 本征型导电高分子材料的导电机理

高分子聚合物导电必须具备两个条件：①要能产生足够数量的载流子（电子、空穴或离子等）；②大分子链内和链间要能够形成导电通道。

W. P. Su，J. R. Schrieffer 和 A. J. Heeger 于 1979 年提出孤子理论。根据这一理论，孤子、极化子和双极化子被视为导电高分子的导电载流子。实验证实：①"掺杂"是氧化还原过程，其实质是电荷转移；②导电高分子的"掺杂"量很大，可高达 50%；③导电高分子有"脱掺杂"过程，而且"掺杂-脱掺杂"过程完全可逆。"掺杂"所用方法包括化学方法、电化学方法以及无离子引入的暂态掺杂法。但是无论在掺杂实质、掺杂量、掺杂后形成的载流子性质、掺杂/脱掺杂可逆等方面与无机半导体的"掺杂"概念有本质的差异。

有交替的单双键组成的重复单元。这种排列使沿分子主链的成键及反键分子轨道非定域化。根据能带理论可知，高分子要具有导电性必须满足下列两个条件才能冲破分子中原子最外层电子的定域，形成具有整个大分子性的能带体系：①大分子的分子轨道能离域；②大分子链上的分子轨道间能相互重叠。

（1）电子型导电高分子材料

作为主体的高分子聚合物大多为共轭体系（至少是不饱和键体系），长链中的 π 键电子较为活泼，特别是与掺杂剂形成电荷转移络合物后，容易从轨道上逃逸出来形成自由电子。大分子链内与链间 π 电子轨道重叠交盖所形成的导电能带为载流子的转移和跃迁提供了通道。在外加能量和大分子链振动的推动下，便可传导电流。（掺杂导致的结果：在聚合物的空轨道中加入电子或从占有轨道中拉走电子，从而改变原有电子能带的能级，产生能量居中的半充满能带，减小能带间的能级差，使自由电子迁移阻力降低。）

（2）离子型导电高分子材料

离子型导电高分子材料中，像聚醚、聚酯这样的大分子链会形成螺旋体的空间结构，阳离子与其配位化合，并且在大分子链段运动促进下在其螺旋孔道内通过空位进行迁移，或者是被大分子"溶剂化"了的阴阳离子在大分子链的空隙间进行跃迁扩散。

8.2.3　本征型导电高分子的制备

电子型导电聚合物是由大共轭结构组成的，因此这类导电聚合物的制备研究就是围绕着如何形成这种共轭结构进行的。从制备方法上来划分，可以将制备方法分成化学聚合和电化学聚合两大类。化学聚合法还可以进一步分成直接法和间接法。直接法是直接以单体为原料，一步合成大共轭结构；而间接法在得到聚合物后需要一个或多个转化步骤，在聚合物链上生成共轭结构。图 8-3 给出电子型导电聚合物共轭结构的几种可能的合成路线。

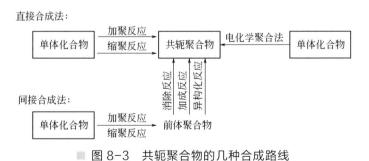

■ 图 8-3　共轭聚合物的几种合成路线

双键的制备在化学上有多种方法可供利用，如通过炔烃的加氢反应、卤代烃和醇类的消除反应以及其他一些反应都可以用于双键的形成。采用无氧催化聚合，以乙炔为原料进行气相聚合制备聚乙炔的方法属于直接法。反应由齐格勒-纳塔催化剂催化。反应产物的收率和结构与催化剂的组成和反应温度等因素有关，反应温度在 150 ℃ 以上时，主要得到反式结构的产物；在低温时主要得到顺式产物。以带有取代基的乙炔衍生物为单体，可以得到炔代型聚乙炔，但是其电导率大大降低。

利用共轭环状化合物的开环聚合是另一种制备聚乙炔型聚合物的直接法，但是由于苯等芳香性化合物稳定性较高，不易发生开环反应，在实际生产上没有意义。

电化学聚合法是近年来发展起来的电子型导电聚合物的另一类制备方法。这一方法以电极电位作为聚合反应的引发和反应驱动力，在电极表面进行聚合反应并直接生成导电聚合物膜。反应完成后，生成的导电聚合物膜已经被反应时采用的电极电位所氧化（或还原），即同时完成了所谓的"掺杂"过程。

电化学聚合法主要有恒电流法、恒电位法、脉冲极化法以及动电位扫描法。以聚苯胺为例，电化学聚合法是在含苯胺的电解质溶液中采用适当的电化学条件，使苯胺发生氧化聚合反应，生成聚苯胺薄膜黏附于电极表面，或者是聚苯胺粉末沉积在电极表面，一般都是苯胺在酸性溶液中，在阳极上进行聚合。影响聚苯胺电化学聚合法的因素主要有：苯胺单体的浓度、电解质溶液的酸度、电极材料、电极电位、溶液中阴离子种类、聚合反应温度等。电化学聚合法的优点是产物的纯度较高，聚合时反应条件较简单而且容易控制；缺点是只适宜合成小批量的聚苯胺，很难进行工业化生产。

电化学法制备导电聚合物的化学反应机理并不是很复杂，从反应机理上来讲，电化学聚合反应属于氧化偶合反应。一般认为，反应的第一步是电极从芳香族单体上夺取一个电子，使其氧化成阳离子自由基；生成的两个阳离子自由基之间发生加成性偶合反应，再脱去两个质子，成为比单体更易于氧化的二聚物。留在阳极附近的二聚物继续被电极氧化成阳离子，继续其链式偶合反应［见反应式（8-1）和式（8-2）］。以上反应过程可以归纳写成一个总的反应式（8-3）。

$$RH_2 \xrightarrow[Epa]{-e} RH_2^+ \tag{8-1}$$

$$2RH_2^+ \longrightarrow [H_2R-RH_2]^{2+} \xrightarrow{-2H^+} HR-RH \tag{8-2}$$

$$HR-RH \xrightarrow[Epa]{-e} [HR-RH]^+ \xrightarrow{+RH_2^+} [HR-\overset{H}{R}-RH_2]^{2+}$$

$$\xrightarrow{-2H^+} [HR-R-RH]$$

$$(x+2)\,RH_2 \xrightarrow{Epa} HR-(R)_x-RH + (2x+2)\,H^+ + (2x+2)\,(-e) \tag{8-3}$$

以聚吡咯的电化学聚合过程为例，吡咯的氧化电位相对于饱和甘汞电极（SCE）是 1.2 V，而它的二聚物只有 0.6 V，按照上述分析有图 8-4 所示的反应历程。

在聚吡咯的制备过程中，当电极电位保持在 1.2 V 以上时（相对于 SCE 参考电极），电极附近溶液中的吡咯分子在 Q 位失去一个电子，成为阳离子自由基。自由基之间发生偶合反应，再脱去两个质子形成吡咯的二聚体，生成的二聚体继续以上过程形成三聚体。随着聚合反应的进行，聚合物分子链逐步延长，分子量不断增加，生成的聚合物在溶液中的溶解度不断降低，最终沉淀在电极表面形成非晶态的膜状导电聚合物。生成的导电聚合物膜的厚度可以借助于电极中流过的电流和电解时间加以控制。

在电化学法制备过程中，可以通过改变聚合电位、电流或聚合时间来控制膜厚。电化学合成一般在三电极系统中进行（图 8-5），该系统主要由工作电极（working electrode）、辅助电极（counter electrode）和参比电极（reference electrode）组成。

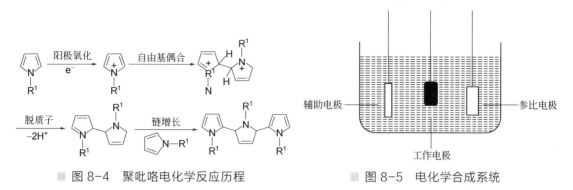

图 8-4　聚吡咯电化学反应历程　　　　图 8-5　电化学合成系统

聚合电位的高低直接反映出电化学氧化聚合的难易程度,聚合电位越低,越容易进行氧化聚合。表 8-1 为几种导电高分子单体的聚合电位。

表 8-1　几种单体的氧化聚合电位

单体	吡咯	苯胺	噻吩	呋喃
聚合电位(*vs*.SCE)/V	0.70	0.80	1.70	1.85

8.2.4　离子型导电聚合物的制备

离子型导电聚合物主要有以下几类：聚醚、聚酯和聚亚胺。它们的结构、名称、作用基团以及可溶解的盐类列于表 8-2。

表 8-2　常见的离子型导电聚合物及其使用范围

名称	缩写符号	作用基团	可溶解盐
聚环氧乙烷	PEO	醚基	几乎所有阳离子和一价阴离子
聚环氧丙烷	PPO	醚基	几乎所有阳离子和一价阴离子
聚丁二酸乙二醇酯	PE succinate	酯基	$LiBF_4$
聚癸二酸乙二醇	PE adipate	酯基	$LiCF_3SO_3$
聚乙二醇亚胺	PE imine	氨基	NaI

聚环氧类聚合物是最常用的聚醚型离子型导电聚合物，主要由环氧乙烷和环氧丙烷为原料制得。它们均是三元环醚，键角偏离正常值较大，在分子内有很大的张力存在，很容易发生开环反应，生成聚醚类聚合物。阳离子、阴离子或者配合物都可以引发此类反应。对于离子型导电聚合物的制备来说，要求生成的聚合物有较大的分子量，而阳离子聚合反应中容易发生链转移等副反应，使得到的聚合物分子量降低，在导电聚合物的制备中使用较少。在环氧乙烷的阴离子聚合反应中，氢氧化物、烷氧基化合物等均可以作为引发剂进行阴离子开环聚合。环氧化合物的阴离子聚合反应带有逐步聚合的性质，生成的聚合物的分子量随着转化率的提高而逐步提高。

主要结构型导电高分子

8.3.1 主要结构型导电高分子的种类

（1）聚乙炔

聚乙炔（PA）是研究的最早、最系统，也是迄今为止实测电导率最高的，具有单双键交替的共轭结构的电子聚合物。它的聚合方法比较有影响的有白川英树法、Naamrna 方法、Duhtm 方法和稀土催化体系。白川英树法采用高浓度的齐格勒 - 纳塔催化剂，即 $Ti(OBu)_4$-$AlEt_3$，由气相乙炔出发，直接制备出支撑的具有金属光泽的聚乙炔膜；在取向了的液晶基质上成膜，PA 膜也高度取向。Naarmna 方法的特点是对聚合催化进行"高温陈化"，因而聚合物力学性质和稳定性质有明显改善，高倍拉伸更规整，甚至可以观察到微区的单晶，因而稳定性较好。稀土催化剂采用"高温陈化、低温聚合"的方法也获得了高性能的薄膜。

聚乙炔可以进行氧化掺杂、还原掺杂、电化学掺杂和质子酸掺杂。它们的掺杂态结构用孤子、极化子和双极化子来描述。

在 20 世纪 80 年代，人们对 PA 做了各种应用探索研究，特别是用 PA 作电极材料制成"塑料电池"。当时预计，在 5~10 年内可能实现全塑料电池的工业化。事实证明，PA 的不稳定性使它很难成为任何实用的材料。但它作为导电高分子的模型，具有重大的理论价值，在导电聚合物发展史上，作出了不可磨灭的贡献。研究得出的许多结论和规律，对其他导电聚合物具有普遍意义。如今聚乙炔以用于制备太阳能电池、半导体材料和电活性聚合物等。

（2）聚苯胺

自从第一种导电聚合物掺碘的聚乙炔发现以来，人们又陆续开发出了聚苯胺、聚吡咯、聚噻吩等导电高分子材料。聚苯胺（polyaniline，PAn）是一种典型的导电聚合物，因其具有多样化的结构、较高的电导率、独特的掺杂机制、优异的物理性能良好的环境稳定性、原料廉价易得及合成方法简便等优点而成为最具有应用前景的导电高分子材料之一。但是由于其掺杂分子链的特殊性，使得导电聚苯胺难以进行成型加工以及不溶，限制了其在技术上的广泛应用，至今未能实现大规模工业化。聚苯胺在 1862 年就已经被 H. L. Hetbey 发现，其合成研究始于 20 世纪初期，人们曾采用各种氧化剂和反应条件对苯胺进行氧化，并得到一系列不同氧化程度的聚苯胺产物。而聚苯胺是在 1984 年被美国宾夕法尼亚大学的化学家 MacDiarmid 等人重新开发出来的。

聚苯胺可通过电化学合成和化学聚合两种方法制备得到。

① 苯胺的电化学合成　电化学法制备聚苯胺是在含苯胺的电解质溶液中，选择适当的电化学条件，使苯胺在阳极上发生氧化聚合反应，生成黏附于电极表面的聚苯胺薄膜或是沉积在电极表面的聚苯胺粉末。电化学方法合成的聚苯胺纯度高，反应条件简单且易于控制。但电化学法只适宜于合成小批量的聚苯胺。

苯胺的电化学聚合方法有动电位扫描法、恒电流聚合、恒电位法以及脉冲极化法。影响聚苯胺的电化学法合成的因素有：电解质溶液的酸度、溶液中阴离子种类、苯胺单体的浓度、电极材料、聚合反应温度等。电解质溶液酸度对苯胺的电化学聚合影响最大，当溶液 pH<1.8 时聚合可得到具有氧化还原活性并有多种可逆颜色变化的聚苯胺膜，当溶液 pH>1.8 时聚合则得到无电活性的惰性膜。溶液中阴离子对苯胺阳极聚合速度也有较大影响，聚合速度顺序为 $H_2SO_4 > H_3PO_4 > HClO_4$。电极材料一般采用铂，因为其稳定性好，并且对苯胺聚合有催化作用，所以用电化学法所得的聚苯胺质量好，聚合速度较快。用电化学法制得的导电聚苯胺/聚己内酰胺复合膜，显示出优良的力学性能和良好的导电性。用电化学法还可制得纳米结构的聚苯胺。

② 聚苯胺的化学合成　聚苯胺的化学合成是在酸性介质中用氧化剂使苯胺单体氧化聚合。化学法能够制备大批量的聚苯胺样品，也是最常用的一种制备聚苯胺的方法。用 HCl 作介质，用 $(NH_4)_2S_2O_8$ 作氧化剂，一次性可合成大量聚苯胺。化学法合成聚苯胺主要受反应介质酸的种类、浓度、氧化剂的种类及浓度、单体浓度和反应温度、反应时间等因素的影响。苯胺在 HCl、HBr、HNO_3、CH_3COOH、HBF_4、HClO 及对甲苯磺酸等介质中聚合都能得到导电态聚苯胺，而在 H_2SO_4、HCl、HClO 体系中则可以得到高电导率的聚苯胺，在 HNO_3、CH_3COOH 体系中所得到的聚苯胺为绝缘体。非挥发性的质子酸如 H_2SO_4、HClO 最终会残留在聚苯胺的表面，影响产品质量，最常用的质子酸是 HCl。质子酸在苯胺聚合过程中的主要作用是提供质子，并保证聚合体系有足够酸度的作用，使反应按 1,4-偶联方式发生。只有在适当的酸度条件下，苯胺的聚合才按 1,4-偶联方式发生。酸度过低，聚合按头—尾和头—头两种方式相连，得到大量偶氮副产物。当酸度过高时，又会发生芳环上的取代反应使电导率下降。

$$2n \langle\bigcirc\rangle\text{—NH}_3^+ + 2.5n[\text{O}] \longrightarrow 2.5n\text{H}_2\text{O} + n\text{H}^+ + \left[\langle\bigcirc\rangle\text{—NH}^+\text{—}\langle\bigcirc\rangle\text{—NH}\right]_n$$

（3）聚吡咯

聚吡咯（PPy）是发现较早并经过系列研究的导电聚合物之一。这一方面是由于吡咯很容易电化学聚合，形成致密薄膜，其电导率仅次于聚乙炔和聚苯，稳定性却比聚乙炔好得多；另一方面，PPy 表现出丰富多变的电化学性能，吸引了众多电化学家的研究。电化学氧化聚合的电极可以是 Pt 电极、C 电极等，支持电解质种类很多。PPy 可以制成传感器，灵敏地检测空气中的挥发性有机气体；制成 PPy 酶电极还可以检测尿糖和血糖的含量，用于相关疾病的诊断。

（4）聚噻吩

聚噻吩（PTh）可用 2,5-二溴噻吩在氯化镍作用下，缩聚为黑色不溶固体，具有高电导率，无论掺杂与否都很稳定。在聚噻吩的杂环的 3 位引入烷基进行取代反应，可以制备出良好溶解性的聚噻吩类衍生物，由于其衍生物比聚噻吩本身电导率更高，因此被广泛研究，主要用于电化学领域。

8.3.2　本征型导电高分子材料的应用

8.3.2.1　导电高分子材料在能源方面应用

本征型导电高分子材料有着优异的物理化学性能，使得它们在能源（二次电池、太阳能电池）、光电子器件、电磁屏蔽、隐身技术、传感器、金属防腐、分子器件和生命科学等技术领域都有广泛的应用前景，有些正向实用化的方向发展。

（1）聚合物二次电池

导电高分子具有可逆的电化学氧化还原性能，因而适宜做电极材料，制造可以反复充放电的二次电池。1991 年，日本桥石公司推出第一个商品化的聚合物二次电池，它的负极为锂铝合金，正极为聚苯胺，电解质是 LiBF 在有机溶剂中的溶液。美国、德国也相继推出仅有一枚硬币大小的聚合物二次电池，将来可应用在电动汽车上，真正实现"零污染"。

（2）抗静电

高分子材料表面的静电积累和火花放电是引起许多灾难性事故的重要原因，因而人们开发了许多抗静电技术，最常用的是添加抗静电剂。但都存在用量大、品质颜色深、易逃逸、抗静电性能难持久等缺点。使用无机添加剂，对高分子基体相容性差，常引起力学性能下降。结构型导电高分子的出现，特别是可溶于有机溶剂的聚苯胺和聚吡咯的出现，为"高分子抗静电剂"带来了希望。

（3）导电高分子电容器

导电高分子成型后，电导率可达到 10~100 S/cm 数量级，因而可替代传统的"电解电容器"中的液体或固体电解质，替代传统的"双电层电容器"中的电解质，制成相应导电高分子电容器。导电高分子电容器具有等效串联阻值小、高频特性好、全固体、体积小、耐冲击和耐高温性能好等优点，在现代电器，尤其是手携和高频电器中具有广泛用途。

（4）电磁屏蔽

电磁屏蔽是防止军事秘密和电子信号泄露的有效手段，它也是 21 世纪"信息战争"的重要组成部分。由于高掺杂度的导电高分子的电导率在金属范围内（100~100000 S/cm），对电磁波具有全反射的特性，即电磁屏蔽效应，因此，导电高分子在电磁屏蔽技术上应用已引起广泛重视。例如德国 Drmecon 公司研制的聚苯胺与聚乙烯（PE）或聚甲基丙烯酸甲酯（PMMA）的复合物在 1 GHz 频率处的屏蔽效率超过 25 dB，其性能优于传统的含炭粉高聚合物复合物的屏蔽效率。

8.3.2.2 导电高分子材料在能源方面应用的实例

（1）导电聚合物聚 3,4-亚乙二氧基噻吩在有机太阳能电池中的应用

氧化铟锡（indium tin oxide，ITO）通常作为透明电极被使用在有机太阳能电池中，但是，由于其内在的机械脆性、铟的不足和差的物理性能，寻找代替 ITO 材料是非常有必要的[7]。导电聚合物聚(3,4-亚乙二氧基噻吩)：聚苯乙烯磺酸盐 [poly(3,4-ethylenedioxythiophene): poly(styrene sulfonate)，PEDOT:PSS] 已经被认为是非常有前途的下一代透明电极材料[8]。在 PEDOT:PSS 中，一种半金属聚合物 PEDOT 的导电性能够达到约 3000 S/cm[9]。PEDOT 可以从相应的聚合单体 EDOT 通过化学或电化学聚合。然而，聚合的 PEDOT 不易溶于水溶液，使其难以溶液加工。这个问题一直是通过在聚电解质的存在下聚合 EDOT 来解决，如水溶性聚苯乙烯磺酸盐（PSS）[10]。通过带负电荷的 PSS 与带正电的 PEDOT 静电相互作用，可溶性聚电解质络合物形成，其中 PSS 既作为抗衡离子又可溶解 PEDOT 链模板[11]。导电膜 PEDOT:PSS 溶液在水性分散体中导电组成由富含颗粒疏水的 PEDOT 和绝缘亲水 PSS。薄膜的电导率也取决于 PEDOT 链的构象[12]。

然而，PEDOT:PSS 用作电极材料受到限制，因为商业上可用的 PEDOT:PSS 电导率约为 1 S/cm[13]。在过去十年中，包括预处理和/或后处理各种技术的许多有机溶剂、表面活性剂、盐和酸已将 PEDOT 的电导率提高超过 3 个数量级[14]。使用硫酸（H_2SO_4）进行后处理得到高电导率（约 4380 S/cm）[15]。许多研究表明，电导率的增加可能与优化的分子 π-π 堆叠距离相关联（链间耦合）和形态变化的归因例如晶粒生长，聚合物链膨胀和相分离[16]。

2016 年，南昌大学陈义旺团队开发了 4-卤代苯甲酸处理 PEDOT:PSS（图 8-6），促使

PEDOT 分子链的改变，也有利于移除酸性 PSS 片段，将其应用于有机光伏中，有效地提高了光伏效率，达到 7.9%的光电转换效率（power conversion efficiency，PCE）[17]。同年，使用甲基咪唑类离子液体[HOEMIm][HSO₄]处理 PEDOT:PSS 薄膜表面（图 8-7），改变了其功函（从-4.4 eV 降低到-5.2 eV），形成空穴传输合适的偶极子和降低薄膜电阻，光伏效率从 7.61%（未处理的 PEDOT:PSS）提高到 8.75%（经过[HOEMIm][HSO₄]处理的 PEDOT:PSS）[18]。

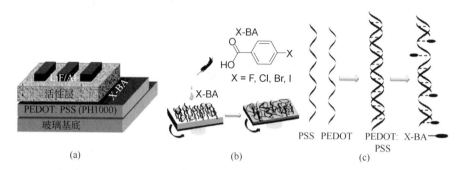

图 8-6 （a）有机太阳能电池结构；（b）通过 4-卤代苯甲酸（X-BA）处理后的 PEDOT:PSS 薄膜；（c）PEDOT:PSS 和 X-BA 分子间相互作用示意图[17]

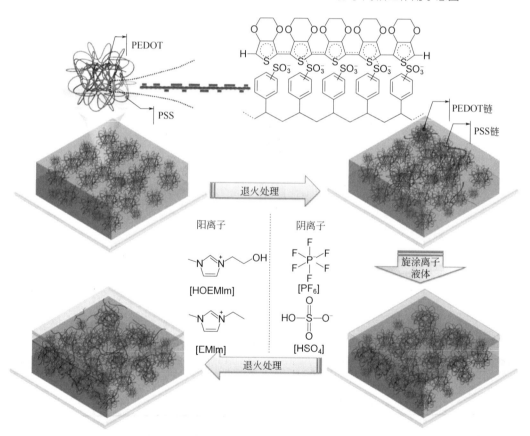

图 8-7 利用离子液体（ILs）处理 PEDOT:PSS 过程示意图[18]

2016 年，陈义旺团队开发了具有优异分散性的磺化碳纳米管（sulfonated carbon nanotubes，S-CNT）和磺化石墨烯（sulfonated graphene，S-Gra）成功制备改性聚 PEDOT:PSS 并

应用于聚合物太阳能电池（PSCs）[19]。 S-CNTs/S-Gra 和 S-CNT 之间的协同作用 PEDOT:PSS 可以去除多余的绝缘 PSS 链，导致明显的相分离 PEDOT 和 PSS 链，可以形成更多导电的 PEDOT 通道。该 PEDOT:PSS（Clevios PH 4083）:S-CNTs，良好的形貌及疏水性和较好的空穴迁移率在有机太阳能电池中已经显示很好的空穴传输层（HTL）特性。然而，PEDOT:PSS（Clevios PH 4083）被磺化石墨烯改性作为 HTL 呈现粗糙的形貌并对其产生不利的活性层形貌，从而导致器件性能差。PEDOT 和用 S-Gra 改性的 PSS（Clevios PH 1000）显示出高导电性，因为磺化石墨烯薄片有助于绝缘体和导电 PEDOT 岛之间的连接并改善电荷传导。PH1000:S-Gra 多层呈现较好的导电性能和高透光率（约 45 Ω/sq 的方阻和在 550 nm 处的透光率约 85.5%），在有机电子中，其作为透明导电和柔性电极具有很大的应用。团队经过不断地努力和摸索，S-CNTs 作为二次聚合模板，用于原位制备 PEDOT:PSS。其本质上减少了绝缘性的 PSS 成分，而不是溶剂前或溶剂后处理，用于高导电性 PEDOT:PSS:S-CNT 复合电极［图 8-8（a）］。PEDOT:PSS:S-CNT 的特征在于其组成、构象、稳定性、形貌、光电子器件和功函行为。该 PEDOT:PSS:S-CNT 具有低功函数（4.4 eV）薄膜显示其光电特性（超过 3500 S/cm，在 70 nm 厚度薄膜上的透过率为 83%），其作为阴极在有机太阳能电池（OSCs）的 PCE 为 9.91%［图 8-8（b）］和在钙钛矿太阳能电池 PCE 为 13.31%［图 8-8（c）］[20]。

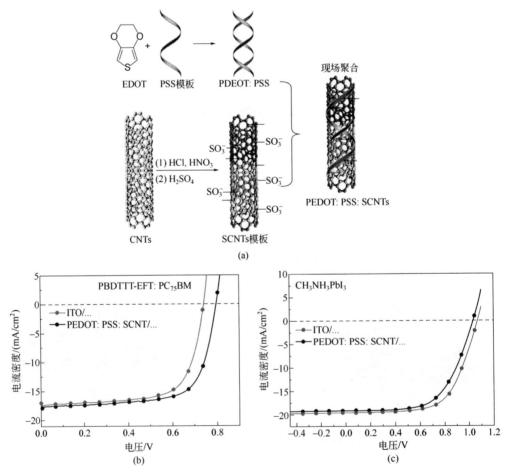

■ 图 8-8 （a）PEDOT:PSS:S-CNT 复合材料的合成示意图[19]；（b）有机太阳能电池的电流-电压曲线；（c）钙钛矿有机光伏电池的电流-电压曲线[20]

（2）复合纤维在超级电容器中的应用

近年来，由于可穿戴电子产品的快速发展，具有功率密度高、寿命长、质轻、柔性的储能器件受到广泛的关注。纤维状超级电容器作为一种新型可编织/穿戴能源存储器件，因兼具上述优点而得到众多研究者的青睐[21]。纤维电极作为纤维状超级电容器的核心组成部分，是当前研究的重点与难点。将碳基导电纤维与高赝电容值的活性材料复合是提高纤维电极电化学性能的常用方法，复合手段一般采用电化学沉积、水热反应、物理混合等。然而，由于碳基导电纤维材料的疏水性和结构致密性，如多壁碳纳米管（multiwalled carbon nanotube，MWCNT）纤维和碳纤维等[22]，电化学活性材料如二氧化锰（manganese oxide，MnO_2）[23]、氧化镍（nickel oxide，NiO）[24]、聚苯胺（PAn）[25]、氧化还原石墨烯（reduced graphene oxide，rGO）[26,27]，或者二硫化钼（molybdenum disulfide，MoS_2）[28]，在复合过程优先负载于导电纤维表面，导致导电纤维与电化学活性材料二者的协同效应不理想，主要表现在 MnO_2 材料的导电性未得到有效改善；MWCNT 纤维大的比表面积未得到有效利用；电化学活性材料在纤维电极弯折过程容易脱落等，因而传统复合方法制备的纤维电极存在活性材料利用率低、比容量低、倍率性能差、机械柔韧性差等问题。

南京工业大学孙庚志教授课题组[29]通过对纤维电极的微结构设计成功解决了以上问题。该研究以高度取向的 MWCNT 薄膜作为自支撑骨架，采用化学沉积的方式将无定形 MnO_2 纳米颗粒均匀分散在 MWCNT 表面，制备了无定形 MnO_2@MWCNT 复合纤维电极（图8-9）。此结构具有如下优点：①高取向 MWCNT 相互连接的网状结构可以为复合纤维提供高速电子传输通道以及优异的机械可靠性；②由于 MnO_2 纳米颗粒均匀镶嵌于复合纤维中，MnO_2 材料的导电性可以得到有效改善；③由于高取向 MWCNT 骨架的包裹作用，复合纤维的柔韧性非常好。

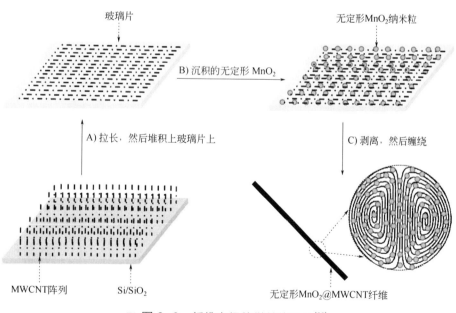

图 8-9　纤维电极的微结构设计[29]

基于该复合纤维的全固态纤维状超级电容器表现出优异的倍率性能（充放电流密度从 $0.1\ A/cm^3$ 增加至 $5\ A/cm^3$，器件容量仍保留 63.3%）[图 8-10（a）]及循环稳定性（$1\ A/cm^3$

的电流密度循环 15000 次容量保持率>90%）[图 8-10（b）]。即使在对折条件下，该柔性器件的性能基本保持不变。因此，该全固态纤维状超级电容器在柔性/可穿戴电子设备领域具有极大的应用前景。此项研究不仅为提高纤维电极倍率性能及循环稳定性提供了新的研究思路，同时具有很好的通用性，对构建其他储能器件具有借鉴意义。

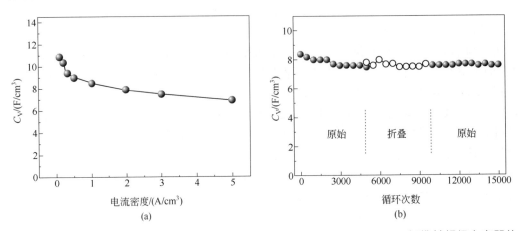

■ 图 8-10 （a）作为充放电电流密度的函数的无定形 MnO₂@MWCNT 纤维基超级电容器的电容与电流密度的关系；（b）电流密度为 1 A/cm³ 的 CV 循环和弯曲稳定性[29]

（3）复合石墨烯材料在锂离子电池中的应用

作为新兴的二维材料中的代表，石墨烯可以有效提高多种电池材料的电化学性能（诸如硅负极、锂过渡金属氧化物正极、硫正极、锂金属负极及空气正极等），从而在能源存储材料领域展示出了较大的应用价值。但目前所制得的石墨烯在应用时仍有一些问题。如，化学气相沉积法可有效制备低缺陷的单层石墨烯，但在材料的产量及成本控制方面难以满足能源领域大规模应用的需求；而化学剥离法及机械剥离法虽然在产量和成本上具有一定优势，但石墨烯的质量有所欠缺。因此，很有必要发展可大量低成本制备高质量石墨烯的新方法。

为此，浙江大学高分子系高超团队[30]开发了一种可量化生产的高质量石墨烯粉体——少缺陷低堆叠石墨烯微花（图 8-11）。通过氧化石墨烯水溶液喷雾干燥-高温还原修复两步法即可大量制得这种少缺陷、高褶皱、低堆叠、微观高连续的石墨烯微花。使用氧化石墨烯为原料不仅保证了石墨烯微花在亚微米级尺寸的连续，也保证其低廉的成本和生产能力；同时石墨烯片间的褶皱抑制了石墨烯层间的过度堆叠，形成了 1~4 层的寡层石墨烯结构，有利于电解质的浸润和活性物质的分布。高温热还原修复了石墨烯的原子晶格，有效提高了材料的导电率。因此这种高质量石墨烯微花的电化学性能远远超过低质量石墨烯微花。与目前常见的

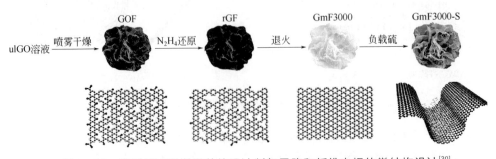

■ 图 8-11 高质量石墨烯微花的设计制备思路和纤维电极的微结构设计[30]

杂原子掺杂方法相比，该种少缺陷石墨烯制备方法同样可以提高石墨烯基电极的性能，同时在可控性和重复性上更有优势。此外，作为一种粉末材料，这种石墨烯微花可直接采用传统的商业化电极涂覆工艺，有利于将来的放大生产。

当应用于锂硫电池时，高质量的石墨烯微花-硫复合物的电化学性能超出其他石墨烯-硫复合物［图 8-12（a）］。这是由于石墨烯中晶格的修复大幅提高了材料的导电率，能更好地发挥不导电的活性物质硫的容量，最高达到 5.2 mA·h/cm² 的面积比容量。石墨烯微花中的褶皱可发挥抑制硫溶解的独特作用，有效提高了硫正极的容量保持率［图 8-12（b）］。

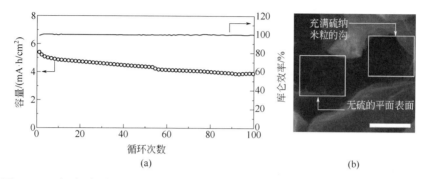

图 8-12 （a）高质量石墨烯微花-硫正极的电化学性能；（b）循环后 SEM 图[30]

当应用于铝离子电池的正极时，高质量的石墨烯微花同样表现出优异的电化学性能，超出同类石墨/石墨烯基材料：比容量可达 100 mA·h/g，可在 18 s 内充满电（电流密度 20 A/g），循环 5000 次后没有容量损失（图 8-13）。这些优异的性能分别得益于少缺陷的石墨烯晶格（提供了更多的活性位点和更高的电导率），低堆叠的石墨烯结构（有利于电解液的浸润和离子传输）和高二维连续的石墨烯微结构（降低了电极电阻）。从这两个例子可以看出，高质量石墨烯设计可以有效提高石墨烯基电极材料的电化学性能。这些研究结果给石墨烯材料在能源领域的应用提供了更丰富的研究思考和设计指导，使得石墨烯材料的应用前景更加光明。但也要看到该种石墨烯微花材料在堆积密度和厚度等方面还有较大的提升空间，方能最终走向实际应用。

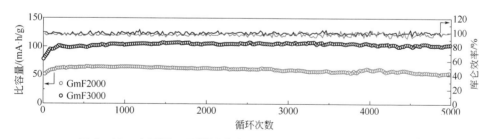

图 8-13 高质量石墨烯微花在铝离子电池中的正极电化学性能[30]

（4）直立生长微孔石墨烯框架支柱在超级电容器中的应用

由于化石燃料供应有限和环境驱动问题，清洁和可再生的能源发展和新能源储存以及转型迫切需要设备[31]。在过去的几十年里，广泛对于能源新概念探索的研究存储，运输和整改已经进行，并开发出各种电能存储装置。其他储能技术，可充电电池的电化学电容器通常被认为是有前途的能源储存方式，通过化学品能量转化为电能[32]。电化学电容器，也称为超级电容器，它们使用可逆离子吸附（双电层电容器）或快速表面氧化还原反应（赝电容器）储存能量，引起了相当大的关注，应该是一个替代电能存储设备的合适选择。这是由于其潜在的优势，如高功率密度，充电/放电速度快，循环特殊稳定性高，可靠性高，维护成本低[33]。

目前，超级电容器面临的一个主要问题是，如何提高能量密度以及降低生产成本。将超级电容器的功率密度和循环寿命提高到燃料电池和锂离子电池的水平，是未来的研究目的之一。目前对于超级电容器的研究主要集中在提高电极材料的比表面积、研究离子/电子扩散/迁移动力学。通常，电化学电容器的理想电极材料应满足以下特点：①多孔分层结构和高比表面积；②高功率密度、高电导率和高离子扩散速率；③与电解质良好的兼容性[31c,34]。

基于石墨烯材料，例如石墨烯/聚合物（例如聚吡咯和聚苯胺）和石墨烯/过渡金属氧化物（MnO_2、NiO 和 RuO_2）复合材料已经在这个方向被使用并显示出来了比石墨烯本身更好的特定电容[35]。然而，Ru 基氧化物的高成本限制了其应用，并导致差的速率性能和/或循环稳定性，通过聚合物或 Mn 基氧化物代替 Ru 基氧化物仍然是一个关键问题。

在 2015 年，南昌大学陈义旺教授团队提出了基于多孔石墨烯框架的纳米结构（PGF）通过原位共价官能化还原氧化石墨烯（RGO）与 4-碘苯基取代基通过芳基-芳基偶联反应的一种设计和生成的新策略（图 8-14）[36]。与 RGO 相比，三维（3D）PGF 显示高比表面积的联苯支柱。考虑到固有的和永久的多孔结构的 PGF 结合存在扩展 π 共轭体系和高电导率，研究了 PGF 在超级电容器中的应用。由于其独特的结构，与 RGO 相比，3D PGFs 作为电极材料表现出良好的电化学性能，包括高特异性电容组合，在三电极中具有非常高的循环稳定性系统和双电极对称超级电容器器件。这些结果证明这种纳米结构的 PGF 电极对未来能源储存的应用具有很大的前景。

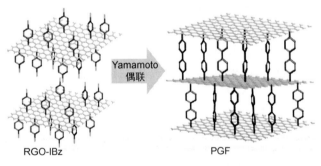

RGO-IBz　　Yamamoto 偶联　　PGF

■ 图 8-14　PGF 生长的合成策略[36]

为了进一步研究超级电容器性能用于电化学储能的 PGF 电极，常规的双电极对称超级电容器器件以 PGF 作为活性电极材料与组装氢氧化钾（KOH，6 mol/L）水溶液作为电解质。图 8-15（a）是在以 PGF 的对称结构双电极超级电容器的循环伏安（CV）曲线。不同的扫描速率（–1 V～0 V）下，不同于在三电极体系下测得的 CV 曲线，在双电极系统中没有观察到明显的法拉第峰。即使扫描速率增加到 100 mV/s 时，CV 曲线的形状也是矩形。在当前进行恒电流充放电（galvanostatic charge-discharge，GCD）的测量密度为 0.2~10 A/g。如图 8-15（b）所示，不同电流密度下的 GCD 曲线均为对称的等腰的三角形说明器件内部离子扩散速率快，发生快速充放电过程。对称超级电容器的拉贡图 8-15（c）中插图显示了不同的电流密度下器件的比容量在 0.2 A/g 的电流密度下，比容量约为 46 F/g，对应于单电极电容为

184 F/g[35a]，略低于三电极提取的电容值。这归因于较高的装载密度和两个电极具有一定的内阻，如果与三电极排列相比，则产生其电解质离子的扩散阻力从而降低比电容[35b,37]。在 10 A/g 的电流密度下，比容量仍然约为 30 F/g，说明器件的倍率性能良好。我们比较了表现较好的 PGF 材料与其他超级电容器电极材料。PGF 相比于最近报道的其他碳基超级电容器材料，如 B/N 掺杂的石墨烯或多孔碳材料，表现出更高的倍率性能，此外，图 8-15（d）显示了基于 PGF 的超级电容器器件表现出相当好的循环稳定性速率能力，在 2 A/g 的电流密度下，循环 2000 次后，仍保持约98%的电容，在 10 A/g 的高电流密度下，循环 5000 次后，仍保持约97%的电容。通过这些数据的比较后，例如，N 掺杂石墨烯，石墨烯/聚合物或石墨烯/金属氧化物复合材料。拉贡曲线是将电控密度对能量密度作图，是衡量超级电容器性能的非常有用的指标。PGF 的拉贡曲线图显示，最大能量密度为 6.4 (W·h)/kg，电流密度为 0.2 A/g，达到最大值功率密度为 4560 W/kg，能量密度略低于 3.8 (W·h)/kg。以 PGF 为电极材料的超级电容器器件表现出良好的储能性能，因此可以被用于商业化和小型电子设备等。在图 8-15（e）的演示中，使用 3 个串联的超级电容器装置供电为红色发光二极管供电。

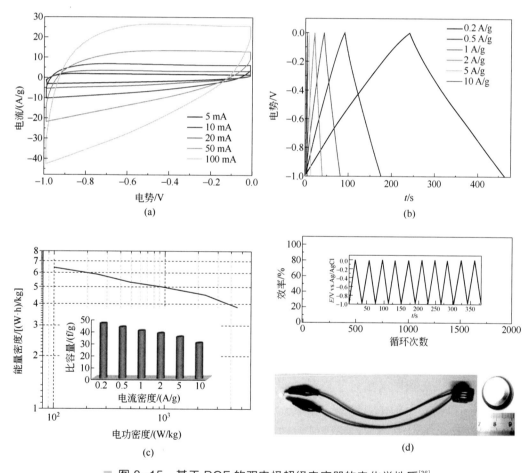

■ 图 8-15　基于 PGF 的双电极超级电容器的电化学性质[36]

（a）不同扫描速率的循环状安图；（b）不同电流密度下的恒电流充放电曲线；（c）具有不同比电容的器件的拉贡（Ragone）图；（d）电流密度为 2 A/g 的循环稳定性由 3 个超级电容器装置供电的红色发光二极管的照片串联连接（左）和单个硬币大小的基于 PGF 的超级电容器装置

8.4 复合型导电分子材料

复合型导电高分子材料是以高分子聚合物为基质，本身没有导电性，主要依靠掺入的导电物质提供自由电子载流子来实现导电过程，常用的导电物质有炭黑、石墨、碳纤维、金属粉、金属纤维、金属氧化物等。高分子聚合物通过物理化学方法复合导电物质制备具有良好导电功能和力学性能的高分子复合材料，该复合材料具备高分子材料的加工特性和金属的导电性。与金属相比较，导电性复合材料具有加工性好、工艺简单、耐腐蚀、电阻率可调范围大、价格低等优点。

复合型导电高分子材料的分类方法有多种。根据导电能力的不同，可划分为半导电体、抗静电体、导电体、高导电体。根据导电填料的不同，可划分为碳系（炭黑、石墨等）、金属系（各种金属粉末、纤维、碎片等）、其他系（如无机盐和金属氧化物粉末等）。根据基体的形态不同，可划分为导电橡胶、导电塑料、导电薄膜、导电黏合剂等。根据其功能不同，可划分为防静电、除静电材料、电极材料、发热体材料、电磁波屏蔽材料等。

导电复合材料不仅质轻、不锈、耐用、导电性能稳定，而且易于加工成型、可在大范围内根据需要调节材料的电学和力学性能，同时还具有成本低、适于大规模大批量生产等特点。导电复合材料应用普遍，很多都已经通过实验室研究阶段而进入了工业化生产阶段，受到越来越多用户的欢迎。

复合型导电高分子所采用的复合方法主要有两种：一种是将亲水性聚合物或结构型导电高分子与基体高分子进行共混；另一种则是将各种导电填料填充到基体高分子中。

8.4.1 复合型导电高分子材料的分类

复合型导电高分子材料是指在高分子基体中添加导电性物质，通过分散复合、层积复合、表面复合或梯度复合等方式处理后，得到的具有导电功能的多相复合体系。这类材料既具有导电填料的导电性及电磁屏蔽性，又具有高分子基体的热塑性及成型性，因而具有加工性好、工艺简单、耐腐蚀、价格低等优点，现已被广泛应用于电子工业、信息产业以及其他各种工程应用中。

填充复合型导电高分子材料是在基体聚合物中加入导电填料复合而成。基体聚合物主要有聚乙烯、聚丙烯、聚氯乙烯、聚苯乙烯、ABS 树脂、环氧树脂、酚醛树脂、丙烯酸树脂、聚酰胺、聚氨酯、有机硅树脂等。导电填料主要有碳系材料、金属系材料、金属氧化物系材料等（表 8-3）。

8.4.1.1 碳系填充型导电高分子材料

碳系填料主要包括炭黑、石墨、碳纤维等。炭黑是目前分散复合法制备导电材料中最常用的导电填料，其成本低、密度小，但其呈黑色，影响产品外观颜色；石墨由于其杂质多，使用前需要进行处理；碳纤维具有高强度、高模量、抗腐蚀、添加量小等特点。

炭黑填充型导电性高分子材料是一种最常见的材料，因为炭黑价格低廉且导电性稳定持久。导电性与填充炭黑的品种、粒度、结构、孔隙率、吸油值及填充量等因素有关，一般来说粒度越小，孔隙越多，吸油值越大，导电值越高。导电炭黑的主要品种有乙炔炭黑、导电

表 8-3　常见复合型导电高分子材料的导电添加材料[38b]

项目	填充物	复合物室温电阻率/Ω·cm	性质特点
碳系填料	炭黑	$10^0 \sim 10^2$	成本低、密度小、呈黑色、影响产品颜色
	处理石墨	$10^2 \sim 10^4$	成本低、杂质多、电阻率较高、呈黑色
	碳纤维	$\geqslant 10^{-2}$	高强度、高模量、抗腐蚀、添加量小
金属填料	金	10^{-4}	抗腐蚀、导电性好、成本高、密度大
	银	10^{-5}	抗腐蚀、导电性好、成本高、密度大
	镍	10^{-3}	稳定性好、成本和导电性居中
	铜	10^{-4}	导电性能较好、成本低、易氧化
	不锈钢	$10^{-2} \sim 10^2$	主要是不锈钢丝、成本低
金属氧化物	氧化锌	10	稳定性较好、颜色浅、电阻率较高
	氧化锡	10	稳定性较好、颜色浅、电阻率较高
导电聚合物	聚吡咯	$1 \sim 10$	密度小、相容性好、电阻率高
	聚噻吩	$1 \sim 10$	密度小、相容性好、电阻率高

炭黑、超导电炭黑和特导电炭黑等。除乙炔炭黑是以乙炔气为原料外，其他都是以油为原料，它们的共同特点是：粒度小、表面积大、表面粗糙度大、挥发分和碳分较低，具有高的导电性。炭黑的种类和用量对其导电性有很大的影响，当两者确定以后，炭黑的分散状态及其连续相的形成情况对导电性也有很大的影响，因此选择合适的方法特别重要，为了提高炭黑在基体材料中的分散性以及与基体的材料亲和力，表面需要助剂进行处理，混炼需经密炼和挤出造粒两道工序。大量研究表明，炭黑粒子的尺寸越小，结构越复杂，炭黑粒子比表面积越大，表面活性基团越少，极性越强，则所制备的导电复合材料导电性越好。现在对炭黑填充聚合物复合材料的研究已经从传统的改变炭黑的用量转向通过提高炭黑的质量来提高其导电复合材料的导电性能。如对炭黑进行高温处理，不仅可以增加炭黑的比表面积，而且可以改变其表面化学特性。用钛酸锆偶联剂处理炭黑表面，在提高熔体流动性和材料力学性能的同时，还能改善复合材料的导电性能。炭黑作为高分子复合材料的导电性填料，具有资源丰富、成本低、密度小、加工方便且性能稳定，在高分子材料中易分散，通过选择不同的品种、填充量及加工方法，可在一定范围内获得不同导电性，并且具有导电性能持久稳定等优点，成为高分子材料主要的导电性填料，得到较为广泛的应用。

除炭黑外，石墨也是常用的导电填料之一。石墨的导电性不如炭黑优良，而且加入量较大，对复合材料的成型工艺影响比较大，但能提高材料的耐腐蚀能力。石墨主要有石墨粉和片状石墨两种，石墨粉的分散性较好，易形成导电通道；而片状石墨体积较大，虽会对树脂起增强作用，但不易形成均匀的体系，材料的稳定性不易控制，某些性能重现性差，而且加入量过大时，片状石墨与树脂形成的界面处容易产生应力集中而使材料强度下降。

碳纤维也是一种很好的导电填料，其导电性介于炭黑和石墨之间，而且它具有高强度、高模量、耐腐蚀、耐辐射、耐高温等多种优良性能。用碳纤维增强的不饱和聚酯、环氧酚醛等复合材料已经广泛应用于航空航天、军用器材以及化工防腐领域。但碳纤维加工困难、成本高，在一定程度上限制了它的发展。炭黑型导电高分子材料已广泛应用于很多领域，电视模制唱片，是一种新的信息传播技术；导电泡沫、导电薄膜、导电高分子多孔体、静电显影粉可用于集成电路、场效应管、晶体管电子元器件的静电防护；在高压电缆、通讯电缆领域可用于半导体层，以缓和导线表面的电位梯度，防止静电。

8.4.1.2　金属填充型导电高分子

金属型填充导电复合材料的开发始于 20 世纪 70 年代，主要应用范围是电器外壳、罩、插件、传输带等方面，其制造方法主要有两种：一种是填充金属法；另一种是表面金属化法。金属填充法是以聚合物为基材，以金属粉末、金属丝、金属箔等为填充料经混炼分散和成型加工后而得到。它具有制造工序简单、性能稳定、安全可靠等优点。已实用于仪器壳件，如计算机、示波管终端、汽车电话、信息处理、商业收款机、游戏机、摄录像机等。

金属系填料包括金属粉末、金属纤维、金属合金及其其他新型复合填料，常用到的金属往往有银、铜、镍、铁等。金属系填充型导电高分子复合材料的导电性能不但取决于金属填料的种类与数量，还与填料的形状有关。金属纤维较金属粉末而言，有较大的长径比和接触面积，在相同的填充量的情况下，金属纤维容易形成导电网络，其导电率也较高。近年来国内外对金属纤维填充材料的研究发展较为迅速。

用金属粉末作填料，与高分子聚合物混合时，可以实现较好的混合均匀性。但金属粉末易被氧化而降低电导率。为此人们采用对金属进行表面处理，如在金属表面形成金属卤化物可防止金属氧化，从而降低导电性。在填充铜粉和镍粉的导电胶中加入 PVA，也能够提高金属粉末的抗氧化能力。对于金属粉末填充的聚合物复合体系中，对复合材料的导电性能的影响主要是聚合物基体的极性、结晶度及金属粉末亲和力等因素。对金属粉末填充的导电涂料，高聚物分子量、极性、溶剂的种类用量、挥发性、溶解性以及固化条件、助剂等各种因素对其导电性产生影响。金属粉末体积含量一般在 50%左右时，才会使材料电阻率达到导电复合材料的要求，这必然使复合材料的力学强度下降。另外，由于金属的密度远大于非金属的密度，因此，在复合材料的成型过程中容易出现分层或不均匀现象，影响材料的质量稳定性。常用的金属粉末有铝粉、铁粉、铜粉、银粉、金粉等。

铝粉的价格低，但是铝的化学活性太大，其粉末在空气中极易被氧化，形成导电性极差的 Al_2O_3 氧化膜，即使加入量很大时也不易形成导电通道。银粉和金粉虽然导电性优良，但是价格昂贵，限制了其广泛使用。现阶段应用较为广泛的是铁粉和铜粉。金属粉末粒径的大小对导电复合材料的电阻率影响较大，相同条件下，金属粉末粒径越小，越易形成导电通道，达到相同电阻率所需要金属粉末的体积含量越小。与金属粉末相比，金属纤维的应用更为广泛。将金属纤维填充到基体聚合物中，经适当工艺成型后，可以制成导电性优异的复合材料。金属纤维不仅可以在较小加入量的条件下达到理想的导电效果，还能较大幅度的提高材料的强度，并且该材料比传统的金属材料质量轻、易加工，被认为是最有发展前途的新型导电材料和电磁屏蔽材料，金属纤维填充聚合物导电复合材料是以后的研究重点之一。现在国内外应用较多的是黄铜纤维、不锈钢纤维和铁纤维。

新型复合填料包括镀金属粉末、颗粒、纤维及镀金属云母片等这类材料。利用这一填料制备导电高分子复合材料，可以降低成本，同时又克服了纯金属作填料时造成复合材料密度明显增大的缺点，但是制备这类新型填料，提高镀层质量是一个很大的难题，镀层不牢固，在共混时，容易使镀层脱落，降低使用效果。电镀法应用较广，可以在表面镀金属膜、含金属膜、金属氧化物膜及金属与氧化物多层结构膜。这类膜具有透明性、易加工性、挠曲性、耐冲击性好，具有薄性化、小型化、轻型化的特点。可广泛应用于集成电路、热反射、电子照相、静电记录等领域。

8.4.1.3　金属氧化物填充型导电高分子

多种金属氧化物都具有一定导电能力，熔点高、抗氧化能力强、价格适中，也是较理想的导电填充材料，如氧化锡、氧化锌、氧化钒、氧化钛等。金属氧化物的突出特点是无色或浅色，但电阻率相对较高是金属氧化物添加材料的主要缺点。

何晓伟等[38]采用溶液共混的方式制备聚乙烯醇/锑掺杂二氧化锡（PVA/ATO）纳米复合材料，纳米 ATO 在 PVA 基体中分散良好，在 ATO 含量较低的情况下即可获得导电性能及机械性能良好的复合材料；当 ATO 的质量分数在 2.5%~5% 时，PVA/ATO 复合材料的电导率发生突跃，电导率可达到 10^{-4} S/cm。

Rajasudha 等[39]采用溶胶-凝胶法合成 ZnO 纳米颗粒，在添加表面活性剂存在的条件下通过化学方法制得聚吲哚纳米颗粒，最终通过原位聚合和掺入技术合成了聚吲哚-ZnO 纳米复合高分子电解质。为增强复合材料的离子导电性，向体系中加入了 $LiClO_4$，在阻抗谱下测得该电解质在 50 ℃ 下电导率为 4.404×10^{-7} S/cm。

8.4.2　复合型导电高分子材料的导电理论[40]

自从复合型导电高分子材料被发现后，人们对这种类型导电材料的导电机理进行了大量的研究，并且提出了许多相关的理论模型。这类理论主要是针对复合体系中导电网络或部分导电通道电子的迁移过程。目前得到认可的有宏观导电通路理论（渗流理论[41]和有效介质理论[42]）、微观量子力学隧道效应[43]以及场致发射效应等理论[44]。

（1）导电通路理论

包括渗流理论和有效介质理论，该理论认为复合体系中导电粒子相互连接形成导电通路，电子通过导电通道定向迁移。当导电填料添加量较少时，导电粒子均匀分散在基体中，导电粒子彼此之间没有形成导电链，复合材料呈现为绝缘性。随着导电填料的增加，导电粒子在基体中形成导电链和网状结构，形成导电通路而使导电橡胶具有导电性。因此导电通道理论认为导电网络是影响复合材料导电性能的关键。渗流理论认为体系的导电机理为导电粒子相互连接成链，电子在导电链内移动使材料导电。它主要用来解释电阻率与填料浓度之间的关系。另外，还可以解释在填料临界浓度区间内复合材料的电阻率突变现象[45]，但是该理论不能对导电的本质进行解释，仅仅从宏观角度上解释导电复合材料的导电现象。刘远瑞等[46]通过研究丙烯酸树脂导电银浆中的银粉浓度与电导率变化的关系曲线，验证了渗流理论存在的必要性。Gurland、Bueche 和 Mahaska 等[47]建立的经验公式也可以解释电阻率和填料浓度的关系。并且 Scarisbrick[48]认为电流只能通过由相互接触的导电粒子构成的导电链，电导率 ρ 与导电粒子体积分数 φ 的关系如下：

$$\ln\rho_k = \ln \rho_v - (\ln\varphi + \varphi^{-2/3} + 2\ln C)$$

式中，ρ_k 为导电粒子的电导率；ρ_v 为复合材料的电导率；φ 为导电粒子体积分数；C 满足 $3C^2 - 2C^3$。Ajayi 等[49]将 Scarisbrick 的处理方法运用到炭黑填充型导电橡胶中，发现理论结果和实际试验结果有一定差距。这就说明了导电通路理论有一定的局限性。

有效介质理论也是导电通路理论的一种，其主要思想是把复合材料的每个颗粒看成处于导电率相同的一种介质中。McLahlan 等[42]将有效介质理论和渗流理论的模型相结合推导出通用有效介质普适方程（简称 GEM 方程）：

$$\frac{(1-\phi)(\sigma_h^{1/t})}{\sigma_1^{1/t}+[(1-\phi_c)\phi_c]\sigma_m^{1/t}}+\frac{\phi(\sigma_h^{1/t}-\varphi_m^{1/t})}{\sigma_h^{1/t}+[(1-\phi_c)\phi_c]\sigma_m^{1/t}}=0$$

式中，ϕ 是导电填料占复合材料的体积分数；ϕ_c 是临界渗流阈值；σ_1 是基体的导电率；σ_h 是导电填料的导电率；σ_m 是复合材料的导电率；t 是复合材料的渗流系数。该理论认为：在混合物中的粒子被基体介质包裹着，该介质层就可以拥有和复合导电材料相同的电导率。该理论可以解释填料在临界浓度下导电复合材料电阻率突变现象，以及电阻率与填料浓度之间的关系。

几种常见的渗流模型包括：统计渗流模型、双渗流模型、有效介质模型和界面热力学模型等[50]。

到目前为止，这些渗流模型只能对部分复合体系的部分性质进行描述，理论结果与实验结果存在较大偏差。一个好的渗流模型必须能够描述导电复合材料的各种性能，比如导电性与导电填料填充质量分数的关系、导电性和频率的关系、压敏特性以及温敏特性等。并没有一个模型能够对这些现象全部进行合理地解释，因此在这一理论的研究还需进一步的完善。

（2）隧道效应理论

隧道效应理论是利用量子力学方法解释导电复合材料的电阻率同填充粒子间隙的关系，这与导电填料在基体中的分布情况和试样温度有直接联系[51]。由隧道效应可知，复合体系中依然会有导电网络的存在，但不是利用导电通道来传导电子，而是利用热震动使得电子在导电粒子之间的迁移。Shklovskir 等[52]推导了导电粒子之间出现隧道效应的平均距离和单位体积内导电粒子数目关系式；Medalia[43b]在温度较低的情况下建立了量子隧道电流密度关系式；Ezquerra 等[53]建立了复合体系电阻率与填充粒子间距的关系式。微观量子力学隧道效应理论能够合理地解释许多导电复合材料的实验结果。但是在隧道效应理论中出现的参数都与填充粒子之间的距离和分散情况有密切关联，而且隧道效应理论只有填料在基体中的分散到一定浓度范围内才可以对复合体系的导电行为进行解释[54]。

（3）场致发射理论

Van Beek 等[44b]认为导电复合体系的导电行为是因为隧道效应的存在，但这是由于导电复合体系中导电粒子内部的电场发射引起的特殊情况，据此提出了场致发射理论并建立了相应的理论模型。从场致发射理论可以看出，当导电粒子内部形成的电场强度很强时，会有部分电子跃过高聚物基体材料形成的势垒而到达邻近的导电微粒上，产生场致发射电流而完成导电。该理论受试样温度和导电填料分散情况的影响比较小，因此该理论会具有更广泛的应用范围，还可以合理地解释部分导电复合材料的非欧姆特性。

从发现至今，导电高分子材料发展迅速，但目前没有一个完善合理的理论解释导电复合体系内导电网络的形成和导电性。而人们普遍认为复合体系的导电行为是渗流理论、隧道效应理论和场致发射理论这三种导电机制共同作用的结果。当导电填料的填充量和试样的外加电压都较小时，相邻导电微粒之间的距离会比较大，在这种情况下形成链状导电通路的可能性较小，因此隧道效应机制占据主导地位；当导电填料填充量较低而试样的外加电压较高时，场致发射机会起主要作用；当导电填料填充量较高时，邻近的导电微粒之间距离会变小，会形成完整的导电网络，渗流理论机制发挥主要作用。

8.4.3 影响复合型导电高分子材料导电性能的因素

（1）导电填料的影响

在复合型导电高分子材料中，导电填料可以在导电复合材料中形成完整的导电网络，从而增强复合材料的导电能力[55]；而对于导电聚合物填充高绝缘性的高分子基体材料，导电聚合物在聚合物基体材料中均匀分散能够使得导电大分子链在基体中伸展充分，形成完整的导电通道，有利于导电性的提高[56]。另外导电颗粒的大小和形状对所制备的目标复合材料的电性能有较大影响，一般来讲，球形颗粒要比纤维状的渗流阈值要小。而且颗粒的长径比越大，形成的导电网络越完善。颗粒的结构性越高，越容易形成有效的导电通道[57]。

（2）聚合物基体材料的影响

聚合物基体材料在复合型导电高分子材料中起到连续相和黏结体两方面作用，它对导电复合材料电性能影响是显而易见的。基体材料的选择主要是根据目标导电复合材料的工业用途，需要考虑的因素包括热稳定性、聚合度、交联度、结晶性能和表面张力等[58]。比如，制备导电弹性材料可以选择天然橡胶、顺丁橡胶、丁苯橡胶等作为基体材料；制备导电塑料可利用聚烯烃类作为基体材料；而聚酯或聚酰胺等的选择可以增强目标复合材料的力学性能。一般来讲，材料的电导率随着基体材料结晶度的增大而上升，而对于不同基体材料，随着材料表面张力的减少而上升，对于同一种基体材料，随着聚合物交联度的减小而上升。聚合物基体材料的热稳定性对目标复合材料的导电性也有影响，在升温过程中高分子链段产生松弛，这样就会损坏导电颗粒在结晶区域形成的导电通道，导电性能降低[59]。

（3）制备方法和工艺的影响

在制备方法方面，采用溶液共混法要比熔融共混法制备的复合材料导电性要高[60]。对于熔融共混法，熔融温度、共混时间和成型温度等会影响目标复合材料的电性能稳定性和机械性能。导电颗粒在基体材料中的分散状态很大程度上决定了材料的电性能。导电复合材料的熔融共混过程会破坏导电填料的结构性而影响目标复合材料的导电性能。在加工前复合材料各组分要尽可能保持干燥，因为残留水分或者其他挥发物会在加工成型过程中出现气泡，致使材料表面出现缺陷，影响复合材料导电网络的完整性。为保证复合材料内部导电填料形成导电网络结构的完整性，要确定导电填料在高聚物基体材料中充分分散均匀，熔融挤出时受应力要尽可能小，剪切速率也要尽可能低。制样的冷却速率不会显著影响高聚物基复合材料的导电性，而且不同混炼工艺对复合材料的电性能以及渗流阈值有较大影响[61]。

（4）其他影响因素

导电复合材料的电性能影响因素是多方面的。除上述列出的影响因素外，复合材料的使用环境、使用时间、使用介质、热循环次数等都会在一定程度上影响复合材料的电性能。

8.4.4 复合型导电高分子材料的应用

复合型导电高分子材料同时具有导电粒子的导热性、导电性、电磁屏蔽效能以及聚合物材料的热塑性和成型加工性，而且复合材料还会具有这两种材料所不具有的新性能，复合材料已经出现在电子产业、信息业以及其他各种产业工程中，而且随着纳米填料的出现和军事技术的发展，复合型导电高分子材料还应用于电器电路短路弹药的制备。下面将对复合型导电高分子材料的几个重要的应用领域进行介绍。

（1）自控温发热材料

这种自控温发热材料工作原理是利用了结晶性聚合物基复合材料 PTC 效应，即复合材料电阻率不仅随温度升高而增大，而且会在复合材料的软化点附近迅速上升，实现自动调节输出功率和温度自控的目的。

聚合物 PTC 自控温加热元件。传统的加压蒸汽加热方法具有放热量大、泄漏能量多等缺点。而聚合物基 PTC 材料在基体材料软化点附近电阻率迅速增加，在不需要辅助设备的情况下自动调整输出功率，实现温度自控的目的。与 PTC 陶瓷不同，聚合物基导电复合材料可以按照施工要求加工成需要的形状，可进行随意裁剪，该类材料的特点适用于仪器的大面积加热。另外由于自限温加热元件具有质轻、容易成型和低成本等优点，因此还可以根据工业需求在较宽的温度范围内调节电性能[62]。例如美国的 Texas 设备有限公司将 PTC 加热元件应用于汽车舱底的加热，经济实用且安全可靠。美国的 Sunbeam 有限公司是将高聚物基 PTC 电缆应用在水床加热上，它将 PTC 电缆盘旋排列在同一平面内，外面用 PVC 密封[63]。中国石化则制备了适用于汽车电源电压下的自限温发热专用材料和加热带，并且已经规模化生产了一批功率较大的发热元件（自限温发热管），应用于对柴油车的冷启动技术[64]。欧洲汽车制造公司还利用类似材料降低汽车在冷启动时排放的 CO_2 和 CO，保护环境。

（2）复合型导电塑料

导电塑料按其组成及制备工艺不同可分为本征型和复合型两大类，实际应用中 90%以上属于复合型。复合型导电塑料一般是以各种热固性或热塑性聚合物为基体，加入导电填料和改性添加剂等复合而成。常用的基体材料有聚乙烯（PE）、聚丙烯（PP）、聚苯乙烯（PS）、乙烯-醋酸乙烯共聚物（EVA）、丙烯腈-丁二烯-苯乙烯共聚物（ABS）、尼龙（PA）等。复合型导电塑料常作为电磁屏蔽材料、抗静电材料、塑料芯片、便携式电源等而广泛应用。

（3）复合型导电橡胶

复合导电橡胶以普通橡胶为基体，添加导电填料混合而成，具有柔韧性好、易加工以及导电、导热等性能，在抗静电、导电、电磁屏蔽/吸波、传感等领域得到广泛应用。用于导电橡胶的基体材料一般有天然橡胶、硅橡胶、丁腈橡胶、氯丁橡胶等。复合导电橡胶的导电性能与导电填料相对填充浓度和填充网络结构、聚合物类型、粘度以及填充填料在聚合物基材中分散情况等有关。

导电硅橡胶就是复合型导电高分子材料的一种。硅橡胶是含有硅氧键（Si—O）的线型高分子弹性体，与天然橡胶及其他合成有机橡胶相比，硅橡胶具有很高的热稳定性,较好的脱模性能，并具有优异的耐臭氧老化、氧老化、光老化和天候老化的性能。还因为硅橡胶的生胶黏度低，与炭黑的亲和力小，因此具有在保存中电阻变化小、混炼后电阻增加少、性能稳定等特点，现在已经成为用量最大的导电橡胶。

（4）复合型导电涂料

导电涂料是伴随现代科学技术而迅速发展起来的功能涂料，至今约有半个世纪的发展历史。导电涂料具有导电和排除积累静电荷的能力，近十年来，导电涂料已在电子、电器、航空、化工、军工与民用等多种工业领域中得到应用。Anisha Mary Mathew 等以 H_2SO_4 溶液作为电解质，在恒电位下通过电化学聚合方法合成了丁苯橡胶(SBR)/PANI 复合涂层，并在不同的腐蚀介质（3.5% NaCl 和 0.5 mol/L HCl）下，采用 Tafel 极化曲线、开路电位测量和电化学阻抗谱对聚苯胺及聚苯胺复合涂料的耐腐蚀性能进行了比较研究，结果表明：SBR/PANI 复合涂层具有更好的耐腐蚀性。

（5）电磁屏蔽材料

传统的电磁屏蔽材料多为铜，而导电聚合物具有防静电的特性，因此它也可以用于电磁屏蔽，而且其成本低，不消耗资源，任意面积都可以使用，因此导电高分子是非常理想的电磁屏蔽材料的替代品，可以用于计算机、手机、电视机、心脏起搏器上等。利用这一特性，人们已经研制出了保护人体免受电磁辐射的电脑屏保。这方面聚苯胺被认为电磁屏蔽最有希望的材料，也是制造气体分子膜的理想材料。

复合型导电高分子材料不仅保留了通常高分子材料的机械和力学性能，而且具有易成型、成本较低等优点，目前应用较广，已广泛应用于电子、材料、化工、航空航天等领域。复合导电高分子材料具有质量轻、耐用、导电性能稳定、成本低、易于加工、适于大规模大批量生产等特点，在光电子器件、能源、信息产业、传感器，以及电磁屏蔽、金属防腐和隐身技术上有着广阔的应用发展前景，而且随着现代科技的速发展，这种新型材料的需求量也会越来越大，所以复合型导电高分子材料的研究和开发应用具有良好的发展前景。

多功能薄膜因其用途广泛一直是科学界的研究热点。如果一种薄膜同时具备磁性和导电性，并且它还是透明的可以弯曲的，那么这种多功能薄膜将在电磁屏蔽、磁性开关、微波吸收、甚至生物等领域发挥重要作用。

2017 年，上海理工大学的夏亿劼和新加坡国立大学的欧阳建勇团队[65]发明了这种新型的多功能薄膜。他们把导电高分子水溶液聚(3,4-乙烯二氧噻吩)-聚苯乙烯磺酸（PEDOT:PSS）和四氧化三铁（Fe_3O_4）纳米颗粒均匀混合在一起形成复合材料，通过旋涂的方法制备成薄膜。这种 PEDOT:PSS/Fe_3O_4 薄膜经过有机盐溶液简单处理后，电导率能达到 1080 S/cm。同时它还具有 25.5 emu/g 的饱和磁性和超过 40 dB 的电磁屏蔽效能。这种薄膜还具有高透明度、柔韧性好、成本低、重量轻等优点 [图 8-16（a）]。此外，他们还分别制备了 PEDOT:PSS/Fe_3O_4-蚕丝复合纤维和 PEDOT:PSS/ Fe_3O_4-棉复合纤维。这种复合纤维同样具备高磁性和高电导率 [图 8-16（b）]。

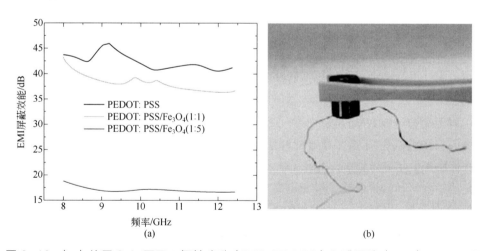

■ 图 8-16 （a）使用 3,4-亚乙二氧基噻吩（PEDOT:PSS）和碘甲胺（MAI）/*N,N*-二甲基甲酰胺（DMF）处理的 PEDOT:PSS /四氧化三铁（Fe_3O_4）薄膜的电磁干扰（SE）与频率之间的关系（8~12.5 GHz）；（b）PEDOT:PSS/ Fe_3O_4-蚕丝复合纤维和 PEDOT:PSS/ Fe_3O_4-棉复合纤维[63]

（6）传感器

复合型导电高分子的电阻率随温度的升高而增大，表现为 PTC 效应，在高分子转变温度处电阻率达到最大值，然而随着温度的继续升高，电阻率表现为下降的趋势，呈现出 NTC 效应[66]。因此可将导电高分子用作气体或浓度等的敏感传感器。通过最新研究，在生物医中有三种以导电高分子为基础的传感器正在得到应用，分别是电化学传感器、接触传感器（人工皮肤）、热传感器[67]。Andrzej Rybak 等分别利用高密度聚乙烯、聚对苯二甲酸丁二酯、聚二甲苯己二酰二胺这三种原料作为智能材料取代传统的炭黑、碳纤维等，制备出了具有优良电性能、耐温变的限流装置。选择不同的新型导电高分子填充剂就可以制备适用于各种条件的高电势的电流或温度传感器[68]。

（7）在隐身技术中的应用

材料隐身技术的关键是它必须能够减弱吸收、耗散和散射各种类型的电磁辐射。通过设计合理的材料性能和结构使电磁波穿过材料时被吸收转换成热能而散失掉以至电磁波尽可能少地被反射到雷达或者各类探测器；或者改变电磁波的频率使反射电磁波的中心频率远离探测器的接受频率；或者减小武器装备自身电磁波的泄露以达到隐身的目的[69]。因此对材料隐身技术的研究就是对吸波材料屏蔽材料和透波材料的研究。

在结构型导电高分子中的吸波机理可认为是电损耗和介电损耗。由于电磁波的存在，材料被反复极化，从而使分子电偶极子跟随电磁场的振荡而产生分子摩擦[70]。与此同时，由于材料存在电导率，电磁波就会在材料中形成感应电流而产生热量，使得电磁波在这一过程中能量被消耗掉。要注意的是，并不是电导率越高吸收电磁波的效果越好，因为太高的电导率会增加材料表面对电磁波的反射，反而不利于电磁波的吸收。所以需要通过各种方法来调节电导率，从而调节到最好的隐身效果。

在复合型导电高分子材料中通常会加入纳米微粒材料作为吸收剂，掺杂到橡胶或树脂基质中。由于纳米微粒的尺寸在 1~100 nm，而这又远小于雷达发射的电磁波波长，所以纳米微粒材料对电 磁波的透过率要比其他常规材料强得多，很大程度上减少了电磁波的反射率，使得雷达接收到的反射信号很微弱，从而就达到了隐身的作用。而且纳米微粒材料的比表面积比微米级材料要大很多，对于电磁波和红外光波的吸收率也比普通材料大很多，因而分别由探测物和雷达发射的红外光和电磁波被纳米粒子吸收掉，使得红外探测器和雷达就很难发现目标了[71]。

（8）导电高分子作为转换器

导电高分子的氧化/还原，质子化和去质子化以及构型的改变等行为强烈而且具有可逆性，这些性质影响了导电高分子电学和光学性质，使得它可以作为转换器或者转换器的一部分。伏安法和安培计转换器就是以导电高分子为基础，检测由于电催化或在氧化还原过程中离子流入/流出的电流[72]。这 2 个过程的选择性很差，因此它们的典型应用是在色谱中安培电流检测[73]。然而，在氧化还原中的不同行为以及化学接触的特殊性使得它对某些被检测物具有了选择性，例如，伏安法检测化合物的氧化还原作用的活性可以被用于检测多巴胺、抗坏血酸、脲酸、烟酰胺腺嘌呤二核苷酸、咖啡、含于血液的复合胺[74]。导电性高分子所修饰的电极优于一般的金属电极和玻碳电极是由于导电高分子的电催化能力。这一性质常被应用于伏安法分析被检测物时分离氧化（或还原）峰[75]。

（9）表面保护

导电高分子可以在腐蚀环境下为很多金属提供很好的保护[76]。在过去的十年里，导电高分子作为潜在物质在不消耗贵金属的条件下用来提供有效腐蚀防护。研究发现，聚吡咯黏土纳米复合颗粒在防腐蚀方面比本体聚吡咯提高很多[77]。与此类似的是，聚苯胺-黏土纳米复合颗粒在抗腐蚀方面的性能也优于聚苯胺[78]。但对于聚噻吩来说，很少有其抗腐蚀方面的报道。噻吩的高氧化电位使得在金属氧化物表面合成聚噻吩膜的难度比较大。

（10）导电聚合物凝胶

随着科学家在可弯曲、拉伸电子器件方面不断的努力，可卷曲的电脑屏幕，柔性电子器件离现实生活越来越近[79]。最近来自华南理工大学纸浆与造纸工程国家重点实验室的研究人员开发出一种可大规模生产的低成本、柔性凝胶导电纸（图 8-17）。

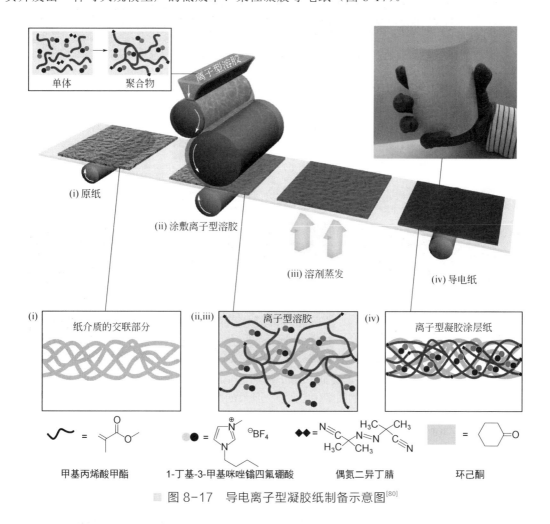

图 8-17 导电离子型凝胶纸制备示意图[80]

最近，柔性电子器件通常采用聚合物薄膜，但是这些聚合物膜成本居高不下成为大规模生产的最大阻碍。为了解决成本问题，科学家将目光转向了"纸"，"纸"具有可循环利用，可生物降解，成本低的特点[81]。为了让"纸"导电，同样面临规模化生产和成本的问题。华南理工大学孙斌、谭俊峰和同事们克服了这些困难[81]。

采用传统的对辊机，研究人员在纸上涂上一层软离子导电凝胶。同时在两层导电凝胶纸之间嵌入电致发光材料层（图 8-18）。当施加电压时，导电凝胶纸制成的器件变成蓝色，研究表明该器件不仅能够导电，还显示出良好的电耐久性，5000 次弯曲试验后，性能保持不变。该柔性凝胶导电纸，每分钟可生产 30m，每平方米成本仅 1.30 美元，具有大规模生产的潜力。

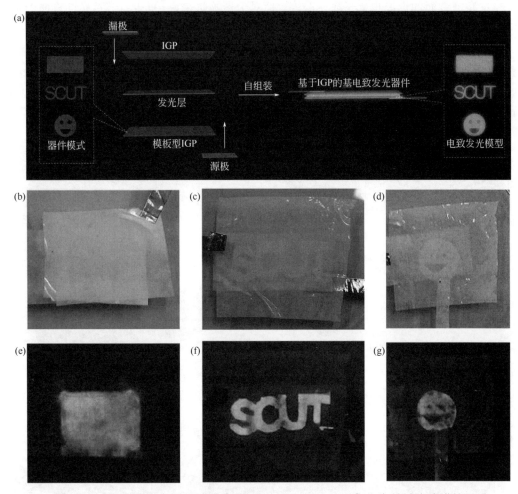

■ 图 8-18　通过使用离子凝胶纸（ionic gel paper，IGP）作为关键构建模块形成
灵活的图案化电致发光器件的原理证明[79]

（a）原理图示基于 IGP 的柔性电致发光器件。该装置由底部图案和夹在大约 56 μm 的顶部
IGP 组成硫化锌：铜（ZnS:Cu）/共聚酯（Ecoflex）发光层。仅当 ZnS:Cu 发射
层夹在顶部/底部之间时才出现电致发光区域 IGP 层。

柔性致发光器件的照片显示：（b，e）正方形，（c，f）字母串
和（d，g）笑脸形图案。相对湿度约为 35%，温度为 25 ℃

总体来说，导电聚合物作为一种新型的功能高分子材料，它的应用前景是很乐观的。目前开发新的电子材料和相应的元件已引起各国科技工作者的重视，利用导电高分子材料开发出的各种商品已经在商业应用上取得了成功。近年来，科研工作者又在高强度导电高分子、可加工导电高分子领域开展大量研究工作，并取得了很大的进展。当然，目前导电高分子材料的应用还不算很普遍，很多方面还没有达到实际生产、没有进入到生活中，原因是其中还存在着许多问题，如电导率较低、使用温度范围窄、使用寿命较短、有些材料

成本较高、在一些应用中机械性能达不到要求等等，相信在广大研究者的共同努力下，这些问题将会得到解决，作为 21 世纪材料科学的研究重点，导电高分子材料的发展必将取得令世人瞩目的成就。

参 考 文 献

[1] Ferraris, J.; Cowan, D. O.; et al. *J. Am. Chem. Soc.,* **1973**, *95* (*3*), 948.

[2] Shirakawa, H.; Louis, E. J.; et al. *J. Chem. Soc., Chem. Commun.,* **1977**, (*16*), 578.

[3] 黄泽铣，赵纯正，曹训一. 功能材料及其应用手册. 北京: 机械工业出版社，1991.

[4] (a) Jagur, Grodzinski. *J. Polym. Adv. Technol.,* **2002**, *13* (*9*), 615. (b) Lonergan, M. C.; Cheng, C. H.; et al. *J. Am. Chem. Soc.,* **2002**, *124* (*4*), 690.

[5] (a) Uno, T.; Kawaguchi, S.; et al. *J. Power Sources.,* **2008**, *178*(*2*), 716. (b) Pitawala, H. M. J. C.; Dissanayake, M. A. K. L.; *Solid State Ionics.,* **2007**, *178* (*13*), 885-888. (c) Chu, P. P.; Reddy, M. J., *J. Power Sources.,* **2003**, *115* (*2*), 288-294. (d) Zang, L.; Luo, J.; et al. *Polym. Bull.,* **2010**, *65* (*7*), 669.

[6] (a)Irngartinger, H.; Fettel, P. W.; et al. *Eur. J. Org. Chem.,* **2000**, *2000* (*3*), 455. (b) Zhang, L.; Chen, N.; et al. *J. Electroanal. Chem.,* **2007**, *608* (*1*), 15.

[7] (a) Cui, J.; Wang, A.; et al. *Adv. Mater.,* **2001**, *13* (*19*), 1476. (b) Chipman, A., *Nature,* **2007**, *449* (*7159*), 131.

[8] Groenendaal, L.; Jonas, F.; et al. *Adv. Mater.,* **2000**, *12* (*7*), 481.

[9] Bubnova, O.; Khan, Z. U.; et al. *Nat. Mater.,* **2014**, *13* (*2*), 190.

[10] Wu, L. p.; Zhang, L.; et al. *J. Polym. Sci.,* **2014**, *32* (*8*), 1019.

[11] Lang, U.; Müller, E.; et al. *Adv. Funct. Mater.,* **2009**, *19* (*8*), 1215.

[12] (a) Xia, Y.; Sun, K.; Ouyang, J., *Adv. Mater.,* **2012**, *24* (*18*), 2436. (b) Kim, Y. H.; Sachse, C.; et al. *Adv. Funct. Mater.,* **2011**, *21* (*6*), 1076.

[13] Ouyang, L.; Musumeci, C.; et al. *ACS Appl. Mater. Interfaces,* **2015**, *7* (*35*), 19764.

[14] Lee, K.; Kim, H. J.; Kim, J., *Adv. Funct. Mater.,* **2012**, *22* (*5*), 1076.

[15] Kim, N.; Kee, S.; et al. *Adv. Mater.,* **2014**, *26* (*14*), 2268.

[16] (a)Krebs, F. C.; Tromholt, T.; Jørgensen, M.; *Nanoscale,* **2010**, *2* (*6*), 873. (b) Kim, N.; Lee, B. H.; et al. *Phys. Rev. Lett.,* **2012**, *109* (*10*), 106405.

[17] Tan, L.; Zhou, H.; et al. *Org. Electron.,* **2016**, *33*, 316.

[18] Huang, L.; Cheng, X.; et al. *ACS Appl. Mater. Interfaces.,* **2016**, *8* (*40*), 27018.

[19] Ji, T.; Tan, L.; et al. *PCCP.,* **2015**, *17* (*6*), 4137.

[20] Hu, X.; Chen, L.; et al. *J. Mater. Chem. A,* **2016**, *4* (*17*), 6645.

[21] (a) Zeng, W.; Shu, L.; et al. *Adv. Mater.,* **2014**, *26* (*31*), 5310. (b) Sun, G.; Wang, X.; Chen, P. *Mater. Today.,* **2015**, *18* (*4*), 215. (c) Weng, W.; Chen, P.; et al. *Angew. Chem. Int. Ed.,* **2016**, *55* (*21*), 6140. (d) Zou, D.; Lv, Z.; et al. *Nano Energy.,* **2012**, *1* (*2*), 273. (e) Yu, D.; Qian, Q.; et al. *Chem. Soc. Rev.,* **2015**, *44* (*3*), 64. (f) Cai, X.; Peng, M.; Zou, D. *J. Mater. Chem. C,* **2014**, *2* (*7*), 1184. (g) Jost, K.; Dion, G.; Gogotsi, Y. *J. Mater. Chem., A,* **2014**, *2* (*28*), 10776.

[22] (a) Sun, G.; Zhou, J.; et al. *J. Solid State Electrochem.,* **2012**, *16* (*5*), 1775. (b) Yang, Z.; Deng, J.; et al. *Angew. Chem. Int. Ed.,* **2013**, *52* (*50*), 13453. (c) Chen, X.; Qiu, L.; et al. *Adv. Mater.,* **2013**, *25* (*44*), 6436. (d) Xu, P.; Gu, T.; et al. *Adv. Energy Mater.,* **2014**, *4* (*3*), 1300759.

[23] (a) Ren, J.; Li, L.; et al. *Adv. Mater.,* **2013**, *25* (*8*), 1155. (b) Choi, C.; Lee, J. A.; et al. *Adv. Mater.,* **2014**, *26* (*13*), 2059. (c) Choi, C.; Kim, S. H.; et al. *Sci. Rep.,* **2015**, *5*, 9387.

[24] Su, F.; Lv, X.; Miao, M.; *Small,* **2015**, *11* (*7*), 854.

[25] (a) Meng, F.; Zhao, J.; et al. *Nanoscale,* **2012**, *4* (*23*), 7464. (b) Wang, K.; Meng, Q.; et al. *Adv. Mater.,* **2013**, *25* (*10*), 1494. (c) Cai, Z.; Li, L.; et al. *J. Mater. Chem. A,* **2013**, *1* (*2*), 258.

[26] Wang, B.; Fang, X.; et al. *Adv. Mater.,* **2015**, *27* (*47*), 7854.

[27] Sun, G.; Zhang, X.; et al. *Adv. Electron. Mater.,* **2016**, *2* (*7*), 1600102.

[28] Sun, G.; Zhang, X.; et al. *Angew. Chem. Int. Ed.,* **2015**, *54* (*15*), 4651.

[29] Shi, P.; Li, L.; et al. *ACS Nano.,* **2016**, *11* (*1*), 444.

[30] Chen, H.; Chen, C.; et al. *Adv. Energy Mater.*, **2017**, 1700051.

[31] (a) Zhang, Q.; Uchaker, E.; et al. *Chem. Soc. Rev.*, **2013**, *42* (*7*), 3127. (b) Mai, L.; Tian, X.; et al. *Chem. Rev.*, **2014**, *114* (*23*), 11828. (c) Simon, P.; Gogotsi, Y., *Nat. Mater.*, **2008**, *7* (*11*), 845.

[32] (a) Miller, J. R.; Simon, P., *Science* **2008**, *321*, 651. (b) Zhai, Y.; Dou, Y.; Zhao, D.; Fulvio, P. F.; et al. *Adv. Mater.*, **2011**, *23* (*42*), 4828.

[33] Shao, Y.; El Kady, M. F.; et al. *Chem. Soc. Rev.*, **2015**, *44* (*11*), 3639.

[34] Zhao, J.; Lai, H.; et al. *Adv. Mater.*, **2015**, *27* (*23*), 3541.

[35] (a) Zhang, J.; Jiang, J.; et al. *Energy Environ. Sci.*, **2011**, *4* (*10*), 4009. (b) Yan, J.; Yang, L.; et al. *Adv. Energy Mater.*, **2014**, *4* (*18*). (c) Wang, C.; Xu, J.; et al. *Adv. Funct. Mater.*, **2014**, *24* (*40*), 6372. (d) Wang, D. W.; Li, F.; et al. *ACS Nano*, **2009**, *3* (*7*), 1745.

[36] Yuan, K.; Xu, Y.; et al. *Adv. Mater.*, **2015**, *27* (*42*), 6714.

[37] Yan, J.; Khoo, E.; et al. *ACS Nano*, **2010**, *4* (*7*), 4247.

[38] 何晓伟, 陈江聪, 鄢翔, 韩倩. 合成纤维, **2010**, *39* (*2*), 35.

[39] Rajasudha, G.; Shankar, H.; et al. *Ionics*, **2010**, *16* (*9*), 839.

[40] (a) 付朝阳. 导电橡胶压敏特性及其传感研究. 昆明: 昆明理工大学, 2014. (b) 郑桂成. 石墨填充多相高分子导电复合材料电性能研究. 青岛: 中国海洋大学, 2012.

[41] Stauffer, D.; Aharony, A. *Introduction to percolation theory*. CRC press, 1994.

[42] McLachlan, D. S.; Blaszkiewicz, M.; Newnham, R. E. *J. Am. Ceram. Soc.*, **1990**, *73* (*8*), 2187.

[43] (a) Simmons, J. G., *J. Appl. Phys.*, **1963**, *34* (*6*), 1793. (b) Medalia, A. I., *Rubber Chem. Technol.*, **1986**, *59* (*3*), 432.

[44] (a) 叶明泉, 贺丽丽, 韩爱军. 化工新型材料, **2008**, *36* (*11*), 13. (b) Van Beek, L. K. H.; Van Pul, B. *J. Appl. Polym. Sci.*, **1962**, *6* (*24*), 65.

[45] 汤浩, 陈欣方, 罗云霞. 高分子材料科学与工程, **1996**, *12* (*2*), 1.

[46] 刘远瑞, 许佩新. 涂料工业, **2005**, *35* (*1*), 1.

[47] (a) Bueche, F. *J. Appl. Phys.*, **1972**, *43* (*11*), 4837. (b) Miyasaka, K. *Int. Polym. Sci. Technol.*, **1986**, *13* (*6*), 41.

[48] Scarisbrick, R. M. *J. Phys. D: Appl. Phys.*, **1973**, *6* (*17*), 2098.

[49] Ajayi, J. D.; Hepburn, C. In *Electrical Resistivity in Carbon Black Filled Silicone Rubber*, 1981, p 317.

[50] 赵文元, 王亦军. 功能材料高分子化学. 北京: 化学工业出版社, 2003.

[51] 卢金荣, 吴大军, 陈国华. 塑料, **2004**, *33* (*5*), 43.

[52] Šklovskij, B. I.; Shklovskiĭ, B. I.; *Electronic Properties of Doped Semiconductors: Serge Luryi*. Springer: 1984, Vol. 45.

[53] Ezquerra, T. A.; Kulescza, M.; et al. *Adv. Mater.*, **1990**, *2* (*12*), 597.

[54] Zhang, X. W.; Pan, Y.; et al. *Polym. Int.*, **2001**, *50* (*2*), 229.

[55] Demir, H.; Arkış, E.; et al. *Polym. Degrad. Stab.*, **2005**, *89* (*3*), 478.

[56] Akram, Z.; Kausar, A.; Siddiq, M.; *Polym-Plast Technol.*, **2016**, *55* (*6*), 582.

[57] (a) Sheng, P.; Sichel, E. K.; et al. *Phys. Rev. Lett.*, **1978**, *40* (*18*), 1197. (b) 贾向明, 李光宪, 陆玉本, 吴兆权. 塑料科技, **2003**, (*2*), 43. (c) 吕秋丰, 李新贵, 黄美荣. 郑州大学学报: 理学版, **2004**, *36* (*4*), 74.

[58] Zhao, Z.; Yu, W.; et al. *Mater. Lett.*, **2003**, *57* (*20*), 3082.

[59] (a) Wang, B.; Yi, X.; et al. *J. Mater. Sci. Lett.*, **1997**, *16* (*24*), 2005. (b) 王宜, 陈广强. 华南理工大学学报: 自然科学版, **2002**, *30* (*6*), 69.

[60] 罗延龄, 薛丹敏, 王庚超, 等. 塑料, **1999**, *28* (*5*), 40.

[61] 孟雅新, 刘长海, 雷中利, 等. 现代塑料加工应用, **2004**, *16* (*5*), 5-8.

[62] 吴雄. 电子材料, **1995**, (*12*), 8.

[63] Curhan, J. A.; Pimentel, D. R.; Berg, P. G.; *pp U S Patent:* **1993**, *256*, 857.

[64] 谭洪生, 王日辉, 李丽, 等. 塑料工业, 2004, 32 (12), 51.

[65] Xia, Y. J.; Fang, J.; et al. *ACS Appl. Mater. Interfaces*, **2017**, *9*, 19001.

[66] 赵帅国. 科技致富向导, **2012**, (*11*), 45.

[67] Nambiar, S.; Yeow, J. T. W. *Biosens. Bioelectron.*, **2011**, *26* (*5*), 1825.

[68] Rybak, A.; Boiteux, G.; et al. *Compos. Sci. Technol.*, **2010**, *70* (*2*), 410.

[69] 宫兆合, 梁国正, 任鹏刚, 等. 高分子材料科学与工程, **2004**, *20* (*5*), 29.

[70] 陈东红, 虞鑫海, 徐永芬. 化学与粘合, **2012**, *6*, 61.

[71] 马培静, 广州化学, **2011**, *36* (*1*), 59.

[72] Staes, E.; Nagels, L. J.; et al. *Electroanalysis*, **1997**, *9* (*15*), 1197.

[73] Damos, F. S.; de Cássia Silva Luz, R.; et al. *Electroanal. Chem.*, **2006**, *589* (*1*), 81.

[74] Li, G.; Zhang, Z.; *Macromolecules*, **2004**, *37* (*8*), 2683.

[75] 王珊, 杨小玲, 古元梓. 化工科技, **2012**, *20* (*3*), 62.

[76] Tallman, D. E.; Spinks, G.; et al. *J. Solid State Electrochem.*, **2002**, *6* (*2*), 73.

[77] Yeh, J. M.; Liou, S. J.; et al. *Chem. Mater.*, **2001**, *13* (*3*), 1131.

[78] Token, T.; Yazici, M. E.; *Appl. Surf. Sci.*, **2005**, *239* (*2*), 398.

[79] (a) Tai, Y. L.; Yang, Z. G.; *J. Mater. Chem.*, **2011**, *21* (*16*), 5938. (b) Tobjörk, D.; Österbacka, R., *Adv. Mater.*, **2011**, *23* (*17*), 1935. (c) Cartwright, J., Writing electronics straight to paper. Chem. World, **2011**, Vol. 8, p 22. (d) Zhang, Y. Z.; Wang, Y.; et al. *Chem. Soc. Rev.*, **2015**, *44* (*15*), 5181.

[80] He, M.; Zhang, K.; et al. *ACS Appl. Mater. Interfaces*, **2017**, *9* (*19*), 16466.

[81] (a) Samyn, P.; *J. Mater. Sci.*, **2013**, *48* (*19*), 6455. (b)Zervos, S.; Alexopoulou, I.; *Cellulose*, **2015**, *22* (*5*), 2859. (c) Julkapli, N. M.; Bagheri, S., *J. Wood Sci.*, **2016**, 62 (2), 117.

第9章

梯形共轭聚合物类有机半导体

9.1 概述

梯形共轭聚合物的聚合单元通过两个以上的化学键相连，聚合单元之间的共轭程度比单股共轭聚合物大，有利于载流子在分子内的传递。由于合成方法、溶解性、化学稳定性等因素的限制，目前存在的梯形共轭聚合物种类和合成方法都比较少，合成策略主要是先合成一个单股聚合物前驱体，再把前驱体通过高效的化学反应合成梯形聚合物。因此总结这类材料的合成方法和结构特点对于这类材料的发展至关重要。此类材料目前作为有机光电材料、石墨烯纳米带或者分子导线被广泛研究。本章将列出此类化合物的典型代表，分析其结构特点、合成方法和应用。有机光电材料的两个重要领域是有机太阳能电池材料和场效应晶体管材料，关于它们的基本知识以及性质、结构和应用已经在第 1 章进行了阐述。下面将简单介绍一下石墨烯纳米带和分子导线的概念。

石墨烯（graphene）是一种由碳原子以 sp^2 杂化轨道排列成六角形呈蜂窝状的平面薄膜，是只有一个碳原子厚度的二维新材料。2004 年，英国科学家安德烈·海姆（Andre Geim）和康斯坦丁·诺沃肖洛夫（Konstantin Novoselov）首次成功地从石墨中分离出石墨烯，从而证实它可以单独存在，两人也因此获得 2010 年的诺贝尔物理学奖。石墨烯具有很多奇特的性质，比如很高的电子迁移率、超高的硬度和导热性、极低的电阻率，是目前科学研究的一个热点，被认为可以用来发展更薄、性能更优异的新一代电子元件。目前硅基计算机芯片的晶体管尺寸已经接近了材料的极限，开发更高性能、更小尺寸的新材料是一个可能产生电子学领域革命意义的工作。虽然石墨烯是一种有许多优异性质的准金属材料（semimetal），电子迁移率是晶体硅的 100 倍以上，既能传输空穴也能传输电子，但是它的带隙为零，是一个导体，不能替代传统半导体用于制备电子行业广泛应用的元器件。

石墨烯纳米带（graphene nanoribbon，GNR）是带状的石墨烯[1]，宽度一般小于 10 nm，具有较大的长宽比。与二维的石墨烯不同，一维 GNR 由于量子限域效应（quantum confinement）具有不同的能带，是一种半导体新材料，具有更新、代替传统半导体，引起电子学革命性变化的巨大潜力，因此高质量、可调控性质的 GNR 的合成成了人们关注的一个焦点。目前有自上而下（top-down）和自下而上（bottom-up）两种方法合成 GNR。自上而下的方法比如通过电子束切割二维石墨烯和纵向切割（longitudinal unzipping）碳纳米管，用此方法制得的 GNR 具有边界缺陷多、宽度大和性质不能精确控制的缺点。自下而上的方法主要在溶液中或金属表面通过化学反应从小分子原料制备，能够得到结构精准、带隙可调和宽度较小的 GNR。用此方法制备的 GNR 是此类材料在光电领域未来应用的重要基础，其中在溶液中合成还具有能够大量制备、溶液处理的优势，是一个具有广阔应用前景的方向。目前溶液法制备的 GNR 已经被用于电子器件的应用研究，然而此类材料的数量、种类特别有限，因此开发新的合成方法、路线，用溶液法得到新的不同种类的高质量 GNR 具有重要意义。

电子器件是 20 世纪的伟大发明，它的出现和发展深刻影响了人类的生产生活，使人类从蒸汽机时代进入电气化时代，生产生活方式发生了翻天覆地的变化。自诞生以来，电子器件先后经历了真空电子管、晶体管和集成电路的阶段。目前的晶体管尺寸已经小至 20 nm，接近了传统晶体管尺寸的极限。要解决这个问题，必须采用与传统工艺截然不同的思路，从而实现器件尺寸的进一步显著减小。为达到这个目的，产生了目前蓬勃发展的一个学科——分子器件学。分子器件学是从分子原子系统出发，制造出分子电子器件，通过分子的自组装实现器件的集成。

分子导线是由单个或多个分子组成能够传导载流子的体系，是分子器件中必不可少的一个组成单元，能将未来的分子原件连接成一个整体。它通常是一个具有 π 共轭结构的导电长链[1]。

梯形共轭聚合物是石墨烯纳米带和分子导线的重要组成部分，在有机光电材料领域的应用还仅限于实验室阶段。目前分子导线和石墨烯纳米带的应用还未大面积开展，其中合成困难是一个重要的原因[2]。本书将按聚合物的母体结构分类，对它们的合成和性质进行综述，希望它能对此类化合物的开发及应用起到借鉴作用。首先介绍两种研究的较为成熟的聚合物：聚苯并咪唑萘酰亚胺（BBL）和梯形聚苯（LPPP），重点介绍两类梯形聚合物：聚并苯类梯形聚合物和聚染料类梯形聚合物，并介绍此类聚合物的构建方法。

9.2 典型的梯形共轭聚合物 BBL 和 LPPP

9.2.1 聚苯并咪唑萘酰亚胺

聚苯并咪唑萘酰亚胺［poly(benzimidazobenzophenanthroline ladder)，BBL］是 20 世纪 60 年代用图 9-1 所示的方法制备的，以多聚磷酸为溶剂，高温下萘四甲酸和四氨基苯的盐酸盐进行缩合反应[3]。由于没有助溶的烷基侧链，BBL 的溶解性很差，不溶于常见的有机溶剂。由于含有较多的氮原子，它具有较强的结合质子的能力，因此这个聚合物溶于多聚磷酸、甲磺酸等强酸中，也溶于路易斯酸的有机溶液中，比如氯化铝的硝基甲烷溶液。

BBL 在场效应晶体管和太阳能电池中均具有较好的表现[4]。基于 BBL 的双层异质结薄膜太阳能电池［ITO/MEH-PPV(60 nm)/BBL(60 nm)/Al］的光电转化转化率达到 1.1%[5]。用甲磺酸溶解 BBL，可以用旋涂的方式制备基于它的场效应晶体管，电子迁移率达到 0.1 cm^2/(V·s)，并且器件具有空气稳定性[6]。由于具有较好的光电性能，目前 BBL 作为光电材料已经商品化。

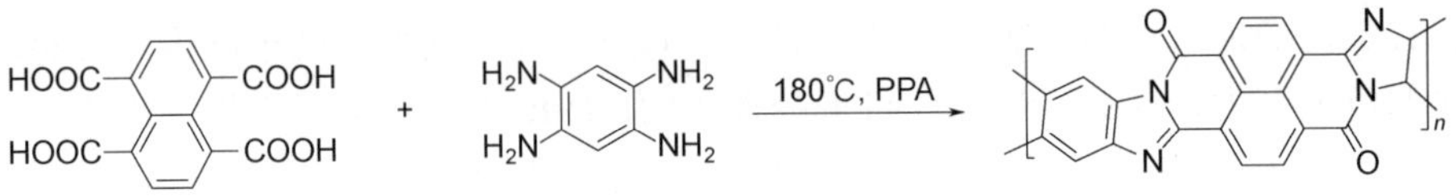

■ 图 9-1 几种 BBL 类梯形聚合物的结构及合成

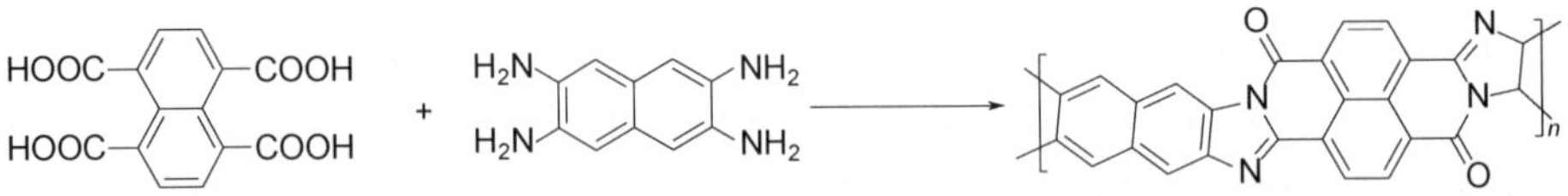

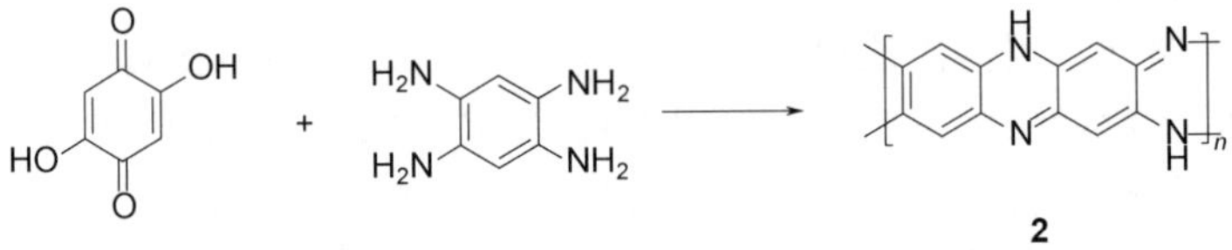

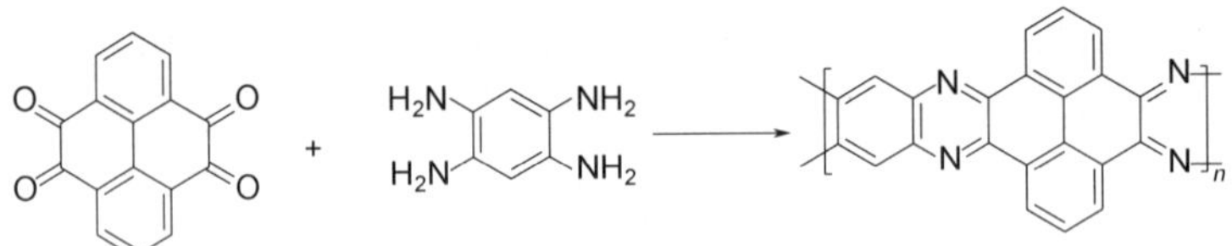

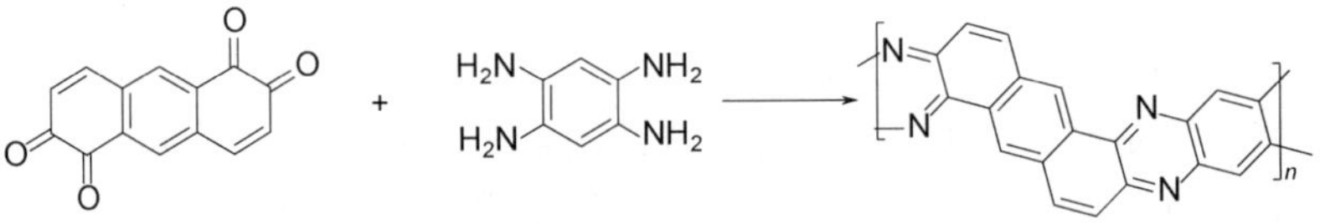

与 BBL 类似的聚合物比如 **1~4**，均在 20 世纪 60 年代被报道[7]，它们是通过萘四胺或者苯四胺与酮或者酸酐的高效缩合反应制备。因为此类化合物没有助溶侧链，具有较多的 N 原子，是路易斯碱，因此它们的制备只能在强酸性溶液中进行，多聚磷酸是普遍采用的一种溶剂。由于起始原料四氨基化合物富电子，容易被氧化，它们的盐酸盐是稳定的化合物，因此它们在使用时要制成盐酸盐。

9.2.2 梯形聚苯

梯形聚苯［ladder polymer of poly(*p*-phenylene)，LPPP］是另一类被深入研究的梯形聚合物，最早在 1991 年被德国 Klaus Muellen 课题组报道，到目前为止已经有超过百篇论文发表，深入研究了它的合成、性质和应用[8]。聚合物 **5**（LPPP 类）的合成路线如图 9-2 所示，通过三步反应制备[9]，首先通过 Suzuki 偶联反应合成普通的单键相连的聚合物，其次通过 LiAlH₄ 的还原或者烷基锂的亲核取代生成含羟基的中间聚合物，最后在路易斯酸的催化下通过分子内的傅-克反应生成目标聚合物 **5**。R² 和 R³ 烷基取代基的大小和类型对此类聚合物的合成具有决定性的影响。如果没有烷基取代基，羟基碳过于活泼，容易发生分子间的傅-克反应，形成带支链的、相互交联的、溶解性极差的聚合物。如果取代烷基的体积过大，反应活性将会降低，最后一步的成环反应不能完全进行，生成有较多缺陷的聚合物。最优的组合是

R^2 为芳香基团、R^3 为氢或者 R^2 为芳香基团、R^3 为烷基，在此条件下，可以得到无缺陷的梯形聚合物，通过 NMR 和 MAL-TOF 可以对其结构进行鉴定。

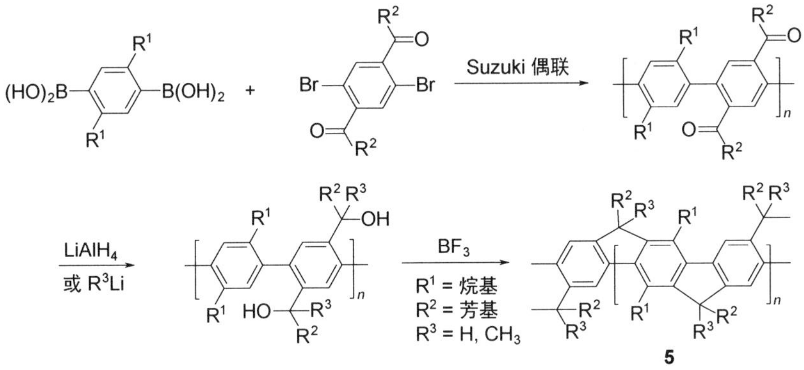

图 9-2 LPPP 的合成路线

聚合物 **5** 的分子量可以达到 50000 以上，分散指数在 2 左右，大约 150 个苯环相连，用 XRD 方法测得链长 8~10nm。聚合物 **5** 的最大吸收在 450 nm 附近，具有很强的荧光，在稀溶液中的荧光量子产率大于 0.9，这也从侧面印证了此类聚合物缺陷较少。较强的荧光还使得此类材料可以用于电致发光二极管的主体发光材料。

LPPP 的衍生物梯形聚合物 **6~8** 也被报道（图 9-3）。当在聚对二亚苯基的主链上引入部分间二亚苯基时，可以得到部分侧链弯曲的聚合物 **6**，与直链结构的聚合物 **5** 相比，**6** 的吸收蓝移约 60 nm，最大吸收位于 389 nm。如果全部采用间二亚苯基，可以得到扭曲更严重的聚合物 **7**，它的最大吸收在 356 nm。如果在聚合物 **5** 的主链上将一个苯基换成噻吩基团，可以得到聚合物 **8**，聚合物的最大吸收红移约 80 nm，最大吸收为 530 nm。

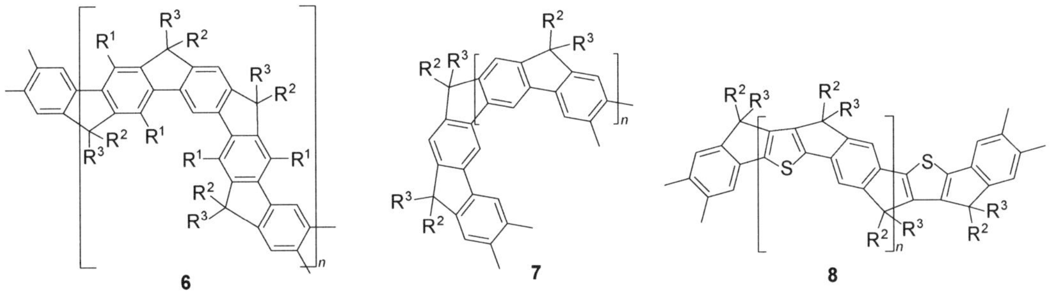

图 9-3 LPPP 衍生物的结构

9.3 聚并苯类梯形聚合物

聚并苯类聚合物的主链是苯单元，支链的聚并苯不存在，因为此类分子随着苯单元数目的增加，HOMO 能级较低，容易被氧化，比如蒽能稳定存在，并五苯的稳定性较差，并七苯非常不稳定。因此此类聚合物均是以带各种取代基的形式被合成[10]。如图 9-4 所示，在双(1,5-

环辛二烯)镍催化下,二溴二羰基化合物可以生成单键相连的前体聚合物,前体聚合物在硫化硼或者 McMurry 试剂(TiCl$_4$, Zn)作用下生成梯形可溶聚合物 **9**,它的最大吸收在 440 nm。此种聚合物的相对分子量可以达到 25000,主链上通过大概 25 个苯单元相连。

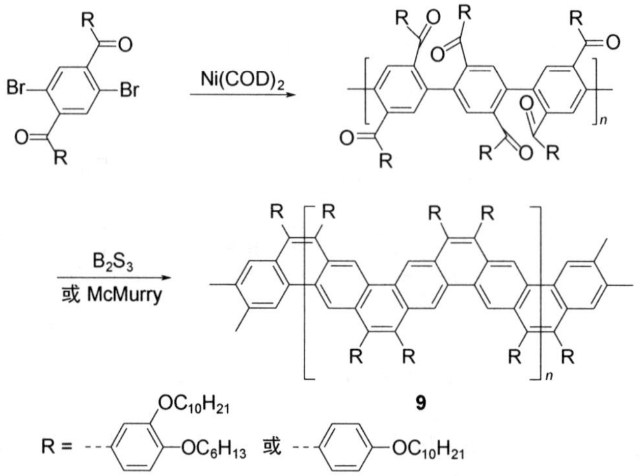

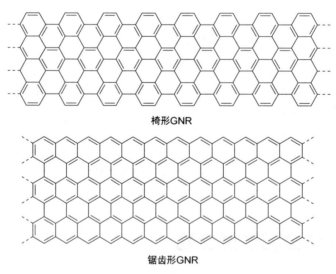

■ 图 9-4　聚并苯类梯形聚合物 9 的合成路线

梯形聚并苯类聚合物在石墨烯纳米带的合成中被广泛报道。多环并苯类石墨烯纳米带的边界结构有两种类型:椅形(armchair)和锯齿形(zigzag),它们的结构如图 9-5 所示。椅形结构的 GNR 可以具有不同的宽度,根据宽度的不同表现出准金属或半导体的性质,通常当宽度小于 10 nm 时,它表现出半导体的性质,宽度越窄,带隙越小。但是根据理论计算和实验结果,锯齿形 GNR 显现出不同的带隙、磁性和稳定性。因带隙容易调控、结构稳定,目前研究最广泛的是椅形结构。

椅形GNR

锯齿形GNR

■ 图 9-5　两种石墨烯纳米带的结构

HDI(六萘嵌二苯二酰亚胺)和 ODI(八萘嵌二苯二酰亚胺)是具有椅形结构的带状梯形共轭化合物[11],它们的结构见图 9-6,它们可以看成具有很小宽度的 GNR。合成这些具有精确结构的萘嵌苯酰亚胺类分子，可以系统研究其结构和性质，对于研究 GNR 分子具有很好的借鉴意义。在酰亚胺的邻位引入 4 个二甲基丁基，在 N 端引入 12-二十三烷基是为了增加分子的溶解性，因为此类分子的溶解性很差，溶解性差的原因在于分子之间强烈的 л-л 堆叠作用。根据结构单元中萘单元数目的不同，可以命名为苝酰亚胺（2 个萘环，PDI）、三萘三嵌二苯二酰亚胺（3 个萘环，TDI）、四萘嵌二苯二酰亚胺（4 个萘环，QDI）、五萘嵌二苯二酰亚胺（5 个苯环，PeDI）等。

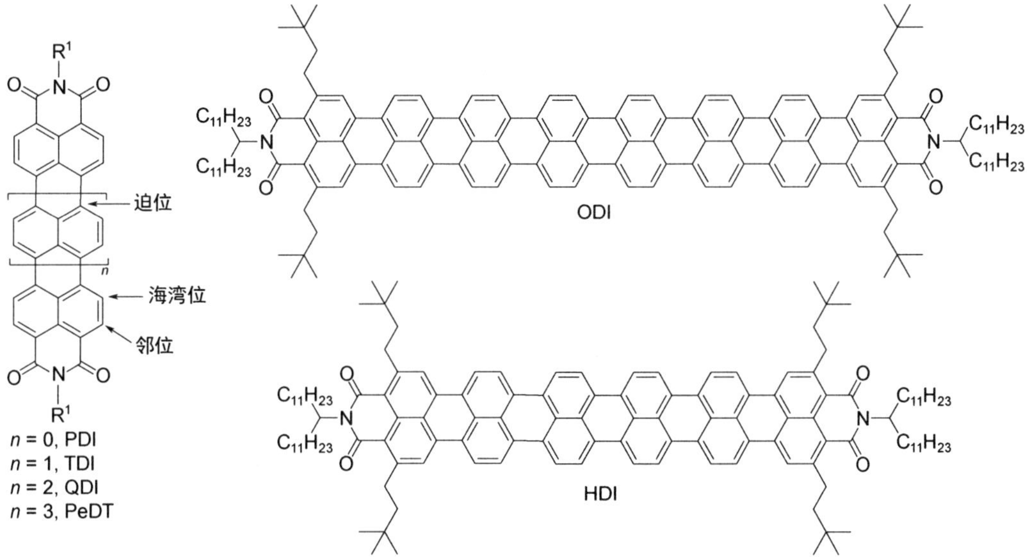

图 9-6　HDI 和 ODI 的结构

　　HDI 和 ODI 的合成如图 9-7 所示。这类分子的合成由于需要多步反应，反应中又涉及异构体，分离提纯是一个挑战，所以最终目标化合物只得到 30 mg 左右。因此这些分子在光电领域中的应用没有被深入研究，但是此类分子的光谱和自组装表现出有趣的性质。

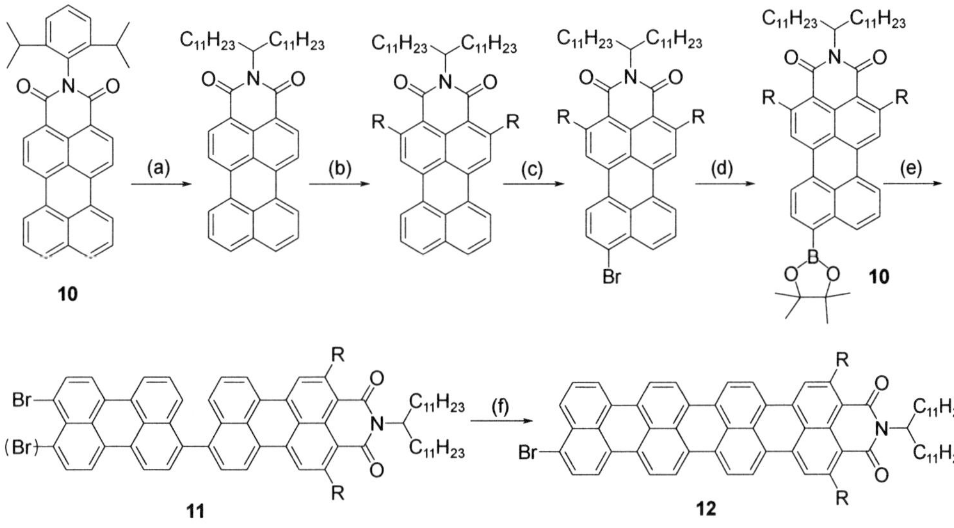

图 9-7

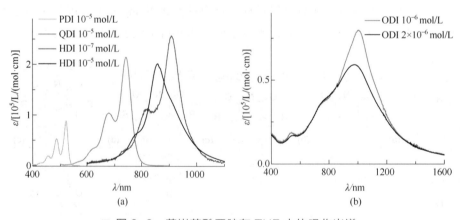

■ 图 9-7　HDI 和 ODI 的合成

反应条件：（a）1）叔丁醇，水，氢氧化钾；2）烷基胺，咪唑，总产率 20%。（b）3,3-二甲基-1-丁烯，RuH$_2$(CO)(PPh$_3$)$_3$，甲苯，170 ℃，微波辐射 5 h，86%。（c）溴水，二氯甲烷，0 ℃，20 min，定量收率。（d）频哪醇硼酸酯，二氧六环，Pd(dppf)Cl$_2$，醋酸钾，70 ℃，2 h，84%。（e）3,9-二溴苝/3,10-二溴苝，甲苯，水，乙醇，Pd(PPh$_3$)$_4$，碳酸钾，90 ℃，4 h，47%。（f）三氯化铁，二氯甲烷，硝基甲烷，室温，2 h，55%。（g）化合物 **10**，甲苯，水，乙醇，Pd(PPh$_3$)$_4$，碳酸钾，回流，15 h，39%。（h）乙醇胺，碳酸钾，二氧六环，200 ℃，30 min，67%。（i）频哪醇硼酸酯，二氧六环，醋酸钾，Pd(dppf)Cl$_2$，110 ℃，18 h，34%。（j）Sc(OTf)$_3$，DDQ，120 ℃，12 h，71%

如图 9-8 所示，随着共轭体系的增长，吸收光谱明显红移，这是由于随着共轭体系的增大，HOMO 能级升高，带隙减小。含有两个萘单元 PDI 的最大吸收在 524 nm，含 6 个萘环的 HDI 的本征最大吸收在 908 nm。随着 HDI 浓度的增大，分子之间的聚集效应增加，使得本征吸收消失，吸收的精细结构消失，最大吸收峰由 908 nm 蓝移到 858 nm。对于 ODI，由于分子之间极强的相互作用，我们不能得到它的本征吸收。对于这两个具有长共轭体系的分子，它们的吸收处于近红外区域，其稀溶液对可见光的吸收不明显，呈无色透明状。

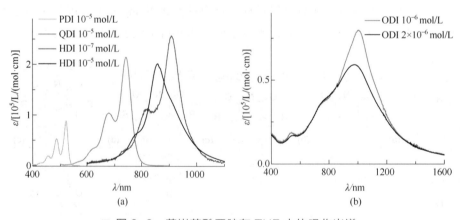

■ 图 9-8　萘嵌苯酰亚胺在 THF 中的吸收光谱

如图 9-9 所示，HDI 分子可以在 1,3,5-三氯苯和高规整石墨（HOPG）的界面组装成规则的鱼骨状的纳米结构，这种结构的共轭部分可以用扫描隧道显微镜（STM）进行观测。进一步的研究发现，此鱼骨状的结构可以在溶剂剪切力的诱导下很方便地转变为线型结构[12,13]。

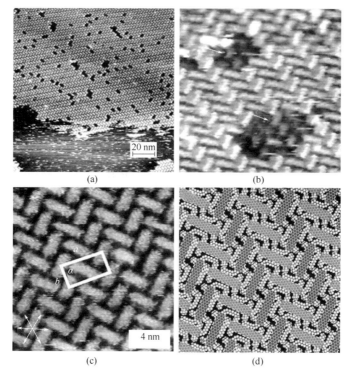

■ 图 9-9 HDI 在 1,3,5-三氯甲苯和 HOPG 界面的自组装

（a）大面积 HDI 自组装的 STM 图片（$c_{HDI} = 5.2 \times 10^{-7}$ mol/L）。（b）显示双层自组装分子的 STM 图片（27.4×27.4 nm²）。（c）显示分子排列的高分辨 STM 图片，晶胞参数：$a = (4.67 \pm 0.09)$ nm，$b = (2.41 \pm 0.04)$ nm，$\alpha = 89.7° \pm 1.5°$。左下方的箭头表示底片 HOPG 的对称轴。（d）HDI 分子排列的计算机模型，成像条件：$V_{bias} = 785$ mV，$I_{set} = 85$ pA

9.4 梯形共轭聚合物的构建方法

石墨烯纳米带（GNR）是聚多环芳烃类梯形聚合物中重要的一类，下面将按反应类型阐述此类化合物的合成方法。

9.4.1 Suzuki 反应的构建

如图 9-10 所示，通过 Suzuki 反应可以构建梯形聚合物 **18** 的前驱体聚合物 **17**。虽然中间体 **17** 中两个反应位点的位阻很大，该聚合反应还是能顺利进行，原因在于苯环之间具有较大的扭角，减小了立体位阻[14]。前体聚合物 **17** 的分子量达到 14000 g/mol，分散指数为 1.2。聚合物 **17** 在三氯化铁作用下，通过高效的脱氢闭环反应生成石墨烯纳米带 **18**。

由于具有较大的助溶烷基，**18** 在有机溶剂中具有较好的溶解性。它的结构可以用扫描隧道显微镜进行观测，用 STM 观测到 **18** 的长度只有 12 nm，这个长度对于制备单分子 GNR 器件远远不够。化合物 **18** 具有较强的可见吸收，截止波长 550 nm，带隙约为 2.3 eV。理论计算表明，如果 **18** 的长度足够长，带隙可以低至 1 eV。

通过 Suzuki 偶联的方法，可以构筑具有三角形结构单元的梯形共轭聚合物 **21a** 和 **21b**，此方法制备的聚合物的分子量不是很大，比如溶解性很好的 **16b** 的数均分子量只有 9900 g/mol，

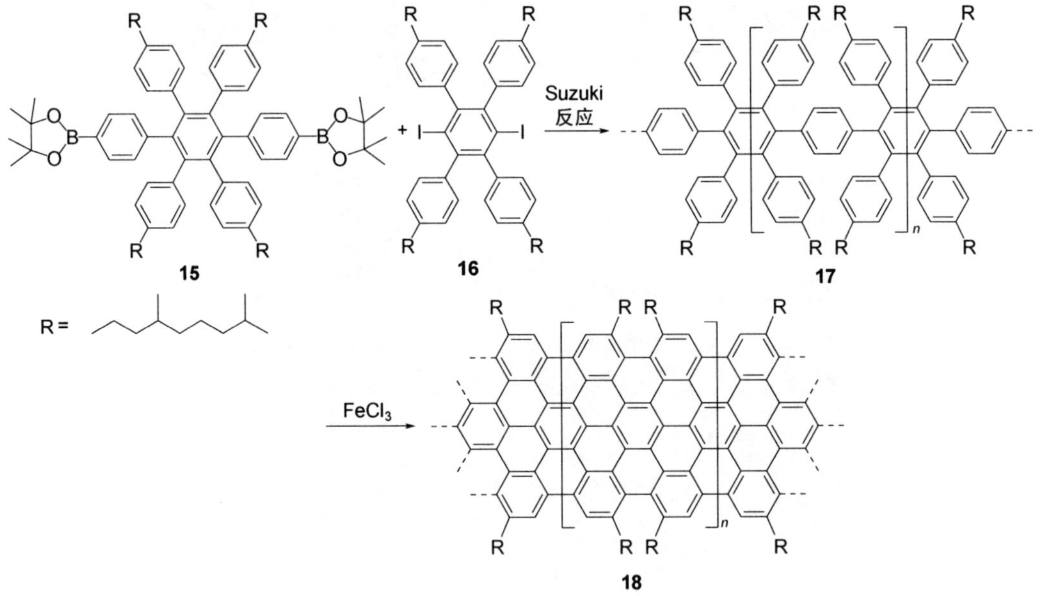

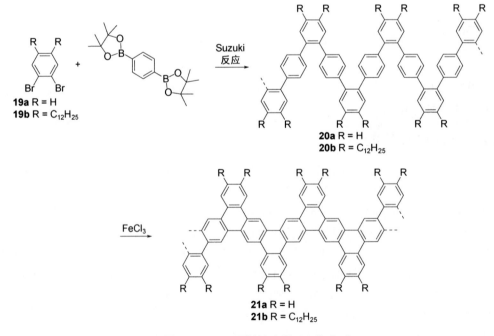

■ 图 9-10　石墨烯纳米带 18 的合成

转化为平面共轭的梯形聚合物后，共轭长度大约为 25 nm（图 9-11）。具有十二烷基侧链的 **21b** 的溶解性非常好，在常见有机溶剂如甲苯、四氢呋喃、二氯甲烷等中的溶解度大于 40 mg/mL，因此此类材料可以很好地进行溶液处理。没有助溶侧链 **21a** 的溶解性很差，这样很难保证脱氢闭环反应的完全进行，导致聚合物中存在大量的缺陷。

■ 图 9-11　石墨烯纳米带 21 的合成

9.4.2 Yamamoto 反应的构建

用 Suzuki 偶联的方法虽然能有效地制备 GNR 的前体聚合物，但是分子量较小。如图 9-12 所示，用 Yamamoto 反应的方法可以构筑较大分子量的 GNR 前驱体聚合物。比如单键相连的聚合物 **23** 的数均分子量可以达到 44000，分散指数为 1.2，脱氢闭环之后得到 GNR **24**，它的长度大概 30 nm，宽度在 1.54~1.98 nm。聚合物的闭环效果和条件可以用模型化合物 **22a** 来验证，在三氯化铁条件下，化合物 **22a** 可以高效闭环，定量生成大平面共轭的产物。GNR24 的光学带隙只有 1.12 eV，这个数值与使用密度泛函的计算结果 1.08 eV 非常吻合，这也从侧面说明此 GNR 具有完美无缺陷的结构。

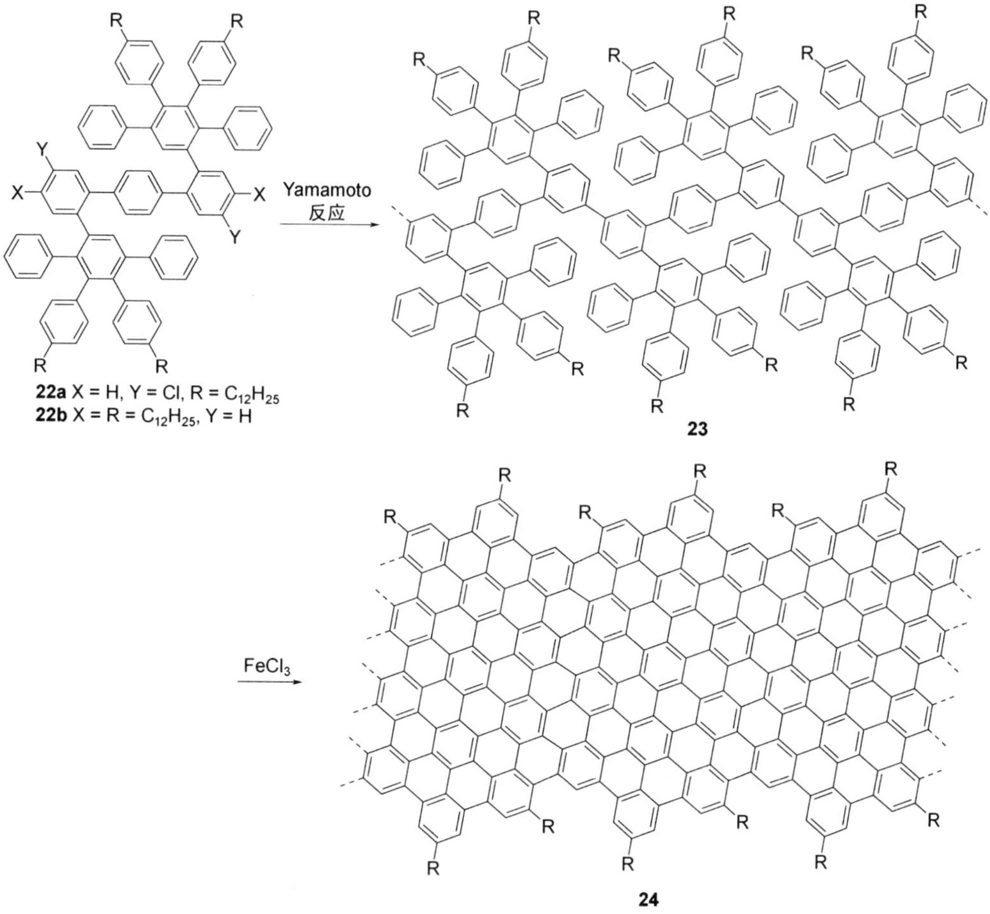

R
Y
X
Y
Yamamoto
反应
22a X = H, Y = Cl, R = $C_{12}H_{25}$
22b X = R = $C_{12}H_{25}$, Y = H
23
$FeCl_3$
24

图 9-12 石墨烯纳米带 24 的合成

9.4.3 Diels-Alder 反应的构建

高效的 Diels-Alder 反应也是构筑石墨烯纳米带的有效方法[15]。如图 9-13 所示，化合物 **25** 既含双烯体，又含亲双烯体的炔键。化合物 **25** 在二苯醚中回流，或者在 260 °C 左右加热熔融，得到单键相连的聚合物 **26** 的数均分子量高达 340000，分散指数 1.9，这充分证明了此类反应的高效性。通过高效的脱氢闭环反应，**26** 可以高效地转化为大平面共轭的长条形梯形

聚合物 **27**，它的结构已经通过傅氏转换红外线光谱（FTIR）、拉曼光谱、固体核磁、紫外可见吸收光谱和扫描探针显微镜（SPM）进行表征。GNR **27** 在液固两相的界面能够组装成有序的单分子层，这种结构可以用扫描隧道显微镜进行清晰地观察。

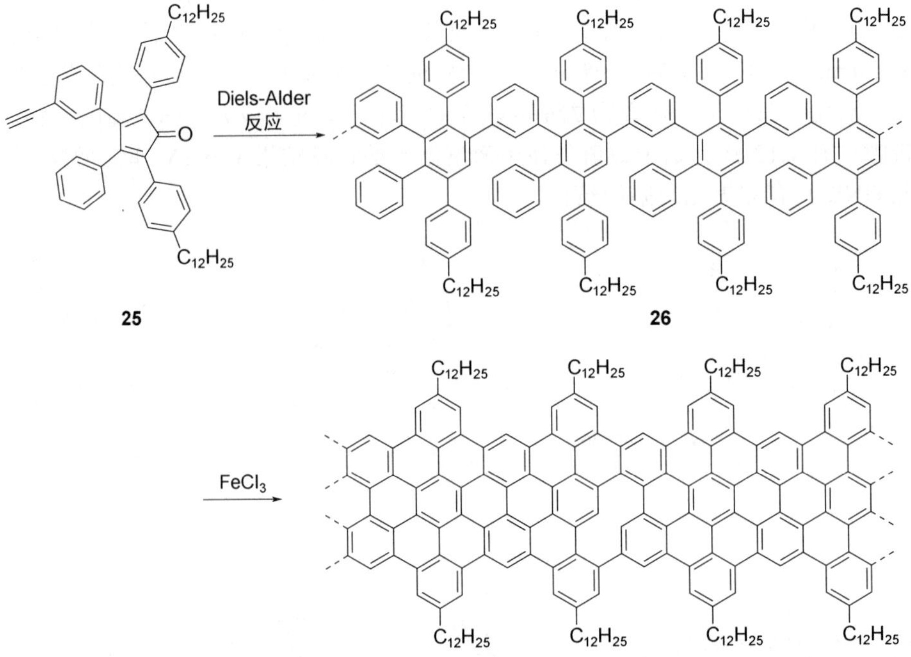

■ 图 9-13　石墨烯纳米带 27 的合成

　　单个 GNR **27** 的分子可以长达 500 nm，它可以被分离出来构筑单分子晶体管器件。此晶体管器件对 NO_2 具有很强的敏感性，灵敏度达到十亿分之一（10^{-9}）。化合物 **27** 的边界有很多裸露的芳香环上的氢原子，通过高效的全氯化，既能降低分子的 LUMO 能级，使之从 p 型有机半导体转化为 n 型有机半导体，又能降低分子的带隙，增加分子的溶解性。

9.5 聚染料类梯形聚合物

　　聚并苯类聚合物虽然总类很大，合成方法较为成熟，分子量也很大，但是它的带隙较大，吸收光谱靠近紫外区，对太阳光谱的吸收有限，这限制了这类材料未来在太阳能电池中的应用。产生这种现象的原因在于此类聚合物缺少基于推拉电子体系的发色团，因此带隙较小。

　　染料分子由于具有不同的推拉电子体系和吸收光谱。开发聚染料类梯形聚合物可以调节梯形聚合物的带隙和能级，改善它对太阳光的吸收。

9.5.1　聚苝酰亚胺类梯形聚合物

　　苝酰亚胺是一种具有很大 π-π 电子共轭结构和刚性平面的有机染料,在可见光区域有很强的吸收（最大摩尔吸收系数一般在 5 万以上），荧光量子产率接近 1，具有优良的光、热稳定性。起初苝酰亚胺作为高档的有机颜料，最近十年苝酰亚胺及其衍生物作为有机半导体受到越来越多的关注。由于苝酰亚胺具有大的共轭体系，分子之间有较强的分子间作用力，一般的苝酰亚胺在有机溶剂中的溶解性很差。目前苝酰亚胺及其衍生物作为有机半导体材料在场效应晶体管方面应用最多，在太阳能电池、电致发光二极管和激光染料方面也有应用报道[16]。

梯形共轭的聚苝酰亚胺 LCPT 的结构和合成策略如图 9-14 和图 9-15 所示[15]，本路线中，

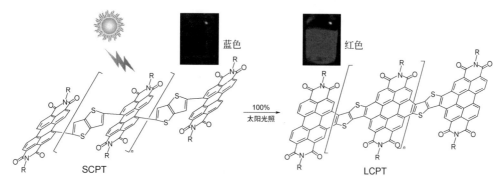

■ 图 9-14　梯形共轭聚合物 LCPT 的合成策略

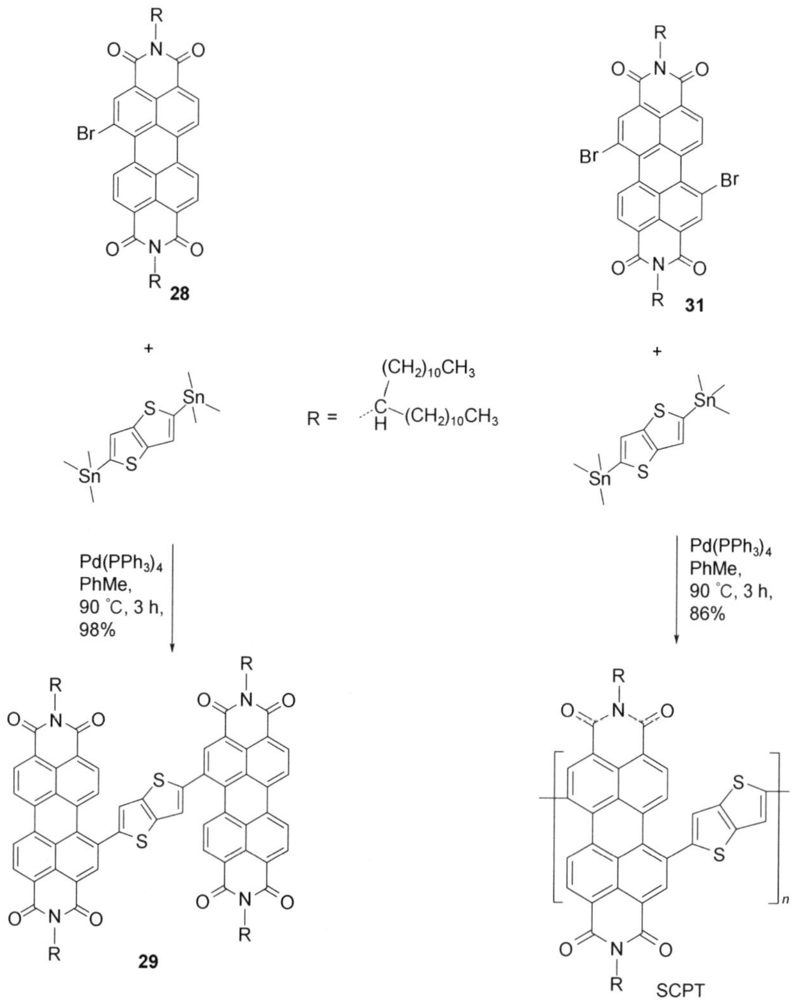

■ 图 9-15

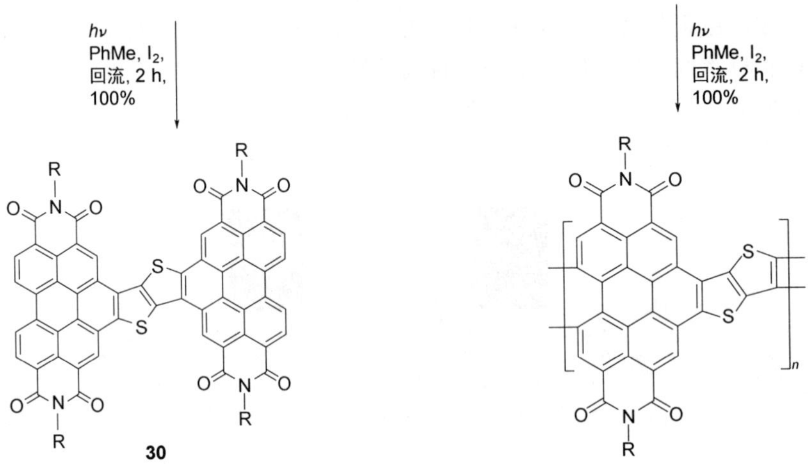

■ 图 9-15　梯形共轭聚合物 LCPT 的合成

先合成单股聚合物 SCPT，再通过高效光催化闭环的方法将其转化为 LCPT，N 端烷基之所以选择 12-二十三烷基，是为了增加聚合物的溶解性，使目标化合物可以溶液处理。在光照条件下，通过催化闭环反应，靠单键相连的聚合物 SCPT 可以定量地转化为梯形共轭聚合物 LCPT。SCPT 的溶液呈黑色，无荧光；LCPT 的溶液为红色，有强烈的红色荧光。

　　LCPT 是并二噻吩单元和苝酰亚胺单元相互交替的梯形聚合物，之所以选择并二噻吩单元，是因为噻吩的低聚物、梯形共轭的噻吩，尤其是 3-己基噻吩的聚合物 P3HT 在太阳能电池和场效应晶体管的研究中被广泛使用，并且表现出良好的性质。再者并二噻吩单元和苝酰亚胺单元构成了一个 D-A 结构，而合成具有 D-A 结构的聚合物是获得半导体聚合物的一个重要方法，许多具有 D-A 结构用于光电领域的苝酰亚胺-噻吩单元已经被合成，同时作为具有 D-A 结构的苝酰亚胺-噻吩的单股聚合物已经被证明是很好的有机半导体。

　　模型化合物 30 的合成是为了验证反应的可行性，也是为了优化反应条件。从反应结果来看，生成化合物 29 的 Stille 偶联反应在甲苯中 Pd(PPh$_3$)$_4$ 的催化下能顺利进行，反应的收率高达 98%。化合物 29 在碘催化下，光照 1 h 可以进一步定量地转化为 30。通过优化光催化闭环反应的条件发现此类光照反应既可以在甲苯中反应，也可以在氯仿、THF 和氯苯等溶剂中进行，反应温度可以从室温到溶剂的沸腾温度，温度越高反应越快，空气中的氧气是必需的，它能够帮助反应分子脱氢。

　　聚合物 SCPT 在液相排阻色谱上只有一个峰，以聚苯乙烯为标准计算出的数均分子量18500，分散指数 1.27。据此我们可以估算出梯形聚合物的分子量大概为 18500，大约含 18 个苝单元。LCPT 的溶解性比 SCPT 差很多，在甲苯或氯仿中的溶解度小于 7 mg/mL，不溶于四氢呋喃，因此对其没有进行排阻色谱的测试，由于聚合单元分子量高达 1170，LCPT 的 CDCl$_3$ 溶液没有给出明显的氢核磁共振信号。

　　利用合成模型分子 30 的反应条件，通过 Stille 偶联合成了聚合物 SCPT，后处理时，直接将反应混合物加入到正己烷中即可，因为 Pd(PPh$_3$)$_4$ 和封端试剂 28 溶于正己烷，可以通过过滤除去。聚合物 SCPT 在普通有机溶剂中有较好的溶解性，比如在甲苯或氯仿中的溶解度超过 30 mg/mL。图 9-16 给出了原料 31 与 SCPT 的 ^{1}H NMR 谱图，需要说明的是，普通苝酰亚胺在 400 MHz 核磁共振仪下的氢谱应该是 δ 8.9 处一个单峰对应与溴相邻的氢，另外两组

双重峰分别在 δ 8.6 和 9.5，分别对应另外的两组 H，而本体系的苝酰亚胺的 δ 8.9 的 H 裂分为两组峰，δ 8.6 的 H 裂分为两组两重峰，这与本研究中采用大体积的 N 端烷基 R（12-二十三烷基）有关，当 R 的体积较大时，对应的苝酰亚胺构象不能自由变换，产生两种环境的 H，类似的结果在以前的研究中也有报道。

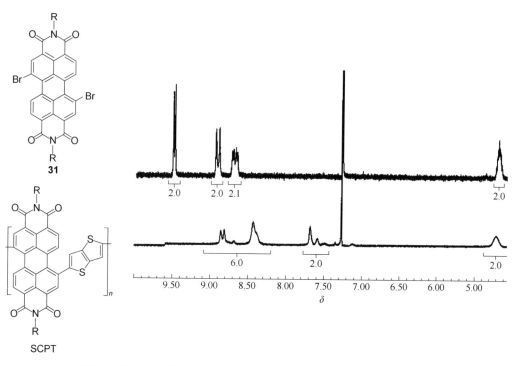

■ 图 9-16　化合物 31 和 SCPT 的核磁谱图（400 MHz，CDCl₃）

从图 9-16 中可以看到聚合反应结束后原料 31 的三组峰全部消失，新生成了 3 组宽峰，δ 8.3~8.9 对应苝酰亚胺单元上的 H，δ 7.4~7.8 对应并二噻吩单元上的 H，δ 5.2 对应与 N 相连的次甲基上的 H，反应前后此 H 的化学位移不变。对 SCPT 来说，δ 8.3~8.9 之所以出现 3 组峰，既与 31 有 1,7-取代和 1,6-取代两种异构体，产生的聚合分子有多种异构体有关，也与聚合分子中各单元之间的自由旋转受到抑制，导致产生多种不同化学环境的 H 有关。SCPT 在液相排阻色谱上只有一个峰，以聚苯乙烯为标准计算出的数均分子量 18500，分散指数 1.27。

图 9-17 给出了 SCPT 和 LCPT 在氯仿中的吸收和荧光光谱，SCPT 没有荧光，LCPT 有较强的荧光，量子产率达到 0.20，这与其刚性的平面结构有关。LCPT 在 300~650 nm 范围内表现出很强的吸收，但是它的吸收光谱与 SCPT 相比，仍有稍微的蓝移，这与平面结构导致的较宽带隙有关。两者的固态吸收与溶液吸收相比光谱没有发现明显红移，这与较大的烷基侧链导致分子之间相互

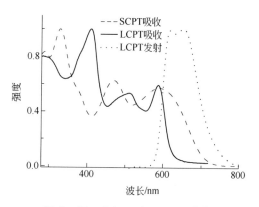

■ 图 9-17　SCPT 和 LCPT 在氯仿中的吸收和荧光光谱

作用较弱有关。较宽的吸收光谱和较强荧光使得 LCPT 成为潜在的光捕获或光发射材料。

为了更好地解释 SCPT、LCPT、**29** 和 **30** 之间闭环前后不同的光学和电化学性质，对 **29** 和 **30** 的共轭母体用 Gaussian 03 进行了优化，选用 DFT/B3LYP 方法，6-31G 基组，优化后的结构和 HOMO、LUMO 能级如图 9-18 所示。闭环后得到的模型化合物 **30** 具有完美的平面，但是闭环之前的 **29** 分子却存在严重扭曲，苝环和并二噻吩环之间存在 62° 的二面角，这种严重的扭曲使得 **29** 中苝酰亚胺和相邻的并二噻吩之间的电子交换比 **30** 困难，导致了两者不同的分子轨道。对 **30** 的 HOMO 和 LUMO 来说，电子云分布在整个共轭体系中，但对 **29** 的 LUMO 来说，电子云主要分布在苝酰亚胺环上。计算得出 **30** 的 LUMO 能级比 **29** 的高 0.082 eV，这与 LUMO 能级实验值的趋势一致，**30** 的 HOMO 能级比 **29** 的低 0.218 eV，因此 **30** 的理论带隙比 **29** 的宽 0.30 eV，而这与实验值非常接近，**30** 的实验光学带隙比 **29** 的宽 0.31 eV。

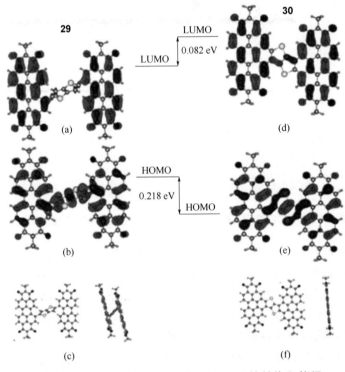

■ 图 9-18　DFT 方法优化的 **29** 和 **30** 的结构和能级

图 9-19 给出了 SCPT 和 LCPT 热重分析和差热分析曲线，从 TGA 曲线来看，具有梯形结构的 LCPT 的热稳定性明显比 SCPT 高，两者质量损失 5% 的温度分别在 380 ℃ 和 320 ℃，梯形对称结构的 LCPT 比后者高出 60 ℃。DSC 结果表明，从室温到 350 ℃ 两种聚合物都未表现出玻璃化温度，这可能与两者规则的结构有关。

LCPT 虽然具有很漂亮的结构，可以简便高效地合成，然而它极差的溶解性限制了它的表征和进一步应用。因此这个材料在有机光电领域中的应用还没有开展。

从上面的例子可以看出，首先合成一个通过单键相连的聚合物，然后通过一个高效的反应，使其转化为梯形共轭聚合物是设计此类聚合物的一个重要方法。关键在于最后一步的转化反应必须高效。

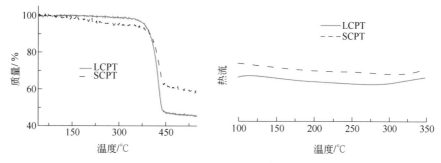

■ 图 9-19　SCPT 和 LCPT 的热重（左）和差热分析（右）曲线
（扫描速率：10 ℃/min；空气环境）

9.5.2　梯形共轭聚卟啉

卟啉是由具有 4 个吡咯环共轭连接起来的环状具有芳香性的体系。卟啉及其金属配合物在自然界中广泛存在，比如叶绿素和血红素中大量存在此类化合物，此类材料在生物、医疗方面、光敏染料以及催化领域都有非常重要的应用。卟啉化合物的熔沸点一般都比较高，而且对酸、碱、光、热都比较稳定。由于卟啉中心环的 4 个原子中心具有空腔，它们可以和一些金属离子形成化合物，当它们与不同半径的金属离子配位时，可以形成各种各样的配位化合物[17]。

单个卟啉分子（化合物 **32**）的吸收波长在 300~700 nm。通过银盐作用的氧化反应，可以将卟啉分子进行 β-β 偶联，生成二聚卟啉 **33**、三聚卟啉 **34** 或者十二聚卟啉 **39**。这些低聚物可以通过制备色谱的方法进行分离。如图 9-20 所示，共轭体系增大之后，卟啉体系的吸收光谱

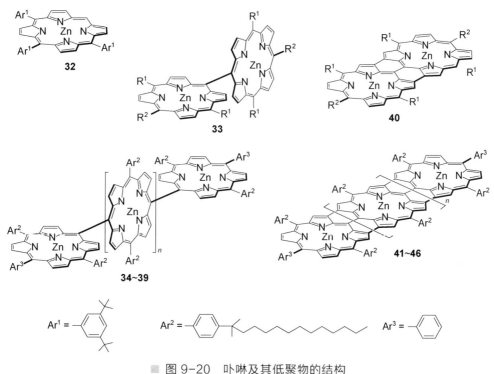

■ 图 9-20　卟啉及其低聚物的结构

34,41, $n=1$；**35, 42**, $n=2$；**36, 43**, $n=3$；**37, 44**, $n=4$；**38, 45**, $n=5$；**39, 46**, $n=10$

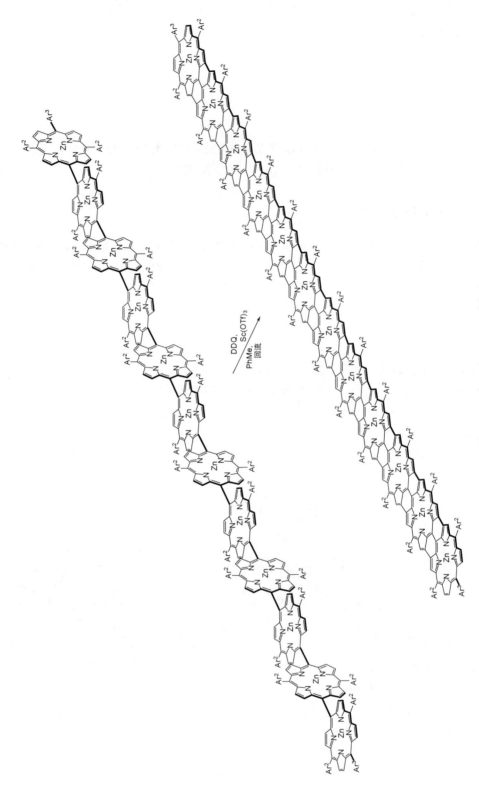

■ 图 9-21 梯形共轭卟啉的合成[19]

明显红移，可见区的吸收带裂分为两个精细结构，然而十二聚卟啉 **39** 的吸收和八聚卟啉 **38** 的吸收基本重合，说明当共轭体系增加到一定长度之后，卟啉单元之间的共轭受到了抑制，电子在聚合物主链上的传导受到了影响，因此光谱基本保持不变。取代基 Ar[1] 和 Ar[2] 上的大体积烷基链是为了增加分子的溶解性。与苝酰亚胺类似，这类大平面共轭的分子往往溶解性很差[18]。

在氧化剂 DDQ 和 Sc(OTf)$_3$ 作用下，这些靠单键相连的低聚物 **33～39** 可以高效地转化为梯形平面共轭的聚合物 **40～46**，反应路线见图 9-21，其紫外-可见吸吸光谱见图 9-22。氧化闭环之后，聚合物由高度扭曲结构转变为平面结构，吸收光谱也大大红移。梯形聚合物 **46** 的最大吸收达到 2500 nm。这些吸收光谱也可以很精确地进行理论模拟，实验结果和模拟结果高度一致[19]。

虽然梯形聚卟啉系列分子具有精确漂亮的结构和吸收峰范围可调的吸收光谱，但是此类化合物的溶解性差、分离非常困难、很难进行大量制备，很难进行溶液处理，这也是大多数梯形共轭聚合物共有的缺点。

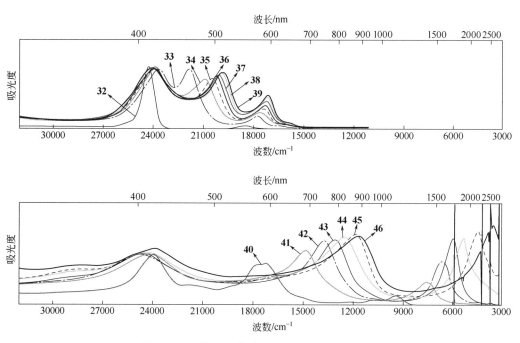

■ 图 9-22 梯形聚合卟啉的紫外-可见吸收光谱

参 考 文 献

[1] Guldi, D. M.; Nishihara, H.; et al. *Chem. Soc. Rev.*, **2015**, *44*, 842.

[2] Swager, T. M.; Dengiz, C.; et al. *Synfacts.*, **2017**, *13*, 0695.

[3] Arnold, F.; Van Deusen, R. *Macromolecules*, **1969**, *2*, 497.

[4] Babel, A.; Wind, J. D.; et al. *Adv. Funct. Mater.*, **2004**, *14*, 891.

[5] Alam, M. M.; Jenekhe, S. A. *Chem. Mater.*, **2004**, *16*, 4647.

[6] Babel, A.; Jenekhe, S. A. *J. Am. Chem. Soc.*, **2003**, *125*, 13656.

[7] Stille, J.; Mainen, E. *Macromolecules*, **1968**, *1*, 36.

[8] Scherf, U. *J. Mater. Chem.*, **1999**, *9*, 1853.

[9] Forster, M.; Annan, K. O.; et al. *Macromolecules,* **1999**, *32*, 3159.

[10] Narita, A.; Feng, X.; et al. *The Chemical Record,* **2015**, *15*, 295.

[11] Yuan, Z.; Lee, S. L.; et al. *Chemistry-A European Journal,* **2013**, *19*, 11842.

[12] Lee, S.L.; Yuan, Z.; et al. *J. Am. Chem. Soc.,* **2014**, *136*, 4117.

[13] Lee, S.L.; Yuan, Z.; et al. *J. Am. Chem. Soc.,* **2014**, *136*, 7595.

[14] Narita, A.; Feng, X.; et al. *Nature Chem.,* **2014**, *6*, 126.

[15] Hartley, C. S. *Nature Chem.*, **2014**, *6*, 91.

[16] 袁忠义. 大连理工大学博士学位论文, 2010.

[17] Drobizhev, M.; Stepanenko, Y.; et al. *J Am Chem Soc.*, **2006**, *128*, 12432.

[18] Tsuda, A.; Furuta, H.; et al. *J. Am. Chem. Soc.,* **2001**, *123*, 10304.

[19] Tsuda, A.; Osuka, A. *Science,* **2001**, *293*, 79.

第10章

分子基磁性材料

　　磁性是物质的基本属性。很早以前，人们就对物质磁性有一定的认识，并对磁性进行了应用。早在三千多年前，中国人就发现了自然界中存在磁石，并利用其制成了司南，这是对磁性的最早应用。在《管子·地数》《鬼谷子》等书籍中都有磁石和磁石取针的相关记载。《吕氏春秋·季秋纪》中也有"慈石召铁，或引之也"的表述。对磁性现象的深入了解，始于1819年丹麦的汉斯·奥斯特发现电流可以使磁针偏转的现象。随后，1831年英国的法拉第发现电磁感应，并于1845年提出顺磁性与抗磁性的概念。19世纪末至20世纪初，法国的皮埃尔·居里发现磁性物质随温度变化的规律。在此基础上，法国的皮埃尔·外斯提出居里-外斯定律。1988年，法国的阿尔贝·费尔和德国的彼得·格林贝格尔发现巨磁阻效应。目前，磁性材料已经广泛应用于磁性机械、声学器件、信息技术等各个领域。

　　传统的磁性材料，如铁氧体及各类合金无机磁性材料，是由原子或离子组成的。目前实用的磁性材料大多都是这类材料。它们一般含有未成对电子的过渡金属或稀土金属的原子或离子，具有二维及以上的成键网络结构，通过高温冶金的方式制备，如 $Nd_2Fe_{14}B$、$MO_6Fe_2O_3$（M 为 Ba、Sr、Pb）、$Ca_{14}MnBi_{11}$ 等。分子基磁性材料是指通过有机、有机金属、配位化学及高分子化学方法合成的分子或分子聚集体磁体构成的磁性材料。与传统的无机磁性材料相比，分子磁体具有密度小、可塑性及透光性好、易于加工成型、低温合成、易于与材料的其他性质如电性、光学性质等结合得到许多优越的性能而广泛受到人们的重视。分子磁体按照不同的方式可以分成不同的种类。按照组成来分类，可以分为有机分子及聚合物分子磁体、有机金属分子磁体、配合物分子磁体；按照磁性来源，可以分为自由基体系、顺磁金属离子体系、自由基-顺磁金属离子复合体系；按照磁性质来分类，可以分为顺磁性、铁磁体、亚铁磁体、反铁磁体、变磁体等。

　　由于分子基磁性材料合成方法简便，易于获得晶体结构，同时通过对有机配体进行裁剪，改变不同的金属中心，可以有目的地调控分子结构及磁性，有望成为新一代磁性材料，具有极为广阔的应用前景。因此，设计合成新颖的分子基磁体、探索新的磁现象、研究材料的磁性能及磁性与结构之间的关系，一直是化学、材料等科研领域的研究热点。本章将对分子基磁性材料及分子磁性的基本概念、分子磁体的各种磁现象及分子磁体研究的前沿等内容分别进行介绍。

10.1 概述

物质的磁性来自于原子或离子内电子的运动。按照量子力学理论，由于多电子原子内部电子之间的相互作用，原子的内部状态可以由多电子的 L、S、J 和 M 这 4 个总量子数来描述。总量子数可以由单个电子的量子数 l 和 s 得到。

$$L = \sum_i l_i, \quad S = \sum_i s_i, \quad J = L + S \tag{10-1}$$

多电子原子中相应的角动量物理量可以分别表示如下：

轨道角动量为

$$P_L = \frac{h}{2\pi}\sqrt{L(L+1)} \tag{10-2}$$

自旋角动量为

$$P_S = \frac{h}{2\pi}\sqrt{S(S+1)} \tag{10-3}$$

总角动量为

$$P_J = \frac{h}{2\pi}\sqrt{J(J+1)} \tag{10-4}$$

其中，总角动量沿磁场的分量为

$$P_{M_J} = \frac{h}{2\pi}M_J \tag{10-5}$$

量子力学证明，对于光谱支项为 $^{2S+1}L_J$ 状态的多电子原子，其原子磁矩 μ 与原子的总动量 P_J 之间的关系为：

$$\mu = -g_J \beta \sqrt{J(J+1)} \tag{10-6}$$

式中，β 为玻尔磁子（0.9274×10^{-20} erg/G 或 9.27×10^{-24} J/T），是磁矩的一个自然单位；g_J 为朗德因子，$g_J = 1 + \dfrac{S(S+1) + J(J+1) - L(L+1)}{2J(J+1)}$；负号表示原子磁矩 μ 与总角动量 P_J 的方向相反。

磁矩沿磁场方向 z 的分量为

$$\mu_z = -g_J M_J \beta \tag{10-7}$$

相应的磁矩 μ 在外磁场 H 作用下的塞曼（Zeeman）能量为

$$E(M_J) = -\mu \cdot H = -\mu_z \cdot H = g_J M_J \beta H \tag{10-8}$$

若忽略轨道的贡献（$L=0$），只考虑电子自旋的贡献时，$J=S$，则 $g=2$，式（10-6）转换为 $\mu = -g_J S \beta$，相应的磁矩与外磁场作用的能量为 $E = -\mu \cdot H = -\mu_z \cdot H = g_J M_S \beta H$。

如果将每个原子或分子自旋 S 引起的磁矩 μ 看作一个小磁子，在通常情况下，由于这些磁子的无序运动及取向，使物质不显示出宏观的磁性。当将 1 mol 该分子的化合物放入外加磁场下时，由于外加磁场的作用，磁子作有序取向则产生宏观的磁矩 M。这种摩尔磁化强度 M 与外加磁场存在如下关系：

$$\partial M = \chi \partial H \tag{10-9}$$

式中，χ 称为摩尔磁化率，单位可以表示为 emu/mol 或 cm^3/mol。需要说明的是，在磁化学研究中，人们习惯采用高斯制单位，而不是国际制单位。摩尔磁化强度 M 的单位为 m^3·G/mol。

当磁场足够弱，摩尔磁化率 χ 不依赖于外加磁场 H，且磁子间没有相互作用的理想体系，M 与 H 成正比，式（10-9）可以写为：

$$M = \chi H \tag{10-10}$$

10.2 磁性的分类

当物质处于外加磁场中时，由于电子在轨道中运动时与外磁场发生相互作用，会导致该物质内部的磁场强度 B（磁感应强度）发生变化。

$$B = H + H' = H + 4\pi\kappa H \tag{10-11}$$

式中，H' 为介磁率为 κ 的磁介质引起的附加磁场强度。当实验测试结果为 $H' > 0$ 时，附加磁场 H' 的方向与外加磁场一致，该物质为顺磁性物质；如果 $H' < 0$，则 κ 磁介质产生的附加磁场与外加磁场方向相反，则该物质称为反磁性或抗磁性物质。

10.2.1 抗磁性

抗磁性（diamagnetism）是所有物质都具有的根本属性之一。根据经典电磁学理论，外加磁场引起的电磁感应会使轨道上的电子加速，而这种加速运动所引起来的磁通总是与外磁场变化相反。因此抗磁磁化率是负的，一般为很小的负值（10^{-5} emu/mol），与温度及外加磁场强度无关。

通过实验可以精确测出抗磁性物质抗磁磁化率的大小。但是通常情况下，一般通过估算来获得相关数值。分子抗磁磁化率等于组成该分子的所有原子的抗磁磁化率（χ_{Di}）和化学键的抗磁磁化率（λ_i）之和。

化合物的抗磁磁化率也可以通过式（10-12）近似求得：

$$\chi_D \approx \kappa^* M_w \times 10^{-6} \text{ emu/mol} \tag{10-12}$$

式中，κ 为 0.4~0.5 的常数；M_w 为化合物的分子量。

对于没有未成对电子的物质，抗磁性是非常重要的；而对于具有未成对电子的过渡金属离子，实验测得的 χ 值不仅包括抗磁磁化率 χ_D 的贡献，也包含顺磁磁化率 χ_p 的贡献。

$$\chi = \chi_D + \chi_p \tag{10-13}$$

通常在分子量较小情况下，顺磁磁化率 χ_p 的贡献（10^{-4}~10^{-2} 数量级）远大于抗磁磁化率 χ_D 的贡献。但在金属蛋白中，体系分子量很大，且中心金属离子较少，此时抗磁磁化率的贡献不可忽略。

10.2.2 顺磁性

只有具有未成对电子的物质才有顺磁性（paramagnetism）。如图 10-1 所示，在顺磁性物质中，没有外加磁场时，体系中的小磁子由于热运动，磁矩无规则混乱取向，对外不显示磁性。当存在外加磁场作用时，顺磁性物质中的原子磁矩将沿着外加磁场方向进行取向，从而产生了数值为正值的顺磁磁化率。

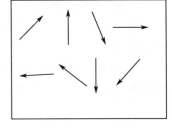

图 10-1　顺磁性

顺磁磁化率的大小通常与场强无关，但是与温度有关。按照居里（Curie）定律一级近似，磁化率 χ_p 与温度 T 之间成反比例变化：

$$\chi_p = \frac{C}{T} \tag{10-14}$$

式中，C 为居里常数，可以通过 χ 对 T^{-1} 的关系曲线拟合得到，反映了 χ 随温度的倒数 T^{-1} 的线性变化。居里定律仅适用于顺磁性离子之间距离比较远，相互之间没有磁耦合作用的自由离子。当顺磁性离子之间存在磁相互作用时，磁化率将偏离居里定律，但在较高的温度区间服从居里-外斯（Curie-Weiss）定律：

$$\chi_p = \frac{C}{T-\theta} \tag{10-15}$$

式中，θ 为外斯常数，通常用来判断顺磁性离子间的耦合作用。当 θ 为负值时，表明顺磁性离子间的磁相互作用为反铁磁性耦合；反之，当 θ 为正值时，表明顺磁性离子之间为铁磁性耦合作用。

10.2.3　Van Vleck 方程和磁耦合

10.2.3.1　Van Vleck 方程

在磁性研究中，经常要用到顺磁性物质作为定量计算磁化率 χ 的理论基础及方法。经典力学中，能量为 E 的体系在外磁场 H 的作用下，其摩尔磁化强度 M 可以表示为式（10-16）：

$$M = -\frac{\partial E}{\partial H} \tag{10-16}$$

在磁场中的每个分子具有不同的能级分布 E_n（$n = 1, 2, 3, \cdots$），将每一个能级定义为一个微观的磁矩 $\mu_n = -\dfrac{\partial E_n}{\partial H}$。在热扰动的作用下，所有能级上磁性粒子的微观磁矩加和得到按 Boltzmann（玻尔兹曼）分布统计规律的宏观摩尔磁化率强度 M：

$$M = \frac{N\sum\limits_{n}(-\partial E_n / \partial H)\exp(-E_n / kT)}{\sum\limits_{n}\exp(-E_n / kT)} \tag{10-17}$$

k 为玻尔兹曼常数，等于 1.38×10^{-23} J/mol。对于一个磁性分子体系，在外加磁场 H 的作用下，它的能量 E_n 应该是外磁场 H 的函数，此种效应称为塞曼（Zeeman）效应，可将它的能级按级数展开：

$$E_n = E_n^{(0)} + HE_n^{(1)} + H^2 E_n^{(2)} + \cdots \tag{10-18}$$

式中，$E_n^{(0)}$ 为零场时的第 n 个能级的能量；$E_n^{(1)}$ 和 $E_n^{(2)}$ 分别被称为一阶和二阶塞曼项。此时，$\mu_n = -E_n(1) - 2E_n(2)H + \cdots$

式（10-17）也可以表达为式（10-19）：

$$M = \frac{\sum\limits_n \mu_n \exp(-E_n/kT)}{\sum\limits_n \exp(-E_n/kT)} \tag{10-19}$$

假设 H/kT 比值较小，则有

$$\exp(-E_n/kT) = \exp\{-(E_n^{(0)} + HE_n^{(1)} + H^2 E_n^{(2)} + \cdots)/kT\} \approx (1 - E_n^{(1)}H/kT)\exp(-E_n^{(0)}/kT)$$

将上述变化代入到式（10-17），体系的总磁化强度 M 变为

$$M = \frac{N\sum\limits_n (-E_n^{(1)} - 2E_n^{(2)}H)(1 - E_n^{(1)}H/kT)\exp(-E_n^{(0)}/kT)}{\sum\limits_n (1 - E_n^{(1)}H/kT)\exp(-E_n^{(0)}/kT)} \tag{10-20}$$

对于顺磁体，当没有磁场 H 时（$H = 0$ 时，$M = 0$），上式分子应为零，则有

$$\sum\limits_n E_n^{(1)} \exp(-E_n^0/kT) = 0 \tag{10-21}$$

将式（10-21）代入到式（10-20）中，若只保留 H 的一次项，可以得到

$$M = N\frac{H\sum\limits_n [(E_n^{(1)})^2/kT - 2E_n^{(2)}]\exp(-E_n^0/kT)}{\sum\limits_n \exp(-E_n^0/kT)} \tag{10-22}$$

由于 $\chi = M/H$，上式可以得到

$$\chi = \frac{N\sum\limits_n [(E_n^{(1)})^2/kT - 2E_n^{(2)}]\exp(-E_n^0/kT)}{\sum\limits_n \exp(-E_n^0/kT)} \tag{10-23}$$

此方程式就是著名的范弗列克方程。但是需要注意的是，此方程只适用于能级非简并的情况，强调方程中的磁化率仅在 M 与 H 呈线性的磁场范围内适用。

对于只有自旋 S 的磁化体系，不考虑从轨道角动量的贡献，且基态和激发态能级间隔较大，耦合作用可以忽略。无外加磁场时，$2S + 1$ 个自旋态是简并的，当外加磁场后，简并解除，该能级从 $+S$ 到 $-S$ 所处的 M_S 能级为：

$$E_n = M_S g\beta H \tag{10-24}$$

将磁场中的最低能级取作零能量，则有 $E_n^{(0)} = E_n^{(2)} = 0$，$E_n^{(1)} = M_S g\beta$

结果代入到范弗列克方程，则有

$$\chi = \frac{Ng^2\beta^2}{kT}\sum\limits_{-S}^{+S}\frac{M_S^2}{2S+1} \tag{10-25}$$

根据数学公式，$\sum\limits_{-S}^{+S} M_S^2 = \frac{1}{3}S(S+1)(2S+1)$，式（10-25）可以转换为：

$$\chi = \frac{Ng^2\beta^2}{3kT}S(S+1) = \frac{C}{T} \tag{10-26}$$

式中，C 为居里常数，反映了 χ 随温度的倒数 $1/T$ 的线性变化。具有这种线性关系的物质称为顺磁性物质。居里定律只在 H/kT 较小时才适用（低场高温时），如果 H/kT 较大时，总磁化强度的推导要从式（10-17）开始。

此时，若考虑体系的轨道贡献，由于电子的总角动量和总磁矩在外磁场中量子化，其磁矩的绝对值为：

$$\mu = -g_J\beta\sqrt{J(J+1)} \tag{10-6}$$

式中，$g_J = 1 + \dfrac{S(S+1) - L(L+1) + J(J+1)}{2J(J+1)}$。将上述结果代入到式（10-17），理论上可以导出摩尔磁化强度：

$$M = Ng_J\beta JB_J(y) \tag{10-27}$$

$B_J(y)$ 为布里渊函数，$B_J(y) = \dfrac{2J+1}{2J}\coth\left(\dfrac{2J+1}{2J}y\right) - 2J\coth\left(\dfrac{1}{2J}y\right)$。当 H/kT 很大时，$B_J(y) \approx$ 1，M 趋近于饱和磁化强度 $M_s = Ng_J\beta J$。

对于热能 kT 不足以破坏分子磁矩间相互作用的体系时，居里定律不再适用，这时候则有

$$\chi = \frac{Ng^2\beta^2}{3kT - ZJS(S+1)}S(S+1) \tag{10-28}$$

式中，J 为两个邻近分子间的偶合参数；Z 为给定磁性分子最近邻的数目。式（10-28）即为居里-外斯定律，可以转换为 $\chi = \dfrac{C}{T-\theta}$。

10.2.3.2　磁耦合

在磁性研究中，经常要采用哈密顿算符来处理两个磁性离子之间的各向同性磁耦合作用。

$$H = -JS_AS_B \tag{10-29}$$

式中，J 为交换常数；S_A 和 S_B 分别为顺磁离子 A 和 B 的自旋角动量算符。J 为负值时，表明离子间存在反铁磁性耦合作用；J 为正值时，表明离子间存在铁磁性耦合作用。

体系的总自旋为

$$S^2 = (S_A + S_B)^2 = S_A^2 + S_B^2 + 2S_AS_B \tag{10-30}$$

将式（10-31）代入到式（10-30）中，得到

$$H = -J(S^2 - S_A^2 - S_B^2)/2 \tag{10-31}$$

能量的本征值简化表达式为

$$E_S = -\frac{J}{2}S(S+1) \tag{10-32}$$

考虑到外加磁场，能级分裂的塞曼效应，完整的哈密顿算符可以表达为

$$H = -JS_AS_B + \beta H(S_Ag_A + S_Bg_B) \tag{10-33}$$

若 g_A 和 g_B 都是各向同性，且数值为 g，则能量的本征值为

$$W(S, m_S) = g\beta m_S H - \frac{J}{2} S(S+1) \tag{10-34}$$

将相应的能级代入范弗列克方程得到摩尔磁化率公式

$$\chi = \frac{Ng^2\beta^2}{3kT} \cdot \frac{\sum_S S(S+1)(2S+1)\exp[-E(S)/kT]}{\sum_S (2S+1)\exp[-E(S)/kT]} \tag{10-35}$$

从式（10-35）出发，根据离子不同的 S_A 和 S_B 自旋角动量，可以推导出不同配合物的磁化率公式。

10.2.4 铁磁性

铁磁性（ferromagnetism）材料与顺磁性材料不一样，铁磁性物质内部形成了许多微小的区域，每一个区域内部的原子磁矩取向一致（图 10-2），形成磁畴。磁畴的出现使晶体的静磁能和晶体应变能降低。由于各个磁畴并不是有序排列，所以在未被磁化之前，材料不显磁性。当引入外加磁场后，材料的各个磁畴的磁化强度将随磁场取向。同时，磁畴之间的磁壁在外加磁场的作用下消失，且沿磁场的方向形成更大的有序排列，从而显示出宏观磁性（图 10-3）。

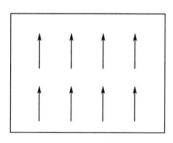

■ 图 10-2 铁磁性

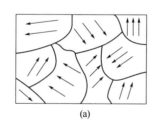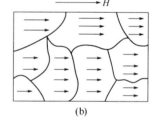

■ 图 10-3 （a）磁畴及（b）磁畴在外加磁场下的取向

当磁畴中所有的磁矩自发平行排列在同一方向上即为铁磁态。所有的铁磁性物质都存在一个临界温度 T_c（居里温度），当 $T > T_c$ 时，由于热扰动，材料内部值呈现短程的铁磁相互作用，表现为顺磁性，磁化率符合居里-外斯定律；当 $T < T_c$ 时，物质自发磁化，呈现出铁磁性。在居里温度时，常常伴有比热突变、电阻温度系数突变及热膨胀系数突变等现象，可以据此确定铁磁性材料的 T_c 值。

如图 10-4 所示，铁磁性材料的磁化强度起初随着外加磁场 H 的增强，材料的磁化强度急剧增大（0AB 段），然后达到饱和（BC 段），此时所对应的磁化强度称为饱和磁化强度用 M_s 表示。逐步减小磁场时，磁化强度也随之减小，当 $H = 0$ 时，材料仍有一定的磁化强度，称为剩余磁化强度，用 M_r 表示。只有继续沿反方向增加磁场时，M 才会继续下降，当 $M = 0$ 时，所施加的反方向磁

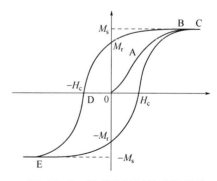

■ 图 10-4 铁磁性材料的磁滞回线

场强度称为矫顽磁场强度 H_c。进一步加大反向磁场，M 将在反方向上达到饱和。从反向磁化状态增大磁场，M 又将对称地回到正的最大，形成一条回线，称为磁滞回线。

矫顽磁场强度是铁磁性材料的重要参数，当 $H_c > 100$ Oe 时，材料是硬磁体，对应用于数据的磁存储器件很重要；当 $H_c < 100$ Oe 时，材料是软磁体，常应用于交流发电机领域。在磁性材料的应用中，饱和磁化强度 M_s、居里温度 T_c 和矫顽磁场强度 H_c 是三个非常重要的参数。

10.2.5　反铁磁性

反铁磁性（antiferromagnetism）与铁磁性材料一样是磁有序的一种状态。然而，反铁磁性物质中的原子磁矩在空间中呈反平行排布，且大小相等，磁矩相互抵消，宏观的自发磁化强度

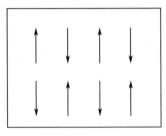

■ 图 10-5　反铁磁性

为零（图 10-5）。反铁磁性材料与铁磁性材料相反，是一种弱磁性材料，磁化率 χ 约为 $10^{-5} \sim 10^{-2}$ emu/mol。反铁磁性物质也存在一个从高温顺磁性转变为低温反铁磁性的临界温度 T_N。这一温度称为奈尔（Neel）温度，用 T_N 表示。当 $T > T_N$ 时，材料表现为顺磁性，遵从居里-外斯定律；当 $T < T_N$ 时，原子磁矩或电子磁矩自发反平行排列，表现为反铁磁性，χ 随着温度的降低反而减少。因此，在 T_N 点磁化率有最大值。与铁磁性材料类似，在临界温度 T_N 处，常伴有比热和热膨胀系数的反常。

10.2.6　亚铁磁性

亚铁磁性（ferrimagnetism）与反铁磁性本质上是一致的。亚铁磁性材料中，原子或电子磁矩在空间分布也是反平行排布，但是反平行排列的两种自旋磁矩大小不同或磁矩反向的离子数目不同，从而磁矩不能互相抵消，存在一个小的永久磁矩（图 10-6）。

从宏观上来看，亚铁磁性材料和铁磁性材料是类似的，都有自发磁化，是强磁性物质。如磁铁矿 Fe_3O_4 和大多数铁氧体都是亚铁磁性材料。如图 10-7 所示，铁磁性、顺磁性、反铁磁性和亚铁磁性材料的 χ^{-1} 对 T 的关系图，在高温区的磁化率都符合居里-外斯定律。

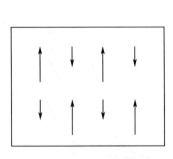

■ 图 10-6　亚铁磁性

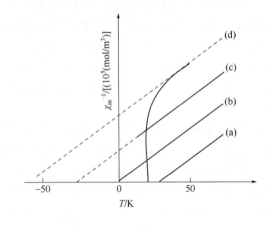

■ 图 10-7　χ^{-1} 对 T 的关系图

（a）铁磁性；（b）顺磁性；（c）反铁磁性；（d）亚铁磁性

10.2.7 倾斜弱铁磁性

由于分子基磁性材料结构的多样性，配体传递磁性能力各不相同，分子间堆积方式千差万别，它们显示出比传统磁性材料更加丰富多样的磁学性质。除去前面常见的抗磁性、顺磁性、铁磁性、反铁磁性和亚铁磁性以外，分子基磁性材料还发现了许多新颖的磁现象，如自旋倾斜、介磁性、自旋玻璃等。

当原子或电子磁矩的自旋不是完美的平行或反平行，而是相互倾斜并呈一定的夹角时，材料表现为弱铁磁性（图 10-8）。这种弱铁磁性是由自旋倾斜（spin canting）所引起，但材料实质是反铁磁性的。在自旋倾斜弱铁磁性材料中通常存在两个以上的亚晶格。当只包含两个亚晶格时，自旋倾斜的结果将保留一个小的净磁矩，表现为弱的自发磁化，即弱铁磁性。如果材料存在多个亚晶格时，有可能原子或电子的磁矩会相互抵消，此时为隐藏的自旋倾斜。

形成自旋倾斜的机理很复杂，文献上常用特若洛辛斯基-莫里亚（Dyzaloshinskii-Moriya，MD）相互作用来解释。其必要条件是单胞中含磁矩的离子之间缺乏对称中心。一般来说，体系的各向异性导致相邻两个亚晶格的磁矩沿不同的方向取向，从而产生一个小的净磁矩，体系各向异性越强，倾斜作用就越重要。

一个经典的自旋倾斜的例子就是酞菁锰的配合物$[Mn^{II}Pc]$[1]（图 10-9），由于它的分子单元沿着 b 轴方向堆积成鱼骨状的结构，链内为铁磁性交换作用，相邻链间的磁矩近乎垂直，因而产生自旋倾斜弱铁磁性，其临界温度为 8.6 K。

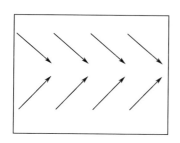

■ 图 10-8 自旋倾斜弱铁磁性

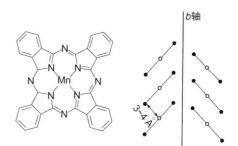

■ 图 10-9 $[Mn^{II}Pc]$配合物沿 b 轴呈鱼骨状堆积排列

10.2.8 介磁性

介磁性（metamagnetism）是指由磁场引起的从反铁磁性到铁磁性的一种状态，常见于一维（1D）或二维（2D）聚合物中。例如，对于分子单元中含有奇数个磁性中心离子的 2D 化合物，其层内离子间的反铁磁性作用将导致一个未补偿的净磁矩，相当于一个亚铁磁的层。然而，相邻的反平行排列的亚铁磁层之间的磁矩相互抵消，材料整体显示为反铁磁性。当层间的反铁磁性相互作用不够强时，在低温且外加磁场的作用下，可以使材料自旋翻转、从反铁磁性转变为铁磁性。材料从反铁磁性转变为铁磁性所需要的外加磁场被定义为临界场（H_c），这类材料被称为介磁体。

例如，配合物$[NH_3(CH_2)_4NH_3]Cu_3(hedp)_2·2H_2O$[2]就具有类似的层状结构，其中阳离子和客体水分子填充在$[Cu_3(hedp)_2]_n^{2-}$的层间。如图 10-10 所示，配合物的磁化率在 20 kOe 的外场下，随着温度的降低不断降低，在 36 K 附近达到最低值，然后随着温度的进一步下降，$\chi_m T$急剧升高，并在 8.6 K 达到最大值，表明存在磁有序行为。分析表明温度在 50 K 以上的磁化率曲线符合居里-外斯定律，拟合得到的外斯常数 θ 为−37，表明层内相邻的金属离子中心间存在反铁磁耦合作用。同时，在不同场下测试的磁化率曲线［图10-10（a）插图］在4.7 K处出现一个峰值，表明存在反铁磁的长程有序，奈尔温度低于4.7 K。

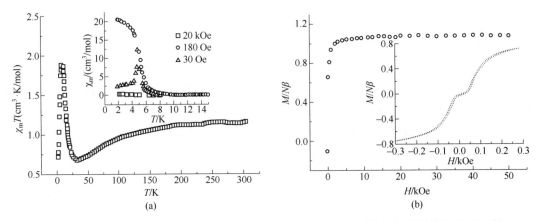

■ 图10-10　配合物[NH₃(CH₂)₄NH₃]Cu₃(hedp)₂·2H₂O 在不同外加场下的直流磁化率曲线（a）、变场磁化强度曲线及磁滞回线（b）

如图10-10所示，1.8 K下配合物的变场磁化强度曲线在50 Oe以下时随着场的增加逐渐增大，大于50 Oe后，迅速增大并达到饱和值1.18 $N\beta$，接近于一个 Cu₃ 单元（$S = 1/2$, $g = 2.1$）的理论值 1.1 $N\beta$。它在 1.8 K 下的磁滞回线图形具有典型的软亚磁体磁滞回线的特征。进一步的变场交流磁化率测定可以确定配合物的临界场为48 Oe（图10-11），图中的两条曲线分别代表交流磁化率的虚部和实部。

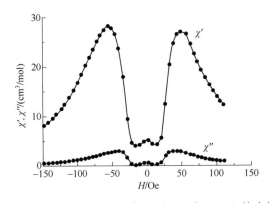

■ 图10-11　配合物[NH₃(CH₂)₄NH₃] Cu₃(hedp)₂·2H₂O 的变场交流磁化率

10.3 单分子磁体

如前所述，铁磁性物质晶格上的全部磁矩或磁畴能够自发地平行排列。如果一个金属簇合物分子中每个磁性金属离子的自旋都定向排列，就有可能使单个的分子具有与大块磁体类似的磁结构，从而表现出大块磁体才具有的磁性质，这类材料被称为单分子磁体[3]（single-molecule magnets，SMMs）。与传统磁体的磁性主要来自于原子或分子间相互作用形成的长程有序相比，单分子磁体的磁性来自于分子本身，由没有相互作用的分立分子单元构成，即使通过溶解或作为客体分子组装到多孔材料中，它们依然能保持其特殊的磁行为，是真正意义上的分子磁体。

早在 20 世纪 80 年代，波兰学者 Lis 就报道了纳米金属离子簇合物 $[Mn_{12}O_{12}(OAc)_{16}(H_2O)_4]\cdot 2HOAc\cdot 4H_2O$[4] 的合成、结构及直流磁化率的测定结果。然而，直到 1993 年，Gatteschi 及其合作者才首次发现该配合物具有异常的单分子慢磁弛豫效应，从而开辟了分子磁体研究的一个崭新的领域。

如图 10-12 所示，$[Mn_{12}O_{12}]$ 分子中，中心的 4 个 Mn^{4+} 离子（$S = 3/2$）相互之间为铁磁耦合，外围的 8 个 Mn^{3+}（$S = 2$）相互之间也是铁磁耦合，但是中心的 Mn^{4+} 与外围的 Mn^{3+} 之间为反铁磁耦合，整个分子存在自旋朝上的净磁矩（基态自旋为 $S = 10$），相当于一个小磁子。在外加磁场中，$[Mn_{12}O_{12}]$ 单分子磁体的磁矩可以统一取向，当撤掉外加磁场后，分子磁矩在低温下重新取向非常缓慢，产生慢磁弛豫现象。这是因为 $[Mn_{12}O_{12}]$ 分子在磁场中零场分裂能级中有两个简并的能量最低态（DM^2），$M_S = +S$ 和 $M_S = -S$，样品从 $M_S = +S$ 自旋跃迁到 $M_S = -S$ 自旋需要越过一个能垒。在低于阻塞温度（T_B）时，由于需要克服一个能垒才能发生翻转，分子的磁矩或者自旋会被冻结。阻塞温度有交流磁化率虚部在特定频率出现峰值的温度、样品能观察到磁滞回线的温度、样品零场冷却（ZFC）直流磁化率曲线确定的转变温度等三种定义方式，通常情况下是指磁滞回线的温度。

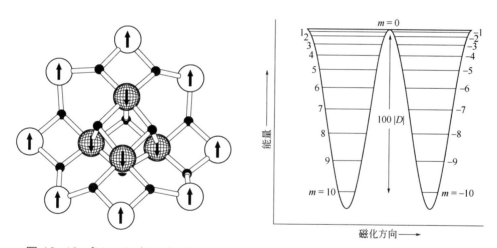

■ 图 10-12　$[Mn_{12}O_{12}(OAc)_{16}(H_2O)_4]$ 分子核的结构及其基态 $S = 10$ 在零场下的能级图

此外，实验证明，$[Mn_{12}O_{12}]$ 单分子磁体测定出的能垒比按照热激发计算出来的能垒要低，表明在双稳态之间存在量子隧穿效应。因此，单分子磁体通常会表现出如下几个典型的磁学性质：

① 单分子磁体交流磁化率的虚部 χ'' 呈现频率依赖现象，表现出超顺磁性，这是判定材料是否单分子磁体的重要判据。

② 在外加磁场作用下，低于居里温度 T_c 后，材料具有铁磁性，其磁化强度随外场变化的曲线会出现迟滞现象（磁滞回线）。

③ 单分子磁体由于其特有的量子隧穿效应，磁滞回线将会出现阶梯状。

④ 材料的零场冷却曲线（ZFC）和场冷却曲线（FC）的磁阻塞温度不同。

在量子力学中，对于高自旋分子通常采用自旋哈密顿 $\hat{H}_s$ 来描述体系中所存在的各种相互作用。对于单个的磁性粒子，其最简表达式为：

$$\hat{H}_s = g\beta H + DS^2 + \Sigma J_{i,j} S_i \cdot S_j \tag{10-36}$$

式中第一项为磁场 H 下的塞曼效应；第二项为由旋-轨耦合或不对称场引起的零场分裂；第三项为分子中自旋组分 i, j 之间的耦合作用。在单分子磁体体系中，由于磁性主要来自分子本身而不是长程有序，因此其能垒主要需要考虑的是零场分裂造成的变化。单分子磁体慢磁弛豫过程遵循阿伦尼乌斯定律，$\tau = \tau_0 \exp(U/T)$，其中 τ 为弛豫时间，τ_0 为指前因子，U 为能垒。单分子磁体的能垒 U 对单分子磁体性质有着至关重要的影响，它起源于分子中非零的基态自旋（S）和轴各向异性（D）。一般地，它们之间的关系可以近似认为是 $U = |D| S^2$（当 S 为正整数）或者 $U = |D|(S^2 - 1/4)$（当 S 为半整数）。各向异性参数或零场分裂参数（D），是外加磁场为零时，由体系的各向异性决定磁量子数不同的能级 $[\pm M_s, \pm(M_s - 1), \cdots]$ 发生的分裂程度。金属离子的晶体场、轨道贡献、偶极之间的相互作用以及姜-泰勒（Jahn-Teller）畸变等都会对零场分裂产生贡献。当零场分裂基态的磁量子数最大时，定义零场分裂参数为负值，此时体系在轴向上拥有最大的磁矩，是伊辛（Ising）轴各向异性，单分子磁体属于这一类情况。当零场分裂基态的磁量子数最小时，零场分裂参数为正值，此时体系在径向上拥有最大的磁矩，是异面各向异性，通常这一类化合物不具有单分子磁体的慢弛豫过程。

因此从目前的研究来看，设计与合成新的单分子磁体通常要具备以下两个因素：一是分子要具有较大的基态自旋（S）值。较大的基态自旋可以来源于特定拓扑结构的自旋阻挫或者体系内金属中心离子间的强铁磁相互作用。二是要存在显著的轴向磁各向异性（D）。显著的轴向磁各向异性可以确保最大的自旋态能量最低。分子基态中的零场分裂是磁各向异性的最重要来源之一。当上述两个条件满足时，单分子磁体将存在一个明显的翻转能垒，导致分子整体磁化强度在低温下的缓慢衰减，显示出宏观磁体的特性。

单分子磁体被认为是 19 世纪 90 年代以来分子磁学方面最重要的发现之一。这类纳米尺寸大小的分子磁体一方面可以通过分子设计和裁剪，进而调控磁体的性质，以期将它们应用于高密度信息存储、量子计算、分子自旋电子学器件等领域；另一方面单分子磁体在量子界面干涉和量子隧穿效应方面都突破了经典和量子理论的界限，可以用于研究宏观尺寸上量子力学行为和经典力学行为的转换，是近年来无机化学、配位化学、材料化学等领域的研究热点。

10.3.1　过渡金属单分子磁体

单分子磁体中，顺磁金属离子的选择是影响磁体性质的重要因素之一。在早期的单分子磁体研究中，为了提高磁体的弛豫能垒及阻塞温度，人们倾向于选择具有大的磁各向异性的过渡金属离子如 Mn^{III}、Fe^{II}、Co^{II}、Cr^{II}、V^{II} 等来设计合成新颖的单分子磁性材料，得到了系列过渡金属单分子磁体。按照中心离子的不同，我们可以将这些簇合物分子区分为如下几个系列。

10.3.1.1　锰簇合物单分子磁体

在早期的单分子磁体中，人们发现金属离子锰（Mn^{2+}/Mn^{3+}）与其他 3d 过渡金属离子相比，具有较多的未成对电子、明显的姜-泰勒效应和较大的磁各向异性，是设计合成锰簇合物单分子磁体的理想载体。

通过利用其他羧酸配体替换醋酸根、其他的端基配位分子替换配位水分子，人们合成了许多与[Mn₁₂O₁₂]单分子磁体结构类似的锰簇合物[Mn₁₂O₁₂(O₂CR)₁₆(L)₄]（R = 甲基、乙基、丁基、溴等；L = 吡啶、甲醇等），构成了著名的 Mn_{12} 单分子磁体家族[5]。这些单分子磁体的能垒大多在 60~74 K，阻塞温度 T_B 在 3.5 K 以下。其中，配合物[Mn₁₂O₁₂(O₂CCH₂Br)₁₆(H₂O)₄]·4CH₂Cl₂（$I4_1/a$ 空间群）和[Mn₁₂O₁₂(O₂CCH₂^{t}Bu)₁₆(MeOH)₄]·MeOH（$I\bar{4}$ 空间群）具有高度的轴对称性结构，表现出良好的单分子磁体性质。如图 10-13 所示，[Mn₁₂O₁₂(O₂CCH₂Br)₁₆(H₂O)₄]·4CH₂Cl₂ 单分子磁体的交流磁化率曲线的虚部 χ'' 在 5~7 K 处出现峰值（50~1000 Hz）。通过阿伦尼乌斯拟合 $\tau = \tau_0 \exp(U/T)$，得到材料的能垒为 74.4 K，指前因子 τ_0 为 3.3×10^{-9}。同时，在 2 mT/s 的扫描速度下观察到了 3.5 K 的磁滞回线。

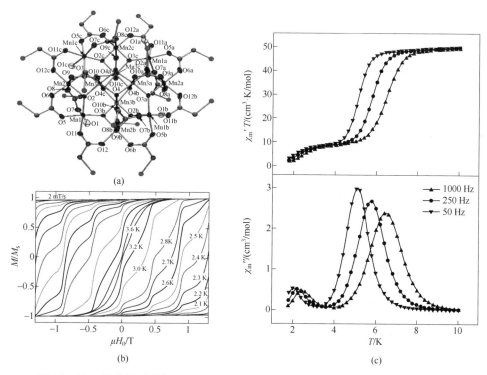

图 10-13　单分子磁体[Mn₁₂O₁₂(O₂CCH₂Br)₁₆(H₂O)₄]·4CH₂Cl₂ 的结构（a）及配合物的磁滞回线（b）和交流磁化率曲线（c）

继 Mn_{12} 单分子磁体之后，各种核数的锰簇合物单分子磁体也相继被报道，如 Mn_3、Mn_4、Mn_6、Mn_8 等，最大的 Mn 簇单分子磁体甚至达到了 84 核[6]。

在这些单分子磁体中，六核化合物[Mn^{III}₆O₂(Et-sao)₆(O₂CPh(Me)₂)₂(EtOH)₆][6a]的三价锰离子间都表现为铁磁相互作用，基态自旋 $S = 12$，磁翻转能垒达到了 86 K，阻塞温度达到了 4.5 K打破了 Mn_{12} 家族保持的最高纪录（图 10-14）。

为了实现单分子磁体在高密度信息存储、量子计算等方面的应用，人们在早期的合成策略中，试图通过追求高核的金属簇来获得尽可能大的基态自旋，从而来提高磁体的磁弛豫能垒和阻塞温度。经过不断的努力，人们获得了很多高核的锰配合物，其中确实有一些自旋基态很高的化合物如 Mn_{10}、Mn_{22}、Mn_{30}、Mn_{84} 等。然而，测试结果表明材料的弛豫能垒并没

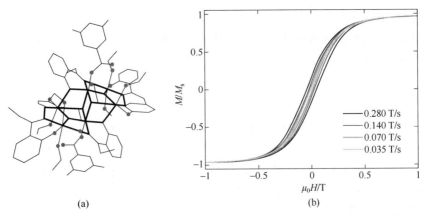

(a)

(b)

■ 图 10-14　Mn₆单分子磁体的结构（a）和配合物在 4.5 K 温度下 1 mT/s 场
扫描速率下得到的磁滞回线（b）

有得到大幅度提高，甚至有些表现为非常弱的单分子磁体磁行为，交流磁化率观察不到频率
依赖现象，只是在低温下可以观测到磁滞回线。如十核的配合物$[Mn_{10}O_4(N_3)_4(hmp)_{12}]^{2-}$中，
Mn^{II}离子和Mn^{III}离子之间全为铁磁耦合，基态自旋 S 达到 22，但材料并未表现出明显的单
分子磁体行为[7]。

　　2006 年，Powell 课题组报道了一个十九核的化合物$[Mn^{III}_{12}Mn^{II}_7(\mu_4\text{-}O)_8(N_3)_8(HL)_{12}(MeCN)_6]^{2+}$，
7 个 Mn^{II}离子和 12 个 Mn^{III}离子之间均为铁磁相互作用，其基态自旋（83/2）为目前已报道
的最大值。尽管化合物中Mn^{III}离子具有高度的姜-泰勒效应，但由于它们的几何排布及磁相互作
用导致分子体系中的磁各向异性（D）很小，材料的单分子磁体行为不明显（图 10-15）[8]。

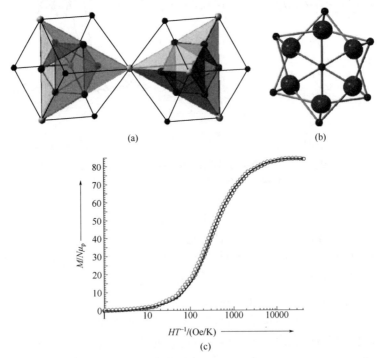

(a)

(b)

(c)

■ 图 10-15　Mn₁₉配合物具有立方体对称性的多面体示意图（a）；配合物沿 c 轴观测到呈三角形
排布的姜-泰勒轴（b）；在不同温度（1.8~6 K）下的 $M\text{-}H$ 曲线，实线拟合得到 $S = 83/2$（c）

锰簇合物研究使人们意识到，要改善单分子磁体的性能，单纯地依靠提高分子簇中金属的核数，或者单纯地追求高的基态自旋还不够，还必须通过其他方式，如提高分子体系的磁各向异性来改善材料性能。

10.3.1.2 铁、钴及镍簇合物单分子磁体

在 Mn 簇单分子磁体之外，人们还利用含铁（+2、+3 价）、钴（+2 价）和镍（+2 价）等过渡金属离子与具有较强磁交换传递作用的配体，如氰根、叠氮根、咪唑、三氮唑、羧酸根、羟基、水分子等，设计合成了许多过渡金属簇合物，表现出新颖的单分子磁体行为[9]。

（1）铁簇合物单分子磁体

1993 年，Gatteschi 等报道了首例具有单分子磁体行为的多核铁簇合物 $\{[(tacn)_6Fe_8(\mu_3\text{-}O)_2(\mu_2\text{-}OH)_{12}]\ Br_7(H_2O)\}Br\cdot H_2O$（tacn = 1,4,7-三氮杂环壬烷）[10]。该化合物中的 4 个 Fe^{3+} 通过 μ_3-O 桥联成蝴蝶形，再通过羟基的氧桥联另外 4 个 Fe^{3+}，簇合物中铁表现出较高的自旋值（$S = 10$）和明显的磁滞回线。此后，人们合成了系列 Fe_2、Fe_4、Fe_9、Fe_{10}、Fe_{11}、Fe_{19} 等不同价态的簇合物单分子磁体[11]，形成了继锰簇之后的第二大单分子磁体体系。2004 年，Hiroki Oshio 等报道了两个系列立方体结构（$S = 8$）的四核铁配合物 $[Fe_4(R\text{-}sap)_4(MeOH)_4]$（R= H，5-Br，3-MeO）和 $[Fe_4(R\text{-}sae)_4(MeOH)_4]$（R = H，5-Br，3,5-$Cl_2$）（图 10-16）[11a]。研究表明，配合物虽然都具有立方体 $[Fe_4O_4]$ 簇状结构，但 R-sap 配合物六元螯合环比 R-sae 配合物五元螯合环在赤道方向的 Fe—O 键更长，产生不同了的空间张力和姜-泰勒畸变。这一结构上的微小变化，导致了前者的零场分裂参数 D 为正值（+0.81 cm^{-1}，+0.80 cm^{-1}，+1.15 cm^{-1}），不是单分子磁体；而后者具有负的 D 值（-0.64 cm^{-1}，-0.66 cm^{-1}，-0.67 cm^{-1}）表现出单分子磁体行为。

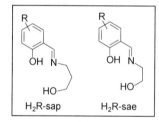 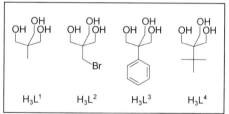

图 10-16　Fe_4 簇合物中使用的系列配体

2006 年，Sessoli 等利用三脚架配体和 β-二酮与 Fe^{2+} 反应得到了系列星状结构（$S = 5$）的四核铁配合物 $[Fe_4(L)_2(dpm)_6]$（L = R-C(CH$_2$OH)$_3$；R = Me，CH$_2$Br，Ph，^{t}Bu）[12]，通过改变三脚架配体上的取代基团，从而使配合物的能垒随着 $Fe(O_2Fe)_3$ 核螺距的增大而增大（3.5~17 K），单分子磁体的轴零场分裂参数 D 亦从-0.21 cm^{-1} 减小到-0.445 cm^{-1}。自旋哈密顿计算也表明单离子的各向异性可以通过 $Fe(O_2Fe)_3$ 核螺距的改变来调控。

虽然这些铁簇合物单分子磁体的能垒都比较低，但通过这些研究揭示了通过调控分子中的磁各向异性也可以达到调控单分子磁体翻转能垒的目的，为分子基磁性材料的设计与合成提供了新的思路。

（2）钴簇合物单分子磁体

由于 Co^{2+} 具有非常大的各向异性，它一直是设计合成单分子磁体的良好金属中心载体，相关研究为人们所关注[13]。2002 年，Hendrickson 等报道了首例基于 Co^{2+} 的四核笼状单分子磁体[14]，磁性测试在 1.2 K 下能观察到 S 形的磁滞回线，但频率依赖未出现峰值。随后，2003 年 Murrie 等报道了第二例基于 Co^{2+} 的六核笼状单分子磁体[15]，研究指出该体系中单分子磁

体能垒会随着客体水分子的含量发生变化。

此后，人们为获得基于 Co^{2+} 的单分子磁体，进行了各种合成策略的探索，获得了一些有趣的结果，如采用 2-羟基吡啶、腙类、羧酸、四氮唑等多齿配体设计合成了 Co_4、Co_5、Co_6、Co_7、Co_8、Co_9、Co_{12}、Co_{14} 等簇合物[16]，表现出有趣的单分子磁体的行为。2009 年，段春迎课题组利用腙类配体合成了一个平面四方形的四核钴簇合物（图 10-17）[16c]，表现出非常大的磁各向异性，单分子磁体能垒达到 39 K，这是目前已报道的钴簇单离子磁体中最大的数值。

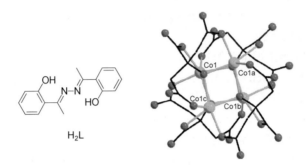

■ 图 10-17　四核正方形钴簇合物及其使用的配体

（3）镍簇单分子磁体

Ni^{2+} 很容易得到大的镍簇合物，并且相邻离子间很容易形成铁磁性相互作用。在一些特定的配位环境中，Ni^{2+} 能表现出大的零场分裂参数[17]，有利于单分子磁体的合成。但相比于其他顺磁性金属离子，镍簇单分子磁体的报道相对较少。

1994 年，Tudor 等报道了具有环状结构配合物 $[Ni^{II}_{12}(chp)_{12}(O_2CMe)_{12}(thf)_6(H_2O)_6]$[18]。初步的磁性测试表明，$Ni^{2+}$ 间为铁磁相互作用，自旋基值 $S = 12$。2001 年，Winpenny 等进一步表征确定该配合物的零场分裂参数 D/κ 为 −0.067 K，在 0.2~0.7 K 的温度区间表现出频率依赖效应，并在 0.4 K 附近观测到磁滞回线，是能垒为 9.6 K 的首例镍簇单分子磁体[19]。

此后，人们合成了大量的镍簇合物，但是只有少量 Ni_3、Ni_4、Ni_5、Ni_7、Ni_8、Ni_{10}、Ni_{12} 配合物显示出单分子磁体的性质[20]。这些配合物中，立方体结构的 Ni_4 簇合物最多。因为 $[Ni_4O_4]$ 立方体中配合物的 Ni—O—Ni 夹角小于 99° 时，相邻离子间为铁磁相互作用，容易表现为单分子磁体行为[21]。2014 年，Braunstein 等报道了同样具有立方体结构的 $[Ni_4(Hpthtp)_4Cl_8]$ 配合物，测试表明 Ni^{2+} 离子间为很强的铁磁耦合（$J = +10.6 \text{ cm}^{-1}$），零场分裂参数 D 为 −0.44 cm^{-1}，能垒达到 28.8 K，是目前已知的最大能垒的镍基单分子磁体[20d]。

此外，人们还报道了系列具有"蝴蝶形"结构的 V^{III} 簇单分子磁体[22]，以及混合过渡金属等簇合物单分子磁体[23]。这些基于过渡金属离子的单分子磁体能垒相对都比较小，远远达不到实际使用的要求。虽然人们在设计合成这些单分子磁体中采用了增大金属簇及铁磁耦合作用来获得大基态自旋 S 值，或者调控分子结构来得到负的零场分裂参数 D 值，以获得大的单分子磁体能垒（$U = |D|S^2$）。然而，相关理论研究证明，在过渡金属离子簇合物中，大的基态自旋和强的磁各向异性常常难以两全，各向异性值 D 随体系基态自旋值 S 的增大而减小[24]。这是因为在簇合物中，金属离子的磁各向异性轴遵循最大熵原理，容易导致各个离子的各向异性相互抵消，在实际的合成过程中人们也难以控制整个团簇整体的磁各向异性。因此，如何把握配合物的基态自旋与磁各向异性之间的矛盾与平衡，将是设计合成高能垒过渡金属单分子磁体的关键所在。

10.3.2　3d-4f 单分子磁体

经过多年的研究，科学家们对过渡金属单分子磁体认识逐渐深入，人们意识到在过渡金属簇合物中无法兼顾显著的负各向异性和高的自旋基态，从而获得高的自旋翻转能垒。通过大量的实验和理论研究，人们发现在过渡金属单分子磁体体系中引入成单电子数目多且具有较强自旋-轨道耦合的顺磁性稀土离子，可以有效改善上述问题。这类新型的单分子磁体即为 3d-4f 单分子磁体。

3d-4f 单分子磁体相比于过渡金属离子单分子磁体存在如下优点：①稀土离子具有较多的成单电子且过渡金属离子和稀土离子间通常存在较强的铁磁耦合作用，有利于分子获得大的基态自旋 S 值。②除了 La^{III}、Lu^{III} 和 Gd^{III} 之外，其余稀土离子具有较大的磁各向异性，且具有较高的配位数和良好的空间配位能力，有助于获得结构新颖的单分子磁体。③稀土离子具有独特的光、电、磁等性质，有助于构筑新型多功能材料。

10.3.2.1　3d-4f 单分子磁体的合成策略

3d-4f 单分子磁体在自组装过程中，由于不同的金属离子与配体的配位原子存在配位竞争，且同时受配比、溶剂、pH 等各方面的影响，合成 3d-4f 异核配合物不太容易。简单将金属离子与配体混合在一起反应，往往容易得到单一过渡金属或稀土金属的配合物。因此，要获得特定的异核配合物需通过设定特定的途径来合成。常见的实现途径有如下几种：

（1）设计合成具有不同配位原子的多齿配体

多齿配体中不同的配位原子对过渡金属离子和稀土离子的配位能力不同，如 N、S 易于和过渡金属离子配位，O 易于和镧系金属离子配位（图 10-18）[25]。因此，设计具有不同配位点的多齿配体能够同时与过渡金属离子及稀土离子进行配位，并将二者联系起来，形成 3d-4f 簇合物。如 Clérac 等利用水杨醛肟在 NEt_4OH 的存在下与 $MnCl_2 \cdot 4H_2O$、$Ln(NO_3)_3 \cdot 6H_2O$ 在甲醇溶液中一锅法反应得到 $[Mn^{III}_6O_3(sao)_6(CH_3O)_6Tb^{III}_2(CH_3OH)_4(H_2O)_2]$ 单分子磁体[26a]。

（2）以配合物作为前驱配体

相对于直接利用配体的不同配位原子与过渡金属离子和稀土金属离子反应的一步合成法，采用含有稀土离子或者过渡金属离子的配合物作为前驱体来合成 3d-4f 单分子磁体的方法更可控且常用。如寇会忠等利用 $Ni(Me_2valpn)$ 配合物作为前驱配体与 $Dy(NO_3)_3 \cdot 6H_2O$ 进行配位，然后再与 $K_3[Cr(CN)_6]$ 反应得到 $\{[Ni(Me_2valpn)]_2Dy(H_2O)Cr(CN)_6\}_2$ 单分子磁体[26b]。

（3）特定位置金属离子替代

在 3d-4f 单分子磁体的合成中，由于镧系金属离子的半径非常接近，在自组装过程中非常易于用不同的 4f 金属离子进行有意的替换，用于合成同构的新 3d-4f 单分子磁体，同时考察不同稀土离子对单分子磁体的影响。在一些特定的情况下，也可以将其他的 3d 金属离子替代原有的 3d-4f 单分子磁体中的过渡金属离子。如 Winpenny 等最近报道了一系列蝴蝶形结构的具有 $[M_2Ln_2]$ 簇的配合物（M^{II} = Mg, Co, Ni, Cu；Ln^{III} = Y, Gd, Tb, Dy, Ho, Er）。在这个例子中，3d 过渡金属离子和 4f 稀土离子都可以替换，总共获得了 27 个同构的 3d-4f 簇合物。磁性测试结构表明，$[M_2Ln_2]$ 簇中当 M^{2+} 为 Mg、Mn、Ni，Ln 为 Dy 或 Er 时，分子表现出单分子磁体的性质（图 10-19）[27a]。

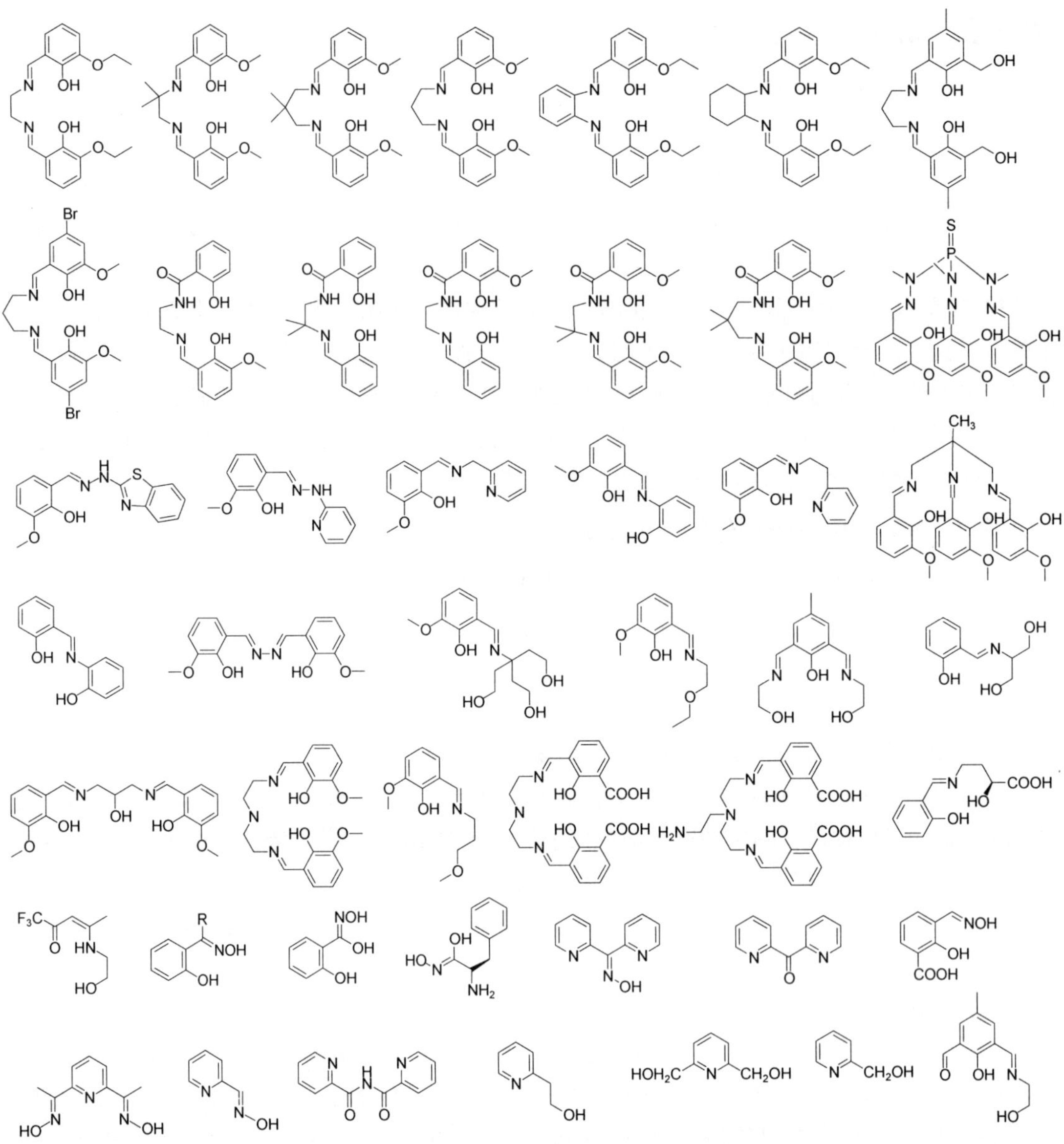

■ 图 10-18　3d-4f 单分子磁体中常见的多齿配体

10.3.2.2　3d-4f 单分子磁体的研究进展

2004 年，Matsumoto 等报道了一例四核环形簇合物[CuLTb(hfac)$_2$]$_2$，磁性测试表明簇合物中 Tb^{3+} 与 Cu^{2+} 间存在铁磁相互作用，稀土离子的引入使体系具有大的磁各向异性，为首例报道的 3d-4f 单分子磁体(U=21 K)[27b]。此后，大量的 3d-4f 单分子磁体，如 Ln^{III}-Cu^{II}、Ln^{III}-Ni^{II}、Ln^{III}-Mn$^{II/III/IV}$、Ln^{III}-Fe$^{II/III}$、Ln^{III}-Co^{II} 以及 Cr^{III}-Ln^{III} 体系被报道，迅速成为人们研究的一个热点[26a,28,29]。

相比于过渡金属离子单分子磁体，3d-4f 簇合物体系由于顺磁性 4f 离子的引入，单分子磁体的有效能垒有一定程度的提高。在 3d-4f 单分子磁体中，分子的磁性受到金属离子的种类、空间排列、金属离子间的相互距离以及晶体场配位环境等因素的影响[30-32]。

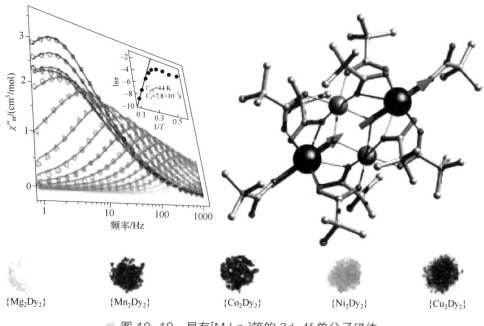

{Mg₂Dy₂}　　{Mn₂Dy₂}　　{Co₂Dy₂}　　{Ni₂Dy₂}　　{Cu₂Dy₂}

图 10-19　具有[M₂Ln₂]簇的 3d-4f 单分子磁体

2011 年，Murray 课题组报道了系列 3d-4f 簇合物[Cu$^{II}_5$Ln$^{III}_4$O₂(teaH)₄{O₂CC(CH₃)₃}₂(NO₃)₄-(OMe)₄] (Ln^{III} = Gd，Tb，Dy，Ho)，除 Gd 的配合物外，其余稀土离子配合物都显示出单分子磁体的性质[33]，不同稀土离子的单分子磁体具有不同的能垒。当稀土离子为 Tb^{3+}时，有效能垒为 11.9 K；当稀土离子为 Dy^{3+}和 Ho^{3+}时，能垒分别是 7 K 和 10 K。Tb^{3+}、Dy^{3+}、Ho^{3+}等稀土离子不仅具有高的基态自旋而且具有大的磁各向异性，非常有利于合成 3d-4f 单分子磁体。Gd^{3+}虽然是各向同性的，但它有高自旋基态，也可以与具有大的磁各向异性的 Mn^{III} 或 Co^{II}离子来构筑 3d-4f 单分子磁体[34,35]。

已报道的比较重要的 3d-4f 单分子磁体中，过渡金属选用比较多的是锰、铁和钴离子。其中，含过渡金属锰离子的 3d-4f 单分子磁体在这一领域中占有重要地位。由于很多 Mn^{II}/Mn^{III}的簇合物本身就是过渡金属单分子磁体，引入稀土离子后，既可以提供大的自旋基态又可以提供大的磁各向异性，因此是研究的热点。此外，Fe^{3+}以及 Co^{2+}离子也具有较大的磁各向异性，也经常用来合成 3d-4f 单分子磁体[36]。

2014 年，童明良课题组报道了一例三核的[Fe$^{II}_2$Dy^{III}(L)₂(H₂O)]ClO₄·2H₂O 簇合物[29a]，其中的 Dy^{3+}具有七配位的五角双锥 D_{5h} 的几何构型，具有五重轴性。如图 10-20 所示，配合物中 Fe^{2+}为六配位，Dy^{3+}为七配位，Dy^{3+}处于两个 Fe^{3+}中间。量子化学从头计算结果表明，它们的各向异性轴就在五重轴上，证明五角双锥的晶体场可以维持 Dy^{3+}的轴各向异性。磁性测试表明，Fe^{2+}与 Dy^{3+}之间存在铁磁相互作用，分子能垒为 459 K，是当前已知的 3d-4f 单分子磁体中的最大值。同时，该簇合物也是首例基于 Fe^{II}-Dy^{III}体系的单分子磁体。

2012 年，Waldmann 等报道了一例具有[Co$^{II}_2$Dy$^{III}_2$]核心的 3d-4f 单分子磁体[Co₂Dy₂(L)₄-(NO₃)₂(THF)₂]·4THF[37]，磁性测试表明配合物具有新颖的双弛豫过程，翻转能垒分别为 11.8 K 和 118 K，同时在 4 K 的温度下观测到了材料的磁滞回线。这也是目前基于 Co^{2+}的 3d-4f 单分子磁体所报道的最大能垒。

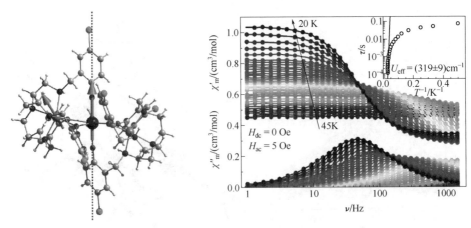

■ 图 10-20　[Fe$^{II}_2$Dy^{III}]簇合物结构（左）及其交流磁化率测试（右）

相比于其他过渡金属离子，Cr^{3+}基的 3d-4f 单分子磁体报道较少。2010 年，Powell 课题组报道了首例基于 Cr^{3+}的 3d-4f 单分子磁体[Cr$^{III}_4$Dy$^{III}_4$(OH)$_4$(N$_3$)$_4$(mdea)$_4$(piv)$_4$]·3CH$_2$Cl$_2$[38]。簇合物中 4 个 Dy^{3+}通过 N$_3^-$桥联形成一个正方形的中心，相邻的两个 Dy^{3+}离子再通过 μ_3-OH 桥联外层的 Cr^{3+}离子。配合物在 2.2 K 时表现出明显的频率依赖现象，单晶的磁滞回线测试证明了该材料的单分子磁体性质，能垒为 15 K。有趣的是，配合物磁性的 Cole-Cole 拟合表明材料存在不止一个弛豫过程。此后，Langley 等报道了具有[Cr$^{III}_2$Ln$^{III}_2$]核心的系列簇合物 [Cr$^{III}_2$Dy$^{III}_2$(OMe)$_2$(RN{(CH$_2$)$_2$OH}$_2$)$_2$(acac)$_4$(NO$_3$)$_2$]（R = Me，Et，^{n}Bu）、[Cr$^{III}_2$Ln$^{III}_2$(OMe)$_2$- (O$_2$CPh)$_4$(teaH)$_2$(NO$_3$)$_2$(MeOH)$_2$]（Ln^{3+} = Pr，Nd）和[Cr$^{III}_2$Ln$^{III}_2$(OMe)$_{2-x}$(OH)$_x$(O$_2$CPh)$_4$(mdea)$_2$- (NO$_3$)$_2$]$^{[28b,39]}$（Ln^{3+} = Gd，Tb，Dy，Ho，Er）。其中，含 Tb^{3+}、Dy^{3+}、Ho^{3+}的簇合物都表现出单分子磁体的性质，能垒在 31~77 K。值得注意的是，配合物[Cr$^{III}_2$Dy$^{III}_2$(OMe)$_2$(O$_2$CPh)$_4$- (mdea)$_2$(NO$_3$)$_2$]分子中 3d 金属离子间较强的磁交换作用导致该材料具有 Cr^{III}-Ln^{III}单分子磁体体系中最大的翻转能垒（77 K），且在 3.5 K 下观测到了较大的磁滞回线。

3d-4f 单分子磁体的发现和研究对于分子基磁性材料不论是从理论方面还是应用方面都具有重要的意义。它为人们进一步的设计与合成高能垒和阻塞温度的单分子磁体提供了一个方向，也取得了一些成果，但由于合成上的困难，目前对 3d-4f 单分子磁体的研究还不够充分。通过对 3d-4f 单分子磁体体系的研究，人们认识到选取具有大的基态自旋的过渡金属离子和稀土离子，并尽可能使分子内为铁磁相互作用；同时选择具有较强磁各向异性的过渡金属（Mn^{III}、Co^{III}）和稀土离子（Tb^{III}、Dy^{III}、Ho^{III}）并调控分子中磁各向异性轴的方向，有利于获得大的翻转能垒及阻塞温度的单分子磁体。随着科学家们对 3d-4f 单分子磁体研究的深入，以及合成手段和策略的发展，相信会得到更多性能优越的分子磁性材料。

10.3.3　稀土金属单分子磁体

由于稀土离子的 f 电子具有较多成单电子（S）、较大的未猝灭轨道角动量和较强的自旋-轨道耦合，通常会产生较强的磁各向异性（D），是构筑高能垒单分子磁体的理想载体，在单分子磁体研究领域占有重要地位。另外，由于稀土离子的 f 电子受外层的 s、d 电子的屏蔽作用而导致磁相互作用较弱，在许多簇合物中，稀土离子的磁性依然表现出单离子的性质。相比于过渡金属单分子磁体，稀土单分子磁体的研究起步较晚，但一些稀土配合物呈现出有别于过渡金属单分子磁体的独特磁行为，为完善和扩展磁性理论、设计合成新型的磁性材料带来了新的活力和研究方向。国内外的众多课题组，如美国的 Long、Coronado 和 Christou 课题组，德国的 Powell 课题组，国内北京大学高松课题组，南京大学游效曾和左景林课题组，中科院长春应化所唐金魁课题组，南开大学程鹏和卜显和课题组，中山大学童明良课题组等都在稀土单分子磁体方面进行了大量的研究[40]。

目前，稀土单分子磁体的研究主要集中在如下几个方面：首先，通过调控稀土离子的晶体场和磁相互作用来构筑具有高能垒及阻塞温度的单分子磁体；其次，稀土单分子磁体表现出新颖的多弛豫现象，但相关机理还未明确，人们希望研究材料的磁动力学行为来揭示它们的弛豫机理；再次，通过外界的条件如光、电、热等变化及客体分子的变化对稀土单分子磁体磁性进行调控；最后，结合稀土自身的荧光特性，易于形成高配位数的聚合物等来特性设计合成新颖的多功能材料。这些研究为更好地理解稀土单分子磁体的物理、化学性质、弛豫机理，以及稀土单分子磁体的设计、合成、调控提供了有益的思路和借鉴。

10.3.3.1 双核稀土簇合物

自从 2003 年 Ishikawa 等报道了首例单核稀土单分子磁体[41]（又称为单离子磁体，single-ion magnetism）以来，稀土单分子磁体因为具有比其他分子基磁体大的弛豫能垒和磁滞回线而成为人们研究的重点。近十几年来，大量具有新颖结构和磁性能的稀土单分子磁体被报道，并取得了显著的成果[42]。其中，双核稀土簇合物单分子磁体由于结构相对简单，易于通过理论计算和磁-构分析来揭示调控稀土单分子磁体性质的因素，受到人们的密切关注并进行了大量的研究，在稀土簇单分子磁体中具有重要地位。

2011 年，Murugesu 等报道了系列双核稀土簇合物[Ln$^{III}_2$(valdien)$_2$(NO$_3$)$_2$]（Ln^{III} = Eu, Gd, Tb, Dy, Ho）的结构与磁性表征（图 10-21）[43]。Dy 的配合物表现出单分子磁体的性质，能垒为 76 K，并在 4 K 的低温下观测到了阶梯状的磁滞回线。理论计算的结果证实了稀土离子间的交换常数 J_{Dy-Dy} 为 -0.21 cm^{-1}，是反铁磁相互作用。这个 Dy$_2$ 配合物所具有的新颖磁现象是解释稀土单分子磁体磁性的一个理想模型，表明离子间的相互交换作用会对分子的磁性产生影响，但稀土单分子磁体的磁性主要来源于单个离子的性质。

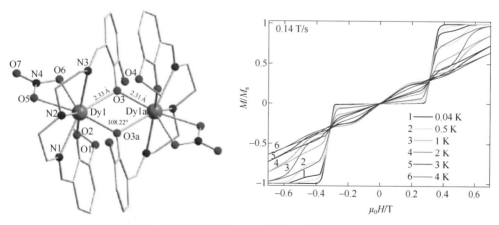

图 10-21 配合物[Ln$^{III}_2$(valdien)$_2$(NO$_3$)$_2$]的结构及磁滞回线

2011 年，唐金魁课题组报道了另外一例双核镝的单分子磁体[Dy$_2$ovph$_2$Cl$_2$(MeOH)$_3$]·MeCN（图 10-22），该结构中 Dy^{3+} 存在两种不同的配位环境（配位数为 7 和 8）[44]。静态磁性表征揭示 Dy^{3+} 离子间为弱的铁磁耦合作用，而交流磁化率测试表明体系中具有明显的双弛豫过程，各自的能垒为 150 K 和 198 K（图 10-22）。该研究首次区分了金属离子间磁相互作用和单离子各向异性对单分子磁体能垒的贡献，提出可以通过提高自旋之间的伊辛（Ising）磁相互作用和优化稀土离子的晶体场配位环境来调控稀土单分子磁体慢磁弛豫的机制。

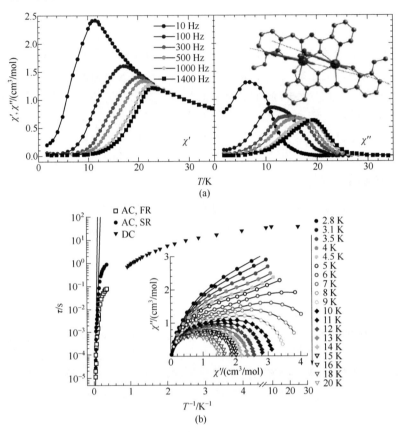

■ 图 10-22　配合物[$Dy_2ovph_2Cl_2(MeOH)_3$]·MeCN 的交流磁化率（a）、
阿伦尼乌斯拟合曲线（b）（插图为 Cole-Cole 图）

与此同时，Long 课题组报道了 3 个基于 N_2^{3-} 自由基的双核稀土单分子磁体 {[(Me_3Si)N]$_2$(THF)Ln}$_2$[Ln$_2$(μ-η^2:η^2-N$_2$)]$^-$（Ln^{III}=Tb，Ho，Er）[45]，能垒分别为 326.7 K、73 K 和 36 K。其中，Tb$_2$ 配合物在 14 K 的温度下观测到磁滞回线和 13.9 K 的磁阻塞温度，这是当前多核稀土离子中所报道的最大值。配合物中 Tb^{3+} 强的各向异性及通过 N_2^{3-} 自由基传递的强铁磁耦合作用能够有效地抑制单分子磁体零场下的量子隧穿现象，从而获得高的翻转能垒和磁阻塞温度。由于稀土离子受外层 s、d 电子的屏蔽作用而导致磁相互作用较弱，因此寻找能传递稀土离子间强相互作用的桥联配体就显得非常重要。目前报道的稀土单分子磁体中，绝大部分配体的桥联原子都为 N 或 O，其他相对很少。2012 年，Collison 等报道了迄今为止唯一的一例配体中硫原子桥联的双核镝稀土单分子磁体[{Cp′$_2$Dy(m-SSiPh$_3$)}$_2$]（图 10-23）[46]，能垒达到192 K。研究表明，在稀土分子中引入软的给体 S 原子作为桥联配体能够有效传递稀土离子间的磁相互作用，从而形成高的单分子磁体能垒。

2013 年，Murugesu 课题组报道了系列相同结构，但具有不同端基配位的双核镝单分子磁体[$Dy_2(valdien)_2(L)_2$]·solvent［L = NO_3^-（**1**），CH_3COO^-（**2**），$ClCH_2COO^-$（**3**），Cl_2CHCOO^-（**4**），$CH_3COCHCOCH_3^-$（**5**），$CF_3COCHCOCF_3^-$（**6**）］（图 10-24）[47]。研究表明，调控配位的端基配

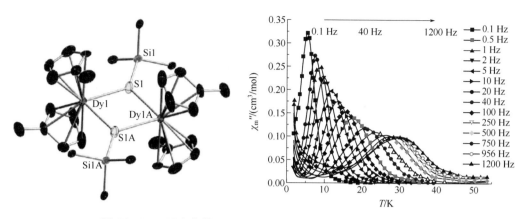

■ 图 10-23　配合物[{Cp′₂Dy(*m*-SSiPh₃)}₂]的结构及交流磁化率

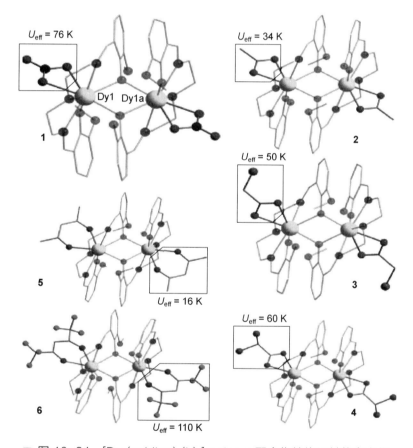

■ 图 10-24　[Dy₂(valdien)₂(L)₂]·solvent 配合物结构及其能垒变化

体的吸电子效应，可以达到调控单分子磁体能垒的目标。配体吸电子能力越强，相同结构的单分子磁体能垒会随之增大。理论计算表明，端基配体上的 H 原子被吸电子的原子 Cl 或 F 取代后，配合物将具有更多的轴向 *g* 张量和更高的第一激发 Kramer 能级，从而形成更高的能垒。这一研究为稀土单分子磁体性能的调控提供了一个新的方法和途径。

此外，由于稀土单分子磁体的弛豫对于中心金属离子的配位环境、磁相互作用、三维堆积结构、溶剂分子等都非常敏感，也可以通过改变这些条件来调控其性质[48-51]。

从目前已经报道的多核稀土单分子磁体可知，多数都是 Dy^{3+} 的配合物，其次是 Tb^{3+} 的配合物，基于 Ho^{3+}、Er^{3+} 和 Yb^{3+} 的单分子磁体非常少[52-54]。这是因为，Dy^{3+} 具有大的磁各向异性，基态和第一激发态能级之间的能隙很大，从而使簇合物拥有较大的翻转能垒，容易观测到单分子磁体行为。并且，Dy^{3+} 是基态双稳态的 Kramer 离子，易于构筑对称性较低的配位聚合物。Tb^{3+} 虽然具有更大的磁各向异性，但其不是 Kramer 离子，基态只在配体场具有轴对称性的时候才是双稳态，因此基于 Tb 的单分子磁体相对较少[55]。

10.3.3.2 三核稀土簇合物

目前已报道的三核稀土簇单分子磁体非常少，目前已知的仅仅只有十多例，主要内容涉及分子手性自旋、多重弛豫、磁相互作用等相关方面[56]。

2006 年，Powell 课题组首次报道了具有分子环形磁矩的三核镝配合物 $[Dy_3(\mu_3\text{-OH})_2(o\text{-vanillin})_3Cl(H_2O)_5]Cl_3$[57]（图 10-25）。在配合物中，3 个 Dy^{3+} 分别通过两个 μ_3-O 桥联形成平面三角形的结构，Dy⋯Dy 离子间的距离为 3.50~3.53。量子化学计算表明，配合物中的 Dy^{3+} 离子具有很强的轴各向异性，易轴方向共面形成等边三角形的环形磁矩，在低温下为抗磁的基态（自旋 $S_T = 0$）[58]。磁性测试表明，尽管 Dy^{3+} 离子之间为反铁磁相互作用，但配合物在低温下表现出慢磁弛豫行为，且观测到磁滞回线，翻转能垒为 61.7 K。值得注意的是，Dy_3 三角抗磁基态为双重简并（Kramers doublet），对应于磁矩的顺时针和逆时针两个不同的取向，相当于分子自旋手性的一个理想模型，有可能在此基础上开发出基于磁手性的全新磁存储材料。

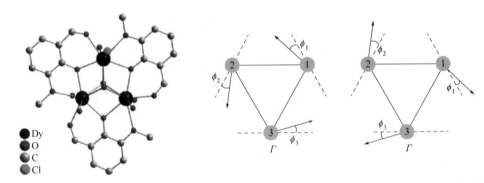

■ 图 10-25　配合物 $[Dy_3(\mu_3\text{-OH})_2(o\text{-vanillin})_3Cl(H_2O)_5]Cl_3$ 的结构及磁矩的两种自旋方向

2009 年，Powell 课题组利用邻香草醛肟配体取代邻香草醛与 Dy^{3+} 反应，得到具有线型结构的三核配合物 $[Dy_3vanox_2(Hvanox)_4(EtOH)_2](ClO_4)\cdot1.5EtOH\cdot H_2O$，磁性测试发现交流磁化率虚部存在多个峰值信号，表明配合物中存在多种弛豫模式[59a]。理论计算证明配合物中的 Dy^{3+} 自旋成直线排列，并且 Dy^{3+} 离子之间存在偶极-偶极所致的铁磁相互作用。2011 年，童明良课题组利用同样的配体得到了系列具有不同辅助单阴离子的三核线性配合物 $[Ln_3(Meosalox)_2(MeosaloxH)_4(X)(Y)]\cdot Sol$（$Ln^{3+}$ = Dy, Tb；X = OH^{-1}，NO_3^{-}，$Cl_3CCO_2^{-}$，Cl；Y = H_2O，MeOH；Sol = MeOH，H_2O）。其中 3 个镝的配合物都表现出单分子磁体的性质，能垒在 37.83~39.79 K[59b]。理论计算表明，铽的配合物之间存在铁磁相互作用。这些研究为人们后续以 Dy_3 三角为单元设计新的稀土单分子磁体提供了基础和借鉴。

10.3.3.3 四核稀土簇合物

稀土簇合物单分子磁体中，稀土离子的配位构型及簇的不同结构类型都会对稀土离子间的磁相互作用及翻转能垒产生影响。在稀土簇合物中，四核稀土簇合物是研究和报道较多的体系，目前已经报道了具有直线形、Z字形、菱形、共边三角形、[2×2]网格、立方烷、四面体、三角锥及不规则形状等九种不同结构类型共超过 60 例单分子磁体[60]。这些具有迷人拓扑结构的新型 Ln_4 簇合物，为人们理解磁弛豫途径、静态和动态磁性调控及结构组装等方面发挥了重要作用。通过对具有不同金属簇结构类型的 Ln_4 单分子磁体的系统研究，为人们设计和合成具有优越磁性能的稀土单分子磁体及理解稀土单分子磁体的磁-构关系提供了基础。

2009 年，Murugesu 等利用香草醛腙多齿配体与稀土 Dy^{3+} 合成了具有平面菱形 Dy_4 构型的配位聚合物$[Dy_4(\mu_3\text{-}OH)_2(bmh)_2(msh)_4Cl_2]$。如图 10-26 所示，配合物中的 4 个 Dy^{3+} 通过酚羟基和 μ_3-OH 桥联形成缺顶点的双立方烷$[Dy_4(OH)_2(O)_4]$结构[60a]。其中，4 个 Dy^{3+} 与 μ_3-OH 构成平面的菱形构型。从磁性测试的结果可知，配合物存在两种弛豫过程，应该是来自于稀土离子具有的不同配位环境。阿伦尼乌斯拟合得到能垒为 170 K，为当时报道的最高稀土单分子能垒，指前因子 τ_0 为 $4×10^{-7}$ s。

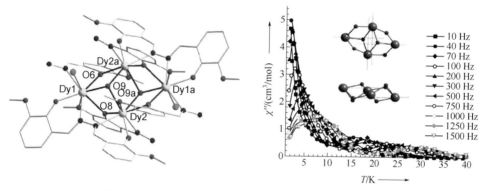

■ 图 10-26　配合物$[Dy_4(\mu_3\text{-}OH)_2(bmh)_2(msh)_4Cl_2]$的结构和频率依赖虚部曲线

2010 年，唐金魁等报道了首例具有直线型结构的 Dy_4 簇合物，4 个 Dy^{3+} 离子间通过两对 μ_2-O 桥连接。配合物线性中间的两个 Dy^{3+} 离子处于八配位畸变双帽三棱柱配位几何构型；两端的 Dy^{3+} 处于九配位的单帽反四棱柱配位环境（图 10-27）[61]。磁性测试表明，配合物存在双弛豫过程，并首次利用线性组合的 Debye 模型将两步弛豫过程成功分离，拟合得到的能垒分别为 173 K 和 19.7 K。从上述两例研究可知，配合物中稀土离子的不同配位环境是产生双弛豫过程的重要原因之一。

已知的四核稀土单分子磁体主要为 Dy^{3+} 配合物，其他稀土离子的研究鲜有报道。2012 年，Hong 等利用水杨醛缩乙二胺与稀土离子 Er^{3+} 反应，得到了首例四核稀土 Er 单分子磁体$[Er_4(salen)_6]\cdot13H_2O$，但由于零场下的量子隧穿效应，配合物只在低温下表现出频率依赖效应，能垒也只有 13.5 K[62]。

2013 年，Mcinnes 等报道了系列稀土醇盐笼状簇合物$[Ln_4K_2O(O^tBu)_{12}]$（Ln = Gd, Tb, Dy, Ho, Er, Y）。以镝配合物为例，如图 10-28[63]所示，配合物中的 4 个 Dy^{3+} 离子和两个 K^+ 离子形成了一个氧代中心的八面体构型，K^+ 和 Dy^{3+} 之间通过 μ_3-O^tBu 桥联形成笼状，而氧原子处于笼状的中心位置。配合物中稀土离子为较少见的六配位，形成了畸变的八面体构型。配合物存在两种弛豫模式，翻转能垒分别为 692 K 和 316 K。理论计算表明，配合物的各向异性几乎完全在轴向上，指向端基配位的醇；横向的 $g_{x,y}$ 参数几乎为零，是一个理想的伊辛

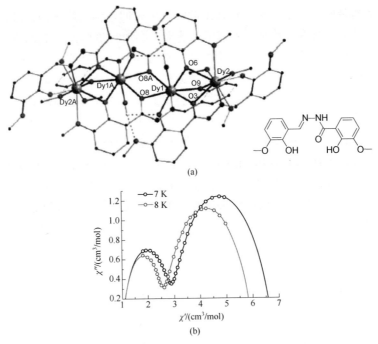

(a)

(b)

■ 图 10-27　配合物[Dy₄(L₃)₄(MeOH)₆]·2MeOH 的结构（a）和
Cole-Cole 曲线显示的双弛豫过程（b）

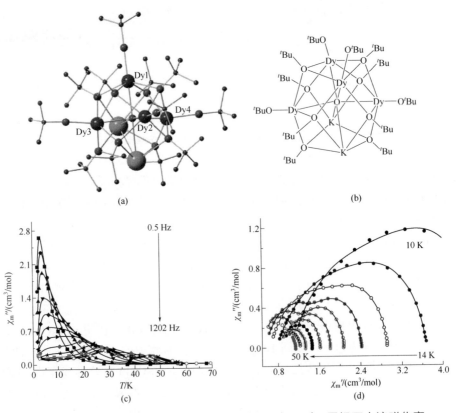

(a)

(b)

(c)

(d)

■ 图 10-28　配合物[Dy₄K₂O(OʹBu)₁₂]的结构（a，b）、零场下交流磁化率
虚部曲线（c）及双弛豫 Cole-Cole 曲线（d）

状态。因此，第一激发态的 Kramer 能级处于近乎纯的伊辛状态（$m_J = \pm 13/2$），形成了非常大的翻转能垒。然而，由于零场的量子隧穿效应的缘故，配合物单晶磁滞回线也只观测到 5 K下的曲线。值得注意的是，当配合物掺杂 Y 进行磁稀释表征时，配合物的能垒高达 842 K，结合磁滞回线只在 0.2 T 处出现一个陡然下降，表明该配合物能垒可能为首次观察到的稀土离子第二激发 Kramer 能级的分裂所致。

这些具有不同结构类型的四核稀土簇合物单分子磁体的设计、合成和表征，不仅丰富了单分子磁体的研究，而且对理解稀土单分子磁体的弛豫动力学和获得高能垒的磁性材料、磁-构之间的关系等方面都非常重要。从这些系统的研究中，我们知道首先配体的设计是实现稀土单分子磁体性能调控的关键因素之一[64]。如香草醛及其衍生物的席夫碱配体能够应用于平面簇合物的合成；含有多个配位点的线型脒类配体能够引导形成网格形配合物；辅助配体的引入在构建特定的结构中将起到重要作用[65]。其次，配合物的不同弛豫行为也可以通过末端阴离子配体场的轻微变化、稀土离子各向异性轴之间的相关性及稀土离子 Dy—O—Dy 的角度等方面来调控[66,67]。最后，稀土离子的轴各向异性是配合物表现为单分子磁体的关键因素，强轴向配体场可以使$|m_J|$之间的间隙最大化，从而形成高的弛豫能垒，如 Dy_4K_2 中的畸变八面体晶体场就是这样强的轴向配位场[63]。

10.3.3.4 五核稀土簇合物

五核稀土簇合物单分子磁体也只有少数的几例报道，存在四方锥、三角双锥和蝴蝶形 3 种不同的结构类型。尽管如此，五核稀土簇单分子磁体中的一例具有四方锥构型的$[Dy_5O(O^iPr)_{13}]$[68]配合物所具有的能垒，是当时已知的所有簇合物单分子磁体最高值，引起了人们广泛的关注。

虽然早在 2008 年，Roesky 等就利用二酮类配体、羟基与稀土离子反应合成了首例具有四方锥结构类型的五核簇合物$[Dy_5(\mu_4\text{-}OH)(\mu_3\text{-}OH)_4(\mu\text{-}\eta_2\text{-}Ph_2acac)_4(\eta_2\text{-}Ph_2acac)_6]$[69]并观测到配合物的单分子磁体行为，但该材料的能垒只有 33 K。

2011 年，McInnes 等利用简单的异丙醇为配体桥联 5 个稀土 Dy^{3+}，合成了一个中心具有μ_5-O 原子的四方锥构型簇配合物$[Dy_5O(O^iPr)_{13}]$。配合物中 Dy^{3+}为六配位，处于四方锥的顶点，具有 C_{4v} 对称性。配合物在 3~51 K 的温度区间表现出慢磁弛豫现象，在 1400 Hz 的频率下，交流磁化率的虚部峰值达到 41 K，拟合得到能垒高达 528 K（图 10-29）。后续的研究发现，同构的其他稀土离子（Tb，Ho，Er）中，只有 Ho 表现出单分子磁体的性质，在外加磁场消

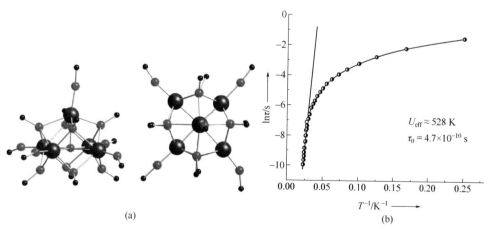

$U_{eff} \approx 528$ K
$\tau_0 = 4.7 \times 10^{-10}$ s

(a)　　　　　　　　　(b)

■ 图 10-29　配合物$[Dy_5O(O^iPr)_{13}]$的结构示意图和阿伦尼乌斯拟合曲线

除量子隧穿效应后，材料的能垒达到 398 K[70]。虽然这两个单分子磁体都具有高的能垒，但由于低温下的量子隧穿效应只能观测到很狭窄的磁滞回线。

具有三角双锥构型的五核稀土簇目前只报道了一例$[Dy_5(\mu_3\text{-}OH)_6(Acc)_6\text{-}(H_2O)_{10}]Cl_9\cdot24H_2O$[71]，该配合物虽然表现出单分子磁体的慢磁弛豫行为，但交流磁化率虚部未观测到峰值。

结合前述单分子磁体的研究，人们发现一些稀土单分子磁体虽然具有较高的磁各向异性能垒，但由于稀土离子间弱的相互作用，量子隧穿效应明显。因此，通过各种实验和理论研究，找到有效拟制稀土离子量子隧穿效应，从而改进稀土单分子磁体性质的方法和途径，是一个长期和艰巨的任务。

10.3.3.5 六核及以上稀土簇合物

由于具有分子环形磁矩的 Dy_3 配合物相当于分子自旋手性的一个理想模型，并有可能应用于磁手性的全新磁存储材料，引发了人们对设计、合成这类具有环形磁矩单分子磁体的极大兴趣。在此基础上，人们以 Dy_3 环作为建筑块（building block）构筑了系列六核的 Dy_6 簇合物并进行了相关磁性研究[72]。

2009 年，Murugesu 等利用两个三角形的$[Dy_3(\mu_3\text{-}OH)_2]^{7+}$单元与邻香草醛烷氧基的氧原子桥联形成了一个六核簇合物$[Dy_6(\mu_3\text{-}OH)_4(o\text{-}vanillin)_4(avn)_2(NO_3)_4(H_2O)_4](NO_3)_2\cdot(H_2O)\cdot3(CH_3)_2CO$[73]。随着温度的降低，配合物的直流磁化率 χT 不断增大，并在 41 K 时达到顶点，说明分子内 Dy^{3+} 离子间存在铁磁相互作用。与此同时，配合物在低温下存在慢磁弛豫现象，能垒为 10 K，并在 1 K 的温度下观测到磁滞回线，表明此 Dy_6 簇合物为单分子磁体。2010年，Sessoli 等也报道了一个六核簇合物$[Dy_6(\mu_3\text{-}OH)_4(o\text{-}vanillin)_4(o\text{-}vanillin')_2(H_2O)_9Cl]Cl_5\cdot15H_2O$，配合物中两个 Dy_3 环形簇相互平行但不共面[74]（图 10-30）。理论计算表明 Dy_3 环形簇间为反铁磁相互作用，导致 Dy_6 簇合物中基态是非磁性的。值得注意的是，配合物存在两个不同的弛豫过程，被认为是在升温时配合物中的磁各向异性从易磁化面到易磁化轴的空前变化所导致。在高温区域，配合物的能垒为 199 K。

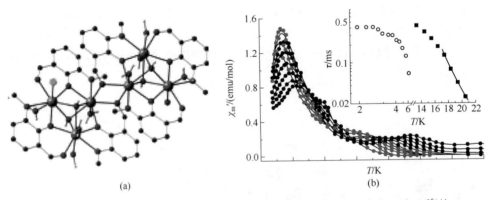

■ 图 10-30　配合物$[Dy_6(\mu_3\text{-}OH)_4(o\text{-}vanillin)_4(o\text{-}vanillin')_2(H_2O)_9Cl]^{5+}$的
结构（a）和交流磁化率虚部曲线（b）
（b）图中插图为低温（■）和高温（○）过程弛豫的阿伦尼乌斯拟合

此外，配合物中三角形单元之间磁相互作用的强弱也会对于环形磁矩的强弱产生影响。2012 年，唐金魁等报道了另一个六核 Dy 簇合物$[Dy_6(dme)_4(\mu_4\text{-}O)(NO_3)_4(CH_3OH)]\cdot CH_3OH$[75]，配合物的两个三角形构筑块通过 $\mu_4\text{-}O^{2-}$ 和 4 个酚羟基氧连接，但两者之间不共面，Dy_3 之间的二面角大约为 $30°$。两个 Dy_3 三角形间通过 $\mu_4\text{-}O^{2-}$ 桥存在强的耦合作用，从而稳定了两个逆时针方向的环形磁动量，使整个分子达到了一个非常大的磁手性。配合物存在的双弛豫过程可能来自于分子中不同的各向异性中心和磁交换作用。

七核的稀土簇单分子磁体存在碟状、带心八面体、带心三棱柱和五边共享 Dy_3 三角形等几种簇结构类型[76]。其中，碟状配合物 $[Dy_7(OH)_6(H_2thme)_5(Hthme)(tpa)_6(MeCN)_2](NO_3)_2$ 在零场下能观测到 28 K 的频率依赖峰，阿伦尼乌斯拟合得到能垒达 139 K。其余的四例配合物只能观测到交流磁化率的慢磁弛豫现象，未能拟合得到能垒[77]。

随着配合物中稀土离子的进一步增多，整体来说稀土簇合物单分子磁体的性质在逐渐变差，如 Ln_8、Ln_9、Ln_{10}、Ln_{26}、Ln_{11}、Ln_{12}、Ln_{14}、Ln_{15}、Ln_{60}[78-86]等。目前已报道的最高核稀土单分子磁体是 $[Dy_{30}I(\mu_3\text{-}OH)_{24}(\mu_3\text{-}O)_6(NO_3)_9(IN)_{41}(OH)_3(H_2O)_{38}]_2$，它通过 9 个 NO_3^- 连接了 6 个 $\{Dy_4(\mu_3\text{-}OH)_4\}$ 四面体和 6 个 Dy^{3+}。该配位聚合物的虚部磁化率在 6 K 以下表现出温度依赖性，存在单分子磁体行为，但没有出现峰值[81]。

在近二十年中，稀土簇合物单分子磁体发展迅速，出现了大量的相关报道。相比于过渡金属簇及 3d-4f 单分子磁体，纯稀土簇合物得益于稀土离子高的配位数、自旋-轨道耦合及各向异性获得了很多新颖结构及高能垒的单分子磁体，为人们进一步了解稀土单分子磁体的来源及机理提供了基础。在稀土簇单分子磁体中，人们观察到了高的磁滞回线阻塞温度（14 K）[42c]、多步弛豫[44]、稀释后大的能垒[63]、磁手性[56a]等有趣的现象。此外，大量的研究也揭示了在稀土簇单分子磁体中，由稀土离子和晶体场决定的单离子各向异性是配合物展示慢磁弛豫的关键因素之一；尽管晶体场效应一般比自旋-轨道耦合小，但它对稀土簇单分子磁体的磁各向异性具有重要影响；磁相互作用，如偶极-偶极和耦合作用也是影响量子隧穿效应的重要因素。这些研究为人们进一步发展具有高阻塞温度的更好稀土单分子磁体具有重要的指导作用。

10.3.4 单离子磁体

近十几年来，在分子基磁性材料领域出现了一类非常新颖的磁性材料，即单核配合物的某些离子因具有强烈自旋-轨道耦合，足够补偿配体场带来的猝灭效应，形成大的单离子磁各向异性，表现出单分子磁体的缓慢磁弛豫行为。早期报道的这些单核化合物主要集中在镧系或锕系化合物中，因其产生慢磁弛豫的机理与单分子磁体有所区别，被命名为单离子磁体。后来，人们发现具有单轴磁各向异性的单核过渡金属（如 Fe^{II}、Co^{II}、Mn^{II} 等）的配合物，也可以在外加磁场甚至零磁场下观测到单分子磁体行为。这些报道极大地丰富了分子基磁性材料研究，为磁性材料开辟了新的研究方向，并取得了非常显著的成绩，对于人们深刻认识宏观和介观尺度的量子效应，了解磁性的起源、机理及磁-构关系具有重要意义。

10.3.4.1 镧系单离子磁体

稀土离子 4f 电子较强的自旋-轨道耦合作用和大的磁各向异性，使得一些在双酞菁、卟啉、二酮、多酸、席夫碱及金属-有机体系的单核稀土化合物呈现出慢磁弛豫行为，其低温下的磁滞回线为台阶状，迅速引起了人们的广泛关注[87]。通过这类配合物磁性的研究，人们发现稀土离子（Tb、Dy、Ho、Er）既具有较大的自旋基值又具有强的各向异性，是构筑磁性材料的良好载体（表 10-1）。它们磁性的来源与稀土离子的电子自旋磁矩、核自旋磁矩、轨道磁矩之间的相互作用等密切相关。

表 10-1 稀土离子的基本参数

Ln^{III}	组态	基态	g_J	χT_{cal}/(emu·K/mol)	χT_{exp}/(emu·K/mol)
Ce	f^1	$^2F_{5/2}$	6/7	0.80	0.66~0.78
Pr	F^2	$^3H_4$	4/5	1.60	1.45~1.62
Nd	F^3	$^4I_{9/2}$	8/11	1.64	1.45~1.53
Pm	F^4	$^5I_4$	3/5	0.90	1.05
Sm	F^5	$^6H_{5/2}$	2/7	0.09	0.32
Eu	F^6	$^7F_0$	0	0	1.53
Gd	F^7	$^8S_{7/2}$	2	7.88	7.61~7.80
Tb	F^8	$^7F_6$	3/2	11.82	11.76~12.01
Dy	F^9	$^6H_{15/2}$	4/3	14.17	13.01~14.05
Ho	f^{10}	$^5I_8$	5/4	14.07	13.26~13.78
Er	f^{11}	$^4I_{15/2}$	6/5	11.48	11.05~11.28
Tm	f^{12}	$^3H_6$	7/6	2.57	2.53
Yb	f^{13}	$^2F_{7/2}$	8/7	7.15	7.03

2003 年，Ishikawa 等首次报道了具有三明治型结构的单核稀土配合物[Pc$_2$Ln]$^-$·TBA$^+$（Ln^{III} = Tb、Dy）在零场下具有类似单分子磁体慢磁弛豫的行为[41]。磁性测试表明铽的配合物在 10 Hz、100 Hz 和 997 Hz 频率下配合物的交流磁化率虚部在 15 Hz、32 Hz 和 40 K 处出现峰值，显示出明显的频率依赖效应。同时，配合物采用抗磁性的 Y^{3+}掺杂替代 Tb^{3+}后的交流磁化率（图 10-31 中实线）保持了与[Pc$_2$Tb]$^-$·TBA$^+$一样的曲线，证实了慢磁弛豫性质来源于单个稀土离子，而不是来自于分子间相互作用或磁有序。并且，配合物的磁滞回线观测到了类似于 Mn$_{12}$单分子磁体的量子隧穿效应。

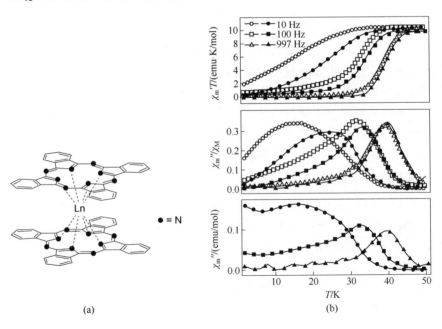

(a) (b)

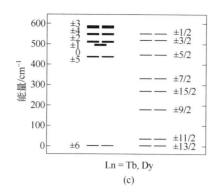

图 10-31　酞菁配合物$[Pc_2Tb]^-\cdot TBA^+$的分子结构（a）、交流磁化率（b）及
理论计算的基态多重能级图（c）

　　进一步的理论研究揭示，配体场效应引导的电子亚层分裂使得配合物可能存在 Obarch 弛豫过程。在具有强单轴磁各向异性的铽配合物中，基态多重能级 $J=6$ 的最低亚层为 $J_z=\pm6$ 分别对应于"自旋朝上"和"自旋朝下"两种状态[88]。单离子磁体的能垒对应于在配体场效应下分裂的基态最低能级和次低能级之间的差值。在此之后，单离子磁体研究作为分子基磁性材料的新研究方向和领域引起了人们的广泛兴趣，并在随后的十多年内迅速发展。

　　稀土单离子磁体的合成策略：随着人们对单离子磁体研究的深入，影响稀土单离子磁体的因素、合成及调控它们磁性的方法不断被总结出来。在稀土单离子磁体中，晶体场效应、轴各向异性、配体、抗衡离子、客体分子等都将对稀土单离子磁体的性质产生影响，这也为人们合成及调控稀土单离子磁体提供了思路。

　　① 稀土离子种类　在稀土簇单分子磁体中，人们发现在同样结构的配合物中，只有 Tb^{3+}、Dy^{3+}、Ho^{3+}、Er^{3+}等稀土离子，尤其是 Dy^{3+}容易表现出单分子磁体的性质。2011 年，Long 等指出了单离子各向异性在设计、合成单分子磁体的作用。如图 10-32 所示[89]，不同稀土离子的 4f 电子云密度形状是不一样的，对于 Ce^{3+}、Pr^{3+}、Nd^{3+}、Tb^{3+}、Dy^{3+}、Ho^{3+}为扁圆球状，而 Pm^{3+}、Sm^{3+}、Er^{3+}、Tm^{3+}、Yb^{3+}则为拉长球状。因此，对于这两类不同电子云密度形状的给定稀土离子，要使其获得大的各向异性基态，必然要求匹配不同的晶体场。理论和实践都证明，扁圆球状的电子密度形状的 Ln^{3+}离子适宜强轴向的晶体场，而拉长球状的电子密度形状的 Ln^{3+}适宜强赤道方向的晶体场。其中，Tb^{3+}和 Dy^{3+}虽然具有类似的扁圆球状电子云密度形状，但 Tb^{3+}不是 Kramer 离子，当晶体场的对称性降低时，难于形成双稳态；而 Dy^{3+}是 Kramer 离子，所以较易形成单离子磁体。因此，针对不同的稀土离子，设计适宜的晶体场从而获得大的单轴磁各向异性，是合成单离子磁体的关键。

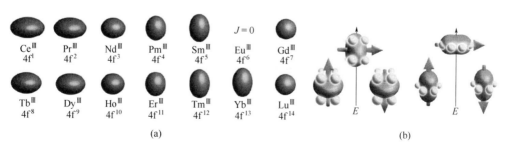

图 10-32　三价稀土离子 4f 电子云密度分布（a）及晶体场电荷分布对单离子磁体能垒的影响（b）

② 晶体场的对称性　在稀土单离子磁体中，晶体场效应是影响分子慢磁弛豫行为最重要的因素。尽管分子中稀土离子的自旋-轨道耦合明显要大于晶体场效应，但后者是决定分子磁各向异性进而使稀土离子基态能级分裂的主要原因。稀土离子的晶体场哈密顿算符为 $H_{CF} = \Sigma B_q^k \cdot C_q^k$，其中 C_q^k 为 Wybourne 算符，B_q^k 为晶体场参数。当 q 为零时，B_0^k 为轴向晶体场参数；当 q 不为零时，B_q^k（$K = 2, 4, 6$）为横轴向晶体场参数，是导致单分子磁体快速量子隧穿的重要原因。人们发现一些具有高轴对称性的稀土单离子配合物，如 D_{4d}、D_{3h}、D_{2d}、D_{5h}、C_5 和 $C_{\infty v}$ 对称性，其横轴向晶体场参数 B_q^k（$K = 2, 4, 6$）为零，能够有效地抑制量子隧穿效应、改善单离子磁体的能垒和阻塞温度[90]。

八配位的稀土单离子配合物中，具有 D_{4d} 四重轴对称性的四方反棱锥构型，是稀土单离子磁体中最常见的晶体场对称性。Ishikawa 课题组报道的酞菁类稀土单离子磁体，姜建壮课题组报道的卟啉类稀土单分子磁体及 Coronado 课题组报道的多酸类稀土单离子磁体都具有四重轴对称性。

具有 D_{5h} 五重轴对称性三角双锥构型的单核稀土配合物在稀土单离子磁体中具有重要的地位。目前已报道的具有 D_{5h} 对称性的单核 Dy 单离子磁体的能垒都非常高，范围在 543~1815 K。2016 年，郑彦臻等报道的[Dy(O^{t}Bu)$_2$(py)$_5$][BPh$_4$]是目前具有最高能垒（1815 K）的单离子磁体[91]。

具有 D_{8d} 八重轴对称性反八棱柱构型的稀土单离子磁体都是金属-有机配合物，如 Murugesu 课题组报道的环辛四烯三明治夹心结构的化合物[K(18-crown-6)][Er(COT)$_2$]在 30 K 下表现出明显的单离子磁体行为，翻转能垒为 286 K，并在 11 K 时观测到磁滞回线。具有八重轴对称性的单离子磁体也是目前已报道的最高轴对称性的磁体[92]。具有二重轴、三重轴的稀土单离子磁体报道较少[93]，具有∞轴对称性的单离子磁体仍未见报道。

尽管如此，由于稀土离子具有高的配位数及多变的配位模式，合成高晶体场对称性的稀土配合物仍是一项巨大的挑战，而具有低对称性的稀土配合物更加常见。

③ 配体的调控　配体的设计和裁剪是分子晶体工程中调控材料结构和性能的常用手段和策略，也是调控单分子磁体磁性的有效方法。目前报道的配体调控包括配体的氧化或质子化、配体给体原子的替换、取代基及端基配体改变等[94-98]。

在 Ishikawa 等报道的首例稀土单离子磁体[Pc$_2$Tb]$^-$的基础上，通过氧化酞菁配体，可以得到相应的中性配合物[Pc$_2$Tb]及阳离子配合物[Pc$_2$Tb]$^+$。由于酞菁环上具有未成对电子，单离子磁体[Pc$_2$Tb]的能垒从 331 K 提高到了 590 K。此外，对中性分子[{Pc(OEt)$_8$}$_2$Tb]进行氧化后得到阳离子产物[{Pc(OEt)$_8$}$_2$Tb]$^+$，其能垒达到了 791 K[94]。研究表明，配体的氧化能够诱导配合物 D_{4d} 反四棱柱在纵向发生压缩，使单离子磁体的能垒和阻塞温度显著提高。

配体的质子化及去质子化也会对单离子磁体的性能产生影响。如 2012 年，Ishikawa 等报道的去质子化夹心型卟啉[Tb^{III}(TPP)$_2$]$^-$表现出显著的单离子磁体行为，其能垒达到了 407 K；但其质子化的配合物[Tb^{III}H(TPP)$_2$]晶体场对称性非常低，未能观测到单离子磁体行为[95]。

此外，改变配体的配位原子同样可以调控单离子磁体的性能。如[Dy^{III}(Pc)-(XTBPP)]（X = N, O, S）配合物中，随着卟啉中一个给体原子从 N 到 S 的改变，材料的翻转能垒从 40 K 增加到 136 K，直至 183 K[96]。端基配体变化也将导致单离子磁体显著变化。如高松课题组报道了具有反四棱柱 D_{4d} 几何构型的 β-二酮二水合物[Dy(acac)$_3$(H$_2$O)$_2$][97]，表现出明显的单离子磁体性能，有效能垒为 66 K。在此基础上，程鹏课题组使用邻菲啰啉及其衍生物取代配位的水，得到了 3 个具有类似晶体场构型的单离子磁体——[Dy(phen)(acac)₃]、[Dy(dpq)(acac)₃]和[Dy(dppz)(acac)₃]，随着端基配体共轭体积的增大，单离子磁体的能垒增大至 136 K 和 187 K（图 10-33）[98]。

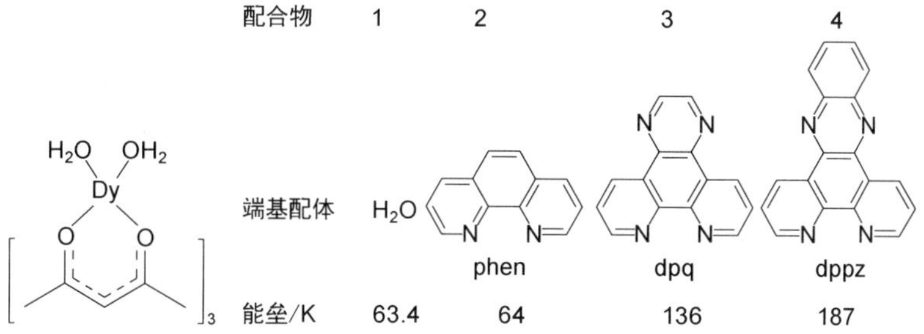

配合物	1	2	3	4
端基配体	H₂O	phen	dpq	dppz
能垒/K	63.4	64	136	187

■ 图 10-33　β-二酮类 Dy 单离子磁体端基配体变化导致能垒改变

④ 分子间相互作用　研究表明，稀土单离子磁体中，分子间的磁相互作用比较弱，相对于晶体场对磁性的影响而言处于次要地位，但它对量子隧穿效应及弛豫机制有非常重要的影响。稀土单离子磁体之间的磁相互作用（或者偶极-偶极相互作用）会导致邻近的自旋离子发生耦合，从而产生较快的量子隧穿，或者形成直接弛豫过程，导致配合物能垒和阻塞温度降低。这种磁相互作用可以通过磁稀释或者外加磁场的方式减弱或消除[99]。另一方面，分子间磁相互作用将对单离子磁体的弛豫过程产生影响，导致多步弛豫的现象。由分子间相互作用引起的多步弛豫过程存在三种情况：第一种情况，两步弛豫都表现出温度依赖现象，如单核配合物[Dy(COT″)₂]⁻表现出的双弛豫过程[100]；第二种情况，一种弛豫来自于单离子各向异性，表现出温度依赖，而另一种弛豫过程来自于分子间相互作用，表现出温度无关性，弛豫时间和弛豫比例随着静磁场的增加而减小，如[Dy(hfac)₃(L₂)]和 Na[Dy(DOTA)(H₂O)]·4H₂O[101]都表现出此种弛豫情况；第三种情况与第二种情况类似，但弛豫时间和弛豫比例随着静磁场的增加而增大，主要出现在放射性元素 U 的配合物中。

⑤ 客体分子或离子　稀土离子单分子磁体的磁性质与稀土离子所处的配位环境密切相关，仅仅是结构上的微小变化也可能导致磁性上的显著变化。配合物中的客体分子或离子发生改变，如溶剂分子的得失、抗衡离子的替换等都会对单离子磁体性能产生影响。2009 年，Ruben 等用核磁共振氢谱研究首例单离子磁体[TBA]⁺[Pc₂Tb]⁻的自旋动力学性质时发现，在掺杂有过量抗磁([TBA]Br)ₙ盐结构的样品中，单离子磁体的能垒从掺杂前的 840 K 提高到了掺杂后的 922 K[102]。

2012 年，游效曾课题组报道了一例具有畸变反四棱柱几何构型的手性单核配合物[Dy(L₄)₂(acac)₂]NO₃·solvent（溶剂分子为水和甲醇），结晶于 P2₁ 空间群，在 2 kOe 的外场下表现出明显的频率依赖，拟合得到能垒为 34.7 K。当配合物加热至 373 K 失去甲醇分子后，产物在外场下可以有频率依赖现象，但是不能观测到峰值。这是由于溶剂分子得失后造成分子结构及稀土离子配位环境发生变化，从而改变了材料的磁性性能[103]。

10.3.4.2　锕系单离子磁体

具有慢磁弛豫行为的单核锕系元素配合物是一类新兴的单离子磁体[104]。与镧系单离子磁体相比，锕系元素 5f 轨道较大的径向延伸可以与配体轨道形成更大的重叠，生成更强的共价键。同时，锕系元素增强的磁耦合作用以及更大的晶体场分裂非常有利于开发新的单离子磁体。事实上，U^{3+} 晶体场分裂能非常大，尤其是 U^{5+}，其晶体场分裂能比稀土离子要大一个数量级[105]。然而，已报道的锕系元素单离子磁体能垒及阻塞温度都远超过镧系元素单离子磁体[104b]。这一方面是由于高对称性的锕系元素配合物难于结晶；另一方面是锕系配合物研究相对较少所致。

2009 年，Long 等报道了首例具有单离子磁体行为的单核 U^{III} 配合物 $[U^{III}(Ph_2BPz_2)_3]$[106]。配合物通过三个双齿配位的 Ph_2BPz_2 配体与 U^{3+} 配位，形成了非常适合 U^{3+} 扁平型各向异性的三棱柱几何构型晶体场。由于配合物的轴向晶体场消除了 m_J 亚层的简并性，从而导致材料在零场下显示出慢磁弛豫现象，配合物的翻转能垒为 28.8 K。随后，人们探索了通过对配体修饰来改变配体的电子结构，从而调控锕系元素单离子磁体行为的途径。例如，将前配体 Ph_2BPz_2 中的苯取代基用 H 原子代替后，得到三帽三棱柱几何构型的单核配合物 $[U^{III}(H_2BPz_2)_3]$[107]。但由于分子中的晶体场存在赤道电子云密度，该配合物只在外加磁场作用下才能显示出慢磁弛豫行为，翻转能垒也相对更低（11.5K）。值得注意的是，该配合物在外场下显示出多步弛豫现象，其中一部分来自于基态 Kramer 亚层之间的直接弛豫过程，另一部分在低频下弛豫（0.06~1 Hz）的机理仍不明确。Long 等在不改变分子构型的条件下，改变配位的给体原子得到同构的 $[U^{III}(BP^{Me})_3]$ 和 $[U^{III}(BC^{Me})_3]$[108]。研究发现，强给电子能力的 N 杂环卡宾配体会促使配合物产生了更大的各向异性以及共价性，导致配合物 $[U^{III}(BC^{Me})_3]$ 在外加磁场下观测到单离子磁体行为，为已知锕系单离子磁体最高的翻转能垒（47.5 K）。同样值得注意的是，所有的 U^{III} 单离子磁体的理论计算能垒比实际测试得到的能垒要大一个或两个能级，并且弛豫都几乎发生在小于 7 K 的温度范围内。

U^V 单离子磁体的报道较少，一方面是由于 U^V 离子的角动量（$J = 5/2$）比 U^{III} 离子更小，另一方面是 U^V 离子在水溶液中容易发生歧化反应。2013 年，McInnes 等报道了首例单核 U^V 离子的配合物 $[U^V(O)(TrenTIPS)]$，在外加磁场下显示出频率依赖效应，能垒为 21.5 K，并在 3 K 的温度下观测到磁滞回线[109]。随后，系列具有相同配体的 U^V 单离子磁体 $[U(Tren^{TIPS})(N)][M(crown)_2]$ 和 $[U(Tren^{TIPS})(\mu\text{-}N)\{M(crown)\}]$（M = Li, Na, K, Rb, Cs；crown 指冠醚）相继被报道[110]。在这些配合物中，随着晶体场分裂能的增强，单离子磁体的翻转能垒也随之增强（20~40 K），表明与稀土单离子磁体一样，锕系配合物中晶场的改变对单离子磁体性质具有重要的影响。

2015 年，Pereira 等利用 U^{III} 离子的单核配合物 $[U^{III}\{(SiMe_2NPh)_3\text{-}tacn\}]$ 单电子还原偶氮苯得到了具有自由基配体的 U^{IV} 单离子磁体 $[\{(SiMe_2NPh)_3\text{-}tacn\}U^{IV}(\eta^2\text{-} N_2Ph_2C^*)]$。配合物磁性测试表明，$U^{IV}$ 离子配合物在外加磁场下表现出频率依赖效应，其 U^{III} 离子的前驱体反而未表现出慢磁弛豫行为。一般来说，U^{IV} 离子不是 Kramer 离子，低温下通常表现为轨道单基态。由于缺乏基态的磁双稳态，U^{IV} 离子被认为不利于构筑单离子磁体。然而，金属适宜的配位环境和自由基配体的存在可以克服这种限制。U^{IV} 金属离子与顺磁性自由基配体之间的相互作用似乎可以使金属离子在 Kramer 离子和非 Kramer 离子间发生转换。这一策略为利用非 Kramer 离子构筑单离子磁体提供了新的途径[111]。

除 U 离子之外，锕系元素单离子磁体的相关报道较少。2011 年，Caciuffo 等报道了首例 Np^{IV} 单离子磁体 $[Np(COT)_2]$[112]。该夹心型配合物具有 D_{8h} 对称性，在外加磁场（500 Oe）下显示出频率依赖效应，并在 1.8 K 的低温下观测到比较弱的磁滞回线，表明配合物具有单离子磁体性质。2014 年，Magnani 等报道了一例具有九配位三帽三棱柱构型的单核 Pu^{III} 配合物 $[PuTp_3]$[113]。该材料在 5 K 温度下显示出频率依赖效应，进一步的磁性分析表明单离子磁体的慢磁弛豫来自于热激活的 Orbach 弛豫过程，翻转能垒为 26.3 K，近似为其同构[UTp$_3$]单离子磁体能垒的 5 倍。该配合物也是首例 Pu^{III} 单离子磁体。

相比于过渡金属或稀土单离子磁体，锕系元素单离子磁体研究开展的时间较晚。这一新颖而复杂的体系为人们了解单离子磁体的提供了新的视角。然而，考虑到锕系元素更强的共价性和反应活性，获得性能良好的锕系单离子磁体的途径可能会有别于稀土单离子磁体。具有高轴向对称性的单核锕系配合物体系，被认为可以有效减少基态能级之间的简并，并使分子具有大的轨道角动量，从而有利于锕系单离子磁体的构建。但是，在这一领域还有待于人们更多的研究来了解材料缓慢弛豫的本质及对磁性影响的各种因素。

10.3.4.3 过渡金属单离子磁体

在稀土单离子磁体之后，人们发现类似的慢磁弛豫行为也可以在具有单轴磁各向异性的单核过渡金属化合物中观测到。但是在过渡金属配合物中，配体场效应比金属离子的自旋-轨道要强，经常导致金属离子的轨道角动量被猝灭。研究表明，具有低配位数的弱配体场可使过渡金属离子激发态和基态之间形成较小的能量差，产生较大的自旋-轨道耦合，进而增强分子的磁各向异性，使得分子具有大的自旋翻转有效能垒。这类化合物被称为过渡金属单离子磁体。最近几年，相当数量低配位数的过渡金属离子磁体被相继报道，并且主要集中在具有较强磁各向异性的金属离子，如 Fe$^{+/2/3+}$、Co^{2+}、Ni$^+$、Mn^{3+}、Re^{4+}、Cr^{2+} 等金属离子的配合物中[114-120]。

2010 年，Long 课题组报道了首例具有三角单锥形的 Fe^{II} 过渡金属单离子磁体 K[(tpa^{Mes})Fe][114]。该配合物具有较大的轴各向异性，零场分裂参数 D 为 -39.6 cm^{-1}，在外加磁场下（1500 Oe）翻转能垒为 60.3 K（图 10-34）。在此之后，人们陆续在不同的过渡金属单核配合物中发现了一些单离子磁体。

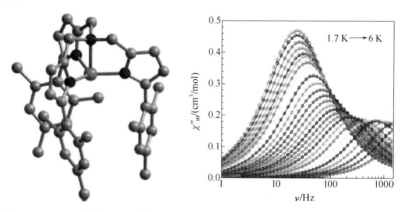

■ 图 10-34　配合物 K[(tpa^{Mes})Fe]的结构及其在 1.7~6 K 下的交流磁化率曲线

（1）铁单离子磁体

铁单离子磁体存在于 +1、+2、+3 价的配合物中，配位数主要有 2、3、4、5 等几种。其中，二配位的配合物（配位数最小）能够有效减小由配位饱和引起的晶体场效应，使激发态能级更好地混合，从而产生大的磁各向异性和翻转能垒。

2013 年，Atanasov 等合成了一系列二配位的 Fe^{2+} 单离子磁体[115]。如图 10-35 所示，前五个配合物中，配位原子与 Fe^{2+} 之间的键角都为 180° 的直线型，而第 6 个配合物呈 V 字型，键角为 140.9°。理论计算表明，配位原子与金属离子间的键角对 d 轨道的能级分布影响非常大，直线形时 d_{xy} 和 $d_{x^2-y^2}$ 轨道接近简并，轨道混合在一起；当呈 V 字形的时候，d_{xy} 和 $d_{x^2-y^2}$ 轨道能级相差很大，导致磁各向异性减小。因此，配合物的磁性测试表明，前五个化合物的在外加磁场下的能垒分别为 259.7 K、209.5 K、156.4 K、149.2 K 和 61.7 K，而配合物 **6** 则仅表现出频率依赖现象而没有观测到峰值。

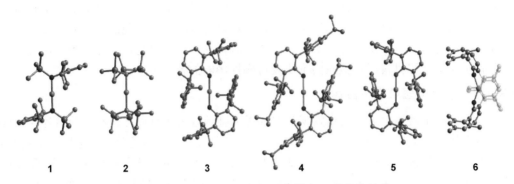

图 10-35　系列二配位 Fe^{2+} 单离子磁体的结构

随后，同一课题组利用 KC_8 还原配合物 **2** 得到相应同构的 Fe^+ 单离子磁体 $[K(crypt-222)]$ $[Fe(C(SiMe_3)_3)_2][116]$。Fe^+ 是 Kramer 离子，其配合物具有半整数自旋值 $S = 3/2$，量子隧穿效应非常小。该配合物在零场下表现出单离子磁体行为，并在 6.5 K 下观测到磁滞回线，翻转能垒 324.3 K，是目前过渡金属单离子磁体中最大的能垒。同样，由于化合物直线型的构型能够最大限度地减小晶体场的作用，使得 d_{z^2} 轨道的能量降低与 4s 轨道发生混合，从而使分子具有非常大的磁各向异性，表现出优异的单离子磁体性质。

2010 年，Long 等通过改变配合物 $K[(tpa^{Mes})Fe]$ 的配体合成了系列三配位的 $[(tpa^R)Fe]^-$ 单离子磁体（R = t-Bu, Ph, mesityl）[117]。磁性测试表明，配合物都具有单轴磁各向异性，零场分裂参数 D（分别为 -48 cm^{-1}、-44 cm^{-1}、-30 cm^{-1}）会随着配位场强度的增加而增加，能垒分别为 93.3 K、60.3 K、35.9 K。对含叔丁基的配合物拟合后发现分子中存在奥巴赫、拉曼和直接弛豫等三个过程，其中奥巴赫过程在高温区占主导，拉曼过程在中温区，低温区主要是直接过程。

2014 年，Samuel 等报道了一例三配位的 Fe^+ 配合物 $[(cAAC)_2FeCl]$，在外加磁场下表现出单分子磁体行为，能垒约为 29.3 K[118]。有趣的是，高能电子顺磁共振测试表明化合物具有易面磁各向异性。在单分子磁体中，一般而言，易面磁各向异性会引起较强的量子隧穿效应，从而猝灭单分子磁体行为，相关的报道非常少。

2012 年，Mossin 等报道了第一例五配位的 Fe^{III} 单离子磁体 $[(PNP)FeCl_2][119]$。如图 10-36 所示，配合物具有扭曲的三角双锥构型，同时表现出自旋交叉和单离子磁体的性质。磁性测试发现配合物在 80 K 时存在 $S = 3/2$ 到 $S = 5/2$ 的自旋交叉转变及零场下的慢磁弛豫行为，有效能垒为 45.9~51.6 K。

从已报道的铁单离子磁体性能可知，这类配合物大多数只能在外加磁场的作用下才能体现出慢磁弛豫行为，并且很难观测到磁滞回线，同样也存在多重弛豫现象[120]。

（2）钴单离子磁体

由于 Co^{2+} 是 Kramer 离子，具有较大的轨道角动量，易于产生自旋-轨道耦合，形成较强的磁各向异性，所以非常有利于构筑过渡金属单离子磁体。目前，Co^{II} 单离子磁体的报

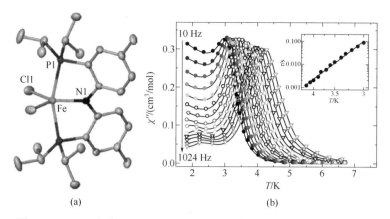

(a)　　　　　　　　(b)

■ 图 10-36　配合物[(PNP)FeCl₂]的结构（a）及交流磁化率曲线（b）

道比较多，配位数主要在 3~7 之间。

2011 年，Murugesu 等报道了首例 Co^{II} 单离子磁体 [(ArN=CMe)₂(NPh)]Co(NCS)₂ 和 [(ArN=CPh)₂(NPh)]Co(NCS)₂[121]。配合物五配位的 Co^{II} 离子处于扭曲的四方锥构型中。在前一个配合物中，Co^{2+}高出 4 个 N 原子构成的平面 0.39 Å，后者高出 0.52 Å（图 10-37）。理论计算表明，正是由于钴离子与四方锥平面之间存在距离，导致 d 轨道能级分裂产生自旋-轨道耦合作用，在外加磁场下显示出慢磁弛豫行为，能垒分别为 16 K 和 24 K。

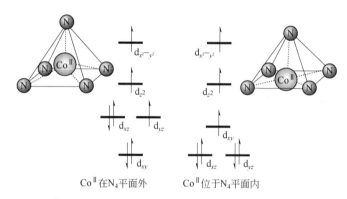

■ 图 10-37　配合物[(ArN=CMe)₂(NPh)]Co(NCS)₂ 和[(ArN=CPh)₂(NPh)]Co(NCS)₂
中 Co^{II} 离子的配位环境及 d 轨道电子排布

2011 年，Long 等报道了首例四配位的钴单离子磁体(Ph₄P)₂[Co(SPh)₄][122]。配合物在零场下就能表现出频率依赖现象，但由于量子隧穿效应，导致能垒只有 30.1 K。配合物磁稀释研究表明，材料中的量子隧穿效应是由分子间的偶极-偶极相互作用引起。理论计算表明，分子中的 d$_{x^2-y^2}$ 轨道与 d$_{xy}$ 轨道能量接近，导致两者发生混合，形成自旋-轨道耦合，得到较大的磁各向异性。

通常情况下，轴向零场分裂参数 D<0 是产生单分子磁体的必要条件。但人们在研究过程中发现，有些过渡金属单离子磁体的零场分裂参数为正值，也能表现出慢磁弛豫行为[123]。例如，2012 年，Chang 等合成了一例赝四面体构型的 Co^{II} 化合物[(3G)CoCl](CF₃SO₃)，表现出单离子磁体的行为。高场电子顺磁共振谱测试得到化合物的立场分裂参数为+12.7 cm^{-1}[124]。此后，人们分别在[dmphCoBr₂]、K{Co(N[CH₂C(O)NC(CH₃)₃])₃}、cis-[Co^{II}(dmphen)₂-(NCS)₂]·

0.25EtOH、[Co(μ-L)(μ-OAc)Y(NO$_3$)$_2$]等单离子磁体中发现配合物的零场分裂参数为正值。这些分子的慢磁弛豫行为可能来自于不同的机理，如声子瓶颈、横向磁场分裂能等因素的影响[123]。

2013 年，高松课题组报道了一例六配位星型结构的 Co^{II} 单离子磁体(HNEt$_3$)$^+$(Co^{II}Co$^{III}_3$L$_6$)$^{-}$[125]。如图 10-38 所示，Co^{2+}与 6 个酚基氧相连，形成了扭曲的三棱柱构型，具有 D_{2d} 对称性。配合物在零场下就能显示出单离子磁体性质，能垒达到了 109 K。

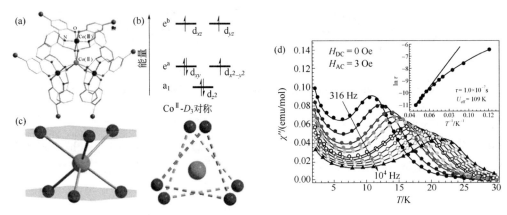

图 10-38 (HNEt$_3$)$^+$(Co^{II}Co$^{III}_3$L$_6$)$^{-}$分子结构（a）、能级分裂（b）、棱柱构型示意（c）和虚部交流磁化率（d）

随后，2015 年 Novikov 等报道了另一例具有三棱柱构型的单核 Co^{II} 配合物[Co(PzO$_x$)$_3$-(BC$_6$H$_5$)]Cl[126a]，在零场下显示出明显的单离子磁体性质，能垒达到了 218 K，是目前 Co^{II} 单离子磁体中目前最高能垒的纪录。通过对配合物的顺磁 NMR 分析发现，配合物具有的三棱柱构型使 Co^{II} 离子具有非常高的磁各向异性，零场分裂参数 D 为-109 cm^{-1}，从而使材料具有好的磁性能。

（3）锰单离子磁体

锰离子簇合物有非常多是单分子磁体，但在单离子磁体领域只有几例报道。如，Ishikawa 等报道的[Mn(5-TMAM(R)-salmen)(H$_2$O)Co(CN)$_6$]·7H$_2$O·MeCN、Sanakis 等报道的[Mn{(OPPh$_2$)$_2$N}$_3$]、Sato 等报道的 TBA$_7$H$_{10}$[Mn(A-a-SiW$_9$O$_{34}$)$_2$]3H$_2$O、Craig 等报道的 Na$_5$[Mn(L-tart)$_2$]·12H$_2$O 都能在外加场下显示出频率依赖效应。

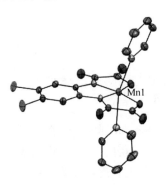

图 10-39 配合物 Ph$_4$P[Mn(opbaCl$_2$)(py)$_2$]的结构

锰单离子磁体的典型代表为 Vallejo 等报道的配合物 Ph$_4$P[Mn(opbaCl$_2$)(py)$_2$][126b]。该配合物具有轴拉长的八面体构型，两个吡啶分子的 N 原子处于顶点位置（图 10-39）。在外场下，配合物表现出慢磁弛豫行为，并在低温下可以观测到磁滞回线。理论计算表明化合物的零场分裂参数为负值。

（4）其他单离子磁体

除了在铁、钴和锰离子配合物中发现的单离子磁体，在镍，铼金属离子的化合物中也有少量单离子磁体的报道，如一例 Ni^I 化合物[Ni(6-Mes)$_2$]Br、两例铼 Re^{IV} 的化合物(NBu$_4$)$_2$[ReBr$_4$(ox)]和(PPh$_4$)$_2$[ReF$_6$]·2H$_2$O 都具有慢磁弛豫行为[123]。

目前已报道的过渡金属单离子磁体大多数都必须外加磁场才能显示出慢磁弛豫行为，阻塞温度较低。只有为数不多的化合物在零场下具有频率依赖效应，并且相对于稀土单离子磁体数量更少。但是，过渡金属单离子磁体与稀土单离子磁体产生的机理不同，为分子基磁体研究开辟了一个新的方向，有助于人们更好地了解物质磁性及结构之间的关系，设计合成性能良好的分子磁体提供借鉴。

10.4 单链磁体

单链磁体是由独立的一维链单元构成，在低温下具有慢磁弛豫的纳米材料，其性质与单分子磁体类似，又称为磁纳米线。单链磁体磁性来源于单链本身，在三维晶格间没有长程有序相互作用，符合单轴各向异性的伊辛（Ising）一维体系（Glauber 模型）。单链磁体弛豫时间会随着温度降低呈现指数级增大，弛豫过程满足阿伦尼乌斯公式且在低温下弛豫非常缓慢，显示出类似于宏观磁体的行为。通常而言，单链磁体的各向异性能垒比单分子磁体更高，能提高信息存储应用时所必需的阻塞温度，有望开发出新型的一维存储材料。

已有的研究表明，合成单链磁体必须满足三个条件：①自旋载体具有很强的单轴各向异性（如 Co^{2+}、Ni^{2+}、Mn^{3+} 和 Fe^{2+} 离子等），能够在一个方向上阻塞或者冻结磁化强度。②体系必须是铁磁、亚铁磁或反铁磁耦合的自旋倾斜体系，组成单元的自旋值要尽可能大，磁单元间的耦合作用要尽可能强。③有足够大的空间位阻能够阻断链间的磁相互作用，避免产生长程有序。

在单链磁体中，一个磁子要发生翻转不仅要克服磁各向异性能垒，还要克服与其相邻的离子间存在的相互作用。因此，对于有限链，翻转磁矩方向所需的能垒为 $\Delta_{finite} = 4|J|S^2 + |D|S^2$，而无限链为 $\Delta_{finite} = 8|J|S^2 + |D|S^2$。相对于单分子磁体而言，单链磁体的弛豫能垒和阻塞温度相对更高，在信息存储方面存在更好的应用前景。从单链磁体的翻转能垒公式可知，既可以从提高基态自旋值和各向异性（S 和 D）来提高，也可以从增加链内磁相互作用（J）等两个途径来提高磁体的弛豫能垒和 T_B。

早在 1963 年，Gluaber 就曾从理论上预言一维伊辛体系在低温下会出现慢磁弛豫现象，其弛豫时间满足 Arrhenius 公式[127]。不过直到 2001 年，Gatteschi 课题组才报道了首例单链磁体，即过渡金属 Co^{II} 的一维配合物[Co(hfac)$_2$(NITPhOMe)][128]。在该配合物中，自由基（NITPhOMe）和 Co(hfac)$_2$ 形成螺旋链（图 10-40）。磁性测试表明，Co^{II} 与自由基间存在强烈

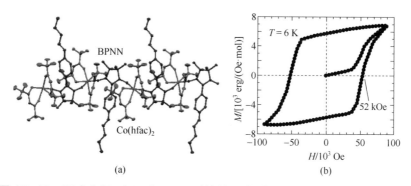

(a)　　　　　　　　　(b)

■ 图 10-40　配合物[Co(hfac)$_2$·BPNN]的结构（a）及在 6 K 下的磁滞回线（b）

的反铁磁耦合，但化合物存在未完全抵消的磁矩，表现为亚铁磁性，且在低温下表现出慢磁弛豫行为，能垒为 153 K。

2003 年，高松课题组报道了首例叠氮桥联的同自旋铁磁耦合单链磁体 Co(bt)(N₃)₂[129]。该材料通过大的端基配体来隔离链间相互作用，能垒为 95 K。2008 年，Dunbar 等报道了首例弱铁磁单链磁体 Co(H₂L)(H₂O)[130]。配合物中 Co²⁺ 为反铁磁耦合，但强烈的磁各向异性形成一定程度的自旋倾斜，使一维链产生非零的净磁矩，并在低温下显示单链磁体行为，能垒为 29 K。与此同时，Ishida 课题组报道了一类能垒高达 350 K 的单链磁体[Co(hfac)₂·BPNN]，并在 10 K 下观测到磁滞回线。值得注意的是，该材料在 6 K 下的矫顽力为 52 kOe，甚至超过了商用硬磁体的矫顽力（SmCo₅，44 kOe；Nd₂Fe₁₄B，19 kOe）。2014 年，Porrino 等报道的单链磁体[Co(hfac)₂PyrNN]ₙ 表现出两个磁弛豫过程[131]，有效能垒分别为 377 K 和 396 K，阻塞温度达到了 14 K，8 K 时的矫顽力达到了 32 kOe。

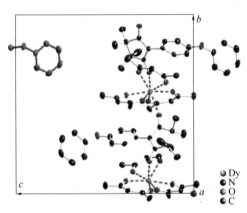

■ 图 10-41　配合物[Dy(hfac)₃{NIT(C₆H₄Oph)}]的结构

2005 年，Gatteschi 课题组报道了第一例稀土离子 Dy³⁺ 的单链磁体 [Dy(hfac)₃{NIT-(C₆H₄OPh)}][132]。配合物中 Dy(hfac)₃ 通过自由基氧原子桥联，形成扭曲的十二面体（图 10-41）。材料在低温下有单链磁体行为，并在 3 K 下观测到了磁滞回线。2006 年，该课题组又报道了第一个基于稀土金属系列的单链磁体[M(hfac)₃(NITPhOPh)]（M = Eu, Gd, Tb, Dy, Ho, Er, Yb）[133]，研究表明稀土离子的各向异性对单链磁体性质有非常重要的影响。值得注意的是，2014 年，Mazzanti 等报道了首例基于 5f 锕系元素的单链磁体[{[UO₂(salen)(py)][M(py)₄](NO₃)}]ₙ（M = Cd, Mn）[134]。UO₂⁺ 大的单轴各向异性及金属离子间的强磁相互作用使得配合物具有的能垒达到了 134 K，且在 6 K 下观测到了磁滞回线。这一研究为单链磁体带来了新的方向。

在设计合成单链磁体中，由于链内强的磁相互作用有助于提高材料的磁性能，因此选择合适的桥联配体来传递磁相互作用显得非常重要。常用的桥联配体有羧酸类、草酸类、草胺酸类、酰胺类、肟类、氰根类、氮唑类、叠氮等。其中，羧酸、叠氮和氰基等可以有效传递磁耦合作用，特别是氰基（CN⁻）作为最短的双原子桥联配体，在单链磁体构筑中有着非常重要的地位[135]。例如，2004 年，左景林课题组报道的一维链状化合物{[TpFe(CN)₃]₂Cu·CH₃OH}[135b]；2007 年，Miguel 等报道的一维双链化合物[{Fe(bpy)(CN)₄}₂Ni(H₂O)₂]·4H₂O[135c]；以及 2014 年，刘涛等报道的基于自旋交叉基元的光调控单链磁体{[Feᴵᴵᴵ(Tp*)(CN)₃]₂Feᴵᴵ(bpmh)}·2H₂O[135d] 等都属于氰基桥联的配合物。

自从首例单链磁体报道后，人们已经设计合成了大量的单链磁体[136]，但由于链内和链间相互作用的不同，如何调控这些相互作用来合成具有良好性能的单链磁体仍然是一个巨大的挑战，同时也为单链磁体的研究提出了一个有益的方向。

10.5 自旋玻璃

自旋玻璃（spin-glass）是一类具有亚稳磁态磁性材料，是自然界中复杂磁性体系的典型代表，一直是凝聚态物理研究的热点[137]。自旋玻璃最早是由 Coles 提出的，用来形容体系中自旋方向的无序性，强调体系的自旋冻结过程与熔融玻璃的固化过程类似，没有严格的冻结或凝固温度。自旋玻璃存在以下两个特点：

① 自旋玻璃总是存在铁磁和反铁磁长程磁有序间的竞争，且随着温度的降低，体系的自旋取向会最终发生冻结，形成"空间无序，时间有序"的特点。

② 自旋玻璃存在自旋"受挫"或"阻挫"，这是体系自旋方向冻结的根本原因。

近年来，在一些分子基磁性材料中也观察到了经常出现在固体氧化物或金属合金体系中的自旋玻璃现象[138]。自旋玻璃和超顺磁体都能表现出慢磁弛豫行为，但二者的交流磁化率对于频率的依赖有所不同。由于自旋玻璃自旋的冻结不遵循具有时间常数或活化能的简单热活化表达式，而是存在一个较宽的温度范围，从而导致频率依赖现象。自旋玻璃行为可以通过实部峰值的位移参数 φ 来确定：

$$\varphi = (\Delta T)/[T_{\min}{}^{*}\Delta(\lg\omega)] \tag{10-37}$$

式中，ΔT 为实部峰值的温度差；$T_{\min}$ 为测量时的最低温度；ω 为频率。当 φ 为零时，体系无玻璃态；当 φ 在 0.1~0.3 范围时为超顺磁态；当 φ 在 0.01~0.1 范围时为弱的自旋玻璃；当 φ 在 10^{-3}~10^{-2} 范围时为典型的自旋玻璃。

虽然人们在分子基磁性材料中观察到了自旋玻璃行为，但由于这类体系磁性非常复杂，存在铁磁与反铁磁竞争及自旋阻挫等现象，报道相对较少。例如，2013 年，高恩庆等报道的一例 Co^{II} 一维链化合物 $[Co(tzpo)(N_3)(H_2O)_2]_n \cdot nH_2O$ 在零场下的交流磁化率存在两步弛豫现象[138a]。进一步磁性分析发现，配合物中同时存在反铁磁有序、多重弛豫的单链磁体行为、场诱导的变磁性及场诱导的自旋玻璃行为等非常复杂的磁性。2015 年，张秀梅等报道的叠氮钴配合物 $[Co_6(4\text{-}ptz)_6(N_3)_6]_n$ 表现出亚铁磁性的层状结构的同时显示出自旋玻璃的慢磁弛豫行为[138b]。

在分子基磁性材料中，单分子磁体（含单离子磁体）及单链磁体都属于超顺磁，虽然与自旋玻璃一样能够表现出慢磁弛豫行为，但 SMMs（SIMs）和 SCMs 弛豫时间较长（τ_0 为 10^{-13}~10^{-6} s），具有更大的潜在应用前景。

10.6 自旋交叉材料

自旋交叉材料或者自旋转换材料是指 d^4~d^7 八面体配位构型的过渡金属配合物，能在适当温度、压力、磁性和光等外界条件的扰动下会发生高自旋态（high spin，HS）与低自旋态（low spin，LS）之间的相互转换，从而有望实现光开关、温度传感器和信息存储和记忆等多种功能应用[139]。自旋交叉 LS 和 HS 之间的转换实际上是离子内的电子从 t_{2g} 轨道转移到 e_g 轨道上，与离子间的电子转移及光学异构体发生化学键转移不同，电子仍在金属离子周围。

因此，自旋交叉分子磁体的转换能按照需求重复又不改变特征，不会出现疲劳现象，这是其他双稳态系统所无法比拟的。

自从人们发现自旋交叉现象以来，大量单核、双核、多核的化合物被人们所设计合成，并重点分析了其构效关系。根据磁性随温度变化的快慢与方式不同，可以将自旋交叉现象分为五类（见图 10-42）：（a）渐变型；（b）突变型；（c）滞回型；（d）阶梯型和（e）不完全型[140]。但是，Kahn 指出自旋交叉配合物要作为信息储存材料必须满足以下条件[141]：①自旋转变必须是突跃式的行为，且转变的温度范围小于 5 K。②自旋转变必须同时伴随有热滞回现象，热滞回的温度宽度一般在 50 K 左右为宜，滞回中心处于室温附近，便于实际应用。Halcrow 等也对具有大的热滞回现象的自旋交叉材料做过详细的总结[142]。③自旋转变时伴随有明显的颜色变化。④自旋交叉配合物在正常使用条件下稳定且无污染。

近年来，自旋交叉材料已经成为无机材料化学的研究热点，在电子显示器、高灵敏度传感器、液晶、分子开关及信息存储等巨大潜在应用前景的推动下，相关研究也日益深化。

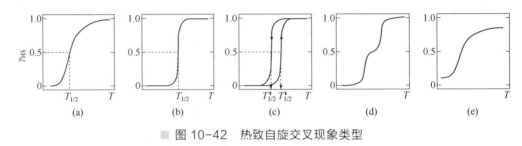

■ 图 10-42　热致自旋交叉现象类型

早在 1931 年，Cambi 等就发现 Fe^{III} 配合物 $[Fe(R_2NCS_2)_3]$ 在热扰动下具有自旋交叉现象[143]。1964 年，Baker 等发现 Fe^{II} 配合物 $[Fe(phen)_2(NCS)_2]$ 也具有自旋交叉性能。随后，Co^{II}、Co^{III}、Mn^{III}、Ni^{II} 等过渡金属离子的自旋交叉配合物等也陆续被报道，但这些配合物只在低温区域才有自旋交叉性能，没有太大的实际应用前景。

直到 1993 年，Kahn 等首次发现 1,2,4-三氮唑-亚铁自旋交叉分子材料 $[Fe(Htrz)_{3-3x}(4-NH_2-trz)_{3x}](ClO_4)_2 \cdot nH_2O$ 具有跨越室温的磁滞回线，其升温和降温过程的自旋转换温度为 304 K 和 288 K，且伴随有紫色到白色的颜色变化。人们开始意识到自旋转换材料也可以应用于分子开关和存储材料。此后，大量新颖的自旋交叉材料、新现象、新机理及合成方法的研究不断涌现，开辟了自旋分子磁性材料研究的新纪元[144]。

根据自旋交叉材料的发展，人们从不同的角度对自旋交叉体系进行了详细的总结。按照配体种类的不同，可以将自旋交叉材料分为吡啶类衍生物、三氮唑类衍生物、咪唑类衍生物及其他配体体系等不同的配合物。

① 吡啶类衍生物　1992 年，Kahn 等报道的 2,2-联吡啶配合物 $Fe(NCS)_2(bipy)_2$，在温度低于 212 K 时处于 LS 状态，高于 212 K 时处于 HS 状态[145]。2010 年，Klingele 等报道的配合物 $[Fe^{II}(L)_2(NCS)_2]$ 表现出多步自旋交叉现象[146]。2013 年，Coronado 等报道的配合物 $[Fe(PyimH)_3](ClO_4)_2$ 在室温以上表现出自旋转换行为，同时也可以在光照下发生转换。这些配合物都是采用吡啶类衍生物为配体设计合成的。此外，还有大量吡啶类配体的自旋转换材料被报道[147]。

② 三氮唑类衍生物　以三氮唑类衍生物配体合成的自旋交叉配合物具有易于调节的转换温度和显著的热致变色行为，是最接近理想的自旋转换特性的磁性材料[148]。例如，第一例

具有跨越室温滞回线的自旋交叉材料[Fe(Htrz)$_{3-3x}$(4-NH$_2$-trz)$_{3x}$](ClO$_4$)$_2$·nH$_2$O 就是基于三氮唑及其衍生物配体合成的。2012 年，Roubeau 总结了基于三氮唑衍生物的 Fe^{II} 一维链自旋交叉配合物研究进展，以及通过凝胶、薄膜、纳米颗粒和液晶等合成手段来调节配合物自旋交叉性能的方法[149]。

③ 咪唑类衍生物　咪唑及其衍生物也是自旋交叉材料中常用的配体。如 2014 年 Alexandre 等报道的异核配合物[Fe^{II}(tren(imid)$_3$)]$_2$[Mn^{II}Cl$_2$Cr^{III}(Cl$_2$An)$_3$]Cl·(CH$_3$OH)·(CH$_2$Cl$_2$)$_3$·(CH$_3$CN)$_{0.5}$ 中存在[Mn^{II}Cl$_2$Cr^{III}(Cl$_2$An)$_3$]$^{3-}$ 的一维链，以及链外围绕的咪唑衍生物配位的[Fe^{II}(tren(imid)$_3$)]$_2$$^{2+}$ 抗衡离子[150]。研究表明 Fe^{2+}在 280~290 K 间存在自旋交叉现象，且在 2.5 K 下是磁有序的。

④ 其他配体　除上述配体之外，也有很多利用其他配体合成的自旋交叉配合物报道，如喹喔啉基醛亚胺配合物、缩氨基硫脲配合物、席夫碱配合物等。例如，2013 年，Coronado 等人利用四氮唑配体合成了一个新型的无永久孔洞结构的配位聚合物[Fe(btzx)$_3$](ClO$_4$)$_2$[151]。该化合物在吸附 CO$_2$ 后材料的自旋交叉性质会发生改变，表明这类化合物在气体分子识别方面存在潜在的应用。

近年来，随着自旋交叉材料不断的深入发展，其在传感、显示、电子开关、信息存储等方面巨大的应用前景使这一领域越来越受到人们的重视。目前，自旋交叉材料的研究主要集中在如下几个方面。

（1）室温附近滞回的自旋交叉材料

具有室温附件滞回的自旋交叉材料在双稳态分子基磁性材料中具有重要的地位，它开启了自旋交叉研究领域的新纪元。自 1993 年，首例该类自旋交叉配合物报道之后，具有室温滞回的良好自旋交叉材料一直是化学、材料等研究的重点。

2005 年，Bousseksou 等报道的[Fe(pyrazine){Pt(CN)$_4$}]配合物既能在热处理后表现出滞回现象，也可以通过激光诱导产生滞回，且后者的滞回温度宽度为 20 K 比前者还要宽[152]。研究表明，这种变化产生的原因是激光导致了结构上的相转变。2016 年，Sato 等报道了一例 Fe^{III} 的单核配合物 K[Fe(5-Brthsa)$_2$]在加热的模式下，存在一步的自旋交叉，滞回温度非常大为 69 K；然而材料在冷却时却表现出两步自旋交叉性质[153]。2017 年，Triki 等报道的三核 Fe^{III} 配合物[Fe$_3$(bntrz)$_6$(tcnset)$_6$]在 318K 时表现出一步自旋转变，以及 Guionneau 等报道了单核[Fe(PM-PEA)$_2$(NCSe)$_2$]在 HS（300 K）和 LS（230 K）下的晶体结构及其非常大的热滞回现象[154]。

（2）多步自旋交叉材料

多步自旋交叉材料有可能应用于多电子转换开关及存储材料，一直为人们所关注。目前，已报道的自旋交叉材料存在两步[155]、三步[156]和四步[157]自旋交叉现象。例如 2016 年，Kepert 等报道了首例具有四步自旋交叉行为的氰基桥联配合物[Fe^{II}(bipydz)(AuI(CN)$_2$)$_2$]·4(EtOH)（图 10-43）。单晶结构分析表明，该化合物为多孔的类霍夫曼材料并表现出长程自旋有序状态，其多步自旋交叉行为受主体与主体、主体与客体分子间的相互作用所影响。

（3）多功能自旋交叉材料

由于多功能材料的广泛应用前景，设计、合成具有可控性质的功能分子一直是现代材料化学研究的前沿。在自旋交叉材料中引入发光、光学活性、电子传输等性能是得到多功能自旋交叉材料的常用策略[158]。例如，通过自旋交叉金属离子与具有发光性能的螯合配体[159]或

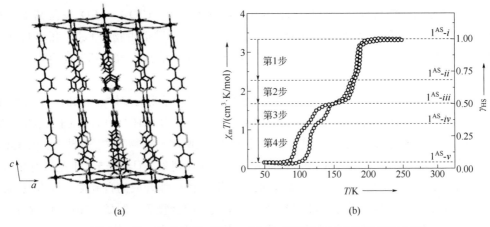

■ 图 10-43　配合物[Fe^{II}(bipydz)(AuI(CN)$_2$)$_2$]·4(EtOH)的三维
结构（a）及四步自旋交叉曲线（b）

使用电荷平衡发光阴离子络合、与发光材料共价接枝、与自旋交叉配合物物理掺杂、形成纳米复合物等等都可以实现 SCO 的发光功能化[160]。2016 年，刘涛等将含萘基生色团的配体与 Fe^{II} 自旋交叉单元配位，得到了两个单核的配合物[Fe(L)$_2$(NCS)$_2$]和[Fe(L)$_2$(NCSe)$_2$][161]。研究表明，萘基发光螯合配体的引入对自旋交叉的性质会产生影响，同时得到了具有荧光和自旋交叉性能的多功能材料。

（4）压力、光或溶剂诱导的自旋交叉材料

除去常见的热诱导之外，人们发现在压力、光、电场及溶剂变化等条件诱导下也能观测到自旋交叉现象[162]。例如，2015 年，Pinkowicz 等报道了首例压力诱导的自旋交叉光学磁体 {[Fe^{II}(pyrazole)$_4$]$_2$[Nb^{IV}(CN)$_8$]·4H$_2$O}$_n$[163]。2016 年，Miller 等发现单核配合物[Fe^{II}(tolpzph)$_2$(NCS)$_2$]的自旋交叉行为与配合物对溶剂分子 THF 和 CHCl$_3$ 的吸附作用有关，且材料的自旋转变温度与吸附溶剂的量呈线性关系[164]。

（5）纳米自旋交叉材料

2004 年 Letard 等首次提出可以将自旋交叉材料制备纳米材料，并于 2008 年通过微乳液法合成了具有室温范围滞回中心和约 40 K 滞回环的[Fe(NH$_2$-trz)$_3$](Br)$_2$·3H$_2$O 配合物的纳米材料[165]。2007 年，Coronado 等用微乳液法合成了[Fe(Htrz)$_2$(trz)](BF$_4$)纳米颗粒，发现通过控制晶体颗粒的大小能够控制自旋交叉材料的滞回环宽度[166]。此后，人们陆续报道了不同的纳米自旋交叉材料，这些工作揭示了纳米自旋交叉材料的转变温度、滞回环宽度等性质都显示出较强的尺寸效应[167]。

随着大量自旋交叉材料的发现，人们对自旋交叉材料结构与性能之间的关系逐渐地阐明[168]。虽然自旋交叉是由单个金属离子中电子在不同轨道上的跃迁所引起，主要受配体场所影响，但是越来越多的证据表明分子间的相互作用或协同效应对自旋交叉的转变有很大的关系[169]。这些协同作用包括但不限于分子形状[170]、晶体的堆积[171]、溶剂效应[172]、抗衡离子[173]、空间位阻[174]等方面。由于自旋交叉现象与外界环境的关系非常敏感，使得设计与合成理想转变温度下的自旋交叉材料非常困难，如何有效调控自旋交叉性能仍是化学及材料学领域的一个巨大挑战。

10.7 高 T_c 材料

分子基磁性材料在信息存储方面存在巨大的应用前景，为量子现象及量子力学研究提供了模型，但这类材料与传统的金属氧化物或合金磁性材料相比仍面临着临界温度（T_c）低、可操控温度在液氦温度附近，离实际应用还有较大的距离。因此，人们希望能够设计合成 T_c 温度在室温以上的分子磁体以满足实际应用的需要。

目前文献报道的提高分子基磁体的 T_c 值有如下的方法：①提高配合物的维度；②增大顺磁离子的总自旋量子数；③选择轨道耦合匹配的顺磁离子。T_c 值的高低很大程度上决定于分子间磁耦合作用的大小，类型以及结构的维数。为了增强离子间的相互作用，选择短且共轭性强的桥联配体，如 CN^-、N_3^-、ox^{2-}、O^{2-} 或自由基，如 $TCNE^-$ 和 $TCNQ^-$ 有助于提高分子基磁体的 T_c 值。例如，1991 年，Miller 课题组发现的化合物 $V[TCNE]_x$，其磁有序温度达 350~400 K[175]。

1965 年，Bozorth 等发现普鲁士蓝类配合物的 T_c 温度比较高，吸引了人们的广泛注意[176]。随后，由于 CN^- 基能够有效的传递磁相互作用，众多"普鲁士蓝类"或"杂化普鲁士蓝类"配合物被报道，并表现出高的 T_c 温度。例如，钒铬氰基配合物都表现出非常高的临界温度，如 $KV^{II}[Cr(CN)_6]\cdot2H_2O$（$T_c = 376$ K）、$K_{0.058}V[Cr(CN)_6]_{0.79}(SO_4)_{0.058}$（$T_c = 372$ K）、$Cs_{0.82}V^{II}_{0.66}[V^{IV}O]_{0.34}$-$[Cr^{III}(CN)_6]_{0.92}[SO_4]_{0.203}\cdot3.6H_2O$（$T_c = 315$ K）、$V^{II}_{0.42}V^{III}_{0.58}[Cr^{III}(CN)_6]_{0.86}\cdot2.8H_2O$（$T_c = 315$ K）、$(V^{IV}O)_3[Cr^{III}(CN)_6]_2\cdot10H_2O$（$T_c = 115$ K），但这些配合物在空气中的稳定性较差，制约了它们的应用。2003 年，Ruiz 从理论上预测，选择合适的顺磁离子构筑普鲁士蓝类配合物可以有效提高体系的 T_c 值，并预言分子基磁体中铁磁有序的最高温度可能出现在 $Ni^{II}_3[Mn^{IV}(CN)_6]_2$ 中，而亚铁磁有序体系的最高温度可能出现在 $V^{II}_3[Cr^{III}(CN)_6]_2$（315 K）、$V^{II}_3[V^{III}(CN)_6]_2$（344 K）、$Mo^{II}_3[Cr^{III}(CN)_6]_2$（355 K）、$V^{II}_3[Mn^{III}(CN)_6]_2$（480 K）、$V^{II}_3[Mo^{III}(CN)_6]_2$（552 K）[177]。除此之外，人们在金属自由基体系中也获得了一些高 T_c 的分子基磁性材料。例如，2007 年，Jain 等人报道了一类介于传统无机磁体和分子基磁体之间的高 T_c 的材料 $Ni_2A(O)_x(H_2O)_y(OH)_z$，当 A 为 DDQ、TCNQ 和 TCNE 时，它们的临界温度分别高达 405 K、440 K 和 480 K，仍然是目前已知的最高 T_c 值分子磁体[178]。

尽管高 T_c 的分子基磁性材料是分子基磁体应用的前提条件，也是分子磁体研究领域的一个永久课题，但以超交换耦合为基础的分子基磁体除了氰基桥联体系外很少有高 T_c 磁体的突破，进展相对缓慢，有待于从机理及实践上进一步发展。

10.8 磁制冷材料

磁制冷是以磁性材料为工作介质的一种新型制冷技术，其原理是利用磁性材料的磁热效应，即磁性材料在等温磁化时有序度增加，磁熵变降低，体系向外放出热量；当材料绝热撤去外加磁场时，体系磁熵变升高，从外界吸收热量，达到制冷的目的（图 10-44）[179]。相比于传统制冷技术，它具有制冷效率高、可靠性好、体积小、噪声低以及绿色无污染等优点，并可获得非常低的制冷效果（0.001 K）[180]。

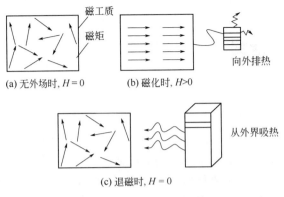

(a) 无外场时, $H = 0$ (b) 磁化时, $H > 0$

向外排热

从外界吸热

(c) 退磁时, $H = 0$

■ 图 10-44   磁制冷原理

与传统的纯金属、金属顺磁盐及其他无机磁制冷材料相比，分子基磁性材料具有更高的磁热效应，且易于进行分子裁剪及性能调控，因此分子基磁制冷材料的研究也逐渐为人们所关注，并在近几年来成为相关研究领域中的热点。

在磁制冷材料中，衡量磁工作介质好坏的参数磁熵变（ΔS_m）和温度变化（ΔT_{ad}）可以通过式（10-38）~式（10-40）计算得到：

$$S_m(T) = \int_0^T \frac{C_m(T)}{T} dT \qquad (10\text{-}38)$$

$$\Delta S_{m(T,\Delta H)} = \int_{H_f}^{H_f} \left(\frac{\partial M}{\partial T} \right)_H dH \qquad (10\text{-}39)$$

$$\Delta T_{ad(T,\Delta H)} = \int_{H_i}^{H_f} \left(\frac{T}{C} \right)_H \left(\frac{\partial M}{\partial T} \right)_H dH \qquad (10\text{-}40)$$

式中，C 为磁热容。ΔS_m 是指某一特定温度下，材料随磁场变化的熵变。ΔT_{ad} 是指绝热条件下，材料随磁场变化的温度变化。一般情况下，同一材料的 $-\Delta S_m$ 越大，ΔT_{ad} 也越大，其磁热效应越好；对于不同材料来说，在同一条件下的 $-\Delta S_m$ 或 ΔT_{ad} 越大，则其磁热效应越好。H_i 和 H_f 为始态和终态的磁场。因此，要设计合成一个理想的分子基磁制冷材料必须有大的基态自旋值、尽可能小的磁各向异性、高的磁密度、低的自旋激发态，且金属离子间最好为亚铁磁或铁磁耦合[181]。目前，分子基磁性材料中，各向同性的 Gd^{III}、Mn^{II} 和 Fe^{III} 等离子常被看做理想的金属离子载体应用于磁制冷研究。

自从 1881 年，Warburg 首次观察到磁热现象[182]，20 世纪初期 Debye 和 Giauque 等独立提出磁热效应原理以来[183]，磁制冷技术得到了迅速发展。目前，传统无机磁制冷材料已经得到应用，但分子基磁制冷材料的研究方兴未艾[184]。

分子基磁制冷材料按照分子空间构型可以分为，零维、一维、二维和三维四种类型；按照金属离子的不同可以分为 3d 配合物、3d-4f 配合物、4f 配合物等磁制冷材料。

（1）3d 过渡金属磁制冷材料

过渡金属离子磁制冷材料的研究首先是从单分子磁体 {Mn_{12}} 和 {Fe_8} 的磁热效应开始的。这两个分子的自旋值较低（$S_T = 10$），金属离子间具有较强的耦合作用，大的磁各向异性以及有序温度较高等特点决定了它们不能成为好的磁制冷材料[185]。

2003 年，McInnes 等利用苯并三唑合成了一个以 Fe^{3+} 为中心的六帽六方双锥结构的 {Fe_{14}}

簇合物[186]（图 10-45）。磁性测试表明，配合物具有一个较大的基态自旋（$S_T = 25$），金属离子间铁磁和反铁磁作用共存，有助于获得大的磁热效应。材料在 $\Delta H = 7$ T、$T = 6$ K 时的最大磁熵变为 17.6 J/(kg·K)，但在反铁磁温度 $T_N = 1.87$ K 以下急剧下降。此后，人们陆续报道了一些锰{Mn$_4$}或铁{Fe$_{14}$}的簇合物，其磁热效应分别达到了 20.3 J/(kg·K) 和 19.34 J/(kg·K)[187]。

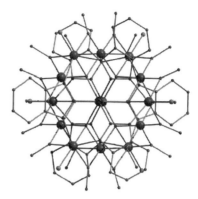

■ 图 10-45　{Fe$_{14}$}簇合物结构

2014 年，Tong 等以甘醇酸合成得到了一个三维的 Mn^{II} 配合物 [Mn(glc)$_2$]$_n$，并在水化后得到单核的配合物 [Mn(glc)$_2$(H$_2$O)$_2$][188]。此单核的配合物失去水分后可以重新生成三维的聚合物。相比于三维的聚合物，单核的 Mn 配合物虽然分子量有所增大，但离子间的磁耦合非常弱，有利于增大材料的磁热效应。测试表明，单核 Mn 配合物在 7 特斯拉的场强下的磁热效应达到了 60.3 J/(kg·K)，远远高于其他报道的 3d 磁制冷剂，说明控制金属离子间的磁耦合作用有助于获得较大磁热效应的磁制冷材料。

2016 年，Tasiopoulos 等报道了两个纳米尺寸的具有高核数及高自旋值的簇合物 [Mn^{III}$_{36}$Mn^{II}$_{13}$-(μ_4-O)$_{32}$(μ_3-OCH$_3$)$_8$(μ_3-hp)$_{24}$(O$_2$CH)$_6$(DMF)$_{12}$]·(OH)$_8$（$S = 61/2$）和[Mn^{III}$_{20}$Mn^{II}$_5$Na$_4$(μ_4-O)$_{16}$(μ_3-OCH$_3$)$_4$-(μ_3-hp)$_{16}$(O$_2$CCH$_3$)$_4$(O$_2$CH)(DMF)$_8$]·(O$_2$CH)（$S = 61/2$）[189]。配合物具有很高的 O_h 对称性，Mn$_{49}$ 和 Mn$_{25}$Na$_4$ 簇合物分别具有 8 和 4 个超四面体的[Mn^{III}$_6$Mn^{II}$_4$(μ_4-O)$_4$]$^{18+}$构筑单元，并表现出磁热效应。虽然这两个簇合物的磁热效应比较低，分别为 6.4 J/(kg·K) 和 7.7 J/(kg·K)，但 Mn$_{49}$ 簇合物还表现出单分子磁体的磁滞回线，为目前已知的第二大的同核单分子磁体。

（2）3d-4f 磁制冷材料

由于 3d 金属配合物之间强的磁相互作用不利于得到高磁热效应的材料，因此人们试图通过引入磁各向同性的 Gd^{III} 离子来降低金属离子之间的磁耦合，从而提高 3d-4f 配合物的磁熵变。在已经报道了的 3d-4f 磁制冷材料中，4f 离子一般都为 Gd^{III} 离子，3d 离子有 Cr^{III}、Mn^{II}、Mn^{III}、Fe^{III}、Co^{II}、Ni^{II}、Cu^{II} 和 Zn^{II} 等，其中{Cr^{III}Gd}、{Fe^{III}Gd}和{Zn^{II}Gd}配合物用于分子磁制冷研究相对较少。

2009 年，Brechin 等首次报道了一例异金属{Mn$_4$Gd$_4$}簇合物，其中四方形的 Gd$_4$ 核插入在四方形的 Mn$_4$ 核中，且 8 个金属离子几乎在同一个平面（图 10-46）[190a]。磁性测试表明，

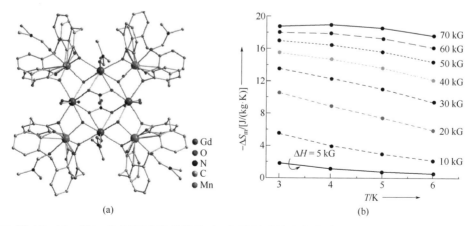

■ 图 10-46　{Mn$_4$Gd$_4$}簇合物的结构（a）及其磁熵变负值随 T 和 H 的变化曲线（b）

Mn^{II} 和 Gd^{III} 间为弱铁磁相互作用，在 $T = 4$ K，$H = 7$ T 时，配合物的磁熵变达到了 19 J/(kg·K)。这一数值比相同条件下自旋值 S 为 22 的理论磁熵变 9.0 J/(kg·K) 大很多，意味着低的激发态有助于材料磁熵变的增加。由于 Mn^{II} 和 Gd^{III} 离子在构筑磁制冷材料上的优势，人们合成了系列 $\{Mn^{II}Gd^{III}\}$ 的配合物。2012 年，Tong 等以氧二乙酸（oda）为配体合成了一例三维配合物 $[Mn(H_2O)_6][MnGd(oda)_3]_2·6H_2O$。材料中金属离子间为铁磁相互作用，在低场下（3$T$）就表现出大的磁熵变 42.6 J/(kg·K)，当场强增加到 7 T 时，磁熵变达到了 50.1 J/(kg·K)。这是目前已报道的 $\{Mn^{II}Gd^{III}\}$ 配合物中最大的磁熵变值[190b]。

2011 年，Winpenny 等利用有机膦酸构筑了一系列 Co-Ln 的配合物，并且表现出多样的磁性质和较大的磁热效应[191]。由于膦酸配体配位的多样性，以及钴离子多变的配位数，后续有总共 6 个系列的 Co-Ln 磁制冷材料被报道[192]。这 6 个系列可以分为两大结构类型：格子状簇合物，其金属离子都在一个平面上如 $\{Co_8Ln_4\}$、$\{Co_4Ln_6\}$、$\{Co_4Ln_2\}$、$\{Co_8Ln_8\}$；笼状物如 $\{Co_6Ln_8\}$、$\{Co_8Ln_2\}$。在这些 Co-Ln 的配合物中，最大的磁热效应都是 Co-Gd 的配合物，其磁熵变分别为 $\{Co_8Gd_2\}$ 11.8 J/(kg·K)、$\{Co_4Gd_2\}$ 20.0 J/(kg·K)、$\{Co_8Gd_4\}$ 21.1 J/(kg·K)、$\{Co_8Gd_8\}$ 21.4 J/(kg·K)、$\{Co_4Gd_6\}$ 23.6 J/(kg·K)、$\{Co_6Gd_8\}$ 28.6 J/(kg·K)。随后，Long 等报道了一例高核 $[Co^{II}_9Co^{III}Gd_{42}]$ 的钆簇合物，其磁熵变在 $\Delta H = 7$ T 时达到了 41.26 J/(kg·K)。

此外，也有其他过渡金属离子与 Gd 离子形成的异核磁制冷材料的报道，如 $[Cr_3Gd_2]$[193]、$[Fe^{III}_5Gd^{III}_8]$[194]、$[Ni_{12}Gd_{36}]$[195]、$[Cu^{II}_5Gd^{III}_4]$[196]、$[Gd_5Zn]$ 配位聚合物[197]等等。

（3）Gd 磁制冷材料

Gd^{III} 离子较大的自旋基态、低的自旋激发态及弱的自旋耦合作用使得钆配合物成为磁制冷材料的良好载体。很多高核钆簇或基于高核钆簇和金属大环的配合物由于具有迷人的结构和较好的磁热效应，受到人们的广泛关注。

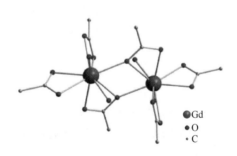

■ 图 10-47　双核乙酸钆结构

2011 年，Evangelisti 等报道了双核乙酸钆的磁热效应，如图 10-47 所示，在 $\Delta H = 7$ T 时，磁熵变达到了 41.6 J/(kg·K)。研究表明采用分子量相对较小的配体，能够提高磁制冷材料的磁密度，并且钆离子之间的铁磁相互作用，有利于磁熵变的增加[198]。

2013 年，Zhao 等报道了一例碳酸根和 N,N-二甲基氨基甲酸构筑的胶囊状 Gd_{24} 簇合物，表现出非常大的磁热效应，在 $T = 2.5$ K，$\Delta H = 7$ T 时，磁熵变达到了 46.1 J/(kg·K)，这是当时所报道的钆簇中的最大值[199]。

由于钆簇合物表现出良好的磁热效应，钆配位聚合物用作磁制冷材料的研究也引起了人们的广泛注意。例如，Guo 等利用不同的溶剂合成出两种不同的乙酸钆一维链磁制冷材料 $[Gd(OAc)_3(H_2O)_{0.5}]_n$ 和 $[Gd_2(OAc)_3(MeOH)]_n$，它们的磁熵变分别为 47.7 J/(kg·K) 和 45 J/(kg·K)[200a]；Sibille 等在溶剂热条件下得到了一个稳定性非常高的二维 MOF 材料 $[Gd(HCOO)(C_8H_4O_4)]$，表现出弱的反铁磁相互作用及较大的磁热效应 47.0 J/(kg·K)[200b]。

为了进一步提高材料的磁热效应，2013 年，Evangelisti 等采用最小的羧酸为配体，合成了一例具有较大的密度（3.856 g/cm³）和较高自旋值的三维配位聚合物 $[Gd(HCOO)_3]_n$。此配位聚合物中 Gd^{3+} 通过甲酸根连接，先形成一维 Gd 链，进而形成密集的六边形框架。由于金属骨架里面没有客体分子，且金属钆之间的磁耦合作用比较弱，使得该 MOF 具有较大的磁热效应，当 $T = 3$ K，$\Delta H = 7$ T 时，磁熵变为 59 J/(kg·K)，磁制冷能力为 533 mJ/(cm³·K)比著名的 GGG 还要大[201a]。基于同样一个策略，2014 年 Chen 等报道了一例碱式碳酸钆的配位聚合物[Gd(OH)CO₃]ₙ。由于碳酸根的参与配位，导致金属离子与配体的质量比值更高，使材料具有非常大的磁熵变 66.4 J/(kg·K)[201b]。

2015 年，Zhao 等合成了一个具有{Gd₆₀}纳米笼的类分子筛结构配位聚合物{[Gd₃(μ_6-CO₃)(μ_6-CO₃)](OH)}ₙ[202a]。这个新颖的配合物具有 SOD 拓扑的框架结构，通过 24 个立方烷结构的[Gd₄(OH)₄]构筑块形成{Gd₆₀}纳米笼。磁性测试表明，该配合物具有媲美于[Gd(OH)CO₃]ₙ 的磁熵变 66.5 J/(kg·K)（$T = 3$ K，$\Delta H = 8$ T）。

2015 年，Tong 等报道了一例具有显著磁制冷性能的配位聚合物{GdF₃}ₙ（图 10-48）[202b]。该配合物在 $T = 3.2$ K，$\Delta H = 9$ T 时的磁熵达到了 74.8 J/(kg·K)［528 mJ/(cm³·K)］接近于材料的理论值 80.7 J/(kg·K)［570 mJ/(cm³·K)］。值得注意的是，该材料即使在较低的外场 $\Delta H = 2$ T 时，也具有较大的磁熵变 45.5 J/(kg·K)，比商品化的 GGG［24 J/(kg·K)］要大得多。这一材料也是目前已知的具有最大磁熵变的分子基磁制冷材料。

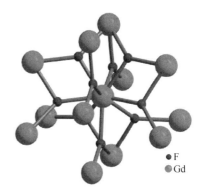

● F
● Gd

■ 图 10-48　聚合物{GdF₃}ₙ结构

尽管目前已经报道了较多的分子基磁制冷材料，但距离实际的应用仍有比较大的差距，存在热稳定性及溶剂稳定性低、低场下磁熵变较小等问题。通过选择分子量小的多齿配体及高负电荷的阴离子来构筑以金属簇为节点的三维分子基磁制冷材料将是人们努力的最有前景的方向之一。

10.9　多功能磁性材料

多功能材料泛指一个分子中拥有至少两种物理或化学不同性质的一类材料。如果将这两类性质标记为 A 和 B，则在多功能材料中 A 和 B 之间的相互作用可以分为 A 和 B 独立共存，互不干扰；A 对 B 起作用；A 和 B 相互作用产生新的 C 性质；A 受外界刺激而改变；A 和 B 都能受外界刺激而改变等 5 种情况。分子基磁性材料良好的化学裁剪性和调控性可以将不同物理化学性质的分子构筑基团嫁接到分子磁体上，形成多功能分子磁性材料，扩大它们的应用空间和领域。将磁性与其他物理或化学功能如光学活性、导电性、铁电性、多孔性等相结合，能够构建手性磁体、导电磁体、多铁材料、微孔磁体等系列多功能磁性材料，是当前分子基磁性材料研究中的一个热点。但是，如何实现两种或多种功能之间的良性耦合仍是化学及材料研究领域的一个挑战性难题。

10.9.1　手性磁体

1984 年，Barron 等定义了"磁-手性二向性"概念，将磁性与手性联系起来，引发了人们对手性磁体的广泛关注[203]。手性磁体是指具有单一手性排列的自旋结构的磁体，这种排列可以是反铁磁性的也可以是铁磁性的，但相邻自旋间并不能像通常三维磁体那样完全平行或完全反平行，而是以一个手性的方向旋转形成自旋间微小的倾斜达到有序，即手性磁有序（图 10-49）。手性磁体主要应用于自旋电子器件上，通过电子的自旋而不是电子的电荷实现数据传输和控制。比如，一个流过手性磁有序结构的自旋极化电流将在这个磁结构上形成一个自旋转矩，产生各种激发和磁性变化，进而导致微波发射、磁性开关或磁性马达等。

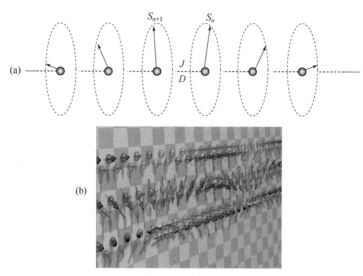

■ 图 10-49　手性磁有序示意图
（a）铁磁体；（b）反铁磁体

　　目前国际上相关的研究在凝聚态物理方面已经取得了一定的进展，但深入地从磁性-结构关系上去了解手性磁体的作用机理，物理方法合成的物质因结构不明朗而受到限制[204]。众所周知，要得到手性磁体首先要保证物质结构为手性，而要获得手性结构的物质，化学方法显然大大优越于物理方法，因为在合成中引入手性基团或分子就可以提高物质产生手性的机会。此外，在分子基磁体中引入手性有可能给材料带来磁手性圆二色效应、多铁性和磁诱导光学倍频效应等新颖的性能。目前设计合成手性配合物磁体的策略主要有 3 种，即利用非手性的构筑块自组装、手性源配体及手性拆分等来得到[205]。

　　1999 年，Inoue 课题组利用三脚架自由基配体桥联 β-二酮 Mn^{II} 得到 R 型一维螺旋链结构的亚铁磁体 $[Mn(hfac)_2(BNO^*)]_n$，并在 1.8~5.4 K 表现出变磁性[206]。2007 年，Inoue 报道了另一例同构的 Co^{II} 亚铁磁体 $[Co(hfac)_2(BNO^*)]_n$，在 3.2~20 K 下为变磁性，且磁滞回线宽度在 2.5 K 以上时表现出温度依赖性[207]。这种手性螺旋链结构的配合物中，若金属离子自旋朝向也呈螺旋型排列，则可以得到具有磁手性圆二色效应的手性磁体。

　　2008 年，Barron 和 Train 等分别在 Nature Material 上发表了以手性季铵盐阳离子为模板自组装得到的草酸桥联的异金属对映体 $[N(S)-(CH_3)(n-C_3H_7)_2(s-C_4H_9)]^+[(\Lambda)-Mn^{II}(\Delta)-Cr^{III}(ox)_3]$ 和 $[N(R)-(CH_3)(n-C_3H_7)_2\ (s-C_4H_9)]^+[(\Delta)-Mn^{II}(\Lambda)-Cr^{III}(ox)_3]$（图 10-50）[208]。配合物在 7 K 时存在顺磁相向铁磁相的突变，并检测到强的磁手性圆二色效应，为磁手性分子信息存储开辟了方向。

　　值得注意的是，目前报道的手性磁体大多都是具有光学活性及手性结构的分子基磁体，未报道磁性和光学活性之间的相互作用[209]。事实上，在化学领域已报道了许多具有手性结构的分子基磁体[210]，但由于表征手段上的欠缺，这些手性结构的磁体目前被证实具有手性磁有序的例子还很少。如 2011 年，高松院士课题组利用手性席夫碱配体与 Fe^{II} 离子自组装得到了

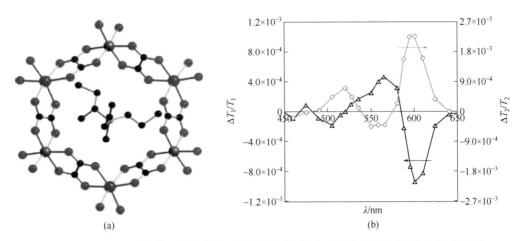

图 10-50 配合物的环形空洞和客体分子（a）及对映体的磁手性圆二色谱（b）

一对 Fe₄ 对映体[Fe₄(L_R)₆]·5DMF·H₂O（**7R**）和[Fe₄(Ls)₆]·5DMF·H₂O（**7S**）。如图 10-51 所示，对映体的配体在 320 nm 附近存在明显的正负 Cotton 效应，相应的配合物在 281 nm、346 nm、386 nm、315 nm、430 nm、507 nm 处出现正负 Cotton 效应，说明配体的手性成功的传递给了 Fe^II 离子，配合物具有光学活性。同时，配合物的磁性测试表明，配合物[Fe₄(L_R)₆]·5DMF·H₂O 在低温下表现出慢磁弛豫行为是一个多功能的手性结构磁体[211]。

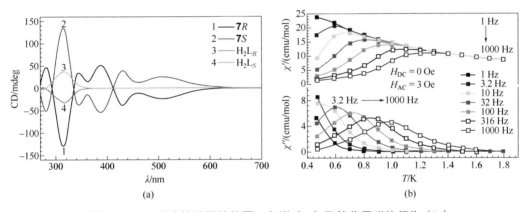

图 10-51 对映体及配体的圆二色谱（a）及单分子磁体行为（b）

目前，具有磁手性圆二色效应或磁诱导光学倍频效应的手性磁体报道非常少，除了测试手段上的不足，还体现在前者只需在结构上具有空间不对称的介质即可，后者在磁矩和空间都要具有不对称性，这在设计与合成过程中很难予以控制。因此，具有磁手性圆二色效应或磁诱导光学倍频效应等性能的手性磁体合成仍是化学及材料研究领域的一个挑战性课题。

10.9.2 导电磁体

分子基导电磁体或磁性导体是有机导体和分子磁体研究的一个交叉领域。由于现有的绝缘性分子基电荷转移复合物中存在铁磁性、反铁磁性和量子磁体行为，因此长期以来人们都认为导电性和磁性是相互矛盾的两个性质，好的导电性和磁性不能够共存于同一种材料中[212]。但是，有机导体具有特殊的 π 共轭单元，为实现导电磁体提供了可能。例如，在基于 BEDT-TTF

电子给体的电荷转移复合盐中，有机阳离子和无机阴离子交替分隔成层状结构，可被看成有机-无机分子复合物或化学结合的多层结构（图 10-52）。这种有机-无机组成的分立结构使人们有望在其中将存在于分子磁体等无机固体中的性质和导电性相结合，从而将原本在连续晶格物质中不能共存的物理性质引入同一晶格中。在这样的结构中，当材料具有金属导电性同时网络间存在强烈的相互作用时，无机的磁性离子可以通过有机的离域 π 电子发生长程磁耦合作用。

MX
(M=Fe, Mn)
M(CN)
(M=Fe)
NC
CN

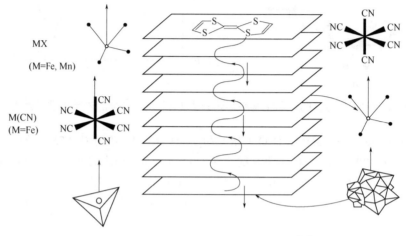

图 10-52 非直接磁交换作用模型[213]

获得同时具有导电性能和磁性的材料有两种途径：一种是以有机导体的电荷转移盐合成磁性导体；另一种是以分子磁体配合物形成导电磁体。在这些研究中，将具有高度共轭电子离域结构和氧化还原结构的 TTF 及其衍生物或 TCNE 等有机配体与顺磁性金属离子结合，是获得具有铁磁性和导电双功能材料的重要途径之一（图 10-53）。在这类体系中，TTF 及衍生物等有机配体在合适的电位范围内，很容易分步、可逆地氧化为一价自由基阳离子和二价阳

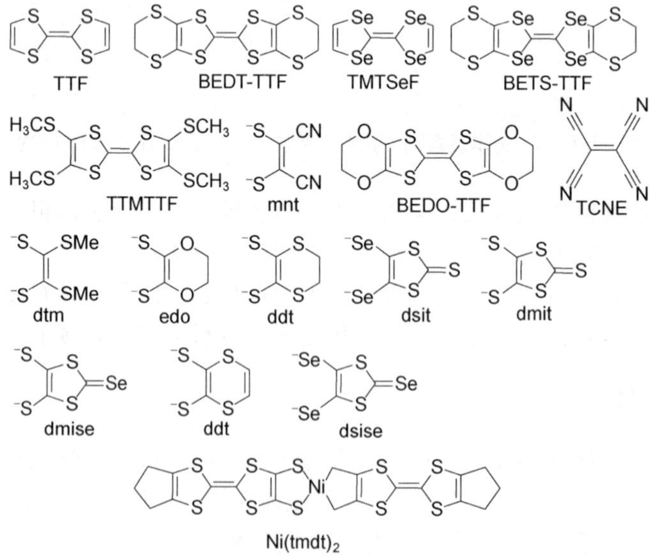

TTF
BEDT-TTF
TMTSeF
BETS-TTF
TTMTTF
mnt
BEDO-TTF
TCNE
dtm
edo
ddt
dsit
dmit
dmise
ddt
dsise
Ni(tmdt)2

图 10-53 构筑导电磁体的共轭配体及单元[219]

离子，通过π-π或S-S相互作用在分子间形成有效的轨道重叠，从而形成多维的超分子结构。当其与合适的电子接受体结合时，可以在体系内形成部分电荷转移，在固体化合物中形成能带结构。并且，含d或f单电子的金属离子一方面通过与含TTF骨架配体桥联，形成分子间磁相互作用；另一方面可与有机配体离域的π电子发生π-d或者π-f相互作用。

1983年，Bray等就合成出了首例具有导电及磁性双功能的分子[TTF-MX$_4$C$_4$-(CF$_3$)$_4$]（M = Cu, Ag; X = S, Se）[214]。1991年，Bray等又报道了另一例导电和铁磁性双功能的化合物 [2,5-XY-DCNQI]（DCNQI = N,N-二氰基醌二亚胺，X, Y = CH$_3$, Cl, Br）。此后，相关的研究引起了人们的广泛关注[215]。

1992年，Peter等首次在(BEDT-TTF)$_3$[CuCl$_4$]·H$_2$O晶体中同时观测到导电电子和局域电子对磁场的响应，材料在0.4 mK仍保持金属导电性[216]。1995年，Peter等又将容易形成二维层状结构的磁性离子[M(C$_2$O$_4$)$_3$]$^-$引入到有机导体中，得到了三种具有类似组成，但导电性能相差很大的配合物(BEDT-TTF)$_4$[AFe(C$_2$O$_4$)$_3$]·PhCN（A = H$_2$O, K, NH$_4$）。其中，当A为水分子时，配合物为首个含磁性离子的有机超导体（T_c = 7 K）[217]。基于同样的合成策略，2000年，Coronado报道了另一例二维磁性聚合层与导电BEDT-TTF阳离子层交错组成的具有铁电和导电双功能配合物[BEDT-TTF]$_3$[MnCr(C$_2$O$_4$)$_3$]，材料在室温下的电导率为250 S/cm[218]。

2002年，Kobayashi等尝试将磁性离子引入到单组分有机导体中得到了顺磁性有机导体Cu(dmdt)$_2$，次年合成了反铁磁有机导体Au(tmdt)$_2$[220]。2003年，Coronado同样合成一例基于BETS的铁磁有机导体[BETS]$_x$[MnCr(ox)$_3$]·(CH$_2$Cl$_2$)$_x$（$x \approx 3$），在室温下的电导率为1 S/cm[221]。2004年，Ishida等报道了首例亚铁磁有序的电荷转移盐 (EDT-TTFVO)$_2$FeBr$_4$，但材料稳定性不太好[222]。

2006年，Takahashi等报道了首例自旋交叉导体 [Fe(qsal)$_2$] [Ni(dmit)$_2$]$_3$·CH$_3$CN·H$_2$O，材料实现了具有磁滞回线的自旋转换与导电并存的双稳态。但该材料的低温相结构未能确定，因此导电状态的双稳态机理尚不清楚[223]。此后大量自旋交叉导电材料被报道[224]。

2008年，Takahashi等又报道了一例新的具有单轴晶格变形的自旋交叉导体[Fe(qnal)$_2$]-[Pd(dmit)$_2$]$_5$·acetone[225]。配合物中二维导电层中含有[Pd(dmit)$_2$]$_2$^{0}（D^0）、[Pd(dmit)$_2$]$_2$$^-$（D$^-$）和[Pd(dmit)$_2$]^0（M^0）等三种二聚体，并以D^0-M^0-D$^-$-D$^-$-M^0-D^{0}的次序排列，磁性Fe(qnal)$_2$阳离子填充在导电层之间。磁性测试表明，配合物为自旋交叉材料，并且在5 K时表现出光诱导的自旋捕获效应。同时，材料在室温下为半导体，电导率为1.6×10^{-2} S/cm。有趣的是，材料在与自旋转变相同的温度范围内（220 K）观察到了电阻率的异常。低于和高于异常温度的活化能分别为0.37 eV和0.24 eV。值得注意的是，文献同时报道了该配合物在低自旋（105 K）下的晶体结构。从晶体结构分析表明，配合物在发生自旋交叉转换前后晶体的对称性和空间群并没有发生变化。配合物二维导电层中的Pd离子间的距离随着温度的下降稍有缩短，并不足以驱动配合物在a轴上发生收缩以及Pd(dmit)$_2$分子电荷的改变。然而，Fe(qnal)$_2$阳离子中的Fe—O键长和键角发生了显著的变化，表明阳离子收缩将在导电层上引起各向同性化学压力效应。此外，相邻Fe(qnal)$_2$阳离子之间的π配体之间短的平均距离表明自旋交叉转换前后配体之间存在着强的π-π相互作用。并且，低温下结构中π配体间距离的收缩导致了分子沿a轴的各向异性收缩（图10-54）。这一研究揭示了强的π-π相互作用以及自旋交叉阳离子的收缩对材料的导电性和自旋转变耦合具有重要的影响作用。

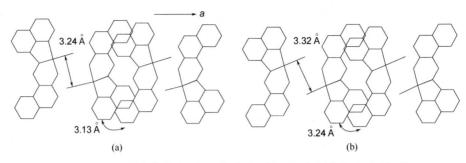

图 10-54　配合物的 Fe(qnal)$_2$ 阳离子在（a）低自旋态（105 K）和（b）高自旋态（293 K）下的一维链结构

图中数值为配体间的 π-π 堆积作用

2017 年，Dunbar 等报道了首例基于 TCNQ 配体的具有导电和慢磁弛豫的稀土单分子磁体 $\{[Dy(TPMA)(\mu\text{-}OH)(\mu\text{-}TCNQ)](TCNQ)_2 \cdot CH_3CN\}_\infty$[226]。如图 10-55 所示，配合物的最小不对称单元中存在 3 个 TCNQ 配体，其中处于 A 和 C 的 TCNQ 配位呈-1 价，而 B 处的 TCNQ 配体位电中性分子。Dy 离子通过 TCNQ 以及羟基桥联形成沿 c 轴排布的一维链结构，且一维链间 TCNQ 配体间存在 π-π 堆积作用。磁性测试表明，配合物在零场下表现出慢磁弛豫行为，且一维链内稀土离子间为反铁磁相互作用。导电测试表明，材料在 180~350 K 下显示出半导体导电性质，在室温下的电导率为 5×10^{-4} S/cm。

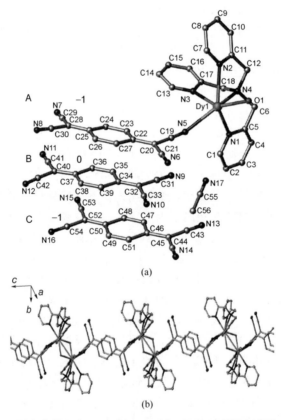

图 10-55　配合物 $\{[Dy(TPMA)(\mu\text{-}OH)(\mu\text{-}TCNQ)](TCNQ)_2 \cdot CH_3CN\}_\infty$ 的（a）最小不对称单元及（b）一维链结构

除此之外，人们也研究了一些其他的非 TTF、TCNE 或 TCNQ 类配体的导电磁体材料。例如，2017 年，Harris 等报道了铁-醌金属有机框架材料 $(Me_2NH_2)_2[Fe_2L_3]\cdot 2H_2O\cdot 6DMF$ 的导电性和磁性[227]。配合物含溶剂分子时，在 80 K 下表现出磁有序，电导率为 $1.4(7)\times 10^{-2}$ S/cm（$E_a = 0.26$ cm^{-1}）；当失去溶剂分子后，磁有序温度降低至 26 K，电导率为 $1.0(3)\times 10^{-3}$ S/cm（$E_a = 0.12$ cm^{-1}）。将配合物在 Cp_2Co 的 DMF 溶液中浸泡 48 h 后，材料发生单晶-单晶转变得到了单电子还原的配合物 $(Cp_2Co)_{1.43}(Me_2NH_2)_{1.57}[Fe_2L_3]\cdot 4.9DMF$。结构、光谱学及导电测试表明（如图 10-56）配合物中的配体苯醌发生了还原，从−4 价变成了−3 价，材料的电导率为 $5.1(3)\times 10^{-4}$ S/cm（$E_a = 0.34$ eV）。磁性测试表明，还原后的配合物框架层内存在明显的金属与自由基耦合作用，并在 105 K 下观测到磁滞回线，为当前已知 MOFs 材料的最高 T_c 值。

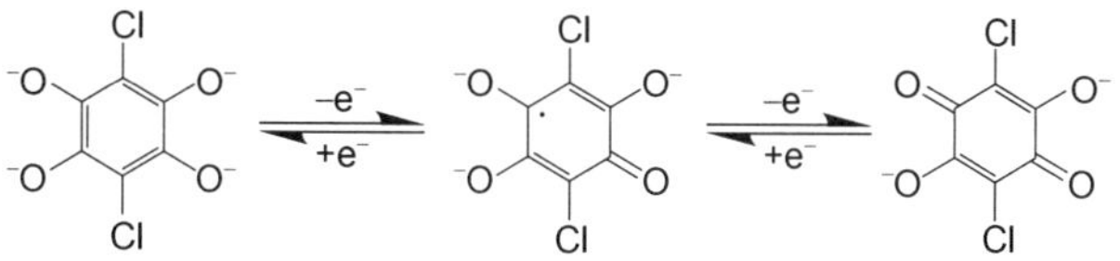

■ 图 10-56　配体 2,5-二氯-3,6-二羟基-1,4-苯醌得失电子的氧化还原过程

基于前面所述的机理及模型，人们合成了大量的电荷转移盐及导电磁体，但是这些材料的 T_c 都比较低，设计合成具有高 T_c 及良好导电性能的分子基导电磁体将是人们研究的长远目标[228]。

10.9.3　光诱导磁体

通过外界刺激的改变来调控分子基磁体的磁性，一直都是分子基磁性材料的重要研究领域。一方面，这些研究能够使人们更加深入地研究材料的本质；另一方面这些磁性可调的化合物在分子记忆及开关器件方面存在潜在的应用。这些外界的刺激手段包括温度、压力、光照、电化学还原以及化学处理等方法[229]。由于光是研究分子化合物的便利手段，光诱导磁性材料是分子基磁性材料研究的一个重要方向。光诱导磁体材料主要包含光诱导电荷转移化合物、价键异构化合物和自旋交叉化合物三类[230]。这是因为光诱导磁性材料中需要具有对光响应的结构基元，如自旋交叉基元或电荷转移基元。在光诱导下，自旋交叉配合物可以实现高低自旋态的可逆转化并且光诱导激发自旋态捕获效应（light-induced excited spin-state trapping，LIESST），这些已经在铁的配合物得到深入的研究[231,232]。值得注意的是，利用激光调控自旋交叉基元的未成对电子数，不仅可以改变单个金属自旋状态，也可以开关分子内的磁相互作用通道，控制分子基磁体双稳态的产生和消失[233]。此外，光诱导的金属到金属的电荷转移过程（MMCT）也将导致金属中心的自旋态、各向异性及磁耦合作用的变化[234]。在这些材料中，氰基桥联的双金属配合物是光诱导磁体的有效载体，因为这些双金属的配合物在可见光区存在各种吸收带，它们的电子和自旋状态可以通过可见光照射来控制。此外，不同金属离子和辅助配体的选择也为通过氰基控制自旋-自旋相互作用提供了可能。因此，目前报道的光诱导磁体主要都是氰基的异金属配合物。

1996 年，Osamu 等报道的普鲁士蓝类 Co/Fe 化合物为首例光磁性材料[235]。在此三维配位聚合物中，{Fe(μ-CN)Co} 构筑基元通过氰基连接形成具有非比例的晶格缺陷，在光照下可以诱导抗磁性的 {Fe$^{II}_{LS}$(μ-CN)Co$^{III}_{LS}$} 单元到顺磁性 {Fe$^{III}_{LS}$(μ-CN)Co$^{II}_{HS}$} 单元的电子转移，同时引起磁性和光性能的变化。这些材料实际上是光诱导的电荷转移盐类自旋交叉材料。在此之后，人们又系统研究了该类材料转化温度与 Co/Fe 之间的比例关系，发现 Co/Fe 之间的比例减小，材料自旋交叉转化温度升高。同时发现碱金属离子对该类化合物的电荷转移起到重要的作用[236]。与此同时，Adams 等在配合物[Co^{III-LS}(3,5-dbsq)(3,5-dbcat)(phen)]中观察到瞬时光诱导价态异构体。在不同波长激光激发下，材料的亚稳态[Co^{II-HS}(3,5-dbsq)$_2$(phen)]在不同的温度下具有不同的荧光寿命[237]。

同样是在氰基桥联的 Fe^{III}Co^{II} 一维链体系，人们利用光诱导 Fe^{III}-CN-Co^{II} ↔ Fe^{II}-CN-Co^{III} 电荷转移实现了单链磁体的调控。2010 年，Liu 等报道了一例双之字型的二维网格状配位聚合物{[Fe(bpy)(CN)$_4$]$_2$-Co(4,4′-bipyridine)}·4H$_2$O[238]。在 532 nm 激光照射 12 h 后，材料的 χT 值迅速增大，说明发生了抗磁性 Fe$^{II}_{LS}$(μ-CN)Co$^{III}_{LS}$ 单元到顺磁性 Fe$^{III}_{LS}$(μ-CN)Co$^{II}_{HS}$ 单元的转变。交流磁化率测试显示，配合物具有频率依赖现象，且其实部在 3.8 K 出现了一个由链间弱反铁磁相互作用引起的与频率无关的峰，说明光照后的材料为一个反铁磁有序的单链磁体。2012 年，Dong 等报道了一例具有罕见的在固定金属位点 Co^{II} 和 Fe^{III} 之间发生电荷转移的三氰基配合物{[Fe(pzTp)(CN)$_3$]$_2$Co(Spd)$_2$}·2H$_2$O·2CH$_3$OH，光照后同样表现出单链磁体行为[239]。2012 年，Ohkoshi 等综述了系列光诱导金属-金属电荷转移的异金属配合物，如 Cu$^{II}_2$[Mo^{IV}(CN)$_8$]·8H$_2$O、Rb^{I}Mn^{II}[Fe^{III}(CN)$_6$]、Co$^{II}_3$[W^V(CN)$_8$]$_2$·(pyrimidine)$_4$·6H$_2$O 以及 Fe$^{II}_2$[Nb^{IV}(CN)$_8$]·(4-pyoxm)$_8$·2H$_2$O 等[240]。其中，Cu/Mo 体系在 473 nm 的激光激发后在 25 K（T_c）下发生自发磁化，然而在 532 nm、785 nm 和 840 nm 的激光激发下会不断减小材料的自发磁化强度。在这个可逆的光磁过程中，发生了从 Mo^{IV} 到 Cu^{II} 的金属-金属电荷转移，形成了 Cu^{I}Cu^{II}[Mo^V(CN)$_8$]·8H$_2$O 的铁磁混合价态异构体。此外，Fe/Nb 体系是首例光诱导的自旋交叉铁磁体（T_c = 20 K），其分子中光诱导的 Fe$^{II}_{HS}$ 离子能与邻近的顺磁 Nb^{IV} 离子发生强烈的超交换磁相互作用。

2013 年，Liu 等报道了首例基于光诱导自旋交叉基元的单链磁体{[Fe^{III}(Tp*)(CN)$_3$]$_2$-Fe^{II}(bpmh)}·2H$_2$O[135d]。在这个二维层状的配合物中，[Fe^{III}(Tp*)(CN)$_3$]$^-$ 单元通过氰基与 Fe^{II} 离子连接，形成{Fe$^{III}_2$Fe^{II}}双之字链结构（图 10-57）。光磁测试显示，在光诱导下材料发生从抗磁性的 Fe^{II} 离子低自旋到高自旋的转变，χT 值明显增大，在 4.6 K 时增大到最大值

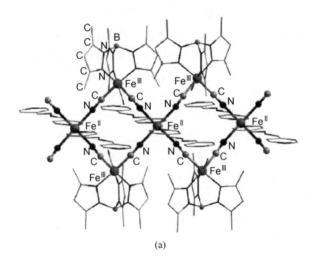

(a)

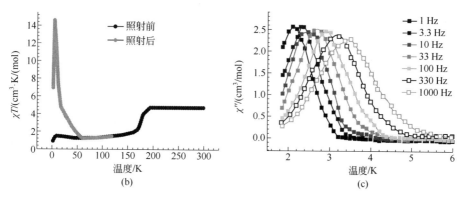

■ 图 10-57　配合物{[Fe^{III}(Tp*)(CN)$_3$]$_2$Fe^{II}(bpmh)}·2H$_2$O 的结构（a）、光诱导前后的
变温磁化率（b）及光诱导后的交流磁化率虚部（c）

14.7 cm^3·K/mol，并发生 Fe$^{II}_{HS}$ 和 Fe$^{III}_{LS}$ 之间的链内磁相互作用。交流磁化率测试表明，配合物在光照前没有频率依赖，光照后材料表现出明显的频率依赖效应，峰值温度的位移参数 $\varphi = (\Delta T_p/T_p)/\Delta(\lg\omega) = 0.15$，处于单链磁体的预期范围，为光诱导的单链磁体。

2015 年，Pinkowicz 等报道了一例非光磁性的氰基桥联配位聚合物材料{[Fe^{II}(pyrazole)$_4$]$_2$-[Nb^{IV}(CN)$_8$]·4H$_2$O}$_n$[163]，研究了该配合物在低温、高压条件下的结构、磁性及光磁性能的变化，结果表明其为首例压力诱导的自旋交叉光磁体。材料的粉末衍射显示，在高压力下样品的粉末衍射发生了显著的变化，表明配合物的结构发生了改变；同时材料的莱曼光谱与压致变色现象表明材料在室温压力诱导下发生了 Fe^{II} 离子从高自旋态（红色）到低自旋态（蓝色）的变化，也导致了莱曼光谱在不同位置出现峰值。这一个研究为光诱导磁体开辟了一个新的多功能材料研究方向。

使用光照实现光磁材料磁性和极性的可逆切换也是当前一个具有挑战性的研究方向。2017 年，Liu 等报道了一例氰基桥联的异金属（Fe/Co）一维链状配位聚合物{[FeTp(CN)$_3$]$_2$-Co(Bpi)$_4$}·3H$_2$O[241]。该配合物的高自旋态 Fe$^{III}_{LS}$(m-CN)Co$^{II}_{HS}$(m-NC)Fe$^{III}_{LS}$ 向低自旋态 Fe$^{III}_{LS}$(m-CN)Co$^{III}_{LS}$(m-NC)Fe$^{II}_{LS}$ 之间的相互转换可以通过加热和冷却，或者不同波长（如 808 nm 和 532 nm）光激发下来实现。这种光诱导的双向金属-金属电荷转移导致了电子自旋排布和电荷分布的同步变化，从而实现了材料光诱导磁性和极性的相互转换，为相关研究提供了一种可行性的策略。

未来自旋电子学发展的主要方向就是利用光、电、磁调控自旋电子的产生、输入、传送机检测，从而实现集存储、逻辑和显示等功能于一体的新型自旋电子材料。其中重点的相关基础研究方向就包含利用光、热等外界刺激调控分子基磁体的性能，这些研究为实现分子基磁性材料的应用和自旋电子学的调控提供了基础，具有重要的意义。

10.9.4　多铁材料

多铁性材料在一定的温度下同时存在自发极化和自发磁化，是一种集电与磁性能于一身的多功能材料。多铁材料一般包含铁电性（反铁电性）、铁磁性（反铁磁性、亚铁磁性）和铁弹性中的两种或两种以上的基本性能，而且通过铁性的耦合复合协同作用，有可能通过磁场控制电极化或者通过电场控制磁极化，引发若干新的、有意义的的物理现象，如铁电和铁磁耦合产生磁电效应和磁介电效应，一直是物理、材料及化学领域中的研究热点[242]。多铁材料在改变外界条件如磁场、电场或压力时，将可能导致材料的多种性质变化，其多铁耦合效应在传感、信息存储、开关及微波等领域都存在诱人的潜在应用前景。

在化学领域研究多铁性材料远比在物理领域晚，目前只局限于合成既具有磁性又有铁电性的化合物，能集铁磁体和铁电体为一体的分子基化合物还非常少，而且大部分磁相转变温度都很低，所以还不能研究它们的铁性耦合——比如磁电效应等问题[243]。铁电材料能够自发极化，但只有结晶于 10 个非心极性点群（C_1、C_2、C_s、C_{2v}、C_4、C_{4v}、C_3、C_{3v}、C_6、C_{6v}）的分子基磁体才有可能表现出多铁性质。因此，在分子基铁电体中引入磁性，是获得多铁性材料的一种有效途径。

2006 年，Kobayashi 等报道了一例亚铁磁转变的多孔铁电材料$[Mn_3(HCOO)_6](C_2H_5OH)$[244]。介电测试表明，配合物在 177 K 时存在铁电相变，同时在相变温度下观察到了非常小的电滞回线，表明材料具有铁电性（图 10-58）为首例铁电多孔材料。与此同时，材料的场冷和零场冷 $M\text{-}T$ 曲线测试表明，配合物的临界温度 T_c 为 8.5 K，说明低温下材料铁磁性和铁电性共存。这一研究揭示了主客体分子间的相互作用对于铁电有序具有重要的影响。2007 年，Ohkoshi 等报道了另外一例铁磁和铁电共存的铷铁氰化锰配合物 $Rb_{0.82}Mn[Fe(CN)_6]_{0.94}\cdot H_2O$，并存在高温相到低温相的电荷转移相变。配合物在 2 K 时能够观察到磁滞回线，并在电荷转移相变的低温相下外加 100 kV/cm 的电场可以观测到电滞回线，剩余电极化强度为 0.041 μC/cm^2，矫顽场为 17.5 kV/cm。这一研究也是首例配位聚合物多铁材料[245]。

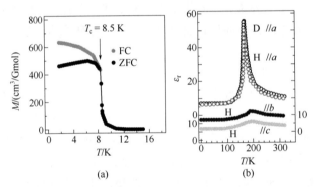

■ 图 10-58　多铁材料$[Mn_3(HCOO)_6](C_2H_5OH)$的场冷和
零场冷 $M\text{-}T$ 曲线（a）和介电常数测定曲线（b）

（b）图中 H 代表$[Mn_3(HCOO)_6](C_2H_5OH)$，D 代表$[Mn_3(HCOO)_6](C_2H_5OD)$

获得多铁材料的另一有效途径是在分子基磁体中引入手性，使材料结晶于极性点群，从而有可能使材料同时具有铁电性能。例如，2009 年，Zuo 等报道了一对手性对映体$\{[(Tp)_2Fe_2(CN)_6Ni_3((1S,2S)\text{-}chxn)_6]\cdot(ClO_4)\cdot 2H_2O\}$ 和 $\{[(Tp)_2Fe_2(CN)_6Ni_3\text{-}((1R,2R)\text{-}chxn)_6]\cdot(ClO_4)\cdot 2H_2O\}$，通过氰基桥联的 $Fe_2(CN)_4Ni_2$ 构筑块与 Ni^{2+} 形成一维链[246]（图 10-59）。磁性测试表明配合物为单链磁体，在 5 K 下表现出慢磁弛豫和电滞回线，为首例超顺磁铁电材料。2010 年，Li 等[247]利用手性唑啉类配体与 β-二酮稀土二水合物反应得到了系列手性稀土单核配合物$[Ln(FTA)_3L]$（Ln^{3+}= Tb、Dy、Sm、Eu、Gd），其中 Dy 的配合物表现出单离子磁体行为，并在室温下观测到电滞回线，此为首例多铁稀土单离子磁体。

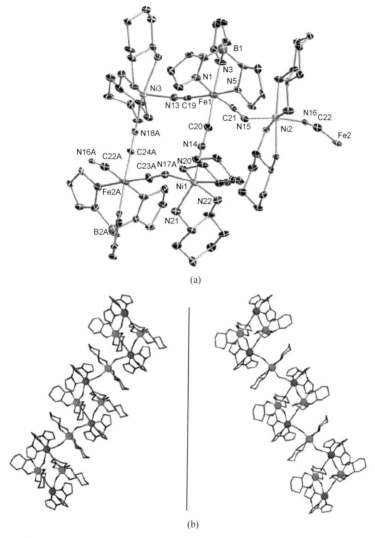

(a)

(b)

图 10-59　*S* 构型配合物结构（a）及对映体的一维链结构（b）

2012 年，Shi 等利用非手性配体合成了一个结晶于极性点群 *Pna*2$_1$ 的三核 Dy 配合物 [Dy$_3$(HL)(H$_2$L)(NO$_3$)$_4$]·EtOH，通过溶剂分子与配合物之间存在丰富的氢键作用，形成了一个超分子体系[248]（图 10-60）。磁性测试表明，该配合物表现出慢磁弛豫行为，且在 3.5 K 下观测到磁滞回线，为稀土单分子磁体。配合物的介电测试显示材料在 470 K 处存在铁电相变，居里常数为 C_{ferro} = 909 K 和 C_{para} = 986 K，同时在室温下观测到配合物的电滞回线，表明其为多铁性材料。

多铁性材料是最近十多年才发展起来的一个新的研究领域，其中的物理机制仍不清晰。相比于物理方法很难直接得到具有极性点群的晶体，化学合成可以较容

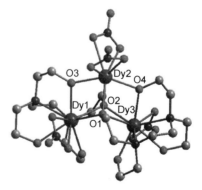

图 10-60　配合物[Dy$_3$(HL)-(H$_2$L)(NO$_3$)$_4$]的结构

易地通过分子晶体工程的方法来得到极性点群的配合物，探索结构与性能之间的关系，但这方面的研究尚处于起步阶段，有待于人们的进一步探索。

参 考 文 献

[1] Wu,W.; Kerridge, A.; et al. *J. Phys. Rev., B,* **2008**, *77*, 184403.

[2] Zheng, L. M.; Gao, S.; et al. *Chem. Mater.,* **2002**, *14*, 3147.

[3] Qiao, S. L.; Zhang, J.; et al. *Inorg. Chem.,* **2018**, *469*, 65.

[4] Perlepes, S. P.; Blackman, A. G.; et al. *Inorg. Chem.,* **1991**, *30*, 1668.

[5] Bagai, R.; Christou, G. *Chem. Soc. Rev.,* **2009**, *38*, 1026.

[6] (a) Milios, C. J.; Inglis, R.; et al. *J. Am. Chem. Soc.,* **2007**, *129*, 1250. (b) Stamatatos, T. J.; Foguet-Albiol, D. *J. Am. Chem. Soc.,* **2005**, *127*, 15380. (c) Morimoto, M.; Miyasaka, H.; et al. *J. Am. Chem. Soc.,* **2009**, *131*, 9823. (d) Boskovic, C.; Wernsdorfer, W. *Inorg. Chem.,* **2002**, *41*, 5107. (e) Tasiopoulos, A. J.; Vinslava, A.; et al. *Angew. Chem. Int. Ed.,* **2004**, *43*, 2117.

[7] Stamatatos, T. C.; Abboud, K. A.; Wernsdorfer, W.; Christou G. *Polyhedron,* **2007**, *26*, 2042.

[8] Ako, A. M.; Hewitt, I. J.; et al. *Angew. Chem. Int. Ed.,* **2006**, *45*, 4926.

[9] (a) Nava, A.; Rigamonti, L.; et al. *Angew. Chem. Int. Ed.,* **2010**, *49*, 5185. (b) Frost, J. M.; Harriman, K. L. M.; et al. *Chem. Sci.,* **2016**, *7*, 2470. (c) Brinzei, D.; Catala, L.; et al. *J. Am. Chem. Soc.,* **2007**, *129*, 3778. (d) Andres, H.; Basler, R.; et al. *Chem. Eur. J.* , **2002**, *8*, 4867.

[10] Delfs, C.; Gatteschi, D.; et al. *Inorg. Chem.,* **1993**, *32*, 3099.

[11] (a) Oshio, H.; Hoshino, N.; et al. *J. Am. Chem. Soc.,* **2004**, *126*, 8805. (b) Boudalis, A. K.; Sanakis, Y.; et al.; *Chem. Eur. J.,* **2008**, *14*, 2514. (c) Benelli, C.; Cano, J.; et al.; *Inorg. Chem.,* **2001**, *40*, 188. (d) Ako, A. M.; Mereacre, V.; *Inorg. Chem.,* **2010**, *49*, 1. (e) Goodwin, J. C.; Sessoli, R. *Dalton Trans.,* **2000**,1835.

[12] Accorsi, S.; Barra, A. L.; et al. *J. Am. Chem. Soc.,* **2006**, *128*, 4742.

[13] Murrie, M.; *Chem. Soc. Rev.,* **2010**, *39*, 1986.

[14] Yang, E. C.; Hendrickson, D. N.; et al. *J. Appl. Phys.,* **2002**, *91*, 7382.

[15] Murrie, M.; Teat, S. J.; et al. *Angew. Chem. Int. Ed.,* **2003**, *42*, 4653.

[16] (a) Murrie, M.; *Chem. Soc. Rev.,* **2010**, *39*, 1986. (b) Yang, E. C.; Liu, Z. Y.; et al. *Dalton Trans.,* **2016**, *45*, 8134. (c)Wu, D.; Guo, D.; et al. *Inorg. Chem.,* **2009**, *48*, 854.

[17] (a) Rogez, G.; Rebilly, J. N.; et al. *Angew. Chem. Int. Ed.,* **2005**, *44*, 1876. (b) Boca, R.; *Coord. Chem. Rev.,* **2004**, *248*, 757.

[18] Tudor, V.; Marin, G.; et al. *Inorg. Chim. Acta.,* *361*, 3446.

[19] Cadiou, C.; Murrie, M.; et al. *Chem. Commun.,* **2001**, 2666.

[20] (a) Biswas, R.; Ida, Y.; et al. *Chem. Eur. J.,* **2013**, *19*, 3943. (b) Bell, A.; Aromí ,G.; et al. *Chem. Commun.,* **2005**, 2808. (c) Yang, E. C.; Wernsdorfer, W.; et al. *Inorg. Chem.,* **2006**, *45*, 529. (d) Ghisolfi, A.; Monakhov, K. Y.; et al. *Dalton Trans.,* **2014**, *43*, 7847.

[21] Liang, Q.; Huang, R.; et al. *Inorg. Chem. Commun.,* **2010**, *13*, 1134.

[22] Castro, S. L.; Sun, Z.; et al. *J.Am.Chem.Soc.,* **1998**, *120*, 2365.

[23] Wang, X. Y.; Avendaño, C.; et al. *Chem. Soc. Rev.,* **2011**, *40*, 3213.

[24] Ruiz, E.; Cirera, J.; et al. *Chem. Commun.,* **2008**, *1*, 52.

[25] Liu, K.; Shi, W.; et al. *Coord. Chem. Rev.,* **2015**, *289*, 74.

[26] (a) Hołyńska, M.; Premužić, D. *Chem. Eur. J.,* **2011**, *17*, 9605. (b) Liu, M. J.; Hu, K. Q.; et al. *Dalton Trans.,* **2017**, *46*, 6544.

[27] (a)Moreno Pineda, E.; Chilton, N. F.; et al. *Inorg. Chem.,* **2015**, *54*, 5930. (b)Shutaro O.;Takafumi K.; et al. *J.Am.Chem. Soc.,***2004**, *126*, 420.

[28] (a) Mori, F.; Nyui, T. *J. Am. Chem. Soc.,* **2006**，*128*，1440. (b) Langley, S. K.; Wielechowski, D. P. *Inorg. Chem.,* **2015**, *54*, 10497.

[29] (a) Liu, J. L.; Wu, J. Y. *Angew. Chem. Int. Ed.,* **2014**, *53*, 12966. (b) Chandrasekhar, V.; Bag, P. *Inorg. Chem.,* **2013**, *52*, 13078. (c) Mondal, K. C.; Sundt, A. *Angew. Chem. Int. Ed.,* **2012**, *51*, 7550.

[30] (a) Costes, J. P.; Shova, S.; et al. *Dalton Trans.,* **2008**, 1843. (b) Pointillart, F.; Bernot, K.; et al. *Chem. Eur. J.,* **2007**, *13*, 1602.

[31] Stamatatos, T. C.; Teat, S. J.; et al. *Angew. Chem. Int. Ed.*, **2009**, *48*, 521.

[32] Mereacre, V.; Ako, A. M.; et al. *Chem. Eur. J.*, **2008**, *14*, 3577.

[33] Langley, S. K.; Ungur, L.; et al. *Chem. Eur. J.*, **2011**, *17*, 9209.

[34] Mereacre, V. M.; Ako, A. M.; et al. *J. Am. Chem. Soc.*, **2007**, *129*, 9248.

[35] Chandrasekhar, V.; Pandian, B. M.; et al. *Inorg. Chem.*, **2007**, *46*, 5140.

[36] Murugesu, M.; Mishra, A.; et al. *Polyhedron*, **2006**, *25*, 613.

[37] Peng, Y.; Mereacre, V.; et al. *Dalton Trans.*, **2017**, *46*, 5337.

[38] Rinck, J.; Novitchi, G.; et al. *Angew. Chem. Int. Ed.*, **2010**, *49*, 7583.

[39] Langley, S. K.; Wielechowski, D. P.; et al. *Angew. Chem. Int. Ed.*, **2013**, 52, 12014.

[40] Thompson, L. K.; Dawe, L. N.; *Coord. Chem. Rev.*, **2015**, *289*, 13.

[41] Ishikawa, N.; Sugita, M.; et al. *J. Am. Chem. Soc.*, **2003**, *125*, 8694.

[42] (a) Ungur, L.; Langley, S. K.; et al. *J. Am. Chem. Soc.*, **2012**, *134*, 18554. (b) Chilton, N. F.; Langley, S. K.; et al. *Chem. Sci.*, **2013**, *4*, 1719. (c) Le Roy, J. J.; Ungur, L.; et al. *J. Am. Chem. Soc.*, **2014**, *136*, 8003.

[43] Long, J.; Habib, F.; et al. *J. Am. Chem. Soc.*, **2011**, *133*, 5319.

[44] Guo, Y. N.; Xu, G. F.; et al. *J. Am. Chem. Soc.*, **2011**, *133*, 11948.

[45] Rinehart, J. D.; Fang, M.; et al. *J. Am. Chem. Soc.*, **2011**, *133*, 14236.

[46] Tuna, F.; Smith, C. A.; et al. *Angew. Chem. Int. Ed.*, **2012**, *51*, 6976.

[47] Habib, F.; Brunet, G.; et al. *J. Am. Chem. Soc.*, **2013**, *135*, 13242.

[48] Jiang, Y.; Holmberg, R, J.; et al. *RSC. Adv.*, **2016**, *6*, 56668.

[49] Zhang, P.; Zhang, L.; et al. *Inorg. Chem.*, **2013**, *52*, 4587.

[50] Pointillart, F.; Bernot, K.; et al. *Inorg. Chem.*, **2012**, *51*, 12218.

[51] Ren, M.; Bao, S. S.; et al. *Chem. Eur. J.*, **2013**, *19*, 9619.

[52] Zhang, L.; Jung, J.; et al. Chem. Eur. J. **2016**, *22*, 1392

[53] Ren, M.; Bao, S. S.; et al. *Chem. Commun.*, **2014**, *50*, 7621.

[54] Lin, P. H.; Sun, W. B.; et al. *Dalton Trans.*, **2012**, *41*, 12349.

[55] Woodruff, D. N.; Winpenny, R. E. P.; et al. *Chem. Rev.*, **2013**, *113*, 5110.

[56] Diaz-Ortega, I. F.; Herrera, J. M.; et al. *Inorg. Chem.*, **2017**, *56*, 5594.

[57] Tang, J. K.; Hewitt, I.; et al. *Angew. Chem. Int. Ed.*, **2006**, *45*, 1729.

[58] Luzon, J.; Bernot, K.; et al. *Phys. Rev. Lett.*, **2008**, *100*, 247205.

[59] (a) Hewitt, I. J.; Lan, Y. H.; et al. *Chem. Commun.*, **2009**, 6765. (b) Guo, F. S.; Liu, J. L.; et al. *Chem. Eur. J.*, **2011**, *17*, 2458.

[60] (a) Lin, P. H.; Burchell, T. J.; et al.; *Angew. Chem. Int. Ed.*, **2009**, *48*, 9489. (b) Zou, H. H.; Wang, R.; *Dalton Trans.*; **2014**, *43*, 2581.(c) Wu, J.; Lin, S. Y.; et al.; *Dalton Trans.*, **2017**, *46*, 1577.

[61] Guo, Y. N.; Xu, G. F.; et al. *J.Am. Chem. Soc.*, **2010**,*132*, 8538.

[62] Koo, B. H.; Lim, K. S.; et al. *Chem. Commun.*, **2012**, *48*, 2519.

[63] Blagg, R. J.; Ungur, L.; et al. *Nat. Chem.*, **2013**, *5*, 673.

[64] Abbas, G.; Lan, Y. H.; et al. *Inorg. Chem.*, **2010**, *49*, 8067.

[65] (a) Yan, P. F.; Lin, P. H.; etal.; *Inorg. Chem.*, **2011**, *50*, 7059. (b) Sun, W. B; Han, B. L; et al. *Dalton Trans.*, **2013**, *42*, 13397.

[66] (a) Anwar, M. U.; Thompson, L. K.; et al. *Chem. Commun.*, **2012**, *48*, 4576. (b) Randell, N. M.; Anwar, M. U.; et al. *Inorg. Chem.*, **2013**, *52*, 6731.

[67] Das, S.; Dey, A.; et al. *Inorg. Chem.*, **2014**, *53*, 3417.

[68] Blagg, R. J.; Muryn, C. A.; et al. *Angew. Chem. Int. Ed.*, **2011**, *50*, 6530.

[69] Gamer, M. T.; Lan, Y.; et al. *Inorg. Chem.*, **2008**, *47*, 6581.

[70] Blagg, R. J.; Tuna, F.; et al. *Chem. Commun.*, **2011**, *47*, 10587.

[71] Peng, J. B.; Kong, X. J.; et al. *Inorg. Chem.*, **2012**, *51*, 2186.

[72] (a) Tian, H. Q.; Guo, Y. N.; et al. *Inorg. Chem.*, **2011**, *50*, 8688. (b) Tian, H. Q; Wang, M; et al. *Chem. Eur. J.*, **2012**, *18*, 442. (c) She, S. X.; Chen, Y. M; et al. *Dalton Trans.*, **2013**, *42*, 10433.

[73] Hussain, B.; Savard, D; et al. *Chem. Commun.*, **2009**, 1100.

[74] Hewitt, I. J.; Tang, J.; et al. *Angew. Chem. Int. Ed.*, **2010**, *49*, 6352.

[75] Lin, S. Y.; Wernsdorfer, W.; et al. *Angew. Chem. Int. Ed.*, **2012**, *51*, 12767.

[76] (a) Canaj, A. B.; Tzimopoulos, D. I.; et al. *Inorg Chem.*, **2012**, *51*, 7451. (b) Canaj, A. B.; Tsikalas, G. K.; et al. *Dalton Trans.*, **2014**, *43*, 12486.

[77] Sharples, J. W.; Zheng, Y. Z.; et al. *Chem Commun.*, **2011**, *47*, 7650.

[78] Tian, H. Q.; Zhao, L.; et al. *Chem. Commun.*, **2012**, *48*, 708.

[79] Alexandropoulos, D. I.; Mukherjee, S.; et al. *Inorg. Chem.*, **2011**, *50*, 11276.

[80] Ke, H. S.; Xu, G. F.; et al. *Chem. Eur. J.*, **2009**, *15*, 10335.

[81] Gu, X. J.; Clérac, R.; et al. *Inorg. Chim. Acta.*, **2008**, *361*, 3873.

[82] Miao, Y. L.; Liu, J. L.; et al. *Dalton Trans.*, **2011**, *40*, 10229.

[83] Miao, Y. L.; Liu, J. L.; et al. *Cryst. Eng. Comm.*, **2011**, *13*, 3345.

[84] Tian, H. Q.; Bao, S. S.; et al. *Chem. Commun.*, **2016**, *52*, 2314.

[85] Thielemann, D. T.; Wagner, A. T.; et al. *Chem. Eur. J.*, **2015**, *21*, 2813.

[86] Ke, H. S.; Gamez, P.; et al. *Inorg. Chem.*, **2010**, *49*, 7549.

[87] Wang, B. W.; Jiang, S. D.; et al. *Sci. China Ser. B-Chem.*, **2009**, *52*, 1739.

[88] Reu, O. S.; Palii, A. V.; et al. *Inorg. Chem.*, **2012**, *51*, 10955.

[89] Rinehart, J. D.; Long, J. R. *Chem. Sci.*, **2011**, *2*, 2078.

[90] Ren, M.; Zheng L. M.; *Acta Chim. Sinica*, **2015**, *73*, 1091.

[91] Ding, Y. S.; Chilton, N. F.; et al. *Angew. Chem. Int. Ed.*, **2016**, *128*, 16305.

[92] Ungur, L.; Le Roy, J. J.; et al. *Angew. Chem. Int. Ed.*, **2014**, *53*, 4413.

[93] (a) Guo, Y. N.; Ungur, L.; et al. *Sci. Rep.*, **2014**, *4*, 5471. (b) Zhang, P.; Zhang, L.; et al. *J. Am. Chem. Soc.*, **2014**, *136*, 4484.

[94] (a) Ishikawa, N.; Sugita, M.; et al. *Inorg Chem.*, **2004**, *43*, 5498. (b) Takamatsu, S.; Ishikawa, T.; et al. *Inorg Chem.*, **2007**, *46*, 7250. (c) Gonidec, M.; Davies, E. S.; et al. *J. Am. Chem. Soc.*, **2010**, *132*, 1756.

[95] Tanaka, D.; Inose, T.; et al. *Chem. Commun.*, **2012**, *48*, 7796.

[96] Cao, W.; Gao, C.; et al. *Chem. Sci.,* **2015**, *6*, 5947.

[97] Jiang, S. D.; Wang, B. W.; et al. *Angew. Chem.*, **2010**, *122*, 7610.

[98] Chen, G. J.; Guo, Y. N.; et al. *Chem. Eur. J.*, **2012**, *18*, 1484.

[99] Ruiz, J.; Mota, A. J.; et al. *Chem. Commun.*, **2012**, *48*, 7916.

[100] Jeletic, M.; Lin, P. H.; et al. *J. Am. Chem. Soc.*, **2011**, *133*, 19286.

[101] Meihaus, K. R.; Rinehart, J. D.; et al. *Inorg. Chem.*, **2011**, *50*, 8484.

[102] Branzoli, F.; Carretta, P.; et al. *J. Am. Chem. Soc.*, **2009**, *131*, 4387.

[103] Liu, J.; Zhang, X. P.; et al. *Inorg. Chem.*, **2012**, *51*, 8649.

[104] (a) Jiang, S. D.; Wang, B. W.; et al. *Angew. Chem. Int. Ed.*, **2010**, *49*, 7448. (b) Liddle, S. T.; Slageren, J van.; *Chem. Soc. Rev.*, **2015**, *44*, 6655.

[105] Meihaus, K. R ; Long, J. R. *Dalton Trans.*, **2015**, *44*, 2517.

[106] Rinehart, J. D.; Long, J. R. *J. Am. Chem. Soc.*, **2009**, *131*, 12558.

[107] Rinehart, J. D.; Meihaus, K. R.; et al. *J. Am. Chem. Soc.*, **2010**, *132*, 7572.

[108] Meihaus, K. R.; Minasian, S. G.; et al. *J. Am. Chem. Soc.*, **2014**, *136*, 6056.

[109] King, D. M.; Tuna, F.; et al. *Angew. Chem. Int. Ed.,* **2013**, *52*, 4921.

[110] King, D. M.; Cleaves, P. A.; et al. *Nat. Commun.*, **2016**, *7*, 13773.

[111] Antunes, M. A.; Coutinho, J. T.; et al. *Chem. Eur. J.,* **2015**, *21*, 17817.

[112] Magnani, N.; Apostolidis, C.; et al. *Angew. Chem. Int. Ed.,* **2011**, *50*, 1696.

[113] Magnani, N.; Colineau, E.; et al. *Chem. Commun.,* **2014**, *50*, 8171.

[114] Harman, W. H.; Harris, T. D.; et al. *J. Am. Chem. Soc.,* **2010**, *132*, 18115.

[115] Zadrozny, J. M.; Atanasov, M.; et al. *Chem. Sci.,* **2013**, *4*, 125.

[116] Zadrozny, J. M.; Xiao, D. J.; et al. *Inorg. Chem.*, **2013**, *52*, 13123.

[117] Freedman, D. E.; Harman, W. H.; et al. *J. Am. Chem. Soc.*, **2010**, *132*, 1224.

[118] Samuel, P. P.; Mondal, K. C.; et al. *J. Am. Chem. Soc.*, **2014**, *136*, 11964.

[119] Mossin, S.; Tran, B. L.; et al. *J. Am. Chem. Soc.*, **2012**, *134*, 13651.

[120] Weismann, D.; Sun, Y.; et al. *Chem. Eur. J.*, **2011**, *17*, 4700.

[121] Jurca, T.; Farghal, A.; et al. *J. Am. Chem. Soc.*, **2011**, *133*, 15814.

[122] Zadrozny, J. M.; Long, J. R.; *J. Am. Chem. Soc.*, **2011**, *133*, 20732.

[123] Craig, G. A.; Murrie, M.; *Chem. Soc. Rev.*, **2015**, *44*, 2135.

[124] Zadrozny, J. M.; Liu, J. J.; et al. *Chem. Comm.*, **2012**, *48*, 3927.

[125] Zhu,Y. Y.; Cui, C.; *Chem. Sci.*, **2013**, *4*, 1802.

[126] (a) Novikov, V. V.; Pavlov, A. A.; et al. *J. Am. Chem. Soc.*, **2015**, *137*, 9792. (b) *Angew. Chem. Int. Ed.*, **2013**, *52*, 14075

[127] Glauber, R, J. J.; *Math. Phys.*, **1963**, *4*, 294.

[128] Caneschi, A.; Gatteschi, D.; et al. *Angew. Chem. Int. Ed.*, **2001**, *40*，1760.

[129] Kadota, I.; Takamura, H.; et al. *J.Am. Chem. Soc.*, **2003**, *125* (46), 13976.

[130] Falck, E.; Rog, T.; et al. *J.Am. Chem. Soc.*, **2008**, *130* (44), 14729.

[131] Vaz, M. G. F.; Cassaro, R. A. A.; et al. *Chem. Eur. J.*, **2014**, *20*, 5460.

[132] Bogani, L.; Sangregorio, C.; et al. *Angew. Chem. Int. Ed.*, **2005**, *44*, 5817.

[133] Bernot, K.; Bogani, L.; et al. *J. Am. Chem. Soc.*, **2006**, *128*, 7947.

[134] Mougel, V.; Chatelain, L.; et al. *Angew. Chem., Int. Ed.*, **2014**, *53*, 819.

[135] (a) Lescouezec, R.; Toma, L. M.; et al. *Coord. Chem. Rev.*, **2005**, *249*, 2691. (b) Wang, S.; Zuo, J. L.; et al. *J. Am.Chem. Soc.*, **2004**, *126*, 8900. (c) Toma, L. M.; Lescouezec, R.; et al. *Dalton. Trans.*, **2007**, 3690. (d) Liu, T.; Zheng, H.; et al. *Nat. Commun.*, **2013**, *4*, 2826.

[136] (a) Sun, H. L.; Wang, Z. M.; et al. *Coord. Chem. Rev.*, **2010**, *254*, 1081. (b) Dhers, S.; Feltham, H. L. C.; et al. *Coord. Chem. Rev.*, **2015**, *296*, 24.

[137] Yamaguchi, Y.; Nakano, T.; et al. *Phy. Rev. Lett.*, **2012**, *108*, 57203.

[138] (a) Li, X. B.; Zhuang, G. M.; et al. *Chem. Commun.*, **2013**, *49*, 1814. (b) Zhang, X. M.; Li, P.; et al. *Dalton Trans.*, **2015**, *44*, 511.

[139] (a) Matsumoto, T.; Newton, G. N.; et al. *Angew. Chem. Int. Ed.*, **2015**, *54*, 823. (b) Wang, C. F.; Li, R. F.; Chen, X. Y.; et al. *Angew. Chem. Int. Ed.*, **2015**, *54*, 1574.

[140] Gutlich, P.; Hauser, A.; et al. *Angew. Chem. Int. Ed.*, **1994**, *33*, 2024.

[141] Kahn, O; Martinez, C. J.; *Science*, **1998**, *279*, 44.

[142] Halcrow, M. A. *Chem. Lett.*, **2014**, *43*, 1178.

[143] Cambi, L.; Szegö, L. *Eur. J. Inorg. Chem.*, **1931**, *64*, 2591.

[144] Krober, J.; Codjovi, E.; et al. *J. Am.Chem. Soc.*, **1993**, *115*, 9810.

[145] Kahn, O.; Kröber, J.; et al. *Adv. Mater.*, **1992**, *4*, 718.

[146] Klingele, J.; Kaase, D.; et al. *Dalton Trans.*, **2010**, *39*, 1689.

[147] Ni, Z. P.; Liu, J. L.; et al. *Coord. Chem. Rev.*, **2017**, *335*, 28.

[148] (a) Rose, M. J.; Mascharak, P. K. *Coord. Chem. Rev.*, **2008**, *252*, 18. (b) Feltham, H. L. C; Barltrop, A. S; et al. *Coord. Chem. Rev.*, **2017**, *344*, 26.

[149] Roubeau, O.; *Chem. Eur. J.*, **2012**, *18*, 15230.

[150] Abherve, A.; Clemente-Leon, M.; et al. *Inorg. Chem.*, **2014**, *53*, 12014.

[151] Coronado, E.; Gimenez-Marques, M.; et al. *J. Am. Chem. Soc.*, **2013**, *135*, 15986.

[152] (a) Ochiai, M.; Nishi,Y.; et al. *Angew. Chem. Int. Ed.*, **2005**, *44*, 406. (b) Cobo, S.; Ostrovskii, D.; et al. *J. Am. Chem. Soc.*, **2008**, *130*, 9019.

[153] Kang, S.; Shiota, Y.; et al. *Chem. Eur. J.*, **2016**, *22*, 532.

[154] Tailleur, F.; Marchivie, M.; ct al. *Chem. Commun.*, **2017**, *53*, 4763.

[155] (a) Real, J. A.; Bolvin, H.; et al. *J. Am. Chem. Soc.*, **1992**, *114*, 4650. (b) Clerac, R.; Cotton, F. A.; et al. *J. Am. Chem. Soc.*, **2000**, *122*, 2272.

[156] (a) Sciortino, N. F.; Scherl-Gruenwald, K. R.; *Angew. Chem. Int. Ed.*, **2012**, *51*, 10154. (b) Li, Z. Y.; Ohtsu, H.; et al. *Angew. Chem. Int. Ed.*, **2016**, *55*, 5184.

[157] Clements, J. E.; Price, J. R.; et al. *Angew. Chem.*, **2016**, *128*, 15329.

[158] Qin, L. F.; Pang, C.Y.; et al. *Cryst. Eng.Commun.*, **2015**, *17*, 7956.

[159] (a) Hasegawa, M.; Renz, F.; et al. *Chem. Phys.*, **2002**, *277*, 21. (b) Engeser, M.; Fabbrizzi, L.; et al. *Chem. Commun.*, **1999**, 1191.

[160] Senthil, K.; Kumar, K.; et al. *Coord.Chem. Rev.*, **2017**, *346*, 176.

[161] Wang, J. L.; Liu, Q.; et al. *Dalton Trans.,* **2016**, *45*, 18552.

[162] (a) Muñoz, M. C.; Real, J. A.; *Coord. Chem. Rev.*, **2011**, *255*, 2068. (b) Rosner, B ; Milek, M.; et al. *Angew. Chem. Int. Ed.*, **2015**, *54*, 12976.

[163] Pinkowicz, D. ; Rams, M.; et al. *J. Am. Chem. Soc.*, **2015**, *137*, 8795.

[164] Miller, R. G.; Brooker, S. *Chem. Sci.*, **2016**, *7*, 2501.

[165] Forestier, T; Mornet, S.; et al. *Chem. Commun.*, **2008**, 4327.

[166] (a)Coronado, E.; Galan-Mascaros, J. R.; et al. *Adv. Mater.*, **2007**, *19*, 1359. (b) Galan-Mascaros, J. R.; Coronado, E.; et al. *Inorg. Chem.*, **2010**, *49*, 5706.

[167] Boldog, I.; Gaspar, A. B.; et al. *Angew. Chem. Int. Ed.*, **2008**, *120*, 6533.

[168] Halcrow, M. A. *Chem. Soc. Rev.*, **2011**, *40*, 4119.

[169] Real, J. A.; Gaspar, A. B.; et al. *Coord. Chem. Rev.*, **2003**, *236*, 121.

[170] (a) Halcrow, M. A. *Coord. Chem. Rev.*, **2009**, *253*, 2493. (b) Craig, G. A.; Costa, J. S.; et al. *Chem. Eur. J.*, **2012**, *18*, 11703.

[171] (a) Shatruk, M.; Phan, H.; et al. *Coord. Chem. Rev.*, **2015**, *289*, 62. (b) Tao, J.; Wei, R. J.; et al. *Chem. Soc. Rev.*, **2012**, *41*, 703.

[172] Vieira, B. J. C.; Dias, J. C.; et al. *Inorg. Chem.*, **2015**, *54*, 1354.

[173] Craig, G. A.; Costa, J. S.; et al. *Chem. Eur. J.*, **2011**, *17*, 3120.

[174] (a) Parrish, R. M.; Sherrill, C. M.; *J. Am. Chem. Soc.*, **2014**, *136*, 17386. (b) Kuhn, R.; *Angew. Chem. Int. Ed.*, **2016**, *55*, 1.

[175] Rodriguez-Velamazan, J. A.; Gonzalez, M. A.; et al. *Science*, **1991**, *252*, 1415.

[176] (a) Holden, A. N.; Matthias, B. T.; et al. *Phys. Rev.*, **1956**, *102*, 1463. (b) Bozorth, R. M.; Williams, H. J.; et al. *Phys. Rev.*, **1956**, *103*, 572.

[177] Ruiz, E.; Rodriguez-Fortea, A.; et al. *Chem. Eur. J.*, **2005**, *11*, 2135.

[178] Jain, R.; Kabir, K.; et al. *Nature*, **2007**, *445*, 291.

[179] Li, M. H.; Hu, X. H.; et al. *Mater. Rev.*, **2008**, *22*, 34.

[180] Gschneidner, K. A.; Pecharsky, V. K.; et al. *Rep. Prog. Phys.*, **2005**, *68*, 1479.

[181] Shen, B. G.; Sun, J. R.; et al. *Adv. Mater.*, **2009**, *21*, 4545.

[182] Warburg, E. I. A.; *Phys. Chem.*, **1881**, *13*, 141.

[183] Giauque, W. F.; *J. Am. Chem. Soc.*, **1927**, *49*, 1864.

[184] (a) Zheng, Y. Z; Zhou, G. J.; et al. *Chem. Soc. Rev.,* **2014**, *43*, 1462. (b) Zhang, S. W; Cheng. P.; *Chem. Rec.*, **2016**, *16*, 2077.

[185] (a) Torres, F.; Hernández, J. M.; *Appl. Phys. Lett.*, **2000**, *77*, 3248. (b) Zhang, X. X.; Wei, H. L.; et al. *Phys. Rev. Lett.*, **2001**, *87*, 157203.

[186] Low, D. M.; Jones, L. F.; et al.*Angew. Chem. Int. Ed,*, **2003**, *42*, 3781.

[187] (a) Shaw, R.; Laye, R. H.; et al.*Inorg. Chem.*, **2007**, *46*, 4968. (b) Zhao, J. P.; Zhao, R.; et al. *Dalton. Trans.*, **2013**, *42*, 14509.

[188] Chen, Y. C.; Guo, F. S.; et al. *Chem. A Eur. J.*, **2014**, *20*, 3029.

[189] Vinslava, A.; Tasiopoulos, A. J.; et al. *Inorg. Chem.*, **2016**, *55*, 3419.

[190] (a) Karotsis, G.; Evangelisti, M ; et al. *Angew. Chem. Int. Ed.*, **2009**, *48*, 9928. (b) Guo, F. S.; Chen, Y. C.; *Chem. Commun.*, **2012**, *48*, 12219.

[191] Zheng, Y. Z.; Evangelisti, M.; et al. *Chem. Sci.*, **2011**, *2*, 99.

[192] Zheng, Y. Z.; Evangelisti, M.; et al. *J. Am. Chem. Soc.,* **2012**, *134*, 1057.

[193] Thuesen, C. A.; Pedersen, K. S.; et al. *Dalton Trans.*, **2012**, *41*, 11284.

[194] Pineda, E. M.; Tuna, F.; et al. *Inorg. Chem.*, **2014**, *53*, 3032.

[195] Zou, L. F.; Zhao, L.; et al. *Chem. Commun.*, **2011**, *47*, 8659.

[196] Hooper, T.N.; Schnack, J.; et al. *Angew.Chem. Int. Ed.*, **2012**, *51*, 4633.

[197] Shi, P. F.; Zheng, Y. Z.; et al. *Chem. Eur. J.*, **2012**, *18*, 15086.

[198] Zheng,Y. Z.; Evangelisti, M.; et al. *Angew. Chem. Int. Ed.*, **2011**, *123*, 6736.

[199] Chang, L. X.; Xiong, G.; et al. *Chem. Commun.*, **2013**, *49*, 1055.

[200] (a) Guo, F. S.; Leng, J. D.; *Inorg. Chem.*, **2012**, *51*, 405. (b) Sibille, R.; Mazet, T.; et al. *Chem. Eur. J.,* **2012**, *18*, 12970.

[201] (a) Lorusso, G.; Sharples, J. W.; et al. *Adv. Mater.*, **2013**, *25*, 4653. (b) Nethravathi, C.; Rajamathi, C. R.; et al. *J. Mater. Chem, A*, **2014**, *2*, 985.

[202] (a) Dong, J.; Cui, P.; et al. *J. Am. Chem. Soc.*, **2015**, *137*, 15988. (b) Chen, Y. C.; Prokleška, J.; et al. *J. Mater. Chem.*

C, **2015**, *3*, 12206

[203] Rikken, G. L. J. A.; Raupach, E. *Nature*, **1997**, *390*, 493.

[204] Bode1, M.; Heide, M.; et al. *Nature,* **2007**, *447*, 190.

[205] Gruselle, M.; Train, C.; et al. *Coord. Chem. Rev.*, **2006**, *250*, 2491.

[206] Colacio, E.; Domínguez-Vera, J. M.; et al. *Angew. Chem. Int. Ed.*, **1999**, *38*, 1601.

[207] Numata, Y.; Inoue, K.; et al. *J. Am. Chem. Soc.*, **2007**, *129*, 9902.

[208] (a) Train, C.; Gheorghe, R.; et al. *Nat. Mater.,* **2008**, *7*, 729. (b) Barron, L. D.; *Nat. Mater.,* **2008**, *7*, 691.

[209] (a) Galan-Mascaros, J. R.; Coronado, E.; et al. *J. Am. Chem. Soc.*, **2010**, *132*, 9271. (b) Chorazy, S.; Nakabayashi, K.; et al. *J. Am. Chem. Soc.*, **2012**, *134*, 16151.

[210] (a)Knaeko, W.; Kitagawa, S.; et al. *J. Am. Chem. Soc.*, **2007**, *129*, 248. (b) Train, C.; Nuida, T.; et al. *J. Am. Chem. Soc.*, **2009**, *131*, 16838.

[211] Zhu, Y. Y.; Guo, X.; et al. *Chem. Commun.*，**2011**, *47*, 8049.

[212] Cassoux, P. *Science*, **1996**, *272*, 1277.

[213] 刘艳芳. 四硫代富瓦烯基功能配体的合成及表征（硕士研究生论文）. 长春：东北师范大学，2008.

[214] Bray, J. W.; Interrane, L. V.; et al. *Extended Linear Chain Compound*. New York: Plenum, 1983, 3, 353.

[215] Hünig, S.; Erk, P.; et al. *Adv. Mater.*, **1991**, *3*, 225.

[216] Day, P.; Kurmoo, M.; et al. *J. Am. Chem. Soc.*, **1992**, *114*, 10722..

[217] Kurmoo, M.; Graham, A.W.; et al. *J. Am. Chem. Soc.*, **1995**, *117*, 12209.

[218] Coronado, E.; Galan-Mascaros, J. R.; et al. *Nature*, **2000**, *408*, 447.

[219] Zhang B.; Zhu, D. B.; et al. *Sci. Chin. Chem.*, **2012**, *55*, 883.

[220] (a) Tanaka, H.; Kobayashi, H.; et al. *J. Am. Chem. Soc.*, **2002**, *124*, 10002. (b) Suzuki, W.; Fujiwara, E.; et al. *J. Am. Chem. Soc.*, **2003**, *125*, 1486.

[221] Alberola, A.; Coronado, E.; et al. *J. Am. Chem. Soc.*, **2003**, *125*, 10774.

[222] Matsumoto, T.; Sugimoto, T.; et al. *Inorg. Chem.*, **2004**, *43*, 3780.

[223] Takahashi, K.; Cui, H. B.; et al. *Inorg. Chem.*, **2006**, *45*, 5739.

[224] (a) Gaspar, A. B.; Ksenofontov, V.; et al. *Coord. Chem. Rev.*, **2005**, *249*, 2661. (b) Halcrow, M. A. *Spin-crossover materials: properties and applications*, Wiley, New York, 2013, 303. (c) Fukuroi, K.; Takahashi, K.; et al. *Angew. Chem. Int. Ed.*, **2014**, *53*, 1983.

[225] Takahashi, K.; Cui, H. B.; et al. *J. Am. Chem. Soc.*, **2008**, *130*, 6688.

[226] Zhang, X.; Xie, H. M.; et al. *Chem. Eur. J.*, **2017**, *23*, 7448.

[227] DeGayner, J. A.; Jeon, I. R.; et al.*J. Am. Chem. Soc.*, **2017**, *139*, 4175.

[228] (a) Coronado, E.; Day, P.; *Chem Rev.*, **2004**, *104*, 5419. (b) Coulon, C.; Clerac, R. *Chem Rev.*, **2004**, *104*, 5655.

[229] (a) Ohba, M.; Yoneda, K.; et al. *Angew. Chem. Int. Ed.*, **2009**, *48*, 4767. (b) Ratera, I.; Sporer, C.; et al. *J. Am. Chem. Soc.*, **2007**, *129*, 6117. (c) Coronado, E.; Gimenez-Lopez, M. C.; et al. *J. Am. Chem. Soc.*, **2005**, *127*, 4580.

[230] Sato, O.; Tao, J.; et al. *Angew. Chem. Int. Ed.*, **2007**, *46*, 2152 .

[231] (a) Halder, G. J.; Kepert, C. J.; et al. *Chem. Soc. Rev.*, **2011**, *40*, 3313. (b) Arroyave, A.; Lennartson, A.; et al. *Inorg. Chem.*, **2016**, *55*, 5904.

[232] Gutlich, P.; Garcia, Y.; et al. *Chem. Soc. Rev.*, **2000**, *29*, 419.

[233] Ohkoshi, S.; Imoto, K.; et al. *Nat.Chem.*, **2011**, *3*, 564.

[234] (a) Koumousi, E. S.; Jeon, I. R.; et al. *J. Am. Chem. Soc.*, **2014**, *136*, 15461. (b) Jeon, I. R.; Calancea, S.; et al. *Chem. Sci.*, **2013**, *4*, 2463.

[235] Sato, O.; Iyoda, T.; et al. *Science*, **1996**, *272*, 704.

[236] Bleuzen, A.; Escax, V.; et al. *Angew. Chem. Int. Ed.*, **2004**, *43*, 3728.

[237] Adams, D. M.; Hendrickson, D. N.; *J. Am. Chem. Soc.*, **1996**, *118*, 11515 .

[238] Liu, T.; Zhang, Y. J.; et al. *J. Am. Chem. Soc.*, **2010**, *132*, 8250.

[239] Dong, D. P.; Liu, T·; et al. *Angew. Chem. Int. Ed.*, **2012**, *51*, 5119.

[240] Ohkoshi, S.; Tokoro, H.; *Acc.Chem. Res.*, **2012**, *45*, 1749.

[241] Hu, J. X.; Luo, L.; et al. *Angew. Chem.*, **2017**, *129*, 7771 .

[242] (a) Fiebig, M. J.; *Phys.D.*, **2005**, *38*, R123. (b) Rogez, G.; Viart, N.; et al. *Angew. Chem. Int. Ed.*, **2010**, *49*, 1921.

[243] Train, C.; Gruselle, M.; et al. *Chem. Soc. Rev.*, **2011**, *40*, 3297.

[244] Cui, H. B.; Wang, Z. M.; et al. *J. Am. Chem. Soc.*, **2006**, *128*, 15074.

[245] Ohkoshi, S.; Tokoro, H.; et al. *Angew. Chem. Int. Ed.*, **2007**, *46*, 3238.

[246] Wang, C. F.; Gu, Z. G.; et al. *Inorg. Chem.*, **2008**, *47*, 7957.

[247] Li, D. P.; Wang, T. W.; et al. *Chem. Commun.*, **2010**, *46*, 2929.

[248] Wang, Y. X.; Shi, W.; et al. *Chem. Sci.*, **2012**, *3*, 3366.

第11章

▶▶▶

多孔有机功能材料

11.1 概述

　　多孔材料的应用研究是当今材料科学研究领域的一大热点。按照孔径大小不同，多孔材料可分为微孔材料（孔道尺寸小于 2 nm）、介孔材料（2~50 nm）和大孔材料（大于 50 nm）。由于它们具有均匀的孔道结构、较大的比表面积、高孔隙率、高透过性、高吸附性、可组装性等诸多优异的物理化学特性，在催化、生物医药、分离、吸附、功能材料等领域有着广泛的应用。

　　近半个世纪以来多孔无机固体材料发展迅速，种类多样，如：从开放骨架磷酸盐到其他盐类多孔化合物（硫酸盐、亚磷酸盐、砷酸盐、锗酸盐及金属硫化物等），从天然沸石到合成分子筛，从微孔化合物到介孔化合物，在各个领域都取得了阶段性甚至突破性进展。但是无机多孔材料还是具有一些缺点，如组成较单一、化学选择性受局限、不利于对其进行进一步修饰及功能化等，在一定程度上限制了其应用。为了克服以上困难，近年来人们将各种有机物种引入到多孔骨架的构建中去。由于有机物种的多样性，使得多孔骨架材料的结构和种类更加丰富，性质和功能更加多样。根据多孔有机材料的特性及结构特点，可将这些多孔有机骨架材料分为金属-有机骨架材料（metal-organic frameworks，MOFs）、共价有机骨架材料（covalent-organic frameworks，COFs）、多孔芳香骨架材料（porous aromatic frameworks，PAFs）、共轭微孔聚合物（conjugated microporous polymers，CMPs）等。本章我们将分别对它们的结构特点、合成策略及功能应用做简单介绍。

11.2 金属-有机框架材料

11.2.1 MOFs 的特点及性质

　　金属-有机框架材料（MOFs）是由金属离子与有机配体通过配位键形成的一类无机-有机

杂化多孔晶态材料[1]。它包括两个部分：作为节点的中心金属离子和作为支柱的有机配体[图 11-1（a）]。金属离子多种多样，有机配体种类繁多，使得这类材料在构成上具有较大的灵活性，这在一定程度上克服了无机多孔材料组成较单一的缺陷。另外，根据有机合成理论，人们还可以通过改变配体官能团的方法得到具有特殊功能的 MOFs。与传统的沸石分子筛和介孔分子筛相比，MOFs 不仅具有高比表面积，且这类材料的孔道形状、大小具有可调性和多样性。沸石分子筛的比表面积通常小于 600 m^2/g，介孔分子筛小于 2000 m^2/g，而 MOFs 的比表面积最高可达 6000 m^2/g 以上[2]。有些 MOFs 具有和沸石分子筛类似的笼型单元，例如 Férey 小组报道的 MIL-101 材料[图 11-1（b）]，由 Cr_3O 三聚体和有机配体 BDC 首先形成超四面体结构（ST）单元，再通过空间组合形成具有两种笼状单元（孔径大小分别为 2.8 nm 和 3.4 nm）的网络骨架结构，这种纳米笼型结构大大促进了 MOFs 材料在主客体组装、纳米催化等方面的应用[3]。MOFs 的孔道形状、大小可以通过选用不同形状、柔韧性和长度的有机配体进行调控。如 Yaghi 课题组在 MOFs-5 的基础上，通过选用不同长度的对苯二甲酸的衍生物作配体，合成一系列具有相同结构的 MOFs 系列的金属-有机框架化合物，其孔径和孔容随着有机配体长度的增长而增大（图 11-2）[4]，其中有些孔隙率甚至达到了 91%。

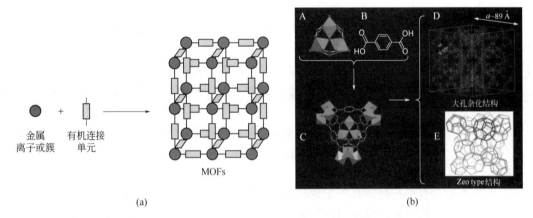

■ 图 11-1 （a）MOFs 的结构和（b）MIL-101 结构及其笼型单元

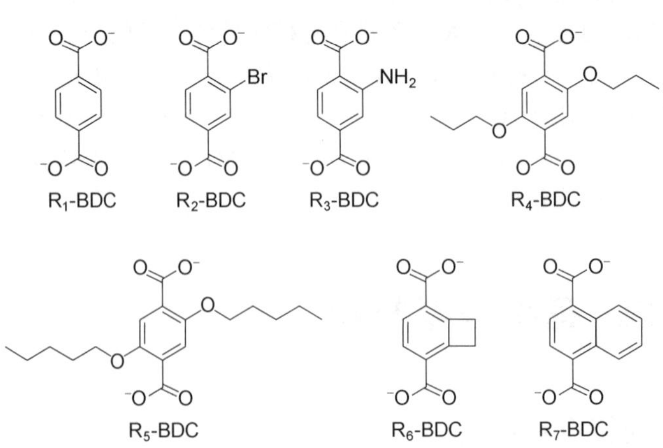

■ 图 11-2

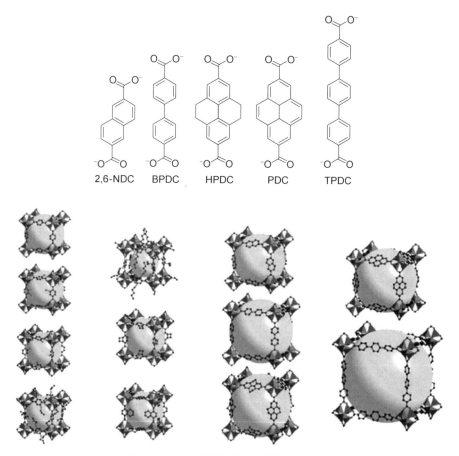

の下には以下のラベルが配置される:

2,6-NDC   BPDC   HPDC   PDC   TPDC

■ 图 11-2　一系列相同拓扑结构的 MOFs

11.2.2　MOFs 的构筑策略及设计合成

经过二十余年的发展,有关 MOFs 的设计与合成的研究工作已有许多。从最初的探索 MOFs 的合成规律,到开展晶体结构的设计研究,有目的地设计合成具有某种特殊功能的 MOFs 材料,都得到了人们充分的重视。金属离子配位环境的多样性及有机配体的千变万化,使得最终合成的 MOFs 结构存在很大的不确定性,然而,O'Keeffe 和 Yaghi 等发展出的拓扑与网格合成理论(reticular synthesis and design)使得设计具有特定结构及功能的 MOFs 材料成为可能[4,5]。如图 11-3 所示,他们将金属离了或次级结构单元(SBUs)看作节点(nodes),配体看作连接单元(linkers),将复杂的 MOFs 结构简化成一目了然的拓扑结构,这种结构不仅有利于我们理解复杂的 MOFs,并且对指导 MOFs 的设计合成也是一种非常有利的工具。例如上文提到的 MOF-5,是将 Zn_4O 结构单元看作节点,通过对苯二甲酸进行桥联,形成立方体孔洞结构,最终简化为 NaCl 拓扑的网格结构。这种拓扑理论在指导设计 MOFs 结构方面的重要性是显而易见的,例如采用[图 11-3(d)]中的正八面体六连接金属节点和[图 11-3(f)]中的三角配体连接单元,可形成 3,6-连接的拓扑网格结构。

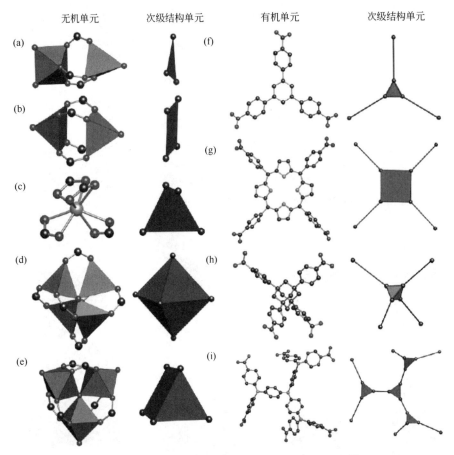

无机单元　　　次级结构单元　　　有机单元　　　次级结构单元

(a)　(f)

(b)　(g)

(c)

(d)　(h)

(e)　(i)

■ 图 11-3　MOFs 的配体连接单元及次级结构单元

　　MOFs 的制备通常采用溶液自组装、水热/溶剂热、固相法、微波反应和超声波离子热等方法。实验证明，水热/溶剂热合成是合成高稳定 MOFs 最常用的方法之一。它是指在密闭体系中，在一定的温度和压强下，物质在溶剂中进行化学反应的合成方法。通常是在不锈钢水热釜（内衬聚四氟乙烯）内进行。作为反应介质的水或者溶剂，在高温高压下其性质发生变化，如蒸汽压变高、黏度变低、表面张力变低、密度变低、离子积变高，从而改变反应物的反应性能和活性，加速复杂离子间的反应；同时，由于水热或溶剂热的等压、低温、过溶液条件以及易于调节的环境气氛下，有利于生长取向好、极少缺陷、完美的晶体，并且可以导致低价态、中间价态与特殊价态化合物的生成，并能均匀地进行掺杂。微波辅助溶剂热法是通过微波加热高速合成金属-有机配位聚合物的方法。与传统水热溶剂热合成方法相比，微波加热方法可以显著地缩短反应时间、提高产物的产率和纯度、控制晶体的尺寸和形状、同时具有良好的反应重现性和稳定的放大性。由于其不仅显著减少了反应时间，同时所生成的单晶产物适合 X 射线单晶衍射分析，并且还能够生成传统加热方式下无法得到的产物，证明微波辅助水/溶剂热法对于合成和开发新型金属-有机骨架化合物有着重大的意义，也越来越多地得到研究者的认可。

11.2.3　MOFs 材料的应用

　　由于 MOFs 材料的金属离子的多样性、有机配体的多样性和配位方式的多样性使得它的结构性质具有多样性；此外，又因为 MOFs 具有大孔径孔容、高比表面积等特点，使得金属-有机骨架化合物在分子识别、气体存储、荧光检测、磁性材料、分离和催化等方面具有潜在的应用前景。

（1）气体的储存与分离

寻找新能源，减少环境污染是当今社会人类面临的两大重要课题。氢气和甲烷被称为清洁能源，最有可能成为化石燃料的替代品，但由于它们是易燃易爆的气体，不便于储存和运输，需要我们寻找储气性能优良的材料来高效储放。此外，化石燃料燃烧及工业生产过程中将大量二氧化碳排放到空气中，导致全球变暖，严重威胁到人类的生存，二氧化碳的捕获及分离引起了广大科研工作者的研究兴趣。由于 MOFs 材料具有规则、有序的孔隙结构，且比表面积大，孔道易于功能化，表面与气体分子之间存在相互作用，使其与气体体相之间存在化学势差，形成推动力，气体分子可以脱离体相进入 MOFs 孔道表面，发生物理吸附甚至化学吸附，因此 MOFs 在气体储存及分离等领域具有广泛的应用前景。如图 11-4 是一些 MOFs 材料储气能力图[2]。对于储氢，MOF-5 在 77 K、101325 Pa 下的储氢量可达 4.5%（质量分数），与沸石或超高活性炭的吸氢能力相当；而 MOF-177 的储氢量达到了 7.5%（质量分数），MOF-210 和 NU-100 的储氢量甚至达到了 16%（质量分数）以上。但是，这些吸附数据均是在低温（77 K）条件下得到的，常温或接近常温时 MOFs 材料的储氢能力会大幅降低，仍需要科研工作者的不断努力。MOFs 对 CO_2 也具有良好的吸附能力，尤其是从混合气中（如 CO_2/N_2 和 CO_2/CH_4）选择吸附 CO_2，是较好的选择性吸附剂。例如，采用 MIL-101 柔性网络的"呼吸效应"，其孔道会随着压力的变化依次被打开，从而起到吸附分离 CO_2/CH_4 气体的作用[6,7]。

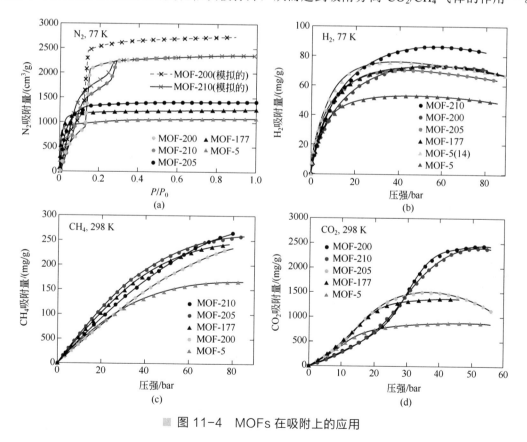

■ 图 11-4　MOFs 在吸附上的应用

Yaghi 小组开发的 ZIFs（沸石咪唑酯骨架结构材料），可以根据需要调节其孔径大小和化学性质，在 CO_2/N_2、CO_2/CH_4、CO_2/CO 显示出较好的吸附分离性能[7]。Cranston 等将 MOFs 嵌入在纤维素纳米晶气凝胶内，制备出具有多级孔结构的 MOFs-纤维素杂化材料，展现出良好的水吸附及分离效果[8]。

（2）催化

在 MOFs 材料兴起之初，广大研究者主要集中于开发新的 MOFs 晶体、新的拓扑结构，随着时间的推移，人们越来越重视材料在应用方面的发展，尤其是催化方面，关于 MOFs 催化方面的文献更是与日俱增[9]。根据 MOFs 材料起催化作用方式的不同，可以把它分为四个方面：①利用 MOFs 材料上的活性有机官能团位点进行催化；②利用 MOFs 材料上未饱和配位的活性金属离子位点进行催化；③将 MOFs 材料作为载体负载活性组分进行催化；④MOFs 材料的后合成修饰催化。

利用 MOFs 材料中有机配体上的活性官能团进行催化最早见于 Seo 小组在 2000 年刊于 Nature 杂志上的研究[10]。如图 11-5 所示，该研究除了是利用活性有机官能团进行催化反应之外，更是一篇关于手性催化的研究。研究将 Zn^{2+} 和手性有机配体进行自组装合成，得到具有手性结构的 MOF 晶体——D-POST-1。并将该材料运用于催化酯交换反应，但其催化活性却不尽如人意。2007 年 Kitagawa 课题组利用离子 Cd^{2+} 和同时具备酰胺基和吡啶基的三角配体进行反应合成了一例 MOF，并用于 Knoevenagel 缩合反应，由于配体中的酰胺基使得配体对客体分子有亲和性，并且形成有序规则的孔道，从而对反应物有很好的尺寸选择，使得小分子的丙二腈产率高达 98%，而大分子的腈类化合物最多只有 7%[11]。不饱和金属离子活性位催化这种催化方式多是利用 MOFs 中的不饱和金属的路易斯酸或碱进行催化。例如，Long 等合成了一个具有方钠石结构的 Mn-MOF，由于三维孔道表面具有两种不饱和配位方式的锰离子，他们以此为催化中心进行硅腈化反应和 Mukaiyama-Aldol 反应，结果表明这种材料是良好的 Lewis 酸型催化剂[12]。Kempe 等利用气相沉积的方法将 Pt 负载在 MOF-177 上进行催化苯乙醇氧化反应，表现了较好的催化活性[13]。而 Haruta 等通过固相研磨的方法将金颗粒分别负载在几种具有不同孔道的 MOFs 中，对比研究它们的苄醇催化氧化能力，结果表明这类催化剂即使在缺乏碱的情况下也有很好的催化能力[14]。Tang 等将 Pt 纳米颗粒像三明治一样夹在双壳层 MIL-101 中，用于 α,β-不饱和醛的加氢反应，通过调节 MIL-101 壳层的 Fe^{3+}、Cr^{3+} 含量，得到加氢选择性高达 97% 的 MOFs 催化剂，具有巨大的应用前景[15]。

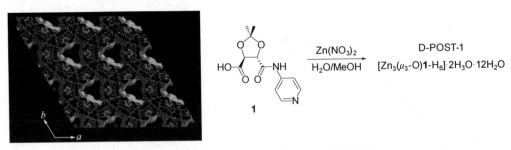

■ 图 11-5 D-POST-1 的合成及手性催化

（3）光学性能

由于特殊的结构，一些 MOFs 材料具有好的光学性能，主要表现在非线性光学材料、电致发光材料和荧光材料方面。非线性光学材料在光波的频率转换和光信号处理等方面具有广阔的应用前景。非线性光学性质是非中心对称固体所特有的光学现象。这就要求组成材料的分子本身是非中心对称或分子在材料中是非中心对称排列的[16]。具有非线性光学活性的金属-有机配位聚合物由于兼具无机、有机非线性光学材料两者的优点而引起各国科学家的普遍重视。林文斌小组和熊仁根小组等在这方面做了大量的工作[17]。如利用吡啶羧酸类配体成功地合成了一系列具有三维金刚烷网络结构的互穿配位聚合物。它们都具有很好的二阶非线性光学性质，有的 SGH 值比 KDP 高达 400 倍；采用水热法合成了一个 1D 的[ZnCl₂(HQA)]·2.5H₂O［HQA = 6-methoxyl-(8S,9R-cinchonan-9-ol-3carboxylic acid)］，显示出强大的倍频效应（SHG），大约是 KDP（KH₂PO₄）的 20 倍。这种良好的二次谐波反应归因于一个两性离子的一部分产生大的偶极矩（$\mu = qd$；q 是电荷，d 是距离）使得分子内存在电荷分离［图 11-6（a）］。除了非线性光学性质外，MOFs 在荧光性能方面的研究也较多，物质吸收了一定光能所产生的发光现象称为光致发光；而物质在一定电场激发下产生的发光现象称为电致发光。金属-有机配位聚合物发光主要分三类：基于电荷转移辐射跃迁的配合物发光、配体自身发光以及中心金属离子发光。例如，Liu 等在水热条件下合成了钕的 MOF，发现该化合物用于 Zn²⁺、Ca²⁺ 和 Mg²⁺ 的探测时发光增强，而用于 Ni²⁺、Co²⁺ 和 Mn²⁺ 等探测时荧光减弱或者猝灭［图 11-6（b）］。因此此化合物可以用于作为识别或者选择某些金属离子的荧光探针[18]。

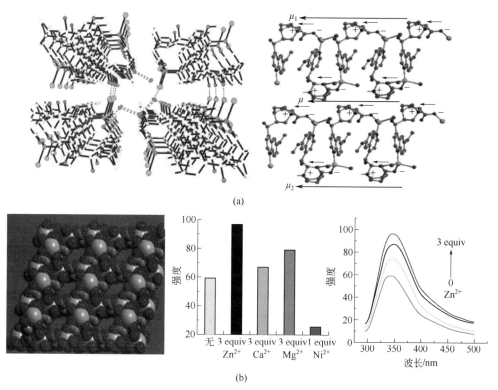

■ 图 11-6　（a）化合物的[ZnCl₂(HQA)]·2.5H₂O 的结构图和产生良好二次谐波的主要原因（μ 是总的偶极矩、μ_1 和 μ_2 是每个链的偶极矩）；（b）MOF 晶体结构和对不同金属离子的荧光响应

（4）磁学性能

近年来，MOFs 的磁性研究是当前分子磁学和分子磁体设计领域中的一个重要内容[19]。分子磁性材料比传统的无机化合物更具有优势，如透明性好、密度低以及合成方法简单等。

金属-有机配合聚合物的分子磁体主要包括草胺酸类、草酸根类、草酰胺类、氰根类、二肟类以及叠氮类等几种类型。

MOFs 作为一种新型多孔功能材料近年来得到了人们的广泛关注，但要使 MOFs 真正作为材料进行应用还需克服许多困难。例如合成方法优化、材料结构强度、水热稳定性较低、不便于加工使用等。虽然距离实际应用还有一定距离，但对这一方向的探索是为后续的发展积累宝贵经验，相信其在未来人类的生产生活中将会发挥出重要的作用。

<h1>11.3 共价有机框架材料</h1>

11.3.1　COFs 材料的特点及性质

前文提到的 MOFs 材料是通过金属与有机配体形成配位键构筑的孔状材料，骨架容易发生塌陷，在一定程度上限制了它的应用。为克服 MOFs 材料不够稳定的缺点，人们正在努力寻找开发一类通过共价键结合的晶态孔材料，共价有机框架材料（covalent-organic frameworks, COFs）应运而生。COFs 是有机前体通过一定的有机构筑合成理论共价键结合形成的晶型多孔材料，相比 MOFs 材料，这类框架孔材料更稳定，也更容易被功能化，因此也引起了科学家的广泛关注。COFs 材料是一类新型的有机晶态多孔材料。它结构规整，具有固定的连接方式，由有机前体通过共价键连接，具有和无机分子筛相似的性质，常被称为"有机分子筛"。通过对有机单体的选择及修饰，不但可以实现对 COFs 材料拓扑结构的可控性，还能对 COFs 材料的孔径进行调节。目前报道的用于合成 COFs 材料的有机单体种类繁多，连接方式多样，在合成选择上具有较大的灵活性，按照形成 COFs 材料的反应类型通常可将其分成三类：含硼类、亚胺类和氰基自聚类。

2005 年，Yaghi 小组首次报道了 1,4-对苯二硼酸通过自身或与酚脱水聚合，合成了两例共价有机框架材料 COF-1 和 COF-5[20]。如图 11-7 所示，该材料结构规整，为层与层交错排列的 gra 结构，孔径大小分别为 1.5 nm 和 2.7 nm，比表面积为 711 m^2/g 和 1590 m^2/g，并且具有较高的化学稳定性与热稳定性，不溶于常见的有机溶剂，在 600 ℃ 仍能保持其晶态结构。接着他们又以四面体硼酸及其含硅类似物脱水缩合成了两种结构不同的三维 COFs 材料，分别命名为 COF-102 和 COF-103（图 11-8）[21]。他们均为 ctn 拓扑结构，孔径 1.2 nm，比表面分别达到了 3472 m^2/g 和 4210 m^2/g，是目前报道的比表面较大的 COFs 材料。2008 年，他们又报道了四面体硼酸与硅醇脱水缩合形成硼酸酯的方法合成了 COF-202（图 11-9）[22]。PXRD 表征显示 COF-202 的拓扑结构为三维笼状结构，具有 2690 m^2/g 的比表面积和 1.1 nm 孔径。加热到 450 ℃ 材料仍能保持原有结构，具有较好的热稳定性。这些材料在气体储存、光电和催化领域均具有潜在的应用价值。

2012 年，郑企雨教授采用杯芳烃酚与 1,4-对苯二硼酸脱水缩合形成硼酸酯的方法合成了 CTC-COF，并研究了该材料在储氢方面的应用[23]。该材料孔径为 2.26 nm，BET 比表面积 1710 m^2/g，77 K 时储氢量可达 1.21%（质量分数）。将杯芳烃引入 COFs 材料的合成中，拓宽了 COFs 材料有机前体的选择范围。受此启发，人们可选择与大环分子、杯芳烃分子相匹配的前体，设计合成结构新颖、比表面积更大、更易功能化的 COFs 材料。以上都是通过硼酸与对应的多元酚脱水缩合形成硼酸酯的方法合成 COFs 材料，但是多元酚类化合

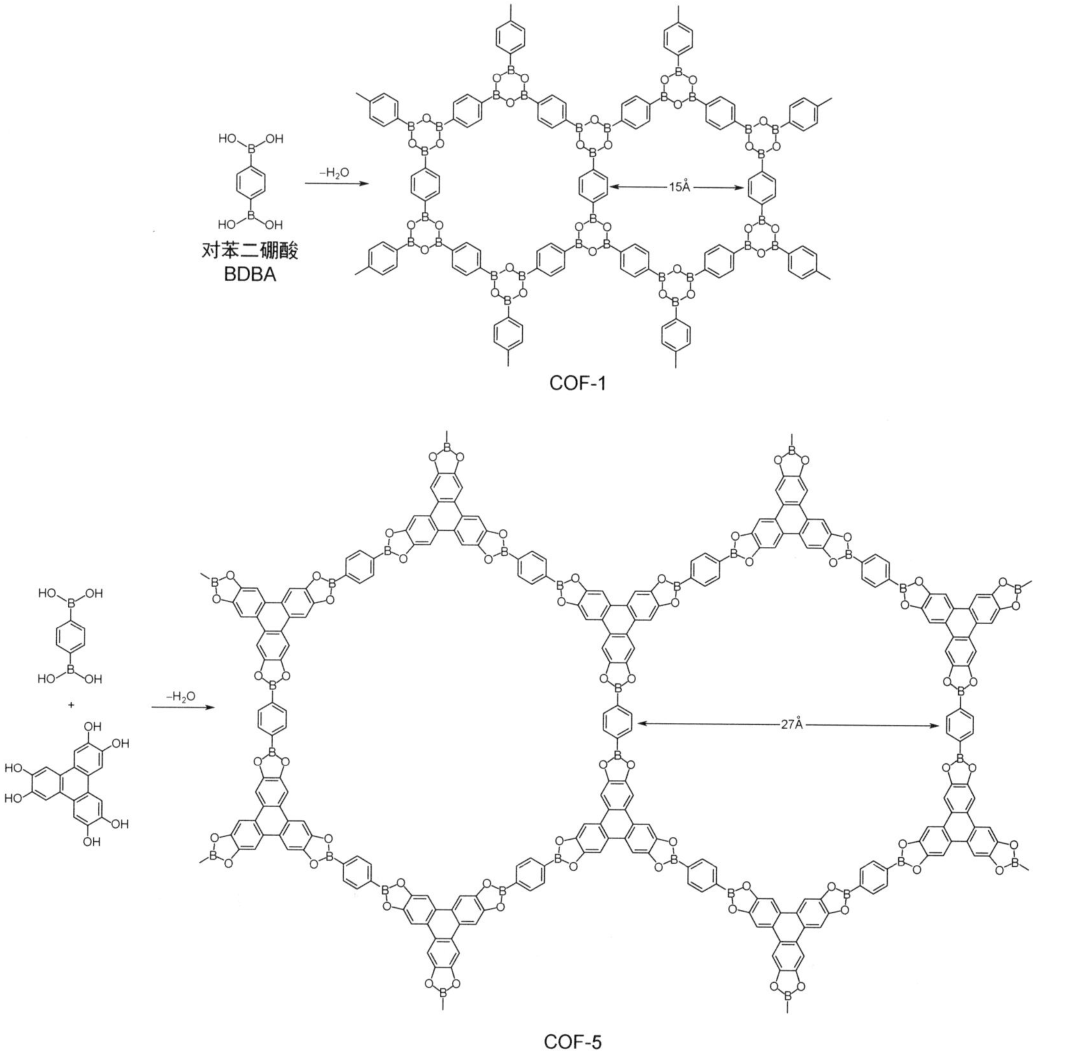
HO B OH
HO B OH
对苯二硼酸
BDBA
$-H_2O$
15Å
COF-1
HO B OH
HO B OH
+
OH
OH
HO
HO
OH
OH
$-H_2O$
27Å
COF-5

图 11-7 COF-1 与 COF-5 的合成

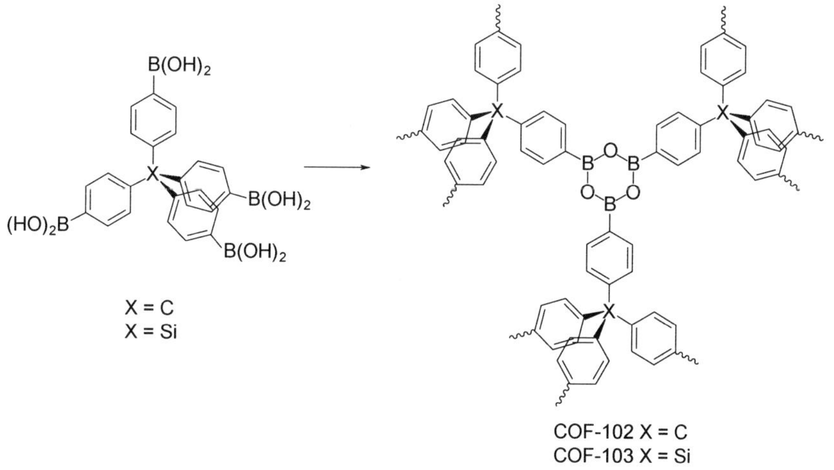
$B(OH)_2$
$(HO)_2B$
$B(OH)_2$
$B(OH)_2$
X = C
X = Si
COF-102 X = C
COF-103 X = Si

图 11-8 四面体硼酸自身脱水缩合形成 COF-102 和 COF-103

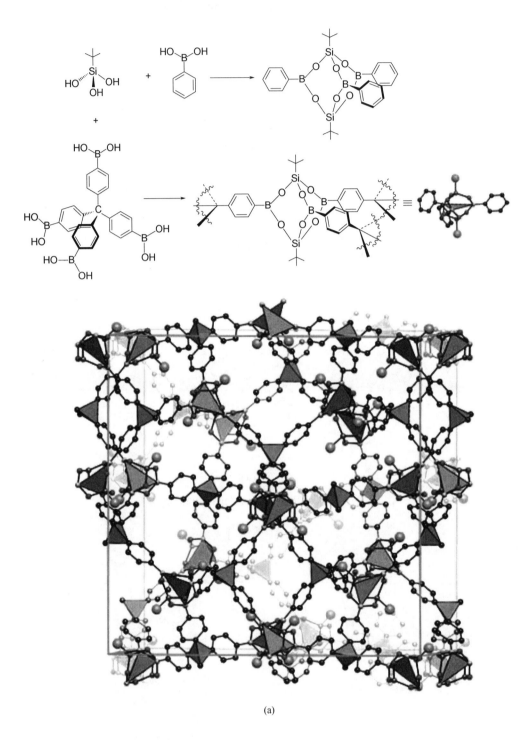

(a)

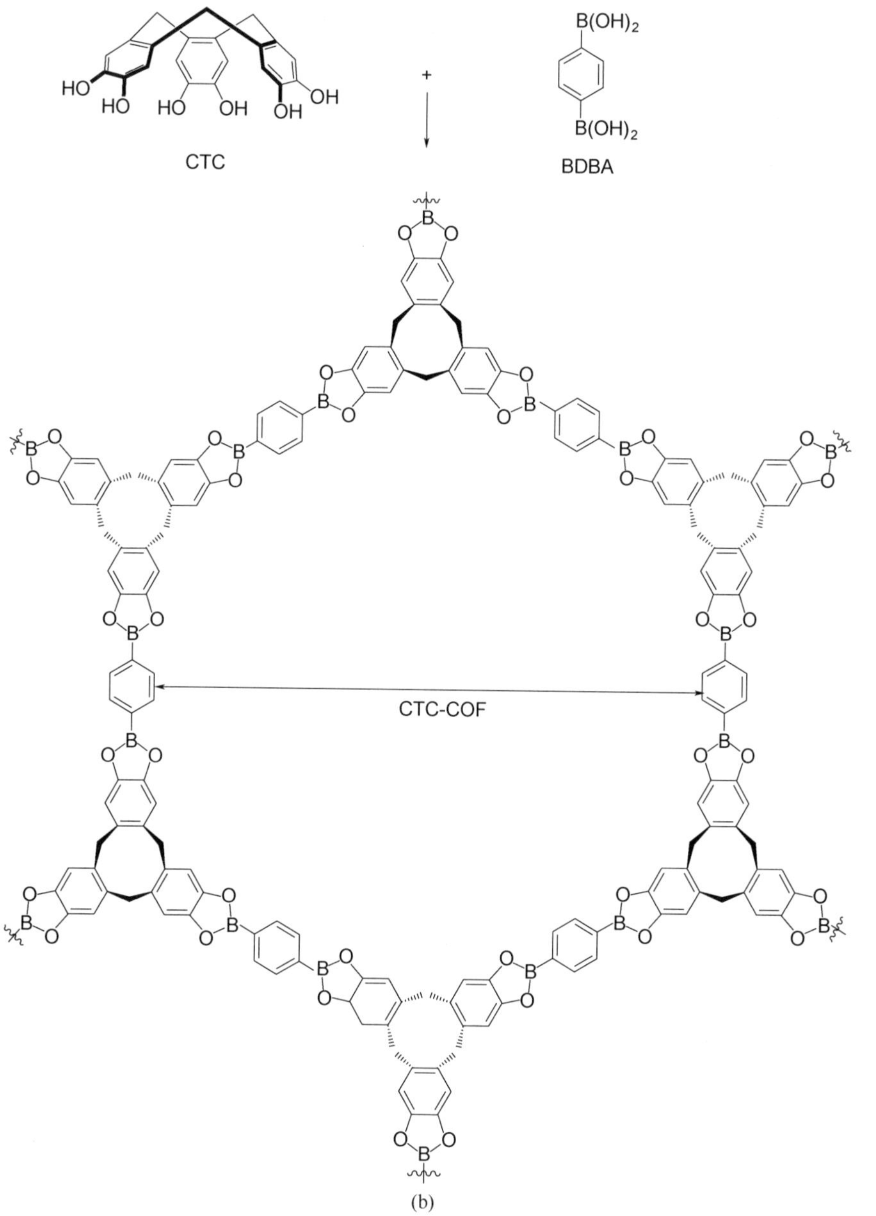

■ 图 11-9 （a）四面体硼酸与硅醇脱水缩合形成 COF-202；（b）杯芳烃与
对苯二硼酸缩合形成 CTC-COF

物在常见的有机溶剂中溶解度低，且在空气中极不稳定，易被氧化。2010 年 Dichtel 小组通过对多个羟基保护，不仅提高了多元酚类化合物的溶解度，且提高了其稳定性，在路易斯酸 $BF_3 \cdot OEt_2$ 的催化作用下，合成了 Pc-PBBA COF 材料，比表面积为 450 m^2/g，孔径为 2.0 nm[24]。这种材料属于酞菁类化合物，具有刚性骨架且存在大的共轭体系，在光电方面具有一定的潜在应用。

2009 年，Yaghi 小组报道了胺醛缩合合成 COF-300 的方法[25]。这种靠亚胺键连接的 COFs 材料与硼酸类 COFs 材料相比结构更加稳定，具有金刚石结构，加热到 490 ℃ 材料结构仍能够保持，且在水及常见的有机溶剂中均不分解，表现出较高的热稳定性和化学稳定性。这种连接方式从根本上解决了硼酸类 COFs 材料易于分解的缺点，具有巨大的应用前景。

　　2008 年 Thomas 小组首次报道了在离子热条件下，通过氰基自聚的方法合成 COFs 材料[26]。有机前体为 1,4-二氰基苯，产物命名为 CTF-1，比表面积为 791 m^2/g，孔径 1.2 nm，PXRD 表征显示，该材料为层与层平行排列的二维晶型材料。接着他们又用 2,6-二氰基萘为前体，合成了孔径更大（2.0 nm）的 CTF-2（图 11-10），进一步证实了通过氰基自聚的方法可以合成结构规整的 COFs 材料[27]。但是，这种离子热的合成方法反应条件剧烈，合成过程难以控制，对前体的稳定性要求较高。还需人们进一步探索优化合成条件，使得氰基前体能在较温和的条件下合成 COFs 材料。

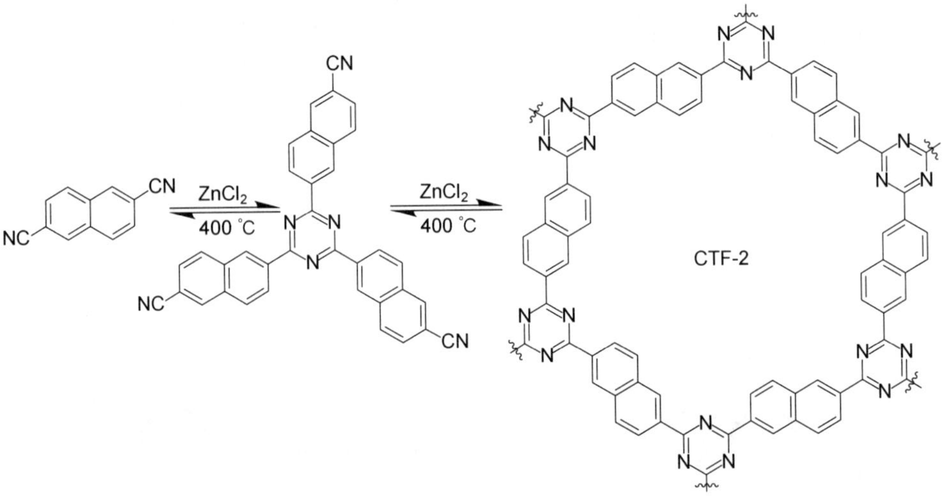

■ 图 11-10　离子热条件下合成 CTF-2

11.3.2　COFs 的构建策略与设计合成

　　如图 11-11 所示，大多数有机反应是受动力学控制的，即反应过程中过渡态的自由能级差决定了产物的构成。这种反应的不可逆性决定了一旦生成特定产物，就不会再转化成反应物或其他产物。因此，利用动力学控制的不可逆有机聚合反应通常很难得到结晶性聚合物。与之不同，在受热力学控制的反应中，不同产物的最终稳定性决定了产物的构成，动态共价键可发生断裂、转化、再生等一系列动态平衡，因此被称为动态共价化学（dynamic covalent chemistry, DCC）[28]。在 DCC 反应过程中，可实现"错误校验"和"自修复"功能，最终生成热力学较稳定的系统，因此非常适合制备由共价键连接形成的 COFs。从能量角度而言，与有序层状结构堆积形成的 COFs 框架相比，低聚物具有更高的热力学稳定性；从结晶学角度看，COFs 的生长伴随着结晶过程，而 DCC 反应的"错误校验"和"自修复"特性可有效减少、修复 COFs 框架结构中的缺陷，进而形成长程有序的晶态结构[29]。利用 DCC 反应，可以成功制备出结晶性的 COFs 材料。如利用苯硼酸与邻苯二酚之间的可逆共缩聚形成硼酸酯五元环或 3 个硼酸基团自缩聚形成硼氧烃六元环可逆反应，可制备一系列具有不同晶体框架结构及孔径大小可调的 COFs[20]。

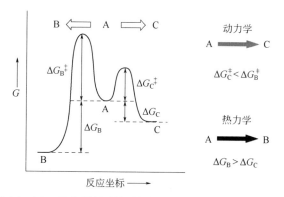

图 11-11　动力学控制与热力学控制反应的吉布斯自由能

　　具体 COFs 材料的设计合成主要包括以下三个方面：a. 拓扑结构的设计；b. 孔径、孔道的设计；c. 材料的功能化。COFs 是一类具有长程有序的周期性阵列结构结晶聚合物，通过拓扑学预先设计，可以采用具有不同几何构型单体单元之间的聚合反应得到想要的 COFs 结构。如图 11-12 所示，六边形网状二维 COFs 可通过 C_2 构筑单元的自缩聚、2D-C_2 与 2D-C_3 构筑单元的共缩聚或两种 C_2 构筑单元的共缩聚反应制备；四边形网状二维 COFs 可通过 C_2 和 C_4 构筑单元的共缩聚反应来合成；利用 2D-C_2 与 3D-T_d 构筑单元的共缩聚、2D-C_3 与 3D-T_d 构筑单元的共缩聚或 3D-T_d 构筑单元的自缩聚可合成三维 COFs[29,30]。COFs 不仅在拓扑结构上具有良好的设计性，孔径大小也具有一定的可调性。如通过改变前体的长度或对其修饰控制 COFs 的孔径。如图 11-13 所示，选择的前体越长，得到 COFs 材料的孔径越大，反之亦然。另外，要避免 COFs 的自穿插现象，从而堵塞孔道[31]。Lavigne 课题组则对前体 1,2,4,5-四羟基苯进行烷基修饰，设计合成了不同长度的烷基取代前体，制备了一系列不同孔径的 COFs[31]。通过多相配体交换，可以实现从一种 COF 到另一种 COF 的转换。2017 年，Zhao 等采用此法构筑了一系列同时拥有 3 种不同孔道的 COFs 材料，为 COFs 的合成策略拓展了新的思路[32]。

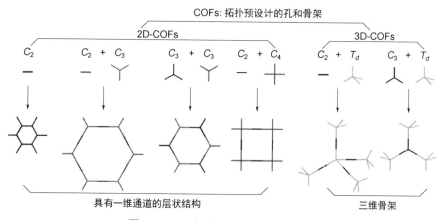

图 11-12　拓扑预测设计合成 COFs

　　目前，已报道合成 COFs 材料的方法主要有溶剂热合成、加热回流合成、离子热合成、微波合成与表面控制法合成。大多数 COFs 材料都是通过溶剂热合成的[33]。即将反应前体置入具有一定压力的封闭反应管中，在一定温度、一定压力下加热数天，得到 COFs 晶态材料。反应体系中的溶剂、温度、压力及酸度对 COFs 材料的合成具有较大的影响，实验证明，通

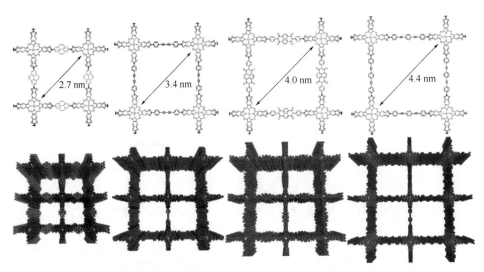

■ 图 11-13　不同长度的前体合成具有不同孔径的 COFs 材料

过调节各种反应条件，可以实现对 COFs 材料的宏观结构调控和孔参数调控[34]。2006 年 Lavige 小组发展了一种新的合成 COFs 材料的方法，将反应前体置入溶剂中常压加热回流合成了数种 MOFs 材料。这种方法与溶剂热法相比，在合成过程中不需要封管，操作简单，但这种方法并未得到普遍应用，有待进一步优化[35]。2008 年 Thomas 采用离子热的方法通过 1,4-二氰基苯自身缩合得到了晶态材料 CTF-1[26]。这种方法与溶剂热法相比，反应条件苛刻，难以控制，对前体的热稳定性要求很高，到目前也仅有几例有关此合成方法的文献报道。微波加热法能够提高反应速率和产率，被广泛应用于材料的合成。通过微波法合成 COFs 材料的例子也有报道，如 Cooper 用微波加热的方法 20 min 就合成了 COF-5 和 COF-102，速率是以前报道的 200 倍，并且合成的 COF-5 比表面积（2019 m^2/g）要大于溶剂热法合成的比表面积（1590 m^2/g）[36]。微波合成法相对于溶剂热法简单快捷，有望在工业上实现大规模应用。2008 年 Abel 首次报道了表面控制法合成 COFs 材料。合成过程为：在高温真空条件下将前体升华到银的表面，形成 COFs 材料。该合成方法迅速引起了人们的极大关注，研究发现基底对 COFs 材料的合成起到重要作用，当以 Cu(111) 和 Ag(110) 作为基底时能够得到有序的二维 COFs 材料，但以石墨(001)为基底时得到的是无定形材料。这是因为在金属基底上，碳-溴化学键发生均裂，金属基底对解离的溴原子进行化学吸附，促进均裂反应的进行，形成有序晶态 COFs 材料。而石墨基底却对溴原子无强相互作用，导致均裂反应无法进行，倾向于形成光聚合物[37]。

11.3.3　COFs 的应用开发

　　由于 COFs 骨架中包含有序堆积的功能性构筑单元和周期性孔道阵列，因此 COFs 材料具有很多特有的气体吸附、催化及光电性能。开发操作简单、条件温和及通用的功能化策略是进一步 COFs 实际应用开发的先决条件。

（1）功能化

　　人们普遍采用的构筑功能性 COFs 方法是直接的自下而上策略，即功能性的结构单元直接通过共价键组装在周期性的 COFs 骨架中。这种合成策略具有制备过程简单、稳定性高、功能单元均匀分散且有序排列等特点。在自下而上的功能化 COFs 设计策略中，材料的结晶性与多孔性需要同时满足功能性的要求。为达到这个目的，在设计结晶性 COFs 时需综合考虑结构单元的反应活性、刚性、平面构型及功能性。例如卟啉是一类具有 18 个离域电子的高度共轭大 π 体系，它具有良好的光电性能。2012 年，江东林首次利用具有不同内核金属的卟啉单元制备了一系列二维 COFs，展现出了不同的光电特性（图 11-14）。这类 COFs 能够提供两种导电通道：相邻分子层中的卟啉环负责空穴传导，相邻的内核金属负责电子传导，层状堆积结构中的相邻内核金属在形成导电通道与决定载流子迁移率两个方面均发挥重要作用。2012 年 Dichtel 小组利用"monomer-truncation"策略（切得四面体前体的一端接入功能化基团）实现了 COF-102 的功能化，虽然这种策略只在 COFs 材料中引入了烷基，但却为 COFs 的进一步功能化提供了可能，通过这种方法可将其他功能化基团引入到 COFs 材料中，合成具有一定特定功能的 COFs，拓展其应用领域。2011 年江东林小组通过 postmodification（后修饰）策略对 COFs 进行功能化，在 COF-5 的前体中引入叠氮基团作为活性位点，再通过经典的 Click 反应将不同官能团接入到 COFs 骨架上。通过此方法，不但可以合成各种功能化的 COFs 材料，而且可以通过调节活性基团的比例实现对 COFs 孔径及比表面积的调控（图 11-15）[38]。2017 年 Ding 小组开发了 salen 基的 COFs 材料，通过键合不同的过渡金属催化亨利（Henry）反应，展现了良好的催化效果[39]。

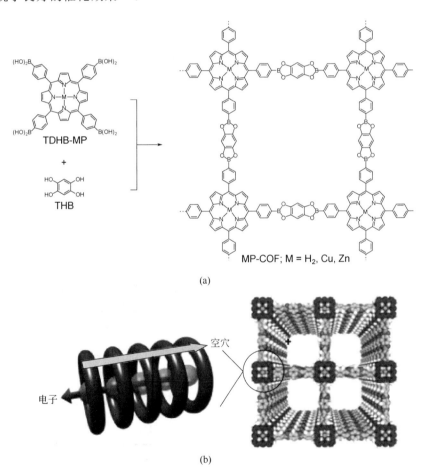

(a)

(b)

■ 图 11-14　（a）卟啉 COFs 的合成示意图；（b）载流子在 2D 金属卟啉 COFs 框架中的传导示意图

不同长度的前体合成具有不同孔径的 COFs 材料

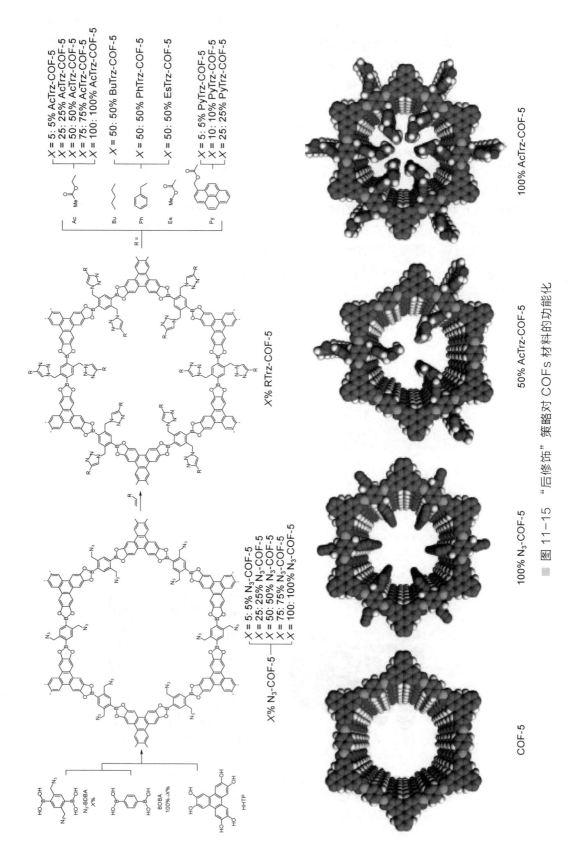

图 11-15 "后修饰"策略对 COFs 材料的功能化

（2）储气分离

由于 COFs 是基于 C、H、N、O 等轻质元素通过强共价键连接而成的多孔材料，具有很高的比表面积和较大的孔体积。迄今，科研工作者已广泛研究了 COFs 对氢气、甲烷、二氧化碳等气体的吸附、存储与分离能力。COFs 对气体的存储能力主要取决于其比表面积、孔体积、孔径大小及孔道内壁的化学环境等因素[40]。一般认为，COFs 的比表面积与孔体积越大，其气体吸附能力越强，但孔径大小与气体分子的匹配性也非常重要，例如对于氢气吸附孔径介于 0.7~1.2 nm 之间的 COFs 具有更高的吸附量；另外，COFs 孔道内壁特定的化学环境对气体的吸附与分离也起到了重要作用，因为这涉及特定的化学吸附作用，例如氨基及强极性基团能够明显增强对 CO_2 的吸附，而孔道内锂离子的存在能有效地增加 COFs 的吸氢能力；最后，COFs 的结构对气体吸附也影响巨大，三维 COFs 比二维 COFs 具有更高的孔体积、比表面积及较疏松的堆积结构，在气体吸附与储存方面具有明显优势。但是，尽管 COFs 材料在储气材料方面已经取得了一定的成果，但还不能满足人们对各种气体存储量的要求，还需人们不断实验、不断探索，来提高它们的储气性能。

氨作为一种重要的化工原料，常被压缩为液体运输。液氨的腐蚀性较强而且毒性较大，对存储液氨容器的要求较高，给存储及运输带来了困难，所以寻找合适的材料储存氨气是当务之急。硼酸类 COFs 材料不仅具有规整的结构，而且含有大量的酸性位，可与路易斯碱发生相互作用，应是非常好的储氨材料。2010 年 Yaghi 报道了利用 COF-10 来储存氨，得到了良好的效果，吸附量为 15 mol/kg（298 K，1 bar），高于先前报道的 13X 分子筛（9 mol/kg）、大孔树脂（11 mol/kg）和介孔硅 MCM-41（7.9 mol/kg）对于氨的吸附量，COF-10 不仅吸附量大，而且在经历三次吸脱附循环后吸附量只降低了 4.5%，该 COFs 材料可以得到循环利用，具有较好的应用前景。

（3）催化应用

COFs 材料可控的有序孔道结构有利于物质的传输，不同的功能基团为实现不同类型的催化反应提供不同的催化位点，并且有序的规则孔道可提供一定的择形选择性。2015 年，Banerjee 等通过 Knoevenagel 缩合反应成功制备亚胺键连接的双官能团（酸和底物）催化位点的 COFs 材料，催化苯亚甲基苯二腈反应 1 h 产率可达 90%以上[41]。2017 年，崔勇课题组合成了一例手性具有高水热稳定性的 COF 材料，将其应用于非对称催化反应如 Diels-Alder 反应和烯烃环氧化反应，具有良好的催化效果及 ee 值[42]。

11.4　共轭微孔聚合物

11.4.1　CMPs 的结构特点

在研究多孔有机骨架材料的过程中，人们发现炔基作为骨架连接体，既具有苯环的刚性和芳香性，又具有线性方向性。由于炔基具有更小的体积，从而具有更大的比表面积和吸附效率，因此开始被广泛用于设计合成 MOFs 等多孔有机骨架。2007 年，Cooper 等在此基础上发展出了共轭微孔聚合物（conjugated microporous polymers，CMPs），它是一类具有微孔 π-共轭骨架的三维共轭聚合物，这类材料比表面积大，孔隙率高，孔容积大，在气体吸附、存储、选择分离和催化等方面表现出潜在的应用价值，其共轭性能也可应用于光电领域，而且

CMPs 材料的热稳定性和化学稳定性也较好，使它的应用范围更加广泛[43]。

11.4.2　CMPs 的设计合成及应用

从分子设计的角度来看，CMPs 的最典型特征是具有相当广泛的 π-共轭单元。构筑单元可以从简单的苯环拓展到芳烃、杂环芳香化合物甚至大环化合物。由于在尺寸、几何构型和官能团上没有限制，可以通过改变构筑单元系统设计 CMPs 的结构，从而改变其共轭多孔性，调节其结构与性质。从合成的角度来看，多种有机化学反应如 Yamamoto 偶联、Suzuki 交叉偶联、氧化偶联、席夫碱反应、环三聚反应和 Friedel-Crafts 芳基化反应都可有效制备 CMPs。构筑单元的多样性结合多种合成反应类型，为合成新型 CMPs 材料提供了广泛空间。

和其他多孔材料类似，CMPs 的多孔性也可通过使用不同的构筑单元进行有效调控。如图 11-16 所示，由苯环和炔基构成的 CMP-0、CMP-1、CMP-2、CMP-3 和 CMP-5 具有相似的结构，但通过改变连接点的长度可有效地改变其性能[44]。由于 CMP-5 具有最长的构筑单元，显示出最高的骨架柔性，因此越容易与附近的结构相互作用增加堆积密度和范德华力，所以 CMP-5 反而具有最小的比表面积。合成条件也影响着 CMPs 的多孔性能，如 CMP-n 系列可

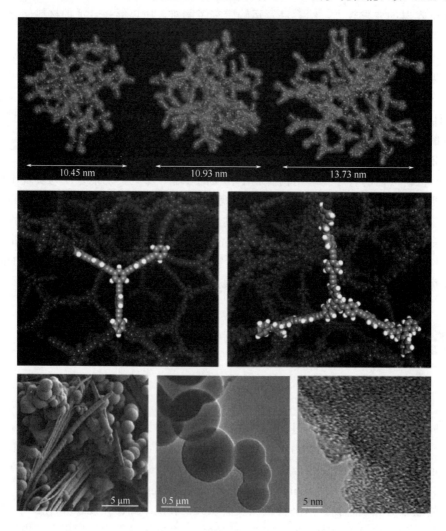

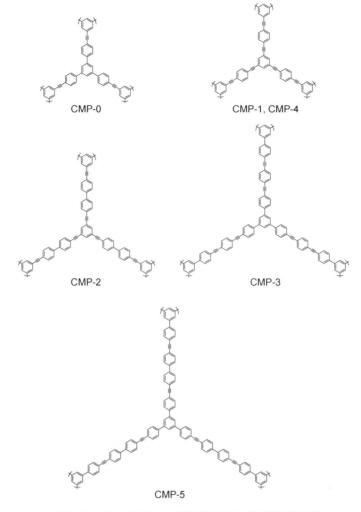

CMP-0

CMP-1, CMP-4

CMP-2

CMP-3

CMP-5

■ 图 11-16　CMP-n材料的结构及其多孔性调节

以在不同的溶剂中合成出来，当溶剂为甲苯时，聚合所得的 CMP-1 材料表面积为 247 m^2/g，而在 DMF 中聚合得到的 CMP-1 材料的表面积达到了 967 m^2/g，同时表面积越低的结构显示出越多的介孔，而 DMF 中的聚合产物显示出典型的 I 型吸附等温线。通过构筑单元功能化策略也能改变 CMPs 的性质。如通过改变嵌入的官能团羟基、氨基、硝基、甲氧基、三氟甲基等可以改变材料的亲水性和疏水性、吸附 CO_2 的能力等。而后合成修饰策略在 CMPs 的应用也可以改变 CMPs 的各种性质，如采用次技术首次合成带有氨基的 CMP 结构，紧接着与醛反应得到含有脒官能团的骨架，这对于基于强、弱相互作用的气体吸附十分重要。

　　由于 CMPs 材料具有高度多孔性、拓展的 π-共轭骨架和合成多样性，使它在气体吸附、催化和光电等方面具有广泛的应用空间。①高度的多孔性及孔壁功能化为气体吸附提供了可能。如具有缺电子三嗪节点的 TNCMP-2，由于与 CO_2 分子强的相互作用显示出很高的 CO_2 吸附量[45]，并且通过引入羧基、羟基或氨基等官能团和后修饰策略等提高气体的吸附焓。②Chen 等研究与金属卟啉关联的共轭微孔聚合物 FeP-CMP 的合成及催化性能，由于其分子内部特殊的共价键连接方式使其能够长久保持多孔结构。在常温常压下将硫化物氧化为亚砜的一类反应中保持高效的催化活性，反应选择性及转化率均达到了 99%[46]。Ding 课题组采用一系列包含炔键的吡啶类配体合成 CMPs 材料，并系统地研究了其负载钯用于催化氧化 Heck 反应[47]。③高度共轭的骨架结构使 CMPs 具有较好的荧光性质，在化学传感、光捕获传感器和聚合物发光二极管等领域中也有潜在应用[48]。④由于它们具有合适的孔道和导电性，在超级电容器装置也显示出一定的应用潜能。

尽管相对于其他材料，CMPs 显示出一定的优势，如不像 COFs 一样需要可逆的反应来形成结晶网络，也不像 PIMs 一样需要扭曲的单体，然而 CMPs 也受到一定的限制。例如，合成过程通常使用过渡金属如钯或者镍作为催化剂，增加了成本，限制了它们的规模化生产。并且很多单体，尤其是形成高度多孔性的四面体单体通常价格昂贵。另一方面尽管已经报道可溶解的 CMPs，但是目前报道的 CMPs 多是不可溶的粉末状固体，这就限制了其可加工可塑造性。这些都是 CMPs 材料目前面临的挑战和今后的发展方向。

11.5　多孔芳香骨架材料

11.5.1　PAFs 的性质特点

早在 2005 年，人们就开始了多孔芳香骨架材料（porous aromatic frameworks, PAFs）的初步探索。通过理论计算发现，以共价键连接芳香基元，含有不同数目取代的苯环构筑而成的三维金刚石 dia 拓扑结构材料将具有超大的比表面积。裘式纶课题组以四溴四苯甲烷为单体合成的多孔芳香骨架材料 PAF-1，比表面积达到了 5600 m^2/g，40 atm（$4.05×10^6$ Pa）下，CO_2 的吸附量可达 1300 mg/g，并且它对有机蒸汽如苯、甲苯等也具有良好的吸附性质[49]。该材料为无定形结构，它成功地打破了传统的只有高结晶型材料才拥有高比表面积的推论。另外，该类材料具有超常的耐酸、耐碱、耐有机溶剂及高热稳定性能，这使得它们可以应用到其他的苛刻环境中，并可承受剧烈的后修饰过程对其进一步改性。经过近十年的发展，PAFs 材料在气体的吸附与分离、吸附有机污染物、催化、电化学与电池领域展示出了巨大的潜能。

11.5.2　PAFs 的合成及应用

多种有机反应路径如 Yamamoto 型 Ullmann 偶联、Suzuki 偶联和 Ionothermal 等反应均可被用于合成 PAFs。例如，以 Ni 或 Pd 为催化剂，采用卤代单体和酚类单体通过 Yamamoto 型 Ullmann 偶联反应合成的 JUC-Z1，具有分子筛型的 LTA 拓扑结构，它是连接分子筛与多孔芳香骨架材料的桥梁，为功能化分子筛型 PAFs 材料提供了设计思路。目前，许多 PAFs 均是通过此反应得到的。尽管 Yamamoto 型 Ullmann 偶联对于合成 PAFs 具有先天优势，但苛刻的合成条件以及昂贵的催化剂限制了其大规模合成，迫使人们进一步寻求其他的合成方法。PAF-11 是以二硼酸作为连接点，四(4-溴苯)甲烷作为四面体构筑单元，采用 Suzuki 偶联反应得到的多孔芳香骨架材料。这种以 Suzuki 偶联反应合成 PAFs 的方法避免了昂贵催化剂的使用，且反应过程不受水影响，但不如 Yamamoto 型 Ullmann 偶联反应高效，通常其实际比表面积相对模拟结果而言较低。离子热反应也能用来合成 PAFs，利用无水 $ZnCl_2$ 和四(4-氰基苯)甲烷在高温下反应得到的多孔芳香骨架 PAF-2，结构中四苯甲烷和 C_3N_3 环通过共价键连接形成三维的开放骨架网络，比表面积达到 1109 m^2/g，且表现出较高的稳定性。Friedel-Crafts 烷基化反应也被成功地应用于合成 PAFs。选择四苯基甲烷和它的氨基及羟基衍生物为构筑单元，在 $FeCl_3$ 的催化作用下得到的 PAF-32，显示出双模型孔分布，并且由于氨基和羟基等官能团的引入，显示出提高的 CO_2 吸附能力。

（1）储气分离

PAFs 由于其超高的比表面积和优异的物理化学稳定性，在气体吸附与分离领域显示出明显的优势[50]。PAF-1 在 77 K、48 bar（4.8 MPa）的条件下显示出高达 7.0%（质量分数）的过量 H_2 吸附，相当于 10.7%（质量分数）的绝对吸附量。高压 CO_2 吸附结果显示在室温，40 bar（4 MPa）下 CO_2 吸附量高达 1300 mg/g。虽然具有更高比表面积和更高气体吸附量的 MOFs 已经被合成报道，但是 MOFs 骨架弱的配位键使得它们在剧烈条件下非常不稳定，长期储存和循环使用能力无法与 PAFs 相媲美。

（2）吸附污染物

除了清洁气体储存和碳捕获，多孔芳香骨架的另一个重要应用是吸附有机污染物。和其他多孔材料如分子筛和金属有机骨架不同，PAFs 基本上是由疏水性苯环构成，因此对于吸附有机污染物十分有利。在 298 K 下，PAF-1 可以吸附 1306 mg/g 苯和 357 mg/g 甲苯，这些值是目前报道的多孔材料中最高的。2017 年，Ma 课题组采用偕胺肟功能化的 PAF-1 吸附水中痕量的铀离子，吸附能力达到 300 mg/g，在 90 min 之内就能把含量 4.1 μg/mL 的铀酰水溶液降到 1.0 μg/L 以下[51]。

尽管 PAFs 在设计合成及应用中都取得了巨大的进展，但是在其得到实际应用之前仍有一些问题需要解决。首先，对于 PAFs 的合成，Yamamoto 型 Ullmann 偶联反应是目前最有效的手段，但是高的成本和苛刻的合成条件限制了其规模化制备；其次，目前研究的气体吸附与存储多在低温下，不能够满足具体过程中的需求，向骨架中嵌入新型有用的官能团是提高气体分子与骨架之间相互作用的有效方法，但是仍然具有挑战性；最后，目前报道的大部分多孔芳香骨架导电率都很低，从而限制了其在电容器和电池领域的应用，因此发展导电的多孔芳香骨架是这一领域发展的另一个方向。

11.6 展望

作为多孔材料家族的新成员，多孔有机材料已成为固态材料领域的研究热点。有靶向性的发展定向设计及合成方法，进一步凝练结构与性质之间的关系，探索多孔有机材料在气体贮存与分离、催化、光电、主客体组装等方面的应用，逐渐成为多孔有机材料的主要研究方向。特别是在多相催化领域，多孔有机材料展现出其独特的优势，如：①相互贯通的孔道结构和高的比表面积有利于底物的传质和底物与催化活性位点的结合；②有机材料的疏水性可以在水相条件下实现催化反应，符合"绿色催化"的特点；③材料的结构特点有利于提高催化过程中的立体选择性。这将使多孔有机材料具有更广泛的应用前景。

参 考 文 献

[1] Zhou, H. C.; Long, J. R.; et al. *Chem. Rev.*, **2012**, *112*, 673.

[2] Furukawa, H.; Ko, N.; et al. *Science*, **2010**, *329*, 424.

[3] Ferey, G.; Mellot-Draznieks, C.; et al. *Science*, **2005**, *309*, 2040.

[4] (a) Eddaoudi, M.; Kim, J.; et al. *Science*, **2002**, *295*, 469. (b)Yaghi, O. M.; O'Keeffe, M.; et al. *Nature*, **2003**, *423*, 705.

[5] Tranchemontagne, D. J. L.; Ni, Z.; et al. *Angew. Chem. Int. Ed.*, **2008**, *47*, 5136.

[6] Couck, S.; Denayer, J. F. M.; et al. *J. Am. Chem. Soc.,* **2009,** *131,* 6326.

[7] Wang, B.; Cote, A. P.; et al. *Nature,* **2008,** *453,* 207.

[8] Zhu, H.; Yang, X.; et al. *Adv. Mater.,* **2016,** *28,* 7652.

[9] Rogge, S. M. J.; Bavykina, A.; et al. *Chem. Soc. Rev.,* **2017,** *46,* 3134.

[10] Seo, J. S.; Whang, D.; et al. *Nature,* **2000,** *404,* 982.

[11] Hasegawa, S.; Horike, S.; et al. *J. Am. Chem. Soc.,* **2007,** *129,* 2607.

[12] Horike, S.; Dinca, M.; et al. *J. Am. Chem. Soc.,* **2008,** *130,* 5854.

[13] Proch, S.; Herrmannsdorfer, J.; et al. *Chem Eur. J.,* **2008,** *14,* 8204.

[14] Ishida, T.; Nagaoka, M.; et al. *Chem Eur. J.,* **2008,** *14,* 8456.

[15] Zhao, M.; Yuan, K.; et al. *Nature.,* **2016,** *539,* 76.

[16] Evans, O. R.; Lin, W. B., *Chem. Mater.,* **2001,** *13,* 2705.

[17] (a) Evans, O. R.; Lin, W. B. *Acc. Chem. Res.,* **2002,** *35,* 511. (b) Ye, Q.; Li, Y. H.; et al. *Inorg. Chem.,* **2005,** *44,* 3618.

[18] Zhang, L. Z.; Gu, W.; et al. *Inorg. Chem.,* **2007,** *46,* 622.

[19] Zhang, W.; Xiong, R. G. *Chem. Rev.,* **2011,** *112,* 1163.

[20] Cote, A. P.; Benin, A. I.; et al. *Science,* **2005,** *310,* 1166.

[21] El-Kaderi, H. M.; Hunt, J. R.; et al. *Science,* **2007,** *316,* 268.

[22] Hunt, J. R.; Doonan, C. J.; et al. *J. Am. Chem. Soc.,* **2008,** *130,* 11872.

[23] Yu, J. T.; Chen, Z.; et al. *J. Mater. Chem.,* **2012,** *22,* 5369.

[24] Spitler, E. L.; Dichtel, W. R. *Nat. Chem.* **2010,** *2,* 672.

[25] Uribe-Romo, F. J.; Hunt, J. R.; et al. *J. Am. Chem. Soc.,* **2009,** *131,* 4570.

[26] Kuhn, P.; Antonietti, M.; et al. *Angew. Chem. Int. Ed.,* **2008,** *47,* 3450.

[27] Bojdys, M. J.; Jeromenok, J.; et al. *Adv. Mater.,* **2010,** *22,* 2202.

[28] Rowan, S. J.; Cantrill, S. J.; et al. *Angew. Chem. Int. Ed.,***2002,** *41,* 898.

[29] Feng, X.; Ding, X. S.; et al. *Chem. Soc. Rev.,* **2012,** *41,* 6010.

[30] Ding, S. Y.; Wang, W. *Chem. Soc. Rev.,* **2013,** *42,* 548.

[31] Spitler, E. L.; Colson, J. W.; et al. *Angew. Chem. Int. Ed.,* **2012,** *51,* 2623.

[32] Qian, C.; Qi, Q. Y.; et al. *J. Am. Chem. Soc.,* **2017,** *139,* 6736.

[33] Davis, M. E.; Lobo, R. F. *Chem. Mater.,* **1992,** *4,* 756.

[34] Feng, X. A.; Chen, L.; et al. *Chem. Commun.,* **2011,** *47,* 1979.

[35] Tilford, R. W.; Gemmill, W. R.; et al. *Chem. Mater.,* **2006,** *18,* 5296.

[36] Campbell, N. L.; Clowes, R.; et al. *Chem. Mater.,* **2009,** *21,* 204.

[37] (a) Gutzler, R.; Walch, H.; et al. *Chem. Commun.,* **2009,** 4456. (b) Zwaneveld, N. A. A.; Pawlak, R.; et al. *J. Am. Chem. Soc.,* **2008,** *130,* 6678.

[38] Nagai, A.; Guo, Z.; et al. *Nat.Commun.,* **2011,** *2,* 536.

[39] Li, L. H.; Feng, X. L.; et al. *J. Am. Chem. Soc.,* **2017,** *139,* 6042.

[40] Alahakoon, S. B.; Thompson, C. M.; et al. *Chemsuschem.,* **2017,** *10,* 2116.

[41] Shinde, D. B.; Kandambeth, S.; et al. *Chem. Commun.,* **2015,** *51,* 310.

[42] Han, X.; Xia, Q.; et al. *J. Am. Chem. Soc.,* **2017,** *139,* 8693.

[43] Jiang, J. X.; Su, F.; et al. *Angew. Chem. Int. Ed.,* **2007,** *46,* 8574.

[44] Jiang, J. X.; Su, F.; et al. *J. Am. Chem. Soc.,* **2008,** *130,* 7710.

[45] (a)Buyukcakir, O.; Je, S. H.; et al. *ACS Appl. Mater. Inter.,* **2017,** *9,* 7209. (b) Ren, S.; Dawson, R.; et al. *Polym. Chem.,* **2012,** *3,* 928.

[46] Chen, L.; Yang, Y.; et al. *J. Am. Chem. Soc.,* **2010,** *132,* 9138.

[47] Zhou, Y. B.; Wang, Y. Q.; et al. *J. Am. Chem. Soc.,* **2017,** *139,* 3966.

[48] 彭毅，周朗君，等. 化学通报, **2016,** *79*(8), 699.

[49] Ben, T.; Ren, H.; et al. *Angew. Chem. Int. Ed.,* **2009,** *48,* 9457.

[50] Bracco, S.; Piga, D.; et al. *J. Mater. Chem. A,* **2017,** *5,* 10328.

[51] Li, B.; Sun, Q.; et al. *ACS Appl. Mater. Inter.,* **2017,** *9,* 12511.

第12章

分子催化材料

12.1 概述

化学之所以创造美好生活，原因在于人类自有历史记载以来，依靠化学反应合成了数以千万计的新物质，这些新物质改善了人类的生存环境和质量，直接促进了人类文明发展。

"兰陵美酒郁金香，玉碗盛来琥珀光"，早在遥远的古代，劳动人民就娴熟地借助于酒曲来酿造佳酒；瓦伦丁在 15 世纪下半叶焚烧硫黄与硝石混合物获得了硫酸；此后 3 个世纪，罗巴克发明了"铅室法"，通过氮氧化物、二氧化硫、氧气和水来制备硫酸[1]。在上述例子中，酒曲、硝石，氮氧化物为促进各自反应的催化材料。19 世纪上半叶，贝采里乌斯在《物理学与化学年鉴》杂志上首次提出有关化学反应的"催化"与"催化剂"两个概念[2]，奠定了催化剂和相关催化理论概念上的里程碑意义；20 世纪上半叶，泰勒提出活性中心理论，极大地推动了催化剂的发展和制造技术的进步[3]。自此，催化剂和相关催化剂作用的研究获得了广泛的关注。

在化学反应中，合成新物质的本质是分子的某些化学键在活化能作用下发生解离并形成新化学键。对于一些需较高活化能才能将难断裂化学键活化的情况，化学工作者的思路是在尽量降低反应活化能的同时使这些化学键发生解离。鉴于此，催化剂的使用可以降低反应能垒，减少断裂化学键所需要的能量，使得反应物分子更易达到活化状态，进而促进反应的进行，同时也实现了反应所需温度的降低。与未使用催化剂的反应相比，相同温度下催化反应的效率更高。

作为降低反应能垒以促进反应进行的催化材料，它能够改变化学反应速率，却不改变反应标准吉布斯自由焓变化，即热力学平衡位置，同时其本身在化学反应中不断地进行循环再生分子催化材料。因此，催化是在化学反应过程中借助催化剂，对化学反应进行选择、调控的化学过程，催化材料是催化反应的关键和核心[4]。催化材料对化学反应选择性的调控体现在诱导化学反应发生改变，加快或减缓反应速率，同时催化材料自身的性质（包括物理性质和化学性质）在反应前后不发生任何改变。

作为固体工业催化剂的先驱，德国人雅各布早在近代即借助于铂催化剂首次建立了生产发烟硫酸的接触法装置，直至现在，贵金属铂仍是很多工业催化材料中的催化活性组分[5]。因此，现代分子催化材料的出现和发展，一方面推动了工业的革命性进步，产生了巨大的社会和经济效益；另一方面彰显了对化学反应研究和化学工业进步的重大学术研究意义。究其原因，在于分子催化材料可以加快反应速率，提高生产效率；降低反应对设备的要求，改善操作条件；提高原料的利用效率与拓展原料的利用途径，简化生产工艺路线；开发新的反应过程，减少污染和降低成本。经典的工业合成氨反应[6]、丁二烯制备橡胶反应[7]、Wacker 氧化反应制备乙醛[8]、Noyori 不对称氢化反应[9]等工业生产均使用了相应的分子催化材料，这些例子进一步验证了分子催化材料在生产发展和科技进步，特别是资源有效利用与开发高选择性反应方面有着重要地位。目前，全世界 90%以上的化学生产有赖于催化，因此，催化领域的每一次重大突破，均能够极大地改变人类的生产与生活方式。

对于催化反应，分子催化材料的基本要素主要为活性、选择性和稳定性等。催化材料的活性为催化反应速度与非催化反应速度的差别，体现了催化材料加快化学反应的程度，可以用 TON（单位活性位上转化的反应物的物质的量）或 TOF（单位活性位在单位时间内转化的反应物的物质的量）值的大小来量度；催化材料的选择性体现在化学反应目标产物的产率；催化材料稳定性为催化材料抵制化学反应体系的高温，以及一些含硫等有害杂质的毒化、机械冲击的能力。综合分子催化材料的上述基本功能，高活性与高选择性是获取反应过程高收率目标产物的关键[10]。

根据分子催化材料与反应物在溶剂介质中的溶解情况，可将催化反应分为均相催化和异相催化反应。均相催化反应，分子催化材料与反应物完全溶解于溶剂介质中形成单相体系；异相催化反应，分子催化材料与反应物不能完全溶解于溶剂介质中而处于不同的物相体系。均相催化反应的催化活性中心性质比较单一，因此具有催化效率高、副反应少的特点，但存在分离分子催化材料与产物的麻烦。异相催化反应由于较易分离分子催化材料与产物，且可以循环使用分子催化材料，因此具有反应成本相对较低的特点；不足之处在于分子催化材料与反应物不在同一物相，反应活性中间体可能存在于分子催化材料的不同位置，从而致使出现副反应或反应的低选择性。

过渡金属化合物普遍存在 d 电子轨道未填满的现象，易通过配位吸附反应物活性中间体产生极化作用或形成自由基，因而该类化合物具有较高的催化活性。此外，有机化合物的酸碱催化反应主要是反应底物分子在酸碱分子催化材料作用下发生电子对的异裂或均裂，使反应经历离子型或自由基型活性中间体而易于进行。因此，过渡金属化合物和相应的酸碱催化剂作为分子催化材料，通常应用于催化反应的进行。

本章节简要介绍 d 区、ds 区及少数主族元素相关分子催化材料在均相反应中的发展报道。

12.2　过渡金属化合物作分子催化材料

12.2.1　d 区元素化合物作分子催化材料

d 区均为金属元素，包括ⅢB～ⅧB 族共六族元素。它们的最高能量电子填在 d 轨道上，最后一个电子普遍填充在次外层$(n-1)$d 轨道。这些元素的 d 电子可部分或全部参与形成化学键的反应，因此可以呈现出多种氧化态，比如，从 Sc、Y、La 氧化态的+3 到 Ru、Os 的+8。

这些元素在形成低氧化态化合物时，一般以离子键形式存在，而且容易生成水合物；在形成高氧化态化合物时，主要以共价键形式存在。

此外，由于具有能用于成键的空 d 轨道以及较高的电荷/半径比，因此，这些过渡元素较易与配体形成配位化合物。

12.2.1.1 ⅢB 分子催化材料促进的反应

2013 年，兰州大学杨尚东课题组报道了在廉价 Na$_2$SO$_4$ 作添加剂的情况下，Sc(OTf)$_3$ 催化 2-(N-甲基-N-苯基氨基)苯甲醛分子内脱氢环化为 N-甲基吖啶酮的反应 [式（12-1）][11]。

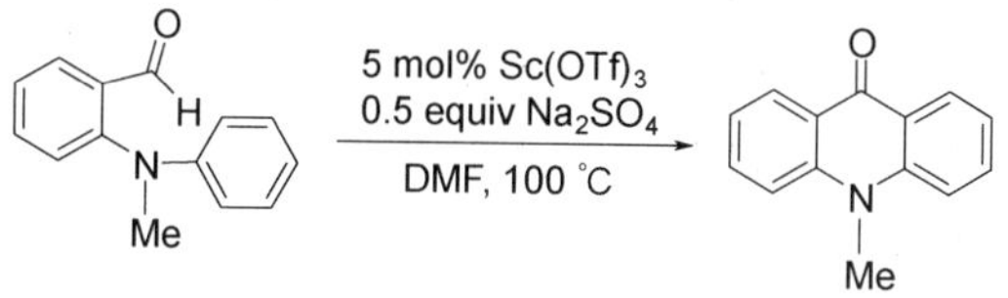

$$\text{（反应式 12-1）}\qquad \frac{5 \text{ mol\% Sc(OTf)}_3}{0.5 \text{ equiv Na}_2\text{SO}_4,\ \text{DMF, 100 °C}}$$

$$(12-1)$$

作者认为该反应可能经历两种可能路径：路径 A 为 Sc(OTf)$_3$ 与底物芳香醛通过亲电取代反应作用形成了 Sc(Ⅲ)羰基化合物中间体，随后该 Sc(Ⅲ)羰基化合物中间体对芳环进行第二次 C—H 键活化并最终通过还原消除获得产物；路径 B 为 Sc(OTf)$_3$ 作为路易斯酸与底物芳香醛的羰基氧配位形成碳正离子中间体，该碳正离子中间体借助 Friedel-Crafts 烷基化反应生成 N-甲基-吖啶-9-醇活性中间体，最后通过氧化脱氢生成 N-甲基吖啶酮产物（图 12-1）。

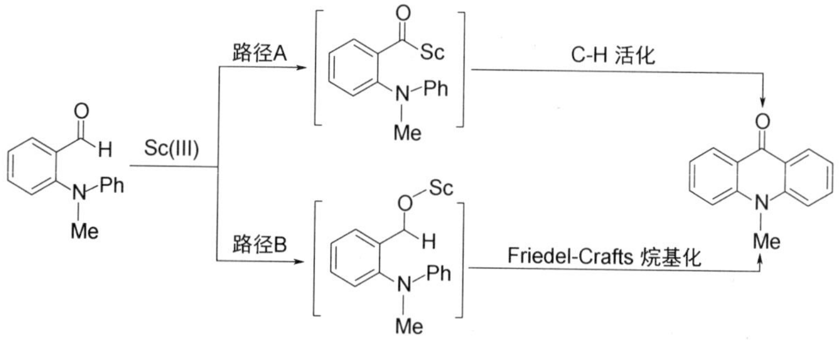

■ 图 12-1 Sc 催化 2-(N-甲基-N-苯基氨基)苯甲醛分子内脱氢环化的可能机理[11]

随后，作者通过氘代同位素跟踪实验排除了该反应发生分子内 C—H 键活化的可能性。因此，作者认为该反应的机制为经历 Friedel-Crafts 烷基化反应所发生的脱氢氧化反应。

此前，西班牙 González 课题组也报道了 Sc(OTf)$_3$ 催化分子内双 C—H 键活化构建稠环的反应 [式（12-2）][12]。在此工作中，作者尝试并发现 PtCl$_2$、Au(Ⅲ)、Ga(OTf)$_3$ 等分子催化材料对该反应的催化效果几乎可以忽略，而价格昂贵的 IPrAuCl/AgBF$_4$ 催化体系与 Sc(OTf)$_3$ 具有相似的催化活性。

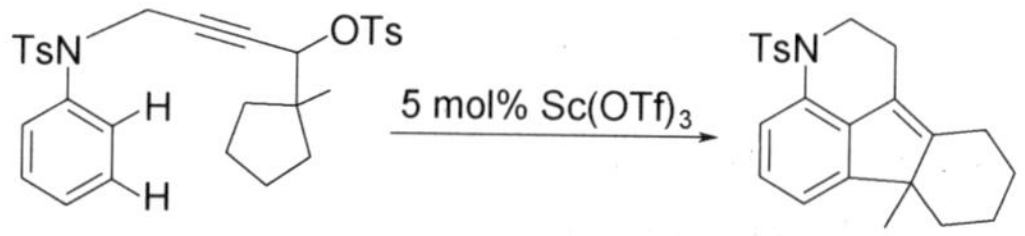

$$\text{（反应式 12-2）}\qquad \xrightarrow{5 \text{ mol\% Sc(OTf)}_3} \qquad (12-2)$$

Sc(OTf)$_3$ 分子催化材料除了可用于催化脱氢、C—H 键活化的反应外，还可应用于促进 C—O 键断裂的反应。比如，新西兰奥克兰大学 Brimble 实验室发展了 Sc(OTf)$_3$ 催化 β-甲氧基亚甲基氨基甲酸酯化合物 C—O 键断裂形成共轭亚胺离子中间体的反应 [式（12-3）][13]。该反应中所形成的亚胺离子中间体可进一步与吲哚、富电子芳环、烯基硅醚等亲核试剂发生反应。

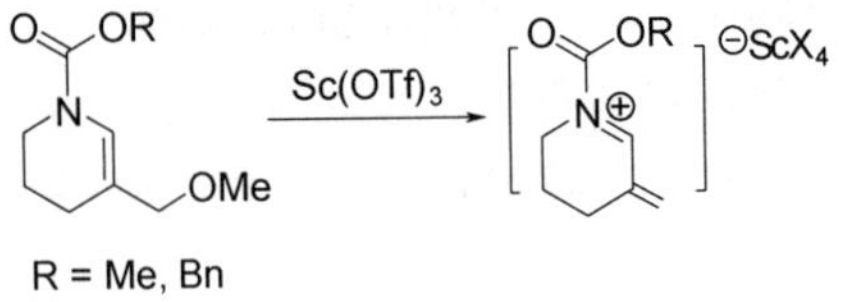

$$（12-3）$$

R = Me, Bn

作为 Sc 元素的同一族，日本理化学研究所候召民小组报道了半三明治结构的二烷基钇配合物[C$_5$Me$_5$YR$_2$]作为分子催化材料，与[Ph$_3$C][B(C$_6$F$_5$)$_4$]组成的催化体系促进苯甲醚邻位 C—H 键活化与烯烃的偶联反应［式（12-4a）］[14]；利用相似的催化体系，该小组进一步实现了二烷基钇配合物[C$_5$Me$_5$YR$_2$]或[C$_5$H$_5$YR$_2$]与[Ph$_3$C][B(C$_6$F$_5$)$_4$]组成的催化体系促进 2,6-二烷基吡啶苄位 C—H 键活化与烯类化合物（包括乙烯、1-己烯、苯乙烯、1,3-共轭二烯等）的偶联反应［式（12-4b）］[15]，以及硅基修饰的阳离子型钇配合物与[Ph$_3$C][B(C$_6$F$_5$)$_4$]组成的催化体系促进芳香叔胺芳环邻位 C—H 活化与烯烃的偶联反应［式（12-4c）］[16]。

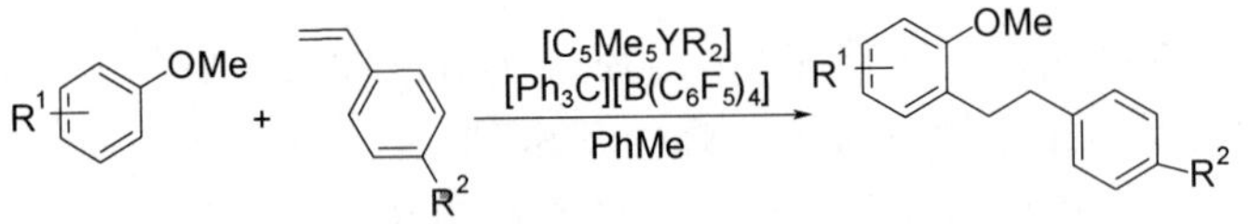

$$（12-4a）$$

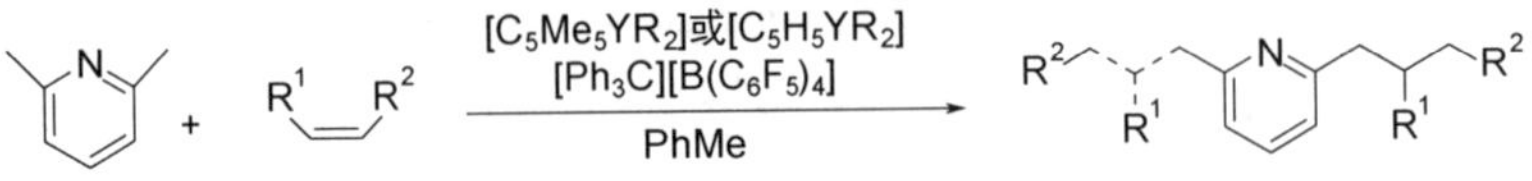

$$（12-4b）$$

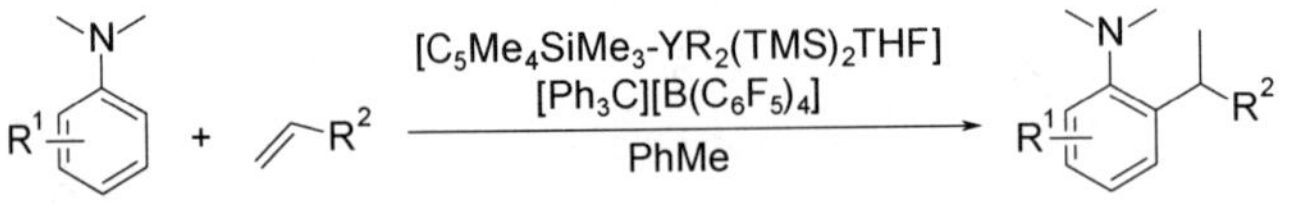

$$（12-4c）$$

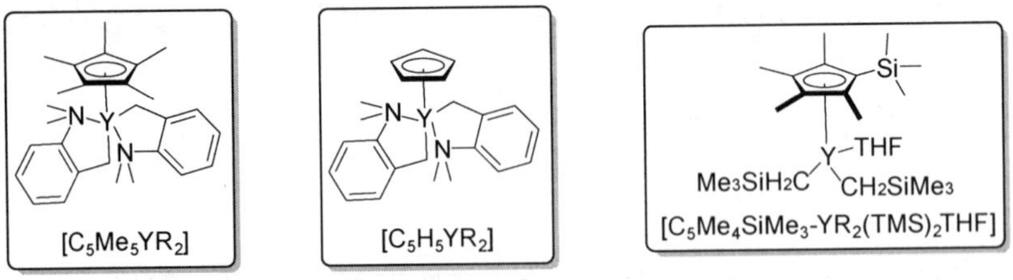

12.2.1.2　ⅣB 分子催化材料促进的反应

北海道大学 Takahashi 发展了以三烷基铝为添加剂、CCl$_4$ 或 CHBr$_3$ 为相应的氯源或溴源，Cp$_2$TiCl$_2$ 或 Cp$_2$TiBr$_2$ 催化氟代烷烃转化为氯代烷烃或溴代烷烃的反应［式（12-5）］[17]。在该卤素交换反应中，Ti 分子催化材料扮演着接收 CCl$_4$ 或 CHBr$_3$ 中卤原子的角色；三烷基铝的作用是活化底物氟代烷烃 C—F 键以及 Ti 分子催化材料所吸附的卤原子。

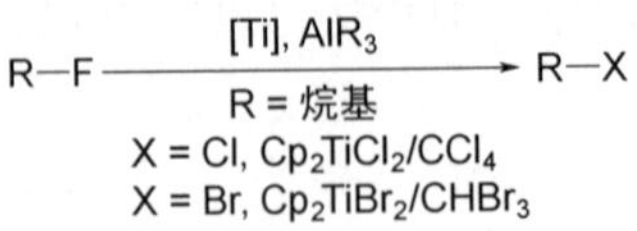

$$R—F \xrightarrow[\substack{R = 烷基 \\ X = Cl, Cp_2TiCl_2/CCl_4 \\ X = Br, Cp_2TiBr_2/CHBr_3}]{[Ti], AlR_3} R—X \qquad （12-5）$$

北京师范大学段新方以 Ti(OEt)$_4$ 作为催化剂，首次报道了 Ti/Co 协同催化芳基氯化物或溴化物与芳基镁试剂或锂试剂的高选择性构建联芳类化合物反应［式（12-6）］[18]。该反应的官能团容忍性很好，芳基卤化物底物上可以有—COOH、—OH、—CONHR 以及—SO$_2$NHR 等基团。此外，Ti 与 Co 的廉价性以及反应条件的温和性，使得该反应具有很强的工业应用性。

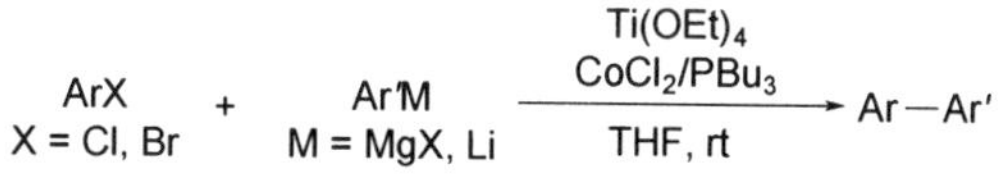

$$\begin{array}{c} ArX \\ X = Cl, Br \end{array} + \begin{array}{c} Ar'M \\ M = MgX, Li \end{array} \xrightarrow[\text{THF, rt}]{\begin{array}{c} Ti(OEt)_4 \\ CoCl_2/PBu_3 \end{array}} Ar-Ar' \qquad (12\text{-}6)$$

温室气体对环境的危害众所周知，如何逆转大气中过高的 CO_2 浓度是当前人类的重大关切问题，有关 CO_2 的再利用研究是学术界和工业界的热门课题。基于 Cp_2TiCl_2 分子催化材料，清华大学席婵娟报道了烯类化合物与 CO_2 在 ^iPrMgCl 存在下的氢羧基化反应：对于苯乙烯及其衍生物，生成了 α-芳基羧酸；对于烷基烯烃，合成了烷基羧酸 [式(12-7)] [19]。

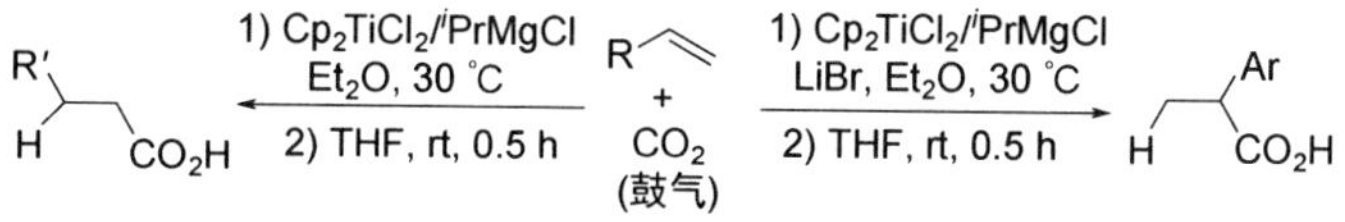

$$(12\text{-}7)$$

R' = 烷基；Ar = 芳基；R = 烷基 R' 或芳基 Ar

12.2.1.3　VB 分子催化材料促进的反应

2009 年德国马普碳研究所 Klussmann 课题组以脯氨酸为配体、过氧叔丁醇 ^tBuOOH 为氧化剂，在室温条件下实现了 $VO(acac)_2$ 催化 N-芳基四氢异喹啉 C1 位 C—H 键活化与甲基酮甲基 C—H 键活化的双 sp^3 C—H 键活化偶联反应。他认为该反应经历了过氧叔丁醇对底物四氢异喹啉的自由基氧化过程，即形成了亚胺离子 **A**；另外，底物甲基酮在脯氨酸作用下生成了中间体 **B**。中间体 **B** 对 **A** 的亲核进攻生成了活性中间体 **C**，随后的水解反应产生了最终产物，并使催化剂获得再生进入下一轮循环（图 12-2）[20]。

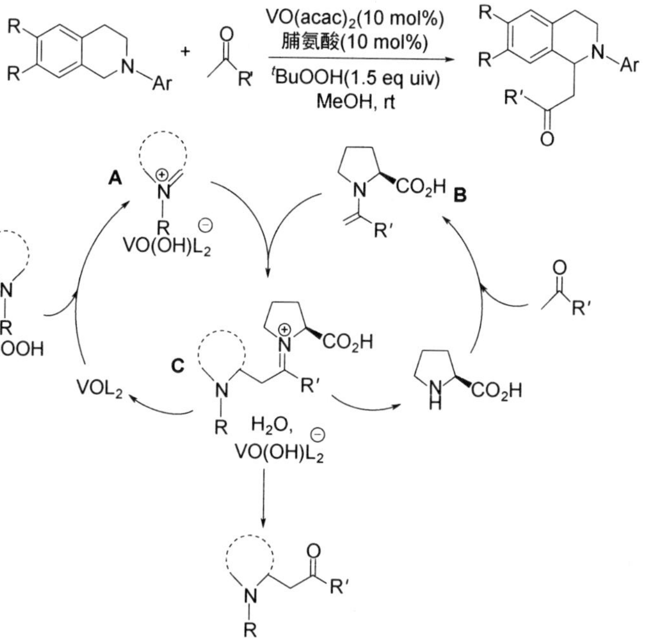

■ 图 12-2　V 催化 N-芳基四氢异喹啉与甲基酮甲基的双 C—H 键活化反应机理[20]

随后，印度科技大学 Prabhu 在上述反应基础上进一步发展了廉价 V_2O_5 催化 N-芳基四氢异喹啉 C-1 位 C—H 键活化与吲哚 C-3 位 C—H 键活化的偶联反应 [式（12-8）] [21]。与上述反应相比，该反应的进步体现在分别以廉价绿色的水和氧气作为溶剂和氧化剂。

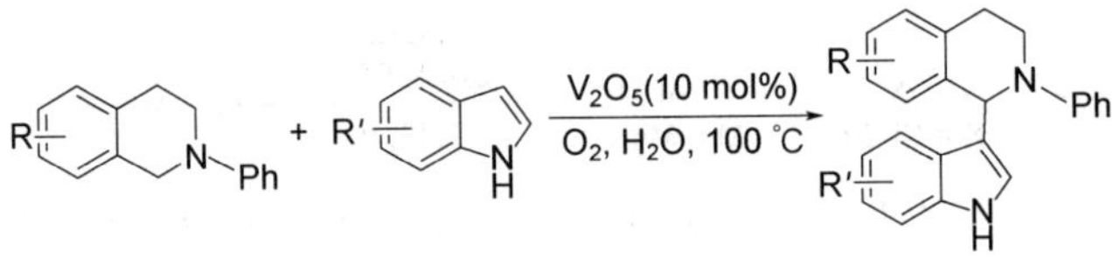

$$\text{(12-8)}$$

嘧啶结构单元常见于天然产物与生物活性分子[22]，基于此，日本关西大学 Obora 报道了通过 $NbCl_5$ 催化炔类化合物与芳基腈以关环反应的方式合成嘧啶［式（12-9）］[23]。

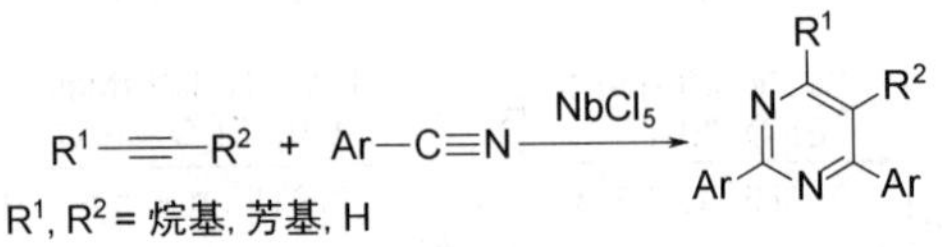

$$R^1\text{——}R^2 + Ar\text{—C}\equiv\text{N} \xrightarrow{NbCl_5} \text{嘧啶} \qquad \text{(12-9)}$$
$$R^1, R^2 = \text{烷基，芳基，H}$$

最近，南昌大学蔡琥课题组通过 $NbCl_5$ 与 1,3-二均三甲苯基咪唑-2-亚基（IMes, 1,3-dimesitylimidazol-2-ylidene）的插入反应，构建了高价态的 $[(IMes)_2NbCl_4][NbCl_6]$ 分子催化材料，并实现了该分子催化材料作用下的 1,2-环氧丙烷与 CO_2 的高效插入反应(图 12-3)[24]。

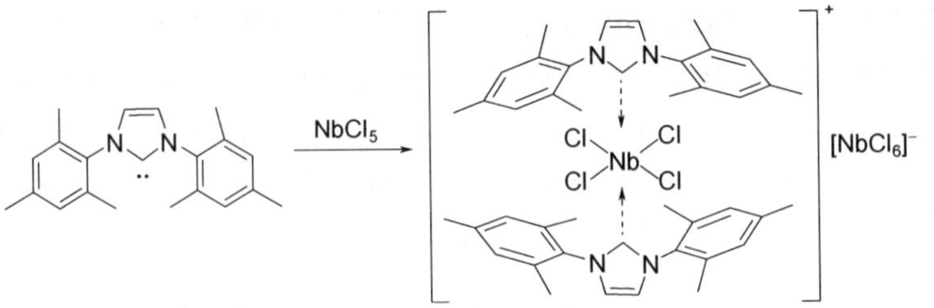

■ 图 12-3　Nb 与 IMes 的插入反应构建高价态 Nb 分子催化材料[24]

Ta 元素在自然界中常与 Nb 伴生，Ta 化合物也可以作为分子催化材料应用于合成反应。俄罗斯科学院石油化学与催化研究所 Sultanov 曾报道 $TaCl_5$ 催化 1-烯烃与乙基格氏试剂形成 2-R-取代与 3-R-取代的正丁基镁试剂混合物的反应，两者的比例大约是 5∶4［式（12-10）］[25]。

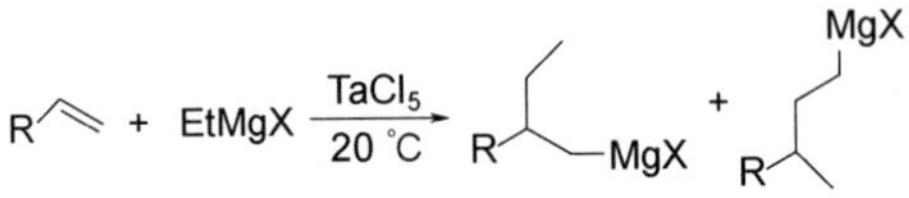

$$R\text{——} + EtMgX \xrightarrow[20\ ℃]{TaCl_5} R\text{——MgX} + R\text{——MgX} \qquad \text{(12-10)}$$

在成功实现 $NbCl_5$ 与 1,3-二均三甲苯基咪唑-2-亚基的插入反应构建高价态 $[(IMes)_2NbCl_4][NbCl_6]$分子催化材料后[24]，南昌大学蔡琥课题组进一步发展了 $TaCl_5$ 分别与 1,3-二均三甲苯基咪唑-2-亚基（Imes）、1,3-双(2,6-二异丙基苯基)咪唑-2-亚基（IPr, 1,3-bis(2,6-diisopropylphenyl)imidazol-2-ylidene）的插入反应，以构建高价态 $[(IMes)_2TaCl_4][TaCl_6]$、$[(IPr)TaCl_5]$配合物（图 12-4）。利用$[(IPr)TaCl_5]$配合物作为分子催化材料，同样可以实现 1,2-环氧丙烷与 CO_2 的高效插入反应并获得环状碳酸酯产物[24]。

12.2.1.4　ⅥB 分子催化材料促进的反应

$CrCl_2$ 尽管在空气中易吸潮，但其低毒的特性吸引了众多科研工作者的关注[25]。比如，德国慕尼黑大学 Knochel 实验室报道了室温条件下 $CrCl_2$ 催化芳基卤化物与格氏试剂的交叉偶联反应，而芳基卤化物或格氏试剂的自身偶联产物很少［式（12-11）］[26]。

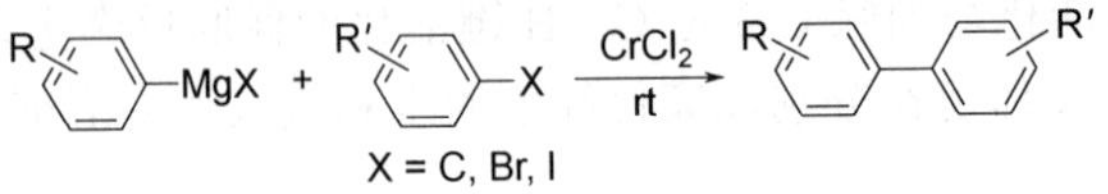

$$R\text{——MgX} + R'\text{——X} \xrightarrow[rt]{CrCl_2} R\text{——}R' \qquad \text{(12-11)}$$
$$X = C, Br, I$$

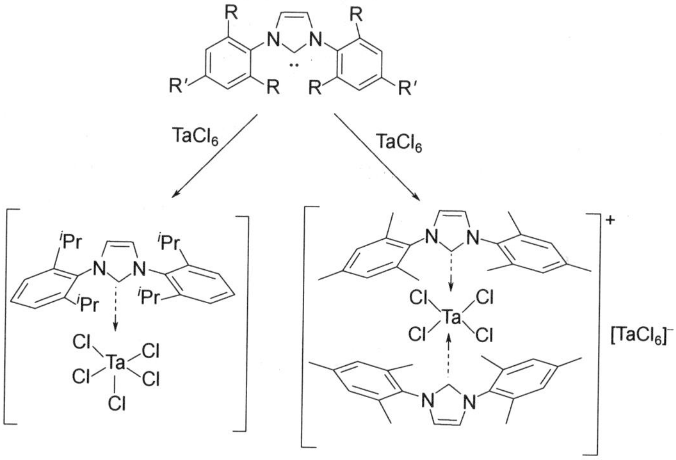

■ 图 12-4　Ta 与 IMes 的插入反应构建高价态 Ta 配合物[24]

Kozlowski 则利用 Cr-salen-Cy 分子催化材料，在氧气条件下实现了 2,6-二取代苯酚对位 C—H 键活化与另一苯酚芳环 C—H 键活化合成联芳二酚化合物的反应［式（12-12）］[27]。此外，往反应体系加入 2,2,6,6-四甲基哌啶氧化物（TEMPO），作者无法检测到反应的目标产物，验证了该反应的自由基机理。

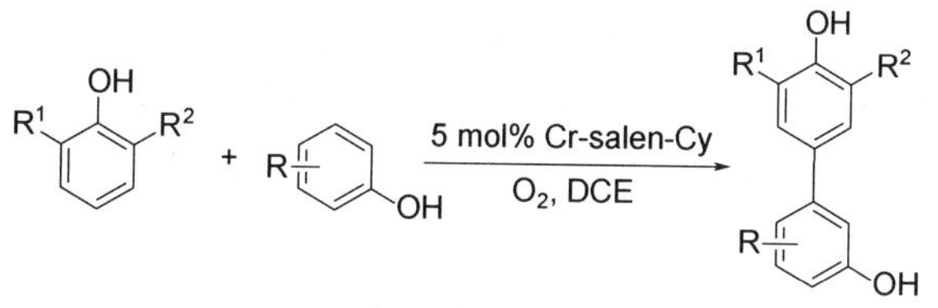

$$（12-12）$$

12.2.1.5　ⅦB 分子催化材料促进的反应

法国巴黎第十三大学 Cahiez 在 2008 年报道了室温下廉价 $MnCl_2$ 催化 sp^2 杂化烯基碘化物与芳基格氏试剂 ArMgCl 反应以构建新的烯烃［式（12-13）］[28]。

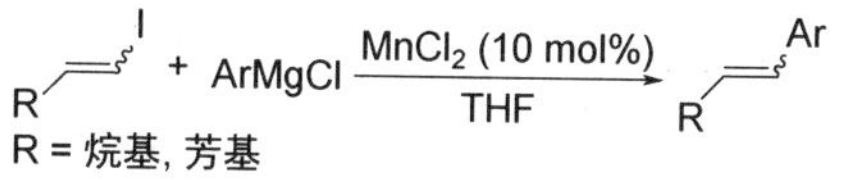

$$（12-13）$$

扬州大学袁宇以单质 Mg 粉为还原剂，发展了室温条件下 $MnCl_2$ 催化芳基溴 ArBr 的自身偶联反应［式（12-14）］[29]。作者认为该反应的起始步是 ArBr 与单质 Mg 粉形成格氏试剂中间体，接下来发生与文献[28]类似的 $MnCl_2$ 催化 sp^2 杂化卤化物与芳基格氏试剂的偶联反应。

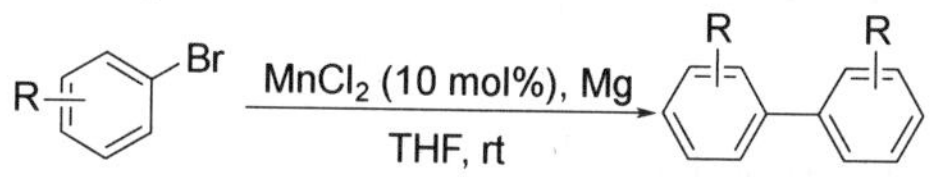

$$（12-14）$$

Mn 分子催化材料除了促进卤化物参与的偶联反应外，还可促进芳烃 C—H 键活化与亲核试剂构建碳-碳或碳-杂原子键的氧化偶联反应。美国德克萨斯基督教大学 Montchamp 以 $Mn(OAc)_2$ 为分子催化材料，过量 MnO_2 为添加剂，报道了氮气氛围下 Mn^{II}/Mn^{IV} 体系促进芳烃 C—H 键活化与 H-亚膦酸酯或二苯基磷氧或 H-膦酸二酯构建 C—P 键的偶联反应［式（12-15）］[30]。

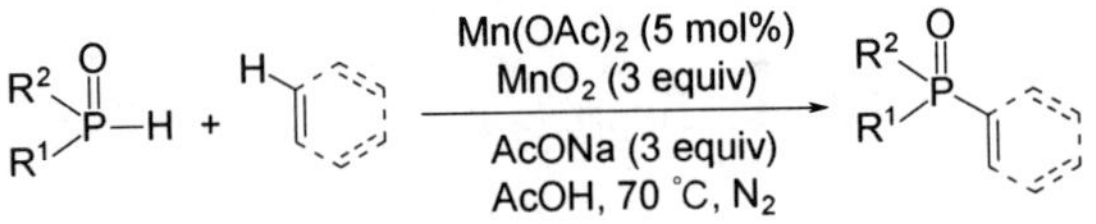

Mn(OAc)2 (5 mol%)
MnO2 (3 equiv)
AcONa (3 equiv)
AcOH, 70 °C, N2

（12-15）

除了与膦亲核试剂反应外，中科院化学所北京分子科学国家实验室王从洋研究员利用二环己基胺（Cy_2NH）的立体效应，发展了 $MnBr(CO)_5$ 催化吡啶基导向的芳环 C—H 活化与 *α*,*β*-不饱和羰基化合物的加成反应。借助于密度泛函理论(DFT)计算，作者认为该反应先后经历了 Mn-Ⅰ 和 Mn-Ⅱ 两种中间体（图 12-5）[31]。

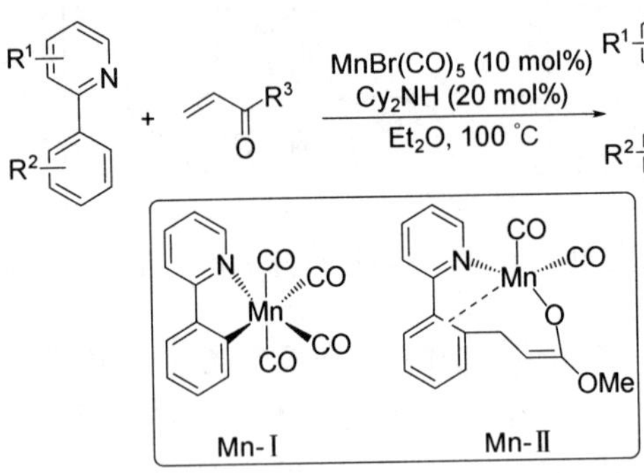

MnBr(CO)5 (10 mol%)
Cy2NH (20 mol%)
Et2O, 100 °C
Mn-Ⅰ
Mn-Ⅱ

图 12-5 Mn 催化芳环 C—H 键活化与 *α*,*β*-不饱和羰基化合物的反应[31]

利用 $Mn(OAc)_3$ 分子催化材料，西班牙奥维耶多大学 Fananás、Vicente 与 Rodríguez 等共同实现了芳烃 C—H 键活化与烷基硼酸合成烷基芳烃的偶联反应［式（12-16）］[32]；中国科技大学王官武课题组则发展了杂环(苯并)噻唑酸性 C—H 键活化与膦试剂的偶联反应［式（12-17）］[33]。

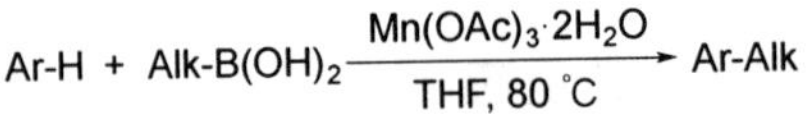

Ar-H + Alk-B(OH)2
Mn(OAc)3·2H2O
THF, 80 °C
Ar-Alk

（12-16）

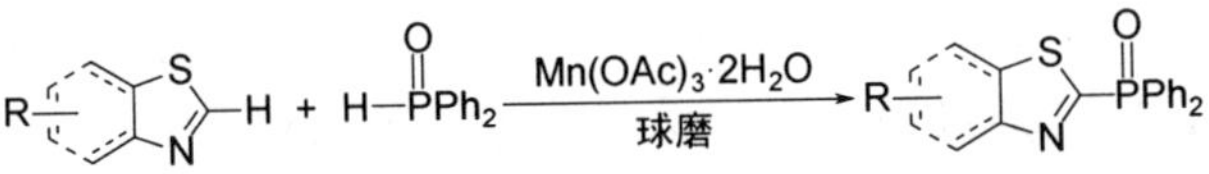

Mn(OAc)3·2H2O
球磨

（12-17）

名古屋大学 Itami 和 Yamaguchi 以 $Mn(OAc)_2$ 为分子催化材料，实现了羰基化合物 *α* 位 C—H 键活化与杂芳环 C—H 键活化的分子间偶联反应［式（12-18）］[34]。与文献[27]类似的是，该反应产率受到添加自由基抑制剂 TEMPO 的影响。

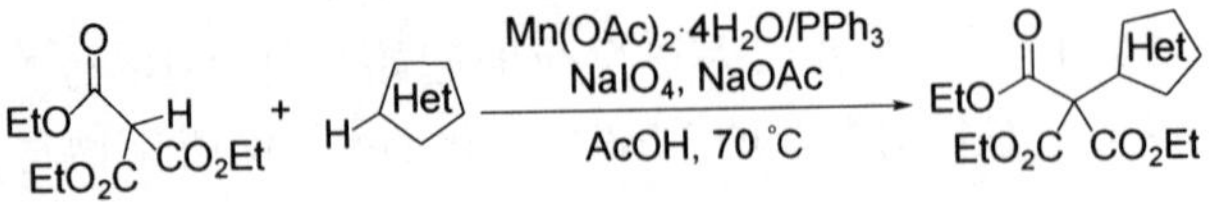

Mn(OAc)2·4H2O/PPh3
NaIO4, NaOAc
AcOH, 70 °C

（12-18）

以廉价 NaN_3 为叠氮源，普林斯顿大学 Groves 分别使用 Mn(TMP)Cl 和 Mn(salen)Cl 分子催化材料，实现了室温条件下烷烃 sp^3 C—H 活化的叠氮化反应［式（12-19）］[35]。值得关注的是，有机叠氮化物在有机合成、生物化学、药物发现和材料科学方面有着广泛的用途[36]。

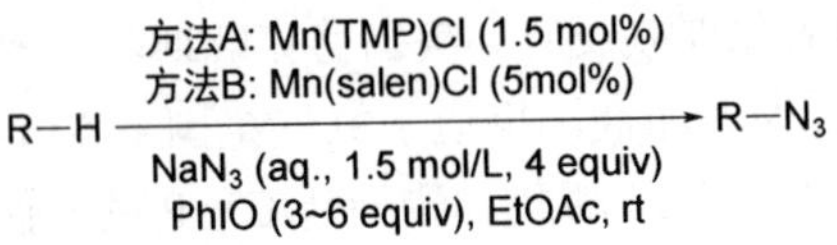

方法A: Mn(TMP)Cl (1.5 mol%)
方法B: Mn(salen)Cl (5mol%)
R—H
R—N3
NaN3 (aq., 1.5 mol/L, 4 equiv)
PhIO (3~6 equiv), EtOAc, rt

（12-19）

Re 与 Mn 元素处于同一副族。日本关西大学 Nishiyama 报道了 ReBr(CO)₅ 分子催化材料促进苯乙醛二甲缩醛芳环 C—H 键活化与芳炔在水添加剂作用下合成 1,2-二取代萘的反应 [式（12-20）][37]。此外，作者还尝试了其他分子催化材料，如 Re₂O₇、ReCl₅ 等，但效果均不理想。

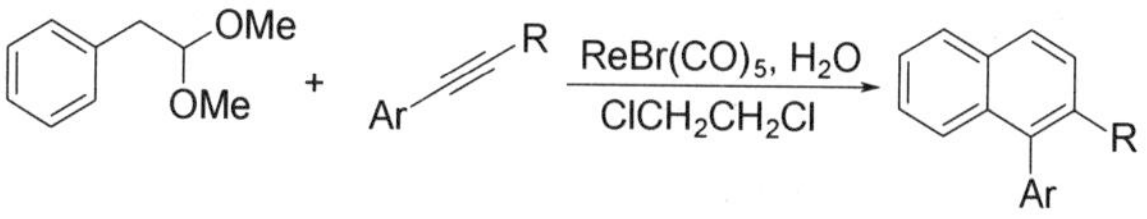

$$（12\text{-}20）$$

中国科学院化学研究所王从洋研究员从多种 Re 分子催化材料中筛选出 Re₂(CO)₁₀ 催化剂，实现了偶氮苯类化合物芳环 C—H 键活化与醛的[4+1]环化反应。作者通过对反应机理的研究，获取了环状 Re¹ 配合物为反应活性中间体（图 12-6）[38]。

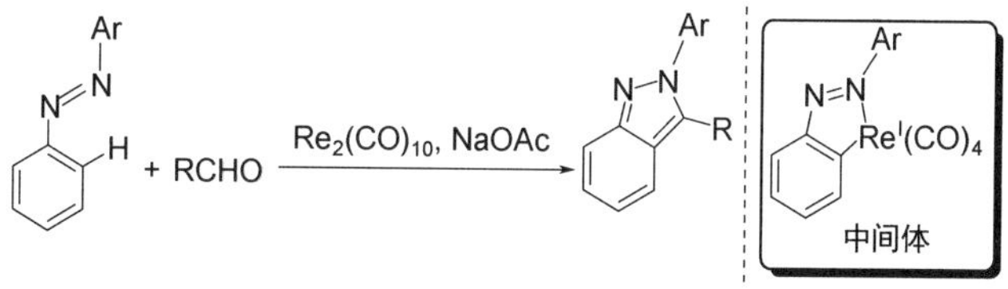

图 12-6　Re 催化芳环 C—H 键与醛的[4+1]环化反应[38]

12.2.1.6　ⅧB 元素分子催化材料促进的反应

第八副族含有 Fe、Co、Ni 等多种元素。由于这些元素化合物内在的特性，常见于以第八副族元素化合物为分子催化材料所促进的有机合成反应。

慕尼黑大学 Knochel 课题组以异喹啉为添加剂，报道了室温下 FeBr₃ 催化芳香格氏试剂分别与 2-卤吡啶、嘧啶、三嗪的芳基化反应 [式（12-21）][39]。同时，作者发现一些底物（比如，6-甲氧基-2-氯吡啶）在 CoCl₂ 分子催化材料作用下也可以与芳香格氏试剂发生芳基化反应。

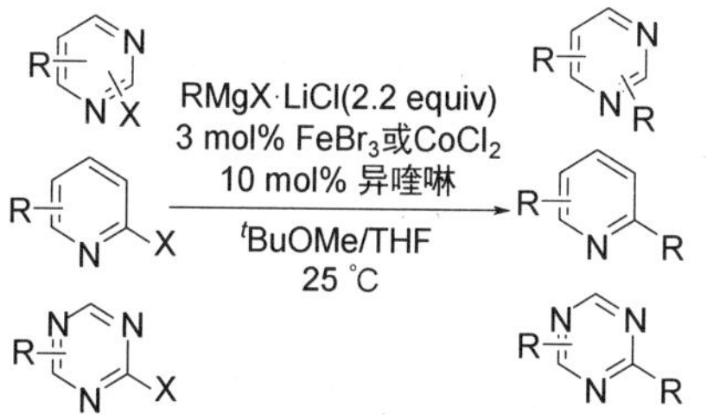

$$（12\text{-}21）$$

基于此，巴黎第九大学 Guérinot 与 Cossy 合作报道了以(R,R)-四甲基环己二胺（TMCD）为配体，CoCl₂ 催化 N-Boc-4-碘哌啶与格氏试剂的偶联反应 [式（12-22）][40]。该工作与上述反应[39]相比，格氏试剂底物范围拓展至芳基、烯基、烯丙基溴化镁试剂均可参与反应。

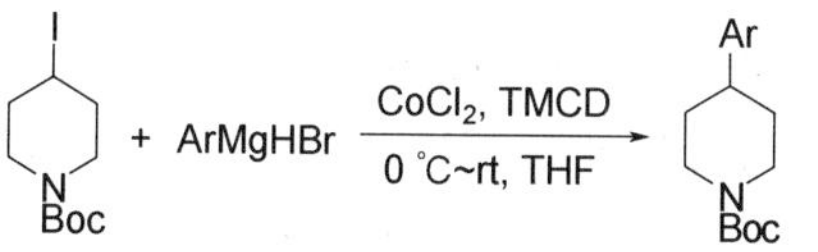

$$（12\text{-}22）$$

Ni 分子催化材料亦可应用于卤代烃与格氏试剂的偶联反应。比如，湖南大学李金恒报道了 NiI₂(PPh₃)₂ 催化对甲苯磺酰基烷烃与格氏试剂合成烯烃或芳酮的反应 [式（12-23）][41]。

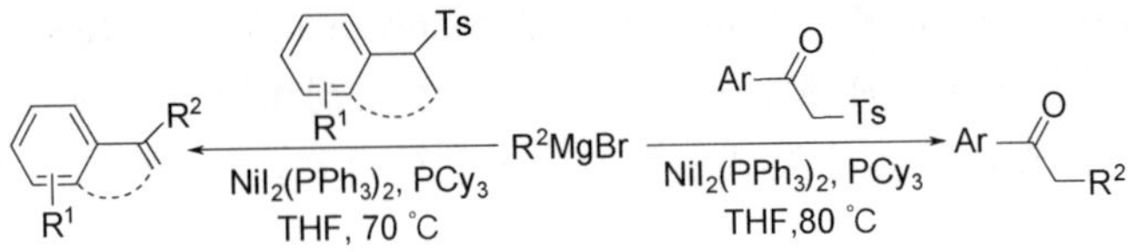

$$\text{（12-23）}$$

南安普顿大学 Goldup 与曼彻斯特大学 Larrosa 使用 PEPPSI-IPent 分子催化材料，实现了二氯苯类化合物分别与芳基格氏试剂、锌试剂、硼试剂构建 C—C 键的反应 [式（12-24）][42]。

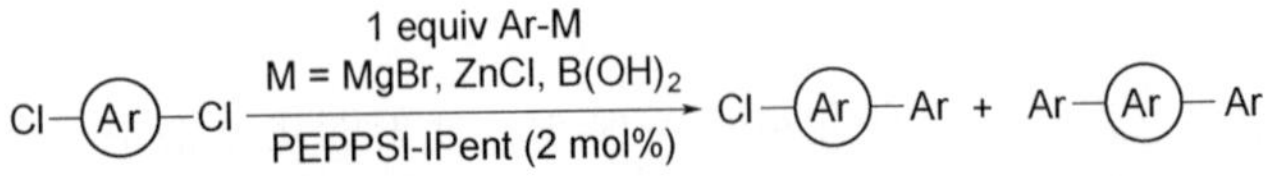

$$\text{（12-24）}$$

Pd 分子催化材料除了促进格氏试剂参与的偶联反应外，也可促进其他亲核试剂与芳基卤化物的偶联反应。比如，香港理工大学 Chau Ming So 与邝福儿成功实现了 Pd(OAc)₂ 与膦配体所促进的芳基三烷氧基硅试剂与芳基氯化物的偶联反应 [式（12-25）][43]。

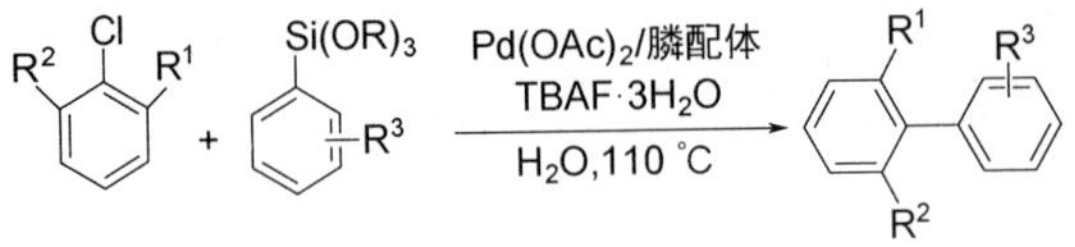

$$\text{（12-25）}$$

有关过渡金属 Ni、Pt、Rh 等分子催化材料促进有机硅试剂与芳基卤化物的偶联反应也有报道。加拿大英属哥伦比亚大学 Love 实现了 Pt 催化芳环 C—F 键断裂与 Si(OMe)₄ 合成芳基甲基醚的反应 [式（12-26）][44]；北京大学王剑波报道了 Rh 催化重氮酯与芳基硅试剂构建 C(sp³)—C(sp²) 的偶联反应 [式（12-27）][45]，作者推测该反应经历了 Rh^{I}-卡宾迁移插入机制。

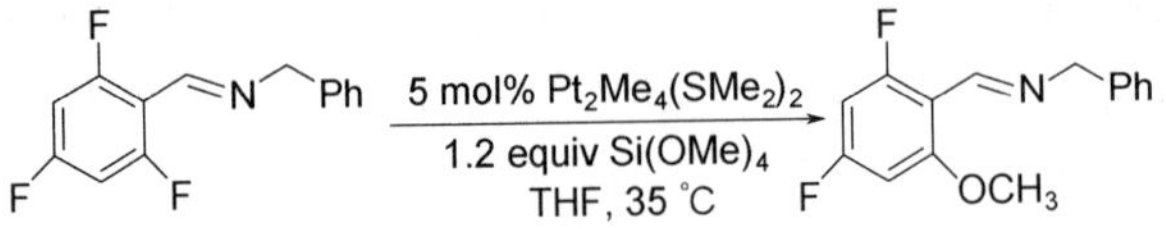

$$\text{（12-26）}$$

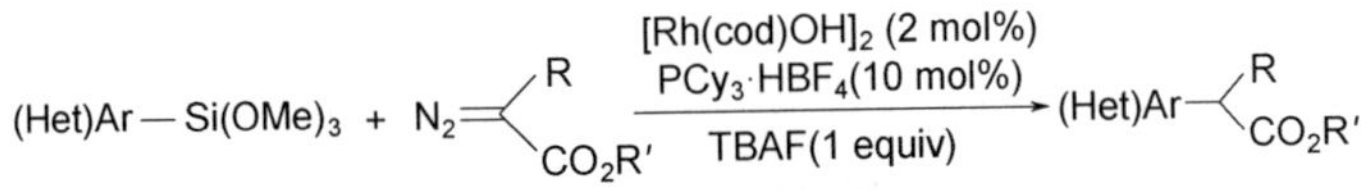

$$\text{（12-27）}$$

麻省理工学院 Jamison 利用二齿配体的立体效应，通过 Ni(cod)₂ 分子催化材料实现了芳基（拟）卤化物与烷基端烯高选择性合成 1,1-二取代芳基烯产物的偶联反应 [式（12-28）][46]。

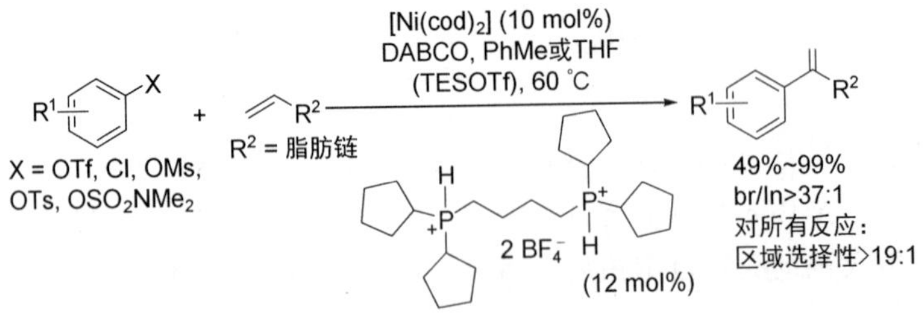

$$\text{（12-28）}$$

大阪大学 Tobisu 和 Chatani 使用 [RhCl(cod)]₂ 分子催化材料，发展了芳基腈的芳基与氰基 C—C 键断裂，进而与乙烯基硅烷的 Heck 偶联反应 [式（12-29）][47]。

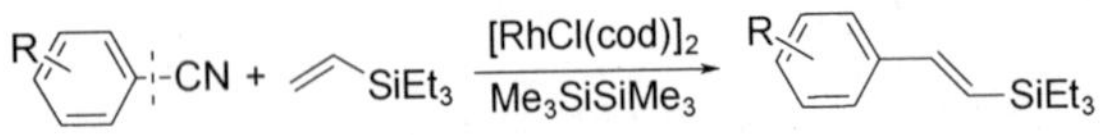

$$\text{（12-29）}$$

钯分子催化材料促进的交叉偶联反应是一种可靠实用的工具，得到了合成化学工作者的普遍应用。鉴于此，Pd 催化的 Heck 反应、Negishi 反应和 Suzuki 反应获得了 2010 年诺贝尔化学奖[48]。

除了将 Pd 分子催化材料运用于上述获奖反应外，Fe、Co、Ni、Ru、Rh 等分子催化材料亦有运用于上述反应的报道。比如，法国雷恩一大 Darcel 曾报道过在空气条件下加热，$FeCl_3$ 催化芳基碘化物或溴化物与芳基硼酸的偶联反应［式（12-30）］[49]。

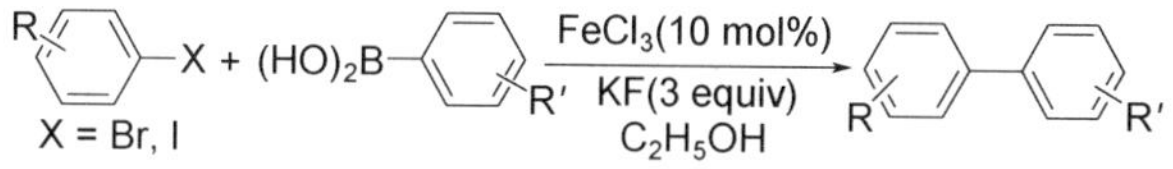

R
X + (HO)2B
R'
FeCl3(10 mol%)
KF(3 equiv)
C2H5OH
X = Br, I
R
R'

（12-30）

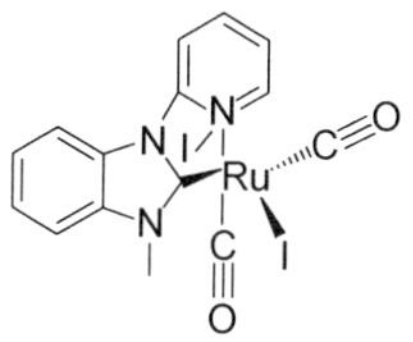

N
N
Ru
C≡O
N
I
C
O
I

图 12-7　以 N-杂环卡宾为配体的 Ru 金属催化剂[50]

山东理工大学禚淑萍通过合成 *N*-杂环卡宾 Ru 配合物（图 12-7），运用该 Ru 配合物作分子催化材料实现了芳基卤化物与芳基硼酸的偶联反应[50]。

慕尼黑大学 Knochel 小组以异喹啉为配体，发展了 $CoCl_2$ 催化芳基溴化物或氯化物与苄基锌试剂的 Negishi 反应[51]。加拿大渥太华大学 Organ 利用与 Larrosa[42]类似的分子催化剂，实现了芳基卤化物与仲烷基锌试剂的 Negishi 反应［式（12-31）］[52]。

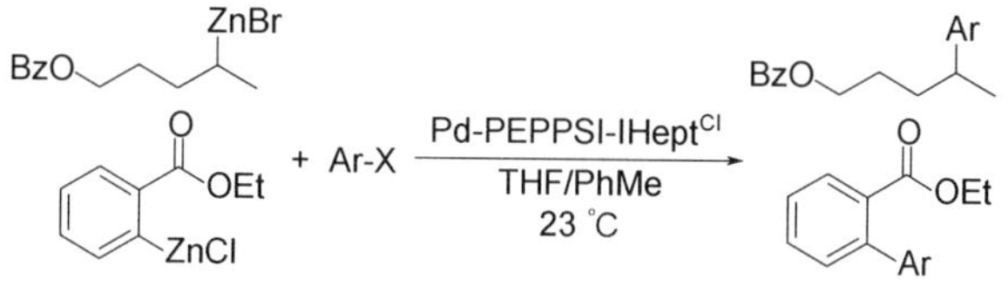

ZnBr
BzO
O
OEt
ZnCl
+ Ar-X
Pd-PEPPSI-IHeptCl
THF/PhMe
23 °C
Ar
BzO
O
OEt
Ar

（12-31）

韩国仁荷大学 Myung-Jong Jin 将 β-二亚胺和膦配体同时与 Pd 催化剂配位来调节 Pd 分子催化材料的配位环境，发展了（杂）芳基氯化物或烯基氯化物与有机锡试剂的 Stille 偶联反应［式（12-32）］[53]。

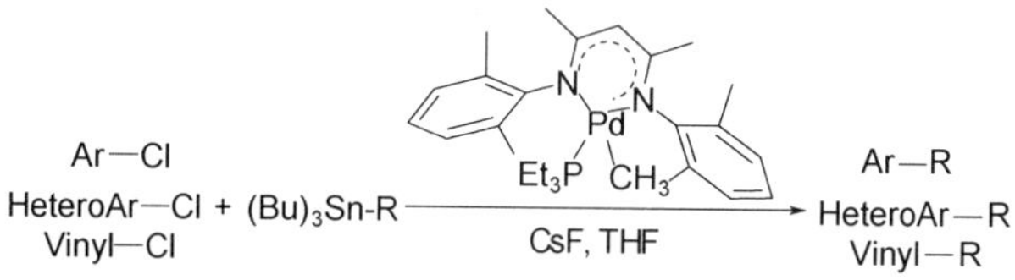

N
N
Pd
Et3P
CH3
Ar—Cl
HeteroAr—Cl + (Bu)3Sn-R
Vinyl—Cl
CsF, THF
Ar—R
HeteroAr—R
Vinyl—R

（12-32）

过渡金属分子催化材料促进芳基卤化物的偶联反应在合成中发挥着巨大的应用，即能够提供从简单前驱物质到更复杂分子合成过程的关键步骤，正因为此，2010 年诺贝尔化学奖颁给了发现 Pd 催化偶联反应的 Richard F. Heck、Ei-ichi Negishi 和 Akira Suzuki 等[48]。然而，过渡金属催化芳基卤化物的偶联反应也有无法回避的缺点，首先，参与偶联反应的芳基卤化物底物通常是事先通过芳烃的卤化反应获取，即预官能团化反应；其次，反应结束后生成了金属卤盐废渣副产物。

与过渡金属分子催化材料促进的芳基卤化物与金属有机试剂的传统偶联反应相比，过渡金属分子催化材料促进有机分子 C—H 键活化及与之相关的 C—H 键官能团化反应能够简化有机合成步骤、提供原子经济合成路线。因此，过渡金属催化 C—H 键活化及与之相关的 C—H 键官能团化反应被誉为化学的“圣杯”[54]。

基于此，我国台湾“中山大学”吴明忠教授将等摩尔比 $Pd(OAc)_2$ 分子催化材料与 3,3-二苯基异噁唑在醋酸中回流 30~40 min，再在室温条件下搅拌 12 h，获得了异噁唑-钯环中间体。以 1,4-对苯二醌（BQ）作为氧化剂，将该异噁唑-钯环中间体与芳基硼酸在 1,4-二氧杂环溶剂中回流 1 h 获得 Suzuki 偶联反应产物。该工作在 Pd 分子催化材料作用下，依次实现了 C—H 键活化与 C—C 键形成反应（图 12-8）[55]。此外，中国科学院福建物质结构研究所苏伟平课题组基于 Pd(OAc)$_2$ 分子催化材料，实现了 Pd 催化缺电子氟代苯 C—H 键活化与芳基硼酸的一锅化 Suzuki 偶联反应[56]。

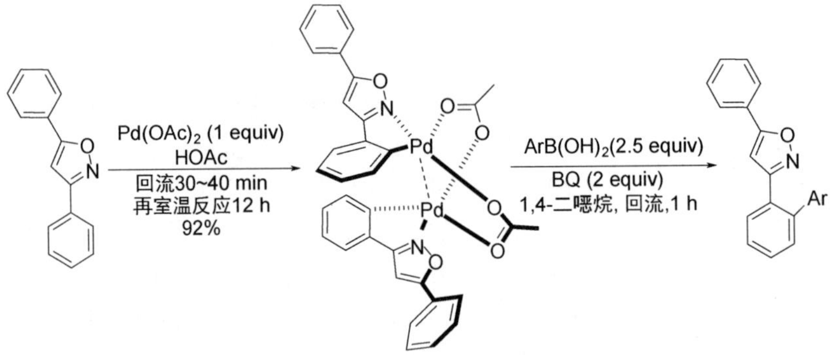

■ 图 12-8　异噁唑-钯环催化剂合成以及与芳基硼酸的反应[55]

　　最近，南京大学史壮志课题组通过调节吲哚杂环 N 原子取代基，以 2-氯吡啶为配体，实现了 Pd(OAc)$_2$ 分子催化材料促进富电子吲哚 C-7 位 C—H 键活化与芳基硼酸的高选择性 Suzuki 偶联反应；作者通过对氧化剂与配体的更换，进一步实现了富电子吲哚 C-7 位 C—H 键活化与烯试剂的高选择性 Heck 偶联反应（图 12-9）[57]。

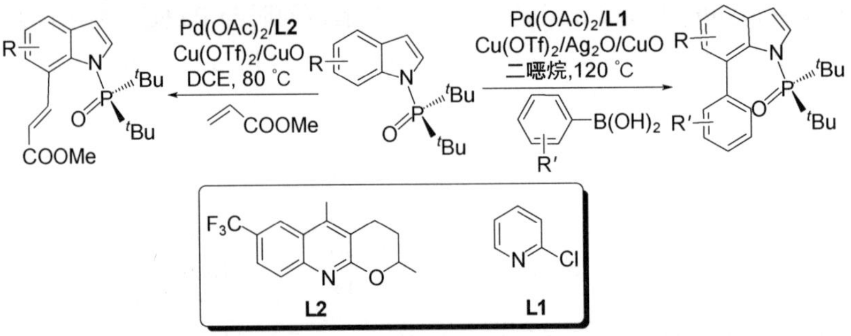

■ 图 12-9　Pd 催化吲哚 C-7 位 C—H 键与芳基硼酸或烯试剂的反应[57]

　　伊利诺伊大学香槟分校 Hartwig 实验室使用 Ir 分子催化材料，实现了硅烷基导向吲哚 C-7 位 C—H 键活化的硼化反应（图 12-10）[58]。此外，通过对反应机制的研究，作者推测了反应的可能中间体。

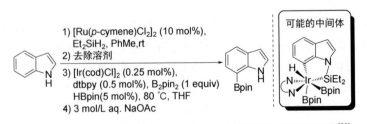

■ 图 12-10　Ir 催化吲哚 C-7 位 C—H 键活化的硼化反应[58]

日本早稻田大学 Shibata 教授通过调节吲哚 N 上的取代基，发展了[Ir(cod)₂]BF₄/rac-BINAP 催化 N 取代吲哚 C-2 位 C—H 键活化与烯烃的烷基化反应。研究发现，当吲哚 N 上的取代基为乙酰基时，烷基化反应以支链产物为主；当吲哚 N 上的取代基为苯甲酰基时，烷基化反应以直链产物为主［式（12-33）］[59]。

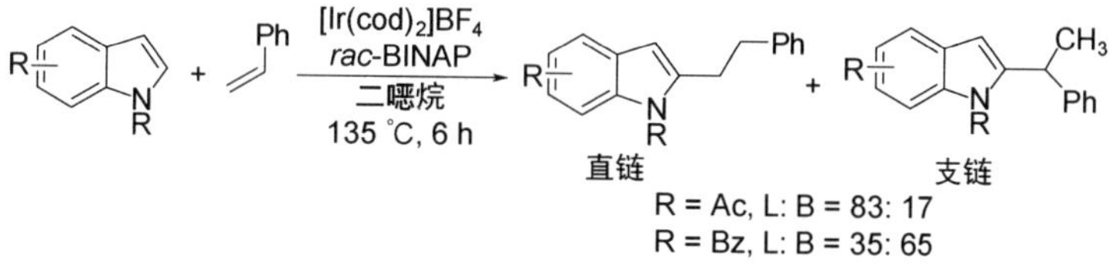

$$R \overbrace{}^{} \underset{R}{\bigsqcup_{N}} + \overset{Ph}{\diagdown} \xrightarrow[\substack{135\ ^{\circ}C,\ 6\ h}]{\substack{[Ir(cod)_2]BF_4 \\ rac\text{-}BINAP \\ \text{二噁烷}}} R\underset{R}{\bigsqcup_{N}} \overset{}{\diagdown} Ph + R\underset{R}{\bigsqcup_{N}} \overset{CH_3}{\underset{Ph}{\diagdown}}$$

直链　　　　　支链
R = Ac, L : B = 83 : 17
R = Bz, L : B = 35 : 65

（12-33）

除了 Pd、Ir、Cu 等分子催化材料活化吲哚 C—H 键的报道外，Rh 等过渡金属分子催化材料也可以活化该类杂环 C—H 键。美国哥伦比亚大学 Sames 实验室曾报道[Rh(coe)₂Cl₂]₂/[p-(CF₃)C₆H₄]₃P 催化体系所促进的吲哚 C-2 位 C—H 键活化与芳基碘苯的偶联反应。作者对机理的研究发现反应真实催化物种为 Rh 分子催化材料[Rh(coe)₂Cl₂]₂ 与配体[p-(CF₃)C₆H₄]₃P、碱 CsOPiv 以及芳基碘苯 ArI 首先形成的五配位高亲电性 Rh^{III} 中间体（图 12-11）[60]。

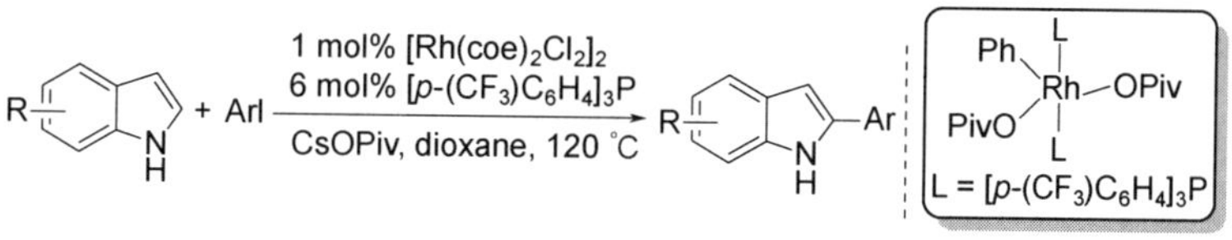

$$R\underset{H}{\bigsqcup_{N}} + ArI \xrightarrow[\text{CsOPiv, dioxane, 120 }^{\circ}C]{\substack{1\ mol\%\ [Rh(coe)_2Cl_2]_2 \\ 6\ mol\%\ [p\text{-}(CF_3)C_6H_4]_3P}} R\underset{H}{\bigsqcup_{N}} Ar$$

$$\left[\begin{array}{c} \underset{PivO}{\overset{Ph}{\diagdown}} \underset{L}{\overset{L}{Rh}} \diagup OPiv \\ L = [p\text{-}(CF_3)C_6H_4]_3P \end{array} \right]$$

■ 图 12-11　Rh 催化吲哚 C—H 键与芳基碘苯的偶联反应[60]

西班牙奥维耶多大学 Cadierno 与 Gimeno 以端炔为反应底物，报道了水溶液中 2 mol% [RuCl(μ-Cl)(η³:η³-C₁₀H₁₆)]₂ 催化吲哚 C-3 位 C—H 键活化的烷基化反应［式（12-34）］[61]。作者认为，反应起始步为酸性条件下 Ru 催化端炔与 H₂O 的 Markovnikov 水合反应。

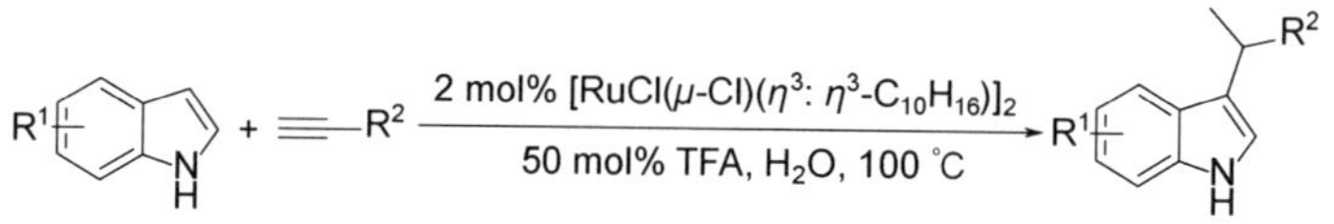

$$R^1\underset{H}{\bigsqcup_{N}} + \equiv\!\!-R^2 \xrightarrow[\text{50 mol% TFA, H}_2O,\ 100\ ^{\circ}C]{2\ mol\%\ [RuCl(\mu\text{-}Cl)(\eta^3:\eta^3\text{-}C_{10}H_{16})]_2} R^1\underset{H}{\bigsqcup_{N}} \overset{R^2}{\diagup}$$

（12-34）

Fe、Co、Ni 化合物均是较为廉价的分子催化材料。德国乔治-奥古斯都大学 Ackermann 研究小组报道了室温条件下[Cp*CoI₂]₂/AgSbF₆ 催化 N-(2-嘧啶基)吲哚 C-2 位 C—H 键活化与 1-溴炔的炔基化反应［式（12-35）］[62]；当 N-甲基吲哚的 C-3 位取代基为—CN、—CO₂Me、—COMe 等吸电子基团时，日本京都大学 Nakao 与 Hiyama 等实现了 Ni(cod)₂/PCyp₃ 催化吲哚底物 C-2 位 C—H 键活化与 4-辛炔的氢杂芳环化反应［式（12-36）］[63]；当吲哚 N 上的取代基为 N,N-二甲基氨基甲酰基时，兰州大学陈保华以 2,3-二氯-5,6-二氰对苯醌（DDQ）作为氧化剂，发展了 FeCl₂ 催化吲哚底物 C-3 位 C—H 键活化与二芳基甲烷 sp³ C—H 键活化的自由基型偶联反应［式（12-37）］[64]。

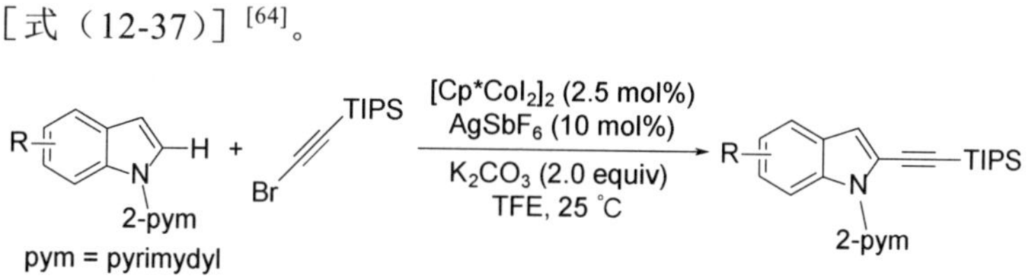

$$R\underset{\substack{N \\ 2\text{-pym}}}{\bigsqcup_{2\ H}} + \overset{TIPS}{\underset{Br}{\diagup}} \xrightarrow[\substack{K_2CO_3\ (2.0\ equiv) \\ TFE,\ 25\ ^{\circ}C}]{\substack{[Cp^*CoI_2]_2\ (2.5\ mol\%) \\ AgSbF_6\ (10\ mol\%)}} R\underset{\substack{N \\ 2\text{-pym}}}{\bigsqcup_{}} \overset{}{\equiv}\!\!-TIPS$$

（12-35）

pym = pyrimydyl

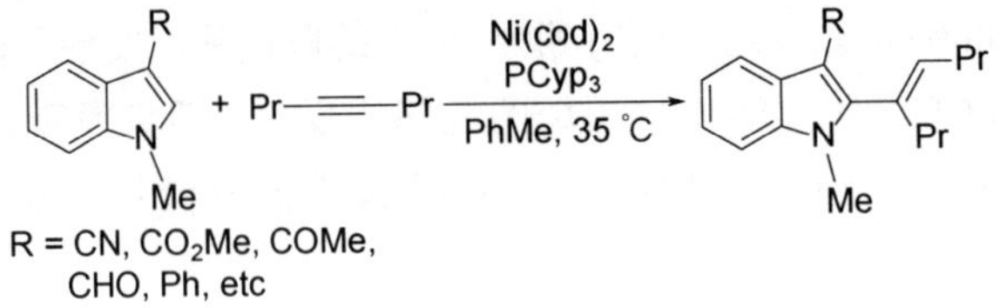

(12-36)

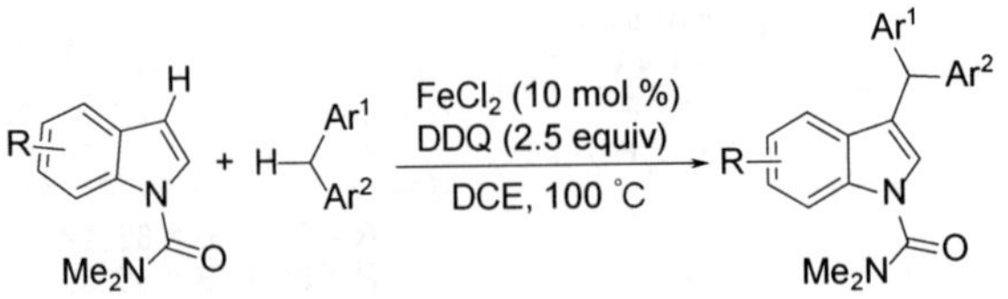

(12-37)

尽管 Pt 是惰性金属，但 Na_2PtCl_4 具有相对较强的催化活性。比如，密歇根大学 Sanford 研究小组利用 Na_2PtCl_4 作为催化剂，在酸性体系下实现了简单芳烃 C—H 键活化与二芳基三价碘盐[Ar_2I]TFA 的芳基化反应。研究发现，当芳烃底物为单取代芳烃时，反应位点主要在对位；当芳烃底物为邻二取代芳烃时，反应位点主要在间位。此外，通过对反应机理的推测，作者认为 Na_2PtCl_4 分子催化材料在该反应中经历了 Pt^{II}/Pt^{IV} 历程（图 12-12）[65]。

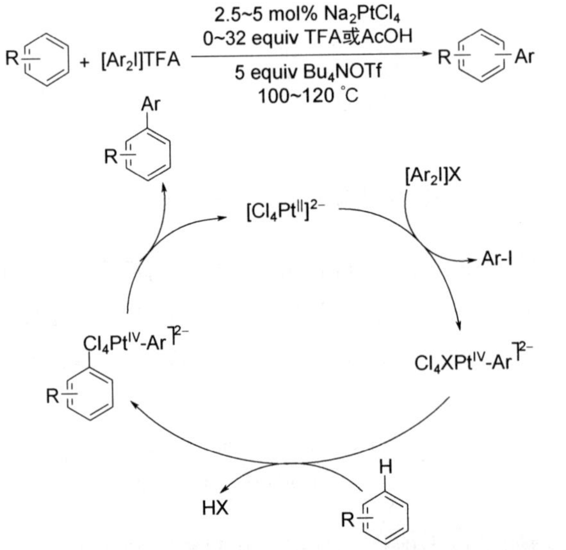

图 12-12　Pt 催化芳烃 C—H 键与[Ar_2I]TFA 的反应及其机理[65]

相比于传统偶联反应，通过过渡金属分子催化材料促进的 C—H 键活化反应具有原子经济性和步骤简洁性的优点，但该类反应选择性的提高仍有赖于科研工作者的持续努力。基于此，一些课题组发展了过渡金属分子催化材料促进芳基亚磺酸盐底物脱硫或芳基羧酸脱羧的反应，从而克服了选择性欠佳的缺点。比如，四川大学罗美明教授以绿色化的氧气和水分别作为氧化剂和溶剂，报道了以 Pd/Cu 催化芳基亚磺酸钠脱硫二聚为对称性联芳类化合物的反应［式（12-38）］[66]；中国科学院福建物质结构研究所苏伟平课题组利用 $Pd(OAc)_2/O_2$，实现了羧酸底物脱羧与烯的高选择性 Heck 型偶联反应，研究发现，提高氧化剂 O_2 压力，有利于提高反应产率和降低催化剂用量，因此，该反应具有良好的工业应用前景（图 12-13）[67]。

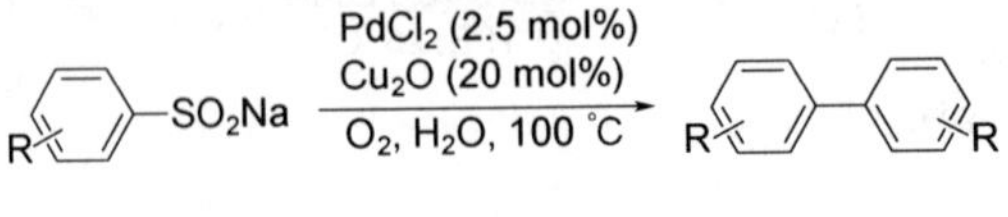

(12-38)

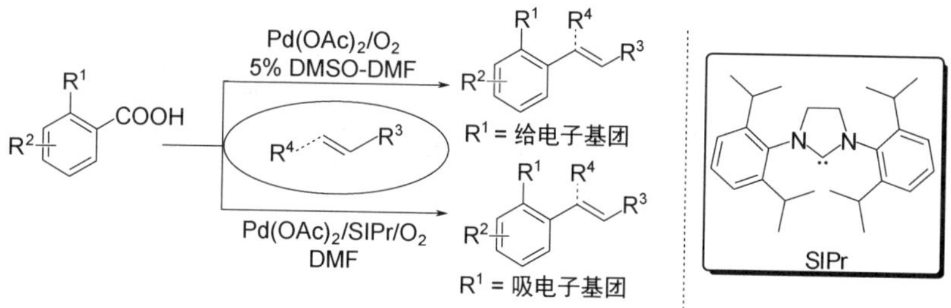

图 12-13　Pd 催化羧酸底物脱羧与烯的偶联反应[67]

12.2.2　ds 区元素化合物作分子催化材料

ds 区包括ⅠB~ⅡB族共 6 个金属元素,它们的价电子构型为$(n-1)d^{10}ns^{1-2}$,即次外层$(n-1)d$ 轨道是满的。尽管 ds 区元素最外层电子数与主族元素 s 区(ⅠA~ⅡA族)相同,但 ds 区元素拥有 s 区元素所不具备的次外层$(n-1)d^{10}$电子层;与副族元素 d 区(ⅢB~ⅧB族)相比, ds 区元素的次外层$(n-1)d$ 轨道处于全满状态。鉴于此,ds 区元素的最外层 ns 电子与次外层 $(n-1)d$ 的部分 d 电子均可以作为价电子。

ⅠB族(铜副族)元素的导电性和导热性是所有金属中最好的,它们的氧化态有+1、+2、 +3 价,铜常见于+1、+2 价;银常见于+1 价;金常见于+3 价。虽然从 Cu 到 Au 的原子半径 增加不明显,但核电荷对最外层电子的吸引力增大了许多,因此ⅠB族的金属单质活泼性从 上到下依次减弱。ⅡB族(锌副族)锌和镉元素常见氧化态为+2 价,汞常见氧化态有+1、+2 价。此外,锌、镉、汞的化学活泼性也随着原子序数的增大而递减。

ds 区元素的 18 电子构型极化作用较强,易形成共价键。因此,在外界配体存在下,ds 区元素易与配体形成 sp^3 杂化的四面体构型配合物。

12.2.2.1　ⅠB 分子催化材料促进的反应

由于 Cu、Ag、Au 的化学活泼性随着原子序数的增大而减小,因此基于ⅠB 分子催化材 料促进的反应以 Cu 配合物作催化剂居多。早期利用 Cu 分子催化材料的是 Ullmann 反应,即 卤代芳烃与化学计量的 Cu 粉受热合成联芳类化合物[68]。中国科学院长春应用化学研究所韩 福社以四丁基氟化铵(TBAF)为添加剂,实现了 10 mol% CuCl 催化芳基硼酸或硼酯与叠氮 基三甲基硅烷(TMSN$_3$)合成芳基叠氮化物 ArN_3 的反应 [式(12-39)] [69]。

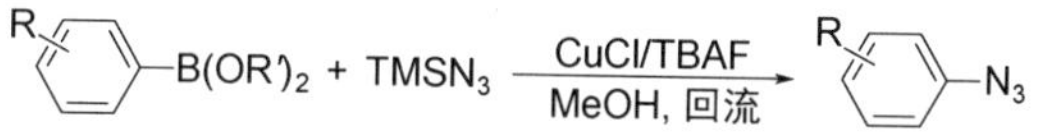

$$R \underset{}{\overset{}{\bigcirc}}\!\!-B(OR')_2 + TMSN_3 \xrightarrow[\text{MeOH, 回流}]{\text{CuCl/TBAF}} R\underset{}{\overset{}{\bigcirc}}\!\!-N_3 \qquad (12\text{-}39)$$

英国剑桥大学 Gaunt 课题组通过调节吲哚 N 的取代基,实现了 Cu 催化吲哚不同位置 C—H 键活化与二芳基三价碘盐的芳基化反应。当 N 取代基为 H 或 Me 时,芳基化反应发生在 吲哚 C-3 位;当 N 取代基为 Ac 时,芳基化反应发生在吲哚 C-2 位。同时,作者考察了反应的 机理:首先是参与反应的分子催化材料 Cu(OTf)$_2$ 被富电子吲哚还原为 Cu^I;二芳基三价碘盐化 合物与 Cu^I 通过氧化加成形成芳基-Cu^{III} 中间体Ⅰ;Cu^{III} 中间体随后亲电进攻吲哚 C-3 位得到中 间体Ⅱ,芳环的重构化反应形成了中间体Ⅲ;最后通过还原消除获得了吲哚 C-3 位的芳基化产 物。当 N 取代基为 Ac 时,尽管起始步骤仍是经历 Cu^{III} 中间体亲电进攻吲哚 C-3 位,由于乙酰 基氧原子与 Cu 的配位性,导致活化吲哚 C-3 位的铜中间体Ⅳ发生迁移,形成活化吲哚 C-2 位 的中间体Ⅴ,并最终通过芳环的重构化反应生成吲哚 C-2 位活化的芳基化产物(图 12-14)[70]。

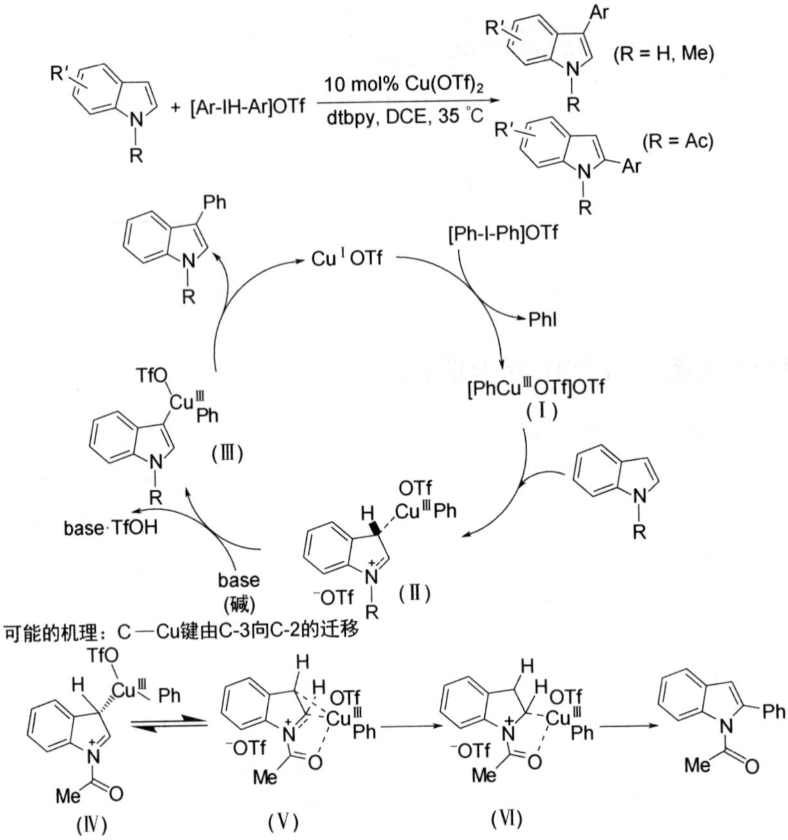

图 12-14　Cu 催化吲哚 C—H 键与二芳基三价碘盐的反应及其机理[70]

　　在 Cu 分子催化材料作用下，2-硝基苯甲酸受热易脱羧形成 Ar-Cu 中间体[71]。南昌大学蔡琥与付拯江等利用该中间体，先后发展了一系列 2-硝基苯甲酸在 Cu 分子催化材料作用下的脱羧官能团化反应（图 12-15）：第一，以 DMSO 为 —SMe 源，PdCl₂/CuI 催化 2-硝基苯甲酸类化合物脱羧的甲硫基化反应[72]；第二，CuI/Et₃N 体系促进 2-硝基苯甲酸类化合物脱羧质子化的转化反应[73]；第三，氮气氛围下 CuI 催化 2-硝基苯甲酸类化合物脱羧自聚为 2,2′-二硝

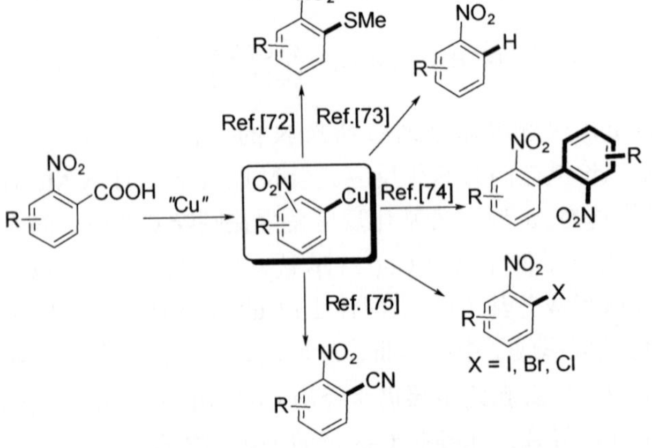

图 12-15　Cu 催化 2-硝基苯甲酸的脱羧官能团化反应[72~75]

基联苯类化合物的反应[74]；第四，氧气条件下 CuI/CuX（X = I, Br, Cl）促进 2-硝基苯甲酸类化合物的脱羧卤化、CuI/K$_4$Fe(CN)$_6$ 促进 2-硝基苯甲酸类化合物的脱羧氰化，以及在该反应基础上所实现的 Pd(OAc)$_2$/CuI/CuX（X = I, Br, Cl）及 Pd(OAc)$_2$/CuI/K$_4$Fe(CN)$_6$ 催化富电子 2-甲氧基苯甲酸类化合物的脱羧卤化与氰化反应[75]。

武汉大学雷爱文课题组利用 Ag 分子催化材料，报道了 Ag$_2$CO$_3$ 催化端炔 sp C—H 键活化与二芳基氧膦 Ar$_2$POH 偶联合成二芳基炔基氧膦产物，且在该条件下未检测到端炔受 Ag 催化所产生的自聚副反应产物［式（12-40）］[76]。美国西弗吉尼亚大学 Xiaodong Shi 课题组通过调节配体和氧化剂，实现了 Au 催化不同种类炔烃的高选择性合成不对称 1,3-二炔，该反应条件同样抑制了炔烃的自聚副反应产物［式（12-41）］[77]。

$$R^1\!\!=\!\!=\!\!H + H\!\!-\!\!PAr_2 \xrightarrow[\text{DMSO, 120 ℃}]{\text{Ag}_2\text{CO}_3} R^1\!\!=\!\!=\!\!PAr_2 \tag{12-40}$$

$$R^1\!\!=\!\!=\!\!H + H\!\!=\!\!=\!\!R^2 \xrightarrow[\text{CH}_3\text{CN/1,4-二噁烷(3:1)}]{\text{dppm(AuBr)}_2/\text{Phen/PhI(OAc)}_2} R^1\!\!=\!\!=\!\!=\!\!=\!\!R^2 \tag{12-41}$$

南京大学朱成建小组利用 HAuC$_4$ 与 1,10-菲啰啉在乙醇溶剂中合成 Au 配合物，实现了较温和条件下该 Au 配合物所催化的 N-芳基四氢异喹啉 sp^3 C—H 键活化与二芳基氧膦 Ar$_2$POH 或二烷基亚磷酸酯 HPO(OR$_2$)$_2$ 的偶联反应。在自由基抑制剂 2,6-二叔丁基-4-甲基苯酚（BHT）作用下，作者验证了该反应的自由基机理［式（12-42）］[78]。

$$\tag{12-42}$$

美国斯克利普斯(Scripps)研究所 Baran 发展了敞开体系下 AgNO$_3$/K$_2$S$_2$O$_8$ 促进对苯醌类化合物 C—H 键活化与芳基硼酸或烷基硼酸的偶联反应［式（12-43）］[79]。

$$R\text{─}\bigcirc + \begin{matrix}Ar\text{─}B(OH)_2\\ \text{或}\\ Alkyl\text{─}B(OH)_2\end{matrix} \xrightarrow[\substack{\text{1:1DCM: H}_2\text{O}\\\text{rt,3～12 h}}]{\substack{\text{AgNO}_3\ (0.2或0.4\ \text{equiv})\\ \text{K}_2\text{S}_2\text{O}_8\ (3.0或6.0\ \text{equiv})}} R\text{─}\bigcirc_{Ar/Alkyl} \tag{12-43}$$

12.2.2.2　ⅡB 分子催化材料促进的反应

Zn 分子催化材料具有低毒、成本低廉的优势。德国维尔茨堡大学 Marder 实验室利用 ZnBr$_2$/IMes 催化体系，室温下实现了芳基碘化物或溴化物与二硼亲核试剂的 Suzuki 偶联反应［式（12-44）］[80]。随后，作者通过加入 TEMPO 来判定该反应是否经历自由基机制。

$$R\text{─}\bigcirc\!\!-\!\!X + \underset{\text{X = I, Br}}{}\ B\text{─}\bigcirc \xrightarrow[\text{KOMe, MTBE, rt}]{\text{ZnBr}_2/\text{IMes}} R\text{─}\bigcirc\!\!-\!\!B\text{─}\bigcirc \tag{12-44}$$

与文献[80]类似的是，印度圣雄甘地大学 Anilkumar 报道了利用 Et$_2$Zn/ DMEDA 催化体系发展了芳基碘化物与苯乙炔的 Sonogashira 偶联反应[81]。

德国柏林工业大学 Enthaler 以 *N*-甲基-*N*-(三甲基硅烷)三氟乙酰胺（MSTFA）为脱氢化试剂，报道了路易斯酸 Zn(OTf)$_2$ 催化伯胺合成腈类化合物的转官能团化反应。该反应的伯胺底物范围较广，包括芳基甲酰伯胺、烷基甲酰伯胺、硫代苯甲酰胺等。通过运用密度泛函理论等在内的工具，作者认为反应经历一个"双甲硅烷基化作用"历程（图 12-16）[82]。

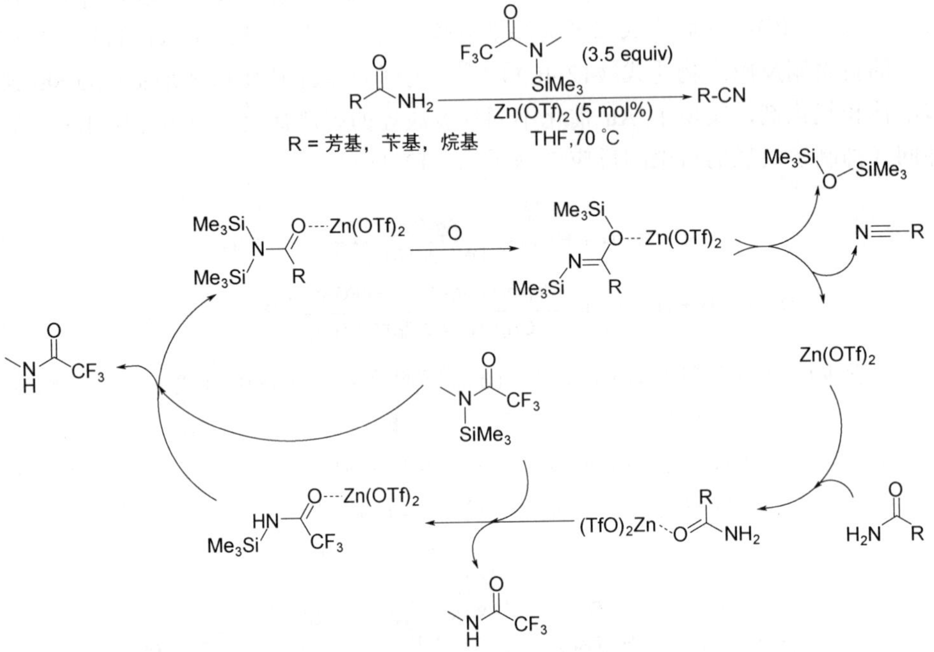

■ 图 12-16　Zn 催化伯胺转化为腈化合物的反应[82]

12.2.3　主族金属元素化合物作分子催化材料

由于主族元素失去电子后较稳定的电子构型，有关主族元素化合物扮演催化剂所促进的反应报道相比于过渡元素要少得多。

经典的使用主族金属元素化合物作分子催化材料的是齐格勒-纳塔催化剂［TiCl$_4$-Al(C$_2$H$_5$)$_3$］，由德国科学家齐格勒和意大利科学家纳塔在 1953 年前后发明。乙烯、丙烯、乙炔等简单不饱和烯炔分子在齐格勒-纳塔催化剂作用下，可以获得在合成材料工业上有广泛用途的聚乙烯、聚丙烯、聚乙炔等聚合物，其中聚乙炔广泛应用于太阳能电池、电池和半导体材料的研究［式（12-45）］[83]。

$$nHC\!=\!CH_2 \xrightarrow{\text{TiCl}_4\text{-Al(C}_2\text{H}_5)_3} \left[\begin{array}{c} R \\ | \\ C\!-\!CH_2 \\ | \\ H \end{array}\right]_n \qquad (12\text{-}45)$$

该反应可能历经 TiCl$_4$ 被 Al(C$_2$H$_5$)$_3$ 首先还原为 TiCl$_3$，随后烷基化而得氯化烷基钛，低级烯烃分子络合在 Ti 原子的空位，而逐步聚合获得长链化合物。由于齐格勒-纳塔催化剂在合成高聚物方面的巨大应用，齐格勒和纳塔获得了 1963 年诺贝尔化学奖。

伦敦大学学院 Wilden 等发现在无过渡金属催化剂情况下，仅依靠 KO^{t}Bu 即可促进苯

C—H键活化与芳基碘化物合成联芳类化合物（图12-17）[84]。通过对该自由基型反应的深入研究，他们发现反应的关键在于KO^{t}Bu盐的金属离子与烷氧基负离子的解离程度，因此，若用LiO^{t}Bu或NaO^{t}Bu替代KO^{t}Bu，该反应几乎无法发生。

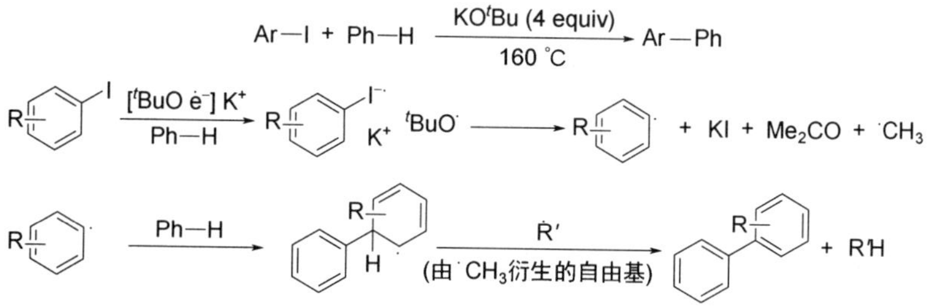

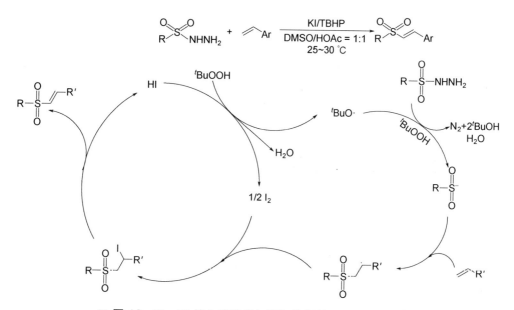

■ 图12-17　KO^{t}Bu促进苯C—H键与芳基碘化物的反应及其可能机理[84]

此前，武汉大学雷爱文课题组与香港理工大学邝福兒实验室报道了DMEDA/KO^{t}Bu体系促进芳基卤化物Ar—X（X = I, Br, Cl）与苯C—H键活化的偶联反应[85]；北京大学施章杰课题组发表了KO^{t}Bu/1,10-Phen体系促进芳基卤化物Ar—X（X = I, Br）与芳烃C—H键活化的偶联反应[86]。

武汉大学雷爱文课题组还报道了以TBHP作氧化剂，KI催化磺酰肼与简单烯烃的氧化性烯基化反应。该反应实质为I$_2$单质促进烯烃官能团化反应，经历了自由基引发与加成的过程（图12-18）[87]。

■ 图12-18　KI催化磺酰肼与烯烃的烯基化反应及机理[87]

太原理工大学高文超与常宏宏等人直接利用单质I$_2$分子催化材料，实现了I$_2$/TBHP催化β-二羰基化合物sp^{3}C—H键活化与亚磺酸钠盐合成β-二羰基砜类化合物的反应[式（12-46）][88]。此前，苏州大学毛金成课题组以PEG-400为溶剂，报道了空气氛围下单质I$_2$促进芳基硼酸的去硼自聚反应[89]。

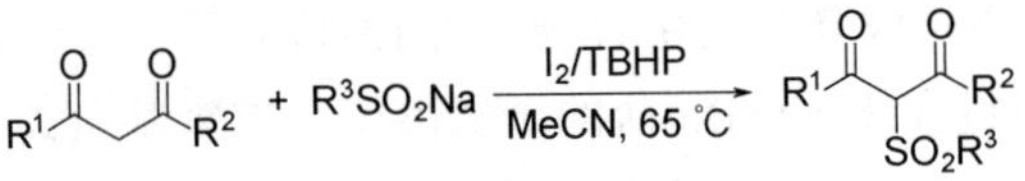

$$\text{(12-46)}$$

图中反应式：

$$\underset{R^1 \nearrow \searrow R^2}{\overset{O\quad O}{}} + R^3SO_2Na \xrightarrow[\text{MeCN, 65 ℃}]{I_2/TBHP} \underset{SO_2R^3}{\overset{O\quad O}{\underset{R^1 \nearrow \searrow R^2}{}}}$$

北京大学焦宁利用 I_2 分子催化材料，发展了温和条件下环己酮转化为邻苯二酚的反应，DMSO 在该反应中扮演了溶剂、氧化剂、羟基氧原子源等多重角色。作者认为，该反应起始步为单质 I_2 亲电进攻环己酮形成 α-碘代环己酮中间体，该中间体受氧化剂 DMSO 作用生成了 1,2-环己二酮，随后经历 1,2-环己二酮的 α 位上 I 及 HI 的消去、互变异构等过程，最终形成邻苯二酚产物（图 12-19）[90]。

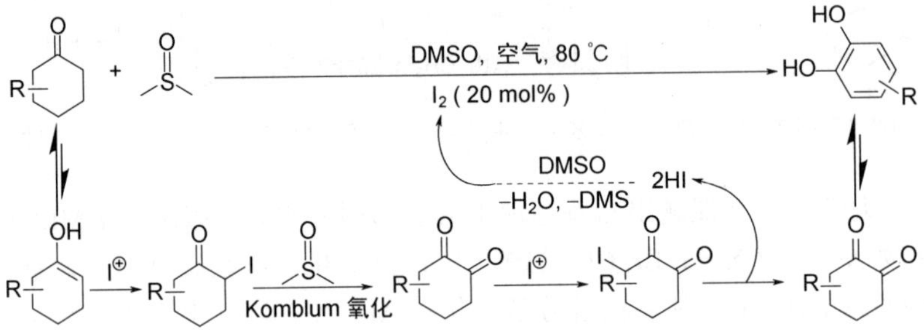

图 12-19　I_2 催化环己酮转化为邻苯二酚的反应[90]

此外，主族金属元素构成的硅酸盐晶体，即沸石分子筛（SiO_2-Al_2O_3）通常用作石化工业催化裂化的分子催化材料。具有均匀的孔道结构是沸石分子筛的最基本特征。根据孔道的尺寸大小，可以把沸石分子筛分为微孔材料（孔道尺寸小于 2 nm）、介孔材料（孔道介于 2~50 nm 之间）和大孔材料（孔道尺寸大于 50 nm）。鉴于沸石分子筛在石化工业领域的巨大应用，有关沸石分子筛的发展得到了众多化学家长期青睐，形成了包括硅铝酸盐分子筛催化剂、微孔二氧化硅多形体、微孔磷酸铝为基本单元的多形体在内的多种类型沸石分子筛。其中，由美国莫比尔石油公司开发的 ZSM-5 是一类较经典的分子筛，引发了自 20 世纪 70 年代以来在石化领域有关催化裂化与制备分子催化材料的一系列新工艺[91]。

12.3　有机酸碱化合物作分子催化材料

酸分子通常被认为是能够给出质子或接受电子的化合物，与之相反，碱分子通常被认为是能够接受质子或给出电子的化合物，因此，以酸碱化合物分子作为分子催化材料应用于化学反应，该分子催化材料与反应底物分子之间可以通过电子对的异裂或均裂，从而历经离子型或自由基型活性中间物种[91]。在化学发展历史上，使用酸碱化合物作为分子催化材料的经典反应有烯烃水合或聚合反应、酯化反应，醇脱水反应等[83]。

12.3.1　有机酸化合物作分子催化材料

华东师范大学刑栋与胡文浩在 2014 年报道了利用质子有机酸为催化剂，富电子芳环 C—H 键活化与 3-重氮-2-吲哚酮的去氮偶联反应。作者认为 3-重氮-2-吲哚酮首先在质子酸催化剂作用下生成重氮离子中间体，该重氮离子中间体再与富电子芳环底物发生 Friedel-Crafts 烷基化反应。为了使 3-重氮-2-吲哚酮底物在质子酸催化剂作用下更有效生成重氮离子中间体，作者分别尝试了甲基磺酸（$pK_a = -2.6$）、三氟甲磺酸（$pK_a = -14$）、樟脑磺酸（$pK_a = 1.2$）、对甲苯磺酸（$pK_a = 3.9$）等多种酸性不同的质子有机酸，结果发现酸系最强的三氟甲磺酸（TfOH）对目标反应效果最好（图 12-20）[92]。

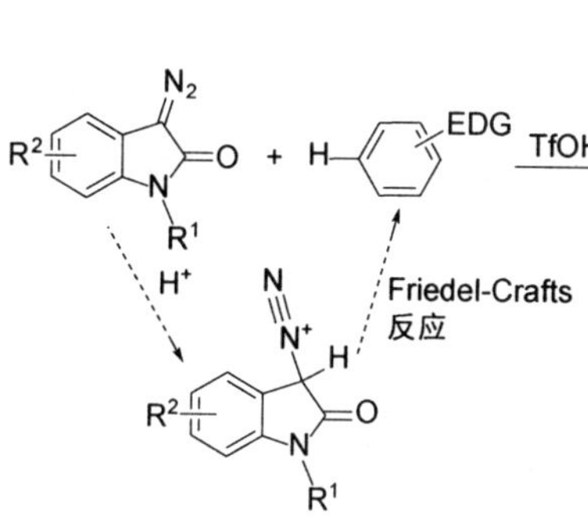

■ 图 12-20　有机酸催化芳环 C—H 键与 3-重氮-2-吲哚酮的去氮偶联反应[92]

中国药科大学许庆龙和孙宏斌以 10 mol%水合对甲苯磺酸 p-TsOH·H$_2$O 为催化剂，实现了 2-取代的吲哚与 2-(1-吡咯烷基)苯甲醛类化合物历经[1,5]-氢迁移/环化合成非对映异构体 dr 值等于 3.5 的螺伪吲哚碱化合物（spiroindolenine）[式（12-47）][93]。由于螺伪吲哚碱化合物上含有手性碳，经进一步的柱色谱分离可以获得该化合物的对映异构体。此外，螺伪吲哚碱结构单元常见于一些天然产物和药物活性分子[94]。

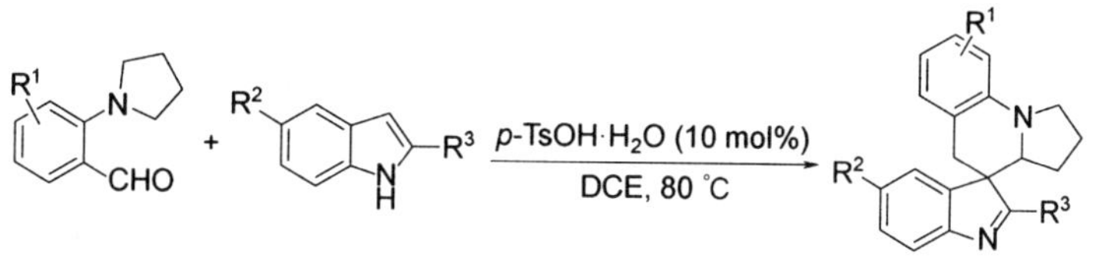

$$（12-47）$$

相较于价格较昂贵的三氟甲磺酸和对甲苯磺酸，日本东北大学 Tokuyama 则以廉价的 HOAc 为分子催化材料，发展了酸促进四氢异喹啉的 α 位 C—H 键活化与一系列亲核试剂（硝基烷烃、烯基硅醚、吲哚、烯丙基锡试剂、四丁基氰化铵）等的偶联反应（图 12-21）[95]。作者认为醋酸在反应体系中的角色有可能是促进形成亚胺正离子。

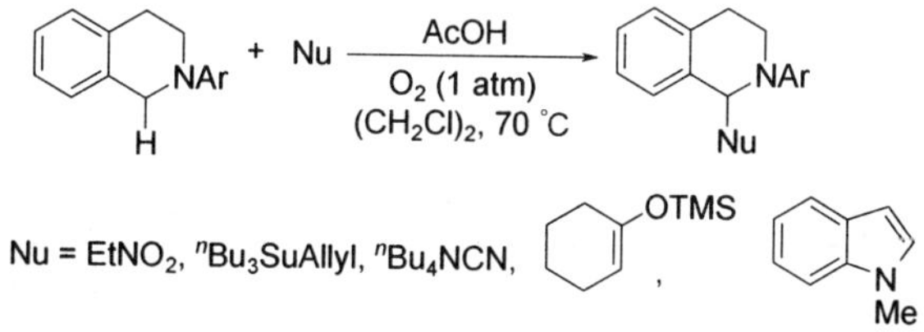

Nu = EtNO$_2$, ^{n}Bu$_3$SuAllyl, ^{n}Bu$_4$NCN,

■ 图 12-21　HOAc 催化四氢异喹啉 C—H 键与多种亲核试剂的反应[95]

以 C_2-轴对称的手性膦酸为分子催化材料，日本学习院大学 Akiyama 课题组报道了季胺 α 位 C—H 键的不对称性官能团化反应。研究表明，芳环上连有缺电子烯基取代基，有利于反应生成较高对映选择性的光学活性四氢异喹啉类化合物[式（12-48）][96]。作者同样认为该反应在酸分子催化材料作用下历经了亚胺正离子中间体的形成过程。

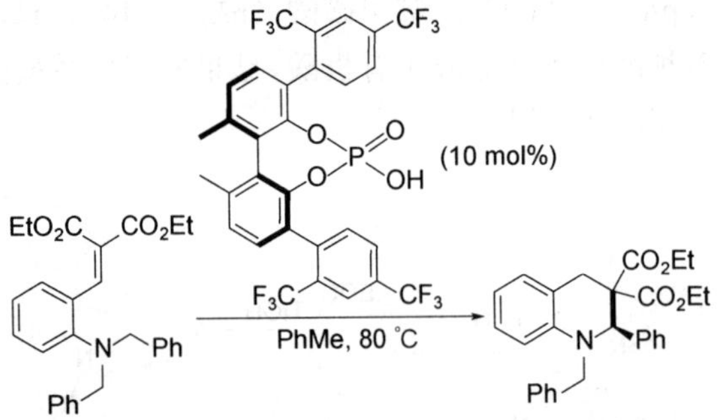

（12-48）

利用 C_2-轴对称的手性膦酸催化材料，手性质子膦酸催化材料的作用是通过与欲活化分子底物形成氢键或向底物转移质子，从而达到活化底物的目的。中国科技大学龚流柱课题组在该领域也做了较为系统的工作，比如，他曾报道过邻氨基苯并酮与苯胺一锅法合成环缩胺类化合物［式（12-49）］[97]。此前，他还首次报道了通过手性膦酸催化环己烯酮与芳香醛亚胺的直接不对称 Aza-Diels-Alder 反应来制备系列 isoquinuelidine 衍生物[98]。

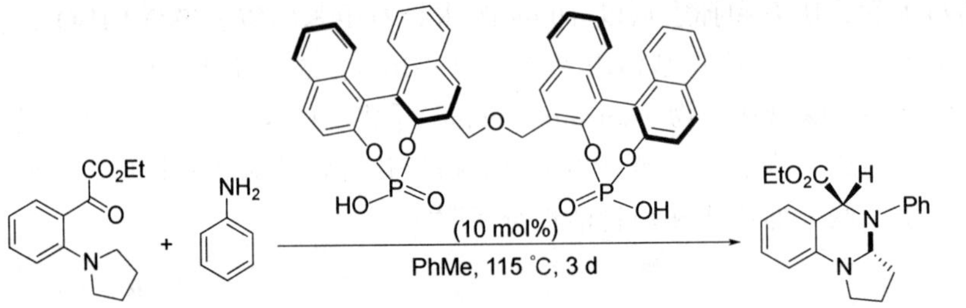

（12-49）

堪萨斯大学 Tunge 课题组以 10 mol%苯甲酸为分子催化材料，发展了 3-吡咯啉与醛类化合物合成 N-烷基吡咯的反应[99]。基于该反应，美国新泽西州立罗格斯大学 Seidel 与合作者认为该反应历经 3-吡咯啉在质子酸作用下的氢转移，以及甲亚胺叶立德中间体的共轭离子过程（图 12-22）[100]。

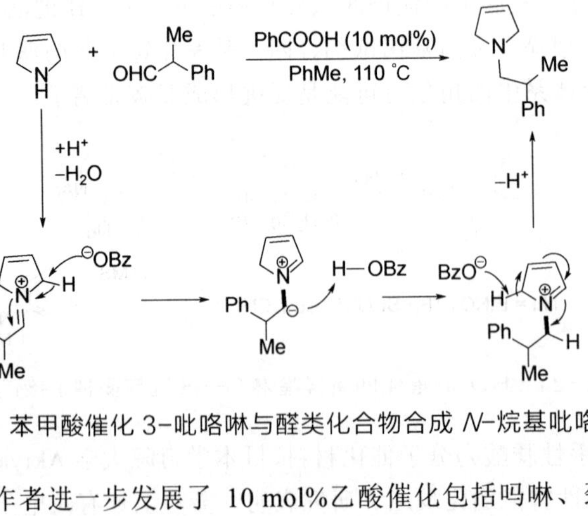

■ 图 12-22　苯甲酸催化 3-吡咯啉与醛类化合物合成 N-烷基吡咯的反应[99]

随后，Seidel 与合作者进一步发展了 10 mol%乙酸催化包括吗啉、巯基吗啉、哌嗪等在内的仲胺与硫代水杨醛合成稠环 N,S-缩醛的反应［式（12-50）］[101]。作者通过理论计算表明，乙酸分子催化材料在反应过程中所起的作用是降低质子转移过程的能垒。

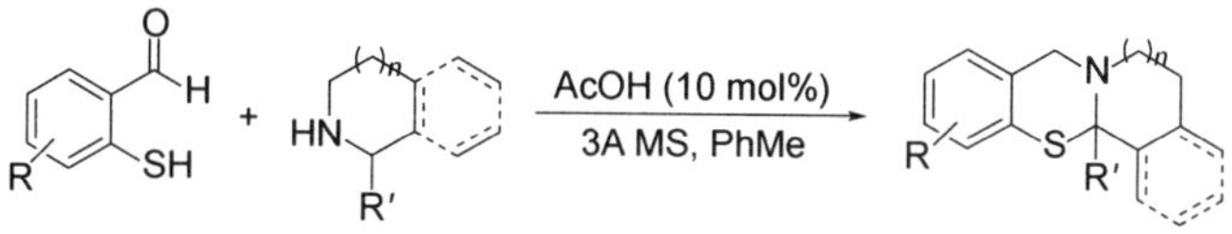

$$(12\text{-}50)$$

12.3.2　有机碱化合物作分子催化材料

由于 N、P 原子上的孤对电子，含 N、P 的有机胺或有机膦等化合物通常作为有机碱，并可作为有机碱分子催化材料而应用于有机合成反应。

2013 年明斯特大学 Studer 与匹兹堡大学 Curran 合作报道了苯肼 PhNHNH$_2$ 催化芳基碘化物 C—I 键断裂与另一芳烃分子 C—H 键活化的自由基型芳香化反应 [式（12-51）][102]。通过对反应机理的研究，作者认为该反应起始步为 KO^{t}Bu 拔去苯肼 PhNHNH$_2$ 的仲胺氢，随后失去仲胺质子的苯肼离子转移一个电子给芳基碘化物形成芳基自由基阴离子中间体。

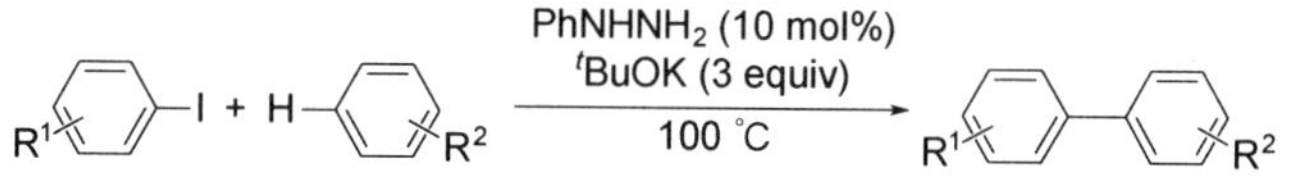

$$(12\text{-}51)$$

华侨大学宋秋玲课题组利用苄基甲基胺 BnNHCH$_3$ 为催化剂，发展了芳基端炔 C≡C 键活化与亚硝酸叔丁酯 ^{t}BuONO 合成芳腈化合物的高效反应 [式（12-52）][103]。作者发现使用 Et$_3$N、Et$_2$NH、三乙烯二胺（DABCO）等其他类型的有机碱分子催化材料代替 BnNHCH$_3$，反应均无法给出较好的效果。此外，作者通过使用自由基抑制剂 2,6-二叔丁基对甲酚（BHT）和 1,1-二苯基乙烯验证了反应的自由基机制。

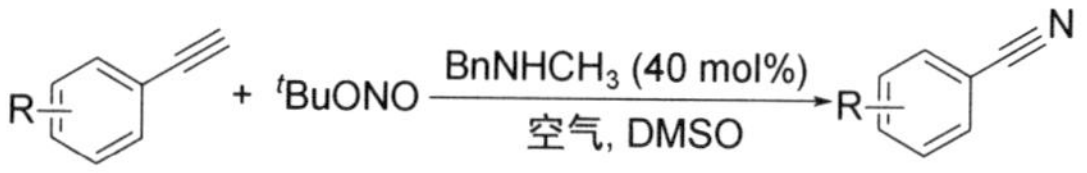

$$(12\text{-}52)$$

在没有额外加入金属催化材料、氧化剂的情况下，南京大学马晶和俞寿云以等摩尔比的 N-甲基吗啉（NMM）与 Umomoto 试剂形成电子给体受体（EDA）配合物，实现了富电子芳环化合物 C—H 键活化的三氟甲基化反应（图 12-23）[104]。同时，作者在研究过程中获得了充分的实验证据和理论依据来支持反应过程所形成的 EDA 配合物中间体。

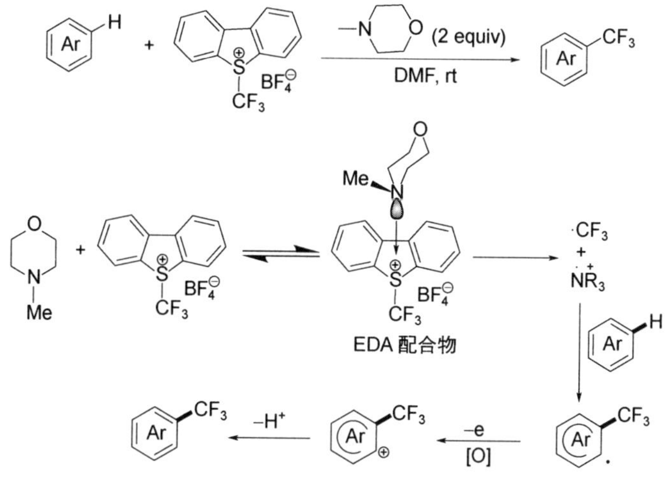

■ 图 12-23　NMM 促进富电子芳环化合物 C—H 键活化的三氟甲基化反应[104]

除了叔胺、仲胺可以作为反应的促进剂外，日本中部大学 Yamamoto 使用苯胺为分子催化材料，观察到了（杂环）芳烃化合物 C—H 键活化与 NXS 的卤化反应［式（12-53）］[105]。

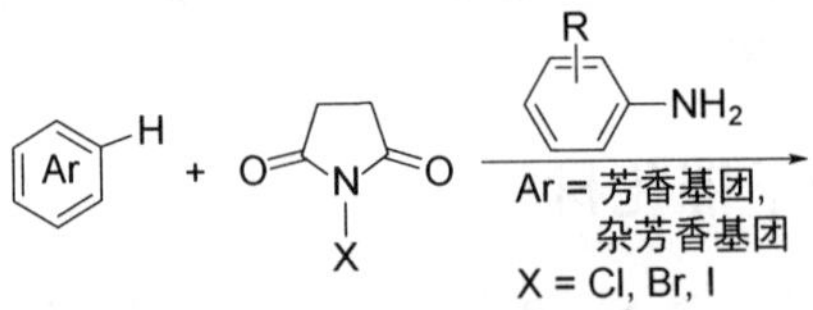

$$\text{Ar}-\text{H} + \text{O}=\begin{array}{c}\\ \text{N}\\ |\\ \text{X}\end{array}=\text{O} \xrightarrow[\substack{\text{Ar} = \text{芳香基团,}\\\text{杂芳香基团}\\ X = Cl, Br, I}]{} \text{Ar}-\text{X} \qquad (12\text{-}53)$$

东北师范大学梁福顺利用 1,8-二氮杂二环十一碳-7-烯（DBU）作为反应促进剂，报道了包括 H-亚膦酸酯、H-膦酸酯、H-膦氧在内的 P(O)–H 化合物与 N-溴代邻苯二甲酰亚胺（NBP）在短时间内（少于 10 min）构建 P—N 键合成膦酰胺酯的偶联反应（图 12-24）[106]。通过对反应机理的推测，作者认为反应首先经历了 NBS-NBP 活性体系。

NBS-NBP活性体系

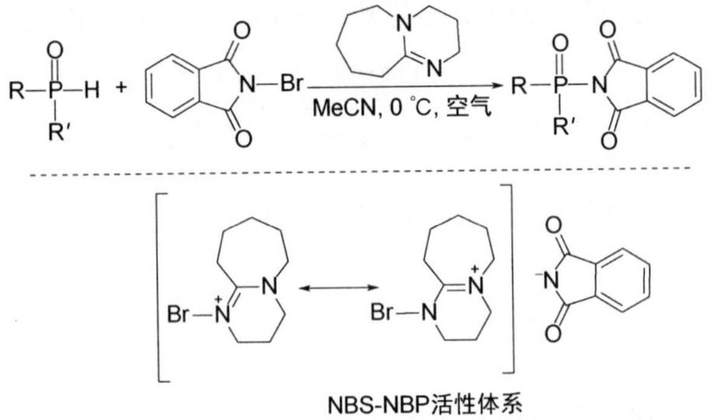

■ 图 12-24 DBU 促进 P(O)-H 化合物与 NBP 合成 P—N 键的反应[106]

此前，华南理工大学戚朝荣与江焕峰同样利用 DBU 作为反应的催化材料，促进二氧化碳、仲胺与二芳基碘盐的三元件合成氨基芳基甲酸酯反应［式（12-54）］[107]。

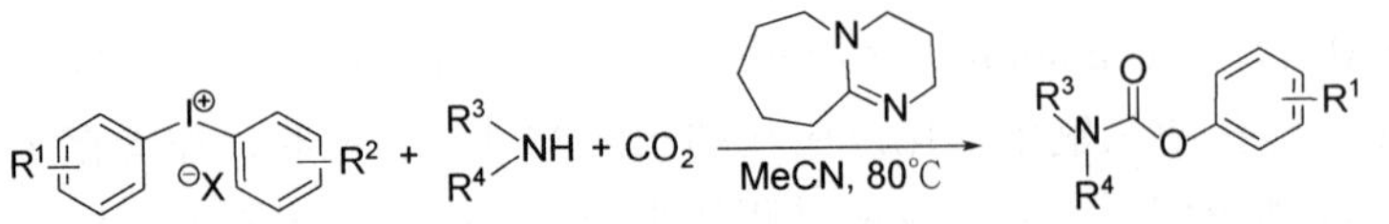

$$(12\text{-}54)$$

除了含 N 的有机化合物外，含 P 的有机化合物也可以作为分子催化材料应用于合成新化合物的反应。四川大学游劲松使用廉价易得的芳基磺酰氯 $ArSO_2Cl$ 为硫源，报道了 PPh_3 促进包括吲哚在内的富电子芳烃 C—H 键活化与 $ArSO_2Cl$ 合成二芳基硫醚的反应（图 12-25）[108]。

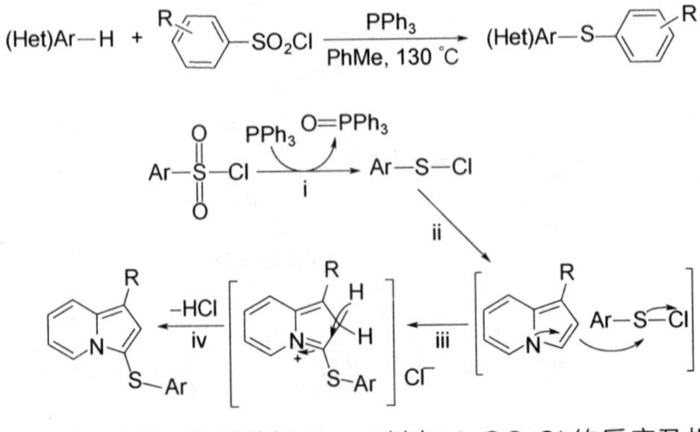

■ 图 12-25 PPh₃ 促进芳烃 C—H 键与 ArSO₂Cl 的反应及机理[108]

通过对反应机理的研究，作者认为 ArSO$_2$Cl 受 PPh$_3$ 的还原作用首先形成 Ar—S—Cl 中间体，随后该中间体对富电子芳烃进行亲电进攻，从而获得最终产物。

南方科技大学谭斌与刘心元以 Togni 高碘试剂为 CF$_3$ 源，发展了自由基型 1,2-双(二苯基膦基)苯高效催化苄胺类衍生物 β 位 sp^3 C—H 键活化与不活泼 C=C 键的双三氟甲基(CF$_3$)官能团化反应［式（12-55）］[109]。

$$\text{（12-55）}$$

台湾"中原大学"Chuang 利用催化量的 PPh$_3$ 与当量的 Et$_3$N 为反应促进剂，观测到了 α-氧代羧酸脱羧生成醛的反应［式（12-56）］[110]。

$$\text{（12-56）}$$

12.4 分子催化材料的未来与展望

当前，催化科技（包括分子催化材料及其相应的催化反应）对国民经济的作用日益显著，体现在催化科技广泛应用于小分子药物、高分子材料、电子工业、石油工业和化学工业等占国民生产总值 GDP 战略地位的行业，如煤制烃工业（包括煤加氢制油、费托合成）、合成气制甲醇、乙烯氧化工业、甲醇制烃等。鉴于催化科技的很大发展潜力和机遇，各国政府及相应的部门均将催化技术列为国家关键技术，且作为 21 世纪国民社会经济的优先发展领域。

人类社会自 20 世纪第二次世界大战结束后经历了较长时期的经济增长，取得了经济、社会等各方面的长足进步与繁荣，但现阶段人类社会正面临着诸多挑战，如资源的日益减少与濒于枯竭、环境的不断污染与生态恶化加剧。鉴于催化科技对催化工程与技术起着不容忽视的支撑作用，因此，通过发展催化科技，重视与分子催化材料制备相关的共性技术及新型分子催化材料的开发，加快分子催化材料和催化技术的研究与开发，在很大程度上可以实现资源的合理开发与综合利用，并建立资源节约型的农业、工业及生活体系，最终实现生产到应用的绿色化和清洁化。

针对于此，21 世纪催化科技，包括分子催化材料及其相关催化领域的发展趋势应当是持续降低催化科技成本、进一步实现催化反应的绿色友好化。

第一，传统催化反应使用的分子催化材料为贵金属化合物（Pd、Rh、Ir 等）或是经过复杂步骤合成出来的有机酸碱分子催化材料，因此寻求廉价催化材料及简化催化材料的制备方法，在很大程度上能够降低催化材料及催化反应成本。

第二，围绕分子催化材料结构可控的共性制备技术开发，提高分子催化材料的活性和选择性，使其催化反应的能力、选择性，及提供目标产物的质量产量均有质的飞跃。

第三，通过降低催化反应的温度和压力等来实现分子催化材料使用条件的温和化，从而延长分子催化材料寿命和降低催化过程成本。

第四，对于关系人类日常生活的药物、材料、生物制品和精细化工行业，需要进一步的深入研究开发环境友好的分子催化材料。

参 考 文 献

[1] 上海科学技术情报研究所. 国外催化剂发展概况. 上海: 上海科学技术情报研究所, 1974.

[2] 赵骧. 催化剂. 北京: 中国财富出版社, 2001.

[3] 辛勤, 李巧换, 工业催化, **2015**, *23*, 821.

[4] 胡迁林. 当代化工, **2001**, *30*, 1.

[5] 黄仲涛, 耿建铭. 工业催化. 第 2 版. 北京:化学工业出版社, 2006.

[6] Appl, Max, *"Ammonia", Ullmann's Encyclopedia of Industrial Chemistry*. Weinheim: Wiley-VCH, 2005.

[7] Hoff, Ray; Mathers, Robert T., eds. *Handbook of Transition Metal Polymerization Catalysts* (Online ed.). John Wiley & Sons, 2010.

[8] Smidt, J.; Hafner, W.; et al. *Angew. Chem. Int. Ed.,* **1962**, *1*, 80.

[9] Noyori, R.; Ohta, M.; et al. *J. Am. Chem. Soc.,* **1986**, *108*, 7117.

[10] 黄仲涛. 工业催化剂手册. 北京: 化学工业出版社, 2004.

[11] Li, X. A.; Wang, H. L.; et al. *Org. Lett.,* **2013**, *15*, 1794.

[12] Suárez-Pantiga, S.; Palomas, D.; et al. *Angew. Chem. Int. Ed.,* **2009**, *48*, 7857.

[13] O'Connor, P. D.; Marino, M. G.; et al. *J. Org. Chem.,* **2009**, *74*, 8893.

[14] Oyamada, J.; Hou, Z. *Angew. Chem. Int. Ed.,* **2012**, *51*, 12828.

[15] Guan, B. T.; Wang, B.; et al. *Angew. Chem. Int. Ed.,* **2013**, *52*, 4418.

[16] Song, G.; Luo, G.; et al. *Chem. Sci.,* **2016**, *7*, 5265.

[17] Mizukami, Y.; Song, Z.; et al. *Org. Lett.,* **2015**, *17*, 5942.

[18] Zeng, J.; Liu, K. M.; et al. *Org. Lett.,* **2013**, *15*, 5342.

[19] Shao, P.; Wang, S.; et al. *Org. Lett.,* **2016**, *18*, 2050.

[20] Sud, A.; Sureshkumarz, D.; et al. *Chem. Commun.,* **2009**, 3169.

[21] Alagiri, K.; Kumara, G. S. R.; et al. *Chem. Commun.,* **2011**, *47*, 11787.

[22] Walker, S. R.; Carter, E. J.; et al. *Chem. Rev.,* **2009**, *109*, 3080.

[23] Satoh, Y.; Yasuda, K.; et al. *Organometallics,* **2012**, *31*, 5235.

[24] Wei, Z.; Zhang, W.; et al. *New J. Chem.,* **2016**, *40*, 6270.

[25] Sultanov, R. M.; Dzhemilev, U. M.; et al. *J. Organometal. Chem.,* **2012**, *715*, 5.

[26] Steib, A. K.; Kuzmina, O. M.; et al. *J. Am. Chem. Soc.,* **2013**, *135*, 15346.

[27] Lee, Y. E.; Cao, T.; et al. *J. Am. Chem. Soc.,* **2014**, *136*, 6782.

[28] Cahiez, G.; Gager, O.; et al. *Org. Lett.,* **2008**, *10*, 5255.

[29] Yuan, Y.; Bian, Y. *Appl. Organometal. Chem.,* **2008**, *22*, 15.

[30] Berger, O.; Montchamp, J. L. *Chem. Eur. J.,* **2014**, *20*, 12385.

[31] Zhou, B.; Ma, P.; et al. *Chem. Commun.,* **2014**, *50*, 14558.

[32] Castro, S.; Fernández, J. J.; et al. *Chem. Eur. J.,* **2016**, *22*, 9068.

[33] Li, L.; Wang, J. J.; et al. *J. Org. Chem.,* **2016**, *81*, 5433.

[34] Hattori, K.; Ziadi, A.; et al. *J. Chem. Commun.,* **2014**, *50*, 4105.

[35] Huang, X.; Bergsten, T. M.; et al. *J. Am. Chem. Soc.,* **2015**, *137*, 5300.

[36] Bräse, S.; Banert, K. *Organic Azides: Syntheses and Applications*. Chichester, U.K.: John Wiley & Sons Ltd, 2010.

[37] Umeda, R.; Nishi, S.; et al. *Tetrahedron Lett.,* **2013**, *54*, 179.

[38] Geng, X.; Wang, C. *Org. Lett.,* **2015**, *17*, 2434.

[39] Kuzmina, O. M.; Steib, A. K.; et al. *Chem. Eur. J.,* **2015**, *21*, 8242.

[40] Gonnard, L.; Guérinot, A.; et al. *Chem. Eur. J.,* **2015**, *21*, 12797.

[41] Wu, J. C.; Gong, L. B.; et al. *Angew. Chem. Int. Ed.,* **2012**, *51*, 9909.

[42] Groombridge, B. J.; Goldup, S. M.; et al. *Chem. Commun.,* **2015**, *51*, 3832.

[43] Yuen, O. Y.; So, C. M.; et al. *Chem. Eur. J.,* **2016**, *22*, 6471.

[44] Buckley, H. L.; Wang, T.; et al. *Organometallics,* **2009**, *28*, 2356.

[45] Xia, Y.; Liu, Z.; et al. *Org. Lett.,* **2015**, *17*, 956.

[46] Tasker, S. Z.; Gutierrez, A. C.; et al. *Angew. Chem. Int. Ed.,* **2014**, *53*, 1858.

[47] Kita, Y.; Tobisu, M.; et al. *Org. Lett.,* **2010**, *12*, 1864.

[48] Wang, N. *Chin. J. Org. Chem.,* **2011**, *31*, 1319.

[49] Béziera, D.; Darcel, C. *Adv. Synth. Catal.,* **2009**, *351*, 1732.

[50] Li, X.; Zhou, J.; et al. *Chin. J. Org. Chem.,* **2014**, *34*, 2063.

[51] Benischke, A. D.; Knoll, I.; et al. *Chem. Commun.,* **2016**, *52*, 3171.

[52] Atwater, B.; Chandrasoma, N.; et al.. *Chem. Eur. J.,* **2016**, *22*, 14531.

[53] Lee, D. H.; Qian, Y.; et al. *Adv. Synth. Catal.,* **2013**, *355*, 1729.

[54] Arndtsen , B.; Bergman, R.; et al. *Acc. Chem. Res.,* **1995**, *28*, 154.

[55] Chu, J. H.; Chen, C. C.; et al. *Organometallics.,* **2008**, *27*, 5173.

[56] Wei, Y.; Kan, J.; et al. *Org. Lett.,* **2009**, *11*, 3346.

[57] Yang, Y.; Qiu, X.; et al. *J. Am. Chem. Soc.,* **2016**, *138*, 495.

[58] Robbins, D. W.; Boebel, T. A.; et al. *J. Am. Chem. Soc.,* **2010**, *132*, 4068.

[59] Pan, S.; Ryu, N.; et al. *J. Am. Chem. Soc.,* **2012**, *134*, 17474.

[60] Wang, X.; Lane, B. S.; et al. *J. Am. Chem. Soc.,* **2005**, *127*, 4996.

[61] Cadierno, V.; Francos, J.; et al. *Chem. Commun.,* **2010**, *46*, 4175.

[62] Sauermann, N.; González, M. J.; et al. *Org. Lett.,* **2015**, *17*, 5316.

[63] Nakao, Y.; Kanyiva, K. S.; et al. *J. Am. Chem. Soc.,* **2006**, *128*, 8146.

[64] Guo, S.; Li, Y.; Wang, Y.; et al. *Adv. Synth. Catal.,* **2015**, *357*, 950.

[65] Wagner, A. M.; Hickman, A. J.; et al. *J. Am. Chem. Soc.,* **2013**, *135*, 15710.

[66] Rao, B.; Zhang, W. et al. *Green Chem.,* **2012**, *14*, 3436.

[67] Fu, Z.; Huang, S.; et al. *Org. Lett.,* **2010**, *12*, 4992.

[68] Ullmann, F.; Bielecki, J. *Chem. Ber.,* **1901**, *34*, 2174.

[69] Li, Y.; Gao, L. X.; et al. *Chem. Eur. J.,* **2010**, *16*, 7969.

[70] Phipps, R. J.; Grimster, N. P.; et al. *J. Am. Chem. Soc.,* **2008**, *130*, 8172.

[71] Fu, Z.; Li, Z.; et al. *Chin. J. Org. Chem.,* **2015**, *35*, 984.

[72] Fu, Z.; Li, Z.; et al. *Eur. J. Org. Chem.,* **2014**, 7798.

[73] Li, Z.; Fu, Z.; et al. *New J. Chem.,* **2016**, *40*, 3014.

[74] Fu, Z.; Li, Z.; et al. *RSC Adv.,* **2015**, *5*, 52101.

[75] Fu, Z.; Li, Z.; et al. *J. Org. Chem.,* **2016**, *81*, 2794.

[76] Wang, T.; Chen, S.; et al. *Org. Lett.,* **2015**, *17*, 118.

[77] Peng, H.; Xi, Y.; et al. *J. Am. Chem. Soc.,* **2014**, *136*, 13174.

[78] Xie, J.; Li, H.; et al. *Adv. Synth. Catal.,* **2012**, *354*, 1646.

[79] Fujiwara, Y.; Domingo, V.; et al. *J. Am. Chem. Soc.,* **2011**, *133*, 3292.

[80] Bose, S. K.; Marder, T. B. *Org. Lett.,* **2014**, *16*, 4562.

[81] Thankachan, A. P.; Sindhu, K. S.; et al. *Tetrahedron Lett.,* **2015**, *56*, 5525.

[82] Enthaler, S.; Inoue, S. *Chem. Asian J.,* **2012**, *7*, 169.

[83] 天津大学有机化学教研室. 有机化学. 第 5 版. 北京: 高等教育出版社, 2014.

[84] Cuthbertson, J.; Gray, V. J.; et al. *Chem. Commun.,* **2014**, *50*, 2575.

[85] Liu, W.; Cao, H.; et al. *J. Am. Chem. Soc.,* **2010**, *132*, 16737.

[86] Sun, C.L.; Li, H.; et al. *Nature Chem.,* **2010**, *2*, 1044.

[87] Tang, S.; Wu, Y.; et al. *Chem. Commun.,* **2014**, *50*, 4496.

[88] Gao, W. C.; Zhao, J. J.; et al. *RSC Adv.,* **2014**, *4*, 49329.

[89] Mao, J.; Hua, Q.; et al. *Eur. J. Org. Chem.,* **2009**, 2262.

[90] Liang, Y. F.; Li, X.; et al. *J. Am. Chem. Soc.,* **2016**, *138*, 12271.

[91] 王桂茹. 催化剂与催化作用. 第 2 版. 大连: 大连理工大学出版社, 2004.

[92] Zhai, C.; Xing, D.; et al. *Org. Lett.,* **2014**, *16*, 2934.

[93] Wang, P. F.; Jiang, C. H.; et al. *J. Org. Chem.,* **2015**, *80*, 1155.

[94] Powell, N. A.; Kohrt, J. T.; et al. *Bioorg. Med. Chem. Lett.,* **2012**, *22*, 190.

[95] Ueda, H.; Yoshida, K.; et al. *Org. Lett.,* **2014**, *16*, 4194.

[96] Mori, K.; Ehara, K.; et al. *J. Am. Chem. Soc.,* **2011**, *133*, 6166.

[97] He, Y. P.; Du, Y. L.; et al. *Tetrahedron Lett.,* **2011**, *52*, 7064.

[98] Liu, H.; Cun, L.F.; et al. *Org. Lett.,* **2006**, *8*, 6023.

[99] Pahadi, N. K.; Paley, M.; et al. *J. Am. Chem. Soc.,* **2009**, *131*, 16626.

[100] Deb, I.; Das, D.; et al. *Org. Lett.,* **2011**, *13*, 812.

[101] Jarvis, C. L.; Richers, M. T.; et al. *Org. Lett.,* **2014**, *16*, 3556.

[102] Dewanji, A.; Murarka, S.; et al. *Org. Lett.,* **2013**, *15*, 6102.

[103] Lin, Y.; Song, Q. *Eur. J. Org. Chem.,* **2016**, 3056.

[104] Cheng, Y.; Yuan, X.; et al. *Chem. Eur. J.,* **2015**, *21*, 8355.

[105] Samanta, R. C.; Yamamoto, H. *Chem. Eur. J.,* **2015**, *21*, 11976.

[106] Li, Y.; Liang, F. *Tetrahedron Lett.,* **2016**, *57*, 2931.

[107] Xiong, W.; Qi, C.; et al. *Chem. Eur. J.,* **2015**, *21*, 14314.

[108] Wu, Q.; Zhao, D.; et al. *Chem. Commun.,* **2011**, *47*, 9188.

[109] Yu, P.; Zheng, S.C.; et al. *Angew. Chem., Int. Ed.,* **2015**, *54*, 4041.

[110] Niu, G. H.; Huang, P. R.; et al. *Asian J. Org. Chem.,* **2016**, *5*, 57.